인간공학기사
필기 과년도 출제문제

이광수 편저

일진사

인간공학기사 필기 자격안내

인간공학기사는 산업현장에서 발생하는 근골격계질환, 뇌심혈관질환 등 작업 관련성 질환을 예방하고, 근로자의 안전과 건강을 유지하며 작업효율을 향상시키기 위해 전문적인 지식을 갖춘 기술 인력을 양성하고자 제정된 자격증이다. 특히 단순반복작업, 중량물 취급, 부적절한 작업자세 등으로 인한 근골격계질환이 증가함에 따라 사업장과 관련 연구기관에서 인간공학 전문가의 수요가 꾸준히 확대되고 있다.

◈ **취득방법**

시험과목 : 1. 인간공학개론　　　　 2. 작업생리학
　　　　　 3. 산업심리학 및 관계법규　 4. 근골격계질환 예방을 위한 작업관리

검정방법 : 객관식 4지 택일형, 과목당 20문항(과목당 30분, 4과목 총 80문항)

합격기준 : 100점을 만점으로 하여 과목당 40점 이상, 전과목 평균 60점 이상

◈ **인간공학기사 응시자격**

다음 각 호의 어느 하나에 해당하는 사람은 시험에 응시할 수 있다.

1. 산업기사 등급 이상의 자격을 취득한 후 응시하려는 종목이 속하는 동일 및 유사 직무분야에서 1년 이상 실무에 종사한 사람
2. 기능사 자격을 취득한 후 응시하려는 종목이 속하는 동일 및 유사 직무분야에서 3년 이상 실무에 종사한 사람
3. 응시하려는 종목이 속하는 동일 및 유사 직무분야의 다른 종목의 기사 등급 이상의 자격을 취득한 사람
4. 관련학과의 대학졸업자 등 또는 그 졸업예정자
5. 3년제 전문대학 관련학과 졸업자 등으로서 졸업 후 응시하려는 종목이 속하는 동일 및 유사 직무분야에서 1년 이상 실무에 종사한 사람
6. 2년제 전문대학 관련학과 졸업자 등으로서 졸업 후 응시하려는 종목이 속하는 동일 유사 직무분야에서 2년 이상 실무에 종사한 사람
7. 동일 및 유사 직무분야의 기사 수준 기술훈련과정 이수자 또는 그 이수예정자
8. 동일 및 유사 직무분야의 산업기사 수준 기술훈련과정 이수자로서 이수 후 응시하려는 종목이 속하는 동일 및 유사 직무분야에서 2년 이상 실무에 종사한 사람
9. 응시하려는 종목이 속하는 동일 및 유사 직무분야에서 4년 이상 실무에 종사한 사람
10. 외국에서 동일한 종목에 해당하는 자격을 취득한 사람

인간공학기사 출제기준(필기)

직무분야	안전관리	중직무분야	안전관리	자격종목	인간공학기사	적용기간	2025.1.1.~2029.12.31

○ 직무 내용 : 인간공학적 기술이론 지식을 바탕으로 작업방법, 작업도구, 작업환경, 작업장 등에 대해 작업자의 신체적·인지적 특성을 고려한 적합성 여부 분석, 개선요인 파악, 기존 시스템 개선, 사업장 유해요인 조사분석, 근골격계질환 예방을 위한 작업장 개선, 인적오류 예방 등에 관한 산업재해 예방업무 및 제품/시스템/서비스의 사용성 설계평가 관련 업무를 수행할 수 있는 직무이다.

필기검정방법	객관식	문제 수	80	시험시간	2시간

과목명	문제수	중요항목	세부항목	세세항목
인간공학 개론	20	1. 인간공학적 접근	1. 인간공학의 정의	1. 정의 2. 목적 및 필요성 3. 역사적 배경
			2. 연구절차 및 방법론	1. 연구변수 유형 및 선정기준 2. 연구 개요 및 절차
		2. 인간의 감각기능	1. 시각기능	1. 시각과정 2. 빛과 조명 3. 시식별 요소
			2. 청각기능	1. 청각과정 2. 음량의 측정
			3. 촉각 및 후각기능	1. 피부 감각 2. 후각
		3. 인간의 정보처리	1. 정보처리과정	1. 정보처리과정 2. 기억체계 3. 지각능력 4. 정보처리능력
			2. 정보이론	1. 정보전달경로 2. 정보량
			3. 신호검출이론	1. 신호검출모형 2. 판단기준
		4. 인간기계 시스템	1. 인간기계 시스템의 개요	1. 시스템 정의와 분류 2. 인간기계 시스템 3. 인터페이스 개요 4. 인터페이스 설계 및 개선원리
			2. 표시장치(Display)	1. 표시장치 유형 2. 시각적 표시장치 3. 청각적 표시장치

과목명	문제수	중요항목	세부항목	세세항목
			3. 조종장치(Control)	1. 조종장치 요소 및 유형 2. 조종-반응비율(C/R비)
		5. 인체측정 및 응용	1. 인체측정 개요	1. 인체 치수 분류 및 측정원리
			2. 인체측정 자료의 응용원칙	1. 조절식 설계 2. 극단치 설계 3. 평균치 설계
작업 생리학	20	1. 인체구성 요소	1. 인체의 구성	1. 인체 구성요소의 특징
			2. 근골격계 구조와 기능	1. 골격 2. 근육 3. 관절 4. 신경 등
			3. 순환계 및 호흡계 구조와 기능	1. 순환계 2. 호흡계
		2. 작업생리	1. 작업생리학 개요	1. 작업생리학의 정의 및 요소
			2. 대사작용	1. 근육의 구조 및 활동 2. 대사 3. 에너지 소비량
			3. 작업부하 및 휴식시간	1. 작업부하 측정 2. 휴식시간의 산정
		3. 생체역학	1. 인체동작의 유형과 범위	1. 척추 2. 관절의 운동 3. 신체 부위의 동작유형
			2. 힘과 모멘트	1. 힘 2. 모멘트 3. 힘과 모멘트의 평형 4. 생체 역학적 모형
			3. 근력과 지구력	1. 근력 2. 지구력
		4. 생체반응 측정	1. 측정의 원리	1. 인체활동의 측정원리 2. 생체 신호와 측정장비
			2. 생리적 부담 척도	1. 심장활동 측정 2. 산소소비량 3. 근육활동
			3. 심리적 부담 척도	1. 정신활동 측정 2. 부정맥지수 3. 점멸융합주파수

과목명	문제수	중요항목	세부항목	세세항목
		5. 작업환경 평가 및 관리	1. 조명	1. 빛과 조명 2. 작업장 조명 관리
			2. 소음	1. 소음 2. 소음측정 및 노출기준 3. 소음관리
			3. 진동	1. 진동 2. 진동측정 및 노출기준 3. 진동관리
			4. 고온, 저온 및 기후 환경	1. 열 스트레스 및 평가 2. 고열 및 한랭작업
			5. 교대작업	1. 교대작업 2. 작업주기 및 작업순환
산업 심리학 및 관련법규	20	1. 인간의 심리 특성	1. 행동이론	1. 인간관계와 집단 2. 집단행동 3. 인간의 행동특성
			2. 주의 /부주의	1. 인간의 특성과 안전심리 2. 부주의 원인과 대책
			3. 의식단계	1. 의식의 특성 2. 피로
			4. 반응시간	1. 반응시간
			5. 작업동기	1. 동기부여 이론 2. 직무 만족과 사기
		2. 휴먼에러	1. 휴먼에러 유형	1. 인간의 착오와 실수 2. 오류모형
			2. 휴먼에러 분석기법	1. 인간신뢰도 2. THERP 3. ETA 4. FTA 등
			3. 휴먼에러 예방대책	1. 휴먼에러 원인 및 예방대책
		3. 집단, 조직 및 리더십	1. 조직이론	1. 집단 및 조직의 특성
			2. 집단역학 및 갈등	1. 집단 응집력 2. 규범 3. 동조 4. 복종 5. 집단갈등 6. 인간관계 관리 7. 집단 역학

과목명	문제수	중요항목	세부항목	세세항목
			3. 리더십 관련 이론	1. 리더십과 플로워십 2. 리더십 이론
			4. 리더십의 유형 및 기능	1. 리더십 유형 2. 권한과 기능
		4. 직무 스트레스	1. 직무 스트레스 개요	1. 스트레스 이론 2. 직무 스트레스 정의 및 작업능률
			2. 직무 스트레스 요인 및 관리	1. 직무 스트레스 요인 및 관리
		5. 관계 법규	1. 산업안전보건법의 이해	1. 법에 관한 사항 2. 시행령에 관한 사항 3. 시행규칙에 관한 사항 4. 산업보건기준에 관한 사항
			2. 제조물 책임법의 이해	1. 제조물 책임법
		6. 안전보건관리	1. 안전보건관리의 원리	1. 안전보건관리 개요 2. 재해발생 및 예방원리 3. 사업장 안전보건교육
			2. 재해조사 및 원인분석	1. 재해조사 2. 원인분석 3. 분석도구 4. 재해통계
			3. 위험성평가 및 관리	1. 위험성 평가체계 구축 2. 유해위험요인 파악 3. 위험성 평가방법 결정 4. 위험감소 대책수립
			4. 안전보건실무	1. 안전보건관리체제 확립 2. 보건관리계획수립 및 평가 3. 건강관리 4. 개인보호구 5. 물질안전보건자료(MSDS) 6. 안전보건표지
근골격계 질환예방 을 위한 작업관리	20	1. 근골격계질환 개요	1. 근골격계질환의 종류	1. 근골격계질환 정의 및 유형
			2. 근골격계질환의 원인	1. 근골격계질환의 발생 원인 2. 근골격계 부담작업
			3. 근골격계질환의 관리방안	1. 근골격계질환의 예방원리
		2. 작업관리 개요	1. 작업관리의 정의	1. 방법연구 및 작업측정
			2. 작업관리절차	1. 작업관리의 목적 2. 문제해결 절차 3. 디자인 프로세스

과목명	문제수	중요항목	세부항목	세세항목
			3. 작업개선원리	1. 개선안의 도출방법 및 개선원리
		3. 작업분석	1. 문제분석도구	1. 문제의 분석도구(파레토 차트, 특성요인도 등)
			2. 공정분석	1. 공정효율 2. 공정도 3. 다중활동 분석표
			3. 동작분석	1. 동작분석과 Therblig 2. 비디오분석 3. 동작경제 원칙
		4. 작업측정	1. 작업측정의 개요	1. 표준시간 2. 시간연구 3. 수행도 평가 4. 여유시간
			2. Work sampling	1. Work sampling 원리 2. 절차 3. 응용
			3. 표준자료	1. 표준자료 2. MTM 3. Work factor 등
		5. 유해요인 평가	1. 유해요인 평가원리	1. 유해요인 평가 2. 샘플링과 작업 평가원리
			2. 중량물 취급작업	1. 중량물 취급 방법 2. NIOSH Lifting Equation
			3. 유해요인 평가방법	1. OWAS 2. RULA 3. REBA 등
			4. 사무/VDT 작업	1. 사무/VDT 작업 설계지침
		6. 작업설계 및 개선	1. 작업방법	1. 작업방법 및 효율성
			2. 작업대 및 작업공간	1. 작업대 및 작업공간의 개선원리
			3. 작업설비/도구	1. 수공구 및 설비의 개선원리
			4. 관리적 개선	1. 관리적 개선원리 및 방법
			5. 작업공간 설계	1. 작업공간 2. 공간 이용 및 배치
		7. 예방관리 프로그램	1. 예방관리 프로그램 구성요소	1. 예방관리 프로그램의 목표 2. 구성요소 및 절차

차 례

Part 1 과목별 핵심이론

1과목 인간공학개론

- 제1장 인간공학적 접근 · · · · · · 14
- 제2장 인간의 감각기능 · · · · · · 16
- 제3장 인간의 정보처리 · · · · · · 20
- 제4장 인간기계 시스템 · · · · · · 24
- 제5장 인체 측정 및 응용 · · · · · · 31

2과목 작업생리학

- 제1장 인체 구성요소 · · · · · · 33
- 제2장 작업생리 · · · · · · 35
- 제3장 생체역학 · · · · · · 40
- 제4장 생체반응 측정 · · · · · · 43
- 제5장 작업환경 평가 및 관리 · · · · · · 45

3과목 산업심리학 및 관계법규

- 제1장 인간의 심리특성 · · · · · · 52
- 제2장 휴먼에러 · · · · · · 58
- 제3장 집단, 조직 및 리더십 · · · · · · 61
- 제4장 직무 스트레스 · · · · · · 65
- 제5장 관계법규 · · · · · · 67
- 제6장 유해요인 안전보건관리평가 · · · · · · 68

차 례

4과목 근골격계질환 예방을 위한 작업관리

- 제1장 근골격계질환 ··· 73
- 제2장 작업관리 개요 ··· 76
- 제3장 작업분석 ··· 78
- 제4장 작업측정 ··· 83
- 제5장 유해요인 평가 ··· 89
- 제6장 작업설계 및 개선 ··· 93
- 제7장 예방관리 프로그램 ··· 96

Part 2 과년도 출제문제

- 2014년도(1회차) 출제문제 ·· 100
- 2014년도(3회차) 출제문제 ·· 116
- 2015년도(1회차) 출제문제 ·· 132
- 2015년도(3회차) 출제문제 ·· 149
- 2016년도(1회차) 출제문제 ·· 165
- 2016년도(3회차) 출제문제 ·· 181
- 2017년도(1회차) 출제문제 ·· 197
- 2017년도(3회차) 출제문제 ·· 211
- 2018년도(1회차) 출제문제 ·· 226
- 2018년도(3회차) 출제문제 ·· 242

- 2019년도(1회차) 출제문제 ········258
- 2019년도(3회차) 출제문제 ········273
- 2020년도(1회차) 출제문제 ········290
- 2020년도(3회차) 출제문제 ········306
- 2021년도(1회차) 출제문제 ········321
- 2021년도(3회차) 출제문제 ········337
- 2022년도(1회차) 출제문제 ········353

Part 3 CBT 출제문제

*2022년도 3회차부터 CBT 방식으로 시험이 출제되고 있습니다.

- 2022년도(3회차) CBT 출제문제 ········370
- 2023년도(1회차) CBT 출제문제 ········385
- 2023년도(2회차) CBT 출제문제 ········400
- 2023년도(3회차) CBT 출제문제 ········416
- 2024년도(1회차) CBT 출제문제 ········431
- 2024년도(2회차) CBT 출제문제 ········447
- 2024년도(3회차) CBT 출제문제 ········463
- 2025년도(1회차) CBT 출제문제 ········480
- 2025년도(2회차) CBT 출제문제 ········496
- 2025년도(3회차) CBT 출제문제 ········512

과목별 핵심이론

1과목 인간공학개론

2과목 작업생리학

3과목 산업심리학 및 관계법규

4과목 근골격계질환 예방을 위한 작업관리

1과목 인간공학개론

제1장 인간공학적 접근

1-1 인간공학의 정의

(1) 정의

인간공학은 인간의 특성과 한계 능력을 공학적으로 분석·평가·연구하여, 이를 복잡한 체계 설계에 응용함으로써 효율을 극대화하는 학문이다.

① **인간공학의 목적**
  (가) 작업자의 안전 확보 및 작업능률 향상
  (나) 건강, 안전, 만족 등 삶의 가치 유지 및 향상
  (다) 기계 조작의 능률성과 생산성 향상
  (라) 인간과 사물의 설계가 인간에게 미치는 영향에 중점
  (마) 인간의 행동, 능력, 한계, 특성에 관한 정보의 발견
  (바) 인간의 특성에 적합한 기계·도구·작업방법·기계설비·작업환경 설계

② **인간공학의 목표**
  (가) 편리성·쾌적성 향상 : 건강, 안전, 만족 등 삶의 가치 유지 및 향상
  (나) 효율성 향상 : 기계 조작의 능률성과 생산성 향상
  (다) 안전성 향상 : 쾌적하고 안전한 작업환경 확보

(2) 인간공학의 중요성

① **인간공학의 필요성**
  (가) 생산성과 성능 향상, 사용 편의성 증대, 오류 감소
  (나) 교육 비용의 절감, 인력의 활용 효율 향상
  (다) 사고 및 오용으로 인한 손실 감소
  (라) 정비·유지의 경제성 향상 및 사용자 만족도 증대

② 인간공학의 기대효과
- (가) 건강하고 안전한 작업조건 마련
- (나) 생산성 향상
- (다) 직무 만족도 향상
- (라) 노사 간 신뢰성 증대
- (마) 이직률 감소
- (바) 산업재해 보상비용 감소
- (사) 제품의 품질 향상

1-2 연구절차 및 방법론

(1) 연구유형과 선정기준

① 연구유형
- (가) 독립변수 : 종속변수에 직접적인 원인을 제공하며 독립적으로 조작·통제하는 변수(원인변수)
- (나) 종속변수 : 독립변수의 변화에 따라 값이 결정되는 변수(결과변수)
- (다) 매개변수 : 두 개 이상의 변수 사이의 함수관계를 간접적으로 나타내는 변수
- (라) 선행변수 : 독립변수보다 앞서 작용하는 변수
- (마) 변수의 흐름 : 선행변수 → 독립변수 → 매개변수 → 종속변수

② 인간공학 연구에 사용되는 기준(시스템 평가척도 유형)
- (가) 인간 기준 : 주관적 반응, 생리학적 지표, 인간의 성능, 사고빈도
- (나) 시스템 기준 : 의도한 목표를 얼마나 달성했는지 나타내는 척도
- (다) 작업성능 기준 : 작업결과에 대한 효율성

(2) 연구개요 및 절차

① 인간공학 연구조사에 사용되는 구비조건
- (가) 적절성(타당성) : 기준이 의도한 목적에 부합해야 한다.
- (나) 신뢰성 : 반복시험 시 동일한 결과가 재현되어야 한다.
- (다) 민감도 : 피실험자 간 예상되는 차이에 비례하여 측정할 수 있어야 한다.
- (라) 무오염성 : 측정하고자 하는 변수 외 다른 변수에 영향을 받아서는 안 된다.

② **절차** : 문제정의 → 연구계획·설계 → 자료수집 → 자료분석 → 결과해석·보고

③ **피험자 간 설계** : 독립변수의 각 수준에 서로 다른 피험자 집단을 활용하여 평가한다.

④ **피험자 내 설계** : 단일 피험자 집단에 독립변수의 각 수준을 모두 적용하는 것으로, 피험자 간 설계보다 조건 간 차이를 더 쉽고 민감하게 파악할 수 있다.

제2장 인간의 감각기능

2-1 시각기능

(1) 시각과정

① **눈의 구조**
  (가) 황반 : 시력이 가장 예민하여 초점이 가장 선명하게 맺히는 부위
  (나) 동공 : 홍채의 중앙에 위치하며 빛이 눈 안으로 들어오는 통로
  (다) 홍채 : 각막과 수정체 사이에 있으며 동공 크기를 조절하여 빛의 양을 조절하는 역할
  (라) 시신경 : 망막에 들어온 신호를 뇌로 전달하는 역할

② **시각과정**
  (가) 눈을 통해 전체 정보의 약 80%를 수집한다.
  (나) 전달과정 : 반사광 → 각막 → 동공 → 수정체 → 망막 → 시신경 → 뇌
  (다) 모양체 : 수정체를 두껍게 또는 얇게 변화시켜 빛의 굴절을 조절한다.
  (라) 수정체 : 망막에 상을 맺히게 하며, 초점을 맞추기 위해 두께와 만곡을 조절한다.
  (마) 근시 : 수정체가 두꺼운 상태로 유지되어 상이 망막 앞에 맺히는 현상
  (바) 원시 : 수정체가 얇은 상태로 유지되어 상이 망막 뒤에 맺히는 현상

③ **시력**
  (가) 최소 분간 시력 : 눈이 파악할 수 있는 표적 사이의 최소 간격으로, 시각의 역수로 정의된다.
  (나) 시각 : 물체의 크기(높이)를 눈과 물체 사이의 거리로 나누어 계산한다.
  (다) 시각(분) $= \dfrac{57.3 \times 60 \times L}{D}$

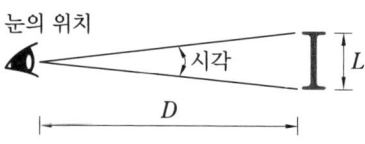

여기서, L : 물체의 높이, D : 눈과 물체 사이의 거리

④ **시계의 눈금 적정 간격**
  (가) 정상 조명 : 71cm 거리에서 1.3mm
  (나) 낮은 조명 : 71cm 거리에서 1.8mm

⑤ **디옵터(diopter)** : 초점거리(m)의 역수로 정의되는 굴절력의 단위로, 1디옵터는 1m 거리에 있는 물체를 보기 위해 요구되는 조절기능이다.

(2) 빛과 조명

① **빛**
  ㈎ 시감각 : 눈이 볼 수 있는 빛(가시광선)의 파장은 약 380~780 nm이다.
  ㈏ 시식별에 영향을 주는 요소 : 시력, 밝기, 조도, 휘도비, 대비, 물체 크기, 노출시간, 과녁의 이동, 반사율, 훈련 등

② **순응**
  ㈎ 암순응(암조응) : 밝은 곳에서 어두운 곳으로 이동할 때의 눈의 순응(약 30~40분)
  ㈏ 명순응(명조응) : 어두운 곳에서 밝은 곳으로 이동할 때의 눈의 순응(약 2~3분)

(3) 시식별 요소

① **조도(illuminance)** : 단위면적당 비춰지는 빛의 양, 조도=광도/거리^2, 조도의 단위는 lux, 단위기호는 lx
② **광도(luminous intensity)** : 단위면적당 표면에서 반사 · 방출되는 광량, 단위는 candela, 기호는 cd ⓔ 사무실 및 산업현장에서의 추천 광도비는 약 3 : 1
③ **휘도(luminance)** : 광원의 단위면적당 밝기의 정도, 휘도의 단위는 cd/m^{2}이며, SI 이외의 단위로 lambert 또는 nit가 사용되기도 한다.
④ **광량** : 광원으로부터 나오는 빛 에너지의 총량
⑤ **광속(luminous flux)** : 광원으로부터 나오는 빛의 총량
⑥ **대비(contrast)** = $\dfrac{L_b - L_l}{L_b} \times 100(\%)$ 여기서, L_b : 배경 반사율, L_l : 과녁 반사율
⑦ **반사율** : 입사된 빛 중 반사되는 빛의 비율

실내 조명반사율

바닥	가구, 책상	벽	천장
20~40%	25~40%	40~60%	80~90%

2-2 청각기능

(1) 청각과정

① **청각** : 반응시간이 가장 빠른 감각기관
② **전달과정** : 공기전도 → 액체전도 → 신경전도

③ **차폐(은폐) 현상** : 높은음과 낮은음이 공존할 때 낮은음이 강한 음에 가로막혀 감도가 감소되는 현상
④ **가청역치** : 청각을 자극하는 데 필요한 음의 최소 강도
⑤ 소음계는 주파수에 따른 사람의 느낌을 고려하여 A, B, C의 3가지 특성으로 나누며 A는 40 phon, B는 70 phon, C는 100 phon의 등감곡선과 비슷하게 주파수 반응을 보정하여 측정한 음압수준을 말한다.
⑥ 합성소음도(L) = $10\log(10^{\frac{L_1}{10}} + 10^{\frac{L_2}{10}} + 10^{\frac{L_3}{10}} + \cdots + 10^{\frac{L_n}{10}})$

(2) 음의 측정

① **음압수준(SPL : Sound Pressure Level)**
  (가) 음의 세기는 단위면적을 통과하는 단위시간당 소리 에너지로, 단위는 W/m²(W는 와트) 또는 dB(데시벨)이다.
  (나) 음압수준(SPL) : 음압을 다음 식에 따라 dB로 나타낸 것을 말하며, 적분 평균 소음계(KS C 1505) 또는 소음계(KS C 1502)에 규정된 C 특성을 기준으로 한다.

$$음압수준(SPL) = 20\log_{10}(\frac{p_1}{p_0})$$

여기서, p_1 : 측정음압(Pa), p_0 : 기준음압(20μPa)

② **진동수**
  (가) 음이 한 옥타브 높아질 때마다 진동수는 2배씩 증가한다.
  (나) 가청주파수 : 20~20000 Hz, 저주파 : 20~700 Hz, 초저주파 : 20 Hz 이하
  (다) 경계 및 경보 신호의 설계
   • 500~3000 Hz의 진동수 사용
   • 장거리용 : 1000 Hz 이하의 진동수 사용
   • 신호가 칸막이를 통과해야 할 경우 : 500 Hz 이하의 진동수 사용
  (라) 두 음 사이의 진동수 차이가 33 Hz 이상이면 각각 다른 두 음으로 들리고, 33 Hz 이하이면 하나의 음처럼 들린다.
  (마) 1 phon : 1000 Hz의 순음이 음압수준 1 dB일 때의 크기를 말하며, 일반적으로 사람의 가청한계는 0~130 phon이다.
  (바) 1 sone : 1000 Hz에서 음압수준이 40 dB일 때의 크기
   • sone값은 상대적 음의 크기를 표현하는 척도로 사용된다.
   • sone값 = $2^{(phon값-40)/10}$

2-3 촉각 및 후각기능

(1) 피부감각
① **피부감각의 종류(감각소체)**
  ㈎ 압각 : 파시니 소체
  ㈏ 온각 : 루피니 소체
  ㈐ 냉각 : 크라우제 소체
  ㈑ 진동 : 마이스너 소체
  ㈒ 피부감수성이 높은 순서 : 통각 > 압각 > 촉각 > 냉각 > 온각

② **촉각 표시장치**
  ㈎ 감각기능의 반응시간
    청각(0.17초) > 촉각(0.18초) > 시각(0.20초) > 미각(0.29초) > 통각(0.7초)
  ㈏ 조종장치의 촉각 : 형상, 표면 촉감, 기계적 진동이나 전기적 임펄스를 이용한다.
  ㈐ 촉각(감)적 표시장치
    • 문턱값 : 감지할 수 있는 최소 자극의 크기
    • 점 문턱값은 손가락 끝으로 갈수록 감각이 감소하며, 감각을 느끼는 점 사이의 최소 거리이다.

(2) 인간의 후각 특성
① 훈련을 통해 냄새 식별능력을 향상시킬 수 있으며, 최대 60종까지 구별 가능하다.
② 특정 냄새의 절대적 식별능력은 떨어진다.
③ 특정 물질이나 개인에 따라 민감도에 차이가 있다.
④ 후각은 순응이 빠른 편이며, 감각기관 중 가장 예민하지만 쉽게 피로해진다.
⑤ **전달경로** : 기체의 휘발성 물질 → 후각 상피세포 → 후신경 → 대뇌

제3장 인간의 정보처리

3-1 정보처리 과정

(1) 정보처리 체계
① 위켄(Wickens)의 인간의 정보처리 체계 모형
  ㈎ 정보처리 과정 : 감각 → 지각 → 정보처리 → 실행
  ㈏ 정보처리의 기본기능 : 정보의 수용, 정보의 저장, 정보처리 및 결정, 행동 기능

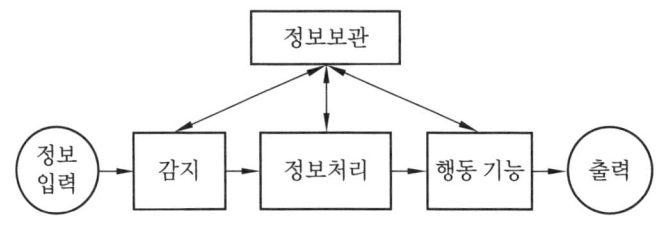

정보처리의 기본기능

② 시배분(time sharing)
  ㈎ 시배분이 요구되는 경우 인간의 작업능률은 떨어진다.
  ㈏ 청각과 시각이 시배분되는 경우에는 일반적으로 청각이 우월하다.
  ㈐ 시배분 작업은 처리해야 하는 정보의 가짓수와 속도에 영향을 받는다.
  ㈑ 2가지 일을 함께 수행할 때 매우 빠르게 번갈아가며 일을 수행한다.
  ㈒ 여러 감각에 동시에 주의를 기울이지 못하고, 번갈아 가며 주의를 기울인다.
③ 주의의 종류 : 분할주의, 초점주의, 선택적 주의

(2) 인간의 기억체계
① 기억체계
  ㈎ 감각기억(SM : Sensory Memory) : 자극이 사라진 후에도 감각이 잠시 지속되는 기억
  ㈏ 단기기억(STM : Short-Term Memory)
    • 단기기억은 잔상의 일종으로 감각기억이다.
    • 감각저장소로부터 암호화되어 전이된 정보를 보관하기 위한 임시 저장소이다.
    • 작업에 필요한 기억이라 하여 작업기억이라고도 한다.
    • 단기기억에 유지할 수 있는 최대 항목 수(용량)는 보통 7 ± 2 청크(chunk)이다.

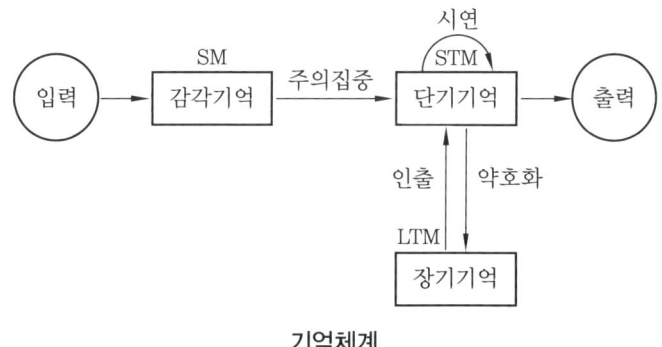

기억체계

  (다) 장기기억(LTM : Long-Term Memory)
   • 단기기억에 있는 내용을 반복하여 학습하면 장기기억으로 저장된다.
   • 장기기억의 용량은 무한대로, 장기기억의 문제는 용량이 아니라 조직화이다.
   • 정보가 초기에 잘 정리되어 있을수록 인출이 쉽다.
   • 작업기억에 정보를 저장하기 위해서는 정보의 의미적 코드화가 선행되어야 한다.
 ② **상대식별과 절대식별**
  (가) 상대식별
   • 베버(Weber)비=변화 감지역(JND)/기준자극의 크기
   • Weber비가 작을수록 분별력이 민감하며 클수록 둔감하다.
   • Weber비가 작은 순서 : 시각<무게<청각<후각<미각
  (나) 절대식별
   • 상대식별보다 능력이 떨어지므로 정보처리 과정에서 정보전달의 신뢰성을 높이기 위해 가급적 절대식별을 줄이는 방향으로 설계한다.
   • 청킹(chunking) : 몇 가지 입력단위를 묶어서 새로운 기억단위로 암호화하는 과정으로, 청크(chunk) 수가 적을수록 암기하기 쉽다.

3-2   정보이론

(1) 정보

① **정보** : 수집한 자료를 실제 문제해결에 도움이 되도록 정리한 지식이나 소식
 (가) 정보의 측정 단위는 비트(bit : binary digit)
 (나) 1bit : 실현 가능성이 같은 2개의 대안 중 하나를 결정하는 데 필요한 정보량
 (다) 1byte=8bit(2^8=256)

② **인간기억의 정보량**
　㈎ 단위시간당 영구 보관(기억)할 수 있는 정보량 : 0.7bit
　㈏ 인간의 기억 속에 보관할 수 있는 총정보량 : 약 1억 bit/s
　㈐ 인간의 신체 반응 정보량 : 10bit/s

③ **정보량의 종류**
　㈎ 실현 가능성이 동일한 N개의 대안이 있을 때의 정보량 $(H) = \log_2 N$
　㈏ 실현 가능성이 동일하지 않은 사건의 확률이 p_i일 때의 정보량 $(H_i) = \log_2 \left(\dfrac{1}{p_i}\right)$
　㈐ 실현 확률이 서로 다른 사건의 평균정보량 $(H_a) = \sum\limits_{i=1}^{n} p_i \log_2\left(\dfrac{1}{p_i}\right) = -\sum\limits_{i=1}^{n} p_i \log_2 p_i$
　㈑ 최대정보량 $(H_{\max}) = \log_2 N$

④ **중복률**
　㈎ 정보량의 최대치로부터 실제 정보량이 감소하는 비율
　㈏ 중복률 $= \left(1 - \dfrac{\text{평균정보량}(H_a)}{\text{최대정보량}(H_{\max})}\right) \times 100(\%)$

(2) 정보와 인간행동 법칙

① **피츠의 법칙(Fitts's law)**
　㈎ 목표물의 크기가 작을수록, 이동거리가 길수록 작업 난이도와 소요시간이 증가한다는 법칙이다.
　㈏ 동작시간 $(T) = a + b \log_2 \left(\dfrac{2A}{W}\right)$
　　여기서, T : 동작 완수에 필요한 평균시간
　　　　　 A : 이동거리, W : 목표물의 너비
　　　　　 a : 단순반응시간, b : 선택반응시간

② **힉-하이만(Hick-Hyman) 법칙**
　㈎ 작업자가 신호를 보고 어떤 장치를 조작해야 할지 결정하기까지 걸리는 시간을 예측하는 이론으로, 힉의 법칙이라고도 한다.
　㈏ 선택반응시간은 선택대안의 수가 증가할수록 로그에 비례하여 증가한다.
　㈐ 선택반응시간 $(RT) = a + b \log_2 N$
　　여기서, a, b : 경험적 상수, N : 가능한 자극과 반응의 수
　㈑ 반응시간 $(RT) = a \log_2 N$
　　여기서, a : 상수, N : 자극정보의 수

3-3 신호검출 이론

(1) 신호검출 모형
① **신호검출**
   (가) 신호검출은 어떤 불확실한 상황에서 결정을 내리는 방법으로, 청각적 · 지각적 자극에 적용된다.
   (나) 신호의 탐지는 관찰자의 민감도와 반응편향에 달려 있다는 이론
   (다) 자극 : 외부의 작용으로 반응을 일으키는 것
   (라) 판정 : 반응 신호가 맞으면 S(signal), 틀리면 N(noise)
② **신호를 판정하는 반응 결과**
   (가) 허위 경보(false alarm) : 신호가 없을 때 신호가 있다고 판단한다. → 허위
   (나) 정확한 판정(hit) : 신호가 있을 때 신호가 있다고 판단한다. → 긍정
   (다) 신호검출 실패(miss) : 신호가 있을 때도 잡음으로 판정한다. → 누락
   (라) 잡음을 제대로 판정(CR) : 신호가 없을 때 신호가 없다고 판단한다. → 부정

(2) 판단기준
① 반응기준보다 자극의 강도가 클 경우 : 신호가 나타난 것으로 판정한다.
② 반응기준보다 자극의 강도가 작을 경우 : 신호가 없는 것으로 판정한다.
③ 반응기준점에서 두 곡선이 교차할 경우 : $\beta = 1$
④ 반응기준의 우측으로 이동할 경우($\beta > 1$) : 신호라고 판정하는 기회가 줄어 신호의 정확한 판정은 감소하지만 허위경보는 줄어들게 된다(보수적).
⑤ 반응기준의 좌측으로 이동할 경우($\beta < 1$) : 신호라고 판정하는 기회가 많아져 신호의 정확한 판정은 증가하지만 허위경보도 증가하게 된다(모험적).

제4장 인간기계 시스템

4-1 인간기계 시스템의 개요

(1) 시스템 정의와 분류
① **인간-기계 시스템 설계원칙**
  ㉮ 인간성에 대한 고려는 개발의 초기 단계부터 이루어져야 한다.
  ㉯ 기능 할당 시 인간의 기능을 충분히 고려해야 한다.
  ㉰ 평가의 초점은 인간성능이 수용 가능한 수준이 되도록 시스템을 개선하는 것이다.
  ㉱ 인간-기계 시스템에서 인간이 최우선으로 고려되어야 한다.

② **공간배치의 원칙**
  ㉮ 중요성(중요도) : 중요한 순위에 따라 우선순위를 결정한다(위치 결정).
  ㉯ 사용빈도 : 사용빈도에 따라 우선순위를 결정한다(위치 결정).
  ㉰ 기능별 배치 : 기능이 관련된 부품들을 모아서 배치한다(배치 결정).
  ㉱ 사용순서 : 사용순서에 따라 배치한다(배치 결정).
  ㉲ 일관성 : 동일 구성요소는 기억, 탐색을 줄이기 위해 같은 위치에 둔다(위치 결정).
  ㉳ 양립성 : 조종장치와 표시장치의 관계를 쉽게 알아볼 수 있도록 배열한다(배치 결정).

③ **인간-기계 시스템 설계과정**
  ㉮ 1단계 : 시스템의 목표와 성능명세 결정
  ㉯ 2단계 : 시스템 정의
  ㉰ 3단계 : 기본설계
  ㉱ 4단계 : 인터페이스 설계
  ㉲ 5단계 : 보조물 또는 편의수단 설계
  ㉳ 6단계 : 시험 및 평가

④ **정보의 피드백 여부에 따른 분류**
  ㉮ 개회로 시스템 : 작동 후 더 이상 제어가 안 되거나 제어가 불필요한 제어 시스템
  ㉯ 폐회로 시스템 : 출력과 목표와의 오차를 피드백 받아 목적을 달성할 때까지 제어하는 시스템(예 자동차, 지게차, 중장비 등과 같이 연속적으로 제어를 하는 장비)

⑤ **인간에 의한 제어 정도에 따른 분류**
  ㉮ 수동 시스템 : 인간이 동력원을 제공하고 수공구를 사용하여 제품을 생산한다.
  ㉯ 기계화(반자동) 시스템 : 기계가 반복적이며 변화가 거의 없는 기능을 수행한다.

㈐ 자동화 시스템 : 인간은 감지, 정비, 보전 등의 역할을 담당한다.
⑥ **자동화 정도에 따른 분류**
   ㈎ 수동제어 시스템 : 모든 의사결정을 인간이 수행한다.
   ㈏ 감시제어 시스템 : 인간과 기계가 역할을 분담한다.
   ㈐ 자동제어 시스템 : 모든 의사결정을 컴퓨터에 의해 수행한다.
⑦ **인간과 기계의 기능 비교**

구분	인간의 장점	기계의 장점
감지 기능	• 다양한 자극의 형태 식별 • 예기치 못한 사건 감지	• 사람의 감지범위 밖의 자극 감지 • 사람과 기계의 모니터 가능
정보처리 저장	• 다량의 정보 장시간 보관 • 귀납적 추리 • 원칙의 적용 • 다양한 문제의 해결 • 관찰의 일반화	• 암호화된 정보 신속·대량 보관 • 연역적 추리 • 명시된 절차에 따른 정보처리 • 정량적 정보처리 • 관찰보다 감지센서 작동
행동 기능	• 과부하상태에서 중요한 일에만 전념	• 과부하상태에서 동시에 여러 작업 수행

(2) 인터페이스

① **인터페이스(계면) 설계**
   ㈎ 인간-기계 간의 경계면과 인간-소프트웨어 간의 경계면을 설계한다.
   ㈏ 작업공간, 표시장치, 조종장치, 제어장치, 컴퓨터 대화 등이 포함된다.
   ㈐ 제품은 사용자의 관점에서 설계한다.
② **사용성 평가**
   ㈎ 사용성 평가대상
      • 시스템이 제공하는 서비스
      • 사용자의 인터페이스에 의한 상호작용
      • 사용자가 표면적으로 지각하는 요소
   ㈏ 닐슨(Nielsen)의 사용성 평가척도
      • 학습 용이성
      • 에러의 빈도
      • 과제의 수행시간
      • 주관적 만족도
      • 기억 용이성
      • 효율성

③ 인간-기계 인터페이스
  ㈎ 지적 인터페이스
  ㈏ 역학적 인터페이스
  ㈐ 감성적 인터페이스
  ㈑ 신체적 인터페이스
④ 인터페이스의 설계요소
  ㈎ 신체적 인터페이스
  ㈏ 인지적(지적) 인터페이스
  ㈐ 감성적 인터페이스
⑤ 노먼(Norman)의 사용자 인터페이스 설계원칙
  ㈎ 가시성의 원칙 : 현재 상태를 명확하게 표시해야 한다.
  ㈏ 피드백의 원칙 : 조작의 결과가 표시되어야 한다.
  ㈐ 양립성의 원칙 : 제어장치와 표시장치의 관계가 사용자의 예상과 일치해야 한다.
  ㈑ 대응의 원칙 : 시스템의 반응이 인간의 기대와 일치해야 한다.
  ㈒ 행동 유도성의 원칙 : 제약조건을 두어 올바른 행동을 하도록 유도해야 한다.
⑥ 고령자를 위한 정보설계 원칙
  ㈎ 불필요한 이중 과업을 줄인다.
  ㈏ 학습 및 적응시간을 늘린다.
  ㈐ 신호의 강도와 크기를 더 크게 한다.
  ㈑ 가능한 간략한 묘사와 간단한 정보를 제공한다.

(3) 신뢰도

① **신뢰도(reliability)** : 고장 나지 않을 확률
  ㈎ 직렬시스템의 신뢰도(R_s) = $R_1 \cdot R_2 \cdot R_3 \cdots$
  ㈏ 병렬시스템의 신뢰도(R_p) = $1-(1-R_1)(1-R_2)(1-R_3) \cdots$
② **신뢰도 평가지수**
  ㈎ 신뢰도 $R(t) = e^{-\lambda t}$
  ㈏ 불신뢰도 $F(t) = 1-R(t) = 1-e^{-\lambda t}$

4-2 표시장치

(1) 시각적 표시장치
① 정량적(quantitative) 표시장치
  ㈎ 동목형 : 지침이 고정되고 눈금이 움직이는 표시장치
  ㈏ 동침형 : 눈금이 고정되고 지침이 움직이는 표시장치
  ㈐ 계수형 : 전력계나 택시요금 등의 계기와 같이 숫자로 표시되는 표시장치
② 정성적(qualitative) 표시장치
  ㈎ 정성적 표시장치의 근본 자료는 정량적이다.
  ㈏ 색을 이용하여 각 범위의 값들을 암호화하여 설계한다.
  ㈐ 색채 부호가 부적합한 경우 계기판 표시 구간을 형상으로 암호화하여 나타낸다.
  ㈑ 연속적으로 변하는 변수의 대략적인 값, 변화 추세, 변화율을 파악할 때 사용한다.

(2) 시각 정보처리와 설계
① 신호검출이론(SDT)
  ㈎ β값이 클수록 보수적인 판단자라 하며 d값은 정규분포를 이용하여 구할 수 있다.
  ㈏ 민감도는 신호와 잡음의 평균 간 거리로 나타낸다.
  ㈐ 잡음이 많거나 신호가 약할수록 d값은 작아지고, 작은 소리를 잘 구별할수록 감도가 높다.
② 빛의 검출성에 영향을 주는 인자
  ㈎ 광원의 크기와 광발산도 : 광원이 클수록, 광발산도가 높을수록 검출성이 향상된다.
  ㈏ 색광 : 흰색 > 노란색 > 녹색 > 자색 > 빨간색 > 파란색 > 검은색(경쾌하고 가벼운 색 → 느리고 둔한 색)
  ㈐ 점멸속도 : 주의를 끌기 위해서는 3~10회/초, 점멸 지속시간은 0.05초가 이상적이다.
  ㈑ 배경광 : 신호등과 비슷하여 식별이 어려우며, 점멸 배경광은 10% 이상이 적합하다.
③ 글자체의 인간공학적 설계
  ㈎ 문자나 숫자의 높이에 대한 획 굵기의 비를 획폭비라 한다.
  ㈏ 숫자의 경우 표준 종횡비는 약 3 : 5가 권장된다.
  ㈐ 가시성(visibility) : 멀리서도 눈에 잘 띄는 정도, 명도차가 클수록 잘 보인다.
  ㈑ 판독성(legibility) : 글자의 형태가 분명하여 글자를 쉽게 식별할 수 있는 정도
  ㈒ 가독성(readability) : 글자를 문장 단위로 편하게 읽을 수 있는 정도

- 글자의 높이, 너비, 획 굵기 등에 영향이 있다.
- 종횡비 : 한글은 1 : 1, 영문은 3 : 5, 숫자는 3 : 5
- 획폭비 : 흰 바탕에 검은 글자(양각)는 1 : 6~1 : 8, 검은 바탕에 흰 글자(음각)는 1 : 8~1 : 10

> **참고** 광삼 현상 : 검은 바탕 위의 흰 글자나 도형이 실제보다 번져 보이는 착시 현상이다. 따라서 흰 글자를 설계할 때는 획을 상대적으로 가늘게 해야 판독성이 좋아진다.

④ **시각적 부호 유형**
- (가) 묘사적 부호 : 사물의 행동이나 특징을 단순하고 정확하게 묘사한 부호
  - 예) 위험표지판의 해골과 뼈, 도보 표지판의 걷는 사람
- (나) 임의적 부호 : 약속에 의해 의미가 정해져 있어 학습을 통해 익혀야 하는 부호
  - 예) 경고표지는 삼각형, 안내표지는 사각형, 지시표지는 원형
- (다) 추상적 부호 : 전달할 정보의 핵심요소를 도식적으로 단순화·압축한 부호

(3) 청각적 표시장치

① **청각 표시장치**
- (가) 귀는 중음역에 가장 민감하므로 500~3000Hz의 진동수를 사용한다.
- (나) 300m 이상 멀리 보내는 신호음은 1000Hz 이하의 주파수가 좋다.
- (다) 신호가 칸막이를 통과해야 할 때는 500Hz 이하의 진동수를 사용한다.
- (라) 주의를 끌기 위해서는 초당 1~3번 오르내리는 변조된 신호를 사용한다.
- (마) 신호음은 최소한 0.5~1초 동안 지속시킨다.
- (바) 주변 소음은 주로 고주파이므로 은폐효과를 막기 위해 500~1000Hz의 신호음을 사용하며, 배경 소음과 30dB 이상 차이가 나야 한다.
- (사) 신호음은 배경 소음과 다른 주파수를 사용해야 한다.
- (아) 시각적 표시장치와 청각적 표시장치의 비교

시각적 표시장치의 사용조건	청각적 표시장치의 사용조건
• 메시지가 길고 복잡할 때	• 메시지가 짧고 간단할 때
• 메시지가 나중에 재참조될 때	• 메시지가 재참조되지 않을 때
• 메시지가 공간적 위치를 다룰 때	• 메시지가 시간적인 사건을 다룰 때
• 수신자의 청각계통이 과부하상태일 때	• 수신자의 시각계통이 과부하상태일 때
• 주위 장소가 너무 시끄러울 때	• 주위 장소가 밝거나 암순응일 때
• 즉각적인 행동을 요구하지 않을 때	• 즉각적인 행동이 필요할 때
• 한곳에 머무를 때	• 자주 움직일 때

4-3 조종장치

(1) 조종장치 요소 및 유형

① **조종장치 정보**
  (가) 이산적(discrete) 정보 : on/off, 상·중·하 등 분산적 상태를 구분하는 정보
  (나) 연속적(continuous) 정보 : 속도, 압력, 밸브 위치, 워크테이블(WT) 커서 위치
  (다) 커서 위치지정 정보 : 화면 좌표에서 마우스 포인터나 커서의 위치 지정

② **양립성의 종류**
  (가) 운동 양립성 : 핸들을 오른쪽으로 움직이면 장치도 오른쪽으로 이동하는 것
  (나) 공간 양립성 : 공간의 배치가 인간의 기대와 일치하는 것
    예 오른쪽은 오른손 조종장치, 왼쪽은 왼손 조종장치
  (다) 개념 양립성 : 코드나 심벌의 의미가 인간의 개념과 일치하는 것
    예 정지(OFF)는 적색, 운전(ON)은 녹색
  (라) 양식 양립성 : 자극의 제시방식과 반응방식이 일치하는 것
    예 소리로 제시된 정보는 소리로 반응, 시각적으로 제시된 정보는 시각으로 반응

③ **추적 작업** : 보정추적 표시장치, 추종추적 표시장치
④ **감독 제어** : 인간이 시스템의 직접 제어자로 개입하는 방식
⑤ **조종장치의 저항력** : 탄성저항, 점성저항, 관성저항, 정지 및 미끄럼마찰

(2) 조종-반응비율(C/R비 : Control/Response비)

① **C/R비가 작다** : 조금만 움직여도 반응이 크다. 미세한 조종은 어렵지만 민감한 장치로 조종시간이 증가한다.
② **C/R비가 크다** : 많이 움직여도 반응이 작다. 미세한 조종은 쉽지만 둔감한 장치로 이동시간이 증가한다.

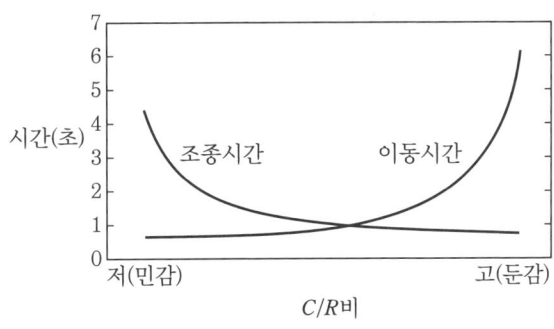

C/R비와 작업시간

③ C/R비 = $\dfrac{(a/360) \times 2\pi L}{\text{표시장치의 이동거리}}$

여기서, a : 조종장치가 움직인 각도, L : 반지름(조종장치의 거리)

④ **최적비**

㈎ Jenkins & Connor : 0.2~0.8

㈏ Chapanis & Kinkade : 2.5~4.0

(3) 조종장치의 설계

① 암호화(코딩, coding)

㈎ 암호체계의 일반사항

- 검출성 : 정보를 암호화한 자극은 검출이 가능해야 한다.
- 판별성(변별성) : 모든 암호 표시는 다른 암호와 구별될 수 있어야 한다.
- 표준화 : 암호를 표준화하여 다른 상황으로 변화해도 이용할 수 있어야 한다.
- 부호의 양립성 : 자극과 반응의 관계가 사람의 기대와 모순되지 않아야 한다.
- 부호의 성질 : 암호를 사용할 때는 사용자가 그 의미를 분명히 알 수 있어야 한다.
- 다차원 시각적 암호 : 색이나 숫자를 중복 조합하면 단일 암호보다 효과적이다.

② 코드화 방법

㈎ 청각적 코드화 방법

- 청각적 암호화에는 저주파수의 진동수가 더 효과적이다.
- 음의 방향은 두 귀 간의 강도차를 확실하게 해야 한다.
- 강도(순음)의 경우는 1000~4000Hz로 한정할 필요가 있다.
- 지속시간은 0.5초 이상 유지하고 확실한 차이를 두어야 한다.

㈏ 시각적 암호화 설계 시 고려사항

- 코딩 방법의 표준화
- 사용되는 정보의 종류
- 수행 과제의 성격과 수행 조건
- 코딩의 중복 또는 결합의 필요성

㈐ 촉각적 암호화 : 형상, 크기, 표면 촉감의 3가지 차원을 통해 암호화할 수 있다.

제5장 인체 측정 및 응용

5-1 인체 측정 개요

(1) 인체치수 분류 및 측정 범위
① 인체 측정학
  ㈎ 신체의 치수, 부피, 질량, 무게중심 등의 물리적 특성을 다루는 학문
  ㈏ 구조적 인체치수(정적 치수) : 신체를 고정된 자세에서 측정한 치수
  ㈐ 기능적 인체치수(동적 치수) : 신체의 기능 수행 시 움직임에 따라 측정한 치수

> **참고** 퍼센타일의 적용 사례
> - 의자의 깊이는 작은 사람에게 맞춘다(5퍼센타일-최소치 설계).
> - 지하철 손잡이의 높이는 작은 사람에게 맞춘다(5퍼센타일-최소치 설계).
> - 비상버튼까지의 거리는 작은 사람에게 맞춘다(5퍼센타일-최소치 설계).
> - 의자의 너비는 큰 사람에게 맞춘다(95퍼센타일-최대치 설계).
> - 침대의 길이는 큰 사람에게 맞춘다(95퍼센타일-최대치 설계).

② 설계의 종류
  ㈎ 조절식 설계(조절범위를 기준으로 한 설계) : 크고 작은 다양한 사람에게 맞도록 설계한다. ㉠ 자동차 좌석의 전후 조절, 사무실 의자의 상하 조절
  ㈏ 평균치 설계(평균치를 기준으로 한 설계) : 조절식, 극단치로 설계하기 어려운 경우 평균치 설계로 한다. ㉠ 은행창구, 슈퍼마켓의 계산대
  ㈐ 극단치 설계 : 최대치수와 최소치수를 기준으로 설계한다.
  ㈑ 최대 집단값에 의한 설계
  - 인체치수 분포의 상위 90%, 95%, 99% 사용자를 포함할 수 있도록 최댓값을 기준으로 설계한다.
  - 문, 탈출구, 통로와 같이 누구나 통과할 수 있어야 하는 공간의 설계에 적용된다.
  ㈒ 최소 집단값에 의한 설계
  - 인체치수 분포의 하위 1%, 5%, 10% 사용자를 포함할 수 있도록 최솟값을 기준으로 설계한다.
  - 선반의 높이, 조종장치까지의 거리 등을 정할 때 사용한다.
  - 키 작은 사람이 잡을 수 있다면 이보다 큰 사람은 모두 잡을 수 있다.

> **참고** 출입문, 안전대, 비상탈출구 등의 크기는 큰 사람이나 작은 사람 모두가 이용할 수 있도록 최대 치수로 설계한다.

③ **인체 측정의 동적 측정과 정적 측정**
  (가) 동적 측정(기능적 인체치수)
   • 신체적 기능을 수행할 때의 치수로, 주로 일상생활이나 작업 동작과 관련된다.
   • 인간공학적 설계를 위한 자료수집이 목적이다.
  (나) 정적 측정(기본적인 인체치수)
   • 신체가 정지된 상태에서 측정되는 치수
   • 신체 각 부위의 무게, 무게중심, 부피, 운동범위, 관성 등 물리적 특성을 포함한다.
④ **인체 측정치의 적용절차**
  (가) 설계에 필요한 인체치수의 결정 : 부품 상자의 손잡이 크기는 손바닥 너비를 기준으로 하고, 손 두께와 잡았을 때의 여유 공간도 고려해야 한다.
  (나) 사용자 집단의 정의 : 성인, 아동, 오른손잡이, 왼손잡이
  (다) 인체 측정자료의 선택 : 사용자 집단에 필요한 인체치수 자료를 선택하고, 평균과 표준편차를 이용하여 적절한 퍼센타일 값을 구한다.
⑤ **평균치의 모순** : 보통사람이란 있을 수 없다. 즉, 모든 치수가 평균 범위에 속하는 평균치 인간은 존재하지 않는다는 모순이 있다.

(2) 인체 측정자료의 응용원칙

① **인체 측정치의 응용원리** : 조절식 설계 → 극단치 설계 → 평균치 설계
② **인체 측정치의 응용원리**
  (가) 조절식 설계 : 가장 먼저 고려한다.
  (나) 극단치 설계 : 특정 극단값(최소 또는 최대)을 기준으로 하면 대부분의 사용자를 수용할 수 있는 경우(예 5~95% 범위) 적용한다.
  (다) 평균치 설계 : 다른 기준을 적용하기 어려울 때 최종적으로 사용한다.

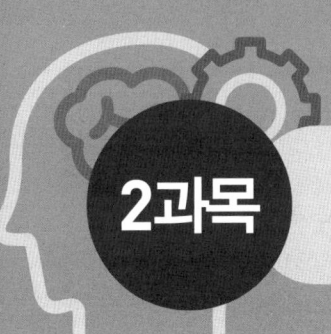

2과목 작업생리학

제1장 인체 구성요소

1-1 근골격계 구조와 기능

(1) 근골격계

① 개요
  ㈎ 성인은 평균 206개의 뼈, 아기는 약 270개의 뼈를 가진다.
  ㈏ 뼈, 연골, 관절, 인대로 구성되며, 뼈는 골질, 연골막, 골막, 골수로 이루어진다.

② 골격계(뼈)의 역할 및 기능
  ㈎ 신체 중요 부위 보호
  ㈏ 신체 지지 및 형상 유지
  ㈐ 신체 활동 수행
  ㈑ 골수에서 혈구세포 생성(조혈 기능)
  ㈒ 칼슘, 인의 무기질 저장 및 공급

③ 인대와 건
  ㈎ 인대 : 뼈와 뼈를 연결
  ㈏ 건(tendon, 힘줄) : 뼈와 근육을 연결하며, 근육에서 발휘된 힘을 뼈에 전달한다.

④ 척추 : 인간의 척추는 경추(목뼈) 7개, 흉추(등뼈) 12개, 요추(허리뼈) 5개, 천추(엉치 척추뼈) 5개, 미추(꼬리뼈) 3~5개로 구성되어 있다.

> **참고** 성인이 되면 천추와 미추는 하나로 합쳐져 천골과 미골을 형성하게 된다.

(2) 근육계

① 수의근(voluntary muscle) : 중추신경계의 지배를 받아 의지대로 움직이며, 체중의 약 40%를 차지한다.

② 불수의근(involuntary muscle) : 의지와 관계없이 자율적으로 움직이며, 자율신경계(교감 신경계와 부교감 신경계)의 지배를 받는다.

㈎ 심장근 : 가로무늬근이지만 불수의근으로, 자율적이고 주기적인 수축운동을 한다.
㈏ 평활근 : 민무늬근으로 줄무늬가 없으며 위장·장 등에 붙어 있다. 자율신경계, 호르몬, 화학신호의 영향을 받는다.
㈐ 내장근 : 피로 없이 지속적으로 운동하며, 소화·분비 등 내부환경 조절에 중요한 역할을 한다.

③ **골격근** : 뼈에 붙는 가로무늬근으로, 보통 하나 이상의 관절을 지나 부착되며 의지대로 움직일 수 있는 수의근이다.

④ **근섬유의 종류**
㈎ 백근 : 수축 속도가 빠르지만 쉽게 피로해진다.
㈏ 적근 : 수축 속도가 느리며 쉽게 피로해지지 않는다.

(3) 관절

① **활액 관절(윤활 관절)** : 대부분의 관절이 이에 해당하며, 자유롭게 움직일 수 있다.
㈎ 구상 관절 : 운동범위가 크고 3개의 운동축을 가지며 어깨, 고관절 등이 있다.
㈏ 경첩 관절 : 한 방향으로만 운동하며 무릎 관절, 팔꿈치 관절, 발목 관절 등이 있다.
㈐ 안장 관절 : 엄지의 손목뼈와 손가락 사이의 관절
㈑ 타원 관절 : 요골손목 관절, 후두 관절, 턱관절
㈒ 차축 관절 : 위아래 요골척골 관절, 목 관절(회전이 가능함)
㈓ 평면 관절 : 손목뼈 관절, 척추 사이 관절
㈔ 섬유질 관절 : 두 뼈 사이가 섬유조직으로 연결되어 움직이지 않는다.
㈕ 연골 관절 : 두 뼈가 연골로 연결되어 자유도가 제한되며 약간의 움직임만 가능하다.

② **부동 관절** : 움직이지 않는 관절, 두개골, 안면골
③ **부분 운동 관절** : 척추뼈 사이처럼 작은 움직임이 가능하며, 유연성을 제공한다.

(4) 신경계

① 신경계
㈎ 기능적으로는 체신경계와 자율신경계로 나눌 수 있다.
• 체신경계는 피부, 골격근, 뼈 등에 분포한다.
• 자율신경계는 교감 신경계와 부교감 신경계로 구분된다.
㈏ 구조적으로 중추신경계(뇌와 척수)와 말초신경계로 나눌 수 있다.
• 뇌 : 감각기관으로부터 정보를 받아 정보를 처리한다.
• 척수 : 뇌와 신경을 연결하는 통로로, 척추 중앙의 빈공간에 위치한다.

② **자율신경계**
  ㈎ 평활근, 내장근, 심장근(불수의근)에 분포한다.
  ㈏ 교감 신경 : 동공 확대, 심장박동 촉진, 소화운동 촉진
  ㈐ 부교감 신경 : 동공 축소, 심장박동 억제, 소화운동 억제
③ **체성신경계** : 감각신경계와 운동신경계로 구분된다.
④ **체내 항상성 조절**
  ㈎ 신경성 조절(신경계) : 특수 감각기관에서 감지된 정보를 시상하부에 전달하여 조절한다. 반응 속도는 빠르지만 효과는 짧다.
  ㈏ 체액성 조절(내분비계) : 반응은 느리지만 효과가 장기간 지속된다.

1-2 순환계의 구조와 기능

(1) 순환계
① **기능** : 물질의 운반을 담당하여 산소, 영양소, 호르몬을 공급한다.
  ㈎ 동맥 : 심장에서 나온 혈액을 운반하며, 혈관 중 가장 높은 압력을 유지한다.
  ㈏ 정맥 : 말초에서 심장으로 되돌아가는 구심성 혈관으로, 조직에서 심장으로 혈액을 운반하며, 팽창력이 가장 크다.
  ㈐ 모세혈관 : 소동맥과 소정맥을 연결하며 물질교환이 이루어진다.
② **폐순환** : 우심실 → 폐동맥 → 폐 → 폐정맥 → 좌심방
③ **전신순환** : 좌심실 → 대동맥 → 모세혈관 → 대정맥 → 우심방

제2장 작업생리

2-1 작업생리학 개요

(1) 작업생리학의 정의 및 개요
① **생리학** : 신체기관의 기능과 활동 원리를 연구하는 학문
② **신체활동의 부하 측정을 위한 생리적 반응** : 심박수, 혈류량, 산소 소비량

2-2 대사작용

(1) 근육의 구조 및 활동
① 근육작용의 표현
    ㈎ 박근(gracilis) : 넓적다리 안쪽에서 두덩뼈와 정강뼈에 붙는 근육
    ㈏ 장요근(iliopsoas) : 장골근과 대요근으로 이루어진 근육
    ㈐ 대퇴직근(rectus femoris) : 넓적다리 앞쪽에 있는 4개의 근육 중 하나
    ㈑ 주동근(agonist) : 운동 시 주역을 담당하는 근육
    ㈒ 협력근(synergist) : 주동근의 작용을 돕는 근육

② 근섬유(근육의 기본단위)의 종류
    ㈎ 백근섬유 : 무산소 운동에 적합하며 단거리 달리기에 사용된다.
    ㈏ 적근섬유 : 산소를 많이 사용하며, 작은 근육 그룹에서 볼 수 있다.

③ 근육의 미세구조
    ㈎ 근초 : 근섬유를 둘러싸고 있는 얇은 막
    ㈏ 근섬유속 : 근섬유의 집합체로 근속이라고도 한다.
    ㈐ 가로세관 : 근세포막에 전달된 흥분(자극)을 근세포 내부로 전달하는 통로
    ㈑ 근형질세망 : 칼슘이온(Ca^{2+})을 저장하고 농도를 조절하며, 근수축 시 이를 방출한다.

④ **근섬유분절** : 장력이 발생하는 근육의 실질 수축단위로, 미오신과 액틴으로 구성된다.
    ㈎ 미오신(myosin) : 근단백질의 주요 성분으로, 근섬유 분절의 중앙에 위치한다.
    ㈏ 액틴(actin) : 근원섬유를 구성하는 주요 단백질로, 근섬유 분절의 양 끝에 위치한다.

⑤ 근육의 수축원리
    ㈎ 최대로 수축했을 때는 Z선이 A대에 맞닿는다.
    ㈏ 근섬유가 수축하면 I대 및 H대가 짧아져서 Z선과 Z선 사이의 거리가 짧아진다.
    ㈐ 액틴과 미오신 필라멘트의 길이는 변하지 않는다.
    ㈑ 근수축은 액틴과 미오신 필라멘트의 미끄러짐 작용에 의해 이루어진다.
    ㈒ 근육 전체가 내는 힘은 활성화된 근섬유 수에 의해 결정된다.
    ㈓ ATP 분해 시 방출된 에너지가 근육에 이용된다.
    ㈔ 근육이 수축할 때 근세사(myofilament)의 원래 길이는 변하지 않는다.
    ㈕ 근전도(EMG : Electromyogram) : 근육의 전기적 신호를 기록하여 국부 근육활

동의 척도로 사용된다.
⑥ **운동단위** : 근육은 작은 수축요소인 운동단위으로 구성되며, 운동신경섬유에 의해 통제되는 근섬유 집단이다.
⑦ **연축(twitch)**
  ㈎ 근육운동에 있어 장력이 발생하는 동안 근육이 일시적으로 수축하여 눈에 띄게 짧아지는 현상
  ㈏ 연축의 과정 : 근섬유의 자극 → 활동전압 → 흥분수축연결 → 근원섬유의 수축

(2) 대사

① 체내에서 일어나는 여러 가지 연쇄적인 화학반응
② 음식물을 섭취하여 기계적인 일과 열로 전환하는 화학적 과정
③ 산소 요구량이 평상시보다 많아지면 순환계는 호흡수와 맥박수를 증가시킨다.
④ 산소 이용 여부에 따른 대사 구분
  ㈎ 유기성(호기성) 대사 : H_2O, CO_2, 열에너지를 발생시킨다.
  ㈏ 무기성(혐기성) 대사 : 글루코스(글루코오스)가 분해되어 젖산이 생성되며 무산소 운동 시 발생시킨다.

> **참고** • 글루코스(glucose)는 흔히 포도당으로 부르는 대표적인 단당이다.

  ㈐ 혐기성 대사는 ATP(아데노신삼인산) → CP(크레아틴 인산, Creatine Phosphate) → glycogen(글리코겐) or glucose(포도당) 순서이다.
⑤ **대사작용** : 인체의 모든 기능을 유지하는 데 필요한 에너지를 얻고 필요한 물질을 합성하며, 노폐물을 배출하는 모든 과정이다.
  ㈎ 탄수화물 → 포도당(glucose) → 당원(glycogen)
  ㈏ 포도당이 분해되면서 ATP가 생성되어 에너지를 공급한다.
  ㈐ ATP 이외에 ATP 생성을 위한 에너지 저장소인 CP가 있다.
  ㈑ 근육수축 시 에너지원 : 글리코겐, CP(크레아틴 인산), ATP(아데노신삼인산)

(3) 에너지 소비량

① **기초대사율(BMR : Basic Metabolic Rate)**
  ㈎ 기초대사량 : 생명을 유지하는 데 필요한 단위시간당 최소한의 에너지
  ㈏ 기초대사량은 개인차가 크고 나이에 따라 달라지며, 일반적으로 체격이 크고 젊은 남성의 기초대사량이 더 크다.

㈐ 공복상태로 쾌적한 온도에서 신체적 휴식을 취하는 엄격한 조건에서 측정한다.
㈑ 1리터의 산소는 5kcal/min의 에너지를 소비한다.

② **에너지 대사율(RMR : Relative Metabolic Rate)**

㈎ $\text{RMR} = \dfrac{\text{작업대사량}}{\text{기초대사량}}$

$= \dfrac{\text{작업 시 소비에너지} - \text{안정 시 소비에너지}}{\text{기초대사량}}$

㈏ 작업강도별 에너지 대사율(METs)

경작업	보통작업(中)	보통작업(重)	초중작업
0~2	2~4	4~7	7 이상

㈐ 에너지 소비율(kcal/min)

경작업	보통작업(中)	보통작업(重)	초중작업
2.5 이하	5~7.5	10~12.5	12.5 이상

신체활동에 따른 에너지 소비량(kcal/min)

㈑ 작업 중 에너지 소비량에 영향을 주는 인자
- 작업자세 : 쪼그려 앉아 들기, 등 굽혀 들기 등 작업자세에 따라 에너지 소비량이 달라진다.
- 작업 속도 : 작업속도가 빠르면 심박수가 증가하고 생리적 부담이 커진다.
- 도구 사용(설계) : 작업도구 설계에 따라 에너지 소비량과 작업 수행량이 달라진다.
- 작업방법 : 작업방법에 따라 에너지 소비량이 달라진다.

2-3 작업부하 및 휴식시간

(1) 작업부하 측정
① 작업부하 측정
  ㉮ 생리적 부하 측정 척도 : 산소 소비량, 에너지 소비량, 혈류 재분배, 혈압(심박수, 심박출량, 혈류량)
  ㉯ 정신적 작업부하에 대한 생리적 측정치 : 심박수, 부정맥, 뇌전위(점멸융합주파수), 동공반응(눈 깜빡임률), 호흡수, 뇌파 등
② 작업부하 측정방법
  ㉮ 역학적 방법 : 정역학적 측정, 동역학적 측정
  ㉯ 주관적 방법 : RPE척도, NASA-TLX, SWAT
  ㉰ 생리학적 방법 : 심박수, 산소 소비량, 근전도
③ 인체 활동부하 측정
  ㉮ 산소 소비량 : 단위시간당 흡기와 배기 사이의 산소량 차이를 측정한 것으로, 심박수와 밀접히 관련되며 에너지 소비와 직접적인 관련이 있다.
  ㉯ 심박수 : 단위시간당 일어나는 심장박동의 횟수
  ㉰ 심박출량 : 1분 동안 박출되는 혈액의 양
   심박출량＝일박출량[L/회]×심박수[회/분]
④ 육체적 작업능력
  ㉮ 최대 산소 소비량 측정으로 평가한다.
  ㉯ NIOSH에서는 직무설계 시 육체적 작업능력의 33%보다 높은 조건에서 8시간 이상 작업하지 않도록 권장한다.

(2) 휴식시간의 산정
① 휴식시간
  ㉮ 에너지 소비량 측정 : 1리터의 산소는 5kcal/min의 에너지를 소비한다.
  ㉯ 표준에너지 소비량×총작업시간＝작업에너지×작업시간＋휴식에너지×휴식시간
② 휴식시간 $(R) = \dfrac{작업시간(E-5)}{E-1.5}$

   여기서, E : 작업 시 평균에너지 소비량(kcal/min)
     1.5 : 휴식시간 중 에너지 소비량(kcal/min)
     4(5) : 보통작업 평균에너지(kcal/min)

제3장 생체역학

3-1 인체동작의 유형과 범위

(1) 신체부위의 동작 유형
① **관상면** : 신체를 앞뒤로 나누는 면, Z축 중심으로 회전
  (가) 내전(모으기) : 팔, 다리가 밖에서 몸 중심선으로 향하는 이동
  (나) 외전(벌리기) : 팔, 다리가 몸 중심선에서 밖으로 멀어지는 이동
② **시상면** : 신체를 좌우로 나누는 면, X축 중심으로 회전
  (가) 굴곡(굽히기) : 관절 간의 각도가 감소하는 움직임
  (나) 신전(펴기) : 관절 간의 각도가 증가하는 움직임
③ **수평면(횡단면)** : 신체를 상하로 나누는 면
④ **정중면** : 신체를 좌우대칭으로 나누는 면

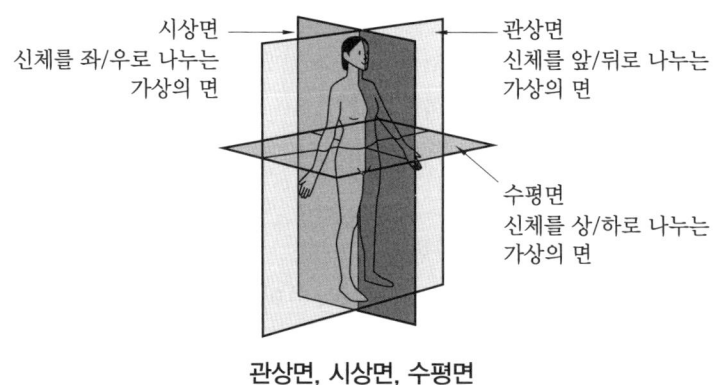

관상면, 시상면, 수평면

3-2 힘의 모멘트

(1) 힘과 모멘트
① **힘**
  (가) 힘의 3요소 : 크기, 방향, 작용점
  (나) 벡터 : 크기와 방향을 갖는 물리량
  (다) 스칼라 : 질량, 온도, 일, 에너지 등 방향이 없고 크기만 있는 물리량

② **모멘트** : 물체를 회전시키는 힘의 크기를 나타내는 양
  (가) 모멘트의 크기 = 힘의 크기 × 회전축으로부터 작용점까지의 거리
  (나) 모멘트의 평형
    • 정적 평형상태를 유지하기 위한 조건 : 힘의 총합과 모멘트의 총합이 0
    • 힘의 평형(F) : $W_1 + W_2 - W = 0$
    • 모멘트 평형(M) : $W_1 \times a + W_2 \times d = 0$

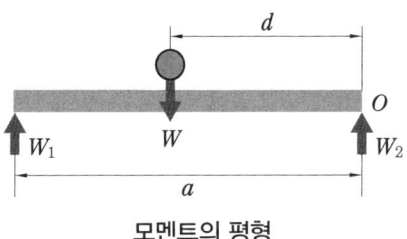

모멘트의 평형

3-3 근력과 지구력

(1) 근력

① **근력(strength)** : 수의적 노력으로 근육이 등척성 수축 시 낼 수 있는 최대 힘
  (가) 여성의 평균 근력은 남성의 약 65% 수준이다.
  (나) 보통 25~35세에 최고에 도달하며 40세 이후부터 서서히 감소한다.
  (다) 운동을 통해 약 30~40%의 근력 증가효과를 얻을 수 있다.

② **근력과 지구력**
  (가) 동적 근력(등속력)
    • 근육의 수축 및 이완을 통해 자발적으로 발휘되는 최대 근력
    • 운동속도는 동적 근력 측정의 중요한 인자이며, 동적 근력 측정 시 고려된다.
    • 동작은 관절의 가동영역 안에서 동적으로 이루어진다.
  (나) 정적 근력(등척력)
    • 신체를 움직이지 않고 고정된 물체에 힘을 가할 때 발생하는 근력
    • 동작은 정지상태에서 이루어진다.
  (다) 근육이 발휘하는 힘은 근육의 최대자율수축(MVC : Maximum Voluntary Contraction)에 대한 백분율로 표시한다.
  (라) 수축속도가 **빠를수록** 힘은 감소한다.

㈐ 수축각도 : 관절각도가 90°일 때 최대이며, 90°보다 크거나 작으면 감소한다.
③ **등척성 수축**
  ㈎ 등척성 근력 : 신체 부위를 움직이지 않고 고정된 물체에 힘을 가할 때 발휘되는 근력
  ㈏ 등척성 운동 : 근육이 수축하는 동안 근육의 길이와 관절각도가 변하지 않는 운동
  ㈐ 정적 근력을 등척력이라 한다.
④ **등장성 수축**
  ㈎ 등장성 근력은 동적 근력이라 한다.
  ㈏ 근육의 길이가 짧아졌다 늘어났다 하는 동작을 수반하는 운동
  ㈐ 구심성 수축 : 근육이 저항보다 큰 장력을 발휘하여 근육길이가 짧아지는 수축
  ㈑ 원심성 수축(신장성 수축) : 근육이 늘어나면서 발생하는 수축
⑤ **등속성 수축**
  ㈎ 근육이 정해진 각속도 내에서 일정한 속도로 수축하는 운동
  ㈏ 정해진 각속도 내에서는 힘의 크기와 관계없이 속도는 변하지 않는다.

(2) 지구력

① **지구력(endurance)** : 오랫동안 버티며 견디는 힘
  ㈎ 근력으로 발휘할 수 있는 최대 힘은 약 30초이다.
  ㈏ 최대 근력의 50%에서는 약 1분, 15% 이하에서는 장시간 유지되며, 10% 미만에서는 무한히 유지될 수 있다.
② **안정길이(resting length)**
  ㈎ 근섬유를 외력이 작용하지 않는 상태에서 측정한 길이이다.
  ㈏ 안정길이에서는 장력이 발생하지 않으며, 장력도 측정되지 않는다.
  ㈐ 능동적 힘은 근수축에 의해 발생하며, 안정길이보다 짧아진 상태에서 나타난다.
  ㈑ 수동적 힘은 관절 주변의 결합조직에 의해 생성되며, 안정길이보다 길어졌을 때 나타난다.
  ㈒ 능동적 힘과 수동적 힘의 합은 안정길이 부근에서 최대로 발생한다.
  ㈓ 근육은 안정길이 부근에서 가장 큰 힘을 발휘한다. 이는 근절 내 액틴과 미오신 필라멘트가 최적으로 겹치기 때문이다.
③ **주동근(agonists)과 길항근(antagonist)**
  ㈎ 주동근 : 동일한 관절운동을 일으키며 수축하여 동작을 만들어 내는 근육
  ㈏ 길항근 : 주동근과 반대 방향으로 작용하는 근육

제4장 생체반응 측정

4-1 측정의 원리

(1) 인체 활동의 측정원리
① JSI : 생리학, 생체역학, 상지질환에 대한 병리학을 기초로 한 정량적 평가기법
② 생체신호의 측정
  ㈎ 전기적 신호 : 뇌파, 근전도, 심전도
  ㈏ 물리적 신호 : 혈압, 호흡, 온도
  ㈐ 화학적 신호 : 혈액성분, 요성분, 산소 소비량, 열량
  ㈑ 뇌파의 종류
   • δ(델타)파 : 0.5~4Hz, 숙면상태
   • θ(세타)파 : 4~7Hz, 졸림, 산만함, 백일몽상태
   • α(알파)파 : 8~12Hz, 편안하면서 외부 집중력이 느슨한 상태
   • SMR(Sensory Motor Rhythm)파 : 12~15Hz, 움직이지 않는 상태에서 집중력 유지
   • β(베타)파 : 15~18Hz, 사고 활동과 함께 집중력 유지
   • high β파 : 18Hz 이상, 긴장, 불안

4-2 생리적 부담 척도

(1) 심장활동 측정
① 심장활동은 심박수와 심박출량을 통해 평가한다.
② 심박출량=일박출량[L/회]×심박수[회/분]
  ㈎ 심박출량 : 안정 시 5L/min, 운동 시 30L/min
  ㈏ 심박수 : 안정 시 70bpm, 서맥은 60bpm, 빈맥은 90bpm 이상

(2) 산소 소비량
① 산소부채
  ㈎ 산소부채 : 활동이 끝난 후에도 남아 있는 젖산을 제거하기 위해 필요한 산소

(나) 젖산은 탄수화물 분해 시 크렙스 사이클(Krebs cycle)이 원활하지 않을 때 발생한다.

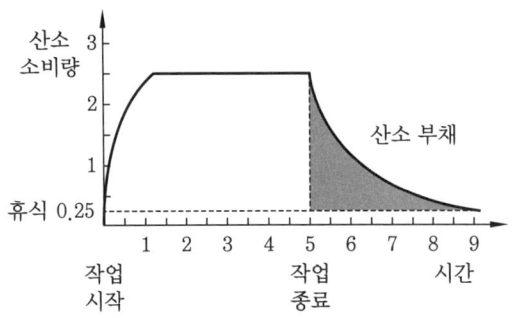

인체의 산소 소비량 변화 그래프

② 분당 산소 소비량과 에너지가

(가) 분당 배기량 = $\dfrac{\text{배기량}}{\text{시간}}$ (L/분)

(나) 분당 흡기량 = $\dfrac{\text{배기량} - \text{배기 중 } O_2 - \text{배기 중 } CO_2}{\text{배기량} - \text{흡기 중 } O_2} \times$ 분당 배기량

(다) 분당 산소 소비량 = (분당 흡기량 × 흡기 중 O_2) − (분당 배기량 × 배기 중 O_2)

(라) 에너지가 = 분당 산소 소비량 × 5kcal = 1.05 × 5 = 5.26 kcal/min

> **참고**
> • 산소 1L는 약 5kcal의 에너지를 낸다.
> • 공기 중 산소는 약 21%, 질소는 약 79%를 차지한다.

③ 최대 산소 소비능력(MAP : Maximal Aerobic Power)

(가) MAP는 산소섭취량이 일정하게 유지되는 수준을 말하며, 개인의 운동역량을 평가하는 지표로 활용된다.

(나) 젊은 여성의 평균 MAP는 젊은 남성의 약 70~85% 수준이다.

(다) 트레드밀(treadmill)이나 자전거 에르고미터(ergometer)를 활용하여 측정한다.

(3) 근육활동

① **근전도(EMG : Electromyogram)** : 근육이 움직일 때 발생하는 미세한 전기 신호를 측정하여, 근육 활동에 따른 전위차를 기록하는 것이다.

② **근전도 신호의 변화** : 근육의 피로가 증가하면 신호의 저주파 영역의 활성이 증가하고, 고주파 영역의 활성이 감소한다.

4-3 심리적 부담 척도

(1) 정신활동 측정
① **정신적 부하척도 요건** : 선택성, 신뢰성, 간섭성, 감도
② **정신적 부하측정 방법** : 주관적 방법, 생리적 측정법, 수행도 평가법
③ **육체적 부하측정 방법**
  (가) 전신작업부하(동적) : 산소 소비량, 심박수, 주관적 평가
  (나) 국소작업부하(정적) : 근전도(EMG), 동작분석
  (다) 정신적·육체적 부하 측정방법의 종류

정신적 부하측정	육체적 부하측정	정신적&육체적 부하측정
• 뇌파(EEG) • 점멸융합주파수(VFF) • 부정맥지수 • 눈 깜박임, 동공 지름 • 전기피부반응(GSR) • NASA-TLX(설문지조사)	• 에너지량, 에너지 대사율 • 산소섭취량, 호흡량 • CO_2 배출량 • 심박수 • 근전도(EMG)	RPE(Rating of Perceived Exertion, 자각적 운동강도)

제5장 작업환경 평가 및 관리

5-1 조명

(1) 빛과 조명
① 적정조명의 수준

기타작업	보통작업	정밀작업	초정밀작업
75lx	150lx	300lx	750lx

② 휘광(glare)
  (가) 반사휘광의 처리방법
    • 발광체의 휘도를 줄인다.

- 간접 조명 수준을 높인다.
- 반사광이 눈에 비치지 않도록 광원을 위치시킨다.
- 산란광, 간접광, 조절판, 창문에 차양 등을 사용한다.
- 무광택 도료, 빛을 산란시키는 표면색 사무용 기기, 윤기를 없앤 종이 등을 사용한다.

(나) 직사휘광의 처리방법
- 가리개, 갓, 차양을 사용한다.
- 광원을 시선에서 멀리 위치시킨다.
- 광원의 휘도를 줄이고 광원의 수를 늘린다.
- 광원 주위를 밝게 하여 광도비를 줄인다.

(다) 창문으로부터 직사휘광의 처리방법
- 창문을 높게 설치한다.
- 창의 바깥쪽에 가리개를 설치한다.
- 창의 안쪽에 수직날개를 설치하거나 차양을 사용한다.

(2) 작업장 조명관리

① VDT 취급 작업 시 조명과 채광

(가) 창문에 차광망, 커튼 등을 설치하여 밝기를 조절할 수 있도록 한다.
(나) 저휘도형 조명기구를 사용한다.
(다) 빛이 작업화면에 도달하는 각도는 화면으로부터 45° 이내가 되게 한다.
(라) 화면상의 문자와 배경과의 휘도비를 낮춘다.
(마) 조명은 화면과의 명암 대비가 심하지 않도록 한다.
(바) 화면이 흰색 계통일 때는 500~700lx, 검은색 계통일 때는 300~500lx의 조도가 적절하다(단말기 조명).

5-2 소음

(1) 음의 수준

① 소음의 물리적 특성

(가) 사람의 가청 음압 범위 : 약 $0.00002 \sim 20\,N/m^2$
(나) 주기 : 한 파장이 전파되는 데 걸리는 시간

㈐ 파장 : 파동에서 같은 위상을 가진 이웃한 두 점 사이의 거리
㈑ 주파수 : 주기적인 현상이 1초 동안 반복되는 횟수(Hz)
- 가청주파수 : 20~20000 Hz
- 저주파 : 20~70 kHz
- 초저주파 : 20 Hz 이하
㈒ 소음작업 : 1일 8시간 작업을 기준으로 85 dB 이상의 소음이 발생하는 작업
㈓ 강렬한 소음작업 : 8시간 기준 90 dB 이상

② **소음의 영향**
㈎ 맥박수가 증가한다.
㈏ 12 Hz는 발성에 영향을 주고, 1~3 Hz는 호흡이 어려워지며 산소 소비량이 증가한다.
㈐ 서 있을 때보다 앉아 있을 때 심하게 느껴진다.

③ **소음계와 A, B, C 특성** : 소음계는 주파수에 따른 사람의 느낌을 고려하여 A, B, C 세 가지 특성으로 나눈다.
㈎ A특성 : 40 phon의 등감곡선과 유사(가장 일반적으로 사용)
㈏ B특성 : 70 phon의 등감곡선과 유사
㈐ C특성 : 100 phon의 등감곡선과 유사

> **참고** • 소음계 단위는 dB(A), dB(B), dB(C)로 표시하며, 소음규제법에서는 dB(A)를 기준으로 측정한다.

(2) 노출 소음

① **소음의 노출기준**
㈎ 소음의 크기 ㈏ 소음의 높낮이
㈐ 소음의 지속시간 ㈑ 소음작업의 근속연수
㈒ 소음작업의 개인적인 감수성

② **강렬한 소음작업 1일 허용노출기준**

기준	85 dB	90 dB	95 dB	100 dB	105 dB
시간(이상)	16시간	8시간	4시간	2시간	1시간

③ **충격소음의 노출기준**

1일 노출횟수	100회	1000회	10000회
충격소음의 강도 dB(A)	140	130	120

④ 소음노출지수

(가) 소음노출지수$(D) = (\dfrac{C_1}{T_1} + \dfrac{C_2}{T_2} + \cdots + \dfrac{C_n}{T_n}) \times 100$

여기서, T_n : 허용노출시간, C_n : 실제노출시간

(나) 시간가중평가지수$(TWA) = 16.61 \times \log\dfrac{D}{100} + 90$

여기서, D : 누적소음노출지수

(다) 소음노출기준을 정할 때 고려사항 : 소음 크기, 소음 높낮이, 소음 지속시간

(라) 청력손실
- 일시적 청력손실 : 4000~6000Hz
- 음에 의한 청력손실이 가장 크게 나타나는 주파수대는 3000~4000Hz이다.
- C5-dip : 소음성 난청의 전형적인 형태로, 4000Hz 부근에서 청력이 저하되는 현상

(3) 소음관리

① 소음방지대책

(가) 소음원의 통제 : 기계설계 단계에서 소음 저감 설계 반영, 차량에 소음기 부착 등

(나) 소음의 격리 : 방, 장벽, 창문, 소음차단벽 등을 사용

(다) 차폐장치 및 흡음재 사용

(라) 음향처리제 사용

(마) 적절한 배치, 배경음악 활용

(바) 방음보호구 사용 : 귀마개, 귀덮개 등(소극적인 대책)

② 소음경로 대책

(가) 전파경로 차단 : 흡음처리 및 거리 감쇠

(나) 음원 대책 : 발생원 제거, 방진 및 제진 재료 사용

(다) 능동적 제어 : 감쇠대상 음파에 대해 음파 간 간섭현상을 이용

③ 수음 측 대책(소극적 대책)

(가) 건물 및 각 실의 차음성능 향상

(나) 작업자 측 밀폐

(다) 작업시간 변경

(라) 교대근무를 통한 소음노출시간 단축

(마) 개인보호구 착용

④ 소음관리 대책 적용순서

소음원 제거 → 소음 차단 → 소음수준의 저감 → 개인보호구 착용

5-3 진동

(1) 진동

① 진동이 인체에 미치는 영향
   (가) 단기노출의 영향 : 심박수 증가, 호흡량 상승, 근장력 증가, 스트레스 유발
   (나) 장기노출의 영향 : 안정감 저하, 활동 방해, 건강 악화, 과민반응, 멀미, 순환계·자율신경계·내분비계 등의 생리적 문제와 심리적 문제 유발
   (다) 전신진동의 만성적 영향 : 천장골 좌상, 신장손상으로 인한 혈뇨, 자각적 동요감, 불쾌감, 불안감, 동통 호소
   (라) 국소진동의 영향 : 레이노 현상, 뼈·관절·신경·근육·인대·혈관 등 연부조직의 이상 발생

> **참고**
> • 전신진동 : 넓은 범위의 진동 – 크레인, 지게차, 대형 운송차량 등
> • 국소진동 : 좁은 범위의 진동 – 연마기, 자동식 톱, 착암기 등

   (마) 진동은 진폭에 비례하여 추적 능력을 손상시키며 3~90Hz에서 장애를 유발한다.
   (바) 전신진동이 발생하는 진동수의 범위
   - 3~4Hz : 척추골
   - 14Hz : 요추
   - 20~30Hz : 머리에서 어깨 사이
   - 60~90Hz : 안구 공명 발생

(2) 관리방법 및 대책

① 공학적 대책
   (가) 진동댐핑 : 탄성을 가진 진동흡수재, 고무 등을 부착하여 진동을 줄인다.
   (나) 진동격리 : 진동발생원과 작업자 사이를 차단한다.

② 진동방지대책
   (가) 진동을 기술적으로 줄이거나 진동에 노출되는 시간을 줄인다.
   (나) 공장의 진동 발생원을 기계적으로 격리한다.
   (다) 진동 발생원을 작동시키기 위하여 원격제어를 사용한다.
   (라) 작업자의 체온과 손을 따뜻하고 건조한 상태로 유지한다.
   (마) 작업시간은 1시간마다 10분 이상 휴식하여 연속 진동 노출을 줄인다.
   (바) 방진장갑 등 진동보호구를 착용한다.

5-4 고온, 저온 및 기후환경

(1) 열 스트레스 및 평가
① **실효온도(체감온도, 감각온도)**
  ㈎ 상대습도 100%일 때의 온도에서 느끼는 것과 동일한 온감을 실효온도라 한다.
  ㈏ 보온율(clo단위) : 보온효과는 clo단위로 측정
  ㈐ 열교환의 4가지 방법 : 증발, 복사, 전도, 대류(공기의 유동)
  ㈑ 체감온도에 영향을 주는 요인 : 온도, 습도, 기류

② **열손실 및 열평형**
  ㈎ 열은 피부 표면으로 운반되며 대류, 복사, 증발, 전도에 의해 주위로 방출된다.
  ㈏ 열교환 방정식

  열축적(S) = M(대사열) − E(증발) ± R(복사) ± C(대류) − W(한 일)

③ **습건지수(Oxford지수)** : 습구온도와 건구온도의 단순 가중치를 나타내는 지수

  Oxford index = (0.85 × 습구온도) + (0.15 × 건구온도)

④ **습구흑구온도지수(WBGT)** : 고열환경을 종합적으로 평가하는 지수

⑤ **불쾌지수**
  ㈎ 섭씨 기준 : 불쾌지수 = (건구온도 + 습구온도) × 0.72 + 40.6
  ㈏ 화씨 기준 : 불쾌지수 = (건구온도 + 습구온도) × 0.4 + 15

⑥ **고열장애(열에 의한 손상)**
  ㈎ 열발진(heat rash) : 고온환경에서 과도한 땀과 자극으로 피부에 붉은 수포성 발진이 나타나는 현상
  ㈏ 열경련(heat cramp) : 과도한 땀 배출로 전해질이 고갈되어 근육 경련이 나타나는 현상
  ㈐ 열소모(heat exhaustion, 열피로) : 장시간 노동이나 운동으로 다량의 땀을 흘리고 체내 수분과 염분이 부족하여 현기증, 구토 등이 나타나는 현상
  ㈑ 열사병(heat stroke) : 고온, 다습한 환경에서 체온조절 장애로 뇌 온도가 상승하여, 심하면 혼수상태에 빠져 생명을 앗아가는 현상
  ㈒ 열쇠약(heat prostration) : 만성적인 고온환경 노출로 체력 소모와 함께 위장장애, 불면, 빈혈 등이 나타나는 현상

⑦ **강도순서** : 열사병 > 열소모 > 열경련 > 열발진

(2) 고열 및 한랭작업

① **고열작업**
  ㈎ 고열발생원에 대한 대책 : 전체 환기, 복사열 차단, 방열제 사용 등
  ㈏ 고열작업 대책 : 공학적 대책, 방열보호구 관리대책, 작업자에 대한 보건관리대책, 관리대책 등

② **한랭작업**
  ㈎ 적용범위 : 냉장고 · 냉동고, 제빙고, 저빙고 등의 내부, 다량의 액체공기 · 드라이아이스 등을 취급하는 장소
  ㈏ 한랭대책 : 과음을 피할 것, 따뜻한 물과 음식을 섭취할 것, 얼음 위에서 장시간 작업하지 말 것

5-5 교대작업

(1) 교대작업

① **교대작업의 원칙** : 주간근무 → 저녁근무 → 야간근무 → 주간근무 순으로 진행해야 피로회복이 빠르다.

② **야간근무 시 유의사항**
  ㈎ 야간근무는 2~3일 이상 연속하지 않는다.
  ㈏ 교대는 심야에 하지 않고, 연속적인 야간교대작업은 줄인다.
  ㈐ 가벼운 작업은 야간조에 배치하고, 힘들거나 단조로운 작업 · 정신적인 노동은 주간에 배치한다.
  ㈑ 근무시간은 8시간씩 교대하고 야간근무 시간을 짧게 한다.
  ㈒ 야간작업자는 주간작업자보다 휴식시간을 더 많이 부여하며, 근무 종료 후 48시간 이상 충분히 쉰다.
  ㈓ 야간근무 후 아침조로 들어갈 때는 최소 24시간 이상 휴식을 갖는다.
  ㈔ 야간작업 시 피로가 가장 심한 03~05시에는 휴식을 취하도록 한다.

3과목 산업심리학 및 관계법규

제1장 인간의 심리특성

1-1 행동이론

(1) 집단행동

① **통제적 집단행동**
  (가) 관습 : 풍습, 관례, 관행 등
  (나) 유행 : 대중의 행동양식이나 태도
  (다) 규율에 의한 행동 : 구성원의 행동을 합리적으로 통제하고 표준화하는 것

② **비통제적 집단행동**
  (가) 모브(mob) : 폭력이나 말썽 일으킬 가능성이 있는 군중으로, 감정에 따라 행동한다.
  (나) 군중 : 구성원 각자가 책임감과 비판력을 갖지 않는다.
  (다) 패닉(panic) : 모브가 공격적이라면 패닉은 방어적 성격을 가진다.
  (라) 심리적 전염 : 유행과 비슷하나 행동양식이 비합리적이며 이상적이다.

(2) 인간의 행동 특성

① **인간의 성격유형**
  (가) A형 : 능동적이고 공격적인 성향, 경쟁심 강하고 자존감 높고 유능하다.
  (나) B형 : 수동적이고 방어적인 성향, 성격 좋고 느긋하다.
  (다) C형 : 감정을 억누르고 순응적이다. 예스맨
  (라) D형 : 자아가 강하지만 부정적 감정이 많고, 친구가 적다.

② **인간의 행동수준**
  (가) 라스무센의 3가지 행동유형 분류
   • 숙련기반 행동(숙련되지 못해 발생하는 착오) : 인지 → 행동
   • 지식기반 행동(무지로 인한 착오) : 인지 → 해석 → 사고/결정 → 행동
   • 규칙기반 행동(규칙을 알지 못해 발생하는 착오) : 인지 → 유추 → 행동

③ 레빈(Lewin)의 인간행동$(B)=f(P \cdot E)$
  ㉮ f : 함수관계
  ㉯ P : 개체(연령, 경험, 성격, 지능, 소질 등)
  ㉰ E : 심리적 환경(인간관계, 작업환경 등)

1-2 주의/부주의

(1) 부주의의 원인과 대책

① 주의의 특징
  ㉮ 선택성 : 주의는 동시에 2가지 방향에 집중할 수 없다.
  ㉯ 방향성 : 한쪽에 집중하면 다른 쪽은 약해진다.
  ㉰ 변동성(단속성) : 주의는 장시간 일정하고 규칙적으로 지속될 수 없다.
  ㉱ 중복집중의 곤란 : 동시에 여러 방향에 주의를 기울이기 어렵다.

② 부주의의 원인과 대책
  ㉮ 외적·내적 원인과 대책

외적 원인	내적 원인
• 작업환경 조건 불량 : 환경 정비 • 작업순서에 부적절 : 작업순서 정비	• 소질적 문제 : 적성 배치 • 의식의 우회 : 상담(카운슬링) • 경험 부족 : 교육 또는 훈련

  ㉯ 부주의 원인

정신적 측면	기능 및 작업적 측면	설비 및 환경적 측면
• 안전의식 함양 • 주의력의 집중 훈련 • 스트레스 해소 • 작업의욕 고취	• 적성 배치 • 안전작업방법 습득 • 작업조건 개선 • 표준작업 동작의 습관화	• 표준작업 제도 도입 • 작업환경과 설비의 안전화 • 긴급 시 안전작업 대책 수립

③ 부주의의 심리적 요인
  ㉮ 망각 : 경험의 내용이나 인상이 약해지거나 소멸되는 현상
  ㉯ 소질적 결함 : 신체적 지병을 가진 경우 작업배치가 중요
  ㉰ 주변적 동작 : 주위 상황을 인식하지 못하고 작업에만 전념하는 상태
  ㉱ 무의식 행동 : 주변 자극이나 습관에 의해 무의식적으로 이루어지는 동작

(마) 의식의 우회 : 머릿속이 고민이나 공상으로 가득 차 있는 상태
(바) 생략 : 작업공정 절차를 수행하지 않은 것
(사) 억측 판단 : 규정과 원칙대로 하지 않고 과거 경험을 근거로 바뀔 것을 예상하여 행동하다 사고가 발생하는 것 예 건널목 사고
(아) 걱정거리 : 작업 외의 고민으로 인한 불안전 행동

1-3 의식단계

(1) 의식의 특징
① 의식수준

단계	의식의 모드	생리적 상태	신뢰성
0단계	무의식	수면, 뇌발작, 주의작용 상실, 실신	0
1단계	의식 흐림	피로, 단조로운 일, 수면, 졸음, 몽롱	0.9 이하
2단계	이완 상태	안정적 기거, 휴식, 정상작업	0.99~1 이하
3단계	상쾌한 상태	적극적 활동, 최적의 활동상태	0.999 이상
4단계	과긴장 상태	일점 집중, 긴급 방위 반응	0.9 이하

② 부주의 종류
(가) 의식의 단절, 우회(0단계) : 의식이 없는 상태
(나) 의식수준의 저하(1단계) : 부주의 상태
(다) 의식의 혼란(2단계) : 마음이 안쪽으로 향하는 상태
(라) 의식의 상쾌한 상태(3단계) : 전향적(active) 상태
(마) 의식의 과잉(4단계) : 한 점에만 집중하여 판단이 정지된 상태

(2) 피로
① 피로의 요인

기계적 요인	인간적 요인
• 기계의 종류 • 조작 부분의 배치 • 조작 부분의 감촉 • 기계 이해의 난이도 • 기계의 색채	• 생체 리듬 • 정신적·신체적 상태 • 작업시간과 시각, 속도, 강도 • 작업내용, 작업태도, 작업숙련도 • 작업환경, 사회적 환경

② **피로의 종류**
　㈎ 정신적 피로 : 중추신경계의 피로
　㈏ 육체적 피로 : 근육의 피로, 일종의 신체 피로
③ **피로의 3대 특징**
　㈎ 능률의 저하
　㈏ 피로의 지각 변화
　㈐ 생체기능의 다각적 변화
④ **피로의 측정방법**

생리학적 측정방법	생화학적 측정방법	심리학적 측정방법
• 근전도(EMG) • 심전도(ECG) • 안전도(EOG) • 전기피부반응(GSR) • 점멸융합주파수(VFF) • 산소 소비량 • 에너지 소비량	• 혈액 수분 • 혈색소 농도 • 응혈 시간 • 요중 스테로이드양 • 아드레날린 배설량	• 주의력 테스트 • 집중력 테스트 • 플리커법 • 연속 색명 호칭법 • 변별역치 측정

1-4 반응시간

(1) 반응시간

① **정의**
　㈎ 반응시간 : 자극이 주어진 순간부터 반응이 일어날 때까지의 시간
　㈏ 총반응시간＝반응시간＋동작시간
　㈐ 신체 반응시간이 빠른 순서 : 청각＞시각＞미각＞통각
② **자극과 반응의 수에 따른 반응시간**
　㈎ 단순반응시간(simple RT) : 하나의 자극에 대해 하나의 반응만 요구될 때 측정되는 반응시간
　㈏ 선택반응시간(choice RT)
　　• 여러 개의 자극에 대해 서로 다른 반응을 요구하는 경우의 반응시간
　　• 자극, 반응 대안의 수가 많을수록 반응시간은 로그에 비례하여 증가한다.
　㈐ 변별반응시간(discrimination RT) : 여러 자극 중 특정 자극에만 반응하고, 다른 자극에는 반응하지 않는 경우의 반응시간

1-5 작업 동기

(1) 동기부여 이론

① 동기부여 과정과 이론

내용이론 : 무엇이 동기를 유발시키는가?	과정이론 : 어떤 과정을 거쳐 동기부여가 되는가?	강화이론 : 무엇이 동기부여 수준을 지속시키는가?
• 매슬로우 욕구단계이론 • 허즈버그 2요인이론 • 알더퍼 ERG이론 • 맥클랜드 성취동기이론 (성취, 친교, 권력) • 맥그리거의 X, Y이론	• 브룸 기대이론 • 아담스 공정성 이론 • 로크 목표설정 이론	• 스키너의 강화이론

② 매슬로우(Maslow)가 제창한 인간의 욕구 5단계

1단계	2단계	3단계	4단계	5단계
생리적 욕구	안전 욕구	사회적 욕구	존경 욕구	자아실현의 욕구

③ 허즈버그(Herzberg)의 2요인이론
  (가) 동기요인 : 개인이 열심히 일하게 하고 성과를 높여주는 요인(성취감, 책임감, 안정감, 도전감, 발전과 성장)
  (나) 위생요인 : 불만을 예방하는 요인(정책 및 관리, 개인 간의 관계, 감독, 임금 및 지위, 작업조건, 안전)

④ 맥그리거(McGregor)의 X, Y이론

X이론(악)	Y이론(선)
인간 불신감, 성악설	상호 신뢰감, 성선설
인간은 원래 게으르고 태만하여 남의 지배를 받기를 즐김	인간은 부지런하고 근면하며 적극적 · 자주적임
물질 욕구(저차원 욕구)	정신 욕구(고차원 욕구)
명령, 통제에 의한 관리	자기통제에 의한 관리
저개발국형	선진국형
권위주의적(수직적) 리더십	민주적(수평적) 리더십
경제적 보상체제의 강화, 금전적 보상	분권화와 권한의 위임, 정신적 보상
직무의 단순화	직무의 정교화

⑤ 알더퍼(Alderfer)의 ERG이론 3단계
   (가) 생존이론(Existence) : 유기체의 생존과 유지에 관한 욕구
   (나) 관계이론(Relatedness) : 대인관계와 사회적 욕구
   (다) 성장이론(Growth) : 개인발전과 증진에 관한 욕구
⑥ 아담스(Adams)의 사고연쇄반응 이론
   (가) 관리 구조 : 조직의 안전관리 체계
   (나) 작전적 에러 : 관리자의 의사결정 오류 또는 관리 부재
   (다) 전술적 에러 : 불안전한 행동, 불안전한 동작
   (라) 사고 : 상해 발생, 아차사고, 무상해 사고
   (마) 상해 · 손해 : 인적 피해(대인), 물적 피해(대물)
⑦ **교육심리학의 학습이론**
   (가) 파블로프(Pavlov)의 조건반사설
      - 시간의 원리, 강도의 원리, 일관성의 원리, 계속성의 원리
      - 일정한 자극을 반복하여 자극만 주어지면 조건적으로 반응하게 된다.
   (나) 레빈(Lewin)의 장이론(field theory) : 인간은 특정 목표를 추구하려는 내적 긴장에 의해 행동이 발생한다.
   (다) 톨만(Tolman)의 기호형태설 : 학습자는 머릿속의 인지적 지도와 같은 인지구조를 바탕으로 학습한다.
   (라) 손다이크(Thorndike)의 시행착오설
      - 학습의 3원칙 : 연습의 원칙, 효과의 원칙, 준비성의 원칙
      - 맹목적 연습과 시행을 반복하는 가운데 자극과 반응이 결합하여 행동한다.
   (마) 스키너(Skinner)의 조작적 조건화설 : 행동은 강화에 의해 학습된다.
⑧ **작업설계이론** : 환경 요인을 중시하며, 직무가 적절히 설계되어 있다면 작업 자체가 업무 동기와 열정을 증진시킬 수 있다고 본다.
⑨ 데이비스(Davis)의 동기부여이론
   (가) 능력＝지식×기능
   (나) 동기유발＝상황×태도
   (다) 인간의 성과＝능력×동기유발
   (라) 경영의 성과＝인간의 성과×물질의 성과

제2장 휴먼에러

2-1 휴먼에러 유형

(1) 오류 모형

① 휴먼에러의 종류

⑺ 심리적 분류(독립행동에 관한 분류)
- 시간지연 오류(time error) : 시간 지연으로 발생하는 에러
- 순서 오류(sequential error) : 작업공정의 순서 착오로 발생하는 에러
- 생략, 누설, 부작위 오류(omission error) : 작업공정 절차를 수행하지 않아 발생하는 에러
- 작위 오류, 실행 오류(commission error) : 필요한 작업절차를 불확실하게 수행하여 발생하는 에러
- 과잉행동 오류(extraneous error) : 불필요하거나 불확실한 작업절차를 수행하여 발생하는 에러

⑷ 차페니스(Chapanis)의 분류
- 연락 에러
- 지시 에러
- 예측 에러
- 작업공간 에러
- 시간 에러
- 연속응답 에러

⑸ 라스무센(Rasmussen)의 행동기반 오류
- 지식기반 에러
- 규칙기반 에러
- 숙련기반 에러

⑹ 원인 수준별 분류
- 1차 오류(primary error : 주과오) : 작업자 자신으로부터 발생하는 에러
- 2차 오류(secondary error : 2차 과오) : 작업형태, 작업조건 등에서 문제로 발생하는 에러
- 커맨드 오류(command error : 지시 과오) : 작업에 필요한 정보, 물건, 에너지 등이 없어서 발생하는 에러

⑺ 정보처리과정 측면의 분류 : 입력 오류, 출력 오류, 정보처리 오류, 의사결정 오류
⑻ 작업 측면의 분류 : 설계 오류, 제조 오류, 설치 오류, 조작(운용) 오류

(사) 휴먼에러의 배후요인 4가지(4M)
- 인간(Man) : 다른 사람들과의 인간관계
- 기계(Machine) : 기계·장비 등의 물리적 요인
- 미디어(Media) : 작업정보, 작업방법, 환경
- 관리(Management) : 안전기준 정비, 교육훈련, 안전법규

(아) 안전수단을 생략하는 원인
- 의식과잉 : 과도한 자신감으로 안전조치를 무시함
- 주변 영향 : 동료의 행동, 작업 분위기에 따른 영향
- 피로 및 과로 : 신체적·정신적 피로로 안전수칙을 소홀히 함

2-2 휴먼에러 분석기법

(1) 인간 신뢰도

① 신뢰도

(가) 직렬연결 ─[R_1]─[R_2]─[R_3]─ 신뢰도 $R_s = R_1 \times R_2 \times R_3$

(나) 병렬연결

신뢰도 R_p
$= 1 - (1-R_1) \times (1-R_2) \times (1-R_3)$

(다) 신뢰도 : 고장 나지 않을 확률

- 신뢰도$(R) = e^{-\lambda t} = e^{-t/t_0}$ 여기서, λ : 고장률, t : 가동시간, t_0 : 평균수명
- 고장률$(\lambda) = \dfrac{\text{기간 중 총고장건수}}{\text{총동작시간}} = \dfrac{1}{\text{평균수명}}$

(2) 시스템 분석기법

① 정성적 분석기법

(가) 예비위험분석(PHA : Preliminary Hazard Analysis) : 시스템 안전프로그램의 최초 단계의 분석으로, 시스템 내 위험요소가 얼마나 위험한 상태에 있는지 정성적으로 평가하는 기법

(나) 인간오류분석(HEA : Human Error Analysis) : 설비 운전원 등의 실수에 의한 사고를 분석하여 실수의 원인을 파악하고, 실수의 상대적 순위를 결정하는 기법

㈐ 고장모드 및 영향분석(FMEA) : 시스템에 영향을 미치는 모든 요소의 고장을 형태별 분석하고, 그 영향을 최소화하기 위한 대책을 검토하는 정성적, 귀납적 분석기법

㈑ 위험 및 운전성 검토(HAZOP) : 여러 전문가가 모여 공정 관련 자료를 바탕으로, 정해진 절차에 따라 위험요소와 문제점을 찾아내고 그 원인을 제거하는 기법

② **정량적 분석기법**

㈎ 결함수 분석법(FTA : Fault Tree Analysis) : 특정 사고에 대해 사고의 원인이 되는 장치 및 기기의 결함이나 작업자 오류 등을 연역적(top-down) 방식으로 분석하고, 이를 정량적으로 평가하는 기법

㈏ 사건수 분석법(ETA : Event Tree Analysis) : 설계에서 사용단계까지 발생할 수 있는 위험 사건의 전개과정을 분석하는 귀납적, 정량적 분석기법

㈐ 인간 에러율 예측기법(THERP) : 인간의 의사결정 및 행동을 2진(binary) 의사결정 분기로 모델링하고, 직무 종속성(5단계 : 완전 독립~완전 정종속)을 고려하여 인간 오류율을 예측하는 기법

㈑ 조작자 행동나무(OAT) : 위급 상황에서의 직무수행 절차에 초점을 두고 조작자의 행동나무를 구성하여, 사건의 위급 경로에서 조작자의 역할을 분석하는 기법

2-3 휴먼에러 예방대책

(1) 휴먼에러 원인 및 예방대책

① **설비 및 작업환경적 요인에 대한 대책**
  ㈎ 위험요인의 제거
  ㈏ fool-proof, fail-safe 등의 안전설계
  ㈐ 정보의 피드백
  ㈑ 경보 시스템의 정비
  ㈒ 양립성을 고려한 설계
  ㈓ 가시성을 고려한 설계
  ㈔ 인체 측정치의 고려

② **인적 요인에 관한 대책**
  ㈎ 인적요소에 대한 관리
  ㈏ 소집단 활동의 활성화
  ㈐ 작업 교육 및 훈련 강화
  ㈑ 전문인력의 적재적소 배치
  ㈒ 모의훈련을 통한 시나리오 리허설

③ 관리적 대책
  ㈎ 안전에 대한 분위기 조성
  ㈏ 설비·환경의 사전 개선
④ 인간과오 방지의 3가지 설계기법
  ㈎ 안전설계(fail-safe) : 기계의 고장이 있더라도 안전사고가 발생하지 않도록 2중, 3중 통제를 가하는 장치를 두는 설계
  ㈏ 보호설계(fool-proof) : 작업자의 실수가 있더라도 안전사고가 발생하지 않도록 2중, 3중 통제를 가하는 장치가 작동하도록 설계
  ㈐ 배타설계 : 휴먼에러의 가능성을 근원적으로 차단하는 설계

제3장 집단, 조직 및 리더십

3-1 조직이론

(1) 집단 및 조직의 특성
① **집단** : 공동의 목표를 달성하고 이를 추구하기 위한 사람들의 집합체로, 사회적으로 상호 작용하는 둘 혹은 그 이상의 사람으로 구성된다.
② **공식집단과 비공식집단**
  ㈎ 공식집단 : 조직의 목표를 달성하기 위해 공식적인 권한으로부터 형성된 집단
  ㈏ 비공식집단
   • 소집단의 성격을 띤다.
   • 동료애의 욕구가 강하다.
   • 개인적 접촉의 기회가 많다.
   • 감정의 논리에 따라 운영된다.
③ **집단의 형성 이유**
  ㈎ 개인의 욕구 만족 : 생존·소속·권력과 통제 욕구, 더 큰 목표 달성, 위안과 지지
  ㈏ 전통적 관리조직 이론 : 과학적 관리론, 인간관계론, 관리 과정론
  ㈐ 근대적 관리조직 이론 : 의사결정론, 시스템이론, 행동과학론
  ㈑ 조직의 종류 : 직계참모 조직, 위원회 조직, 직능식 조직, 직계식 조직

3-2 집단역학 및 갈등

(1) 집단
① **집단의 기능**
   (가) 응집력 : 집단 구성원이 집단에 머물도록 하는 내부적 힘이다.
   (나) 응집성지수 = $\dfrac{\text{실제 상호작용의 수}}{\text{가능한 상호작용의 수}}$
   (다) 집단의 규범 : 집단을 유지하고 목표를 달성하기 위해 형성된 규칙으로, 자연스럽게 발생하며 항상 변화가 가능하고 유동적이다.
   (라) 집단의 목표 : 집단이 하나의 집단으로서의 역할을 수행하기 위해 반드시 필요하다.
   (마) 선호신분지수(choice status index) = $\dfrac{\text{선호총계}}{\text{구성원 수}-1}$

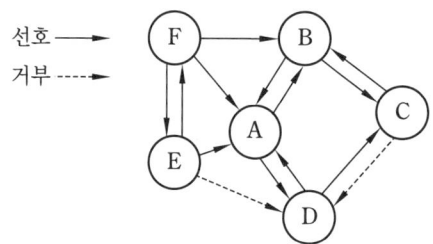

② **소시오메트리(sociometry)** : 인간관계 관리기법에 있어 구성원 상호 간의 선호도를 기초로 집단 내부의 동태적 상호관계를 분석하는 방법이다.
③ **집단 내 역할**
   (가) 역할 : 역할분석, 역할지각, 역할기대, 역할갈등 등을 포함한다.
   (나) 집단 간 갈등원인과 대책
   • 영역 모호성 : 역할과 책임을 명확히 한다.
   • 자원 부족 : 계열사나 자회사로의 전직기회를 확대한다.
   • 승진·동기부여 문제 : 직급 간 처우 차이가 지나치면 불균형이 커지므로 주의한다.
   • 작업 유동의 상호의존성 : 부서 간 협조, 정보교환, 협력체계를 견고하게 구축한다.
④ **역할과 부하** : 양적 과부하, 질적 과부하, 역할 과소 등
⑤ **메이요(Mayo) 교수의 호손(Hawthorne) 공장실험** : 물리적 작업조건보다 작업자의 태도, 감독자와의 관계, 비공식집단 등 인간관계(심리적 태도, 감정)가 생산성 향상에 더 큰 영향을 미친다는 결론이다.

⑥ **감정노동(정서노동)**
  ㈎ 사람을 상대해야 하는 3차산업 종사자들이 일터에서 겪는 정서적 부담을 의미한다.
  ㈏ 감정노동의 표현양식은 표면행위와 내면행위로 구분한다.
⑦ **감정노동의 부정적 결과** : 자기소외, 역할소외, 직무 소진, 스트레스, 자부심의 저하, 우울증, 냉소주의, 감정적 일탈 등

(2) 집단 갈등
① **집단 갈등의 종류** : 계층적 갈등, 기능적 갈등, 라인-스태프 갈등, 문화적 차이에 의한 갈등
② **집단 간 갈등의 원인** : 집단 간 목표 차이, 견해와 행동경향 차이, 역할의 모호성, 자원 부족
③ **토머스-킬만(Thomas-Kilmann)의 갈등 해결의 유형**
  ㈎ 타협 : 서로 양보하여 최선은 아니지만 차선을 선택하는 방식
  ㈏ 순응 : 자신이 포기함으로써 갈등을 해결하는 소극적 방식
  ㈐ 회피 : 갈등 상황을 피하거나 무관심하게 대하는 방식
  ㈑ 협조 : 쌍방 모두 이득을 얻도록 하는 원-윈(Win-Win) 전략
  ㈒ 경쟁 : 상대방을 희생시켜 자신의 이익을 추구하는 적극적 전략

3-3 리더십

(1) 리더십 이론
① 리더십과 헤드십

분류	리더십	헤드십
권한 행사	선출직	임명직
권한 부여	구성원의 동의(밑으로부터)	상위자에 의한 위임
권한 귀속	목표달성에 기여한 공로 인정	공식 규정에 따름
상하 관계	개인적인 영향	지배적인 영향
부하와의 사회적 관계	관계(간격)가 좁음	관계(간격)가 넓음
지휘형태	민주주의적	권위주의적
책임 귀속	상사와 부하 공동	상사 중심
권한 근거	개인적, 비공식적	법적, 공식적

② 리더십에 있어서 권한의 역할
  ㉮ 조직이 리더에게 부여한 권한
    • 보상적 권한 : 승진이나 경제적 보상체제 강화를 통해 부하를 동기부여하는 권한
    • 강압적 권한 : 주어진 권력으로 상벌을 행사할 수 있는 권한
    • 합법적 권한 : 조직 내 공식적인 지위에서 비롯된 권한
  ㉯ 리더가 자신에게 부여한 권한
    • 전문성 권한 : 전문적이고 깊이 있는 지식과 능력에서 발생하는 권한
    • 위임된 권한 : 부하직원들이 상사를 존경하고 자발적으로 따를 때 부여되는 권한
  ㉰ 리더가 구성원에게 영향력을 행사하기 위한 9가지 방략 : 합리적 설득, 자문, 아부(비위), 교환, 동맹(집단형성), 합법화, 압력(강요), 감흥, 합리적 권위
③ 대인지각오류
  ㉮ 할로효과(halo effect) : 개인적 인상이 특정 특징에 관한 평가에 영향을 미치는 현상, 후광효과
  ㉯ 대비효과(contrast effect) : 다른 사람과의 비교로 평가가 과대·과소 왜곡되는 현상
  ㉰ 투사(projection) : 자신의 감정이나 성향을 타인도 같을 것이라 여기는 오류
  ㉱ 고정관념화(stereotyping) : 집단이나 개인에 대해 획일적으로 평가하는 오류
  ㉲ 관대화(leniency) : 실제보다 후하게 평가하는 경향

(2) 리더십 이론의 유형

① 특성이론
  ㉮ 리더는 강한 출세 욕구, 현실 지향성, 정서적 독립성, 부하에 대한 관심을 갖는다.
  ㉯ 미래보다는 현실 지향적이다.
  ㉰ 부모로부터 정서적으로 독립하려는 성향을 보인다.
  ㉱ 성공적인 리더의 개인적 특징, 특성을 찾아내려는 연구에서 발전하였다.
  ㉲ 리더는 선천적으로 타고난 용모, 성격, 자질, 지능 등 고유의 개인적 특성을 지닌다.
② 행동이론
  ㉮ 블레이크와 머튼(Blake & Mouton)의 관리 그리드 이론
    - X축 : 과업에 대한 관심
    - Y축 : 인간관계에 대한 관심

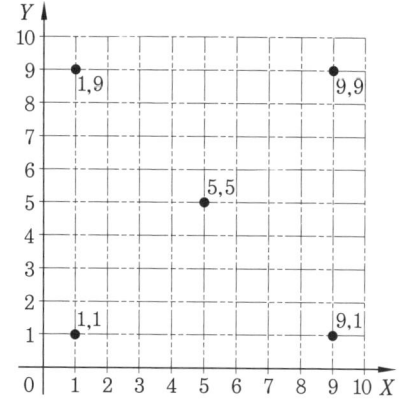

- (1, 1)형 : 무관심형, 자유방임, 포기형
- (1, 9)형 : 인기형, 과업에 대한 관심은 낮은 유형
- (9, 1)형 : 과업형, 과업상의 능력우선
- (5, 5)형 : 타협형, 과업과 인간관계를 절충
- (9, 9)형 : 이상형, 인간과 과업 모두에 높은 관심

③ 상황적 요소와 리더십 유형

㈎ 군 조직, 교도소 등에는 권위형 리더십이 적절하다.

㈏ 집단 구성원의 교육수준이 높을수록 민주형 리더십이 적절하다.

㈐ 조직 환경이 불확실할 때는 참여적 리더십이 요구된다.

㈑ 기술의 발전은 개인의 전문화를 촉진하므로 민주형 리더십을 필요로 한다.

④ 하우스(House)의 경로-목표이론

㈎ 지시적 리더 : 명확한 지침과 규칙을 제시한다.

㈏ 지원적(후원적) 리더 : 부하의 복지와 사기 향상에 중점을 둔다.

㈐ 참여적 리더 : 의사결정 과정에 구성원을 적극 참여시킨다.

㈑ 성취지향적 리더 : 도전적 목표를 제시하고 성취를 강조한다.

제4장 직무 스트레스

4-1 직무 스트레스 개요

(1) 스트레스 이론

① 스트레스

㈎ 작업 관련 인자 중에는 누구에게나 스트레스의 원인이 되는 것이 있다.

㈏ 스트레스는 위협적인 환경특성에 대한 개인의 반응이라고 볼 수 있다.

㈐ 적정수준의 스트레스는 작업성과에 긍정적으로 작용한다.

㈑ 지나친 스트레스를 지속적으로 받으면 인체는 자기조절능력을 상실할 수 있다.

㈒ 스트레스를 해소하는 방법

- 숙면 취하기
- 건강한 식단 유지
- 하루 계획하기
- 규칙적인 휴식시간
- 깊은 심호흡
- 가벼운 운동

- 방해 요소 최소화
- 힐링 언어 및 장소 활용
- 상황 관리하기
- 동료들의 도움받기

㈂ 직무 스트레스의 원인
- 작업요인 : 작업부하, 교대근무 등
- 조직요인 : 갈등, 역할요구, 관리유형 등
- 환경요인 : 소음, 한랭, 환기불량, 조명 등

② **스트레스에 대한 반응**

㈎ 신체적 증상, 행동적 증상, 인지적 증상, 정서적 증상

㈏ 스트레스 반응의 개인 차이
- 성별의 차이
- 강인성의 차이
- 자기 존중감의 차이

③ **스트레스 수준과 성과 수준 사이의 관계** : 스트레스가 낮거나 지나치게 높을 때보다 적정 수준일 때 가장 높은 성과를 낸다.

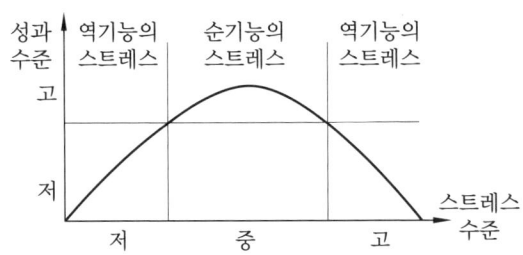

스트레스 수준과 성과 수준과의 관계

(2) 직무 스트레스 요인

① **스트레스의 내적 자극요인** : 자존심의 손상, 업무상의 죄책감, 현실에서의 부적응
② **스트레스의 통제 소재** : 내적 통제, 외적 통제, 우연 통제
③ **스트레스의 요인** : 역할갈등, 과업요구, 집단 압력, 역할 모호성
④ **스트레스의 대책** : 디자인 해결법, 개인적인 해결법, 사회적 지원 관리방법
⑤ NIOSH의 직무 스트레스 모형

㈎ 요인
- 조직요인 : 역할갈등, 관리유형, 의사결정 참여도, 승진, 직무 불안정성
- 환경요인 : 조명, 소음, 진동, 고열, 한랭
- 작업요인 : 작업부하, 작업속도, 교대근무

㈏ 간접적 요인
- 개인적 요인 : 연령, 성별, 경력
- 비직무적 요인 : 가족상황, 교육상태, 결혼상태
- 완충 요인 : 사회적 지지, 업무숙달 정도, 대응노력

㈐ 급성반응 : 직무상 고충, 정신적 반응, 신체적 반응, 행동적 반응

㈑ 질병 : 급성반응이 지속되면 다양한 질병에 노출될 가능성이 높아진다.

제5장 관계법규

5-1 법의 이해

(1) 제조물책임법의 이해

① 제조물책임법에서 손해배상 책임

㈎ 제조물 결함으로 인한 손해가 해당 제조물 자체에만 그치는 경우 책임 대상에서 제외된다.

㈏ 피해자가 제조업자를 알 수 없는 경우 해당 제조물을 영리 목적으로 판매한 공급자가 배상 책임을 진다.

㈐ 제조물의 결함으로 생명·신체·재산상 손해를 입은 경우 제조자가 배상 책임을 진다.

㈑ 손해배상은 손해액의 3배를 넘지 않는 범위 내에서 책임을 진다.

② 제조물 결함의 분류

결함의 분류		세부내용
제품 자체결함	설계상의 결함	안전설계 결여, 안전장치 미비, 주요부품 제작기준 불량, 기술수준 미달
	제조상의 결함	원재료 및 부품 불량, 가공 및 조립상태 불량, 안전장치 고장, 품질관리 불량
표시·경고상의 결함		• 취급 및 사용설명서 및 경고사항 미비 • 팜플렛, 광고·선전, 판매원의 설명 위반, 약속 불이행

㈎ 설계상의 결함 : 제품 자체에 내재된 결함으로, 설계 그 자체 문제로 발생한 결함

㈏ 제조상의 결함 : 설계의도와 다르게 제조·가공되는 과정에서 발생한 결함
㈐ 표시상의 결함 : 제조업자가 제품에 대해 충분한 설명, 지시, 경고 등 정보를 제공하지 않아 발생한 결함

③ **표시상의 결함이 문제가 될 수 있는 경우**
㈎ 경고해야 할 위험성이나 설명해야 할 지시가 표시되지 않은 경우
㈏ 표시된 경고나 지시의 내용이 불충분한 경우
㈐ 경고 표시의 부착방법이나 지시의 기재방법이 부적절한 경우

④ **면책사유**
㈎ 손해배상 책임이 면제되는 경우
- 제조업자가 해당 제조물을 공급하지 않았을 때
- 공급 당시의 과학·기술로는 결함을 발견할 수 없었던 때
- 제조물 공급 당시의 법령 기준을 준수함으로써 결함이 발생한 때
- 원재료나 부품의 경우 이를 사용한 제조업자의 설계 또는 제작 지시로 결함이 발생한 때

㈏ 배상책임의 가중 : 제조업자가 결함을 알면서도 필요한 조치를 취하지 않아 생명이나 신체에 중대한 손해가 발생한 경우, 손해액의 3배 이내에서 배상책임을 진다.
㈐ 리콜제도 : 소비자의 생명이나 신체, 재산에 피해를 주거나 그 우려가 있을 때, 제조업자나 유통업자가 자발적 또는 의무적으로 위험성을 알리고, 해당 제품을 회수하여 수리·교환·환불 등의 적절한 시정조치를 하는 제도

제6장 유해요인 안전보건관리평가

6-1 안전보건관리의 원인

(1) 안전보건관리 개요

① **line형(100명 이하, 소규모)** : 생산·안전을 동시에 지시하는 형태, 신속·정확하다.
② **staff형(100~1000명, 중규모)** : 생산과 안전을 별개로 취급하는 형태이다.
③ **line & staff형(1000명 이상, 대규모)** : 안전계획, 평가 및 조사는 스태프가, 생산기술과 관련된 안전대책은 라인에서 담당하며, 스태프의 월권행위가 발생할 수 있다.

(2) 재해발생 및 예방원리

① 재해발생 및 예방

㈎ 재해발생의 메커니즘
- 하인리히의 사고발생 5단계 : 사회적, 환경적 요인 → 개인의 성격 → 불안전한 행동 및 불안전한 상태 → 사고 → 재해
- 버드의 도미노 이론 : 제어의 부족(관리) → 기본원인(기원) → 직접원인(징후) → 사고(접촉) → 상해(손실)
- 아담스의 사고연쇄반응 이론 : 관리구조 → 작전적 에러 → 전술적 에러 → 사고 → 상해(손실)
- 안전관리 cycle : 실태 파악 → 결함 발견 → 대책 결정 → 대책 실시

㈏ 산업재해발생 모델
- 불안전한 행동(인적 원인) : 88%
- 불안전한 상태(물적 원인) : 10%

㈐ 불안전한 행동의 원인 : 생리적 원인, 심리적 원인, 교육적 원인, 환경적 원인

㈑ 재해의 간접원인 : 기술적 원인, 교육적 원인, 정신적 원인, 신체적 원인, 관리적 원인

㈒ 재해예방의 4원칙
- 손실우연의 원칙 : 재해는 우연히 발생하지만 원인은 반드시 있다.
- 원인계기의 원칙 : 모든 재해에는 원인이 있으며, 제거하면 재해도 없어진다.
- 예방가능의 원칙 : 재해는 원인 관리로 예방할 수 있다.
- 대책선정의 원칙 : 가장 효과적인 대책을 선택하여 실행해야 한다.

② 재해발생 구성비율

㈎ 하인리히 재해 법칙 → 중상(사망) : 경상해 : 무상해=1 : 29 : 300

㈏ ILO 재해 구성비율 → 중상 : 경상 : 무상해=1 : 20 : 200

㈐ 버드 이론(법칙) → 중상(폐질) : 경상 : 무상해(물적손실 발생) : 무상해 · 무손실 =1 : 10 : 30 : 600

③ 재해발생 형태

㈎ 단순자극형 :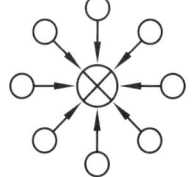

㈏ 복합형 :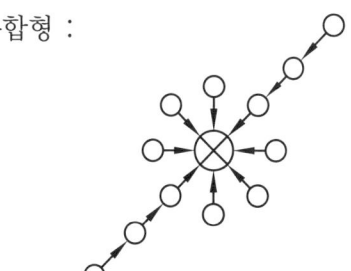

㈐ 단순연쇄형 : ○→○→○→○→⊗

(라) 복합연쇄형 : ○→○→○→○
　　　　　　　　　○→○→○→○ ↘ ⊗

④ **하인리의 사고예방대책 5단계**
　(가) 1단계 : 안전관리조직(organization)
　(나) 2단계 : 사실의 발견(fact finding)
　(다) 3단계 : 분석평가(analysis)
　(라) 4단계 : 대책수립(selection of remedy), 시정방법의 선정
　(마) 5단계 : 대책의 적용(application of remedy)

6-2 재해조사 및 원인분석

(1) 재해조사

① **목적** : 재해원인과 결함을 규명하여 동종재해, 유사재해의 재발 방지
② **재해조사의 방향**
　(가) 사고의 근본 원인 규명　　(나) 재발 방지를 위한 노력
　(다) 생산성 저해요인 제거　　(라) 관리, 조직상 장애요인 제거
③ **재해조사방법**
　(가) 재해 발생 직후 즉시 실시하여 현장을 보존한다.
　(나) 현장의 물적 증거를 수집하고, 사진 촬영 등으로 기록·보관한다.
　(다) 목격자와 현장책임자 등을 대상으로 사고 상황을 조사한다.
　(라) 특수재해, 중대재해는 전문가에게 의뢰한다.
④ **재해조사 단계**
　사실 확인 → 직접원인 및 문제점 발견 → 기본원인과 근본적 문제 결정 → 대책수립
⑤ **재해발생 처리순서**
　긴급조치 → 재해조사 → 원인분석 → 대책수립 → 대책 실시계획 → 실시 → 평가
⑥ **재해 조사자의 유의사항**
　(가) 조사는 2인 이상, 객관적 태도로 사실 수집에 집중한다.
　(나) 현장이 변경되기 전에 가능한 한 신속히 조사하고, 2차 재해를 예방한다.
　(다) 사고 직후 진술과 목격자의 객관적 진술을 기록한다.
　(라) 목격자 진술을 듣고 피해자로부터 상황설명을 듣는다.
　(마) 현장 상황은 사진이나 도면으로 남겨 기록한다.

(바) 책임추궁은 사실을 은폐하게 하므로 조사의 목적은 재발 방지에 둔다.
⑦ 중대재해
  (가) 사망자가 1명 이상 발생한 재해
  (나) 3개월 이상 요양이 필요한 부상자가 동시에 2명 이상 발생한 재해
  (다) 부상자 또는 직업성 질병자가 동시에 10명 이상 발생한 재해
⑧ **산업재해 발생보고** : 산업재해 발생 시 사업주는 1개월 이내에 산업재해조사표를 제출해야 한다.
⑨ **중대재해 발생보고** : 중대재해 발생 시 사업주는 즉시 관할 지방고용노동관서의 장에게 보고해야 한다.

(2) 재해발생원인 분석

① **직접원인과 간접원인**
  (가) 직접원인 : 인적 원인(불안전한 행동), 물리적 원인(불안전한 상태)
  (나) 간접원인 : 기술적 원인, 교육적 원인, 관리적 원인, 신체적 원인, 정신적 원인
② **사고의 본질성** : 사고의 시간성, 필연성 속의 우연성, 사고의 재현 불가능설, 사고의 무작위성, 산업재해의 원인성 등
③ **재해발생의 분석**
  (가) 기인물 : 재해발생의 주원인으로 근원이 되는 기계, 장치, 기구, 환경 등
  (나) 가해물 : 인간에게 직접 접촉하여 피해를 주는 기계, 장치, 기구, 환경
  (다) 사고의 형태 : 사람과 물체가 접촉하는 형태
④ **상해의 종류별 분류** : 골절, 동상, 부종, 자상, 타박상, 절단, 중독, 질식, 찰과상, 창상, 화상, 진폐 등 재해(사고)발생 형태
⑤ **산업재해발생 형태별 분류** : 낙하·비래, 넘어짐, 끼임, 부딪힘, 감전, 유해광선 노출, 이상온도 노출·접촉, 산소결핍, 소음 노출, 폭발, 화재 등

(3) 산업재해 분석 도구

① **재해 분석 분류**
  (가) 관리도 : 시간 경과에 따른 재해발생 건수 등의 대략적인 추이를 파악하는 분석법
  (나) 파레토도 : 사고 유형, 기인물 등 분류항목이 큰 순서대로 도표화한 분석법
  (다) 특성요인도 : 재해와 그 요인의 관계를 어골상으로 세분화하여 나타내는 분석법
  (라) 크로스 분석도 : 2가지 항목 이상의 요인이 상호관계를 유지할 때의 문제분석법
② **재해손실비의 종류 및 계산**
  (가) 하인리히 방식 : 총재해코스트=직접비(1)+간접비(4)

- 직접비 : 요양, 휴업, 장해, 간병, 유족급여, 상병보상연금, 장의비, 직업재활급여
- 간접비 : 인적손실, 물적손실, 생산손실, 특수손실, 기타손실

(나) 시몬즈 방식 : 총재해코스트＝보험코스트＋비보험 코스트
　㉠ 비보험 코스트＝(휴업상해 건수×A)＋(통원상해 건수×B)
　　　　　　　　＋(응급조치 건수×C)＋(무상해 사고 건수×D)
　㉡ 상해의 종류(A, B, C, D는 장해 정도별 비보험코스트의 평균치)
- 휴업상해(A)　　　　　　　　　　・통원상해(B)
- 응급조치(C)　　　　　　　　　　・무상해 사고(D)

(다) 버드의 방식 : 총재해코스트＝보험비(1)＋비보험비(5~50)
　　　　　　　　　＋비보험 기타비용(1~3)

③ 재해 관련 통계의 종류 및 계산

(가) 재해율＝$\dfrac{\text{재해자 수}}{\text{임금근로자 수}}×100$

(나) 연천인율＝$\dfrac{\text{연간 재해자 수}}{\text{연평균 근로자 수}}×1000$ ＝도수율(빈도율)×2.4

(다) 도수율(빈도율)＝$\dfrac{\text{연간 재해발생 건수}}{\text{연간 총근로시간 수}}×1000000$

(라) 강도율＝$\dfrac{\text{근로손실일수}}{\text{총근로시간 수}}×1000$

(마) 종합재해지수＝$\sqrt{\text{도수율}×\text{강도율}}$

(바) 환산강도율＝강도율×100

(사) 환산도수율＝$\dfrac{\text{도수율}}{10}$

(아) 평균강도율＝$\dfrac{\text{강도율}}{\text{도수율}}×1000$

(자) 사망만인율 : 임금근로자 수 10000명당 발생하는 사망자 수의 비율

(차) 근로손실일수
- 사망 및 영구 전 노동 불능장해(1~3등급) : 7500일
- 영구 일부 노동 불능장해(4~14등급)

등급	4	5	6	7	8	9	10	11	12	13	14
일수	5500	4000	3000	2200	1500	1000	600	400	200	100	50

- 일시 전 노동 불능장해 : 휴업일수×(300/365)

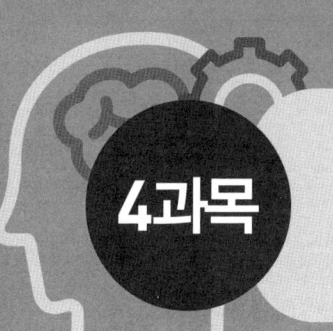

4과목 근골격계질환 예방을 위한 작업관리

제1장 근골격계질환

1-1 근골격계질환의 종류

(1) 근골격계질환의 정의 및 유형

① 근골격계질환
  ㉮ 외상 과염 : 팔꿈치 부위의 인대에 염증이 생겨 발생하는 증상이다.
  ㉯ 수근관 증후군 : 손목이 꺾이거나 과도한 힘을 주며 반복운동을 할 때 발생하는 증상이다.
  ㉰ 회내근 증후군 : 과도한 망치질, 노 젓기 등으로 손가락이 저리고 손가락 굴곡이 약화되는 증상이다.
  ㉱ 결절종 : 반복동작, 구부림, 진동 등에 의해 손바닥 · 손가락에 액체가 찬 낭포(물혹)가 생기는 흔한 종양(질환)이다.
  ㉲ 신경, 근육, 인대, 관절 등에 문제가 생겨 통증, 마비 등이 발생하는 질환이다.

② 근골격계질환의 유형
  ㉮ 팔꿈치 : 외상 과염, 내상 과염
  ㉯ 손, 손목 : 수근관 증후군, 방아쇠 수지, 건활막염
  ㉰ 발, 발목, 손, 손목, 어깨(견관절) : 건염

1-2 근골격계질환의 원인

(1) 근골격계질환의 발생원인

① 작업환경(특성) 요인
  ㉮ 반복동작   ㉯ 과도한 힘 사용

㈐ 접촉 스트레스, 진동
㈑ 부자연스러운 자세
㈒ 온도, 조명, 기타 요인

② **개인적 요인**
㈎ 작업경력(자격증 등)
㈏ 생활습관, 작업습관
㈐ 연령, 성별, 경력

③ **작업관련 요인** : 직무 스트레스, 작업만족도, 근무조건, 휴식시간, 대인관계 등
④ **사회적 요인** : 작업조건, 작업방식의 변화, 작업강도, 직무만족도, 단조로운 작업
⑤ **근골격계 부담작업**
㈎ 하루 총 4시간 이상 집중적으로 키보드 또는 마우스를 조작하는 작업
㈏ 하루 총 2시간 이상 목, 어깨, 팔꿈치, 손목 또는 손으로 같은 동작을 반복하는 작업
㈐ 하루 총 2시간 이상 손이 머리 위에 있거나, 팔꿈치가 어깨 위에 있거나, 팔꿈치를 몸통 뒤쪽에 두는 상태에서 이루어지는 작업
㈑ 지지되지 않은 상태이거나 임의로 자세를 바꿀 수 없는 조건에서 하루 총 2시간 이상 목이나 허리를 구부리거나 트는 상태에서 이루어지는 작업
㈒ 하루 총 2시간 이상 쪼그리고 앉거나 무릎을 굽힌 자세에서 이루어지는 작업
㈓ 하루 총 2시간 이상 지지되지 않은 상태에서 한 손의 손가락으로 1kg 이상의 물건을 집어 옮기거나, 2kg 이상의 힘으로 물건을 손가락으로 쥐는 작업
㈔ 하루 총 2시간 이상 지지되지 않은 상태에서 한 손으로 4.5kg 이상의 물건을 들거나 동일한 힘으로 쥐는 작업
㈕ 하루 10회 이상 25kg 이상의 물체를 드는 작업
㈖ 하루 25회 이상 10kg 이상의 물체를 무릎 아래, 어깨 위에서 들거나, 팔을 뻗은 상태에서 드는 작업
㈗ 하루 총 2시간 이상, 분당 2회 이상 4.5kg 이상의 물체를 드는 작업
㈘ 하루 총 2시간 이상, 시간당 10회 이상 손 또는 무릎으로 반복 충격을 가하는 작업

1-3 근골격계질환의 관리방안

(1) 근골격계질환의 예방관리

① **근골격계질환의 예방원리**
㈎ 예방이 최선의 정책
㈏ 작업자의 신체적 특징을 고려한 작업장 설계

  ㈐ 인간공학 개념을 도입한 해결책 모색
  ㈑ 사업장 근골격계 예방정책에 노사 공동참여
② **예방을 위한 관리적 대책**
  ㈎ 인간공학 교육   ㈏ 안전한 작업방법 교육
  ㈐ 교대근무에 대한 고려 ㈑ 안전예방 체조의 도입
  ㈒ 작업장 휴식시간 배려
  ㈓ 위험요인 인간공학적 분석 및 작업장 개선
  ㈔ 재활복귀질환자에 대한 재활시설 도입
  ㈕ 의료시설 및 인력 확보
  ㈖ 휴게실 · 운동시설 등 복지시설 확충
③ **단기적 관리방안**
  ㈎ 안전한 작업방법 교육 ㈏ 작업자의 휴식시간 보장
  ㈐ 작업장 구조 · 공구 · 작업방법 개선 ㈑ 휴게실 · 운동시설 등 관리시설 확충
④ **장기적 관리방안**
  ㈎ 근골격계질환 예방관리 프로그램 도입
  ㈏ 유해요인 조사를 통한 노동강도 조절
⑤ **대책**
  ㈎ 작업순환 실시
  ㈏ 작업방법 및 작업환경 재설계
  ㈐ 단순 반복적인 작업은 기계 사용

(2) 근골격계질환 예방관리 프로그램

① **기본원칙**
  ㈎ 인식의 원칙   ㈏ 시스템적 접근의 원칙
  ㈐ 전사적 지원의 원칙 ㈑ 사업장 내 자율적 해결의 원칙
  ㈒ 노사 공동참여의 원칙 ㈓ 지속적 관리 및 사후평가의 원칙
  ㈔ 문서화의 원칙
② **예방관리 프로그램**
  ㈎ 의학적 관리를 포함한다.
  ㈏ 팀 단위로 운영된다.
  ㈐ 작업자가 직접 참여한다.
  ㈑ 근골격계질환으로 요양결정을 받은 근로자가 연간 10인 이상이거나, 5인 이상이면서 전체의 10% 이상인 사업장은 반드시 예방관리 프로그램을 수립해야 한다.

㈑ 조기 발견과 치료, 직장 복귀를 위해 가능하면 사업장 내에서 의학적 관리가 제공되어야 한다.

③ **예방관리 추진팀**
  ㈎ 1000명 이하의 중·소규모 사업장
  - 작업자대표
  - 관리자
  - 보건관리자
  - 대표가 위임하는 자
  - 정비, 보수담당자
  - 구매담당자

  ㈏ 1000명 이상의 대규모 사업장
  - 기술자(생산, 설계, 보수기술자)
  - 노무담당자

④ **예방관리 프로그램의 주요내용** : 유해요인 조사, 유해도 평가, 개선 우선순위 결정, 개선 대책수립 및 실시

⑤ **작업환경 개선**
  ㈎ 공학적 개선 : 설비나 작업방법, 작업도구 등에서 유해·위험요인의 원인을 제거하거나 개선
  ㈏ 관리적 개선 : 교육이나 작업자 선발, 작업순환 및 교대근무 등의 관리적 측면에서의 개선

제2장 작업관리 개요

2-1 작업관리의 정의

(1) 작업관리

① **작업관리 내용**
  ㈎ 작업관리는 작업을 효율적이고 안전·편리하게 수행할 수 있는 방법을 연구한다.
  ㈏ 작업에 영향을 미치는 모든 요인을 체계적으로 조사한다.
  ㈐ 작업관리는 시간연구와 방법연구로 이루어진다.
  ㈑ 작업관리 이론은 테일러(Taylor)에 의해 제안된 것으로, 직능식 조직형태에서 관리자가 특정 관리기능을 담당하도록 기능별 전문화가 이루어진 조직 형태이다.
  ㈒ 작업관리는 생산과정에서 인간이 관여하는 작업을 주 연구대상으로 한다.

㈐ 작업관리는 생산 활동의 여러 과정 중 작업 요소를 조사, 연구하여 합리적인 작업 방법을 설정한다.
㈑ 작업은 공정 → 단위작업 → 요소작업 → 동작요소 → 서블릭으로 구분된다.

② **작업관리의 목적**
㈎ 최선의 작업방법 개선 및 개발
㈏ 생산성 향상
㈐ 작업효율 관리
㈑ 재료, 설비, 공구 등의 표준화
㈒ 안전 확보

③ **방법연구**
㈎ 길브레스(Gilbreth) 부부는 동작연구의 창시자로, 적은 노력으로 최대 성과를 얻을 수 있는 작업방법을 연구하였다.
㈏ 동작연구는 불필요한 동작을 없애고 합리적·효과적인 작업방법을 설계하는 기법이다.
㈐ 작업관리는 생산성 향상을 목적으로 작업연구(경제적인 작업방법 연구)와 작업측정(표준작업시간 결정)으로 구분된다.
㈑ 호손(Hawthorne) 실험결과는 작업장의 물리적 조건보다 인간관계와 같은 사회적 조건이 생산성에 더 큰 영향을 준다는 사실을 보여준 시발점이 되었다.
㈒ 작업연구에는 시간연구, 동작연구, 방법연구가 있다.
㈓ 작업측정 : 작업개선 → 피로감소, 생산량 증가 → 생산비감소 → 경쟁력 향상

(2) 작업관리 절차

① **연구대상의 선정**
㈎ 경제적 측면 : 애로 공정, 물자이동이 많은 공정, 이동거리가 긴 공정, 노동집약적인 공정
㈏ 기술적 측면 : 기술적으로 개발 가능한 방법을 포함한 공정
㈐ 연구대상 선정 → 분석과 기록 → 자료 검토 → 개선안 수립 → 개선안 도입

② **대안 도출 방법**
㈎ 작업개선의 원칙(ECRS)
- 제거(Eliminate) : 생략과 배제의 원칙
- 결합(Combine) : 결합과 분리의 원칙
- 재조정(Rearrange) : 재배열의 원칙
- 단순화(Simplify) : 단순화의 원칙

(나) SEARCH 원칙
- S(Simplify operations) : 작업의 단순화
- E(Eliminate unnecessary work and material) : 불필요한 작업이나 자재의 제거
- A(Alter sequence) : 작업순서 변경
- R(Requirement) : 요구조건 충족
- C(Combine operations) : 작업의 결합
- H(How often) : 작업빈도 고려

(다) 브레인스토밍의 4원칙
- 비판금지
- 대량발언
- 자유분방
- 수정발언

(라) 마인드 멜딩(mind melding) : 구성원의 창의적인 아이디어를 모아 다양한 대안을 도출하는 방법

(마) 개선 분석 시 5W1H 적용
- What : 작업 자체의 제거
- Why : 불필요한 작업 여부 검토
- Where, When, Who : 작업의 결합 및 작업순서 변경
- How : 작업의 단순화

(바) 델파이 기법 : 전문가 집단의 의견과 판단을 추출하고 종합하여 집단적 합의를 도출하는 방법으로, 쉽게 결정하기 어려운 정책이나 사회적 쟁점 해결에 활용된다.

제3장 작업분석

3-1 문제분석도구

(1) 문제의 분석 도구

① 문제분석을 위한 기법

(가) 파레토 차트(파레토도) : 문제 요인을 분류하고, 그 비율을 누적분포로 나타내어 문제를 파악하는 기법이다.

(나) 특성요인도 : 바람직하지 못한 결과를 머리로 두고, 원인을 인간·기계·방법·환경 등으로 나누어 어골상으로 분석하는 기법이다.

(다) 마인드 매핑(mind mapping) : 원과 직선을 이용하여 아이디어, 문제, 개념 등을

핵심적으로 요약하는 연역적 추론 기법이다.
   ㈑ 간트 차트(Gantt chart) : 여러 가지 활동 계획의 시작시간과 예상 완료시간을 시간축에 표시하여 일정을 관리하는 도표이다.
   ㈒ PERT : 프로젝트가 얼마나 완성되어있는지 평가하고 전체 일정을 관리하는 기법으로, 주 공정경로와 공정시간을 파악한다.
   - 제1단계 : 프로젝트에서 수행해야 할 모든 활동 파악
   - 제2단계 : 활동 및 활동 간의 선행관계를 네트워크로 표시
   - 제3단계 : 각 활동 소요시간 추정
   - 제4단계 : 프로젝트의 최단 완료시간과 주 공정 발견
   ㈓ 다중활동 분석 : 작업자 간의 상호관계, 작업자와 기계 사이의 상호관계를 다중활동 분석기호로 표시하여 단위작업이나 요소작업 수준에서 분석하는 방법이다.
② **다중활동 분석표의 목적**
   ㈎ 경제적인 작업조 편성
   ㈏ 적정 인원수 결정
   ㈐ 한 명의 작업자가 담당할 수 있는 기계 대수 산정
   ㈑ 기계 및 작업자의 유휴시간 단축

3-2 공정분석

(1) 공정효율
① **작업과 분석단위** : 동작(motion), 작업(task), 공정(process)
② **공정분석** : 작업대상물이 제조되어 제품으로 완성되기까지의 작업경로를 처리되는 순서에 따라 각각 공정의 조건과 함께 분석하는 기법
③ **공정별 배치의 장점**
   ㈎ 작업자의 자긍심과 직무 만족도가 높다.
   ㈏ 제품설계, 작업순서 변경에 대한 유연성이 크다.
   ㈐ 전문화된 감독과 통제가 가능하다.
   ㈑ 기계 한 대의 고장으로 전체 작업이 중단될 가능성이 적고, 쉽게 극복할 수 있다.
④ **공정별 배치의 단점**
   ㈎ 총생산시간이 증가한다.
   ㈏ 숙련된 노동력이 필요하다.

㈐ 생산일정의 계획 및 통제가 어렵다.
㈑ 자재취급비와 재고비용 등의 증가로 단위당 생산원가가 높아진다.

⑤ **제품별 배치의 특성**
㈎ 재고와 재공품이 적어 저장면적이 좁다.
㈏ 운반거리가 짧고 가공물의 흐름이 빠르다.
㈐ 작업 기능이 단순화되며 작업자의 작업 지도가 용이하다.

⑥ **공정별 배치방법** : 기계 · 설비를 기능별로 배치하며 작업순서 변경에 유연성이 크다.

⑦ **주기시간** : 제품이 1개 생산되는 데 걸리는 시간(작업시간이 가장 긴 시간)
㈎ 시간당 생산량=60분/주기시간
㈏ 균형손실(공정손실)=$\dfrac{총유휴시간}{작업 수 \times 주기시간}$
㈐ 균형효율(공정효율)=$\dfrac{총작업시간}{총작업자 수 \times 주기시간} \times 100$
㈑ 균형손실+균형효율=1
㈒ 총유휴시간(균형지연)=작업 수×주기시간-각 작업시간의 합

⑧ **준비시간을 단축하는 방법**
㈎ 내준비 작업(기계를 멈추어야만 할 수 있는 작업)보다 외준비 작업(기계 가동 중 가능한 작업)을 먼저 개선한다.
㈏ 작업이 개선되면 표준작업 조합표도 변경한다.
㈐ 가능한 내작업을 외작업으로 전환한다.
㈑ 불필요한 조정작업을 제거한다.

(2) 공정도

① **제품 공정분석**
㈎ 작업공정도 : 원재료로부터 완제품이 나올 때까지 공정에서 이루어지는 작업과 검사의 모든 과정을 순서대로 표현한 도표로, 재료와 시간정보를 함께 나타낸다.
㈏ 유통공정도의 용도 : 잠복비용을 발견하여 감소시키고, 그 원인을 파악한다.
㈐ 유통선로의 기능
• 자재 흐름의 혼잡지역 파악
• 시설물의 위치 및 배치관계 파악
• 공정과정에서 역류현상 발생 여부 점검
• 제조과정에서 운반 · 정체 · 검사 · 보관 등 부품의 이동경로를 배치도상에 선으로 표시

② **작업자 공정분석** : 작업공정도를 이용한다.
③ **사무 공정분석** : 사무 작업분석에는 시스템 차트가 가장 적합하다.
④ **다중활동도표(multi-activity chart)**

   (가) 작업자가 담당할 수 있는 이론적 기계 대수 $(n) = \dfrac{a+t}{a+b}$

      여기서, a : 작업자와 기계의 동시 작업시간
           b : 독립적인 작업자 활동시간
           t : 기계 가동시간

   (나) 최적의 기계 대수 $(n) = \dfrac{a}{b}$

      여기서, a : 제품 1개당 기계 작업시간
           b : 제품 1개당 작업자 작업시간

⑤ **인간-기계 도표**

   (가) 작업조 편성 및 경제적인 기계 담당 대수를 산출하는 데 활용한다.
   (나) 작업현황을 체계적으로 파악하여 유휴시간을 줄이고 작업효율을 높이는 데 이용한다.

공정도의 표준기호

공정분류	가공	정체		운반	검사	
기호 명칭	가공	저장	지체	운반	수량검사	품질검사
기호	○	▽	▭	○/⇨	□	◇

3-3 동작분석

(1) 동작분석과 서블릭

① **개요** : 신체 각 부위의 동작을 분석하여 위험요소 작업은 제거하고 비능률적인 동작은 개선함으로써 최선의 동작을 찾아내는 것
② **서블릭(Therblig) 분석** : 인간이 행하는 손동작을 분해 가능한 최소 기본단위 동작으로 구분한 것
③ **구분** : 초기에는 기본동작을 18가지로 구분하였으나 현재는 17가지만 정리되었다.

㈎ 기본동작(TTGRP)

빈손(TE)으로 가서	물건을 쥐고(G)	가져와서(TL)	내려놓고(RL)	정위치로(PP) 감
TE : 빈손 이동	G : 쥐기	TL : 운반	RL : 내려놓기	PP : 미리 놓기

㈏ 목적을 가진 동작(UAD)

사용(U)하여	조립(A)하고	분해(D)함
U : 사용	A : 조립	DA : 분해

㈐ 비효율적 서블릭
- 정신적/반정신적 동작 : SSPIP(찾고, 고르고, 바로 놓아서, 검사하고, 계획)
  Sh : 찾기, St : 고르기, P 바로 놓기, I : 검사, Pn : 계획
- 정체적 동작 : UARH(잡고 있고, 놀고 있으니, 지연됨)
  UD : 불가피한 지연, AD : 피할 수 있는 지연, R : 휴식, H : 잡고 있기

㈑ 서블릭 분석기호

→	⊕	∪	††	∩
St : 선택	Sh : 찾음	TL : 운반	DA : 분해	H : 잡고 있기

④ 비디오 분석
㈎ 즉시성과 재현성을 모두 구비한 방법이다.
㈏ 고도의 반복동작, 장기간 같은 방법으로 수행되는 동작을 분석
㈐ 미세동작 분석
㈑ 메모모션 분석

(2) 동작경제의 원칙

① **동작의 효율성**
㈎ Barnes(반즈)의 동작경제의 3원칙
- 신체의 사용에 관한 원칙
- 작업장의 배치에 관한 원칙
- 공구 및 설비 디자인(설계)에 관한 원칙

㈏ 동작경제의 목적 : 불필요한 동작을 줄이고 효율적인 동작으로 대체하여 생산성을 높인다.

② **작업자 공정도** : 수작업을 대상으로 양손의 동작을 관찰하여 작업을 분석하는 공정도

제4장 작업측정

4-1 작업측정의 개요

(1) 표준시간

① **작업측정**
  ㈎ 작업활동에 소요되는 시간과 자원을 측정하고 추정하는 것이다.
  ㈏ 제품을 생산하는 과정을 과학적으로 관리하기 위한 과정이다.
② **작업측정의 목적** : 작업성과 측정, 표준시간 설정, 유휴시간 제거
③ **작업측정의 방법**
  ㈎ 직접측정 방법 : 워크샘플링, 시간연구법
  ㈏ 간접측정 방법 : PTS법, 표준자료법, 실적기록법, 통계적 표준
④ **시간연구** : 표준화된 작업방법으로 작업을 수행할 때 소요되는 표준시간을 측정하는 분야이다.
⑤ **표준시간 설정기법** : 표준시간, 정미시간, 여유율을 기준으로 하며 공정성(일관성), 적정성(신뢰성), 보편성을 갖추어야 한다.
⑥ **표준시간의 용도**
  ㈎ 단위당 소요시간 제공
  ㈏ 생산일정 계획의 기초 자료
  ㈐ 작업속도의 기준 제시
  ㈑ 노동 표준으로 활용
  ㈒ 능률급 결정에 활용
⑦ **표준시간 계산**
  ㈎ 표준시간 = 정미시간 + 여유시간
  ㈏ 표준시간 = 정미시간 × (1 + 여유율) = (관측시간 × 레이팅) × (1 + 여유율)

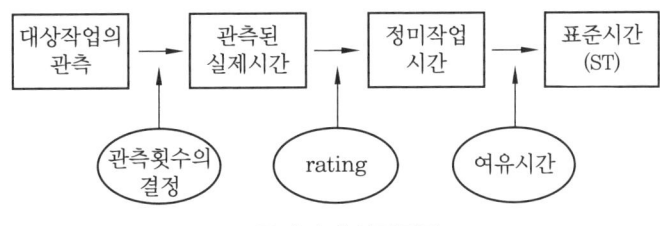

표준시간의 산정절차

⑧ 관측횟수의 결정

㈎ 표준편차 수(Z)가 주어졌을 때
- 신뢰도 95%, 허용오차 5%일 때 표준정규분포값은 $Z=1.96$이다.
- 필요한 관측 수$(N) = \left(\dfrac{t \times S}{e \times x}\right)^2$

여기서, t : 신뢰도 계수　S : 표준편차
　　　　e : 허용오차　　x : 관측 평균시간

㈏ 분포도값이 주어졌을 때
- 관측횟수$(N) = \left(\dfrac{t(n-1,\ 0.025) \times S}{0.05 \times x}\right)^2$

여기서, n : 시험관측치　e : 허용오차
　　　　S : 표준편차　　x : 관측 평균시간
　　　　$t(n-1,\ 0.025)$: 문제에서 주어진 t분포값
　　　　$t(n-1,\ 0.05)$: 문제에서 주어진 t분포값

(2) 시간연구

① **표준시간의 산정절차** : 측정준비 → 관측치 산출 → 정미시간 산출 → 표준시간 산출

② **정미시간(normal time)** : 일정한 속도로 작업을 수행하는 데 소요되는 시간

㈎ 총정미시간 = 근무시간 × $\dfrac{\text{정미시간}}{\text{표준시간}}$ (분)

㈏ 정미시간(NT) = 관측시간의 평균치 × 속도평가계수 × (1 + 2차 조정계수)
　　　　　　　　 = 개당 실제 생산시간 × 레이팅 계수
　　　　　　　　 = 관측시간의 평균치 × 레이팅 계수

③ **레이팅 계수(rating scale)**

㈎ 관측 시간치의 평균값을 레이팅 계수로 보정하여 보통속도로 환산한 것을 정미시간이라 한다.

㈏ 정상기준 작업속도를 100%로 볼 때 100%보다 크면 표준보다 빠른 속도, 100%보다 작으면 느린 속도를 의미한다.

㈐ 레이팅 계수가 125%라면 동작이 매우 숙달된 속도로, 장시간 계속 작업 시 피로가 누적될 수 있는 수준이다.

㈑ 속도 레이팅 계수는 기준속도를 실제속도로 나누어 계산하며, 작업속도만 고려하기 때문에 적용하기 쉽고 보편적으로 사용된다.

㈒ 레이팅 계수 = $\dfrac{\text{정미시간}}{\text{관측 평균시간}}$ (1 이상이면 표준보다 빠르고 1 이하면 느리다.)

(3) 수행도 평가 또는 레이팅 계수

① **수행도 평가**
  ㈎ 기준속도에 비해 작업이 얼마나 빨리 진행되었는지 평가한다.
  ㈏ 레이팅 계수로 나타낸다.

② **수행도 평가법의 종류**
  ㈎ 속도 평가법 : 작업속도만을 기준으로 평가
  ㈏ 합성 평가법 : 속도와 작업 태도 등 여러 요소를 종합하여 평가
  ㈐ 평준화(객관적) 평가법 : 표준화된 기준·자료를 활용하여 객관적으로 평가
  ㈑ 웨스팅하우스 시스템 : 숙련도, 노력, 작업조건, 일관성 등 4요소로 평가
    • 숙련도(skill) : 경험, 적성 등의 숙련된 정도
    • 노력 : 마음가짐
    • 작업조건 : 작업자의 환경
    • 일관성 : 작업시간의 일관성 정도

(4) 여유시간

① **여유시간**
  ㈎ 불규칙적으로 발생하는 여러 가지 요소에 의한 지연시간
  ㈏ 표준시간 산정의 현실성을 보장하기 위해 필요

② **여러 요인에 의해 발생하는 지연시간**
  ㈎ 인적 여유 : 생리 여유(생리적 욕구), 피로회복 여유
  ㈏ 물적 여유 : 지연 여유(설비 고장, 재료 대기), 직장 여유(작업장 사정)
  ㈐ 특수 여유 : 조(그룹) 여유, 소로트 여유(작업 로트 전환 시 발생), 기계간섭 여유, 장려 여유

③ **여유율의 계산**
  ㈎ 여유율$(A) = \dfrac{\text{여유시간}}{\text{정미시간} + \text{여유시간}} \times 100$
  ㈏ 근무시간 = 정미시간 + 여유시간
  ㈐ 여유시간 = $\dfrac{\text{준비시간}}{\text{로트 크기}}$
  ㈑ 표준시간 = 개당 정미시간 + 여유시간
  ㈒ 총여유시간 = 근무시간 − 총정미시간

4-2 워크샘플링(Work Sampling)

(1) 워크샘플링의 원리
① **워크샘플링** : 통계적 기법으로 관측대상을 무작위 시점에서 선정하고, 작업자나 기계 가동상태를 스톱워치 없이 순간적으로 관찰하여 작업상황을 추정하는 방법이다.
② **체계적 워크샘플링**
  ㈎ 일정한 간격으로 관측을 실시한다.
  ㈏ 작업요소가 무작위로 발생하는 경우 적용한다.
  ㈐ 주기성이 있더라도 관측 간격이 작업주기보다 짧을 때 적용 가능하다.
③ **워크샘플링의 장점**
  ㈎ 특별한 시간 측정장비가 필요 없다.
  ㈏ 관측이 순간적으로 이루어져 작업에 방해가 적다.
  ㈐ 자료수집이나 분석에 필요한 시간이 다른 시간연구 방법에 비해 짧다.
  ㈑ 연구를 일시 중지했다가 다시 이어서 할 수 있다.
  ㈒ 분석자가 소요하는 총작업시간이 훨씬 적다.
④ **워크샘플링의 단점**
  ㈎ 한 명의 작업자나 한 대의 기계만 연구할 경우 비용이 증가한다.
  ㈏ 시간연구법에 비해 세밀하지 못하다.
  ㈐ 짧은 주기나 반복작업에는 적합하지 않다.
  ㈑ 작업방법이 바뀌면 전체 연구를 다시 해야 한다.

(2) 워크샘플링의 절차 및 관측횟수
① **워크샘플링의 절차**
  ㈎ 문제 정의 : 조사 목적과 측정 내용을 명확히 한다.
  ㈏ 승인 및 협조 확보 : 직장 책임자의 승인을 얻고 작업자의 협조를 얻는다.
  ㈐ 결과에 기대하는 정도 설정 : 절대오차를 정하는 신뢰도를 고려한다.
  ㈑ 예비분석 및 관측 계획 설정
    • 작업내용을 이해하고 분석단위로 작업을 분해한다.
    • 요구 정확도에 따라 총관측 수를 산출한다.
    • 관측일수, 관측시간, 순회경로를 결정한다.
  ㈒ 관측 수행 : 계획에 따라 관측을 실시하고 관측 위치를 준수한다.
  ㈓ 결과 분석 및 검증 : 관측 결과를 정리하고 이상치를 확인·삭제한다.

(사) 결과 정리 및 보고 : 최종 결과를 정리하여 보고한다.
② 워크샘플링 관측횟수(N) = $\left(\dfrac{t \times S}{e}\right)^2$

여기서, t : 신뢰도 계수, S : 표준편차, e : 오차범위

(3) 워크샘플링의 응용과 종류
① 워크샘플링의 응용
  (가) 여유율 산정
  (나) 표준시간 설정
  (다) 업무개선 및 정원 설정
  (라) 작업자의 근무상황 파악
  (마) 중요설비의 가동률 분석
② 워크샘플링의 종류
  (가) 퍼포먼스 워크샘플링
  (나) 체계적 워크샘플링
  (다) 층별 워크샘플링

4-3 표준자료

(1) 표준자료법
① 표준자료의 개요
  (가) 초기 구축 비용이 크므로 생산량이 적은 경우 부적합하다.
  (나) 일단 작성되면 유사 작업에 대해 신속하게 표준시간을 설정할 수 있다.
  (다) 작업조건이 불안정하거나 표준화가 곤란한 경우 적용하기 어렵다.
  (라) 정미시간을 종속변수로, 작업에 영향을 주는 요인을 독립변수로 하여 두 변수의 함수관계를 바탕으로 표준시간을 구한다.
② 장점
  (가) 레이팅이 필요 없다.
  (나) 현장에서 직접 측정하지 않아도 표준시간 산정이 가능하다.
  (다) 사용법이 정확하다면 현장에서 직접 측정하지 않더라도 표준시간 설정이 가능하다.
③ 단점
  (가) 표준시간의 정확도가 떨어질 수 있다.
  (나) 작업개선의 기회나 의욕이 떨어진다.
  (다) 초기 비용이 커서 생산량이 적거나 제품이 큰 경우 부적합하다.

(2) PTS(Predetermined Time Standards)법

① **PTS법** : 작업을 기본동작으로 분류하고, 각 동작의 성질과 조건에 따라 미리 정해진 기준 시간을 적용하여 전체 작업의 정미시간을 구하는 방법이다.

② **PTS법의 특징**
  (개) 작업자를 대상으로 작업시간을 직접 측정할 필요가 없다.
  (내) 표준시간 설정 시 레이팅이 필요 없어 표준시간의 일관성이 높다.
  (대) 작업대 배치와 작업방법만 알면 생산현장을 보지 않고도 표준시간 산출이 가능하다.
  (래) 초기에는 전문가 자문과 교육·훈련비용 등으로 비용이 많이 든다.

(3) WF(Work Factor)

① **WF의 개요**
  (개) 동작시간의 변동요인
  - 신체 부위
  - 이동거리
  - 중량 또는 저항
  - 동작의 인위적 조절

  (내) 동작의 난이도를 나타내는 인위적 조절 정도
  - S(Steering) : 좁은 간격 통과, 유도·조절 동작
  - P(Precaution) : 파손이나 상해를 막기 위한 조절 동작
  - U(Change of direction) : 장애물을 피하기 위한 방향 변경
  - D(Definite stop) : 의식적으로 일정 시간 정지가 필요한 동작

② **WF법의 8개 표준요소** : 모든 작업이 8개의 표준요소 중 하나로 분류되며, 각 요소별 4가지 변동요인을 적용하여 시간을 결정한다.
  - 쥐기(Grasp, Gr)
  - 동작·이동(Transport, T)
  - 조립(Assemble, Asy)
  - 미리 놓기(Preposion, PP)
  - 분해(Disassemble, Dsy)
  - 내려놓기(Release, Rl)
  - 사용(Use, U)
  - 정신과정(Merital Process, MP)

(4) MTM(Method Time Measurement)

① **MTM 표기**
  (개) TMU(Time Measurement Unit)
    1TMU=0.00001시간=0.0006분=0.036초
  (내) MTM 표기법
    기본동작+이동거리+목표물의 조건(Case A, B, C, D, E)+중량(저항)

② MTM법의 용도
  ㈎ 능률적인 설비 및 기계류의 선택, 작업방법 결정
  ㈏ 표준시간 설정
  ㈐ 작업방법 개선 및 향상시키기 위한 교육
③ MTM 기본동작
  - 손을 뻗음(Reach : R)
  - 운반(Move : M)
  - 회전(Turn : T)
  - 누름(Apply Pressure : AP)
  - 잡음(Grasp : G)
  - 정치(Position : P)
  - 신체의 동작(Body Motion : BM)
  - 눈의 초점 맞추기(Eye Focus : EF)
  - 눈의 이동(Eye Travel : ET)
  - 크랭크(Crank : K)
  - 떼어놓음(Disengage : D)
  - 방치, 놓음(Release : Rl)

제5장 유해요인 평가

5-1 유해요인 평가원리

(1) 유해요인 조사

① 조사내용
  ㈎ 설비, 작업공정, 작업량, 작업속도 등 작업장 상황
  ㈏ 작업시간, 작업자세, 작업방법 등 작업조건
  ㈐ 작업과 관련된 근골격계질환의 징후 및 증상 유무
② 유해요인 조사항목
  ㈎ 작업장의 상황 : 작업량, 작업속도 등
  ㈏ 작업조건 : 과도한 힘, 진동, 접촉 스트레스, 반복 동작, 부자연스럽거나 취하기 어려운 자세
③ **근골격계질환 증상조사** : 증상과 징후, 직업력, 근무형태, 과거 질병력 등
④ **조사방법** : 사업주는 유해요인 조사를 실시할 때 근로자 면담, 증상 설문조사, 인간공학적 관점의 조사 등 적절한 방법을 활용해야 한다.

(2) 관리적 개선

① 작업의 다양성 제공
② 스트레칭 체조의 활성화
③ 작업일정 및 작업속도 조절
④ 직무 순환
⑤ 회복시간 제공
⑥ 작업습관 변화
⑦ 작업자 적정배치
⑧ 작업공간의 주기적 청소 및 유지보수

5-2 중량물 취급작업

(1) 중량물 취급방법

① **들기 작업의 안전작업 범위**
  ㈎ 팔을 몸에 붙이고 손목만 위·아래로 움직일 수 있는 범위
  ㈏ 물체를 안정적으로 잡고 허리가 무게를 지탱할 수 있는 범위
  ㈐ 팔꿈치를 몸 옆에 붙인 상태에서 손이 어깨 높이부터 허벅지까지 닿는 범위
  ㈑ 몸의 무게중심 가까이에서 허리에 부담이 적은 범위

② **들기 작업의 주의작업 범위**
  ㈎ 몸에서 다소 떨어진 범위
  ㈏ 팔을 완전히 뻗어 어깨 높이까지 들어 올렸다가 허벅지까지 내리는 범위
  ㈐ 허리가 지탱할 수 있는 한계에 도달한 상태(약 40kg 정도)

③ **위험작업 범위**
  ㈎ 안전작업 범위를 완전히 벗어난 범위
  ㈏ 중량물을 놓치기 쉽고 허리가 무게를 지탱하기 어려운 상태
  ㈐ 허리에 큰 압력이 가해지는 경우(벽돌 1톤에 해당하는 부담 수준)

④ **위험작업의 관리적 개선**
  ㈎ 위험표지 부착
  ㈏ 작업자의 교육 및 훈련
  ㈐ 작업속도 조절

⑤ **NIOSH 들기 방정식**
  ㈎ NLE(NIOSH Lifting Equation) : 중량물 취급작업의 여러 요인을 고려하여 들기 작업의 허용중량을 산정하는 방법
  ㈏ 권장무게한계 $RWL(Kd) = LC \times HM \times VM \times DM \times AM \times FM \times CM$

LC	부하 상수	23kg(작업물 무게)
HM	수평 계수	$25/H$
VM	수직 계수	$1-(0.003 \times V-75)$
DM	거리 계수	$0.82+(4.5/D)$
AM	비대칭 계수	$1-(0.0032 \times A)$
FM	빈도 계수	분당 들어 올리는 횟수
CM	결합 계수	커플링 계수

(다) 들기 지수(LI : Lifting Index)

- $LI = \dfrac{\text{작업물의 무게}}{RWL(\text{권장무게한계})}$

- LI가 1보다 크면 요통의 발생위험이 높다는 것을 나타낸다.

5-3 유해요인 평가방법

(1) OWAS

① OWAS(Ovako Working Posture Analysis System) : 작업자세의 부하를 평가하기 위해 개발한 방법으로, 작업자세를 허리·팔·다리 하중으로 구분하여 코드로 표현한다.

② 유해요인 조사방법으로서의 OWAS

(가) 작업자세 수준은 4단계로 분류한다.

(나) 작업자세로 인한 부하를 평가하는 데 중점을 둔다.

(다) 신체 부위의 자세뿐만 아니라 중량물의 사용도 고려하여 평가한다.

(라) 작업자세를 허리·팔·다리·하중으로 구분하고, 각 부위의 자세를 코드로 표현하여 기록·분석한다.

(2) RULA

① 유해요인 조사방법의 RULA(Rapid Upper Limb Assessment)

(가) 작업자세는 신체 부위별로 그룹 A(상완, 전완, 손목)와 그룹 B(목, 상체, 다리)로 나눈다.

(나) 주로 상지(upper limb)에 초점을 맞춰 작업부하를 평가한다.

(다) 평가하는 작업부하 인자는 동작의 횟수, 정적인 근육작업, 힘, 작업자세 등이다.
(라) 평가는 1~7점으로 이루어지며 점수에 따라 4개의 조치단계로 분류된다.

② **단점**
(가) 상지 분석에만 초점이 맞춰져 있다.
(나) 세밀한 분석 결과 제시가 어렵다.
(다) 전신 작업자세 분석에는 한계가 있다.

③ **평가방법**
(가) 그룹 A(상완, 전완, 손목)와 그룹 B(목, 상체, 다리)로 나누어 점수를 부여한다.
(나) 그룹별 자세 점수는 근육의 사용과 힘을 고려하여 산정하며, 이를 종합하여 총점을 구한다.

④ **총점에 따른 조치수준**
(가) 조치수준1(1~2점) : 수용 가능한 작업이다.
(나) 조치수준2(3~4점) : 계속적인 추적관찰이 요구된다.
(다) 조치수준3(5~6점) : 빠른 작업개선과 작업위험요인의 분석이 요구된다.
(라) 조치수준4(7점 이상) : 정밀조사와 즉각적인 개선이 요구된다.

(3) JSI

① **JSI(Job Strain Index)의 6가지 평가 항목**
(가) 손·손목의 자세
(나) 1일 작업의 지속시간
(다) 힘의 강도
(라) 힘을 발휘하는 지속시간
(마) 분당 힘의 발휘횟수
(바) 작업속도

② **작업공정도** : 작업자의 작업공정을 분석하는 데 사용하는 도표

(4) 사무/VDT 작업

① **VDT 작업자세**
(가) 손목은 일직선을 유지한다.
(나) 화면과의 거리는 최소 40cm 이상 확보한다.
(다) 작업자의 시선은 화면 상단과 눈높이가 일치하도록 한다.
(라) 윗팔은 자연스럽게 늘어뜨리고 팔꿈치의 내각은 90° 이상이 되도록 한다.
(마) 화면의 시야 범위는 수평선보다 10~15° 아래에 오도록 한다.

② **영상표시 단말기(VDT) 취급**
(가) 키보드와 키 윗부분의 표면은 무광택으로 한다.
(나) 빛이 작업화면에 도달하는 각도는 화면으로부터 45° 이내로 한다.

㈐ 작업자의 손목 지지를 위해 작업대 끝면과 키보드의 사이에 15cm 이상 간격을 둔다.

㈑ 화면을 오래 볼수록 화면 밝기와 작업대 주변 밝기의 차를 줄이도록 한다.

③ **작업기기의 조건(키보드 & 마우스)**

㈎ 키보드의 경사는 5° 이상 15° 이하, 두께는 3cm 이하

㈏ 작업대 끝면과 키보드 사이의 간격은 15cm 이상

㈐ 키보드와 키 윗부분의 표면은 무광택 처리

④ **VDT 증후군 예방 5대 수칙**

㈎ 허리는 의자 등받이에 지지하고, 곧게 펴 바르게 앉는다

㈏ 모니터는 화면 상단과 눈높이가 일치하도록 한다.

㈐ 키보드와 작업대 높이는 팔꿈치 높이에 맞춘다.

㈑ 키보드와 마우스는 손목이 곧은 자세를 유지할 수 있도록 한다.

㈒ 50분 이상 일한 경우 10분씩 휴식을 취하도록 한다.

제6장 작업설계 및 개선

6-1 작업방법

(1) 작업방법 및 작업대

① **작업방법 설계 시 고려사항**

㈎ 눈동자의 움직임을 최소화한다.

㈏ 동작은 천천히 하여 최대 근력을 발휘한다.

㈐ 근력 발휘 지속시간 : 최대 힘은 약 30초, 50% 힘은 약 1분, 15% 이하에서는 장시간 유지, 10% 미만에서는 거의 무한히 유지 가능하다.

㈑ 가능하면 중력 방향으로 작업을 수행한다.

② **입식 작업대**

㈎ 일반적으로 작업대는 팔꿈치 높이를 기준으로 한다.

㈏ 작업자의 체격에 따라 작업대 높이를 조절할 수 있도록 한다.

㈐ 미세부품 조립과 같은 정밀 작업의 경우 작업대는 팔꿈치보다 약간 높게 한다.

㈑ 경작업인 조립라인이나 기계 작업은 팔꿈치 높이보다 5~10cm 낮게 한다.

㈒ 중작업(중량작업)은 팔꿈치보다 10~20cm 낮게 한다.

③ **작업대의 높이**

구분	입식 작업대	좌식 작업대
정밀작업	팔꿈치 높이보다 5~20cm 높게	팔꿈치 높이보다 5~10cm 높게
경작업	팔꿈치 높이보다 0~10cm 낮게	팔꿈치 높이보다 3~5cm 낮게
중량작업	팔꿈치 높이보다 10~30cm 낮게	팔꿈치 높이보다 5~10cm 낮게

(2) 작업공간

① **설계 시 고려사항** : 작업공간 포락면은 팔을 뻗는 방향, 작업의 성질, 작업복장에 따라 달라진다.
② **작업공간 포락면(envelope)** : 앉은 자세에서 작업 시 사용하는 공간으로, 작업 성질에 따라 경계가 달라진다.
③ **수평 작업면에서 팔 뻗는 동작에 따른 도달영역**
　(가) 정상 작업역(34~45cm) : 손을 작업대 위에서 자연스럽게 뻗어 작업하는 범위
　(나) 최대 작업역(55~65cm) : 손을 작업대 위에서 최대한 뻗어 작업하는 범위
④ **접근 가능거리 설계** : 인체치수의 5퍼센타일 값을 기준으로 하는 것이 적절하다.
⑤ **여유공간** : 체구가 큰 작업자도 사용할 수 있도록 충분히 확보해야 한다.
⑥ **공간배치의 원리** : 사용빈도, 기능성, 중요도, 사용순서, 일관성, 양립성의 원리

(3) 작업개선

① **작업개선의 원리**
　(가) 자연스러운 자세 유지　　　　　(나) 과도한 힘 사용 최소화
　(다) 손이 닿기 쉬운 위치에 배치　　 (라) 적절한 높이에서 작업수행
　(마) 반복 동작 최소화　　　　　　　(바) 피로와 정적부하 감소
　(사) 충분한 여유공간 확보　　　　　(아) 쾌적한 작업환경 유지
　(자) 작업 조직 개선　　　　　　　　(차) 이해와 사용 용이성 확보

(4) 작업장 개선

① **공학적 개선(1차적 개선)** : 작업자의 신체에 맞게 환경을 설계·개선하여 능동적으로 편안한 작업장을 만든다.
② **관리적 개선(2차적 개선)** : 작업자 선발, 훈련, 작업속도 조절, 작업관리 등을 통해 개선한다.

6-2 작업설비/도구

(1) 공구 및 설비의 개선원리
① 수공구를 이용한 작업개선 원리
　(가) 진동 패드, 진동 장갑 등으로 손에 전달되는 진동을 줄인다.
　(나) 동력 공구는 무게를 지탱할 수 있도록 매달거나 지지한다.
　(다) 힘이 요구되는 작업에 대해서는 파워그립(감싸쥐기)을 이용한다.
　(라) 손잡이는 손바닥과의 접촉면이 넓은 형태를 사용한다.

(2) 수공구의 설계와 개선
① 수공구의 설계 원리
　(가) 손목을 곧게 펼 수 있도록 설계한다.
　(나) 지속적인 정적 근육부하를 피한다.
　(다) 특정 손가락의 반복적인 동작을 피한다.
　(라) 손잡이의 단면은 원형 또는 타원형이 적합하다.
　(마) 손잡이 단면의 지름
　　• 일반 작업용(원형 또는 타원형) : 30~45mm
　　• 정밀 작업용 : 5~12mm
　(바) 일반적으로 손잡이의 길이는 95퍼센타일 남성의 손 폭을 기준으로 한다.
　(사) 동력 공구의 손잡이는 두 손가락 이상으로 조작할 수 있도록 한다.
② 수공구의 개선사항
　(가) 손목을 곧게 펴서 사용한다.
　(나) 반복적인 손가락 동작을 줄인다.
　(다) 지속적인 정적 근육부하를 줄인다.
　(라) 큰 힘이 필요한 작업은 파워그립을 사용한다.

제7장 예방관리 프로그램

7-1 예방관리 프로그램 구성요소

(1) 예방관리 프로그램의 목표
① 근골격계질환 예방관리 프로그램의 기본원칙
  ㈎ 인식의 원칙
  ㈏ 노사 공동참여의 원칙
  ㈐ 전사 지원의 원칙
  ㈑ 사업장 내 자율적 해결 원칙
  ㈒ 시스템 접근의 원칙
  ㈓ 지속성 및 사후평가의 원칙
  ㈔ 문서화의 원칙
② 예방관리 프로그램
  ㈎ 근골격계질환 예방관리 프로그램 작성 및 시행
  ㈏ OSHA의 근골격계질환에 대한 접근방법 : 사전적 접근, 사후적 접근
  ㈐ NIOSH의 인간공학 프로그램 구성요소의 실천방법 7단계
    • 1단계 : 문제의 초기접근(징후 파악)
    • 2단계 : 조직구성 등 단계별 활동전략 수립
    • 3단계 : 교육, 훈련(작업자, 관리자, 노조, 경영진)
    • 4단계 : 건강장해 및 위험요인 평가, 자료수집
    • 5단계 : 작업개선의 우선순위 수립 및 시행
    • 6단계 : 질환자에 대한 의학적 관리
    • 7단계 : 예방적 관리 프로그램 완성
③ 근골격계질환 예방관리 프로그램
  ㈎ 목적 : 근골격계질환 예방을 위한 유해요인 조사와 개선
  ㈏ 적용대상 : 유해요인 조사결과 근골격계질환이 발생할 우려가 있는 사업장
④ 근골격계질환 예방관리 교육
  ㈎ 교육내용
    • 근골격계 부담작업의 유해요인
    • 작업도구와 장비 등 작업시설의 올바른 사용방법

- 근골격계질환의 증상과 징후 식별 및 보고방법
- 질환 발생 시 대처요령
- 기타 예방에 필요한 사항

(나) 교육시기 및 주체
- 최초 교육은 예방관리 프로그램 도입 후 6개월 이내에 실시한다.
- 근로자를 채용한 경우 작업배치 전에 교육을 실시한다.
- 교육시간은 2시간 이상 실시하되, 새로운 설비 도입 시 1시간 이상 추가 교육을 한다.
- 필요시 관련 분야의 전문가에게 의뢰하여 실시한다.
- 정기교육은 3년마다 실시한다.
- 교육은 근골격계질환 전문 교육을 이수한 예방관리 추진팀 팀원이 실시하며, 필요시 관계 전문가에게 의뢰한다.

(다) 교육방법
- 내용을 습득하여 근로자 교육을 실시할 수 있을 만큼 충분한 시간 동안 실시한다.
- 전문 교육은 전문 기관에서 실시하는 근골격계질환 예방 관련 과정으로 대체 가능하다.

(2) 예방관리 프로그램 구성요소

① **조직구성** : 예방관리 프로그램 추진팀 및 역할분장
② **교육훈련** : 교육대상, 교육시간, 지침 마련
③ **의학적 관리**
  (가) 절차 : 유해요인 조사 → 유해요인 예방과 관리 → 증상과 징후 → 증상 호소자 관리 → 증상의 호전 여부 확인 → 질환자 관리 → 재평가
  (나) 증상 호소자 관리 : 증상과 징후 호소자의 조기발견 체계 구축
  (다) 보고 및 조치 : 증상과 징후 보고에 따른 후속 조치
④ **프로그램 평가** : 예방관리 프로그램의 실행 및 효과를 주기적으로 평가

과년도 출제문제

(2014~2022)

인간공학기사 필기시험은 2023년부터 기존 연 2회 시행에서 연 3회 시행으로 확대되었습니다.

2014년도(1회차) 출제문제

인간공학기사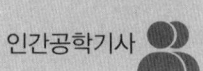

1과목 인간공학개론

1. 인간-기계 시스템에서 정보 전달과 조종이 이루어지는 접합면인 인간-기계 인터페이스(man-machine interface)의 종류에 해당하지 않는 것은?

① 지적 인터페이스
② 역학적 인터페이스
③ 감성적 인터페이스
④ 신체적 인터페이스

해설 인간-기계 인터페이스는 지적, 감성적, 신체적 인터페이스로 분류된다.

2. 최적의 C/R비 설계 시 고려사항으로 틀린 것은?

① 계기의 조절시간이 가장 짧게 소요되는 크기를 선택한다.
② 짧은 주행시간 내에서 공차의 안전범위를 초과하지 않는 계기를 마련한다.
③ 작업자의 눈과 표시장치의 거리는 주행과 조절에 큰 영향을 미친다.
④ 조종장치의 조작시간 지연은 직접적으로 C/R비와 관계없다.

해설 C/R비(Control/Response ratio)는 제어 입력에 대한 출력 반응의 비율로, 조작시간이 지연될수록 조절의 정밀성과 효율성에 영향을 주며, 이와 밀접하게 관련된다.

3. 다음 중 인간의 후각 특성에 대한 설명으로 틀린 것은?

① 훈련을 통해 식별능력을 향상시킬 수 있다.
② 특정 냄새에 대한 절대적 식별능력은 떨어진다.
③ 후각은 특정 물질이나 개인에 따라 민감도의 차이가 있다.
④ 후각은 냄새 존재 여부보다는 특정 자극을 식별하는 데 효과적이다.

해설 후각은 특정 자극을 식별하기보다는 냄새의 존재 여부를 감지하는 데 더 효과적이다.

4. 음 세기(sound intensity)에 관한 설명으로 옳은 것은?

① 음 세기의 단위는 Hz이다.
② 음 세기는 소리의 고저와 관련 있다.
③ 음 세기는 단위시간에 단위면적을 통과하는 음의 에너지를 말한다.
④ 음압수준 측정 시 주로 1000Hz 순음을 기준으로 음압을 사용한다.

해설 음의 세기는 단위면적을 통과하는 단위시간당 소리 에너지를 의미한다.

참고 단위 : W/m^2(W는 와트), dB(데시벨)

5. 시각적 표시장치보다 청각적 표시장치를 사용하는 것이 유리한 경우는?

① 정보의 내용이 긴 경우
② 정보의 내용이 복잡한 경우
③ 정보의 내용이 후에 재참조되는 경우
④ 정보의 내용이 시간적 사상을 다루는 경우

해설 ①, ②, ③은 시각적 표시장치가 적합하고, ④는 청각적 표시장치가 적합하다.

정답 1. ② 2. ④ 3. ④ 4. ③ 5. ④

6. 인체계측지에 있어 기능적(functional) 치수를 사용하는 이유로 가장 옳은 것은?

① 인간은 닿는 한계가 있기 때문
② 사용 공간의 크기가 중요하기 때문
③ 인간이 다양한 자세를 취하기 때문
④ 각 신체 부위는 조화를 이루면서 움직이기 때문

해설 기능적 인체치수는 신체의 기능을 수행할 때 체위의 움직임에 따라 측정한 치수로, 각 신체 부위가 조화를 이루며 함께 움직이기 때문이다.

7. 인간공학의 개념과 가장 거리가 먼 것은?

① 효율성 제고
② 안전성 제고
③ 독창성 제고
④ 편리성 제고

해설 인간공학의 3대 목표
- 효율성 제고 : 기계 조작의 능률성과 생산성 향상
- 안전성 제고 : 쾌적하고 안전한 작업환경 확보
- 편리성·쾌적성 제고 : 건강, 안전, 만족 등 삶의 가치 유지 및 향상

참고 인간공학의 연구 목적
- 안전성 향상과 사고방지
- 기계 조작의 능률성과 생산성 향상
- 인간의 특성에 맞는 작업환경 및 방법 설계
- 안전의 극대화 및 효율성 향상

8. 동일한 조건에서 선택 가능한 대안의 수가 2에서 8로 증가하였다. 선택반응시간은 몇 배 늘었는가? (단, 대안의 수가 없을 때 반응시간은 0이라고 가정한다.)

① 1 ② 2 ③ 3 ④ 4

해설 Hick-Hyman의 법칙
반응시간 $(RT) = a\log_2 N$
여기서, a : 상수, N : 자극정보의 수
$N=2$일 때 RT는 $\log_2 2 = 1$에 비례
$N=8$일 때 RT는 $\log_2 8 = 3$에 비례
∴ 반응시간은 약 3배 증가한다.

9. 각각의 변수가 다음과 같을 때 정보량을 구하는 식으로 틀린 것은?

> n : 대안의 수
> p : 대안의 실현 확률
> p_k : 각 대안의 실패 확률
> p_i : 각 대안의 실현 확률

① $H = \log_2 n$
② $H = \sum_{k=1}^{n} p_k + \log_2 \left(\dfrac{1}{p_k}\right)$
③ $H = \log_2 \left(\dfrac{1}{p}\right)$
④ $H = \sum_{i=1}^{n} p_i \log_2 \left(\dfrac{1}{p_i}\right)$

해설 정보량
- $H = \log_2 n$
- $H = \log_2 \left(\dfrac{1}{p}\right)$ (p : 각 대안의 실현 확률)
- $H = \sum_{i=1}^{n} p_i \log_2 \left(\dfrac{1}{p_i}\right)$ (p : 각 대안의 실현 확률)

10. 작업공간에 각종 장비 및 장치를 배치하기 위해 사용하는 원칙이 아닌 것은?

① 비용 절감의 원리
② 중요성의 원리
③ 사용순서의 원리
④ 사용빈도의 원리

정답 6. ④ 7. ③ 8. ③ 9. ② 10. ①

해설 부품의 공간배치의 원칙
- 중요성의 원칙 : 중요 부품을 우선 배치한다.
- 사용빈도의 원칙 : 사용빈도가 높은 부품을 우선 배치한다.
- 기능별 배치의 원칙 : 관련 기능의 부품을 모아서 배치한다.
- 사용순서의 원칙 : 사용순서에 따라 배치한다.

11. 청각적 신호의 식별에 관한 설명으로 틀린 것은?

① JND가 클수록 자극 차원의 변화를 쉽게 검출할 수 있다.
② 1kHz 이하의 순음에 대한 JND는 그 이상의 주파수에서는 JND가 급격히 커진다.
③ 청각적 코드로 전달할 정보량이 많을 때에는 다차원 코드 시스템을 사용한다.
④ 주변 소음이 있는 경우 음의 은폐효과가 나타날 수 있다.

해설 ① JND가 작을수록 자극 차원의 변화를 더 쉽게 검출할 수 있다.

12. 시식별에 영향을 주는 요소로 관련이 가장 적은 것은?

① 시력
② 표적의 형태
③ 밝기
④ 물체 크기

해설 시식별에 영향을 주는 요소 : 시력, 밝기, 조도, 휘도비, 대비, 물체 크기, 노출시간, 과녁의 이동, 반사율, 훈련 등

13. 다음 중 시스템의 성능 평가척도를 옳게 설명한 것은?

① 적절성 : 평가척도가 시스템의 목표를 잘 반영해야 한다.
② 신뢰성 : 측정하려는 변수 이외의 다른 변수들의 영향을 받지 않아야 한다.
③ 무오염성 : 비슷한 환경에서 평가를 반복할 경우 일정한 결과를 나타낸다.
④ 민감도 : 기대되는 차이에 적합한 단위로 측정할 수 있어야 한다.

해설 ② 신뢰성 : 반복시험 시 재현성이 있어야 한다.
③ 무오염성 : 측정하고자 하는 변수 이외의 다른 변수에 영향을 받아서는 안 된다.
④ 민감도 : 피실험자 사이에서 예상되는 차이점에 비례하는 단위로 측정해야 한다.

14. 일반적인 인간-기계 시스템 내에서의 기본 4가지 기능에 해당되지 않는 것은?

① 정보 저장(Information storage)
② 정보 감지(Information sensing)
③ 정보 처리(Information processing)
④ 정보 변환(Information transformation)

해설 인간-기계 시스템의 기본기능
- 정보 감지
- 정보 저장
- 정보 처리
- 행동 기능

15. 눈의 구조와 관련된 시각기능에 대한 설명으로 옳지 않은 것은?

① 빛에 대한 감도변화를 '조응'이라 한다.
② 디옵터(diopter)는 '1/초점거리(m)'로 정의된다.
③ 정상인에게 정상 시각에서의 원점은 거의 무한하다.
④ 암순응은 명순응보다 빨리 진행되어 1분 정도에 끝난다.

해설 암순응은 완전히 진행되기까지 보통 30~40분이 걸리며, 명순응은 2~3분 내 비교적 빠르게 이루어진다.

정답 11. ① 12. ② 13. ① 14. ④ 15. ④

16. 인간의 작업기억(working memory)에 관한 설명으로 틀린 것은?

① 정보를 감지하여 작업기억으로 이전하기 위해 주의 자원이 필요하다.
② 청각정보보다 시각정보를 작업기억 내에 더 오래 기억할 수 있다.
③ 작업기억의 정보는 감각, 신체, 작업코드의 3가지로 코드화된다.
④ 작업기억 내에 정보는 의미 있는 단위(chunk)로 저장할 수 있다.

해설 ③ 작업기억의 정보는 시각, 음성, 의미 코드의 3가지로 코드화된다.

17. 암호체계 사용상 일반적인 지침과 가장 거리가 먼 것은?

① 정보를 암호화한 자극은 검출이 가능해야 한다.
② 모든 암호 표시는 감지장치에 의해 다른 암호 표시와 구별되어서는 안 된다.
③ 자극과 반응 간의 관계가 인간의 기대와 모순되지 않아야 한다.
④ 2가지 이상의 암호차원을 조합해서 사용하면 정보전달이 촉진된다.

해설 ② 변별성(판별성) : 모든 암호 표시는 다른 암호 표시와 명확히 구별될 수 있어야 한다.

참고 ①은 검출성, ③은 양립성, ④는 다차원 시각적 암호에 대한 설명이다.

18. 청각의 특성 중 2개 음 사이의 진동수 차이가 얼마 이상이 되면 울림이 들리지 않고 다른 2개의 음으로 들리는가?

① 33Hz   ② 50Hz
③ 81Hz   ④ 101Hz

해설 두 음 사이의 진동수 차이가 33Hz 이상이면 각각 다른 두 음으로 들리고, 33Hz 이하이면 하나의 음처럼 들린다.

19. 어떤 인체측정 데이터가 정규분포를 따른다고 한다. 제50백분위수(percentile)가 100mm이고, 표준편차가 5mm일 때 정규분포곡선에서 제95백분위수는 얼마인가?

구분	1%ile	5%ile	10%ile
F	−2.326	−1.645	−1.2821

① 88.37mm
② 91.775mm
③ 106.41mm
④ 108.225mm

해설 퍼센타일(%ile) 인체치수
= 평균 ± (퍼센타일 계수 × 표준편차)
∴ 95%ile = 100 + (1.645 × 5)
= 108.225mm

20. 글자체의 인간공학적 설계에 관한 설명으로 적합하지 않은 것은?

① 문자나 숫자의 높이에 대한 획 굵기의 비를 획폭비라 한다.
② 흰 숫자의 경우 최적의 독해성을 주는 획폭비는 1 : 3 정도이다.
③ 흰 모양이 주위 검은 배경으로 번져 보이는 현상을 광삼(Irradiation) 현상이라 한다.
④ 숫자의 경우 표준 종횡비로 약 3 : 5를 권장하고 있다.

해설 획폭비는 문자나 숫자의 높이에 대한 획 굵기의 비를 말한다.
• 양각 획폭비는 1 : 6~1 : 8
• 음각 획폭비는 1 : 8~1 : 10

정답 16. ③   17. ②   18. ①   19. ④   20. ②

2과목　작업생리학

21. 일정(constant) 부하를 가진 작업수행 시 인체의 산소 소비변화를 나타낸 그래프는?

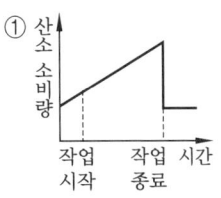
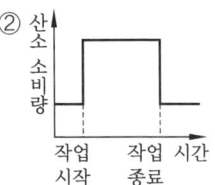
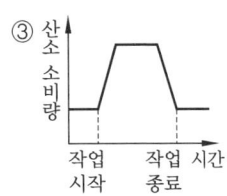
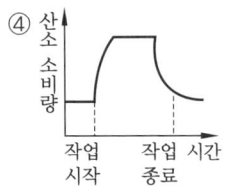

해설 산소 소비량 변화 그래프

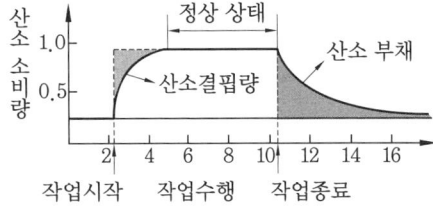

22. 산소를 이용한 유기성(호기성) 대사과정에서 생성되는 부산물이 아닌 것은?

① H_2O　　② 젖산
③ CO_2　　④ 에너지

해설 젖산은 무산소 운동 시 생성되는 부산물로, 탄수화물 분해 과정에서 크렙스 사이클(Krebs cycle)이 원활히 작동하지 않을 때 발생한다.

23. 1촉광(candle power)이 발하는 광량은 약 어느 정도인가?

① 1π루멘　　② 2π루멘
③ 4π루멘　　④ 8π루멘

해설 1촉광의 광원이 모든 방향으로 방출하는 전체 광속은 약 4π루멘이다.

24. 생리적 활동의 척도 중 Borg의 RPE (Ratings of Perceived Exertion) 척도에 대한 설명으로 옳지 않은 것은?

① 육체적 작업부하의 주관적 평가방법이다.
② NASA-TLX와 동일한 평가척도를 사용한다.
③ 척도의 양 끝은 최소 심장 박동률과 최대 심장 박동률을 나타낸다.
④ 작업자들이 주관적으로 지각한 신체적 노력의 정도를 6~20 사이의 척도로 평정한다.

해설 NASA-TLX는 0~100 사이의 평가척도를 사용하며, RPE는 6~20 사이의 평가척도를 사용한다.

25. 작업장 실내에서 일반적으로 추천반사율이 가장 높은 곳은?

① 천장　　② 바닥
③ 벽　　　④ 책상면

해설 실내 조명반사율

바닥	가구, 책상	벽	천장
20~40%	25~40%	40~60%	80~90%

26. 네 모서리에 무게 센서가 설치된 힘판(force plate) 위에 한 사람이 서 있다. 네 모서리에서 측정된 무게가 각각 20, 20, 30, 30kg이라면 이 사람의 몸무게는? (단, 아무런 물체가 없을 때 네 모서리 무게는 0으로 설정되어 있다.)

① 50kg　　② 70kg
③ 100kg　　④ 120kg

해설 사람의 몸무게는 네 모서리 센서에서 측정된 무게의 합으로 계산된다.
∴ 20+20+30+30=100kg

정답 21. ④　22. ②　23. ③　24. ②　25. ①　26. ③

27. 신체의 관상면을 따라 팔이나 다리 옆으로 들어 올리는 동작유형을 무엇이라 하는가?

① 외전(abduction)
② 회전(rotation)
③ 굴곡(flexion)
④ 내전(adduction)

해설 신체 부위 기본운동
- 굴곡(굽히기) : 관절 간의 각도가 감소하는 움직임
- 신전(펴기) : 관절 간의 각도가 증가하는 움직임
- 내전(모으기) : 팔, 다리가 밖에서 몸 중심선으로 향하는 이동
- 외전(벌리기) : 팔, 다리가 몸 중심선에서 밖으로 멀어지는 이동
- 내선 : 발 운동이 몸 중심선으로 향하는 회전
- 외선 : 발 운동이 몸 중심선으로부터의 회전

28. 육체 활동에 따른 에너지 소비량이 가장 큰 것은?

해설 육체 활동에 따른 에너지 소비량

4.0   6.8   8.0   10.2

29. 상온에서 추운 환경으로 바뀔 때 신체의 조절작용이 아닌 것은?

① 피부 온도가 내려간다.
② 몸이 떨리고 소름이 돋는다.
③ 직장(直腸) 온도가 약간 올라간다.
④ 피부를 순환하는 혈액량이 증가한다.

해설 ④ 피부를 순환하는 혈액량이 감소한다.

30. 다음 중 점멸융합주파수에 관한 설명으로 옳은 것은?

① 중추신경계의 정신피로 척도로 사용된다.
② 마음이 긴장되었을 때나 머리가 맑을 때 점멸융합주파수는 낮아진다.
③ 쉬고 있을 때 점멸융합주파수는 대략 10~20Hz이다.
④ 작업시간이 경과할수록 점멸융합주파수는 높아진다.

해설 ② 마음이 긴장되었을 때나 머리가 맑을 때 점멸융합주파수는 높아진다.
③ 쉬고 있을 때 점멸융합주파수는 대략 30~60Hz이다.
④ 작업시간이 경과할수록 점멸융합주파수는 낮아진다.

31. 은폐(masking) 현상에 관한 설명으로 옳은 것은?

① 일정한 강도 및 진동수 이상의 소음에 노출될 때 점차 청각 기능을 잃게 되는 현상이다.
② 음의 한 성분이 다른 성분에 대한 귀의 감수성을 감소시키는 상황이다.
③ 동일한 소음을 내는 설비 2대가 동시에 가동될 때 소음 수준이 3dB 정도 증가하는 현상이다.
④ 소음 수준이 같은 3가지 음이 합쳐졌을 때 음의 강도가 일정하게 증가하는 현상이다.

정답 27. ① 28. ① 29. ④ 30. ① 31. ②

해설 차폐(은폐) 현상 : 높은음과 낮은음이 공존할 때 낮은음이 강한 음에 가로막혀 감도가 감소되는 현상

32. 기체 교환에 의해 혈액으로 유입된 산소가 전신으로 운반되는 형태로 옳은 것은?
① 산화 혈색소 형태
② 중탄산 이온 형태
③ 용해 이산화탄소 형태
④ 혈장단백질과 결합된 형태

해설 산소는 대부분 혈액 속에서 혈색소와 결합하여 산화 혈색소 형태로 전신의 각 조직으로 운반된다.

33. 유세포 기능이 정상적으로 움직이기 위해서는 내부 환경이 적정한 범위 내에서 조절되어야 한다. 이것은 자율신경계에 의한 신경성 조절과 내분비계에 의한 체액성 조절에 의해 유지되는데, 다음 중 그 특징으로 옳은 것은?
① 신경성 조절은 조절속도가 빠르고 효과가 길다.
② 신경성 조절은 조절속도가 빠르고 효과가 짧다.
③ 내분비계 조절은 조절속도가 빠르고 효과가 짧다.
④ 내분비계 조절은 조절속도가 빠르고 효과가 길다.

해설 신경성 조직과 내분비계 조절
• 신경성 조절 : 자율신경계를 통한 조절로, 조절속도가 빠르고 효과가 짧다.
• 내분비계 조절 : 호르몬을 통한 조절로, 반응속도는 느리지만 효과는 장시간 지속된다.

34. 근육운동 중 근육의 길이가 일정한 상태에서 힘을 발휘하는 운동을 나타내는 것은?

① 등장성 운동　② 등축성 운동
③ 등척성 운동　④ 단축성 운동

해설 • 등척성 근력 : 신체 부위를 움직이지 않고 고정된 물체에 힘을 가할 때 발휘되는 근력
• 등척성 운동 : 근육이 수축하는 과정에서 근육의 길이와 관절 각도가 변하지 않는 운동

35. 하루 8시간 근무시간 중 6시간은 철판조립 작업을, 2시간은 서류 작업 및 휴식을 하는 작업자가 있다. 철판조립 작업 시 산소 소비량은 2.1L/min, 서류 작업 및 휴식 시 0.2L/min으로 측정되었다. 작업자가 하루 근무시간 동안 소비하는 에너지 소비량은? (단, 산소 소비량 1L의 에너지 등가는 5kcal 이다.)
① 3800kcal　② 3900kcal
③ 4400kcal　④ 4500kcal

해설 • 철판조립 작업 시 에너지 소비량
$= 360\,\text{min} \times 2.1\,\text{L/min} \times 5\,\text{kcal}$
$= 3780\,\text{kcal}$
• 서류작업 및 휴식 시 에너지 소비량
$= 120\,\text{min} \times 0.2\,\text{L/min} \times 5\,\text{kcal}$
$= 120\,\text{kcal}$
∴ 하루 근무시간 중 에너지 소비량
$= 3780\,\text{kcal} + 120\,\text{kcal}$
$= 3900\,\text{kcal}$

36. 음(音)에 관한 설명으로 옳은 것은?
① sone과 phon의 환산식을 나타내면 sone = $2^{phon-20/10}$이다.
② 1000Hz 순음의 60dB 음의 세기 레벨의 음의 크기를 1sone이라 한다.
③ sone값이 2배로 증가하면 감각의 양은 4배로 증가한다.
④ 어떤 음의 음량 수준을 나타내는 phon값은

그 음과 같은 크기로 들리는 1000Hz 순음의 음압수준(dB)을 의미한다.

해설 • 1sone : 1000Hz 순음에서 음압수준 40dB의 크기
• 1phon : 1000Hz 순음의 음압수준 1dB의 크기

37. 다음 중 평활근과 관련이 없는 것은?
① 민무늬근
② 내장근
③ 불수의근
④ 골격근

해설 • 골격근 : 뼈에 붙는 가로무늬근으로, 대부분 관절 하나 이상을 가로질러 붙으며 의지대로 움직일 수 있는 수의근이다.
• 민무늬근, 내장근, 불수의근은 평활근에 해당한다.

38. 근육운동에서 장력이 활발하게 발생하는 동안 근육이 가시적으로 단축되는 수축을 무엇이라 하는가?
① 연축(twitch)
② 강축(tetanus)
③ 편심성 수축(eccentric contraction)
④ 동심성 수축(concentric contraction)

해설 동심성 수축 : 근육이 저항보다 큰 장력을 발휘하여 근육길이가 짧아지는 수축이다.
예 아령을 들어 올릴 때 상완이두근이 짧아지며 힘을 발휘하는 동작

39. 조명 또는 진동에 관한 설명 중 틀린 것은?
① 산업안전보건법령상 상시 작업하는 장소와 초정밀 작업 시 작업면의 조도는 750럭스 이상으로 한다.
② 전신진동은 진폭에 반비례하여 추적 작업에 대한 효율을 떨어뜨리며, 20~25Hz 범위에서 심해진다.
③ 진동을 측정하는 방법은 주파수 분석계, 가속도계 등이 있다.
④ 반사 휘광의 처리방법으로는 간접 조명 수준을 높이고 발광체의 강도를 줄인다.

해설 전신진동은 진폭에 비례하여 추적 작업에 대한 효율을 떨어뜨린다. 주로 크레인, 지게차, 대형 운송차량 등에서 발생하며 2~2Hz 범위에서 인체에 장해를 유발한다.

40. 사무실 공기관리지침에 따라 사무실의 공기를 관리하고자 할 때 오염물질의 관리기준이 잘못된 것은?
① 석면은 0.01개/cc 이하이어야 한다.
② 일산화탄소(CO)는 10ppm 이하이어야 한다.
③ 이산화탄소(CO_2)의 농도는 100ppm 이하이어야 한다.
④ 포름알데히드(HCHO)의 농도가 0.1ppm 이하이어야 한다.

해설 ③ 이산화탄소(CO_2)의 농도는 1000ppm 이하이어야 한다.

3과목 산업심리학 및 관계법규

41. 인간수행에 스트레스가 미치는 영향을 최소화하는 방법으로 옳은 것은?
① 스트레스 대처법은 디자인 해결법과 개인적인 해결법이 있다.
② 응급상황에 대처하기 위해 분산적인 훈련이 매우 유용하다.
③ 정보 지원에 대한 지각적 해소화가 일어나면 정보를 다양화시킨다.
④ 규칙적인 호흡을 통한 정상적 이완은 각성 상태를 유지할 수 없어 수행을 저해한다.

정답 37. ④ 38. ④ 39. ② 40. ③ 41. ①

해설 스트레스 대처법에는 디자인 해결법, 개인적인 해결법, 그리고 사회적 지원 관리방법이 있다.

42. 다음 중 안전관리의 개요에 관한 설명으로 틀린 것은?

① 안전의 3요소로는 Engineering, Education, Economy를 말한다.
② 안전의 기본원리는 사고방지차원에서 산업재해 예방활동을 통해 무재해를 추구하는 것이다.
③ 사고방지를 위해 현장에 존재하는 위험을 찾아내어 제거하거나 위험성을 최소화하는 위험통제 개념이 적용된다.
④ 안전관리는 생산성 향상과 재해로 인한 손실 최소화를 목표로 하며, 재해의 원인·경과를 규명하고 재해방지에 필요한 과학기술적 지식을 관리하는 것을 말한다.

해설 ① 안전대책의 3E는 Engineering, Education, Enforcement이다.

43. 다음 중 민주형 리더십의 특징에 관한 설명으로 틀린 것은?

① 자발적 행동이 나타났다.
② 구성원 간의 상호관계가 원만하다.
③ 맥그리거의 X이론에 근거를 둔다.
④ 모든 정책이 집단 토의나 결정에 의해서 이루어진다.

해설 ③ 맥그리거의 Y이론에 근거를 둔다.

44. 다음 중 직무 스트레스에 관한 설명으로 틀린 것은?

① 성격이 A형인 사람들은 B형에 비해 스트레스에 노출될 가능성이 훨씬 높다.
② 스트레스가 전혀 없는 상황에서는 순기능 스트레스로 작용한다.
③ 내적 통제자들은 외적 통제자들보다 스트레스를 적게 받는다.
④ 스트레스 수준의 측정방법으로 생리적 변인측정, 설문조사법 등이 있다.

해설 적당한 수준의 스트레스는 작업 성과에 긍정적으로 작용할 수 있다. 그러나 스트레스가 전혀 없으면 동기가 저하되고, 반대로 과도하면 작업 성과에 부정적 영향을 미친다.

45. 안전관리조직에서 명령계통이 일원화되는 반면 전문적 기술의 확보가 어렵고, 소규모 조직에 적용하기 용이한 조직의 형태는?

① 라인 조직　　② 스텝 조직
③ 관음 조직　　④ 위원회 조직

해설 라인(line, 직계식) 조직 : 모든 안전관리 업무가 생산라인을 따라 직선적으로 이루어지는 구조로, 명령계통이 단순·일원화되어 관리가 용이하다.

46. 선택반응시간(Hick의 법칙)과 동작시간(Fitts의 법칙)의 공식에 대한 설명으로 옳은 것은?

- 선택반응시간 $(RT) = a + b\log_2 N$
- 동작시간 $(T) = a + b\log_2\left(\dfrac{2A}{W}\right)$

① N은 감각기관의 수, A는 목표물의 너비, W는 움직인 거리를 나타낸다.
② N은 자극과 반응의 수, A는 목표물의 너비, W는 움직인 거리를 나타낸다.
③ N은 감각기관의 수, A는 움직인 거리, W는 목표물의 너비를 나타낸다.
④ N은 자극과 반응의 수, A는 움직인 거리, W는 목표물의 너비를 나타낸다.

정답 42. ① 43. ③ 44. ② 45. ① 46. ④

해설 선택반응시간과 동작시간
- N : 가능한 자극과 반응들의 수
- A : 표적 중심까지 움직인 거리
- W : 목표물(표적)의 너비

47. 강도율(severity rate of injury)에 관한 설명으로 옳은 것은?

① 연간 근로시간 1000000시간당 발생한 재해발생건수를 말한다.
② 개인이 평생 근무 시 발생할 수 있는 근로손실일수를 말한다.
③ 재해 사건당 발생한 평균근로손실일수를 말한다.
④ 연간 근로시간 1000시간당 발생한 근로손실일수를 말한다.

해설 ① 도수율 ② 환산도수율 ③ 평균강도율

48. 집단행동에 있어 이성적 집단보다 감정에 좌우되며 공격적인 특징을 갖는 행동은?

① crowd ② mob
③ panic ④ fashion

해설 모브(mob) : 폭력을 휘두르거나 말썽을 일으킬 가능성이 있는 군중으로, 감정에 따라 행동한다.
참고
- 통제적 집단행동 : 관습, 제도적 행동, 유행
- 비통제적 집단행동 : 군중, 모브, 패닉, 심리적 전염

49. 리더십은 교육 훈련에 의해 향상되므로 좋은 리더는 육성될 수 있다는 가정을 하는 리더십 이론은?

① 특성접근법
② 상황접근법
③ 행동접근법
④ 제한적 특질접근법

해설 행동접근법 : 리더의 행동에 중점을 두어, 행동에 따라 리더십과 역할이 결정되고 교육·훈련을 통해 향상되어 좋은 리더로 육성될 수 있다고 보는 이론이다.

50. 다음과 같은 재해발생 시 재해조사분석 및 사후처리에 대한 내용으로 틀린 것은?

> 크레인으로 강재를 운반하던 중, 약해져 있던 와이어로프가 끊어지면서 강재가 떨어졌다. 마침 작업구역 아래를 지나가던 작업자의 머리 위로 강재가 떨어졌고, 안전모를 착용하지 않은 상태였기 때문에 큰 부상을 입었다. 이로 인해 작업자는 부상치료를 위해 4일간 요양하였다.

① 재해발생 형태는 추락이다.
② 재해의 기인물은 크레인이고, 가해물은 강재이다.
③ 산업재해조사표를 작성하여 관할 지방고용노동청장에게 제출해야 한다.
④ 불안전한 상태는 약해진 와이어로프이고, 불안전한 행동은 안전모 미착용과 위험구역 접근이다.

해설 ① 재해발생 형태는 낙하이다.

51. 작업자의 휴먼에러 발생 확률이 0.05로 일정하고, 다른 작업과 독립적으로 실수를 한다고 가정할 때, 8시간 동안 에러의 발생 없이 작업을 수행할 신뢰도는 약 얼마인가?

① 0.60 ② 0.67
③ 0.66 ④ 0.95

해설 인간신뢰도 $R(t)$
$= e^{-\lambda(t_2 - t_1)} = e^{-0.05(8-0)} \fallingdotseq 0.67$
여기서, λ : 고장률
t_1 : 시작하는 시간
t_2 : 끝나는 시간

정답 47. ④ 48. ② 49. ③ 50. ① 51. ②

52. 인간의 행동이 어떻게 동기유발이 되는가에 중점을 둔 과정이론(process theory)이 아닌 것은?

① 공정성이론(equity theory)
② 기대이론(expectancy theory)
③ X, Y이론(theory X and theory Y)
④ 목표설정이론(goal-setting theory)

해설 맥그리거의 X, Y이론은 인간에 대한 가정(인간관)에 기초한 동기부여이론으로 내용이론에 속한다.

53. 뇌파의 유형에 따라 인간의 의식수준을 단계별로 분류할 때, 의식이 명료하여 가장 적극적인 활동이 이루어지고 실수 확률이 가장 낮은 단계는?

① Ⅰ단계 ② Ⅱ단계
③ Ⅲ단계 ④ Ⅳ단계

해설 인간의 의식 레벨의 단계

단계	모드	생리적 상태	신뢰성
0	무의식	수면, 뇌발작, 주의작용 상실, 실신	0
1	의식 흐림	피로, 단조로운 일, 수면, 졸음, 몽롱	0.9 이하
2	이완 상태	안정적 기거, 휴식, 정상작업	0.99~1 이하
3	상쾌한 상태	적극적 활동, 최적의 활동상태	0.999 이상
4	과긴장 상태	일점 집중, 긴급 방위 반응	0.9 이하

54. 평정오류 중 평가자가 평가대상자의 수행에 대해 제한된 지식을 가지고 있음에도 불구하고, 다양한 수행차원 모두에서 획일적으로 좋거나 나쁘게 평가하는 것은?

① 후광 오류
② 확증편파 오류
③ 중앙집중 오류
④ 과잉확신 오류

해설 할로효과(halo effect) : 후광효과라 하며, 어떤 사람에 대한 평가자의 개인적 인상이 그 사람의 개별적 특징에 관한 평가에 영향을 미치는 현상을 말한다.

55. 다음 설명에 해당하는 시스템안전 분석기법은?

> 사고의 발단이 되는 초기사상의 시스템으로 입력될 경우 그 영향이 계속해서 어떤 부적합한 사상으로 발전해 가는 과정을 나뭇가지로 갈라지는 식으로 추구하여 분석하는 방법

① ETA ② FTA
③ FMEA ④ THERP

해설 ETA(Event Tree Analysis, 사건수 분석) : 초기사상에서 출발하여 가능한 결과들을 논리적으로 도식화하여 분석하는 기법

56. 보행 신호등이 막 바뀌었음에도 자동차가 바로 움직이지 않을 것이라 스스로 판단하여 건널목을 건너는 부주의 행위와 가장 관계가 깊은 것은?

① 근도반응
② 생력행위
③ 억측 판단
④ 초조반응

해설 억측 판단 : 규정과 원칙대로 행동하지 않고 과거 경험에 따라 바뀔 것을 예측하고 행동하다가 사고가 발생하는 경우로, 건널목 사고 등이 이에 해당한다.

정답 52. ③ 53. ③ 54. ① 55. ① 56. ③

57. 다음 중 집단 간 갈등의 원인과 가장 거리가 먼 것은?

① 영역 모호성
② 집단 간의 목표 차이
③ 제한된 자원
④ 조직구조의 개편

해설 집단 간 갈등의 원인 : 집단 간 목표 차이, 견해와 행동 경향 차이, 영역의 모호성, 자원 부족 등

58. 작업 후 가스밸브를 잠그는 것을 잊었다. 이로 인해 사고가 발생할 뻔했으나 안전밸브장치에 의해 가스가 자동으로 차단되었다. 이 경우 작업자가 범한 휴먼에러의 종류와 안전밸브장치에 적용된 안전설계의 원칙을 바르게 나열한 것은?

① omission error와 interlock 설계원칙
② omission error와 fail-safe 설계원칙
③ commission error와 Interlock 설계원칙
④ commission error와 fail-safe 설계원칙

해설
- omission error(누락 오류) : 해야 할 행동(밸브 잠금)을 수행하지 않은 경우
- fail-safe 설계원칙 : 작업자가 오류를 범하더라도 안전이 유지되도록 하는 설계

참고
- commission error(작위 오류) : 하지 않아야 할 행동을 한 경우
- fool-proof 설계원칙 : 작업자가 잘못 조작하더라도 오류가 없도록 설계하는 원칙

59. 제조, 유통, 판매된 제조물의 결함으로 소비자나 사용자 또는 제3자의 생명, 신체, 재산 등에 손해가 발생한 경우 그 제조물을 제조, 판매한 공급업자가 법률상의 손해배상 책임을 지도록 하는 것은?

① 제조물 기술
② 제조물 결함
③ 제조물 배상
④ 제조물 책임

해설 제조물책임법에서 결함의 종류
- 제조상의 결함
- 설계상의 결함
- 표시상의 결함

60. 사고예방대책을 위한 기본원리 5단계를 올바르게 나열한 것은?

① 사실의 발견 → 안전조직 → 분석평가 → 시정책 선정 → 시정책 적용
② 안전조직 → 사실의 발견 → 분석평가 → 시정책 선정 → 시정책 적용
③ 안전조직 → 분석평가 → 사실의 발견 → 시정책 선정 → 시정책 적용
④ 사실의 발견 → 분석평가 → 안전조직 → 시정책 선정 → 시정책 적용

해설 하인리히의 사고예방대책 5단계

1단계	2단계	3단계	4단계	5단계
안전 조직	사실의 발견	분석 평가	시정책 선정	시정책 적용

4과목 근골격계질환 예방을 위한 작업관리

61. 다음 중 1시간을 TMU로 환산한 것은?

① 0.036 TMU
② 27.8 TMU
③ 1667 TMU
④ 100000 TMU

해설 1TMU=0.00001시간=0.0006분
=0.036초

참고 1TMU= 1×10^{-5} 시간

정답 57. ④ 58. ② 59. ④ 60. ② 61. ④

62. 평균관측시간이 1분, 레이팅 계수가 110%, 여유시간이 하루 8시간 근무 중에서 24분일 때 외경법을 적용하면 표준시간은 약 얼마인가?

① 1.235분　　② 1.135분
③ 1.255분　　④ 1.155분

해설
- 정미시간(NT)
$$= 평균관측시간 \times \frac{레이팅\ 계수}{100}$$
$$= 1 \times \frac{110}{100} = 1.1분$$
- 여유율(A) $= \dfrac{여유시간}{정미시간} \times 100$
$$= \frac{24}{(60 \times 8) - 24} \times 100 ≒ 5\%$$
- 표준시간(ST)
= 정미시간 × (1 + 여유율)
= 1.1 × (1 + 0.05) = 1.155분

63. 동작경제의 원칙 중 신체사용에 관한 원칙에서 손목을 축으로 하는 손동작은 몇 등급에 해당되는가?

① 1등급　　② 2등급
③ 3등급　　④ 4등급

해설
- 1등급 : 손가락 끝을 사용하는 정밀한 동작
- 2등급 : 손과 손목을 사용하는 동작
- 3등급 : 팔꿈치를 사용하는 동작
- 4등급 : 어깨를 사용하는 큰 동작
- 5등급 : 허리를 사용하는 큰 동작

64. 수행도 평가기법이 아닌 것은?

① 속도 평가법
② 합성 평가법
③ 평준화 평가법
④ 사이클 그래프 평가법

해설 수행도 평가법 : 속도 평가법, 합성 평가법, 평준화 평가법, 웨스팅하우스 시스템

65. 손과 손목 부위에 발생하는 근골격계질환이 아닌 것은?

① 경견증　　② 건초염
③ 외상 과염　　④ 수근관 증후근

해설 팔꿈치 부위의 근골격계질환 유형 : 외상 과염, 회내근 증후군

66. NIOSH의 들기 작업 지침에서 들기 지수(LI)를 바르게 나타낸 것은? (단, HM은 수평 계수, VM은 수직 계수, DM은 거리 계수, AM은 비대칭 계수, FM은 비틀림 계수, CM은 클램프 계수를 의미한다.)

① LI $= \dfrac{25 \times HM \times VM \times DM \times AM \times FM \times CM}{중량물\ 무게}$

② LI $= \dfrac{중량물\ 무게}{25 \times HM \times VM \times DM \times AM \times FM \times CM}$

③ LI $= \dfrac{중량물\ 무게}{23 \times HM \times VM \times DM \times AM \times FM \times CM}$

④ LI $= \dfrac{23 \times HM \times VM \times DM \times AM \times FM \times CM}{중량물\ 무게}$

해설 들기 지수(LI) $= \dfrac{중량물\ 무게}{RWL}$

참고 권장무게한계
RWL(Kd) = LC × HM × VM × DM × AM × FM × CM

LC	부하 상수	23kg 작업물의 무게
HM	수평 계수	$25/H$
VM	수직 계수	$1 - (0.003 \times V - 75)$
DM	거리 계수	$0.82 + (4.5/D)$
AM	비대칭 계수	$1 - (0.0032 \times A)$
FM	빈도 계수	분당 들어 올리는 횟수
CM	결합 계수	커플링 계수

정답 62. ④　63. ②　64. ④　65. ③　66. ③

67. 유해요인조사 방법 중 RULA에 관한 설명으로 틀린 것은?

① 각 작업자세는 신체 부위별로 A와 B그룹으로 나누어 평가한다.
② 전신 자세를 평가할 목적으로 개발된 유해요인 조사방법이다.
③ 작업에 대한 평가는 1점에서 7점 사이의 총점으로 나타내며, 점수에 따라 4개의 조치단계로 분류된다.
④ RULA를 평가하는 작업부하 인자는 동작의 횟수, 정적 근육작업, 힘, 작업자세 등이다.

해설 RULA : 목, 어깨, 팔, 손목 등의 작업자세를 중심으로 작업부하를 쉽고 빠르게 평가하는 방법이다.

68. 근골격계질환의 직접적인 유해요인과 가장 거리가 먼 것은?

① 야간 교대작업
② 무리한 힘의 사용
③ 높은 빈도의 반복성
④ 부자연스러운 자세

해설 근골격계질환의 작업요인 : 작업의 반복도, 작업강도, 작업자세, 과도한 힘, 진동, 스트레스, 환경요인 등

69. 근골격계 부담작업의 유해요인 조사를 해야 하는 상황이 아닌 것은?

① 근골격계 질환자가 발생한 경우
② 근골격계 부담작업에 해당하는 기존의 동일한 설비가 도입된 경우
③ 근골격계 부담작업에 해당하는 업무의 양이나 작업공정 등 작업환경이 바뀐 경우
④ 법에 의한 임시건강진단 등에서 근골격계 질환자가 발생하였거나 근로자가 근골격계 질환으로 업무상 질병으로 인정받은 경우

해설 ② 근골격계 부담작업에 해당하는 새로운 작업, 설비가 도입된 경우

70. 수공구의 설계관리로 적절하지 않은 것은?

① 손목 대신 손잡이를 굽히도록 한다.
② 지속적인 정적 근육부하를 피하도록 한다.
③ 측정 손가락의 반복동작을 피하도록 한다.
④ 손끝이 닿는 표면의 홈은 되도록 깊게 하고, 그 수는 가능한 많이 제작한다.

해설 수공구 사용 자세
• 손목을 곧게 유지한다.
• 힘이 요구되는 작업에 파워그립을 사용한다.
• 지속적인 정적 근육부하를 피한다.
• 반복적인 손가락 동작을 피한다.
• 양손으로도 사용 가능하고 적은 스트레스를 주는 공구를 사용한다.

71. 동작분석의 종류 중 미세동작 분석에 관한 설명으로 옳지 않은 것은?

① 복잡·세밀한 작업분석이 가능하다.
② 직접 관측자가 옆에 없어도 측정이 가능하다.
③ 작업내용과 작업시간을 동시에 측정할 수 있다.
④ 타 분석법에 비해 적은 시간과 비용으로 연구가 가능하다.

해설 미세동작 분석은 필름이나 테이프에 작업내용을 기록하여 분석하기 때문에 정밀한 분석이 가능하나, 기록 장비와 분석과정에 많은 시간과 비용이 소요된다.

참고 미세동작 분석은 제품 수명이 길고 대량 생산되며, 생산 사이클이 짧은 제품을 대상으로 한다.

72. 디자인 개념의 문제해결 방식에 있어서 문제의 특성을 파악하기 위한 척도로 가장 거리가 먼 것은?

정답 67. ② 68. ① 69. ② 70. ④ 71. ④ 72. ①

① 체크리스트 ② 제약조건
③ 연구기간 ④ 평가기준

해설 문제의 특성을 파악하기 위한 척도에는 제약조건, 연구기간, 평가기준, 대안 등이 있다.

73. 각각 한 명의 작업자가 배치되어 있는 3개의 라인으로 구성된 공정에서 각 공정시간이 2분, 3분, 4분일 때 공정효율은?

① 85% ② 70%
③ 75% ④ 80%

해설 공정효율
$$= \frac{총작업시간}{총작업자 수 \times 주기시간} \times 100$$
$$= \frac{2+3+4}{3 \times 4} \times 100$$
$$= 75\%$$

74. 근골격계질환의 예방에서 단기적 관리방안으로 볼 수 없는 것은?

① 안전한 작업방법의 교육
② 작업자에 대한 휴식시간의 배려
③ 근골격계질환 예방관리 프로그램의 도입
④ 휴게실, 운동시설 등 기타 관리시설의 확충

해설 ③은 장기적 관리방안에 해당한다.

참고 스트레스를 해소하는 방법 : 숙면 취하기, 건강한 식단, 하루 계획하기, 규칙적인 휴식시간, 깊은 심호흡, 가벼운 운동, 방해요소 최소화, 힐링 언어 및 장소, 상황 관리하기, 동료들의 도움받기 등

75. 동작연구를 통한 작업개선안 도출을 위해 문제가 되는 작업에 대해 가장 우선적이고 근본적으로 고려해야 하는 것은?

① 작업의 제거

② 작업의 결합
③ 작업의 변경
④ 작업의 단순화

해설 작업개선 원칙(ECRS)
• 제거(Eliminate) : 생략과 배제의 원칙
• 결합(Combine) : 결합과 분리의 원칙
• 재조정(Rearrange) : 재배열의 원칙
• 단순화(Simplify) : 단순화의 원칙

76. 앉아서 작업을 해야 하는 경우로 가장 적절한 것은?

① 정밀작업을 해야 하는 경우
② 작업 시 큰 힘이 요구되는 경우
③ 신체 동작이 위아래로 큰 경우
④ 작업 중 자주 움직여야 하는 경우

해설 ②, ③, ④는 입식작업을 해야 하는 경우

77. 간헐적으로 랜덤한 시점에서 연구대상을 순간적으로 관측하여 대상이 처한 상황을 파악하고, 이를 토대로 관측시간 동안 나타난 항목별 비율을 추정하는 방법은?

① PTS법
② 워크샘플링
③ 웨스팅하우스법
④ 스톱워치를 이용한 시간연구

해설 워크샘플링 : 통계적 수법을 이용하여 관측대상을 랜덤으로 선정한 시점에서 작업자나 기계의 가동상태를 스톱워치 없이 순간적으로 관측하여 그 상황을 추정하는 방법이다.

78. 공정도에 사용되는 공정도 기호 "○"로 표시하기에 가장 적합한 것은?

① 작업 대상물을 다른 장소로 옮길 때
② 작업 대상물이 분해되거나 조립될 때
③ 작업 대상물을 지정된 장소에 보관할 때

정답 73. ③ 74. ③ 75. ① 76. ① 77. ② 78. ②

④ 작업 대상물이 올바르게 시행되었는지를 확인할 때

해설 공정도 기호 "○"은 가공 공정을 나타내며 원료, 재료, 부품 또는 제품의 모양이나 성질에 변화를 주는 작업에 해당한다.

참고 공정도에 사용되는 기호

가공	저장	정체	수량 검사	운반	품질 검사
○	▽	◻	□	○/⇨	◇

79. 근골격계질환 예방, 관리 교육에서 근로자에 대한 필수 교육내용으로 틀린 것은?

① 근골격계질환 발생 시 대처요령
② 근골격계 부담작업에서의 유해요인
③ 예방, 관리 프로그램의 수립 및 운영방법
④ 작업도구와 장비 등 작업시설의 올바른 사용방법

해설 ③은 추진팀(관리자, 전문가)이 담당해야 할 교육내용

80. 파레토 차트에 관한 설명으로 틀린 것은?

① 재고관리에서는 ABC 곡선이라고도 부른다.
② 20% 정도에 해당하는 중요한 항목을 찾아내는 것이 목적이다.
③ 불량이나 사고의 원인이 되는 중요한 항목을 찾아 관리하기 위함이다.
④ 작성방법은 빈도수가 낮은 항목부터 큰 항목 순으로 나열하고, 항목별 점유비율과 누적비율을 구한다.

해설 파레토도(파레토 차트) : 사고 유형, 기인물 등 분류 항목을 발생빈도가 큰 순서대로 도표화한 분석법이다.

정답 79. ③ 80. ④

2014년도(3회차) 출제문제

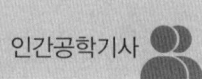

1과목 인간공학개론

1. 시스템의 평가 척도의 요건에 대한 설명으로 적절하지 않은 것은?
① 실제성 : 현실성을 가지며 실질적으로 이용하기 쉽다.
② 무오염성 : 측정하고자 하는 변수 이외의 외적 변수에 영향을 받는다.
③ 신뢰성 : 평가를 반복할 경우 일정한 결과를 얻을 수 있다.
④ 타당성 : 측정하고자 하는 평가 척도가 시스템의 목표를 반영한다.

해설 ② 무오염성 : 측정하고자 하는 변수 이외의 다른 변수에 영향을 받아서는 안 된다.

2. 신호검출이론에 의하면 시그널(signal)에 대한 인간의 판정결과는 4가지로 구분된다. 이중 시그널을 노이즈(noise)로 판단한 결과를 지칭하는 용어는?
① 누락(miss)
② 긍정(hit)
③ 허위(false alarm)
④ 부정(correct rejection)

해설 누락(miss) : 실제로 시그널이 존재했으나 잡음으로 오인하여 감지하지 못한 경우를 말한다.

참고 신호검출이론
• 신호의 정확한 판정(hit) : 긍정
• 신호검출 실패(miss) : 누락
• 허위경보(false alarm) : 허위
• 잡음을 제대로 판정(correct rejection) : 부정

3. 음량의 측정과 관련된 사항으로 적절하지 않은 것은?
① 소리의 세기에 대한 물리적 측정 단위는 데시벨(dB)이다.
② 물리적 소리 강도의 일정한 양의 증가는 지각되는 음에 강도에 동일한 양의 증가를 유발한다.
③ 손(sone)의 값 1은 주파수가 1000Hz이고 강도가 40dB인 음이 지각되는 소리의 크기이다.
④ 손(sone)과 폰(phon)은 지각된 음의 강약을 측정하는 단위이다.

해설 물리적으로 측정한 소리 강도의 변화가 곧바로 인간이 지각하는 음의 강도와 동일하게 비례하지는 않는다.

4. 너비가 2cm인 버튼을 누르기 위해 손가락을 8cm 이동하려고 한다. Fitts' law에서 로그함수의 상수가 10이고, 이동을 위한 준비시간과 관련된 상수가 5이다. 이때 이동시간(ms)은?
① 10ms
② 15ms
③ 35ms
④ 55ms

해설 Fitts의 법칙

동작시간$(T) = a + b\log_2\left(\dfrac{2A}{W}\right)$

$= 5 + 10\log_2\left(\dfrac{2 \times 8}{2}\right) = 35\,\text{ms}$

정답 1. ② 2. ① 3. ② 4. ③

여기서, T : 동작완수에 필요한 평균시간
A : 이동거리
W : 목표물의 너비
a, b : 실험상수

5. 조종장치의 흔한 비선형 요소로, 조종장치를 움직여도 피제어 요소에 변화가 없는 공간이 발생하는 현상을 무엇이라 하는가?

① 이력현상   ② 시공간현상
③ 반발현상   ④ 점성저항현상

해설 시공간 : 조종장치를 움직여도 반응장치가 반응하지 않는 공간

6. 인간공학이 추구하는 목표로 가장 적절한 것은?

① 인간의 기능 향상
② 설비의 생산성 증가
③ 제품 이미지와 판매량 제고
④ 기능적 효율과 인간 가치 향상

해설 ①, ②, ③은 인간공학의 적용을 통해 얻을 수 있는 기대효과에 해당한다.

참고 인간공학의 기대효과
- 건강하고 안전한 작업조건 마련
- 생산성 향상
- 직무 만족도 향상
- 노사 간 신뢰성 증가
- 이직률 감소
- 산재 보상비용 감소
- 제품 품질 향상

7. 직렬시스템과 병렬시스템의 특성에 대한 설명으로 옳은 것은?

① 직렬시스템에서 요소의 개수가 증가하면 시스템의 신뢰도도 증가한다.
② 병렬시스템에서 요소의 개수가 증가하면 시스템의 신뢰도는 감소한다.
③ 시스템의 높은 신뢰도를 안정적으로 유지하기 위해 병렬시스템으로 설계해야 한다.
④ 일반적으로 병렬시스템으로 구성된 시스템은 직렬시스템으로 구성된 시스템보다 비용이 감소한다.

해설 ① 직렬시스템에서 요소의 개수가 증가하면 시스템의 신뢰도는 감소한다.
② 병렬시스템에서 요소의 개수가 증가하면 시스템의 신뢰도도 증가한다.
④ 일반적으로 병렬시스템으로 구성된 시스템은 직렬시스템으로 구성된 시스템보다 비용이 증가한다.

8. 정량적 동적 표시장치 중 지침이 고정되고 눈금이 움직이는 형태를 무엇이라 하는가?

① 계수형
② 원형 눈금
③ 동침형
④ 동목형

해설 정량적 표시장치
- 동목형 : 지침이 고정되고 눈금이 움직이는 표시장치
- 동침형 : 눈금이 고정되고 지침이 움직이는 표시장치
- 계수형 : 숫자로 표시되는 표시장치

9. 인체측정 방법의 선택 기준과 가장 거리가 먼 것은?

① 경제성
② 계측자료의 융통성
③ 계측기기의 정밀성
④ 조사대상자의 선정 용이성

해설 인체측정 방법의 선택 기준
- 경제성
- 계측기기의 정밀성
- 조사대상자의 선정 용이성

정답 5. ②   6. ④   7. ③   8. ④   9. ②

10. 인간공학의 정보이론에 있어 1bit에 관한 설명으로 가장 적절한 것은?

① 초당 최대 정보 기억 용량이다.
② 정보 저장 및 회송(recall)에 필요한 시간이다.
③ 2개의 대안 중 하나가 명시되었을 때 얻어지는 정보량이다.
④ 일시에 보낼 수 있는 정보전달 용량의 크기로 통신 채널의 capacity를 말한다.

해설 실현 가능성이 동일한 대안 2가지 중 하나가 명시되었을 때 얻어지는 정보량은 1bit이다.

참고 정보량$(H)=\log_2 N$으로 대안이 2가지일 경우 정보량$(H)=\log_2 2 = 1$bit이다.

11. 암순응에 대한 설명으로 맞는 것은?

① 암순응 때 원추세포가 감수성을 갖게 된다.
② 어두운 곳에서는 주로 간상세포에 의해 보게 된다.
③ 어두운 곳에서 밝은 곳으로 들어갈 때 발생한다.
④ 완전 암순응에는 일반적으로 5~10분 정도 소요된다.

해설 암순응에 대한 설명
① 암순응 때 간상세포가 감수성을 갖는다.
③ 밝은 곳에서 어두운 곳으로 들어갈 때 발생한다.
④ 완전 암순응에는 일반적으로 30~35분 정도 소요된다.

참고 완전 명순응 소요시간 : 보통 2~3분

12. 실체적인 체계나 장치의 설계 시 인간을 고려할 때 '보통사람'이라는 말을 흔히 쓰는데, 이와 관련된 '평균치의 모순'에 대한 설명으로 가장 적절한 것은?

① 모든 치수가 평균 범위에 드는 평균치 인간은 존재하지 않는다.
② 평균은 모집단 분포의 치우침을 나타낸다.
③ 평균치를 기준으로 한 설계는 제품설계에서 제일 먼저 적용하는 원칙이다.
④ 신체치수는 평균 주위에 많이 분포한다.

해설 보통사람이란 있을 수 없다는 모순으로, 모든 치수가 평균 범위에 드는 평균치 인간은 존재하지 않는다.

13. 실제 사용자들의 행동을 분석하기 위해 생활하는 자연스러운 환경에서 비디오, 오디오에 녹화하여 시험하는 사용성 평가방법은?

① F.G.I(Focus Group Interview)
② 사용성 평가실험(usability lab testing)
③ 관찰 에스노그라피(observation ethnography)법
④ 종이모험(paper mock-up) 평가법

해설 관찰 에스노그라피 : 실제 사용자들의 행동을 분석하기 위해 이용자가 생활하는 자연스러운 환경에서 시험하는 사용성 평가기법이다.

14. 일반적으로 부품의 위치를 정하고자 할 때 활용되는 부품배치의 원칙을 바르게 나열한 것은?

① 중요성의 원칙과 사용빈도의 원칙
② 중요성의 원칙과 기능별 배치의 원칙
③ 사용빈도의 원칙과 사용순서의 원칙
④ 기능별 배치의 원칙과 사용빈도의 원칙

해설 중요성의 원칙과 사용빈도의 원칙은 우선순위 결정 원칙, 사용순서의 원칙과 기능별 배치의 원칙은 구체적인 배치 결정 원칙이다.

참고 부품의 공간배치의 원칙
• 중요성의 원칙
• 사용빈도의 원칙
• 사용순서의 원칙
• 기능별 배치의 원칙

정답 10. ③ 11. ② 12. ① 13. ③ 14. ①

15. 청각적 신호를 설계하는 데 고려되어야 하는 원리 중 검출성(detectability)에 대한 설명으로 옳은 것은?

① 사용자에게 필요한 정보만 제공한다.
② 동일한 신호는 항상 동일한 정보를 지정하도록 한다.
③ 사용자가 알고 있는 친숙한 신호의 차원과 코드를 선택한다.
④ 신호는 주어진 상황에서 감지장치나 사람이 감지할 수 있어야 한다.

해설 검출성 : 정보를 암호화한 자극은 검출이 가능해야 한다.

16. 인간의 정보처리 과정에서 중요한 역할을 하는 양립성(compatibility)에 관한 설명으로 옳은 것은?

① 인간이 사용하는 코드와 기호가 얼마나 의미를 갖는지를 다루는 것을 공간적 양립성이라 한다.
② 표시장치와 제어장치의 움직임, 사용 시스템의 반응 등과 관련된 것을 개념적 양립성이라 한다.
③ 제어장치와 표시장치의 공간적 배열에 관한 것을 운동 양립성이라 한다.
④ 직무에 알맞은 자극과 응답 양식의 존재에 대한 것을 양식 양립성이라 한다.

해설 ① 인간이 사용할 코드와 기호가 얼마나 의미를 갖는지를 다루는 것을 개념적 양립성이라 한다.
② 표시장치와 제어장치의 움직임, 시스템의 반응 등과 관련된 것은 운동 양립성이다.
③ 제어장치와 표시장치의 공간적 배열에 관한 것은 공간적 양립성이다.

17. 인간이 기계를 조정하여 임무를 수행해야 하는 인간-기계 체계(Man-Machine System)가 있다. 인간-기계 통합체계의 신뢰도(R_{HS})가 0.85 이상이어야 하고, 인간의 신뢰도(R_H)가 0.9라고 한다면 기계의 신뢰도(R_M)는 얼마 이상이어야 하는가? (단, 인간-기계 체계는 직렬체계이다.)

① $R_M \geq 0.877$ ② $R_M \geq 0.831$
③ $R_M \geq 0.944$ ④ $R_M \geq 0.915$

해설 직렬시스템의 신뢰도(R_S)
$= R_1 \cdot R_2 \cdots R_n$
인간신뢰도(R_H) × 기계 신뢰도(R_M) $\geq R_{HS}$
$0.9 \times R_M \geq 0.85$
$\therefore R_M \geq 0.85 \div 0.9 = 0.944$

18. 반응시간이 가장 빠른 감각은?

① 청각 ② 미각
③ 통각 ④ 시각

해설 감각기능의 반응시간
청각(0.17초) > 촉각(0.18초) > 시각(0.20초) > 미각(0.29초) > 통각(0.7초)

19. 시식별에 영향을 주는 인자와 가장 거리가 먼 것은?

① 조도 ② 반사율
③ 대비 ④ 온·습도

해설 온도나 습도의 변화는 시식별에 직접적인 영향을 미치지 않는다.

20. 정보이론의 응용과 가장 거리가 먼 것은?

① Hick-Hyman 법칙
② Magic number = 7±2
③ 주의 집중과 이중 과업
④ 자극의 수에 따른 반응시간 설정

해설 Hick-Hyman 법칙, Magic number(7±2), 자극의 수에 따른 반응시간 설정 등은 모두 정보이론의 응용이다.

정답 15. ④ 16. ④ 17. ③ 18. ① 19. ④ 20. ③

2과목 작업생리학

21. 그림과 같은 심전도에서 나타나는 T파는 심장의 어떤 상태를 의미하는 것인가?

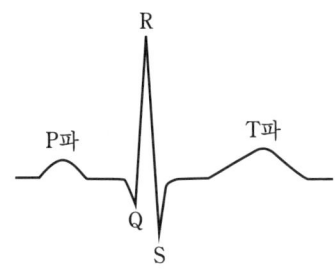

① 심방의 탈분극
② 심실의 재분극
③ 심실의 탈분극
④ 심방의 재분극

해설
- P파 : 심방 탈분극, 심방 수축
- Q-R-S파 : 심실 탈분극, 심실 수축
- T파 : 심실 재분극, 심실 이완, 수축 종료 후 휴식 시 발생

22. 근육의 활동에 대해 근육에서의 전기적 신호를 기용하는 방법은?

① Electuomyograph(EMG)
② Electuooculogram(EOG)
③ Electuoencephalograph(EEG)
④ Electuocardiograph(ECG)

해설 생리학적 측정방법
- EMG(근전도) : 근육활동의 전위차를 기록
- ECG(심전도) : 심장근 활동의 전위차를 기록
- ENG, EEG(뇌전도) : 신경활동의 전위차를 기록
- EOG(안전도) : 안구운동의 전위차를 기록

23. 공기정화시설을 갖춘 사무실에서의 환기 기준으로 옳은 것은?

① 환기횟수는 시간당 2회 이상으로 한다.
② 환기횟수는 시간당 3회 이상으로 한다.
③ 환기횟수는 시간당 4회 이상으로 한다.
④ 환기횟수는 시간당 6회 이상으로 한다.

해설 공기정화시설을 갖춘 사무실에서 작업자 1인당 최소 외기량은 $0.57\,\mathrm{m^3/min}$이며, 시간당 환기횟수 기준은 4회 이상이다.

24. 남성 작업자의 육체작업에 대한 에너지가를 평가한 결과 산소소비량이 1.5L/min이었다. 작업자의 4시간에 대한 휴식시간은 몇 분인가? (단, Murrell의 공식을 이용한다.)

① 75분
② 100분
③ 125분
④ 150분

해설 휴식시간(R)

$$= \frac{작업시간(E-5)}{E-1.5} = \frac{240 \times (7.5-5)}{7.5-1.5}$$

$= 100$분

여기서, T : 총작업시간(분)
E : 평균에너지 소비량(kcal/min)
4(5) : 보통작업 평균에너지
1.5 : 휴식시간 중 에너지 소비량

25. 시각적 점멸융합주파수(VFF)에 영향을 주는 변수에 대한 설명으로 틀린 것은?

① 암조응 시 VFF는 증가한다.
② 연습의 효과는 아주 작다.
③ 휘도만 같으면 색은 VFF에 영향을 주지 않는다.
④ VFF는 조명각도의 대수치에 선형적으로 비례한다.

해설 ① 암조응 시 VFF는 감소한다.

참고 암순응(암조응)
- 완전 암순응 소요시간 : 보통 30~40분
- 완전 명순응 소요시간 : 보통 2~3분

정답 21. ② 22. ① 23. ③ 24. ② 25. ①

26. 근육계에 관한 설명으로 옳은 것은?

① 수의근은 자율신경계의 지배를 받는다.
② 골격근은 줄무늬가 없는 민무늬근이다.
③ 불수의근과 심장근은 중추신경계의 지배를 받는다.
④ 내장근은 피로 없이 지속적으로 운동을 함으로써 소화, 분비 등 신체 내부 환경의 조절에 중요한 역할을 한다.

해설 ① 수의근은 뇌척수신경의 지배를 받는다.
② 민무늬근은 줄무늬가 없는 평활근이다.
③ 불수의근과 심장근은 자율신경계의 지배를 받는다.

27. 작업에 따른 에너지 소비량에 영향을 미치는 주요인자로 볼 수 없는 것은?

① 작업방법   ② 작업도구
③ 작업속도   ④ 최대산소섭취능력

해설 작업 중 에너지 소비량에 영향을 주는 인자 : 작업자세, 작업속도, 작업도구(설계), 작업방법

28. 인체의 척추 구조에서 경추는 몇 개로 구성되어 있는가?

① 5개   ② 7개   ③ 9개   ④ 12개

해설 인간의 척추는 각각 경추 7개, 흉추 12개, 요추 5개, 천추 5개, 미추 3~5개로 구성되어 있다.

참고 성인이 되면 천추와 미추는 하나로 합쳐져 천골과 미골을 형성하게 된다.

29. 어떤 작업자의 8시간 작업 시 평균 흡기량은 40L/min, 배기량은 30L/min으로 측정되었다. 배기량에 대한 산소 함량이 15%로 측정되었다면 이때의 분당 산소 소비량은?

① 3.3L/min   ② 3.5L/min
③ 3.7L/min   ④ 3.9L/min

해설 산소 소비량
= (분당 흡기량 × 흡기 중 O_2)
 − (분당 배기량 × 배기 중 O_2)
= $(40 \times 0.21) - (30 \times 0.15) = 3.9$ L/min

참고 공기 중에는 산소가 21%, 질소가 79% 함유되어 있다.

30. 윤활 관절(synovial joint)인 팔굽 관절(elbow joint)은 연결 형태를 기준으로 어느 관절에 해당되는가?

① 구상 관절(ball and socket joint)
② 경첩 관절(hinge joint)
③ 안장 관절(saddle joint)
④ 관절구(condyloid)

해설 경첩 관절 : 한 방향으로만 운동할 수 있는 관절로 무릎 관절, 팔굽 관절, 발목 관절 등이 있다.

참고 • 구상 관절 : 운동범위가 크고 3개의 운동축을 가진 관절(어깨, 고관절 등)
• 안장 관절 : 수근중수 관절

31. 힘과 모멘트에 대한 설명으로 옳은 것은?

① 힘의 3요소는 크기, 방향, 작용선이다.
② 스칼라(scalar)량은 크기는 없으며 방향만 존재한다.
③ 벡터(vector)량은 방향이 없으며 크기만 존재한다.
④ 모멘트란 회전시킬 수 있는 물체에 가해지는 힘이다.

해설 ① 힘의 3요소는 크기, 방향, 작용점이다.
② 스칼라는 크기만 있고 방향은 없다.
③ 벡터는 크기와 방향이 모두 존재한다.

정답 26. ④   27. ④   28. ②   29. ④   30. ②   31. ④

32. 가시도(visibility)에 영향을 미치는 요소가 아닌 것은?

① 조명기구
② 대비(contrast)
③ 과녁의 종류
④ 과녁에 대한 노출시간

해설 가시도는 대상 물체가 주변과 구별되어 보이는 정도를 말한다.

참고 가시도에 영향을 미치는 요소 : 대비, 광 발산도, 물체 크기, 노출시간, 휘광, 물체의 움직임 등

33. 강도 높은 작업을 마친 후 휴식 중에도 근육에 초기적으로 소비되는 산소량을 무엇이라 하는가?

① 산소 부채   ② 산소 결핍
③ 산소 결손   ④ 산소 요구량

해설 산소 부채 : 활동이 끝난 후에도 남아 있는 젖산을 제거하기 위해 필요한 산소

34. 다음 중 근력과 지구력에 대한 설명으로 틀린 것은?

① 근력 측정치는 작업조건뿐 아니라 검사자의 지시내용, 측정방법에 의해서도 달라진다.
② 등척력(isometric strength)은 신체를 움직이지 않으면서 자발적으로 가할 수 있는 힘의 최댓값이다.
③ 정적인 근력 측정치로부터 동작 작업에서 발휘할 수 있는 최대 힘을 정확히 추정할 수 있다.
④ 근육이 발휘할 수 있는 힘은 근육의 최대자율수축(MVC)에 대한 백분율로 나타낸다.

해설 정적인 근력 측정치만으로는 실제 동작이 수반되는 작업에서 발휘되는 최대 힘을 정확히 추정할 수 없다. 동작 작업에서는 운동 속도, 관절 각도의 변화 등 다양한 요인이 힘의 발휘와 측정에 영향을 미치기 때문이다.

35. 어떤 산업현장에서 근로자가 작업을 통해 95dB(A)에서 3시간, 100dB(A)에서 0.5시간, 85dB(A)에서 5시간을 소음수준에 노출되었다면 총소음투여량은 약 얼마인가? (단, OSHA의 소음관련 기준을 따른다.)

① 65.62%   ② 163.5%
③ 81.25%   ④ 131.25%

해설 소음노출지수(D)

$$= \frac{C_1}{T_1} + \frac{C_2}{T_2} + \cdots + \frac{C_n}{T_n}$$

$$= \frac{3}{4} + \frac{0.5}{2} + \frac{5}{16}$$

$$\fallingdotseq 1.3125 = 131.25\%$$

여기서, C_n : 실제노출시간
T_n : 허용노출시간

36. 소음대책의 방법 중 "감쇠 대상의 음파와 동위상인 신호를 보내어 음파 간에 간섭현상을 일으키면서 소음이 저감되도록 하는 기법"을 무엇이라 하는가?

① 흡음처리   ② 거리감쇠
③ 능동제어   ④ 수동제어

해설 능동제어 : 감쇠 대상의 음파와 동위상인 신호를 보내어 음파 간에 간섭현상을 일으킴으로써 소음이 저감되도록 하는 기법이다.

37. 광도와 거리에 관한 조도의 공식으로 옳은 것은?

① 조도 = $\frac{광도}{거리}$ ② 조도 = $\frac{거리}{광도}$

③ 조도 = $\frac{광도}{거리^2}$ ④ 조도 = $\frac{거리}{광도^2}$

정답 32. ③   33. ①   34. ③   35. ④   36. ③   37. ③

해설 조도는 단위면적에 도달하는 빛의 양(조도=광도/거리^2)

38. 정적 자세를 유지할 때의 진전(tremor)을 감소시킬 수 있는 방법으로 적당한 것은?

① 손을 심장 높이보다 높게 한다.
② 몸과 작업에 관계되는 부위를 잘 받친다.
③ 작업 대상물에 기계적인 마찰을 제거한다.
④ 시각적인 기준을 정하지 않는다.

해설 진전을 감소시키는 방법
- 손을 심장 높이보다 높게 한다.
- 작업 대상물에 기계적인 마찰을 제거한다.
- 시각적인 참조 기준을 정하지 않는다.

39. 근육피로의 1차적 원인으로 옳은 것은?

① 젖산 축적
② 글리코겐 축적
③ 미오신 축적
④ 피루브산 축적

해설 운동이 격렬해지면 젖산이 빠르게 생성되고, 제거 속도가 이를 따라가지 못하면 근육에 축적되어 피로를 느끼게 된다.

참고 젖산은 주로 무산소 운동 시 생성되며, 제거 속도가 늦어져 근육에 축적되면 피로의 주요 원인이 된다.

40. 고열 발생원에 대한 대책으로 볼 수 없는 것은?

① 고온 순환
② 전체 환기
③ 복사열 차단
④ 방열제 사용

해설 고열 작업에 대한 대책은 공학적 대책, 방열보호구의 관리대책, 작업자에 대한 보건 관리대책 등이 있다.

참고 고열 발생원에 대한 대책 : 전체 환기, 복사열 차단, 방열제 사용 등

3과목 산업심리학 및 관계법규

41. 다음 중 인간의 불안전행동을 예방하기 위해 Harvey에 의해 제안된 안전대책의 3E에 해당하지 않는 것은?

① Engineering
② Environment
③ Education
④ Enforcement

해설 안전대책의 3E
- 안전교육(Education)
- 안전기술(Engineering)
- 안전독려(Enforcement)

42. 개인의 성격을 건강과 관련시켜 연구하는 성격유형에 있어 B형 성격 소유자의 특성과 가장 관련이 깊은 것은?

① 수치계산에 민감하다.
② 공격적이며 경쟁적이다.
③ 문제의식을 느끼지 않는다.
④ 시간에 강박관념을 가진다.

해설 ① 수치계산에 느긋하다.
② 방어적이며 수동적이다.
④ 시간 관념이 없다.

참고 성격유형
- A형 : 능동적·공격적인 성향이며, 경쟁심이 강하고 자존감이 높다.
- B형 : 수동적·방어적 성향이며 느긋하다.
- C형 : 착하고 감정을 억누르며 예스맨인 경우가 많다.
- D형 : 자아는 강하지만 부정적인 감정이 많고 친구가 적다.

43. A 사업장의 도수율이 2로 계산되었다면 이에 대한 해석으로 가장 적절한 것은?

① 근로자 1000명당 1년 동안 발생한 재해자 수가 2명이다.

정답 38.② 39.① 40.① 41.② 42.③ 43.④

② 연근로시간 1000시간당 발생한 근로손실일수가 2일이다.
③ 근로자 10000명당 1년간 발생한 사망자 수가 2명이다.
④ 연근로시간 합계 100만인시(man-hour)당 2건의 재해가 발생하였다.

해설 ① 근로자 1000명당 1년 동안 발생한 재해자 수 : 연천인율
② 연근로시간 1000시간당 발생한 재해에 의한 근로손실일수 : 강도율
③ 근로자 10000명당 1년간 발생한 사망자 수 : 사망만인율
④ 연근로시간 1000000시간당(100만인시당) 재해발생 건수 : 도수율

44. 부주의의 원인과 대책이 가장 적합하게 연결된 것은?

① 의식의 우회 : 카운슬링
② 경험 또는 무경험 : 적성 배치
③ 의식의 우회 : 작업환경 정비
④ 소질적 문제 : 교육 또는 훈련

해설 부주의 원인과 대책
- 의식의 우회 : 상담(카운슬링)
- 경험 또는 무경험 : 교육 또는 훈련
- 소질적 문제 : 적성 배치

45. 20세기 초 수행된 호손(Hawthorne)의 연구에 관한 설명으로 가장 적절한 것은?

① 조명 조건 등 물리적 작업환경의 개선으로 생산성 향상이 가능하다는 것을 밝혔다.
② 연구가 수행된 포드(Ford) 자동차 사에 컨베이어 벨트가 도입되어 노동의 분업화가 가속화되었다.
③ 산업심리학의 관심이 물리적 작업조건에서 인간관계 등으로 바뀌게 되었다.
④ 연구결과 조직 내에서의 리더십의 중요성을 인식하는 계기가 되었다.

해설 호손실험 : 작업자의 태도, 감독자, 비공식 집단 등 물리적 작업조건보다 인간관계(심리적 태도, 감정)가 생산성 향상에 더 큰 영향을 미친다는 결론이다.

46. 재해의 기본 원인을 조사하는 데에는 관련 요인들을 4M 방식으로 분류하는데 다음 중 4M에 해당하지 않는 것은?

① Machine
② Material
③ Management
④ Media

해설 휴먼에러의 배후요인(4M)
- Man(사람) : 다른 사람들과의 인간관계
- Machine(기계) : 기계장비 등의 물리적 요인
- Media(작업환경) : 작업정보, 방법, 환경 등
- Management(관리) : 작업관리, 규범 등

참고 Material : 직물, 천

47. 데이비스(Davis)의 동기부여이론에서 인간의 성과(human performance)를 바르게 나타낸 것은?

① 지식(knowledge)×기능(skill)
② 상황(situation)×태도(attitude)
③ 능력(ability)×동기유발(motivation)
④ 인간조건(human condition)×환경조건(environment condition)

해설 데이비스의 동기부여이론
- 능력=지식×기능
- 동기유발=상황×태도
- 인간의 성과=능력×동기유발
- 경영의 성과=인간의 성과×물질의 성과

정답 44. ① 45. ③ 46. ② 47. ③

48. 산업안전보건법령상 재해발생 시 작성해야 하는 산업재해조사표에서 재해의 발생 형태에 따른 재해 분류가 아닌 것은?

① 폭발　　② 협착
③ 진폐　　④ 감전

해설 ③ 상해의 종류
①, ②, ④는 재해의 발생형태

참고
- 상해의 종류(외적 상해) : 골절, 동상, 부종, 자상, 타박상, 절단, 중독, 질식, 찰과상, 창상, 화상 등
- 재해의 발생형태 : 폭발, 협착, 감전, 추락, 비래, 전복 등

49. 다음 중 통제적 집단행동이 아닌 것은?

① 모브(mob)
② 관습(custom)
③ 유행(fashion)
④ 제도적 행동(institutional behavior)

해설 모브(mob) : 폭력을 휘두르거나 말썽을 일으킬 가능성이 있는 군중으로, 감정에 따라 행동한다.

참고
- 통제적 집단행동 : 관습, 제도적 행동, 유행
- 비통제적 집단행동 : 군중, 모브, 패닉, 심리적 전염

50. 검사 작업자가 한 로트에 100개인 부품을 조사하여 6개의 불량품을 발견했으나 로트에는 실제로 10개의 불량품이 있었다. 이 검사 작업자의 휴먼에러 확률은?

① 0.04　② 0.06　③ 0.1　④ 0.6

해설 휴먼에러 확률
$$= \frac{\text{인간의 과오 수}}{\text{전체 과오 발생기회 수}}$$
$$= \frac{10-6}{100} = 0.04$$

51. 인간의 정보처리 과정의 측면에서 분류한 휴먼에러에 해당하는 것은?

① 생략 오류(omission error)
② 작위적 오류(commission error)
③ 부적절한 수행 오류(extraneous error)
④ 의사결정 오류(decision making error)

해설 휴먼에러의 심리적 분류
- 생략, 누설, 부작위 오류
- 순서 오류
- 작위 오류

참고 정보처리 과정의 측면에서 분류하면 입력 오류, 출력 오류, 정보처리 오류, 의사결정 오류가 있다.

52. 힉-하이만(Hick-Hyman)의 법칙에 의하면 인간의 반응시간(RT)은 자극정보의 양에 비례한다고 한다. 인간의 반응시간이 다음 식과 같이 예견된다고 하면, 자극정보의 개수가 2개에서 8개로 증가할 때 반응시간은 몇 배 증가하겠는가? (단, a는 상수, N은 자극정보의 수를 말한다.)

① 3배　　② 4배
③ 16배　　④ 32배

해설 Hick-Hyman의 법칙
반응시간(RT) = $a\log_2 N$
여기서, a : 상수, N : 자극정보의 수
$N=2$일 때 RT는 $\log_2 2 = 1$에 비례
$N=8$일 때 RT는 $\log_2 8 = 3$에 비례
∴ 반응시간은 약 3배 증가한다.

53. 휴먼에러 방지의 3가지 설계기법으로 볼 수 없는 것은?

① 배타설계(exclusion design)
② 제품설계(products design)
③ 보호설계(prevention design)
④ 안전설계(fail-safe design)

정답 48. ③　49. ①　50. ①　51. ④　52. ①　53. ②

해설 인간과오 방지의 3가지 설계기법
- 안전설계 : fail-safe 설계
- 보호설계 : fool-proof 설계
- 배타설계 : 휴먼에러의 가능성을 근원적으로 제거

54. 제조물책임법상 손해배상책임을 지는 자(제조업자)의 면책사유가 아닌 경우는?
① 제조업자가 당해 제조물을 공급하지 않은 사실을 입증하는 경우
② 제조업자가 당해 제조물을 공급한 때의 과학 기술으로는 결함의 존재를 발견할 수 없었다는 사실을 입증하는 경우
③ 제조물의 결함이 제조업자가 당해 제조물을 공급할 당시의 법령이 정하는 기준을 준수함으로써 발생한 사실을 입증하는 경우
④ 제조물을 공급한 후에 당해 제조물에 결함이 존재한다는 사실을 알거나 알 수 없었다는 사실을 입증하는 경우

해설 제조물책임법(PL법)상 면책사유
- 제조업자가 해당 제조물을 공급하지 않았음을 입증한 경우
- 제조업자가 공급 당시의 과학·기술 수준으로는 결함을 발견할 수 없었음을 입증한 경우
- 제조업자가 공급 당시의 법령 또는 기준을 준수한 결과 결함이 발생했음을 입증한 경우

55. 집단 간 갈등을 해결함과 동시에 갈등을 촉진시킬 수 있는 방법으로 가장 적절한 것은?
① 조직구조의 변경
② 전제적 명령
③ 상위목표의 도입
④ 커뮤니케이션의 증대

해설 조직구조의 변경 : 집단 간 갈등이 발생하지 않도록 구조를 조정하는 방법이다.

56. 인간이 과도로 긴장하거나 감정 흥분 시 의식수준 단계로, 대외의 활동력은 높지만 냉정함이 결여되어 판단이 둔화되는 의식수준 단계는?
① Ⅰ단계
② Ⅱ단계
③ Ⅲ단계
④ Ⅳ단계

해설 인간의 의식 레벨의 단계

단계	모드	생리적 상태	신뢰성
0	무의식	수면, 뇌발작, 주의작용 상실, 실신	0
1	의식 흐림	피로, 단조로운 일, 수면, 졸음, 몽롱	0.9 이하
2	이완 상태	안정적 기거, 휴식, 정상작업	0.99~1 이하
3	상쾌한 상태	적극적 활동, 최적의 활동상태	0.999 이상
4	과긴장 상태	일점 집중, 긴급 방위 반응	0.9 이하

57. 리더십 이론 중 관리그리드 이론에서 인간중심 지향적이며 직무에 대한 관심이 가장 낮은 유형은?
① (1, 1)형
② (1, 9)형
③ (9, 1)형
④ (9, 9)형

해설 관리그리드 이론

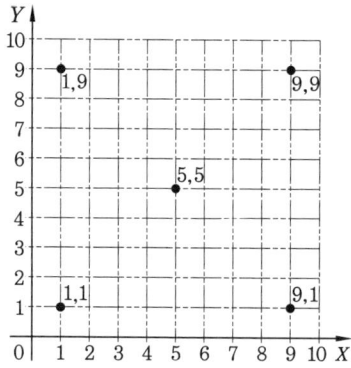

- (1, 1)형 : 무관심형
- (1, 9)형 : 인기형
- (9, 1)형 : 과업형
- (5, 5)형 : 타협형
- (9, 9)형 : 이상형

여기서, X축 : 과업에 대한 관심
　　　　Y축 : 인간관계에 대한 관심

58. NIOSH의 직무 스트레스 모형에서 직무 스트레스 요인과 성격이 다른 한 가지는?

① 작업요인　　② 조직요인
③ 환경요인　　④ 행동적 반응 요인

해설 직무 스트레스의 원인
- 작업요인 : 작업부하, 교대근무
- 조직요인 : 갈등, 역할요구, 관리유형
- 환경요인 : 소음, 한랭, 환기불량, 조명

59. FTA(Fault Tree Analysis)에 관한 설명으로 옳은 것은?

① 연역적이며 톱다운(top-down) 접근방식이다.
② 귀납적이며 위험 그 자체와 영향을 강조하고 있다.
③ 시스템 구상에 있어 가장 먼저 하는 분석으로 위험요소가 어떤 상태에 있는지를 정성적으로 평가하는 데 적합하다.
④ 한 사건에 대해 실패와 성공으로 분개하고, 동일 방법으로 분개된 각각의 가지에 대해 실패 또는 성공의 확률을 구하는 것이다.

해설 결함수 분석법(FTA)의 특징
- top down 방식(연역적)
- 정량적 해석 기법(해석 가능)
- 논리기호를 사용하여 특정 사상에 대한 해석
- 서식이 간단하고 비교적 적은 노력으로 분석 가능
- 논리성 부족, 2가지 이상의 요소가 고장날 경우 분석이 곤란하며, 요소가 물체로 한정되어 인적 원인분석이 어렵다.

60. 리더십의 유형에 따라 나타나는 특징에 대한 설명으로 틀린 것은?

① 권위주의적 리더십 : 리더에 의해 모든 정책이 결정된다.
② 권위주의적 리더십 : 각 구성원의 업적을 평가할 때 주관적이기 쉽다.
③ 민주적 리더십 : 리더는 보통 과업과 그 과업을 함께 수행할 구성원을 지정해 준다.
④ 민주적 리더십 : 모든 정책은 리더의 지원을 받는 집단토론식으로 결정된다.

해설 민주적 리더십은 구성원의 자발적 의욕과 참여를 바탕으로 조직의 목적을 달성하려는 것이 특징이다.

4과목　근골격계질환 예방을 위한 작업관리

61. 다음과 같은 작업표준의 작성절차를 바르게 나열한 것은?

> a. 작업분해
> b. 작업의 분류 및 정리
> c. 작업표준안 작성
> d. 작업표준의 채점과 교육실시
> e. 동작순서 설정

① a → b → c → e → d
② a → e → b → c → d
③ b → a → e → c → d
④ b → a → c → e → d

해설 작업표준의 작성절차
① 작업의 분류 및 정리
② 작업분해
③ 동작순서 설정
④ 작업표준안 작성
⑤ 작업표준의 채점과 교육실시

정답 58. ④　59. ①　60. ③　61. ③

62. 허리 부위와 중량물취급 작업에 대한 유해요인의 주요 평가기법은?
① REBA
② JSI
③ RULA
④ NLE

해설 NLE(NIOSH Lifting Equation) : 중량물 취급작업의 여러 요인을 고려하여 들기 작업에 대한 권장무게한계(RWL)를 산출하는 평가방법이다.

63. 작업대 및 작업공간에 관한 설명으로 틀린 것은?
① 가능하면 작업자가 작업 중 자세를 필요에 따라 변경할 수 있도록 작업대와 의자 높이를 조절할 수 있는 방식을 사용한다.
② 가능한 낙하식 운반방법을 사용한다.
③ 작업점의 높이는 팔꿈치 높이를 기준으로 설계한다.
④ 정상 작업역이란 작업자가 위팔과 아래팔을 곧게 펴서 파악할 수 있는 구역으로 조립작업에 적절한 영역이다.

해설 ④는 최대 작업역에 해당하는 내용이다.

참고
- 정상 작업역(34~45cm) : 손을 작업대 위에서 자연스럽게 작업하는 상태
- 최대 작업역(55~65cm) : 손을 작업대 위에서 최대한 뻗어 작업하는 상태

64. 작업측정에 대한 설명으로 적절한 것은?
① 반드시 비디오 촬영을 병행해야 한다.
② 측정 시 작업자가 모르게 비밀 촬영을 해야 한다.
③ 작업측정은 자격을 가진 전문가만 수행해야 한다.
④ 측정 후 자료는 그대로 사용하지 않고, 작업능률에 따라 자료를 조정할 수 있다.

해설 ① 반드시 비디오 촬영을 병행해야 하는 것은 아니다.
② 측정 시 작업자가 모르게 비밀 촬영을 해야 하는 것은 아니다.
③ 작업측정은 반드시 자격을 가진 전문가만 수행해야 하는 것은 아니다.

65. 평균관측시간이 0.9분, 레이팅 계수 120%, 여유시간이 하루 8시간 근무시간 중 28분으로 설정되었다면 표준시간은 약 몇 분인가?
① 0.926
② 1.080
③ 1.147
④ 1.151

해설
- 정미시간(NT)
$= 평균관측시간 \times \dfrac{레이팅 계수}{100}$
$= 0.9 \times \dfrac{120}{100} = 1.08분$

- 여유율(A) $= \dfrac{여유시간}{실동시간} \times 100$
$= \dfrac{28}{480} \times 100 \fallingdotseq 5.8\%$

- 표준시간(ST)
$= 정미시간 \times \left(\dfrac{1}{1-여유율}\right)$
$= 1.08 \times \dfrac{1}{1-0.058}$
$\fallingdotseq 1.147분$

66. 작업분석 시 문제분석 도구로 적합하지 않는 것은?
① 작업공정도
② 다중활동 분석표
③ 서블릭 분석
④ 간트 차트

해설 서블릭 분석 : 작업자의 기본적인 동작을 18가지의 기본요소 동작(서블릭 기호)으로 분석·기록하는 방법으로, 동작분석에 해당한다.

정답 62. ④ 63. ④ 64. ④ 65. ③ 66. ③

67. 다음 중 작업관리의 문제분석 도구로, 가로축에 항목, 세로축에 항목별 점유비율과 누적비율로 막대-꺾은선 혼합 그래프를 사용하는 것은?

① 특성요인도 ② 파레토 차트
③ PERT 차트 ④ 간트 차트

해설 파레토도 : 사고 유형, 기인물 등 분류 항목을 큰 값에서 작은 값의 순서대로 도표화한 분석법이다.

68. 어느 기계가공 작업에 대한 작업내용과 소요시간, 비용 등은 다음과 같을 때 해당 작업에서 작업자가 몇 대의 동일한 기계를 담당하는 것이 가장 경제적인가?

작업자 : • 가공될 재료를 로딩(0.6분)
• 가공품을 꺼냄(0.3분)
• 가공품을 검사(0.5분)
• 마무리 작업(0.2분)
• 다른 기계 쪽으로 걸어감(0.05분)
기계 : 가공시간(3.95분)
인건비 : 3000원/시간
기계 비용 : 4800원/시간

① 1대 ② 2대
③ 3대 ④ 4대

해설 이론적 기계 대수(n)
$$=\frac{a+t}{a+b}=\frac{0.9+3.95}{0.9+0.75}≒2.94≒3대$$
여기서, a : 작업자와 기계의 동시작업시간
b : 독립적인 작업자 활동시간
t : 기계가동시간

69. 근골격계질환의 예방에서 단기적 관리방안이 아닌 것은?

① 교대근무에 대한 고려
② 안전한 작업방법 교육
③ 근골격계질환 예방관리 프로그램의 도입
④ 관리자, 작업자, 보건관리자 등에 인간공학 교육

해설 ③은 장기적 관리방안에 해당한다.

참고 스트레스를 해소하는 방법 : 숙면 취하기, 건강한 식단, 하루 계획하기, 규칙적인 휴식시간, 깊은 심호흡, 가벼운 운동, 방해요소 최소화, 힐링 언어 및 장소, 상황 관리하기, 동료들의 도움받기 등

70. 1TMU(Time Measurement Unit)를 초 단위로 환산한 것은?

① 0.0036초 ② 0.036초
③ 0.36초 ④ 1.667초

해설 1TMU=0.00001시간=0.00006분
=0.036초

참고 1TMU=1시간

71. 근골격계질환의 발생에 기여하는 작업적 유해유인과 가장 거리가 먼 것은?

① 과도한 힘의 사용
② 개인보호구의 미착용
③ 불편한 작업자세의 반복
④ 부적절한 작업/휴식 비율

해설 근골격계질환의 작업요인 : 작업의 반복도, 작업강도, 작업자세, 과도한 힘, 진동, 스트레스, 환경요인 등

72. 작업개선의 ECRS 기본원칙과 가장 거리가 먼 것은?

① 작업방법을 바꾸거나 변경한다.
② 다른 작업이나 작업요소를 결합한다.
③ 불필요한 작업이나 작업요소를 제거한다.
④ 작업이나 작업요소를 단순화 및 간소화한다.

정답 67. ② 68. ③ 69. ③ 70. ② 71. ② 72. ①

해설 작업개선 원칙(ECRS)
- 제거(Eliminate) : 생략과 배제의 원칙
- 결합(Combine) : 결합과 분리의 원칙
- 재조정(Rearrange) : 재배열의 원칙
- 단순화(Simplify) : 단순화의 원칙

73. 근골격계질환 예방관리 프로그램에 대한 설명으로 옳은 것은?

① 사업주와 근로자는 근골격계질환의 조기 발견과 조기 치료 및 조속한 직장 복귀를 위해 가능한 한 사업장 내에서 재활프로그램 등의 의학적 관리를 받을 수 있다고 한다.
② 사업주는 효율적이고 성공적인 근골격계질환의 예방·관리를 위해 사업장 특성에 맞게 근골격계질환 예방관리추진팀을 구성하되, 예방·관리추진팀에는 예산 등에 대한 결정권한이 있는 자가 참여하는 것을 권고할 수 있다.
③ 근골격계질환 예방·관리 최초교육은 프로그램 도입 후 1년 이내에 실시하고, 이후 3년마다 주기적으로 실시한다.
④ 유해요인 개선방법 중 작업의 다양성 제공, 작업속도 조절 등은 공학적 개선에 속한다.

해설 ② 예방·관리추진팀에는 반드시 예산 등에 대한 결정권한이 있는 자가 참여해야 한다.
③ 근골격계질환 예방·관리 최초교육은 프로그램 도입 후 6개월 이내에 실시하고, 이후 주기적으로 실시한다.
④ 작업의 다양성 제공, 작업속도 조절 등은 행정적 개선에 속한다.

74. 다음과 같은 작업측정 방법 중 성격이 다른 하나는?

① PTS법
② 표준자료법
③ 실적기록법 및 통계적 표준
④ 워크샘플링

해설 작업측정 방법
- 직접측정 방법 : 워크샘플링, 시간연구
- 간접측정 방법 : PTS법, 표준자료법, 실적기록법 및 통계적 표준

참고 워크샘플링 : 통계적 수법을 이용하여 관측대상을 랜덤으로 선정한 시점에서 작업자나 기계의 가동상태를 스톱워치 없이 순간적으로 관측하여 그 상황을 추정하는 방법이다.

75. 조립작업 등 엄지와 검지로 집는 작업자세가 많은 경우 손목의 정중신경 압박으로 증상이 유발되는 질환은?

① 근막통 증후군
② 외상 과염
③ 수완진동 증후군
④ 수근관 증후군

해설 수근관 증후군은 손목이 꺾인 상태, 손목뼈 부분의 압박이나 과도한 힘을 준 상태에서 반복적으로 손 운동을 할 때 발생한다.

76. RULA(Rapid Upper Limb Assesment)의 평가요소에 포함되지 않는 것은?

① 발목 각도
② 손목 각도
③ 전완 자세
④ 몸통 자세

해설 RULA : 목, 어깨, 팔목, 손목 등의 작업자세를 중심으로 작업부하를 쉽고 빠르게 평가하는 기법이다.

77. 작업장 시설의 재배치, 기자재 소통상 혼잡지역 파악, 공정과정 중 역류현상 점검 등에 가장 유용하게 사용할 수 있는 공정도는?

① Cantt Chart
② Flow Chart
③ Man-Machine Chart
④ Operation Process Chart

해설 흐름도(flow chart)는 시설 재배치, 기자재 소통상의 혼잡지역 파악, 공정과정 중 역류현상 점검 등에 효과적으로 활용된다.

78. 작업관리(Work study)에 관한 설명으로 옳은 것은?

① 가치공학이라고도 한다.
② 방법연구와 작업측정을 주 대상으로 하는 명칭이다.
③ 작업관리의 주목적은 작업시간 단축과 노동강도 증가에 있다.
④ 제조공장을 주요 대상으로 개발된 것이므로 사무작업에는 적용할 수 없다.

해설 작업관리의 목적
- 최선의 작업방법 개선, 개발
- 생산성 향상
- 작업효율 관리
- 재료, 설비, 공구 등의 표준화
- 안전 확보

79. 동작경제의 원칙의 3가지 범주에 들어가지 않은 것은?

① 작업개선의 원칙
② 신체의 사용에 관한 원칙
③ 작업장의 배치에 관한 원칙
④ 공구 및 설비의 디자인에 관한 원칙

해설 Barnes(반즈)의 동작경제의 3원칙
- 신체의 사용에 관한 원칙
- 작업장 배치에 관한 원칙
- 공구 및 설비 디자인에 관한 원칙

80. 근골격계 부담작업의 유해요인조사의 내용 중 작업장 상황조사 항목에 해당되지 않는 것은?

① 근무형태   ② 작업량
③ 작업설비   ④ 작업공정

해설 작업장 상황조사 항목에는 작업량, 작업설비, 작업공정, 작업속도, 업무량 변화 등이 포함된다.

정답 78. ② 79. ① 80. ①

2015년도(1회차) 출제문제

1과목 인간공학개론

1. 은행이나 관공서 접수창구의 높이를 설계하는 기준으로 가장 적절한 것은?

① 조절범위의 원칙
② 최소집단치를 위한 원칙
③ 최대집단치를 위한 원칙
④ 평균치를 위한 원칙

해설 조절식, 극단치로 설계하기에 곤란한 경우 평균치 설계로 하며, 은행창구나 슈퍼마켓의 계산대 등에 적용한다.

2. 검은 상자 안에 붉은 공, 검은 공, 흰 공이 있다. 각 공의 추출 확률은 붉은 공 0.25, 검은 공 0.125, 그리고 흰 공 0.50이다. 추출될 공의 색을 예측하는 데 필요한 평균정보량 (bit)은 약 얼마인가?

① 0.875　　② 1.375
③ 1.5　　　④ 1.75

해설 평균정보량$(H_a) = \sum_{i=1}^{n} p_i \log_2 \left(\frac{1}{p_i}\right)$

$= 0.25 \times \log_2 \left(\frac{1}{0.25}\right) + 0.125 \times \log_2 \left(\frac{1}{0.125}\right)$

$+ 0.5 \times \log_2 \left(\frac{1}{0.5}\right)$

$= 1.375 \, bit$

3. 체계분석 시 인간공학으로부터 얻는 보상 및 가치와 거리가 가장 먼 것은?

① 인력 이용률 향상
② 사고 및 오용으로부터의 손실 감소
③ 기계 및 설비 활용의 감소
④ 생산 및 보전의 경제성 증대

해설 ③ 기계 및 설비 활용 효율 향상

4. 다음 중 시력의 척도와 그에 대한 설명으로 틀린 것은?

① Vernier 시력 : 한 선과 다른 선의 측방향 변위(미세한 치우침)를 식별하는 능력
② 최소 가분 시력 : 대비가 다른 두 배경의 접점을 식별하는 능력
③ 최소 인식 시력 : 배경으로부터 한 점을 식별하는 능력
④ 입체 시력 : 깊이가 있는 하나의 물체에 대해 두 눈의 망막에서 수용할 때, 상이나 그림의 차이를 분간하는 능력

해설 최소 가분 시력이란 눈이 식별할 수 있는 멀리 떨어진 두 물체 사이의 최소 공간을 말한다.

5. 전문가에 의한 사용성 평가방법은?

① 표적 집단 면접법(focus group interview)
② 사용자 테스트(user test)
③ 휴리스틱 평가(heuristic evaluation)
④ 설문조사(questionnaire survey)

해설 휴리스틱 평가 : 전문가가 정해진 사용성 원칙에 따라 시스템을 분석하고 문제점을 식별하는 평가방식이다.

6. 인간이 기계를 능가하는 기능에 해당하는 것은?

정답 1.④　2.②　3.③　4.②　5.③　6.②

① 암호화된 정보를 신속하게 대량으로 보관한다.
② 완전히 새로운 해결책을 찾아낸다.
③ 입력신호에 대해 신속하고 일관성 있게 반응한다.
④ 주위가 소란스러워도 효율적으로 작동한다.

해설 ①, ③, ④는 기계가 인간을 능가하는 기능이다.

참고 인간과 기계의 기능 비교

인간의 장점	• 다양한 자극의 형태 식별 • 예기치 못한 사건 감지 • 다량의 정보 장시간 보관 • 귀납적 추리 • 원칙의 적용 • 다양한 문제의 해결 • 관찰의 일반화 • 과부하상태에서 중요한 일에만 전념 가능
기계의 장점	• 사람의 감지범위 밖의 자극 감지 • 사람과 기계의 모니터 가능 • 암호화된 정보 신속·대량 보관 • 연역적 추리 • 명시된 절차에 따른 정보처리 • 정량적 정보처리 • 관찰보다 감지센서 작동 • 과부하상태에서도 동시에 여러 작업 수행 가능

7. 정적 인체측정 자료를 동적 자료로 변환할 때 활용될 수 있는 크로머(Kroemer)의 경험법칙에 대한 설명으로 틀린 것은?

① 키, 눈, 어깨, 엉덩이 등의 높이는 3% 정도 줄어든다.
② 팔꿈치 높이는 대개 변화가 없지만, 작업 중 5%까지 증가하는 경우가 있다.
③ 앉은 무릎 높이 또는 오금 높이는 굽 높은 구두를 신지 않는 한 변화가 없다.
④ 전방 및 측방 팔길이는 편안한 자세에서 30% 정도 늘어나고, 어깨와 몸통을 심하게 돌리면 20% 정도 감소한다.

해설 ④ 전방 및 측방 팔길이는 편안한 자세에서 30% 정도 감소하고, 어깨와 몸통을 심하게 돌리면 20% 정도 늘어난다.

8. 회전운동을 하는 조종장치의 레버를 60° 움직였을 때 표시장치의 커서는 10cm 이동하였다. 레버의 길이가 10cm일 때 이 조종장치의 C/R비는 약 얼마인가?

① 1.05   ② 1.51
③ 5.42   ④ 8.33

해설 조종장치의 C/R비

$$= \frac{(\alpha/360) \times 2\pi L}{\text{표시장치의 이동거리}}$$

$$= \frac{(60/360) \times 2 \times 3.14 \times 10}{10} ≒ 1.05$$

여기서, α : 조종장치가 움직인 각도
L : 반지름(조종장치의 거리)

9. 실험연구에서 실험자가 연구하고 싶은 대상이 되는 변수를 무엇이라 하는가?

① 종속 변수
② 독립 변수
③ 통제 변수
④ 환경 변수

해설 종속변수 : 실험자가 연구하고자 하는 대상이 되는 변수로, 독립변수의 변화에 따라 값이 달라지며 결과변수라고도 한다.

10. 신호검출이론에서 판정기준(criterion)이 오른쪽으로 이동할 때 나타나는 현상으로 옳은 것은?

정답 7. ④   8. ①   9. ①   10. ①

① 허위경보(false alarm)가 줄어든다.
② 신호(signal)의 수가 증가한다.
③ 소음(noise)의 분포가 커진다.
④ 적중 확률(실제 신호를 신호로 판단)이 높아진다.

해설 • 반응기준이 우측으로 이동할 경우 ($\beta > 1$) : 신호 판정은 줄고 허위경보는 감소하며, 보수적 판단이 된다.
• 반응기준이 좌측으로 이동할 경우($\beta < 1$) : 신호 판정은 늘고 허위경보도 증가하며, 진취적 판단이 된다.

11. 다음 중 눈의 구조에 관한 설명으로 옳은 것은?

① 망막은 카메라의 필름처럼 상이 맺히는 곳이다.
② 수정체는 눈에 들어오는 빛의 양을 조절한다.
③ 동공은 홍채의 중심에 있는 부위로 시신경 세포가 분포한다.
④ 각막은 카메라의 렌즈와 같은 역할을 한다.

해설 • 수정체는 렌즈 역할을 하여 빛을 굴절시킨다.
• 동공은 홍채의 중심에 있는 부위로 빛이 들어가는 부분이다.
• 각막은 눈알의 앞쪽 바깥을 이루는 투명한 막으로, 빛이 최초로 통과하는 부분이다.

12. 베버(Weber)의 법칙을 따를 때 자극 감지 능력이 가장 뛰어난 것은?

① 미각   ② 청각
③ 무게   ④ 후각

해설 자극 감지 능력은 시각>무게>청각>후각>미각 순으로 뛰어나다.
참고 감각기능의 반응시간
청각(0.17초)>촉각(0.18초)>시각(0.20초)>미각(0.29초)>통각(0.7초)

13. 그림은 인간-기계 통합체계에서 인간 또는 기계가 수행하는 기본기능의 유형을 나타낸 것이다. 그림의 A 부분에 가장 적합한 내용은?

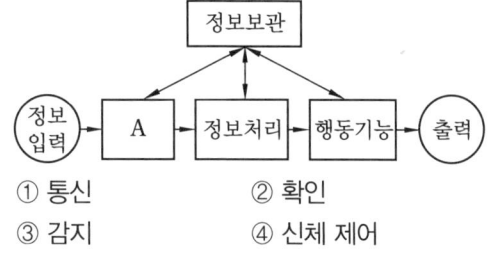

① 통신   ② 확인
③ 감지   ④ 신체 제어

해설 인간-기계 통합체계의 기본기능

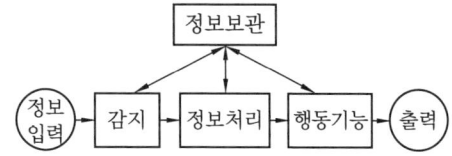

14. 음압수준(SPL)을 나타내는 공식으로 옳은 것은? (단, p_0은 기준 음압, p_1은 측정하려는 음압이다.)

① $SPL(\mathrm{dB}) = 20\log_{10}\left(\dfrac{p_0}{p_1}\right)$

② $SPL(\mathrm{dB}) = 20\log_{10}\left(\dfrac{p_1}{p_0}\right)$

③ $SPL(\mathrm{dB}) = 10\log_{10}\left(\dfrac{p_0}{p_1}\right)$

④ $SPL(\mathrm{dB}) = 10\log_{10}\left(\dfrac{p_1}{p_0}\right)$

해설 음압수준이란 음압을 다음 식에 따라 데시벨(dB)로 나타낸 것이다. 이는 적분 평균 소음계(KS C 1505) 또는 소음계(KS C 1502)에 규정된 소음계의 C 특성을 기준으로 한다.

$$SPL = 20\log_{10}\left(\dfrac{p_1}{p_0}\right)$$

여기서, p_1 : 측정 음압(단위 Pa)
p_0 : 기준 음압(단위 $20\mu\mathrm{Pa}$)

정답 11. ① 12. ③ 13. ③ 14. ②

15. 정량적인 동적 표시장치에 대한 설명으로 옳은 것은?

① 표시장치 설계 시 끝이 둥근 지침이 권장된다.
② 계수형 표시장치는 자동차 속도계에 적합하다.
③ 동침형 표시장치는 인식적 암시 신호를 나타내는 데 적합하다.
④ 눈금이 고정되고 지침이 움직이는 표시장치를 동목형 표시장치라 한다.

해설 ① 표시장치 설계 시 끝이 뾰족한 지침이 권장된다.
② 계수형 표시장치는 전력계나 택시 요금계에 적합하다.
④ 눈금이 고정되고 지침이 움직이는 표시장치를 동침형 표시장치라 한다.

16. 앉아서 작업하는 사람의 작업공간 설계 시 고려해야 할 사항과 거리가 먼 것은?

① 작업공간 포락면은 팔을 뻗는 방향에 영향을 받는다.
② 실행하는 수작업의 성질에 따라 작업공간 포락면의 경계가 달라진다.
③ 작업복장은 작업공간 포락면에 영향을 미친다.
④ 신체 평형에 영향을 미치는 인자가 작업공간 포락면에 영향을 미친다.

해설 작업공간 포락면(envelope)은 한 장소에 앉아서 수행하는 작업활동에서 사람이 사용하는 공간을 말하며, 작업의 성질에 따라 포락면의 경계가 달라진다.

17. 정보 이론(information theory)에 관한 설명으로 옳은 것은?

① 정보를 정량적으로 측정할 수 있다.
② 정보의 기본 단위는 바이트(byte)이다.
③ 확실한 사건의 출현에는 많은 정보가 담겨 있다.
④ 정보란 불확실성의 증가(addition of uncertainty)로 정의한다.

해설 ② 정보의 기본 단위는 bit이다.
③ 확실한 사건의 출현에는 많은 정보가 담겨 있지 않다.
④ 정보란 불확실성의 감소로 정의한다.

18. 인체의 감각기능 중 후각에 대한 설명으로 옳은 것은?

① 후각에 대한 순응은 느린 편이다.
② 후각은 훈련을 통해 식별능력을 가르지 못한다.
③ 후각은 냄새의 존재 여부보다 특정 자극을 식별하는 데 효과적이다.
④ 특정 냄새의 절대 식별능력은 떨어지나 상대적 비교 능력은 우수한 편이다.

해설 ① 후각에 대한 순응은 빠른 편이다.
② 후각은 훈련을 통해 최대 60종까지도 식별 가능하다.
③ 특정 자극을 식별하는 것보다 냄새의 존재 여부를 파악하는 데 더 효과적이다.

19. 외이와 중이의 경계가 되는 것은?
① 기저막
② 고막
③ 정원창
④ 난원창

해설 외이와 중이는 고막을 경계로 분리된다.

20. 정보처리 과정에서 정보 전달의 신뢰성을 높이기 위한 설계방법으로 가장 적당한 것은?
① 시배분을 이용한다.
② 자극의 차원을 줄인다.
③ 상대식별보다 절대식별을 이용한다.
④ 청킹(chunking)을 이용한다.

정답 15. ③ 16. ④ 17. ① 18. ④ 19. ② 20. ④

해설 청킹은 입력단위를 묶어 새로운 기억단위로 암호화하는 방법이다.

2과목 작업생리학

21. 트레드밀(treadmill) 위를 5분간 걷게 하고, 배기를 더글라스 백(douglas bag)으로 수집해 가스분석기로 조사한 결과 배기량 75L, 산소 16%, 이산화탄소(CO_2)가 4%이었다. 이 피험자의 분당 산소 소비량(L/min)과 에너지가(kcal/min)는 각각 얼마인가? (단, 흡기 시 공기 중의 산소는 21%, 질소는 79%이다.)

① 산소 소비량 : 0.7377, 에너지가 : 3.69
② 산소 소비량 : 0.7899, 에너지가 : 3.95
③ 산소 소비량 : 1.3088, 에너지가 : 6.54
④ 산소 소비량 : 1.3988, 에너지가 : 6.99

해설 ㉠ 분당 산소 소비량
- 분당 배기량 = $\frac{배기량}{시간} = \frac{75L}{5분} = 15L/분$
- 분당 흡기량
  $= \frac{배기량 - 배기 중 O_2 - 배기 중 CO_2}{배기량 - 흡기 중 O_2}$
  $\times 분당 배기량$
  $= \frac{100-16-4}{100-21} \times 15 ≒ 15.19L/분$

∴ 분당 산소 소비량
= (분당 흡기량 × 흡기 중 O_2)
 − (분당 배기량 × 배기 중 O_2)
= (15.19 × 0.21) − (15 × 0.16)
= 0.7899L/분

㉡ 에너지가
= 분당 산소 소비량 × 5kcal
≒ 0.7899 × 5 ≒ 3.95kcal/min

참고 산소 1L는 약 5kcal의 에너지를 낸다.

22. 신체 동작의 유형에 있어 허리를 굽혀 몸의 앞쪽으로 숙이는 동작과 가장 관련이 깊은 것은?

① 굴곡(flexion)
② 신전(extension)
③ 회전(rotation)
④ 외전(radial deviation)

해설 신체 부위 기본운동
- 굴곡(굽히기) : 관절 간의 각도가 감소하는 신체의 움직임
- 신전(펴기) : 관절 간의 각도가 증가하는 신체의 움직임
- 내전(모으기) : 팔, 다리가 밖에서 몸 중심선으로 향하는 이동
- 외전(벌리기) : 팔, 다리가 몸 중심선에서 밖으로 멀어지는 이동
- 내선 : 발 운동이 몸 중심선으로 향하는 회전
- 외선 : 발 운동이 몸 중심선으로부터의 회전
- 회내(하향) : 손바닥을 아래로 향하는 이동
- 회외(상향) : 손바닥을 위로 향하는 이동

23. 소음관리 대책의 단계로 가장 적절한 것은?

① 소음원의 제거 → 개인보호구 착용 → 소음수준의 저감 → 소음의 차단
② 개인보호구 착용 → 소음원이 제거 → 소음수준의 저감 → 소음의 차단
③ 소음원의 제거 → 소음의 차단 → 소음수준의 저감 → 개인보호구 착용
④ 소음의 차단 → 소음원의 제거 → 소음수준의 저감 → 개인보호구 착용

해설 소음관리 대책의 단계별 순서
소음원 제거 → 소음 차단 → 소음수준 저감 → 개인보호구 착용

참고 소음방지대책
- 소음원 통제 : 기계설계 단계에서 소음 반영, 차량에 소음기 부착 등

정답 21. ② 22. ① 23. ③

- 소음 격리 : 방, 장벽, 창문, 소음 차단벽 사용
- 방음보호구 착용 : 귀마개, 귀덮개 사용(소극적인 대책)
- 차폐장치 및 흡음재 사용
- 음향 처리제 사용
- 적절한 배치
- 배경음악

24. 그림과 같이 작업자가 한 손으로 무게(W_L)가 98N인 작업물을 수평선을 기준으로 팔꿈치 각도 30도에서 들고 있다. 물체를 쥔 손에서 팔꿈치까지의 거리는 0.35m이고, 손과 아래팔의 무게(W_A)는 16N이며, 손과 아래팔의 무게중심은 팔꿈치로부터 0.17m에 있다. 팔꿈치에 작용하는 모멘트는?

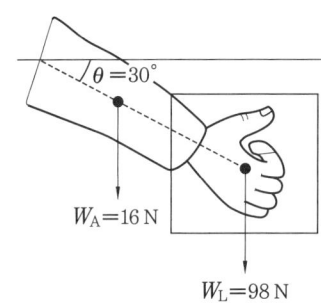

① 32N · m ② 37N · m
③ 42N · m ④ 47N · m

해설 $\sum M$(모멘트)$=0$
$(W_L \times d_1 \times \cos\theta) + (W_A \times d_2 \times \cos\theta) + M_E$(팔꿈치 모멘트)$=0$
$(-98N \times 0.35m \times \cos 30°)$
$+(-16N \times 0.17m \times \cos 30°) + M_E = 0$
$\therefore M_E ≒ 29.70N \cdot m + 2.36N \cdot m$
$≒ 32N \cdot m$

25. 근육의 생리적 스트레인 측정 시 대상 근육에 표면 전극을 부착하여 근수축 시 발생하는 전기적 활성도를 기록하는 방법은?

① EEG(electroencephalogram)
② ECG(electrocardiogram)
③ EOG(electrooculogram)
④ EMG(electromyogram)

해설 생리학적 측정방법
- EMG(근전도) : 근육활동의 전위차를 기록
- ECG(심전도) : 심장근 활동의 전위차를 기록
- ENG, EEG(뇌전도) : 신경활동의 전위차를 기록
- EOG(안전도) : 안구운동의 전위차를 기록

26. 신경계에 대한 설명으로 틀린 것은?
① 체신경계는 평활근, 심장근에 분포한다.
② 기능적으로는 체신경계와 자율신경계로 나눌 수 있다.
③ 자율신경계는 교감 신경계와 부교감 신경계로 세분된다.
④ 신경계는 구조적으로 중추신경계와 말초신경계로 나눌 수 있다.

해설 체신경계는 평활근·심장근이 아니라 주로 골격근을 지배하며, 의식적인 운동과 감각을 담당한다. 평활근과 심장근은 자율신경계가 지배한다.

27. 근력에 대한 설명으로 틀린 것은?
① 훈련(운동)을 통해 근력을 증가시킬 수 있다.
② 동적 근력은 등척력이라 하며 정적 근력보다 측정하기 어렵다.
③ 근력은 보통 25~35세에 최고에 도달하고, 40세 이후 서서히 감소한다.
④ 정적 근력은 신체 부위를 움직이지 않으면서 물체에 힘을 가할 때 발생한다.

해설 ② 동적 근력은 등속력이라 하며 정적 근력보다 측정하기 어렵다.

정답 24. ① 25. ④ 26. ① 27. ②

28. 진동 공구(power hand tool)의 사용으로 인한 부하를 줄이기 위한 방법으로 적절하지 않은 것은?

① 진동 공구를 정기적으로 보수한다.
② 진동을 흡수할 수 있는 재질의 손잡이를 사용한다.
③ 진동에 접촉되는 신체 부위의 면적을 감소시킨다.
④ 신체에 전달되는 진동의 크기를 줄이도록 큰 힘을 사용한다.

해설 ④ 신체에 전달되는 진동의 크기를 줄이도록 노출시간을 줄인다.

29. 소리 크기의 지표로 사용하는 단위에 있어서 8sone은 몇 phon인가?

① 60　② 70
③ 80　④ 90

해설 sone값 $= 2^{(phon값 - 40)/10}$
$2^3 = 2^{(x-40)/10}$
$3 = (x-40)/10$
∴ $x = 70$

30. 일반적으로 1L의 산소(O_2)는 몇 kcal 정도의 에너지를 생성할 수 있는가?

① 1　② 2.5
③ 5　④ 10

해설 산소 1L는 약 5kcal의 에너지를 생성한다.

31. 근육수축 시 근절 내 영역에서 일어나는 현상으로 적합하지 않은 것은?

① A대(band)가 짧아진다.
② I대(band)가 짧아진다.
③ H영역(zone)이 짧아진다.
④ Z선(line)과 Z선(line) 사이가 가까워진다.

해설 근섬유가 수축하면 I대와 H대가 짧아지고 A대의 길이는 변하지 않으며, 최대로 수축했을 때 Z선이 A대에 맞닿는다.

32. 작업부하 및 휴식시간 결정에 관한 설명으로 옳은 것은?

① 작업부하는 작업자의 능력과 관계없이 절대적으로 산출된다.
② 정신적인 권태감은 주관적인 요소이므로 휴식시간 산정 시 고려할 필요가 없다.
③ 친교를 위한 작업자들 간의 대화시간도 휴식시간 산정 시 반드시 고려되어야 한다.
④ 조명 및 소음과 같은 환경적 요소도 작업부하 및 휴식시간 산정 시 고려해야 한다.

해설 정신적, 육체적 피로, 권태감 등을 줄이기 위해 모든 작업에는 일정한 휴식시간이 필요하며, 휴식시간 산정 시 조명 및 소음과 같은 환경적 요인도 고려해야 한다.

참고 직무 스트레스의 원인
- 작업요인 : 작업부하, 교대근무 등
- 조직요인 : 갈등, 역할요구, 관리유형 등
- 환경요인 : 소음, 한랭, 환기불량, 조명 등

33. 육체적 활동 또는 정신적 활동에 따른 생체의 반응을 설명한 것으로 틀린 것은?

① 부정맥이란 심장 활동의 불규칙성의 척도로, 일반적으로 정신부하가 증가하면 부정맥 점수가 감소한다.
② 점멸융합주파수는 중추신경계의 피로, 즉 정신피로의 척도로 사용되며, 피곤할수록 빈도가 올라간다.
③ 근전도는 근육이 피로하기 시작하면 저주파수 범위의 활성이 증가하고 고주파수 범위의 활성이 감소한다.
④ 산소 소비량을 측정하여 에너지 소비량을 평가할 수 있으며, 육체적 작업, 특히 큰 근

정답 28. ④　29. ②　30. ③　31. ①　32. ④　33. ②

육의 움직임을 요구하는 동적작업 시 산소 소비량이 증가한다.

해설 ② 점멸융합주파수는 중추신경계의 피로, 즉 정신피로의 척도로 사용되며, 피곤할수록 빈도가 감소한다.

34. 교대작업의 관리방법으로 적절하지 않은 것은?

① 일정하지 않은 연속근무는 피한다.
② 근무 적응을 위해 야간근무는 4일 이상 연속한다.
③ 근무반 교대방향은 아침반 → 저녁반 → 야간반으로 정방향 순환이 되게 한다.
④ 야간근무 후 다음 근로시작 시간까지는 48시간 이상의 휴식을 갖는다.

해설 ② 신체의 적응을 위해 야간근무는 2~3일 이상 연속하지 않는다.

35. 다음 중 골격의 역할로 옳지 않은 것은?

① 신체 활동의 수행
② 신체 주요 부분의 보호
③ 신체의 지지 및 형상
④ 운동 명령 정보의 전달

해설 뼈의 역할 및 기능
- 신체 중요 부분을 보호하는 역할
- 신체의 지지 및 형상을 유지하는 역할
- 신체 활동을 수행하는 역할
- 골수에서 혈구세포를 만드는 조혈기능
- 칼슘, 인 등의 무기질 저장 및 공급기능

36. 체내에서 유기물의 합성 또는 분해에 있어서 반드시 에너지의 전환이 따르게 되는데, 이것을 무엇이라 하는가?

① 산소 부채(oxygen debt)
② 근전도(electromyogram)
③ 심전도(electrocardiogram)
④ 에너지 대사(energy metabolism)

해설 에너지 대사는 유기물의 합성과 분해 과정에서 일어나는 에너지 전환을 의미하며, 에너지 대사율은 작업부하량에 따른 휴식시간 산정과 밀접한 관련이 있다.

37. 다음 중 실내의 면에서 추천반사율이 가장 낮은 곳은?

① 바닥 ② 천장
③ 가구 ④ 벽

해설 실내 조명반사율

바닥	가구, 책상	벽	천장
20~40%	25~40%	40~60%	80~90%

38. 지름이 2.54cm인 촛불이 수평 방향으로 비출 때 빛의 광도를 나타내는 단위는?

① 램버트(lambert) ② 럭스(lux)
③ 루멘(lumen) ④ 촉광(candela)

해설
- lambert : 휘도 단위
- lux : 조도 단위
- lumen : 광속의 단위

39. 순환계의 기능 및 특성에 관한 설명으로 옳은 것은?

① 혈압은 좌심실에서 멀어질수록 높아진다.
② 동맥, 정맥, 모세혈관 중 단면적이 가장 좁은 것은 모세혈관이다.
③ 모세혈관 내외의 물질(산소, 이산화탄소 등) 이동은 혈압과 혈장 삼투압의 차이에 의해 이루어진다.
④ 체순환(systemic circulation)은 우심실, 폐동맥, 폐포모세혈관, 우심방 순으로 혈액이 흐르는 것을 말한다.

정답 34. ② 35. ④ 36. ④ 37. ① 38. ④ 39. ③

해설 ① 혈압은 좌심실에서 멀어질수록 낮아진다.
② 동맥, 정맥, 모세혈관 중 단면적이 가장 넓은 것은 모세혈관이다.
④ 체순환은 좌심실, 대동맥, 모세혈관, 대정맥, 우심방 순으로 혈액이 흐른다.

40. 고열 작업장에서 방열복의 착용은 신체와 환경 사이의 열교환 경로 중 어떠한 경로를 차단하기 위한 것인가?

① 전도(conduction) ② 대류(convection)
③ 복사(radiation) ④ 증발(evaporation)

해설 열교환의 4가지 방법
- 증발
- 복사
- 전도
- 대류(공기의 유동)

참고 복사란 광속으로 공간을 퍼져 나가는 전자에너지를 말한다.

3과목 산업심리학 및 관계법규

41. 휴먼에러로 이어지는 배후의 4요인(4M)에 해당하지 않는 것은?

① Media ② Machine
③ Material ④ Management

해설 인간에러의 배후요인(4M)
- 인간(Man) : 다른 사람들과의 인간관계
- 기계(Machine) : 기계장비 등의 물리적 요인
- 미디어(Media) : 작업정보, 방법, 환경 등
- 관리(Management) : 안전기준 정비, 교육훈련, 안전법규

참고 Material : 직물, 천

42. Hick's Law에 따르면 인간의 반응시간은 정보량에 비례한다. 단순반응에 소요되는 시간이 150ms이고, 단위 정보량당 증가되는 반응시간이 200ms이면, 2bits의 정보량을 요구하는 작업에서의 예상 반응시간은 몇 ms인가?

① 400 ② 500
③ 550 ④ 700

해설 예상반응시간
= 단순반응시간 + (정보량 × 반응시간)
= 150 + (2 × 200) = 550 ms

43. NIOSH의 직무 스트레스 모형에서 직무 스트레스 요인을 작업요인, 조직요인, 환경요인으로 나눌 때 환경요인에 해당하는 것은?

① 조명, 소음, 진동
② 가족상황, 교육상태, 결혼상태
③ 작업부하, 작업속도, 교대근무
④ 역할 갈등, 관리 유형, 고용불확실

해설 직무 스트레스의 원인
- 작업요인 : 작업부하, 교대근무 등
- 조직요인 : 갈등, 역할요구, 관리유형 등
- 환경요인 : 소음, 한랭, 환기불량, 조명 등

참고 중재요인 : 개인적 요인, 완충작용 요인, 조직 외 요인, 상황 요인 등

44. 레빈(Lewin)이 제안한 인간의 행동특성에 관한 설명으로 틀린 것은?

① 인간의 행동은 개인적 특성(P : Person) 및 주어진 환경(E : Environment)과 함수관계에 있다.
② 태도는 인간행동의 표상으로, 어떤 자극이나 상황에 대해 좋고 나쁨을 평가하는 개인의 선호경향이다.
③ 개인적 특성(P : Person)은 연령, 심신상태, 성격, 지능 등에 의해 결정된다.
④ 주어진 환경(E : Environment)의 주요 대상 중 인적환경은 제외된다.

정답 40. ③ 41. ③ 42. ③ 43. ① 44. ④

해설 주어진 환경(E : Environment)에는 물리적 환경뿐 아니라 인간관계와 같은 사회적·인적 환경도 포함된다.

45. 민주적 리더십에 관한 설명과 가장 거리가 먼 것은?

① 생산성과 사기가 높게 나타난다.
② 맥그리거의 Y이론에 근거를 둔다.
③ 구성원에게 최대의 자유를 허용한다.
④ 모든 정책이 집단 토의나 결정에 의해 이루어진다.

해설 ③은 자유방임적 리더십의 특징이다.

46. 막스 베버(Max Weber)가 제시한 관료주의의 특징과 가장 거리가 먼 것은?

① 수직적으로 하부조직에 적절한 권한 위임을 가정한다.
② 조직 구조에서 노동의 통합화를 가정한다.
③ 법과 규정에 의한 운영으로 예측 가능한 조직운영을 가정한다.
④ 하부조직과 인원을 적절한 크기가 되도록 가정한다.

해설 ② 조직 구조에서 노동의 분업화를 가정한다.

47. 안전대책의 중심적인 내용이라 할 수 있는 '3E'에 포함되지 않는 것은?

① Engineering   ② Environment
③ Education   ④ Enforcement

해설 안전대책의 3E
• 안전교육(Education)
• 안전기술(Engineering)
• 안전독려(Enforcement)

48. 설문조사를 통한 스트레스 평가법 중 주관적인 스트레스 평가방법이 아닌 것은?

① 생활사건 척도법
② Lazarus의 일상 골칫거리 척도법
③ 지각된 스트레스 척도법
④ DASS(우울·분노·스트레스 척도법)

해설 생활사건 척도법 : 일반 생활에서 개인이 경험할 수 있는 긍정적·부정적 사건을 바탕으로, 생활 변화와 적응이 요구되는 사건을 평가하는 기법이다.

49. 부주의에 대한 사고방지대책으로 적절하지 않은 것은?

① 적성배치   ② 작업의 표준화
③ 주의력 분산훈련 ④ 스트레스 해소

해설 ③ 주의력 집중훈련

참고 부주의에 대한 사고방지대책

기능 및 작업적 측면	정신적 측면
• 적성배치 • 안전작업방법 습득 • 작업조건 개선 • 표준작업 동작의 습관화	• 안전의식의 함양 • 주의력 집중훈련 • 스트레스의 해소 • 작업의욕의 고취

50. 리더십의 권한 중 부하직원들이 상사를 존경하여 스스로 따를 때의 상사의 권한을 무엇이라 하는가?

① 합법적 권한   ② 강압적 권한
③ 보상적 권한   ④ 위임된 권한

해설 ㉠ 조직이 리더에게 부여하는 권한
• 보상적 권한 : 승진, 급여 인상 등 경제적 보상을 제공하여 부하를 통제하는 권한
• 강압적 권한 : 리더에게 주어진 권력 등을 이용해 상벌을 줄 수 있는 권한
• 합법적 권한 : 조직 내 공식적인 지위에서 비롯되는 권한

정답 45. ③ 46. ② 47. ② 48. ① 49. ③ 50. ④

ⓒ 리더가 자신에게 부여하는 권한
- 전문성의 권한 : 리더가 전문적이고 깊이 있는 지식과 재능을 가질 때 발생하는 권한
- 위임된 권한 : 부하직원이 상사를 존경하며 자발적으로 따를 때 부여되는 권한

51. 인간실수를 심리학적으로 분류한 스웨인(Swain)의 분류 중 필요한 작업이나 절차를 수행했으나 잘못 수행한 오류에 해당하는 것을 찾으면?

① omission error
② commission error
③ timing error
④ sequential error

해설 휴먼에러의 심리적 분류에서 독립행동에 관한 분류
- 시간지연 오류(time error) : 시간지연으로 발생하는 에러
- 순서 오류(sequential error) : 작업공정의 순서 착오로 발생하는 에러
- 생략, 누설, 부작위 오류(omission error) : 작업공정 절차를 수행하지 않아 발생하는 에러
- 작위 오류, 실행 오류(commission error) : 필요한 작업절차의 불확실한 수행으로 발생하는 에러

52. 신뢰도가 0.85인 작업자가 혼자서 검사하는 공정에 동일한 신뢰도를 가진 요원을 중복 배치하여 2인 1조로 검사를 한다면, 이 공정의 신뢰도는? (단, 전체 작업기간 동안 요원이 지원된다.)

① 0.7225
② 0.8500
③ 0.9775
④ 0.9801

해설 신뢰도(R_S)
$= 1 - (1 - R_1)(1 - R_2)$
$= 1 - (1 - 0.85)(1 - 0.85) = 0.9775$

53. 하인리히는 재해연쇄론에서 재해가 발생하는 과정을 5단계 요인으로 나누어 설명하였다. 그중 사고를 예방하기 위한 관리 활동들이 가장 효과적으로 적용될 수 있는 단계는 무엇이라고 주장하였는가?

① 개인적 결함
② 사고 그 자체
③ 사회적 환경(분위기)
④ 불안전행동 및 불안전상태

해설 하인리히에 따르면 3단계인 불안전행동 및 불안전상태를 제거하면 연쇄가 끊겨 사고와 재해를 예방할 수 있다.
- 직접 원인 : 3단계(불안전행동 및 불안전상태)
- 간접 원인 : 2단계(사회적 환경, 개인적 결함)

54. 집단 구성원들이 서로에게 매력을 느끼며 집단목표를 효율적으로 달성하는 정도를 무엇이라 하는가?

① 집단 소집성
② 집단 응집성
③ 집단 선호성
④ 집단 협력성

해설 집단 응집성 : 집단을 이루는 구성원들이 서로 매력을 느껴 그 집단목표를 달성하는 정도를 나타내며, 소시오메트리 연구에서는 실제 상호 선호관계의 수를 가능한 상호 선호관계의 총수로 나누어 지수로 표현한다.

55. 매슬로우(A.H. Maslow)의 인간의 욕구 5단계를 바르게 나열한 것은?

① 생리적 욕구 → 사회적 욕구 → 안전 욕구 → 자아실현의 욕구 → 존경의 욕구

정답 51. ② 52. ③ 53. ④ 54. ② 55. ③

② 생리적 욕구 → 안전 욕구 → 사회적 욕구 → 자아실현의 욕구 → 존경의 욕구

③ 생리적 욕구 → 안전 욕구 → 사회적 욕구 → 존경의 욕구 → 자아실현의 욕구

④ 생리적 욕구 → 사회적 욕구 → 안전 욕구 → 존경의 욕구 → 자아실현의 욕구

해설 매슬로우의 인간의 욕구 5단계

1단계	생리적 욕구
2단계	안전 욕구
3단계	사회적 욕구
4단계	존경 욕구
5단계	자아실현의 욕구

해설 인간의 의식 레벨의 단계

단계	모드	생리적 상태	신뢰성
0	무의식	수면, 뇌발작, 주의 작용 상실, 실신	0
1	의식 흐림	피로, 단조로운 일, 수면, 졸음, 몽롱	0.9 이하
2	이완 상태	안정적 기거, 휴식, 정상작업	0.99~1 이하
3	상쾌한 상태	적극적 활동, 최적의 활동상태	0.999 이상
4	과긴장 상태	일점 집중, 긴급 방위 반응	0.9 이하

56. 다음 중 하인리히(Heinrich) 재해코스트 평가방식에서 1 : 4 원칙에 관한 설명으로 옳은 것은?

① 간접비용의 정확한 산출이 어려운 경우 직접비용의 4배를 간접비용으로 추산한다.
② 직접비용의 정확한 산출이 어려운 경우 간접비용의 4개를 직접비용으로 추산한다.
③ 인적 비용의 정확한 산출이 어려운 경우 물적 비용의 4배를 인적 비용으로 추산한다.
④ 물적 비용의 정확한 산출이 어려운 경우 인적 비용의 4배를 물적 비용으로 추산한다.

해설 하인리히의 재해손실비용 산정에서 직접비 : 간접비＝1 : 4의 비율을 적용하며, 간접비 산출이 어려울 경우 직접비의 4배를 간접비로 추산한다.

57. 과도로 긴장하거나 감정 흥분 시 의식수준 단계로, 대뇌 활동력은 높지만 냉정함이 결여되어 판단이 둔화되는 의식수준 단계는?

① phaase Ⅰ
② phaase Ⅱ
③ phaase Ⅲ
④ phaase Ⅳ

58. 다음 재해 사례에서 재해의 원인 분석 및 대책으로 적절하지 않은 것은?

○○유리(주) 옥외작업장에서 강화유리 출하를 위해 지게차로 운반전용 팔렛트에 싣고, 작업자 2명이 지게차 포트 양쪽에 타고 강화유리가 넘어지지 않도록 붙잡고 가던 중, 포크 진동으로 강화유리가 전도되면서 지게차 백레스트와 유리 사이에 끼여 1명이 사망하고 1명이 부상을 당하였다.

① 불안전한 행동 : 지게차 승차석 외의 탑승
② 예방대책 : 중량물 이동 시 안전조치교육
③ 재해유형 : 협착
④ 기인물 : 강화유리

해설 • 기인물 : 지게차
• 가해물 : 강화유리, 지게차 백레스트

59. 의사결정나무를 이용하여 재해 사고를 분석하는 방법으로, 문제가 되는 초기사건을 기준으로 확률적 분석이 가능하며, 초기사건을 기준으로 파생되는 결과를 귀납적으로 분석하는 방법은?

정답 56. ① 57. ④ 58. ④ 59. ②

① THERP ② ETA
③ FTA ④ FMEA

해설
- ETA : 귀납적, 정량적 분석법인 시스템 안전프로그램
- THERP : 인간실수율 예측기법
- FTA : top down 방식, 정량적, 연역적 해석방법
- FMEA : bottom up 방식, 정성적, 귀납적 해석방법

60. 오토바이 판매광고 방송에서 모델이 안전모를 착용하지 않은 채 머플러를 휘날리며 오토바이를 타는 모습을 보고 따라 하다가 머플러가 바퀴에 감겨 사고가 발생하였다. 이는 제조물책임법상 어떤 결함에 해당하는 것인가?

① 표시상의 결함 ② 책임상의 결함
③ 제조상의 결함 ④ 설계상의 결함

해설 표시상의 결함 : 제조물에 대한 충분한 설명, 지시, 경고 등의 정보 제공 부족으로 발생한 결함이다.

참고 제조물책임법에서 결함의 종류
- 제조상의 결함
- 설계상의 결함
- 표시상의 결함

4과목 근골격계질환 예방을 위한 작업관리

61. 근골격계질환 예방을 위한 방안으로 거리가 먼 내용은?

① 어깨 높이 위에서의 작업을 피한다.
② 연약한 피부 조직에 가해지는 압박을 피한다.
③ 진동을 줄이기 위한 방진용 장갑 등을 착용한다.
④ 운반상자는 무게중심이 분산되도록 가능한 깊고 넓게 만든다.

해설 근골격계질환 예방을 위해서는 운반상자를 깊고 넓게 만드는 것보다 오히려 가볍고 취급하기 편리한 크기로 설계해야 한다.

62. 워크샘플링(Work Sampling)에 관한 설명으로 옳은 것은?

① 반복작업인 경우 적합하다.
② 표준시간 설정에 이용할 경우 레이팅이 필요 없다.
③ 작업자가 의식적으로 행동하는 일이 적어 결과의 신뢰수준이 높다.
④ 작업순서를 기록할 수 있어 개개의 작업에 대한 깊은 연구가 가능하다.

해설 워크샘플링
- 짧은 주기나 반복작업에 부적합하다.
- 특별한 시간 측정 설비가 필요 없다.
- 필요에 따라 연구를 일시 중지했다가 다시 연구할 수 있다.

63. 비효율적인 서블릭(Therblig)에 해당하는 것은?

① 계획(Pn) ② 조립(A)
③ 사용(U) ④ 쥐기(G)

해설 서블릭 문자기호
㉠ 효율적 서블릭
- 쥐기(G) • 빈손 이동(TE)
- 운반(TL) • 내려놓기(RL)
- 사용(U) • 미리 놓기(PP)
- 조립(A) • 분해(DA)

㉡ 비효율적 서블릭
- 계획(Pn) • 고르기(St)
- 찾기(Sh) • 검사(I)
- 휴식(R) • 잡고 있기(H)

정답 60. ① 61. ④ 62. ③ 63. ①

64. 요소작업을 20번 측정한 결과 관측평균시간은 0.20분, 표준편차는 0.08분이었다. 신뢰도 95%, 허용오차 ±5%를 만족시키는 관측횟수는 얼마인가? (단, t(0.025,19)는 2.09 이다.)

① 260회　　② 270회
③ 280회　　④ 290회

해설 관측횟수(N)
$$= \left(\frac{t(n-1, 0.025) \times s}{0.05 \times x}\right)^2$$
$$= \left(\frac{2.09 \times 0.08}{0.05 \times 0.2}\right)^2$$
$$= 279.5584 ≒ 280회$$

65. 수공구의 개선원리로 알맞지 않은 것은?

① 힘이 요구되는 작업에 대해 파워그립(power grip)을 사용한다.
② 손목을 똑바로 펴서 사용할 수 있게 한다.
③ 적합한 모양의 손잡이를 사용하되, 가능하면 접촉면을 좁게 한다.
④ 양손 중 어느 손으로도 사용이 가능하고, 대부분의 사람이 사용할 수 있도록 설계한다.

해설 ③ 적합한 모양의 손잡이를 사용하되, 가능하면 접촉면을 넓게 한다.

66. 다음 중 근골격계 부담작업에 근로자가 종사하는 경우 유해요인조사의 실시 주기로 옳은 것은?

① 6월　　② 1년
③ 2년　　④ 3년

해설 근로자가 근골격계 부담작업에 종사하는 경우 사업주는 3년마다 유해요인조사를 실시해야 한다.

참고 신설 사업장의 경우 신설일로부터 1년 이내에 최초 유해요인조사를 실시해야 한다.

67. 다음 중 근골격계 부담작업에 해당하지 않는 것은?

① 하루에 6시간 동안 집중적으로 자료입력 등을 위해 키보드와 마우스를 조작하는 작업
② 하루에 15회, 10kg의 물체를 무릎 아래에서 드는 작업
③ 하루에 총 4시간 동안 지지되지 않은 상태에서 5kg의 물건을 한 손으로 들거나 동일한 힘으로 쥐는 작업
④ 하루에 총 4시간 동안 팔꿈치가 어깨 위에 있는 상태에서 이루어지는 작업

해설 근골격계 부담작업은 하루 25회 이상 10kg 이상의 물체를 무릎 아래에서 드는 작업에 해당하므로 하루 15회, 10kg의 물체를 무릎 아래에서 드는 작업은 해당하지 않는다.

참고 근골격계 부담작업
- 하루 총 4시간 이상 키보드 또는 마우스를 조작하는 작업
- 하루 총 2시간 이상 목, 어깨, 팔꿈치, 손목 또는 손을 사용하여 같은 동작을 반복하는 작업
- 하루 총 2시간 이상 손을 머리 위, 팔꿈치를 어깨 위, 팔꿈치를 몸통 뒤쪽에 두는 자세로 작업
- 하루 총 2시간 이상 지지되지 않은 상태에서 목이나 허리를 구부리거나 트는 작업
- 하루 총 2시간 이상 쪼그리거나 무릎을 굽힌 자세에서 작업
- 하루 총 2시간 이상 지지되지 않은 상태에서
  – 한 손가락으로 1kg 이상의 물건을 집거나
  – 2kg 이상의 힘으로 손가락으로 쥐는 작업
- 하루 총 2시간 이상 지지되지 않은 상태에서 한 손으로 4.5kg 이상의 물건을 들거나 동일한 힘으로 쥐는 작업
- 하루 10회 이상 25kg 이상의 물체를 드는 작업
- 하루 25회 이상 10kg 이상의 물체를 무

정답 64. ③　65. ③　66. ④　67. ②

릎 아래, 어깨 위, 팔을 뻗은 상태에서 드는 작업
- 하루 총 2시간 이상, 분당 2회 이상 4.5kg 이상의 물체를 드는 작업
- 하루 총 2시간 이상, 시간당 10회 이상 손 또는 무릎으로 반복적 충격을 가하는 작업

68. 작업연구의 목적과 가장 거리가 먼 것은?
① 무결점 달성
② 표준시간의 설정
③ 생산성 향상
④ 최선의 작업방법 개발

해설 작업연구의 목적
- 최선의 작업방법 개선, 개발
- 생산성 향상
- 작업효율 관리
- 재료, 설비, 공구 등의 표준화
- 안전 확보

69. MTM(Methods Time Measurement)법의 용도와 가장 거리가 먼 것은?
① 현상의 발생비율 파악
② 능률적인 설비, 기계류의 선택
③ 표준시간에 대한 불만 처리
④ 작업개선의 의미를 향상시키기 위한 교육

해설 MTM법의 용도
- 능률적인 설비, 기계류의 선택, 작업방법 결정
- 표준시간 설정
- 작업방법 개선 및 향상시키기 위한 교육

70. 동작경제의 원칙에 해당되지 않는 것은?
① 작업장의 배치에 관한 원칙
② 신체의 사용에 관한 원칙
③ 공정 및 작업개선에 관한 원칙
④ 공구 및 설비 디자인에 관한 원칙

해설 Barnes(반즈)의 동작경제의 3원칙
- 신체의 사용에 관한 원칙
- 작업장 배치에 관한 원칙
- 공구 및 설비 디자인에 관한 원칙

71. 근골격계질환과 가장 관련이 없는 것은?
① VDT 증후군
② 반복 긴장성 손상(RSI)
③ 누적 외상성 질환(CTDs)
④ 외상 후 스트레스 증후군(PTSD)

해설 외상 후 스트레스 증후군(PTSD) : 생명의 위협을 느낄 정도의 큰 사고로 정신적 충격 후 나타나는 질환으로 천재지변, 화재, 전쟁, 폭행, 인질사건, 아동학대, 교통사고 등에서 발생할 수 있다.

72. 작업자-기계, 작업분석 시 작업자와 기계의 동시작업 시간이 1.8분, 기계와 독립적인 작업자의 활동시간이 2.5분, 기계만의 가동시간이 4.0분일 때, 동시성을 달성하기 위한 이론적 기계 대수는 얼마인가?
① 0.28 ② 0.74 ③ 1.35 ④ 3.61

해설 이론적 기계 대수(n)
$$= \frac{a+t}{a+b} = \frac{1.8+4}{1.8+2.5} ≒ 1.35$$
여기서, a : 작업자와 기계의 동시작업시간
b : 독립적인 작업자 활동시간
t : 기계가동시간

73. NIOSH의 들기 작업지침에 따른 중량물 취급작업에서 권장무게한계를 산정할 때 고려해야 할 변수가 아닌 것은?
① 작업자와 물체 사이의 수직거리
② 작업자의 평균보폭거리
③ 물체를 이동시킨 수직이동거리
④ 상체의 비틀림 각도

정답 68. ① 69. ① 70. ③ 71. ④ 72. ③ 73. ②

해설 권장무게한계

RWL(Kd) = LC × HM × VM × DM × AM × FM × CM

LC	부하 상수	23kg 작업물의 무게
HM	수평 계수	$25/H$
VM	수직 계수	$1-(0.003 \times V-75)$
DM	거리 계수	$0.82+(4.5/D)$
AM	비대칭 계수	$1-(0.0032 \times A)$
FM	빈도 계수	분당 들어 올리는 횟수
CM	결합 계수	커플링 계수

74. 표준 공정도 기호와 그 내용의 연결이 틀린 것은?

① □ : 지연   ② ○ : 가공(작업)
③ ▽ : 저장   ④ ⇨ : 운반

참고 공정도에 사용되는 기호

가공	저장	정체	수량 검사	운반	품질 검사
○	▽	□	□	○/⇨	◇

75. 실측시간의 평균이 120분이고 여유율이 9%이며, 레이팅 계수가 110%일 때 내경법에 의한 표준시간은 약 얼마인가?

① 170.57분   ② 150.09분
③ 166.78분   ④ 145.05분

해설 • 정미시간(NT)

$= 평균관측시간 \times \dfrac{레이팅\ 계수}{100}$

$= 120 \times \dfrac{110}{100} = 132분$

• 표준시간(ST)

$= 정미시간 \times \left(\dfrac{1}{1-여유율}\right)$

$= 132 \times \dfrac{1}{1-0.09} ≒ 145.05분$

76. 근골격계 유해요인 기본조사에 대한 설명으로 틀린 것은?

① 유해요인 기본조사의 내용은 작업장 상황 및 작업조건 조사로 구성된다.
② 작업조건 조사항목으로는 반복성, 과도한 힘, 접촉 스트레스, 부자연스러운 자세, 진동 등의 내용을 포함한다.
③ 유해도 평가는 유해요인 기본조사 총점이 높거나 근골격계질환 증상 호소율이 다른 부서에 비해 높을 경우 유해도가 높다고 할 수 있다.
④ 사업장 내 근골격계 부담작업은 샘플링 조사를 원칙으로 한다.

해설 ④ 사업장 내 근골격계 부담작업은 전수조사를 원칙으로 한다.

77. 제조업의 단순반복 조립작업을 RULA (Rapid Upper Limb Assessment) 평가기법으로 평가한 결과 최종 점수가 5점으로 평가되었다. 다음 중 이 결과에 대한 가장 올바른 해석은?

① 빠른 작업개선과 작업위험요인의 분석이 요구된다.
② 수용 가능한 안전한 작업으로 평가된다.
③ 계속적인 추적관찰을 요하는 작업으로 평가된다.
④ 즉각적인 개선과 작업위험요인의 정밀조사가 요구된다.

해설 RULA 조치단계 결정
• 조치수준1(1~2점) : 수용 가능한 작업이다.
• 조치수준2(3~4점) : 계속적인 추적관찰이 요구된다.
• 조치수준3(5~6점) : 빠른 작업개선과 작업위험요인의 분석이 요구된다.
• 조치수준4(7점 이상) : 정밀조사와 즉각적인 개선이 요구된다.

정답 74. ① 75. ④ 76. ④ 77. ①

78. 동작분석에 관한 설명으로 틀린 것은?

① 비디오 분석은 즉시성과 재현성을 모두 구비한 방법이다.
② 칸트 차트, 다중활동 분석, 서블릭 분석 등이 있다.
③ 미세동작 분석은 작업주기가 길거나 불규칙한 작업에 적합하다.
④ SIMO chart는 미세동작 연구인 동시에 동작 사이클 차트이다.

해설 ② 동작분석에는 목시동작 분석, 미세동작 분석, 서블릭 분석 등이 있다.

79. 작업개선을 위해 검토할 착안 사항과 가장 거리가 먼 항목은?

① "작업은 꼭 필요한가? 제거할 수 없는가?"
② "작업을 기계화 또는 자동화할 경우의 투자 효과는 어느 정도인가?"
③ "작업을 다른 작업과 결합하면 더 나은 결과가 생길 것인가?"
④ "작업의 순서를 바꾸면 더 효율적이지 않을까?"

해설 ② "작업을 단순화할 경우 작업요소가 간소화되지 않을까?"

80. 근골격계 유해요인의 개선 방법에 있어 관리적 개선으로 볼 수 없는 것은?

① 작업습관 변화
② 작업장 재배열
③ 직장체조 강화
④ 작업자 적정배치

해설 관리적 개선
- 작업의 다양성 제공
- 스트레칭 체조의 활성화
- 작업일정 및 작업속도 조절
- 작업습관 변화
- 작업자 적정배치
- 작업공간의 주기적 청소 및 유지보수

정답 78. ② 79. ② 80. ②

2015년도(3회차) 출제문제

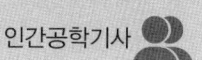

1과목 인간공학개론

1. 인간공학에 관한 설명으로 가장 적절하지 않은 것은?
① 인간을 둘러싸고 있는 환경적 요인을 고려한다.
② 인간의 특성이나 행동에 관한 적절한 정보를 활용한다.
③ 비용 절감 위주로 인간의 행동을 관찰하고 시스템을 설계한다.
④ 인간이 조작하기 쉬운 사용자 인터페이스를 고려하여 설계한다.

해설 인간공학은 인간이 생산적이고 안전하며 쾌적하고 효과적으로 시스템을 이용할 수 있도록 하는 학문이다.

2. 조종-반응 비율(Control-Response ratio)에 대한 설명으로 옳은 것은?
① 조종-반응 비율이 낮을수록 둔감하다.
② 조종-반응 비율이 높을수록 조정시간은 증가한다.
③ 표시장치의 이동거리를 조종장치의 이동거리로 나눈 비율을 말한다.
④ 회전 꼭지(knob)의 경우 조종-반응 비율은 손잡이 1회전에 해당하는 표시장치 이동거리의 역수이다.

해설 C/R 비율
① 조종-반응 비율이 낮을수록 민감하다.
② 조종-반응 비율이 높을수록 조정시간은 감소한다.
③ 조종장치의 이동거리를 표시장치의 이동거리로 나눈 비율을 말한다.

3. 인체측정자료의 응용원칙 중 출입문, 통로 등의 설계 시 가장 적합한 원칙은?
① 조절식 범위를 이용한 설계
② 최소치를 이용한 설계
③ 평균치를 이용한 설계
④ 최대치를 이용한 설계

해설 극단적 치수 설계원칙
• 최대치수의 원칙 : 인체치수 분포의 상위 90%, 95%, 99% 사용자를 포함할 수 있도록 최댓값을 기준으로 설계하며 출입문, 통로 등 여유 공간에 적용한다.
• 최소치수의 원칙 : 인체치수 분포의 하위 1%, 5%, 10% 사용자를 포함할 수 있도록 최솟값을 기준으로 설계하며 전철 손잡이, 비상버튼 등에 적용한다.

4. 인간의 제어 정도에 따른 인간-기계 시스템의 일반적인 분류에 속하지 않는 것은?
① 수동 시스템
② 기계화 시스템
③ 자동 시스템
④ 감시제어 시스템

해설 인간에 의한 제어 정도에 따른 분류
• 수동 시스템
• 기계화(반자동) 시스템
• 자동화 시스템

참고 자동화 정도에 따른 시스템 분류
• 수동제어 시스템 : 모든 의사결정을 인간이 수행한다.

정답 1. ③ 2. ④ 3. ④ 4. ④

- 감시제어 시스템 : 인간과 기계가 역할을 분담한다.
- 자동제어 시스템 : 모든 의사결정을 컴퓨터에 의해 수행한다.

5. 의미 있고 적절한 가능성이 있는 정보가 여러 근원으로부터 동일한 감각 경로나 둘 이상의 감각 경로를 통해 들어오는 것을 무엇이라 하는가?

① 양립성(compatibility)
② 시배분(time sharing)
③ 정보 보관(information storage)
④ 정보 응축(information condensation)

해설 시배분은 여러 가지 일을 일정한 시간에 처리할 수 있도록 시간을 나누는 것이다.

6. 눈의 구조 가운데 빛이 도달하여 초점이 가장 선명하게 맺히는 부위는?

① 동공   ② 홍채
③ 황반   ④ 수정체

해설 황반은 시력이 가장 예민한 부위로, 빛이 도달했을 때 초점이 가장 선명하게 맺히는 곳이다.

참고
- 동공 : 홍채의 중앙에 위치하며, 빛이 눈 안으로 들어오는 통로
- 홍채 : 각막과 수정체 사이에 있으며, 신축 작용을 통해 동공의 크기를 조절하여 눈에 들어오는 빛의 양을 조절하는 역할
- 수정체 : 망막에 상이 맺히도록 하며, 초점을 맞추기 위해 두께와 만곡을 조절하는 역할

7. 신호검출이론(signal detection theory)에서 판정기준을 나타내는 우도비(likelihood ratio) β와 민감도(sensitivity) d에 대한 설명 중 옳은 것은?

① β가 클수록 보수적이고 d가 클수록 민감함을 나타낸다.
② β가 작을수록 보수적이고 d가 클수록 민감함을 나타낸다.
③ β가 클수록 보수적이고 d가 클수록 둔감함을 나타낸다.
④ β가 작을수록 보수적이고 d가 클수록 둔감함을 나타낸다.

해설
- β가 클수록 보수적이며 작을수록 진취적이다.
- d가 클수록 민감함을 나타내며 정규분포를 이용하여 구할 수 있다.

참고 감도척도가 높으면 작은 신호도 잘 감지할 수 있지만, 잡음이 많거나 신호가 약하면 감도척도가 낮아진다.

8. 1000 Hz, 40 dB을 기준으로 음의 상대적인 주관적 크기를 나타내는 단위는?

① sone   ② siemens
③ bell   ④ phon

해설
- 1 sone : 1000 Hz에서 음압수준 40 dB의 크기
- 1 phon : 1000 Hz에서 순음의 음압수준 1 dB의 크기

9. 경계 및 경보신호에 사용되는 청각적 표시장치가 가져야 할 특징으로 옳은 것은?

① 300 m 이상의 장거리용 신호에서는 4 kHz 이상의 주파수를 사용한다.
② 경계 신호는 가급적 통일해서 사용자에게 혼란을 야기하지 말아야 한다.
③ 장애물이나 칸막이를 넘어가야 하는 신호는 1 kHz 이상의 주파수를 사용한다.
④ 주의를 끄는 목적으로 신호를 사용할 때에는 변조 신호를 사용한다.

정답 5. ② 6. ③ 7. ① 8. ① 9. ④

해설 ① 300 m 이상의 장거리용 신호는 1000Hz 이하의 주파수를 사용한다.
② 경계 신호는 분리하여 개별 의미를 부여한다.
③ 장애물이나 칸막이를 넘어가야 하는 신호는 500Hz 이하의 주파수를 사용한다.

10. 10 m 떨어진 곳에서 높이 2cm의 물체 (snellen letter)를 겨우 볼 수 있을 때, 이 사람의 시력은 얼마 정도인가?

① 0.15 ② 0.3
③ 0.5   ④ 0.75

해설 시각 $= \dfrac{57.3 \times 60 \times H}{D}$

$= \dfrac{57.3 \times 60 \times 2}{1000} ≒ 6.88$

∴ 시력 $= \dfrac{1}{시각} = \dfrac{1}{6.88} ≒ 0.15$

여기서, H : 시각 자극(물체)의 크기(높이)
D : 눈과 물체 사이의 거리
57.3×60 : 시각이 600′ 이하일 때 라디안 단위를 분으로 환산하기 위한 상수

11. 차폐 또는 은폐(masking)와 관련된 원리를 설명한 것으로 틀린 것은?

① 남성의 목소리가 여성의 목소리에 의해 더 잘 차폐된다.
② 차폐 효과가 가장 큰 것은 차폐음과 배음의 주파수가 가까울 때이다.
③ 소리가 들린다는 것을 확신할 수 있는 최소한의 음 강도는 차폐음보다 15dB 이상이어야 한다.
④ 차폐되는 소리의 임계주파수대(critical frequency band) 주변에 있는 소리에 의해 가장 많이 차폐된다.

해설 ① 여성의 목소리가 남성의 목소리에 의해 상대적으로 더 잘 차폐되는 현상이 있다.

12. 기능적 인체치수(functional body dimension) 측정에 대한 설명으로 가장 적절한 것은?

① 앉은 상태에서만 측정해야 한다.
② 5~95%tile에 대해서만 정의된다.
③ 신체 부위의 동작범위를 측정해야 한다.
④ 움직이지 않는 표준 자세에서 측정해야 한다.

해설 • 구조적 인체치수(정적 치수) : 신체를 고정된 자세에서 측정한 치수
• 기능적 인체치수(동적 치수) : 신체의 기능 수행 시 체위의 움직임에 따라 측정한 치수

13. 주사위를 던질 때 각 눈금이 나올 확률이 다음과 같을 경우 전체 정보량(bit)은 약 얼마인가?

눈금	1	2	3	4	5	6
확률	2/10	1/10	3/10	1/10	1/10	2/10

① 2.0 ② 2.4 ③ 2.6 ④ 3.0

해설 전체 정보량 $(H_a) = \sum\limits_{i=1}^{n} p_i \log_2 \left(\dfrac{1}{p_i}\right)$

$= \dfrac{2}{10} \times \log_2 \left(\dfrac{1}{2/10}\right) + \dfrac{1}{10} \times \log_2 \left(\dfrac{1}{1/10}\right)$

$+ \dfrac{3}{10} \times \log_2 \left(\dfrac{1}{3/10}\right) + \dfrac{1}{10} \times \log_2 \left(\dfrac{1}{1/10}\right)$

$+ \dfrac{1}{10} \times \log_2 \left(\dfrac{1}{1/10}\right) + \dfrac{2}{10} \times \log_2 \left(\dfrac{1}{2/10}\right)$

$≒ 2.44$

14. 인간-기계 비교의 한계점을 지적한 내용과 가장 거리가 먼 것은?

① 상대적 비교는 항상 변할 수 있다.
② 언제나 최고의 성능이 우선이다.

③ 기능의 할당에서 사회적인 가치도 고려해야 한다.
④ 가용도, 가격, 신뢰도와 같은 가치기준도 고려되어야 한다.

해설 ② 언제나 최고의 성능이 우선적으로 적용되는 것은 아니다.

15. 인간공학 연구에 사용되는 기준에서 성격이 다른 하나는?
① 생리학적 지표 ② 기계 신뢰도
③ 인간성능 척도 ④ 주관적 반응

해설 ② 사고빈도

16. 암호의 사용에 있어 일반적인 지침에 대한 설명으로 옳은 것은?
① 모든 암호 표시는 다른 암호 표시와 비슷하여 변별이 되지 않아야 한다.
② 암호체계는 사람들이 이미 지니고 있는 연상을 이용해서는 안된다.
③ 암호를 사용할 때 사용자는 그 뜻을 알 수 없어야 한다.
④ 암호를 표준화하여 사람들이 어떤 상황에서 다른 상황으로 옮기더라도 쉽게 이용할 수 있어야 한다.

해설 암호체계의 일반사항
- 검출성 : 정보를 암호화한 자극은 검출이 가능해야 한다.
- 판별성(변별성) : 모든 암호 표시는 다른 암호와 구별될 수 있어야 한다.
- 표준화 : 암호를 표준화하여 다른 상황으로 변화해도 이용할 수 있어야 한다.
- 부호의 양립성 : 자극과 반응의 관계가 사람의 기대와 모순되지 않아야 한다.
- 부호의 성질 : 암호를 사용할 때는 사용자가 그 의미를 분명히 알 수 있어야 한다.
- 다차원 시각적 암호 : 색이나 숫자로 된 단일 암호보다 색과 숫자를 중복 조합한 암호가 효과적이다.

17. 실제 사용자들의 행동 분석을 위해 사용자가 생활하는 자연스러운 환경에서 조사하는 사용성 평가기법은?
① Heuristic Evaluation
② Observation Ethnography
③ Usability Lab Testing
④ Focus Group Interview

해설 관찰 에스노그라피 : 실제 사용자들의 행동을 분석하기 위해 이용자가 생활하는 자연스러운 환경에서 시험하는 사용성 평가기법이다.

18. 다음과 같은 인간의 정보처리 모델에서 구성요소의 위치(A~D)와 해당 용어가 잘못 연결된 것은?

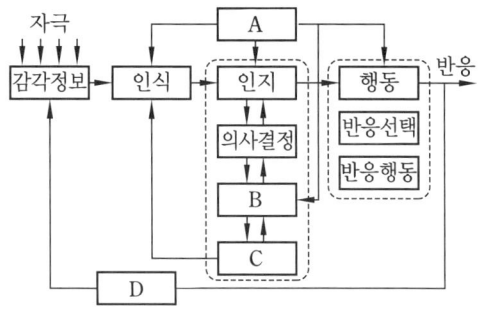

① A : 주의 ② B : 작업기억
③ C : 단기기억 ④ D : 피드백

해설 ③ C : 장기기억

19. 책상과 의자의 설계에 필요한 인체치수 기준으로 적절하지 않은 것은?
① 의자 높이 : 오금 높이를 기준으로 한다.
② 의자 깊이 : 엉덩이에서 무릎 뒤까지의 길이를 기준으로 한다.

정답 15. ② 16. ④ 17. ② 18. ③ 19. ③

③ 책상 높이 : 선 자세의 팔꿈치 높이를 기준으로 한다.
④ 의자 너비 : 엉덩이 너비를 기준으로 한다.

해설 ③ 책상 높이 : 앉은 자세의 팔꿈치 높이를 기준으로 한다.

20. 인간의 후각 특성에 대한 설명으로 옳지 않은 것은?
① 훈련을 통해 식별능력을 향상시킬 수 있다.
② 특정한 냄새에 대한 절대적 식별능력은 떨어진다.
③ 후각은 특정 물질이나 개인에 따라 민감도의 차이가 있다.
④ 후각은 훈련을 통해 구별할 수 있는 일상적인 냄새의 수가 최대 7가지 종류이다.

해설 ④ 후각은 훈련을 통해 구별할 수 있는 일상적인 냄새의 수가 최대 60가지 정도이다.

참고 훈련하지 않은 사람은 보통 15~32가지 냄새를 구별할 수 있으며, 후각의 절대적 식별능력은 약 2000~3000가지 냄새까지 구분할 수 있다.

2과목 작업생리학

21. 작업자 A가 작업할 때 측정한 평균 흡기량과 배기량이 각각 50L/min과 40L/min이며, 평균 배기량 중 산소의 함량이 17%였다면 분당 산소 소비량은 약 얼마인가? (단, 공기 중 산소의 함량은 21%이다.)
① 2.5L/min   ② 3.7L/min
③ 4.0L/min   ④ 4.5L/min

해설 산소 소비량
= (분당 흡기량 × 흡기 중 O_2)
 − (분당 배기량 × 배기 중 O_2)

= (50 × 0.21) − (40 × 0.17)
= 3.7L/min

참고 공기 중에는 산소가 21%, 질소가 79% 함유되어 있다.

22. 에너지 소비율(Relative Metabolic Rate)에 관한 설명으로 옳은 것은?
① 작업 시 소비된 에너지에서 안정 시 소비된 에너지를 공제한 값이다.
② 작업 시 소비된 에너지를 기초대사량으로 나눈 값이다.
③ 작업 시와 안정 시 소비 에너지의 차를 기초대사량으로 나눈 값이다.
④ 작업 강도가 높을수록 에너지 소비율은 낮아진다.

해설 에너지 소비량(RMR)
$$= \frac{작업대사량}{기초대사량}$$
$$= \frac{작업 시 소비에너지 - 안정 시 소비에너지}{기초대사량}$$

23. 뼈와 근육을 연결하며 근육에서 발휘된 힘을 뼈에 전달하는 근골격계 조직은?
① 건   ② 혈관
③ 인대   ④ 신경

해설 건은 뼈와 근육을 연결하며 근육에서 발휘된 힘을 뼈에 전달하는 조직으로, 흔히 힘줄이라고 한다.

24. 1cd의 점광원으로부터 4m 거리에 떨어진 구면의 조도는 몇 럭스(lux)가 되겠는가?
① 1/16   ② 1/9
③ 1/6   ④ 1/3

해설 조도 $= \dfrac{광도}{거리^2} = \dfrac{1}{4^2} = \dfrac{1}{16} lx$

정답 20. ④ 21. ② 22. ③ 23. ① 24. ④

25. 산업안전보건법령상 "소음작업"이란 1일 8시간 작업을 기준으로 얼마 이상의 소음이 발생하는 작업을 말하는가?
① 80데시벨 ② 85데시벨
③ 90데시벨 ④ 95데시벨

해설 소음작업은 1일 8시간 작업을 기준으로 85dB 이상의 소음이 발생하는 작업이다.

참고 강렬한 소음작업은 8시간 90dB 이상이다.

26. 근력에 있어 등척력(isometric strength)에 대한 설명으로 가장 적절한 것은?
① 신체 부위가 동적인 상태에서 물체에 힘을 가하는 근력이다.
② 물체를 들어 올려 일정 시간 내에 일정 거리를 이동시킬 때 힘을 가하는 근력이다.
③ 물체를 들어 올릴 때처럼 팔이나 다리를 실제로 움직이는 근력이다.
④ 물체를 들고 있을 때처럼 신체 부위를 움직이지 않으면서 고정된 물체에 힘을 가하는 상태의 근력이다.

해설 등척성 근력 : 신체 부위를 움직이지 않고 고정된 물체에 힘을 가할 때 발휘되는 근력

27. 육체적 강도가 높은 작업에 있어 혈액 분포비율이 가장 높은 것은?
① 소화기관 ② 골격
③ 피부   ④ 근육

해설 격렬한 작업 시 혈액 분포비율
• 근육 : 80~85%
• 심장 : 4~5%
• 간 및 소화기관 : 3~5%
• 뇌 : 3~4%
• 신장 : 3~4%
• 뼈 : 0.5~1%

28. 낮은 진동수에서의 진동에 가장 영향을 많이 받는 것은?
① 감시   ② 의사 표시
③ 반응시간 ④ 추적 능력

해설 전신진동은 진폭에 비례하여 추적 능력을 손상시키며 3~90Hz에서 장애를 유발한다.

참고 전신진동 진동수 범위
• 3~4Hz : 척추골
• 14Hz : 요추
• 20~30Hz : 머리에서 어깨 사이
• 60~90Hz : 안구에 공명이 발생

29. 근육의 수축원리에 관한 설명으로 옳지 않은 것은?
① 근섬유가 수축하면 I대와 H대가 짧아진다.
② 액틴과 미오신 필라멘트의 길이는 변하지 않는다.
③ 최대 수축했을 때 Z선이 A대에 맞닿는다.
④ 근육 전체가 내는 힘은 비활성화된 근섬유 수에 의해 결정된다.

해설 ④ 근육 전체가 내는 힘은 활성화된 근섬유 수에 의해 결정된다.

30. 고열환경을 종합적으로 평가할 수 있는 지수로 사용되는 것은?
① 실효온도(ET)
② 열스트레스지수(HSI)
③ 습구흑구온도지수(WBGT)
④ 옥스퍼드지수(Oxford index)

해설
• 습구흑구온도지수(WBGT) : 작업환경 측정에 사용되는 단위로, 고열환경을 종합적으로 평가할 수 있는 지수이다.
• 실효온도(체감온도, 감각온도) : 상대습도 100%일 때의 온도에서 느끼는 온도와 동일한 온감이다.

정답 25. ② 26. ④ 27. ④ 28. ④ 29. ④ 30. ③

- 습건지수(Oxford지수) : 습구온도와 건구온도의 단순 가중치를 나타내는 지수이다.

참고 HSI(Heat Stress Index) : 열압박지수

31. 반사 눈부심의 처리로 가장 적절하지 않은 것은?

① 창문을 높이 설치한다.
② 간접조명 수준을 좋게 한다.
③ 휘도 수준을 낮게 유지한다.
④ 조절판, 차양 등을 사용한다.

해설 반사 눈부심을 줄이려면 창문을 높이 설치하는 것이 아니라 창문에 차양이나 커튼 등을 설치하여 빛의 반사를 차단해야 한다.

32. 신체 동작유형 중 팔꿈치를 굽히는 동작과 같이 관절 각도가 감소하는 동작은?

① 상향(supination)
② 외전(abduction)
③ 신전(extension)
④ 굴곡(flexion)

해설 신체 부위 기본운동
- 굴곡(굽히기) : 관절 간의 각도가 감소하는 신체의 움직임
- 신전(펴기) : 관절 간의 각도가 증가하는 신체의 움직임
- 내전(모으기) : 팔, 다리가 밖에서 몸 중심선으로 향하는 이동
- 외전(벌리기) : 팔, 다리가 몸 중심선에서 밖으로 멀어지는 이동
- 내선 : 발 운동이 몸 중심선으로 향하는 회전
- 외선 : 발 운동이 몸 중심선으로부터의 회전
- 회내(하향) : 손바닥을 아래로 향하는 이동
- 회외(상향) : 손바닥을 위로 향하는 이동

33. 작업자세를 생체역학적으로 분석하는 데 사용되는 지표와 가장 관계가 먼 것은?

① 각 신체 부위의 길이
② 각 신체 부위의 무게
③ 각 신체 부위의 근력
④ 각 신체 부위의 무게중심점

해설 각 신체 부위의 근력이 아니라 신체 부위의 부피와 운동 범위가 관련된다.

34. 휴식 중 에너지 소비량이 1.5kcal/min인 작업자가 분당 평균 8kcal의 에너지를 소비하는 작업을 60분 동안 했을 경우, 총작업시간 60분에 포함되어야 하는 휴식시간은? (단, Murrell의 식을 적용하며, 작업 시 권장 평균에너지 소비량은 5kcal/min으로 가정한다.)

① 22분　② 28분
③ 34분　④ 40분

해설 휴식시간(R)
$$= \frac{T(E-5)}{E-1.5} = \frac{60(8-5)}{8-1.5}$$
$= 28분$

여기서, T : 총작업시간(분)
E : 평균에너지 소비량(kcal/min)
4(5) : 보통작업 평균에너지
1.5 : 휴식시간 중 에너지 소비량

35. 다음 중 신체를 앞뒤로 나누는 면을 무엇이라 하는가?

① 시상면　② 관상면
③ 정중면　④ 횡단면

해설 인체해부학적 기준면
- 시상면 : 해부학적 자세를 기준으로 신체를 좌우로 나누는 면
- 관상면 : 몸을 전후로 나누는 면
- 정중면 : 신체를 좌우대칭으로 나누는 면
- 횡단면 : 신체를 상하로 나누는 면

정답 31. ①　32. ④　33. ③　34. ②　35. ②

36. 다음 중 소음방지대책으로 가장 적합하지 않는 것은?

① 전파경로를 차단하기 위해 흡음 처리를 하고 거리 감쇠를 시행한다.
② 음원 대책으로 발생원을 제거하고, 방진 · 제진 재료를 사용한다.
③ 장시간 소음 노출 작업 시 수음자를 격리하고 차음 보호구를 착용하도록 한다.
④ 감쇠 대상 음파에 대한 음파 간 간섭현상을 이용해 능동적으로 제어한다.

해설 수음자 격리와 보호구 착용은 소극적인 소음방지대책이다.

37. 정신적 작업부하에 대한 생리적 측정척도로 볼 수 없는 것은?

① 뇌전위(EEG) ② 동공반응
③ 눈꺼풀 깜빡임 ④ 폐활량

해설 폐활량은 허파 속에 최대한도로 공기를 빨아들여 다시 배출하는 공기의 양으로, 신체적 부하 측정척도에 해당한다.

참고 정신적 작업부하에 대한 생리적 측정척도 : 심박수, 부정맥, 뇌전위(점멸융합주파수), 동공반응(눈 깜빡임률), 호흡수, 뇌파 등

38. 교대작업 설계 시 주의할 사항으로 거리가 먼 것은?

① 교대주기는 3~4개월 단위로 적용한다.
② 가능한 한 고령의 작업자는 교대작업에서 제외한다.
③ 교대순서는 주간 → 저녁 → 야간의 순으로 한다.
④ 작업자가 예측할 수 있는 단순한 교대작업 계획을 수립한다.

해설 교대주기는 짧을수록 작업자 피로 누적을 줄일 수 있어 바람직하다.

39. 운동을 시작한 직후의 근육 내 혐기성 대사에서 가장 먼저 사용되는 것은?

① CP ② ATP
③ 글리코겐 ④ 포도당

해설 혐기성 대사의 에너지 이용 순서
ATP(아데노신삼인산) → CP(크레아틴 인산) → glycogen(글리코겐) or glucose(포도당)

40. 생리적 스트레인(strain) 척도의 측정 단위에 대한 설명으로 옳은 것은?

① 1N이란 1kg의 질량에 1m/s^{2}의 가속도가 생기게 하는 힘이다.
② 1J이란 1kg의 물체를 1m를 움직이는 데 필요한 에너지이다.
③ 1kcal란 물 1kg을 0℃에서 100℃까지 올리는 데 필요한 열이다.
④ 동력이란 단위시간당 일로, 단위는 dyne이 사용된다.

해설 ② 1J이란 1N의 힘으로 물체를 1m를 이동시키는 데 필요한 에너지이다.
③ 1kcal란 물 1kg을 0℃에서 1℃까지 올리는 데 필요한 열량이다.
④ 동력이란 단위시간당의 일로서 단위는 W가 사용된다.

3과목   산업심리학 및 관계법규

41. 하인리히(Heinrich)의 재해발생 이론에 관한 설명으로 틀린 것은?

① 일련의 재해요인들이 연쇄적으로 발생한다는 도미노 이론이다.
② 일련의 재해요인들 중 어느 하나라도 제거하면 재해예방이 가능하다.

정답 36. ③ 37. ④ 38. ① 39. ② 40. ① 41. ③

③ 불안전한 행동 및 상태는 사고 및 재해의 간접원인으로 작용한다.
④ 개인적 결함은 인간의 결함을 의미하며 5단계 요인 중 제2단계 요인이다.

해설 ③ 불안전한 행동 및 상태는 사고 및 재해의 직접원인으로 작용한다.

42. 위험성을 모르는 아이들이 세제나 약병의 마개를 열지 못하도록 안전마개를 부착하는 것처럼, 신체적 조건이나 정신적 능력이 낮은 사용자라 하더라도 사고 발생 확률을 낮게 설계해 주는 것은?
① fail-safe 설계원칙
② fool-proof 설계원칙
③ error proof 설계원칙
④ error recovery 설계원칙

해설
• 페일 세이프(fail-safe) : 기계에 고장이 발생해도 안전사고가 일어나지 않도록 2중, 3중 통제를 가하는 장치
• 풀 프루프(fool-proof) : 작업자의 실수나 부주의가 있어도 안전사고가 발생하지 않도록 2중, 3중 통제를 가하는 장치

43. 인간의 행동과정을 통한 휴먼에러의 분류에 해당하지 않는 것은?
① 입력 오류
② 정보처리 오류
③ 출력 오류
④ 조작 오류

해설 행동과정을 통한 휴먼에러의 분류
• 입력 오류   • 정보처리 오류
• 출력 오류   • 의사결정 오류
• 피드백 오류

참고 정보처리 과정 측면에서의 분류도 입력오류, 출력 오류, 정보처리 오류, 의사결정 오류로 분류한다.

44. 인간의 경우 어떤 자극을 제시한 뒤 이에 대한 동작을 시작하기까지 소요되는 시간을 무엇이라 하는가?
① 반응시간   ② 자극시간
③ 단순시간   ④ 선택시간

해설
• 반응시간 : 자극이 주어진 순간부터 반응이 일어날 때까지의 시간
• 단순반응시간 : 하나의 자극 신호에 대해 하나의 반응만 요구할 때 측정되는 반응시간
• 선택반응시간 : 여러 개의 자극을 제시하고 각각의 자극에 대해 서로 다른 반응을 요구하는 경우의 반응시간

45. 소비자의 생명, 신체 또는 재산에 피해를 주거나 그 우려가 있는 제품에 대해, 제조업자나 유통업자가 자발적 또는 의무적으로 위험성을 소비자에게 알리고 해당 제품을 회수하여 수리, 교환, 환불 등 적절한 시정조치를 해주는 제도는?
① 애프터서비스(after service) 제도
② 제조물책임법
③ 소비자기본법
④ 리콜(recall) 제도

해설 판매한 제품에 문제가 있다고 판단될 때, 예방적 조치로 업체에서 무상으로 수리·점검을 하거나 교환해주는 소비자 보호 제도를 리콜 제도라 한다.

46. Y이론에 대한 설명으로 옳은 것은?
① 사람은 무엇보다 안정을 원한다.
② 인간의 본성은 나태하다.
③ 사람은 작업 수행에 자율성을 발휘한다.
④ 대다수의 사람은 명령받는 것을 선호한다.

해설 ③은 맥그리거의 Y이론 특징
①, ②, ④는 맥그리거의 X이론 특징

정답 42. ② 43. ④ 44. ① 45. ④ 46. ③

47. 레빈(Lewin)의 행동방정식 $B=f(P, E)$에서 E가 나타내는 것은?

① Environment ② Energy
③ Emotion ④ Education

해설 인간행동(B)=$f(P \cdot E)$의 상호 함수관계
- E : 심리적 환경(environment) – 인간관계, 작업환경
- f : 함수관계(function)
- P : 개체(person) – 연령, 경험, 심신상태, 성격, 지능, 소질

48. 일반적으로 카페인이 포함된 음료를 마신 후 효과가 나타나는 시간은?

① 즉시 ② 10분
③ 30분 ④ 60분

해설 카페인이 포함된 음료를 마신 후 약 30분이 지나면 효과가 나타난다.

49. 작업자가 제어반의 압력계를 계속적으로 모니터링 하는 작업에서 압력계를 잘못 읽어 에러를 범할 확률이 100시간에 1회로 일정한 것으로 조사되었다. 작업을 시작한 후 200시간 시점에서의 인간신뢰도는 약 얼마로 추정되는가?

① 0.02 ② 0.98
③ 0.135 ④ 0.865

해설 연속적 직무에서 인간신뢰도
- 고장률(λ) = $\dfrac{고장건수}{총가동시간} = \dfrac{1}{100} = 0.01$
- 신뢰도(R) = $e^{-\lambda t} = e^{-0.01 \times 200} = 0.135$

여기서, λ : 고장률
t : 고장 없이 사용할 시간

50. 다음 중 대표적인 연역적 방법이며, 톱-다운(top-down) 방식의 접근방법에 해당하는 시스템 안전 분석기법은?

① FTA ② ETA
③ PHA ④ FMEA

해설 결함수 분석법(FTA) : 특정한 사고에 대해 사고의 원인이 되는 장치 및 기기의 결함이나 작업자 오류 등을 연역적(top-down) 방식으로 정량 평가하는 분석기법이다.

51. 조직차원에서의 스트레스 관리방안과 가장 거리가 먼 것은?

① 직무재설계
② 긴장완화훈련
③ 우호적인 직장 분위기 조성
④ 경력계획과 개발 과정의 수립 및 상담 제공

해설 긴장완화훈련은 스스로 수행하는 자율훈련이다.

참고 스트레스를 해소하는 방법 : 숙면 취하기, 건강한 식단, 하루 계획하기, 규칙적인 휴식시간, 깊은 심호흡, 가벼운 운동, 방해요소 최소화, 힐링 언어 및 장소, 상황 관리하기, 동료들의 도움받기 등

52. 다음 중 제조물책임법에서 정의한 결함의 종류에 해당하지 않는 것은?

① 제조상의 결함 ② 기능상의 결함
③ 설계상의 결함 ④ 표시상의 결함

해설 제조물책임법상 결함은 제조상 결함, 설계상 결함, 표시상 결함 3가지만 인정한다.

53. 재해예방을 위해 안전기준을 정비하는 것은 안전의 4M 중 어디에 해당되는가?

① Man ② Machine
③ Media ④ Management

해설 인간에러의 배후요인(4M)
- 인간(Man) : 다른 사람들과의 인간관계
- 기계(Machine) : 기계장비 등의 물리적 요인

정답 47. ① 48. ③ 49. ③ 50. ① 51. ② 52. ② 53. ④

- 미디어(Media) : 작업정보, 방법, 환경 등
- 관리(Management) : 안전기준 정비, 교육훈련, 안전법규

54. 인간의 수면은 일반적으로 하룻밤에 몇 분 간격의 사이클로 이루어지는가?
① 60분   ② 90분
③ 120분   ④ 150분

해설 인간의 수면은 하룻밤 동안 약 90분 간격의 사이클로 반복된다.

55. 조직에서 직능별 전문화의 원리와 명령 일원화의 원리를 조화시킬 목적으로 형성한 조직은?
① 직계참모 조직   ② 위원회 조직
③ 직능식 조직   ④ 직계식 조직

해설
- line형(직계식) : 100명 이하의 소규모 사업장에 활용한다.
- staff형(참모식) : 100~1000명의 중·소규모 사업장에 활용한다.
- line-staff형(복합식) : 1000명 이상의 대규모 사업장에 활용한다.

56. 오하이오 주립대학의 리더십 연구에서 주장하는 구조주도적(initiating structure) 리더와 배려적(consideration) 리더에 관한 설명으로 틀린 것은?
① 배려적 리더는 관계지향적, 인간중심적으로 인간에 관심을 가진다.
② 구조주도적 리더십은 구성원들의 성과 환경을 구조화하는 리더십 행동이다.
③ 구조주도적 리더십은 성과를 구체적이고 정확하게 평가하는 행동 유형을 말한다.
④ 배려적 리더는 구성원의 과업을 설정, 배정하고 구성원과의 의사소통 네트워크를 명확히 한다.

해설 배려적 리더는 관계지향적, 인간중심적으로, 친밀한 분위기를 중시하며 구성원에 관심을 갖는다.

57. 다음 중 조직의 리더(leader)에게 부여되는 권한으로, 구성원을 징계 또는 처벌할 수 있는 권한은?
① 보상적 권한
② 강압적 권한
③ 합법적 권한
④ 전문성의 권한

해설 ㉠ 조직이 리더에게 부여하는 권한
- 보상적 권한 : 승진, 급여 인상 등 경제적 보상을 제공하여 부하를 통제하는 권한
- 강압적 권한 : 리더에게 주어진 권력 등을 이용해 상벌을 줄 수 있는 권한
- 합법적 권한 : 조직 내 공식적인 지위에서 비롯되는 권한

㉡ 리더가 자신에게 부여하는 권한
- 전문성의 권한 : 리더가 전문적이고 깊이 있는 지식과 재능을 가질 때 발생하는 권한
- 위임된 권한 : 부하직원이 상사를 존경하며 자발적으로 따를 때 부여되는 권한

58. 집단 간의 갈등 해결기법으로 가장 적절하지 않은 것은?
① 자원의 지원을 제한한다.
② 집단의 구성원들 간의 직무를 순환한다.
③ 갈등 집단의 통합이나 조직 구조를 개편한다.
④ 갈등관계에 있는 당사자들이 함께 추구해야 할 새로운 상위의 목표를 제시한다.

해설 자원의 지원을 제한하기보다는 오히려 자원의 공급을 늘려 집단 간 자원 분배 경쟁을 완화하는 것이 바람직하다.

59. 다음 그림은 스트레스 수준과 성과의 관계를 나타낸 것이다. A, B, C에 해당하는 스트레스의 종류를 각각 바르게 나열한 것은 어느 것인가?

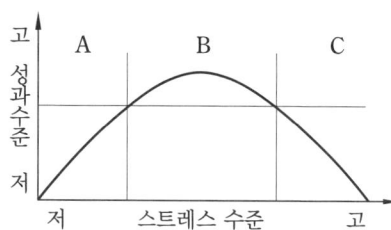

① A : 순기능, B : 역기능, C : 순기능
② A : 직무, B : 역기능, C : 직무
③ A : 역기능, B : 순기능, C : 역기능
④ A : 직무, B : 순기능, C : 개인

해설 스트레스 수준과 성과 사이의 관계
- 스트레스 수준과 성과 사이의 관계는 일반적으로 뒤집힌 U자형 곡선으로 나타난다.
- 스트레스가 적정 수준일 때 수행이 가장 높으며, 너무 낮거나 너무 높으면 수행이 떨어진다.

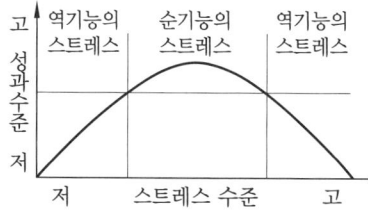

60. 재해원인 중 간접원인이 아닌 것은?
① 교육적 원인
② 인적, 물적 원인
③ 기술적 원인
④ 관리적 원인

해설
- 직접원인 : 인적 원인(불안전한 행동), 물적 원인(불안전한 상태)
- 간접원인 : 기술적 원인, 교육적 원인, 관리적 원인, 신체적 원인, 정신적 원인

4과목 근골격계질환 예방을 위한 작업관리

61. 작업분석에 있어서 개선 활동을 위한 원칙 중 ECRS에 해당되지 않는 것은?
① Element
② Combine
③ Rearrange
④ Simplify

해설 작업개선 원칙(ECRS)
- 제거(Eliminate) : 생략과 배제의 원칙
- 결합(Combine) : 결합과 분리의 원칙
- 재조정(Rearrange) : 재배열의 원칙
- 단순화(Simplify) : 단순화의 원칙

62. 공정별 소요시간은 다음과 같고, 각 공정에는 1명씩 배정되어 있다. 몇 번째 분할에서 효율이 가장 높은가?

공정명	A	B	C	D	E
시간(분)	12	16	14	16	12

① 현재 분할
② 1회 분할
③ 2회 분할
④ 3회 분할

해설 공정효율

$$= \frac{총작업시간}{작업자\ 수 \times 주기시간}$$

- 현재 분할 $= \dfrac{70}{5 \times 16} \fallingdotseq 0.88$
- 1회 분할 $= \dfrac{70}{2 \times 42} \fallingdotseq 0.83$
- 2회 분할 $= \dfrac{70}{3 \times 28} \fallingdotseq 0.83$
- 3회 분할 $= \dfrac{70}{4 \times 28} \fallingdotseq 0.63$

정답 59. ③ 60. ② 61. ① 62. ①

63. A 작업을 한 사이클의 정미시간(normal time)이 5분, 레이팅 계수가 110%, 여유율이 10%일 때 표준시간(standard time)은 약 몇 분인가? (단, 여유율은 정미시간을 기준으로 계산한다.)

① 6분 ② 8분
③ 10분 ④ 12분

해설 표준시간(ST)
= 정미시간 × (1 + 여유율)
= $5 \times (1 + 0.1) = 5.5 ≒ 6$분

64. 시간연구에서 다루는 내용과 관련성이 가장 적은 것은?

① 정미시간 ② 표준시간
③ 여유율 ④ 오차율

해설 표준시간 설정기법에는 표준시간, 정미시간, 여유율이 포함되며, 오차율은 시간연구와 직접적인 관련이 없다.

참고 시간연구법: 스톱워치, 전자식 타이머, VTR 카메라 등의 기록장치를 이용해 직접 관측하여 표준시간을 산출하는 방법이다.

65. 사업장 근골격계질환 예방·관리 프로그램에서 근로자 교육에 관한 설명으로 옳은 것은?

① 최초 교육은 예방·관리 프로그램이 도입된 후 6개월 이내에 실시한다.
② 근로자를 채용한 경우에는 작업배치 후 1개월 이내에 교육을 실시한다.
③ 교육시간은 1시간 이상 실시하되, 새로운 설비가 도입되었을 경우에는 1시간 이상의 추가교육을 실시한다.
④ 교육은 반드시 관련 분야의 전문가에게 의뢰하여 실시한다.

해설 ② 근로자를 채용한 경우에는 작업배치 전에 교육을 실시한다.
③ 교육시간은 2시간 이상 실시하되, 새로운 설비가 도입되었을 경우 1시간 이상의 추가교육을 실시한다.
④ 교육은 필요시 관련 분야의 전문가에게 의뢰하여 실시한다.

66. 작업관리용 도표의 사용으로 가장 적절하지 않은 것은?

① 파레토 차트를 이용하여 문제점의 원인을 파악한다.
② Man-machine chart를 이용하여 표준시간을 결정한다.
③ 흐름도를 이용하여 병목(bottleneck) 공정을 파악한다.
④ 다중활동 분석표를 이용하여 기계와 인력배치 균형을 분석한다.

해설 Man-machine chart
- 작업조 편성이나 경제적인 기계 담당 대수를 결정하는 문제를 해결하는 데 사용된다.
- 작업현황을 체계적으로 파악하여 기계와 작업자의 유휴시간을 단축하고, 작업효율을 높이는 데 활용된다.

67. Work Factor에서 동작시간 결정 시 고려하는 4가지 요인에 해당하지 않는 것은?

① 인위적 조절
② 동작거리
③ 중량이나 저항
④ 수행도

해설 수행도는 작업자의 성과나 효율을 나타내는 개념이지 동작시간 산정의 직접적인 요인은 아니다.

참고 Work Factor에서 동작시간의 변동요인은 동작의 인위적 조절, 신체 부위, 이동거리, 중량 또는 저항 등이다.

정답 63. ① 64. ④ 65. ① 66. ② 67. ④

68. 다음 조건에서 NIOSH Lifting Equation (NLE)에 의한 권장한계무게(RWL)와 들기 지수(LI)는 각각 얼마인가?

- 취급물의 하중 : 10kg
- 수평 계수 : 0.4
- 수직 계수 : 0.95
- 거리 계수 : 0.6
- 비대칭 계수 : 1
- 빈도 계수 : 0.8
- 커플링 계수 : 0.9

① RWL=1.64kg, LI=6.1
② RWL=2.65kg, LI=3.78
③ RWL=3.78kg, LI=2.65
④ RWL=6.4kg, LI=1.64

해설 • 권장무게한계(RWL)
$= 23 \times 0.4 \times 0.95 \times 0.6 \times 1 \times 0.8 \times 0.9$
$\approx 3.78\text{kg}$

• $LI = \dfrac{\text{작업물의 무게}}{RWL} = \dfrac{10}{3.78} \approx 2.65$

참고 권장무게한계 RWL(Kd)
$= LC \times HM \times VM \times DM \times AM \times FM \times CM$

LC	부하 상수	23kg 작업물의 무게
HM	수평 계수	$25/H$
VM	수직 계수	$1-(0.003 \times V-75)$
DM	거리 계수	$0.82+(4.5/D)$
AM	비대칭 계수	$1-(0.0032 \times A)$
FM	빈도 계수	분당 들어 올리는 횟수
CM	결합 계수	커플링 계수

69. 근골격계질환을 예방하기 위한 대책으로 적절하지 않은 것은?

① 단순 반복작업은 기계를 사용한다.
② 작업방법과 작업공간을 재설계한다.
③ 작업순환(job rotation)을 실시한다.
④ 작업속도와 강도를 점진적으로 강화한다.

해설 근골격계질환을 예방하기 위해서는 작업속도와 작업강도를 점진적으로 줄여야 한다. 오히려 작업속도와 강도를 강화하면 근골격계에 부담이 커져 질환이 악화될 수 있다.

70. 신체사용에 관한 동작경제의 원칙에 대한 설명으로 틀린 것은?

① 휴식시간을 제외하고는 양손이 동시에 쉬지 않도록 한다.
② 가능한 한 관성을 이용하여 작업을 하도록 한다.
③ 두 손의 동작을 같이 시작하고 같이 끝나도록 한다.
④ 양팔은 동시에 같은 방향으로 움직이도록 한다.

해설 양팔의 동작은 동시에 서로 반대 방향, 즉 대칭적으로 움직이도록 한다(신체 사용에 관한 원칙).

71. 다음 중 작업방법에 관한 설명으로 틀린 것은?

① 서 있을 때는 등뼈가 S곡선을 유지하는 것이 좋다.
② 섬세한 작업 시에는 power grip보다 pinch grip을 이용한다.
③ 부적절한 자세는 신체 부위들이 중립적인 위치를 취하는 자세이다.
④ 부적절한 자세는 강하고 큰 근육들을 이용한 작업을 방해한다.

해설 ③ 적절한 자세는 신체 부위들이 중립적인 위치를 취하는 자세이다.

72. 다음 중 미세동작 연구의 장점과 가장 거리가 먼 것은?

정답 68. ③ 69. ④ 70. ④ 71. ③ 72. ④

① 서블릭(Therblig) 기호를 사용하면 작업시간의 비교와 추정에 유용하다.
② 과거의 작업 개선 경험을 다른 작업에도 그대로 응용하기 용이하다.
③ 어느 정도 숙달되면 눈으로도 서블릭 해석이 가능하며, 이에 따라 작업 개선 능력이 향상된다.
④ SIMO 차트를 이용하여 이상적 작업 동작을 습득하는 데 다소 시간이 걸리지만, 상대적으로 정확하다.

해설 미세동작 연구의 장점
- 서블릭 기호를 사용하여 작업내용을 설명하면서 동시에 작업시간을 추정할 수 있다.
- 미세동작 분석과정을 다른 작업에도 그대로 응용하기 용이하다.
- 숙련되면 기록의 재현성이 높고, 복잡하며 세밀한 작업분석이 가능하다.
- 관측자가 들어가기 어려운 곳도 분석 가능하다.

73. 시간축 위에 수행할 활동에 대한 필요한 시간과 일정을 표시한 문제의 분석 도구는?
① 파레토 챠트
② 특성요인도
③ 간트 챠트
④ 마인드 매핑

해설 간트 챠트(Gantt chart)는 여러 가지 활동 계획의 시작시간과 예측 완료시간을 병행하여 시간축에 표시하는 도표이다.

74. 입식작업보다는 좌식작업이 더 적절한 경우는?
① 큰 힘을 요하는 경우
② 작업반경이 큰 경우
③ 정밀작업을 해야 하는 경우
④ 작업 시 이동이 많은 경우

해설 좌식작업은 주로 세밀한 시각·손동작이 필요한 정밀작업에 적절하다. 반면, 큰 힘이 필요하거나 작업반경이 넓고 이동이 많은 작업은 입식작업이 더 효율적이다.

75. 다음 중 OWAS 자세평가에 의한 조치 수준에서 각 수준에 대한 평가내용이 바르게 연결된 것은?
① 수준 1 : 즉각적인 자세의 교정이 필요
② 수준 2 : 가까운 시기에 자세의 교정이 필요
③ 수준 3 : 조치가 필요 없는 정상 작업자세
④ 수준 4 : 가능한 빨리 자세의 변경이 필요

해설 ① 수준 1 : 조치가 필요 없는 정상 작업자세
③ 수준 3 : 가능한 빨리 자세의 변경이 필요
④ 수준 4 : 즉각적인 자세의 교정이 필요

76. [보기]와 같은 디자인 개념의 문제해결 절차를 올바른 순서로 나열한 것은?

㉮ 문제의 분석	㉯ 문제의 형성
㉰ 대안의 탐색	㉱ 선정안의 제시
㉲ 대안의 평가	

① ㉮ → ㉯ → ㉰ → ㉲ → ㉱
② ㉯ → ㉮ → ㉰ → ㉲ → ㉱
③ ㉰ → ㉯ → ㉮ → ㉱ → ㉲
④ ㉱ → ㉰ → ㉲ → ㉯ → ㉮

해설 디자인의 문제해결 순서
문제의 형성 → 문제의 분석 → 대안의 탐색 → 대안의 평가 → 선정안의 제시

77. 손과 손목 부위에 발생하는 작업 관련성 근골격계질환이 아닌 것은?
① 방아쇠 손가락(trigger finger)
② 외상 과염(lateral epicondylitis)
③ 가이언 증후군(canal of guyon)
④ 수근관 증후군(carpal tunnel syndrome)

정답 73. ③ 74. ③ 75. ② 76. ② 77. ②

해설 팔꿈치 부위의 근골격계질환 유형 : 외상 과염, 회내근 증후군

78. 다음 중 유해요인의 공학적 개선사례로 볼 수 없는 것은?

① 중량물 작업개선을 위해 호이스트를 도입하였다.
② 작업피로감소를 위해 바닥을 부드러운 재질로 교체하였다.
③ 작업량 조정을 위해 컨베이어의 속도를 재설정하였다.
④ 로봇을 도입하여 수작업을 자동화하였다.

해설 작업량, 작업속도의 조절은 관리적 개선 사례이다.

참고 공학적 개선 : 공구, 장비, 설비, 작업장, 포장, 부품, 재설계, 교체 등

79. 다음 중 워크샘플링에 관한 설명으로 옳은 것은?

① 확률이론인 포아송 분포를 따른다.
② 자료수집 및 분석시간이 길게 소요된다.
③ 짧은 주기나 반복작업인 경우 적당하다.
④ 관측횟수를 증가시킴으로써 샘플링 오차가 감소될 수 있다.

해설 워크샘플링
- 이항 분포를 전제로 한 통계기법이다.
- 자료수집이나 분석에 필요한 순수시간이 다른 시간연구 방법에 비해 짧다.
- 짧은 주기나 반복작업에는 부적합하다.

80. 산업안전보건법령상 근골격계 부담작업에 해당하지 않는 것은?

① 하루 1시간 동안 허리 높이 작업대에서 전동 드라이버로 자동차 부품을 조립하는 작업
② 자동차 조립라인에서 하루 4시간 동안 머리 위에 위치한 부속품을 볼트로 체결하는 작업
③ 하루 6시간 동안 컴퓨터를 이용하여 자료 입력과 문서 편집을 하는 작업
④ 하루에 15kg의 쌀을 무릎 아래에서 허리 높이의 선반에 30회 올리는 작업

해설 ① 하루 2시간 이상 동안 손을 사용하여 같은 동작을 반복하는 작업

2016년도(1회차) 출제문제

1과목 인간공학개론

1. 사용성에 대한 설명으로 틀린 것은?

① 실험 평가로 사용성을 검증할 수 있다.
② 편리하게 제품을 사용하도록 하는 원칙이다.
③ 비용 절감 위주로 인간의 행동을 관찰하고 시스템을 설계한다.
④ 학습성, 에러방지, 효율성, 만족도 등의 원칙이 있다.

해설 사용성은 비용 절감이 아니라, 인간이 생산적이고 안전하며 쾌적하고 효과적으로 제품과 시스템을 이용할 수 있도록 하는 것을 목적으로 한다.

2. 정보이론의 응용과 거리가 먼 것은?

① 다중과업
② Hick-Hyman 법칙
③ Magic number : 7±2
④ 자극의 수에 따른 반응시간 설정

해설 다중과업은 작업공학·인지심리학 분야에서 다루는 개념으로, 정보이론의 직접적인 응용에 해당하지 않는다.

3. 인간 기억체계에 대한 설명 중 틀린 것은?

① 단위시간당 영구 보관할 수 있는 정보량은 7bit/s이다.
② 감각 저장(sensory storage)에서는 정보에 코드화가 이루어지지 않는다.
③ 장기기억(long-term memory) 내의 정보는 의미적으로 코드화된 정보이다.
④ 작업기억(working memory)은 현재 또는 최근의 정보를 장기간 기억하기 위한 저장소의 역할을 한다.

해설 ① 단위시간당 영구 보관할 수 있는 정보량은 약 0.7bit/s이다.

4. 다음 중 정보의 전달량에 관한 공식으로 맞는 것은?

① Noise = $H(X) - T(X, Y)$
② Noise = $H(X) + T(X, Y)$
③ Equivocation = $H(X) + T(X, Y)$
④ Equivocation = $H(X) - T(X, Y)$

해설 • 정보 손실량(Equivocation)
  = $H(X) - T(X, Y) = H(X, Y) - H(Y)$
• 정보 소음량(Noise)
  = $H(Y) - T(X, Y) = H(X, Y) - H(X)$
여기서, $H(X)$: 입력 정보량
  $H(Y)$: 출력 정보량
  $H(X, Y)$: 전체 정보량
  $T(X, Y)$: 전달 정보량

5. 병렬 시스템의 특성에 관한 설명으로 틀린 것은?

① 요소의 중복도가 늘수록 시스템의 수명은 짧아진다.
② 요소의 개수가 증가할수록 시스템 고장의 기회는 감소된다.
③ 요소 중 어느 하나가 정상이면 시스템은 정상으로 작동된다.
④ 시스템의 수명은 요소 중 수명이 가장 긴 것에 의해 결정된다.

정답 1. ③ 2. ① 3. ① 4. ④ 5. ①

해설 ① 요소의 중복도가 늘수록 시스템의 수명은 길어진다.

6. 신호검출의 민감도를 늘리는 방법이 아닌 것은?
① 교육 훈련
② 결과의 피드백
③ 신호검출 실패 비용의 증가
④ 신호와 비신호의 구별성 증가

해설 신호검출 실패 비용의 증가는 판단기준만 변화시킬 뿐, 신호와 잡음을 구별하는 민감도 자체를 높이지 않는다.

참고 신호검출이론은 긍정(hit), 허위(false alarm), 누락(miss), 부정(correct rejection)의 4가지 결과가 있다.

7. 인간의 눈이 완전 암순응(암조응) 되기까지 소요되는 시간은 어느 정도인가?
① 1~3분 ② 10~20분
③ 30~40분 ④ 60~90분

해설 암순응
- 완전 암순응 소요시간 : 보통 30~40분
- 완전 명순응 소요시간 : 보통 2~3분

8. 회전운동을 하는 조종장치 레버를 20° 움직였을 때 표시장치 커서가 2cm 이동하였다. 레버 길이가 15cm일 때 조종장치의 C/R비는 얼마인가?
① 2.62 ② 5.24
③ 8.33 ④ 10.48

해설 조종장치의 C/R비
$$= \frac{(\alpha/360) \times 2\pi L}{\text{표시장치의 이동거리}}$$
$$= \frac{(20/360) \times 2 \times 3.14 \times 15}{2} ≒ 2.62$$

여기서, α : 조종장치가 움직인 각도
L : 반지름(조종장치의 거리)

9. 피험자 간 설계(between subject design)에 대한 설명 중 틀린 것은?
① 독립변인의 다른 수준들을 서로 다른 피험자 집단을 사용하여 평가하는 것을 뜻한다.
② 피험자 간 설계는 피험자 내 설계보다 실험조건들 사이의 통계적 유의미한 차이를 더 쉽고 더 민감하게 찾을 수 있다.
③ 자동차 운전훈련에서 시뮬레이터를 사용하는 경우와 실제 자동차를 사용하는 경우의 효과를 비교한다면 피험자간 설계가 필요하다.
④ 교통이 혼잡한 지역에서 휴대폰을 사용한 피험자 집단과 교통이 원활한 지역에서 휴대폰을 사용하는 또 다른 피험자 집단으로 구분하여 실험하는 것을 피험자간 설계라 한다.

해설 ② 피험자 내 설계는 피험자 간 설계보다 실험조건들 사이의 통계적 유의미한 차이를 더 쉽고 더 민감하게 찾을 수 있다.

10. 1000Hz, 80dB인 음을 phon과 sone으로 환산한 것은?
① 40phon, 4sone ② 60phon, 3sone
③ 80phon, 2sone ④ 80phon, 16sone

해설
- phon값 : 1000Hz에서 dB값과 동일하므로 80dB=80phon
- sone값 $=2^{(\text{phon값}-40)/10}$
  $=2^{(80-40)/10}=16\text{sone}$

11. 다음 중 작업공간의 설계에 관한 설명으로 맞는 것은?
① 서서 하는 작업에서 작업대의 높이는 최소치 설계를 기본으로 한다.
② 작업 표준영역은 어깨를 중심으로 팔을 뻗어 닿을 수 있는 영역이다.

정답 6. ③ 7. ③ 8. ① 9. ② 10. ④ 11. ④

③ 서서 하는 힘든 작업을 위한 작업대는 세밀한 작업보다 높게 설계한다.
④ 일반적으로 앉아서 하는 작업의 작업대 높이는 팔꿈치 높이가 적당하다.

해설 ① 서서 하는 작업에서 작업대의 높이는 팔꿈치 높이를 기준으로 한다.
② 정상 작업영역은 상완을 자연스럽게 늘어뜨린 상태에서 전완을 뻗어 파악할 수 있는 영역이다.
③ 서서 하는 힘든 작업을 위한 작업대는 세밀한 작업보다 10~20cm 낮게 설계한다.

12. 통화 이해도 측정을 위한 척도로 적합하지 않은 것은?
① 명료도 지수   ② 인식 소음수준
③ 이해도 점수   ④ 통화 간섭수준

해설 통화 이해도 측정을 위한 척도
- 명료도 지수
- 이해도 점수
- 통화 간섭수준

참고 통화 이해도 : 다양한 통신 상황에서 음성 전달의 품질을 평가하는 기준으로, 수화자가 얼마나 잘 이해하는지에 의해 판단된다.

13. 인체측정 방법에 대한 설명으로 틀린 것은?
① 둥근 수평자(spreading caliper)는 가슴둘레를 측정할 때 사용한다.
② 수직자(anthropometer)는 키와 앉은 키를 측정할 때 사용한다.
③ 직접적인 인체 측정 방법은 주로 마틴(Martin)식 인체 측정기를 사용하여 치수를 측정한다.
④ 실루에트(silhouette)법은 자동 촬영 장치를 사용하여 피측정자의 정면사진 및 측면사진을 촬영하고, 이 사진을 이용해 인체 치수를 실치수로 환산한다.

해설 둥근 수평자는 측정지점의 돌출점에 대고 다른 한쪽 끝을 벌려 눈썹점 등에 닿게 하여 직선거리를 측정하는 데 사용한다.

14. 인간공학에 대한 설명으로 적절하지 않은 것은?
① 자신을 모형으로 사물 설계에 반영한다.
② 사용 편의성 증대, 오류 감소, 생산성 향상을 목적으로 한다.
③ 인간과 사물의 설계가 인간에게 미치는 영향에 중점을 둔다.
④ 인간의 행동, 능력, 한계, 특성에 관한 정보를 발견하고자 한다.

해설 인간공학의 목적
- 작업자의 안전과 작업능률 향상
- 건강, 안전, 만족 등 특정한 인생 가치 기준의 유지·향상
- 기계 조작의 능률성과 생산성 향상
- 인간과 사물의 설계가 인간에게 미치는 영향에 중점
- 인간의 행동, 능력, 한계, 특성에 관한 정보 발견
- 인간의 특성에 적합한 기계나 도구설계
- 인간의 특성에 맞는 작업방법, 기계설비, 전반적인 작업환경 설계

15. 피부의 감각기능 중 감수성이 제일 높은 것은?
① 온각   ② 통각   ③ 압각   ④ 냉각

해설 피부감각의 민감도(감수성) 순서 : 통각>압각>냉각>온각

16. 인간-기계 통합체계의 유형으로 볼 수 없는 것은?
① 수동 시스템   ② 자동화 시스템
③ 정보 시스템   ④ 기계화 시스템

정답 12. ②   13. ①   14. ①   15. ②   16. ③

해설 인간-기계 통합체계의 유형은 수동 시스템, 기계화 시스템, 자동화 시스템의 3가지로 분류한다.

17. 종이의 반사율이 70%이고 인쇄된 글자의 반사율이 15%일 경우 대비는?

① 15% ② 21%
③ 70% ④ 79%

해설 대비(contrast)

$$= \frac{L_b - L_l}{L_b} \times 100 = \frac{0.7 - 0.15}{0.7} \times 100 ≒ 79\%$$

여기서 L_b : 배경 반사율
L_l : 과녁 반사율

18. 주의(attention) 중 디스플레이상 다중 정보를 병렬 처리할 수 있게 하는 것은?

① 분산주의(divided attention)
② 초점주의(focused attention)
③ 선택주의(selective attention)
④ 개별주의(individual attention)

해설 분산(분할)주의 : 주의를 둘 이상의 대상에 나누어 동시에 할당하는 것을 말한다. 따라서 여러 정보나 과제를 병렬적으로 처리할 수 있게 한다.

19. 전력계와 같이 수치를 정확히 읽고자 할 때 가장 적합한 표시장치는?

① 동침형 표시장치
② 계수형 표시장치
③ 동목형 표시장치
④ 수직형 표시장치

해설 동적 표시장치의 3가지
• 동침형 : 자동차 속도계
• 동목형 : 체중계
• 계수형 : 전력계

20. 지하철이나 버스 손잡이의 설치높이를 결정하는 데 적용하는 인체치수 적용원리는?

① 평균치 원리
② 최소치 원리
③ 최대치 원리
④ 조절식 원리

해설 최소 집단값에 의한 설계
• 인체치수 분포의 하위 1%, 5%, 10% 사용자를 포함할 수 있도록 최솟값을 기준으로 설계한다.
• 선반의 높이, 조정장치까지의 거리 등을 정할 때 사용한다.
• 지하철이나 버스 손잡이의 설치 높이 등 키 작은 사람도 잡을 수 있다면 이보다 큰 사람은 모두 잡을 수 있다.

참고 인체측정치의 응용원리
• 극단치 설계 : 최소치수와 최대치수를 기준으로 한 설계
• 조절식 설계 : 조절범위를 고려한 설계
• 평균치 설계 : 평균치를 기준으로 한 설계

2과목 작업생리학

21. 근육원 섬유마디(sarcomere)에서 근섬유가 수축하면 짧아지는 부분은?

① A 밴드
② 액틴(actin)
③ 미오신(myosin)
④ Z선과 Z선 사이의 거리

해설 근육의 수축원리
• 최대 수축 시 Z선이 A대에 맞닿는다.
• 근섬유가 수축하면 I대와 H대가 짧아진다.
• 액틴과 미오신 필라멘트의 길이는 변하지 않는다.

정답 17. ④ 18. ① 19. ② 20. ② 21. ④

- 근 수축은 액틴과 미오신 필라멘트의 미끄러짐 작용에 의해 이루어진다.
- 근육 전체가 내는 힘은 활성화된 근섬유 수에 의해 결정된다.
- ATP 분해 시 방출된 에너지가 근육에 이용된다.
- 근육이 수축해도 근세사(myofilament)의 원래 길이는 변하지 않는다.

22. 어떤 작업자가 팔꿈치 관절에서부터 32cm 거리에 있는 8kg 중량의 물체를 한 손으로 잡고 있다. 팔꿈치 관절의 회전 중심에서 손까지의 중력 중심 거리는 16cm이며, 이 부분의 중량은 12N이다. 이때 팔꿈치에 걸리는 반작용의 힘(N)은 약 얼마인가?

① 38.2   ② 90.4
③ 98.9   ④ 114.3

해설 중량$(W) = m \cdot g$
여기서 m : 질량, g : 중력가속도
- $W_1 = 8\text{kg} \times 9.8\text{m/s} = 78.4\text{N}$
- $W_2 = 12\text{N}$
- 팔꿈치에 걸리는 반작용 힘(R_E)
  $= W_1 + W_2 = 78.4\text{N} + 12\text{N} = 90.4\text{N}$

23. 습구온도가 43℃, 건구온도가 32℃일 때 Oxford 지수는 얼마인가?

① 38.50℃   ② 38.15℃
③ 41.35℃   ④ 41.53℃

해설 Oxford index
$= (0.85 \times 습구온도) + (0.15 \times 건구온도)$
$= (0.85 \times 43) + (0.15 \times 32)$
$= 41.35℃$

24. 산업안전보건법령에서 정한 소음작업이란 1일 8시간 작업을 기준으로 얼마 이상의 소음이 발생하는 작업을 의미하는가?

① 80dB(A)   ② 85dB(A)
③ 90dB(A)   ④ 100dB(A)

해설 소음작업은 1일 8시간 작업을 기준으로 85dB 이상의 소음이 발생하는 작업이다.

참고 강렬한 소음작업은 8시간 90dB 이상이다.

25. 진동과 관련된 단위가 아닌 것은?

① nm   ② gal
③ cm/s ④ sone

해설 ④는 소음 단위

26. 조도(illuminance)의 단위는?

① nit   ② lumen
③ lux   ④ candela

해설 조도 : 어떤 물체의 표면에 도달하는 빛의 밀도로 단위는 lux($= \text{lumen/m}^2$)이다.

참고
- nit : 휘도의 단위
- lumen : 광속의 단위
- candela : 광도의 단위

27. 뇌파의 종류 중 알파(α)파에 관한 설명으로 맞는 것은?

① 빠르고 진폭이 크다.
② 수면 초기에 발생한다.
③ 물질대사가 저하될 때 발생한다.
④ 출현율이 작을수록 각성상태가 증가되는 경향이 있다.

해설 α파
- 주파수 8~14Hz, 주파수는 낮고 진폭이 크다.
- 휴식상태에서 발생한다(휴식파).
- α파가 강해질수록 물질대사가 감소한다.
- 출현율이 작을수록 각성상태가 증가되는 경향이 있다.

참고 뇌파의 상태
- α파 : 뇌가 이완된 상태
- β파 : 의식이 깨어있을 때 나타나는 뇌파
- θ파 : 지각과 꿈의 경계상태
- δ파 : 깊은 수면 상태에서 나타나는 뇌파

28. 힘든 작업을 수행할 때가 휴식을 취하고 있을 때보다 혈류량이 더 감소하는 기관이 아닌 것은?
① 간 ② 신장
③ 뇌 ④ 소화기계

해설 휴식을 취할 때보다 힘든 작업을 수행할 때 혈류량이 더 감소하는 기관은 간, 신장, 소화기계이며, 뇌는 상대적으로 혈류량 변화가 거의 없다.

29. 근육의 대사에 관한 설명으로 틀린 것은?
① 산소 소비량을 측정하면 에너지 소비량을 측정할 수 있다.
② 신체활동 수준이 아주 작은 작업의 경우에 젖산이 축적된다.
③ 근육의 대사는 음식물을 기계적인 에너지와 열로 전환하는 과정이다.
④ 탄수화물은 근육의 기본 에너지원으로서 주로 간에서 포도당으로 전환된다.

해설 계속적인 인체 활동 시 산소 공급이 부족하면 젖산이 축적된다.

참고 산소 부채 : 활동이 끝난 후에도 남아있는 젖산을 제거하기 위해 필요한 산소를 말한다.

30. 작업생리학 분야에서 신체활동의 부하를 측정하는 생리적 반응치가 아닌 것은?
① 심박수(heart rate)
② 혈류량(blood flow)
③ 폐활량(lung capacity)
④ 산소 소비량(oxygen consumption)

해설 생리적 부하 측정척도
- 산소 소비량
- 에너지 소비량
- 혈류 재분배
- 혈압(심박수, 심박출량, 혈류량)

참고 정신적 작업부하에 대한 생리적 측정치
: 심박수, 부정맥, 뇌전위(점멸융합주파수), 동공반응(눈 깜빡임률), 호흡수, 뇌파 등

31. 다음 중 심방 수축 직전에 발생하는 파장(wave)은?
① P파 ② Q파 ③ R파 ④ S파

해설 심장의 맥동주기

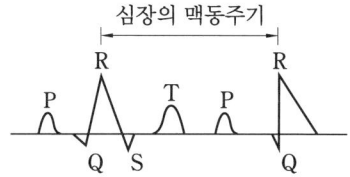

- P파 : 심방 수축(심방 탈분극), 심방 수축 직전에 나타남
- Q-R-S파 : 심실 수축
- T파 : 심실 이완, 수축 종료 후 휴식 시 발생
- R-R 간격 : 심장의 맥동주기

32. 다음 중 실내의 면에서 추천반사율이 가장 높은 곳은?
① 벽 ② 바닥
③ 가구 ④ 천장

해설 실내 조명반사율

바닥	가구, 책상	벽	천장
20~40%	25~40%	40~60%	80~90%

참고 조명이 천장에 있다고 가정하면 가까운 곳일수록 조명반사율이 높다.

정답 28. ③ 29. ② 30. ③ 31. ① 32. ④

33. 신체 부위의 동작 중 전완의 회전운동에 쓰이며, 손바닥을 위로 향하도록 하는 회전을 무엇이라 하는가?

① 굴곡(flexion)
② 회내(pronation)
③ 외전(abduction)
④ 회외(supination)

해설 신체 부위 기본운동
- 굴곡(굽히기) : 관절 간의 각도가 감소하는 움직임
- 외전(벌리기) : 팔, 다리가 몸 중심선에서 밖으로 멀어지는 이동
- 회내(하향) : 손바닥을 아래로 향하는 이동
- 회외(상향) : 손바닥을 위로 향하는 이동

34. 소음에 대한 청력손실이 가장 크게 나타나는 진동수는?

① 1000Hz
② 2000Hz
③ 4000Hz
④ 20000Hz

해설 소음에 의한 청력손실이 가장 크게 나타나는 주파수대는 3000~4000Hz이다.

35. 동일한 관절운동을 일으키는 주동근(agonists)과 반대되는 작용을 하는 근육은?

① 박근(gracilis)
② 장요근(iliopsoas)
③ 길항근(antagonists)
④ 대퇴직근(rectus femoris)

해설 길항근 : 주동근과 서로 반대 방향으로 작용하는 근육

참고 근육의 명칭과 기능
- 박근 : 넓적다리 안쪽에서 두덩뼈와 정강뼈에 붙는 근육
- 장요근 : 장골근과 대요근으로 이루어진 근육
- 대퇴직근 : 넓적다리 앞쪽에 있는 4개의 근육 중 하나
- 주동근 : 운동 시 주역을 담당하는 근육
- 협력근 : 주동근의 작용을 돕는 근육

36. 일반적으로 최대 근력의 50% 정도 힘을 유지할 수 있는 시간은?

① 1분 정도
② 5분 정도
③ 10분 정도
④ 15분 정도

해설 최대 근력의 50% 힘은 약 1분 정도 유지 가능하며, 100% 근력은 30초 이내, 약 15%의 힘은 상당히 오랜 시간 유지할 수 있다.

37. 에너지 대사율(RMR)에 관한 계산식으로 맞는 것은?

① RMR = 작업대사량/기초대사량
② RMR = 기초대사량/작업대사량
③ RMR = (한 일/에너지 소비)×100(%)
④ RMR = 안정시 에너지대사량/기초대사량

해설 에너지 대사율(RMR)

$$= \frac{\text{작업대사량}}{\text{기초대사량}}$$

$$= \frac{\text{작업 시 소비에너지} - \text{안정 시 소비에너지}}{\text{기초대사량}}$$

38. 교대작업에 관한 설명으로 맞는 것은?

① 교대작업은 야간 → 저녁 → 주간 순으로 하는 것이 좋다.
② 교대 일정은 정기적이고 근로자가 예측 가능하도록 해야 한다.
③ 신체 적응을 위해 야간근무는 7일 정도로 지속되어야 한다.
④ 야간 교대시간은 가급적 자정 이후로 하고, 아침 교대시간은 오전 5~6시 이전에 하는 것이 좋다.

정답 33. ④ 34. ③ 35. ③ 36. ① 37. ① 38. ②

해설 ① 교대작업은 주간 → 저녁 → 야간 → 주간 순으로 하는 것이 좋다.
③ 신체 적응을 위해 야간근무는 2~3일 이상 연속하지 않는다.
④ 야간 교대시간은 가급적 자정 이전으로 하고, 아침 교대시간은 오전 7시 이후에 하는 것이 좋다.

39. 최대 산소소비능력(MAP)에 관한 설명으로 틀린 것은?

① 산소섭취량이 지속적으로 증가하는 수준을 말한다.
② 사춘기 이후 여성의 MAP는 남성의 65~75% 정도이다.
③ 최대 산소소비능력은 개인의 운동역량을 평가하는 데 활용된다.
④ MAP를 측정하기 위해 주로 트레드밀(treadmill)이나 자전거 에르고미터(ergometer)를 활용한다.

해설 ① 산소섭취량이 일정하게 되는 수준을 말한다.

참고 최대 산소소비능력(MAP) : 산소섭취량이 일정하게 유지되는 수준을 말하며, 개인의 운동역량을 평가하는 지표로 활용된다.

40. 운동이 가장 자유롭고 다축성으로 이루어진 관절은?

① 견관절
② 추간 관절
③ 슬관절
④ 요골수근관절

해설 견관절(어깨 관절)은 운동이 가장 자유롭고 다축성으로 이루어져 있으며, 구상 관절에 속한다.

참고 구상 관절 : 운동범위가 크고 3개의 운동축을 가진 관절로, 어깨와 고관절 등이 있다.

3과목 산업심리학 및 관계법규

41. 하인리히(H.W. Heinrich)의 재해예방의 원리 5단계를 바르게 나열한 것은?

① 조직 → 평가분석 → 사실의 발견 → 시정책의 선정 → 시정책의 적용
② 조직 → 사실의 발견 → 평가분석 → 시정책의 선정 → 시정책의 적용
③ 평가분석 → 사실의 발견 → 조직 → 시정책의 선정 → 시정책의 적용
④ 평가분석 → 조직 → 사실의 발견 → 시정책의 선정 → 시정책의 적용

해설 하인리히의 사고예방대책의 5단계

1단계	안전조직
2단계	사실의 발견
3단계	분석평가
4단계	시정책 선정
5단계	시정책 적용

42. 제조물책임법에서 손해배상 책임에 대한 설명 중 틀린 것은?

① 물질적 손해뿐 아니라 정신적 손해도 손해배상 대상에 포함된다.
② 피해자가 손해배상 청구를 하기 위해서는 제조자의 고의 또는 과실을 입증해야 한다.
③ 해당 제조물 결함에 의해 발생한 손해가 그 제조물 자체에만 그치는 경우에는 제조물 책임 대상에서 제외한다.
④ 제조자가 결함 있는 제조물로 인해 생명, 신체 또는 재산상의 손해를 입은 자에게 손해를 배상할 책임을 의미한다.

해설 피해자가 제조물의 제조업자를 알 수 없는 경우 그 제조물을 영리 목적으로 판매한 공급자가 손해를 배상해야 한다.

정답 39. ① 40. ① 41. ② 42. ②

43. 집단의 특성에 관한 설명과 가장 거리가 먼 것은?

① 집단은 사회적으로 상호 작용하는 둘 혹은 그 이상의 사람으로 구성된다.
② 집단은 구성원들 사이에 일정한 수준의 안정적인 관계가 있어야 한다.
③ 구성원들이 스스로를 집단의 일원으로 인식해야 집단이라고 칭할 수 있다.
④ 집단은 개인의 목표를 달성하고, 각자의 이해와 목표를 추구하기 위해 형성된다.

해설 ④ 집단은 공동 목표를 달성하고, 이를 추구하기 위해 형성된 사람들의 집합체이다.

44. 데이비스(K.Davis)의 동기부여 이론에 대한 설명으로 틀린 것은?

① 능력＝지식×노력
② 동기유발＝상황×태도
③ 인간의 성과＝능력×동기유발
④ 경영의 성과＝인간의 성과×물질의 성과

해설 ① 능력＝지식×기능

45. 어느 검사자가 한 로트에 1000개의 부품을 검사하면서 100개의 불량품을 발견하였다. 그러나 실제로는 200개의 불량품이 있었다면, 동일한 로트 2개에서 휴먼에러를 범하지 않을 확률은?

① 0.01 ② 0.1 ③ 0.5 ④ 0.81

해설 • 휴먼에러 확률(p)

$$= \frac{인간의\ 과오\ 수}{전체\ 과오\ 발생기회\ 수}$$

$$= \frac{200-100}{1000} = 0.1$$

• 휴먼에러를 범하지 않을 확률(R_s)
$= (1-p)^{(n_2-n_1+1)}$
$= (1-0.1)^{2-1+1} = 0.81$

46. 재해율에 관한 설명으로 맞는 것은?

① 연간 총근로시간 합계에 100만 시간당 재해 발생 건수이다.
② 연근로시간 1000시간당 재해로 인한 근로 손실일수를 나타낸다.
③ 1년 동안 4일 이상 요양한 근로자 수를 백분율로 나타낸 것이다.
④ 근로자 1000명당 1년 동안 발생한 사상자 수를 의미한다.

해설 ① 도수율 ② 강도율
③ 산업재해율 ④ 연천인율

47. 작업에 수반되는 피로를 줄이기 위한 대책으로 적절하지 않은 것은?

① 작업부하의 경감
② 작업속도의 조절
③ 동적 동작의 제거
④ 작업 및 휴식시간의 조절

해설 피로를 줄이려면 오히려 정적 자세를 줄이고 동적 동작을 포함하는 것이 바람직하다. 정적 자세는 동적 동작보다 근육에 더 큰 부담을 주어 피로가 빨리 누적된다.

48. 다음 각 단계를 하인리히의 재해발생이론(도미노 이론)에 적합하도록 나열한 것은?

| ㉠ 개인적 결함 |
| ㉡ 불안전한 행동 및 불안전한 상태 |
| ㉢ 재해 |
| ㉣ 사회적 환경 및 유전적 요소 |
| ㉤ 사고 |

① ㉠ → ㉣ → ㉡ → ㉢ → ㉤
② ㉣ → ㉠ → ㉡ → ㉤ → ㉢
③ ㉣ → ㉡ → ㉠ → ㉢ → ㉤
④ ㉤ → ㉠ → ㉣ → ㉡ → ㉢

해설 하인리히 재해발생 도미노 5단계

1단계	2단계	3단계	4단계	5단계
선천적 결함	개인적 결함	불안전한 행동·상해	사고	재해

49. 관리그리드 모형(management grid model)에서 제시한 리더십의 유형에 대한 설명으로 옳지 않은 것은?

① (9, 1)형은 인간에 대한 관심은 높으나 과업에 대한 관심은 낮은 인기형이다.
② (1, 1)형은 과업과 인간관계 유지에 모두 관심을 갖지 않는 무관심형이다.
③ (9, 9)형은 과업과 인간관계 유지에 모두 관심이 높은 이상형으로서 팀형이다.
④ (5, 5)형은 과업과 인간관계 유지에 모두 적당한 정도의 관심을 갖는 중도형이다.

해설 관리그리드 이론의 유형
- (1, 1)형 : 인간 관심도와 과업 관심도 모두 낮음(무관심형)
- (1, 9)형 : 인간 관심도 높고 과업 관심도 낮음(인기형)
- (9, 1)형 : 과업 관심도 높고 인간 관심도 낮음(과업형)
- (5, 5)형 : 인간·과업 모두 중간(타협형)
- (9, 9)형 : 인간·과업 모두 높음(이상형)

50. 다음 중 산업재해 조사에 관한 설명으로 옳은 것은?

① 재해 조사의 목적은 인적, 물적 피해상황을 알아내고 사고의 책임자를 밝히는 데 있다.
② 재해 발생 시 가장 먼저 조치할 사항은 직접원인, 간접원인 등의 재해원인을 조사하는 것이다.
③ 3개월 이상의 요양이 필요한 부상자가 동시에 2인 이상 발생했을 때 중대재해로 분류한다.
④ 사업주는 사망자가 발생했을 때 재해가 발생한 날로부터 10일 이내에 산업재해 조사표를 작성하여 관할 지방노동관서의 장에게 제출해야 한다.

해설 ① 재해 조사의 목적은 같은 종류의 재해가 되풀이되지 않도록 원인을 분석, 검토하여 재해예방대책을 세우는 것이다.
② 재해 발생 시 제일 먼저 해야 할 일은 재해 발생 상황을 현장 조사하여, 작업의 개시부터 재해 발생까지의 경과 중 재해와 관련된 사실을 확인하는 것이다.
④ 사업주는 사망자가 발생했을 때에는 재해 발생일로부터 1개월 이내에 산업재해조사표를 작성하여 관할 지방노동관서의 장에게 제출해야 한다.

참고 중대재해 3가지
- 사망자가 1명 이상 발생한 재해
- 3개월 이상의 요양이 필요한 부상자가 동시에 2명 이상 발생한 재해
- 부상자 또는 직업성 질병자가 동시에 10명 이상 발생한 재해

51. 인간오류(human error)의 분류에서 필요한 행위를 실행하지 않은 오류는?

① 시간 오류(timing error)
② 순서 오류(sequence error)
③ 부작위적 오류(omission error)
④ 작위적 오류(commission error)

해설
- 시간 오류 : 시간 지연으로 발생하는 에러
- 순서 오류 : 작업공정의 순서 착오로 발생한 에러
- 부작위적 오류 : 작업공정 절차를 수행하지 않은 경우 발생
- 작위적 오류 : 필요한 작업절차를 잘못 수행하여 발생

52. 레빈(Lewin)의 인간행동에 관한 법칙 "$B = f(P \cdot E)$"에서 각 인자와 리더십의 관계를 설명한 것으로 옳지 않은 것은?

① f는 리더십의 형태이다.
② P는 집단을 구성하는 구성원의 특징이다.
③ B는 리더십 발휘에 따른 집단의 활동을 의미한다.
④ E는 집단의 과제, 구조, 사회적 요인 등 환경적 요인이다.

해설 f : 함수관계(function)

53. 10명으로 구성된 집단에서 소시오메트리(sociometry) 연구를 이용하여 조사한 결과 실제 긍정적인 상호작용을 맺고 있는 관계의 수가 16일 때, 이 집단의 응집성지수는 약 얼마인가?

① 0.222
② 0.356
③ 0.401
④ 0.504

해설
• 가능한 상호작용의 수($_nC_2$)
$= \dfrac{n(n-1)}{2}$ 여기서, n : 집단 구성원의 수

• $_nC_2 = \dfrac{n(n-1)}{2} = \dfrac{10 \times (10-1)}{2} = 45$

∴ 응집성 지수 $= \dfrac{\text{실제 상호작용의 수}}{\text{가능한 상호작용의 수}}$
$= \dfrac{16}{45} = 0.356$

54. 스트레스를 받을 때 몸에서 생성되는 호르몬으로 스트레스 정도를 파악하는 데 사용되는 것은?

① 코티졸
② 환경호르몬
③ 인슐린
④ 스테로이드

해설 코티졸 : 부신 피질에서 분비되며, 체내 혈당 생성, 기초 대사 유지, 지방 합성 억제, 항염증 작용, 항알레르기 작용 및 스트레스 대응 역할을 한다.

55. 조직의 지도자들이 부하직원들을 승진시키거나 봉급을 인상해 주는 등의 능력을 통해 통제가 가능한 권한은?

① 합법적 권한
② 위임적 권한
③ 강압적 권한
④ 보상적 권한

해설 보상적 권한 : 지도자가 부하직원에게 승진, 급여 인상 등 경제적 보상을 제공하여 통제하는 권한을 말한다.

56. 휴먼에러 예방대책 중 인적요인에 대한 대책이 아닌 것은?

① 소집단 활동
② 작업의 모의훈련
③ 안전 분위기 조성
④ 작업에 관한 교육훈련

해설 인적요인에 관한 대책
• 소집단 활동
• 작업의 모의훈련
• 숙련된 인력의 적재적소 배치
• 작업에 관한 교육훈련과 작업 전 회의

참고 관리요인 : 안전에 대한 분위기 조성, 설비·환경 사전 개선

57. 모든 입력이 동시에 발생해야만 출력이 발생되는 논리조작을 나타내는 FT도의 논리기호 명칭은?

① 기본사상
② OR 게이트
③ 부정 게이트
④ AND 게이트

해설
• 기본사상 : FT도에서 더 이상 세분할 수 없는 최하위 사건이다.
• OR 게이트 : 입력사상 중 하나라도 발생하면 출력사상이 발생한다.

정답 52. ① 53. ② 54. ① 55. ④ 56. ③ 57. ④

- 부정 게이트 : 입력 사상이 일어나지 않아야 출력 사상이 발생한다.
- AND 게이트 : 모든 입력사상이 동시에 발생해야 출력사상이 발생한다.

참고
- 조합 AND 게이트 : 3개 이상의 입력 현상 중 2개가 일어나면 출력이 발생한다.
- 우선적 AND 게이트 : 입력사상 중 어떤 현상이 다른 현상보다 먼저 일어날 경우에만 출력사상이 발생한다.
- 배타적 OR 게이트 : 입력이 하나만 있을 때 출력사상이 발생하며, 2개 이상 동시에 발생하면 출력사상이 없다.
- 위험지속 AND 게이트 : 입력사상이 발생한 후 일정 기간이 지속될 때 출력사상이 발생한다.

58. 주의의 특성을 설명한 것으로 가장 거리가 먼 것은?
① 고도의 주의는 장시간 지속할 수 없다.
② 한 지점에 주의를 하면 다른 곳의 주의는 약해진다.
③ 동시에 시각적 자극과 청각적 자극에 주의를 집중할 수 없다.
④ 사람은 한 번에 여러 종류의 자극을 지각하거나 수용하는 데 한계가 있다.

해설 ③ 동시에 시각적 자극과 청각적 자극에 주의를 집중할 수 있다.

참고 주의의 특성
- 선택성 : 주의는 동시에 2개의 방향에 집중할 수 없다.
- 방향성 : 한 방향에 집중하면 다른 곳에서는 약해진다.
- 변동(단속)성 : 주의는 장시간 일정한 규칙적인 수순을 지속할 수 없다.
- 주의력 중복집중 곤란 : 동시에 복수의 방향을 잡지 못한다.

59. 반응시간(reaction time)에 관한 설명으로 맞는 것은?
① 자극이 요구하는 반응을 행하는 데 걸리는 시간을 의미한다.
② 반응해야 할 신호가 발생한 때부터 반응이 종료될 때까지의 시간을 의미한다.
③ 단순반응시간에 영향을 미치는 변수로는 자극 양식, 자극의 특성, 자극 위치, 연령 등이 있다.
④ 여러 개의 자극을 제시하고, 각각에 대한 서로 다른 반응을 할 과제를 준 후 자극이 제시되어 반응할 때까지의 시간을 단순반응시간이라 한다.

해설
- 반응시간 : 자극이 주어진 순간부터 반응이 일어날 때까지의 시간
- 단순반응시간 : 하나의 자극 신호에 대해 하나의 반응만 요구할 때 측정되는 반응시간
- 선택반응시간 : 여러 개의 자극을 제시하고 각각의 자극에 대해 서로 다른 반응을 요구하는 경우의 반응시간

60. NIOSH의 직무 스트레스 평가모델에서 직무 스트레스 요인과 급성반응 사이의 중재요인에 해당되지 않는 것은?
① 완충요소
② 조직적 요소
③ 비직업적 요소
④ 개인적 요소

해설 중재요인 : 개인적 요인, 완충작용 요인, 조직 외 요인, 상황 요인

참고 직무 스트레스의 원인
- 작업요인 : 작업부하, 교대근무
- 조직요인 : 갈등, 역할요구, 관리유형
- 환경요인 : 소음, 한랭, 환기불량, 조명

정답 58. ③ 59. ③ 60. ②

4과목 근골격계질환 예방을 위한 작업관리

61. OWAS(Ovako Working Posture Analysis System)에 관한 설명으로 틀린 것은?

① OWAS 활동점수표는 4단계의 조치 단계로 분류된다.
② OWAS는 작업자세로 인한 작업 부하를 평가하는 데 초점이 맞추어져 있다.
③ OWAS는 신체 부위의 자세뿐만 아니라 중량물의 사용도 고려하여 평가한다.
④ OWAS는 작업자세를 허리, 팔, 손목으로 구분하여 각 부위의 자세를 코드로 표현한다.

해설 ④ OWAS는 작업자세를 허리, 팔, 다리, 하중으로 구분하여 각 부위의 자세를 코드로 표현한다.

참고 OWAS(작업자세 분석법)는 작업자의 작업자세를 정의하고 평가하기 위해 개발된 방법으로, 현장에서 적용하기 쉽다. 단, 팔목·손목 등 세부 정보는 반영되어 있지 않다.

62. 워크샘플링 조사에서 초기 idle rate가 0.05라면, 99% 신뢰도를 위한 워크샘플링 회수는 약 몇 회인가? (단, $Z_{0.005}$는 2.58이다.)

① 151 ② 936
③ 3162 ④ 3754

해설 워크샘플링 횟수(N)

$$= \frac{Z^2 \times P(1-P)}{e^2}$$

$$= \frac{(2.58)^2 \times 0.06(1-0.06)}{0.01^2}$$

$\fallingdotseq 3755$

여기서, Z : 표준편차 수
P : 추정비율
e : 허용오차

63. 근골격계질환의 유형에 대한 설명으로 옳지 않은 것은?

① 외상 과염은 팔꿈치 부위의 인대에 염증이 생겨 발생하는 증상이다.
② 수근관 증후군은 손목이 꺾인 상태나 과도한 힘을 준 상태에서 반복적인 손 운동을 할 때 발생한다.
③ 회내근 증후군은 과도한 망치질, 노 젓기 동작 등으로 손가락이 저리고 손가락 굴곡이 약화되는 증상이다.
④ 결절종은 반복, 구부림, 진동 등에 의해 건의 섬유질이 손상되거나 찢어지는 등 건에 염증이 생기는 질환이다.

해설 결절종은 반복, 구부림, 진동 등에 의해 손바닥 쪽이나 손가락에 액체를 함유하고 있는 낭포(물혹)가 발생하는 흔한 종양(질환)이다.

64. 중량물 들기 작업방법에 대한 설명 중 틀린 것은?

① 허리를 구부려서 작업을 수행한다.
② 가능하면 중량물을 양손으로 잡는다.
③ 중량물 밑을 잡고 앞으로 운반한다.
④ 손가락만으로 잡지 말고 손 전체로 잡아서 작업한다.

해설 중량물을 들어 올릴 때 허리를 곧게 펴고 팔, 다리, 복부의 근력을 이용해야 한다.

65. 작업대의 개선방법으로 맞는 것은?

① 좌식 작업대의 높이는 동작이 큰 작업에는 팔꿈치 높이보다 약간 높게 설계한다.
② 입식 작업대의 높이는 경작업의 경우 팔꿈치 높이보다 5~10cm 정도 높게 설계한다.
③ 입식 작업대의 높이는 중작업의 경우 팔꿈치 높이보다 10~30cm 정도 낮게 설계한다.
④ 입식 작업대의 높이는 정밀작업의 경우 팔꿈치 높이보다 5~10cm 정도 낮게 설계한다.

정답 61. ④ 62. ④ 63. ④ 64. ① 65. ③

해설 입식 작업대의 높이
- 정밀작업 : 팔꿈치 높이보다 5~10cm 높게 설계
- 일반작업 : 팔꿈치 높이보다 5~10cm 낮게 설계
- 힘든 작업(重작업) : 팔꿈치 높이보다 10~20cm(30cm) 낮게 설계

66. 작업구분을 큰 것에서부터 작은 것 순으로 나열한 것은?

① 공정 → 단위작업 → 요소작업 → 동작요소 → 서블릭
② 공정 → 요소작업 → 단위작업 → 서블릭 → 동작요소
③ 공정 → 단위작업 → 동작요소 → 요소작업 → 서블릭
④ 공정 → 단위작업 → 요소작업 → 서블릭 → 동작요소

해설 작업구분 단계순서(대에서 소까지)
공정 → 단위작업 → 요소작업 → 동작요소 → 서블릭

67. 여러 개의 스패너 중 1개를 선택하여 고르는 것을 의미하는 서블릭 기호는?

① H   ② U
③ St   ④ PP

해설
- 잡고 있기(H)
- 사용(U)
- 고르기(St)
- 미리 놓기(PP)

68. 준비시간을 단축하는 방법에 대한 설명 중 맞는 것은?

① 외준비 작업은 표준화하기 어렵다.
② 내준비 작업보다 외준비 작업을 먼저 개선한다.
③ 기계를 멈추어야만 할 수 있는 작업이 외준비 작업이다.
④ 작업이 개선되어도 표준작업 조합표는 그대로 유지한다.

해설 ① 외준비 작업은 기계가 가동 중에도 가능한 작업이므로 표준화와 관계 없다.
③ 기계를 멈추어야만 할 수 있는 작업은 내준비 작업이다.
④ 작업이 개선되면 표준작업 조합표도 변경한다.

69. WF(Work Factor)법의 표준요소가 아닌 것은?

① 쥐기(Grasp, Gr)
② 결정(Decide, Dc)
③ 조립(Assemble, Asy)
④ 정신과정(Mental Process, MP)

해설 WF법 8가지 표준요소
- 쥐기(Gr)   · 동작·이동(T)
- 조립(Asy)   · 미리 놓기(PP)
- 분해(Dsy)   · 내려놓기(RI)
- 사용(U)   · 정신과정(MP)

70. 근골격계질환 예방관리 프로그램의 기본원칙에 속하지 않는 것은?

① 인식의 원칙
② 시스템 접근의 원칙
③ 사업장 내 자율적 해결원칙
④ 일시적인 문제해결의 원칙

해설 근골격계질환 예방관리 기본원칙
- 인식의 원칙
- 시스템 접근의 원칙
- 전사적 지원의 원칙
- 사업장 내 자율적 해결의 원칙
- 지속적 관리 및 사후평가의 원칙
- 문서화의 원칙

정답 66. ① 67. ③ 68. ② 69. ② 70. ④

71. 산업안전보건법령에 따라 사업주가 근골격계 부담작업 종사자에게 반드시 주지시켜야 하는 내용과 거리가 먼 것은?

① 근골격계 부담작업의 유해요인
② 근골격계질환의 요양 및 부상
③ 근골격계질환의 징후 및 증상
④ 근골격계질환의 발생 시 대처요령

해설 사업주는 근골격계 부담작업 종사자에게 작업의 유해요인, 질환의 징후와 증상, 발생 시 대처요령, 올바른 작업자세와 도구·시설의 사용 방법 등을 주지시켜야 한다.

72. 근골격계질환의 주요 사회심리적 요인인 것은?

① 작업습관
② 접촉 스트레스
③ 직무 스트레스
④ 부적절한 자세

해설 사회심리적 요인
• 직무 스트레스   • 작업만족도
• 근무조건   • 휴식시간
• 대인관계

참고 사회적 요인 : 작업조건, 작업방식의 변화, 작업강도

73. 다중활동 분석표의 사용 목적으로 적절하지 않은 것은?

① 조작업의 작업현황 파악
② 수작업을 기본적인 동작요소로 분류
③ 기계 혹은 작업자의 유휴시간 단축
④ 한 명의 작업자가 담당할 수 있는 기계 대수의 선정

해설 다중활동 분석표의 사용 목적
• 경제적인 작업조 편성
• 적정 인원수 결정
• 한 명의 작업자가 담당할 수 있는 기계 대수의 산정
• 기계 혹은 작업자의 유휴시간 단축

참고 다중활동 분석 : 작업자와 작업자, 작업자와 기계 간의 상호관계를 다중활동 분석 기호를 이용하여 단위작업이나 요소작업 수준에서 분석하는 방법이다.

74. 다음 중 중립자세가 아닌 것은?

① 어깨가 이완된 상태
② 고개가 직립인 상태
③ 팔꿈치가 45°를 이루고 있는 상태
④ 손목이 일직선(180°)으로 펴진 상태

해설 ③ 팔꿈치가 0°나 180°를 이루고 있는 상태

75. 다음 중 문제분석 도구에 관한 설명으로 틀린 것은?

① 파레토 차트(Pareto chart)는 문제의 인자를 파악하고 그것들이 차지하는 비율을 누적분포의 형태로 표현한다.
② 간트 차트(Gantt chart)는 여러 활동계획의 시작시간과 예측 완료시간을 병행하여 시간축에 표시하는 도표이다.
③ PERT(Program Evaluation and Review Technique)는 어떤 결과의 원인을 역으로 추적해 나가는 방식의 분석 도구이다.
④ 특성요인도는 바람직하지 못한 사건이나 문제의 결과를 물고기의 머리로 표현하고, 그 원인을 인간, 기계, 방법, 자재, 환경 등으로 구분하여 표시한다.

해설 PERT : 프로젝트의 전체 일정을 관리하고, 주 공정경로와 공정시간을 파악하며 프로젝트 완성도를 평가하는 데 사용된다.

정답 71. ② 72. ③ 73. ② 74. ③ 75. ③

76. A 제품을 생산한 과거 자료가 다음 표와 같을 때 실적자료법에 의한 1개당 표준시간은 얼마인가?

일자	완제품 개수(개)	소요시간(시간)
3월 3일	60	6
7월 7일	100	10
9월 9일	40	4

① 0.10시간/개
② 0.15시간/개
③ 0.20시간/개
④ 0.25시간/개

해설 표준시간
$= \dfrac{\text{소요작업시간}}{\text{생산된 수량}} = \dfrac{20}{200} = 0.1$시간/개

77. 동작경제의 원칙에 속하지 않는 것은?
① 공정개선의 원칙
② 신체의 사용에 관한 원칙
③ 작업장의 배치에 관한 원칙
④ 공구 및 설비의 디자인에 관한 원칙

해설 Barnes(반즈)의 동작경제의 3원칙
- 신체의 사용에 관한 원칙
- 작업장 배치에 관한 원칙
- 공구 및 설비 디자인에 관한 원칙

78. 유통선도(flow diageam)에 관한 설명으로 적절하지 않은 것은?
① 자재 흐름의 혼잡지역 파악
② 시설물의 위치나 배치관계 파악
③ 공정과정의 역류현상 발생유무 점검
④ 운반과정에서 물품의 보관내용 파악

해설 유통선도는 제조과정에서 발생하는 운반, 정체, 검사, 보관 등의 부품 이동경로를 배치도상에 선으로 표시한다.

79. 대안의 도출방법으로 가장 적당한 것은?
① 공정도
② 특성요인도
③ 파레토 차트
④ 브레인스토밍

해설 브레인스토밍의 4원칙
- 비판금지 : 좋다, 나쁘다 등의 비판은 하지 않는다.
- 자유분방 : 자유롭게 발언한다.
- 대량발언 : 무엇이든 좋으니 많이 발언한다.
- 수정발언 : 타인의 생각에 동참하거나 보충 발언해도 좋다.

80. 3시간 동안 작업 수행과정을 촬영하여 워크샘플링 방법으로 200회를 샘플링한 결과 30번의 손목 꺾임이 확인되었다. 이 작업의 시간당 손목 꺾임시간은?
① 6분
② 9분
③ 18분
④ 30분

해설
- 시간당 손목 꺾임시간
  $=$ 발생 확률 $\times 60 = 0.15 \times 60 = 9$분
- 손목 꺾임 발생률
  $= \dfrac{\text{관측된 횟수}}{\text{총관측횟수}} = \dfrac{30}{200} = 0.15$

2016년도(3회차) 출제문제

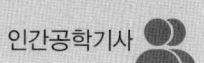

1과목   인간공학개론

1. Fitts의 법칙에 관한 설명으로 맞는 것은?

① 표적과 이동거리는 작업의 난이도와 소요이동시간과 무관하다.
② 표적이 클수록, 이동거리가 짧을수록 작업의 난이도와 소요이동시간이 감소한다.
③ 표적이 클수록, 이동거리가 길수록 작업의 난이도와 소요시간이 증가한다.
④ 표적이 작을수록 이동거리가 짧을수록 작업의 난이도와 소요시간이 증가한다.

해설 Fitts의 법칙은 목표까지의 이동거리가 멀고 표적이 작을수록 작업 난이도와 소요시간이 길어지는 법칙이다.

2. 인체측정의 구조적 치수 측정에 관한 설명으로 틀린 것은?

① 형태학적 측정을 의미한다.
② 나체 측정을 원칙으로 한다.
③ 마틴식 인체측정 장치를 사용한다.
④ 상지나 하지의 운동범위를 측정한다.

해설
• 구조적 인체치수(정적 치수) : 신체를 고정된 자세에서 측정한 치수
• 기능적 인체치수(동적 치수) : 신체의 기능 수행 시 체위의 움직임에 따라 측정한 치수

3. 다음 중 청각적 표시장치에 관한 설명으로 맞는 것은?

① 청각 신호의 지속시간은 최대 0.3초 이내로 한다.
② 청각 신호의 차원은 세기, 빈도, 지속기간으로 구성된다.
③ 즉각적인 행동이 요구될 때에는 청각적 표시장치보다 시각적 표시장치를 사용하는 것이 좋다.
④ 신호의 검출도를 높이기 위해서는 소음의 세기가 높은 영역의 주파수로 신호의 주파수를 바꾼다.

해설 ① 청각 신호의 지속시간은 0.5초 이상이어야 한다.
③ 즉각적인 행동이 요구될 때는 청각적 표시장치가 더 효과적이다.
④ 신호의 검출도 향상과 주파수 변경은 직접적인 관련이 없다.

4. 남녀 공용으로 사용하는 의자의 높이를 조절식으로 설계하고자 한다. 표를 참고하여 좌판 높이의 조절범위에 대한 기준값으로 가장 적당한 것은? (단, 5퍼센타일 계수는 1.645이다.)

척도	남성 오금높이	여성 오금높이
평균	41.3	38.0
표준편차	1.9	1.7

① $(38.0-1.7\times1.645)\sim(41.3+1.9\times1.645)$
② $(38.0+1.7\times1.645)\sim(41.3+1.9\times1.645)$
③ $(38.0-1.7\times1.645)\sim(41.3-1.9\times1.645)$
④ $(38.0+1.7\times1.645)\sim(41.3-1.9\times1.645)$

해설
• 조절식 설계 : 크고 작은 많은 사람에게 맞도록 설계한다.
• 최솟값 = $38.0 - 1.7 \times 1.645 ≒ 35.2$

정답 1. ②   2. ④   3. ②   4. ①

- 최댓값 = 41.3 + 1.9 × 1.645 ≒ 44.4
- 조절범위 : (38.0 − 1.7 × 1.645) ~ (41.3 + 1.9 × 1.645)

5. 인간-기계 시스템 설계 시 고려사항으로 적절하지 않은 것은?

① 시스템 설계 시 동작경제의 원칙을 만족하도록 고려해야 한다.
② 대상 시스템이 배치될 환경 조건이 인간의 한계치를 만족하는지 여부를 조사한다.
③ 단독의 기계를 배치할 때는 기계적 성능이 최대치가 되도록 해야 한다.
④ 시스템 설계의 성공적인 완료를 위해 조작의 능률성, 보존의 용이성, 제작의 경제성 측면을 검토해야 한다.

해설 ③ 단독의 기계를 배치할 때는 인간의 심리와 기능을 우선적으로 고려해야 한다.

6. 일반적인 시스템의 설계과정을 맞게 나열한 것은?

① 목표 및 성능명세 결정 → 체계의 정의 → 기본설계 → 계면설계 → 촉진물 설계 → 시험 및 평가
② 체계의 정의 → 목표 및 성능명세 결정 → 기본설계 → 계면설계 → 촉진물 설계 → 시험 및 평가
③ 목표 및 성능명세 결정 → 체계의 정의 → 계면설계 → 촉진물 설계 → 기본설계 → 시험 및 평가
④ 체계의 정의 → 목표 및 성능명세 결정 → 계면설계 → 촉진물 설계 → 기본설계 → 시험의 평가

해설 인간-기계 시스템 설계과정
- 1단계 : 시스템 목표와 성능명세 결정
- 2단계 : 시스템 정의
- 3단계 : 기본설계
- 4단계 : 인터페이스 설계
- 5단계 : 보조물 설계 또는 편의수단 설계
- 6단계 : 평가

7. 제어 시스템에서 제어장치에 의해 피제어 요소가 동작하지 않는 0점(null point) 주위의 제어동작 공간을 지칭하는 용어는?

① 백래시(back lash)
② 시공간(dead space)
③ 0점공간(null space)
④ 조정공간(adjustment space)

해설 시공간 : 조종장치를 움직여도 반응장치가 반응하지 않는 공간

8. 인간이 3차원 공간에서 깊이(depth)를 지각하기 위해 사용하는 단서로 적절하지 않은 것은?

① 상대적 크기(relative size)
② 시각적 탐색(visual search)
③ 직선 조망(linear perspective)
④ 빛과 그림자(light and shadowing)

해설 3차원 공간에서 깊이를 지각하기 위해 사용하는 단서에는 상대적 크기, 직선 조망, 빛과 그림자 등이 있다.

9. 작업대 공간배치의 원리와 거리가 먼 것은?

① 기능성의 원리
② 사용순서의 원리
③ 중요도의 원리
④ 오류방지의 원리

해설 부품의 공간배치의 원칙
- 중요성의 원칙
- 사용빈도의 원칙
- 사용순서의 원칙
- 기능별 배치의 원칙

정답 5. ③ 6. ① 7. ② 8. ② 9. ④

10. 인간의 신뢰도가 70%, 기계의 신뢰도가 90%이면 인간과 기계가 직렬체계로 작업할 때의 신뢰도는 몇 %인가?

① 30%　② 54%　③ 63%　④ 98%

해설 직렬시스템의 신뢰도(R_s)
$= R_1 \cdot R_2 = 0.7 \times 0.9$
$= 0.63 = 63\%$

11. 음의 한 성분이 다른 성분에 대한 귀의 감수성을 감소시키는 청각적 현상을 무슨 효과라 하는가?

① 기피(avoid)　② 방해(interrupt)
③ 밀폐(sealing)　④ 은폐(masking)

해설 차폐(은폐) 현상 : 높은음과 낮은음이 공존할 때 낮은음이 강한 음에 가로막혀 감도가 감소되는 현상

12. 폰(phon)에 관한 설명으로 틀린 것은?

① 1000Hz대의 20dB 크기의 소리는 20phon이다.
② 상이한 음의 상대적 크기에 대한 정보는 나타내지 못한다.
③ 40dB의 1000Hz 순음을 기준으로 다른 음의 상대적인 크기를 설정하는 척도의 단위이다.
④ 1000Hz의 주파수를 기준으로 각 주파수별 동일한 음량을 주는 음압을 평가하는 척도의 단위이다.

해설 ③은 sone에 관한 설명이다. sone의 값 1은 주파수 1000Hz, 강도 40dB인 음이 지각되는 소리의 크기를 의미한다.

13. 다음 중 인간의 기억체계에 관한 설명으로 맞는 것은?

① 단기기억은 자극이 사라진 후에도 오랫동안 감각이 지속되도록 하는 역할을 한다.
② 작업기억 내에 정보를 저장하기 위해서는 정보의 의미적 코드화가 선행되어야 한다.
③ 작업기억은 감각저장소로부터 전이된 정보를 일시적으로 기억하기 위한 저장소의 역할을 한다.
④ 인간의 기억체계는 4개의 하부체계 혹은 과정(단기기억, 감각기억, 작업기억, 장기기억)으로 개념화되어 왔다.

해설 ①은 감각기억, ②는 장기기억에 대한 설명이다.
④ 인간의 기억체계는 단기기억, 감각기억, 장기기억의 3가지로 구분된다.

14. 다음 중 시(視)감각 체계에 관한 설명으로 틀린 것은?

① 동공은 조도가 낮을 때 많은 빛을 통과시키기 위해 확대된다.
② 1디옵터는 1미터 거리에 있는 물체를 보기 위해 요구되는 조절능(調節能)이다.
③ 망막의 표면에는 빛을 감지하는 광수용기인 원추체와 간상체가 분포되어 있다.
④ 안구의 수정체는 공막에 정확한 이미지가 맺히도록 형태를 스스로 조절하는 일을 담당한다.

해설 ④ 안구의 수정체는 망막에 상이 맺히도록 하며, 초점을 맞추기 위해 수정체의 두께와 만곡을 조절한다.

15. 누름단추식 전화기를 사용하여 7자리를 암기하여 누를 경우 어떻게 나누어 누르는 것이 가장 효과적인가?

① 194-3421　② 19-43421
③ 194342-1　④ 1-943421

해설 단기기억(작업기억)의 용량은 보통 7 ± 2청크(chunk)이며, 숫자를 의미 있는 덩어리로 나누어 기억하는 것이 효과적이다.

정답 10. ③　11. ④　12. ③　13. ③　14. ④　15. ①

16. 광삼현상(irradiation)에 관한 설명으로 맞는 것은?

① 조도가 낮은 표시장치에서 더욱 많이 나타난다.
② 암조응이 필요한 경우에는 흰 바탕에 검은 글자가 바람직하다.
③ 검은 모양이 주위의 흰 배경으로 번져 보이는 현상을 말한다.
④ 검은 바탕에 흰 글자의 획폭은 흰 바탕의 검은 글자보다 가늘게 할 수 있다.

해설 광삼현상 : 검은 바탕에 흰 글자가 있는 경우, 글자가 번져 보이는 현상이다. 따라서 검은 바탕의 흰 글자의 획폭은 흰 바탕의 검은 글자보다 가늘게 할 수 있다.

17. 기준(표준)자극 100에 대한 최소변화 감지역(JND)이 5라면 Weber비는 얼마인가?

① 0.02   ② 0.05
③ 20   ④ 50

해설 베버의 비
$$= \frac{\text{변화 감지역}}{\text{기준자극의 크기}}$$
$$= \frac{5}{100} = 0.05$$

18. 인간공학의 정의에 대한 설명으로 틀린 것은?

① 인간을 작업에 맞추는 학문이다.
② 인간활동의 최적화를 연구하는 학문이다.
③ 인간능력, 인간한계, 그리고 인간특성을 설계에 응용하는 학문이다.
④ 기계와 그 조작 및 환경조건을 인간의 특성 및 능력과 한계에 잘 조화되도록 하는 수단을 연구하는 학문이다.

해설 ① 인간공학은 작업을 인간의 특성에 맞추는 학문이다.

19. 사용성 평가에 주로 사용되는 평가척도로 적합하지 않은 것은?

① 과제물 내용
② 에러의 빈도
③ 과제의 수행시간
④ 사용자의 주관적 만족도

해설 닐슨의 사용성 평가척도
• 학습 용이성   • 에러의 빈도
• 과제의 수행시간 • 주관적 만족도
• 기억 용이성   • 효율성

20. 정보이론에 있어 정보량에 관한 설명으로 틀린 것은?

① 단위는 bit이다.
② 2bit는 두 가지 동일 확률하의 독립사건에 대한 정보량이다.
③ N을 대안의 수라 할 때, 정보량은 $\log_2 N$으로 구할 수 있다.
④ 출현 가능성이 동일하지 않은 사건의 확률을 p라 할 때, 정보량은 $\log_2 1/p$로 나타낸다.

해설 $\log_2 4 = 2\text{bit}$이므로 2bit는 4가지 동일 확률하의 독립사건에 대한 정보량이다.

참고 정보량
• 실현 가능성이 동일한 N개의 대안이 있을 때 : $H = \log_2 N$
• 실현 가능성이 동일하지 않은 사건의 확률이 p_i일 때 : $H_i = \log_2 \left(\dfrac{1}{p_i}\right)$

2과목　작업생리학

21. 인체의 척추를 구성하고 있는 뼈 가운데 경추, 흉추, 요추의 합은 몇 개인가?

① 19개   ② 21개   ③ 24개   ④ 26개

정답 16. ④　17. ②　18. ①　19. ①　20. ②　21. ③

해설 인간의 척추는 각각 경추 7개, 흉추 12개, 요추 5개, 천추 5개, 미추 3~5개로 구성되어 있다.

22. 노화로 인한 시각능력의 감소 시 조명수준을 결정할 때 고려해야 될 사항과 가장 거리가 먼 것은?

① 직무의 대비뿐만 아니라 휘광(glare)의 통제도 아주 중요하다.
② 느려진 동공 반응은 과도(transient) 적응 효과의 크기와 기간을 증가시킨다.
③ 색 감지를 위해서는 색을 잘 표현하는 전대역(full-spectrum) 광원이 추천된다.
④ 과도 적응 문제와 눈의 불편을 줄이기 위해서는 보다 높은 광도비가 필요하다.

해설 ④ 과도 적응 문제와 눈의 불편을 줄이기 위해서는 보다 낮은 광도비가 필요하다.

23. 다음 중 순환기계 혈액의 기능에 해당하지 않는 것은?

① 운반작용 ② 연하작용
③ 조절작용 ④ 출혈방지

해설 ② 연하작용 : 음식물을 삼키는 기능
참고 • 순환계 : 혈액, 혈관, 심장, 림프, 림프관, 비장, 흉선 등으로 구성
• 혈액의 기능 : 운반작용, 조절작용, 출혈방지 등

24. 조도가 균일하고 눈부심이 적지만 설치비용이 많이 소요되는 조명방식은?

① 직접조명 ② 간접조명
③ 반사조명 ④ 국소조명

해설 간접조명 : 광원에서 나온 빛을 벽이나 천장 등에 비춰 반사시킨 후 이용하는 방식으로, 빛이 부드럽고 눈부심 현상이 없으며 조도가 균일하다.

참고 • 직접조명 : 광원에서 나온 빛을 직접 대상영역에 비추는 방식이다.
• 전반조명 : 조명기구를 일정한 간격과 높이로 광원을 균등하게 배치하여 균일한 조도를 얻기 위한 방식이다.
• 국소조명 : 빛이 필요한 곳만 큰 조도를 조명하는 방법으로, 초정밀 작업 또는 시력을 집중시켜줄 수 있는 방식이다.

25. 다음 중 전체 환기가 필요한 경우로 볼 수 없는 것은?

① 유해물질의 독성이 적을 때
② 실내에 오염물 발생이 많지 않을 때
③ 실내 오염 배출원이 분산되어 있을 때
④ 실내에 확산된 오염물의 농도가 전체적으로 일정하지 않을 때

해설 ④는 국소배기가 필요한 경우이다.
참고 국소배기는 고깃집 후드나 주방 레인지 후드처럼 특정 부분만 환기할 수 있는 방식이다.

26. 일반적으로 소음계는 3가지 특성에서 음압을 특정할 수 있도록 보정되어 있다. A특성치란 40 phon의 등음량 곡선과 비슷하게 보정하여 특정한 음압수준을 말한다. B특성치와 C특성치는 각각 몇 phon의 등음량곡선과 비슷하게 보정하여 특정한 값을 말하는가?

① B특성치 : 50 phon, C특성치 : 80 phon
② B특성치 : 60 phon, C특성치 : 100 phon
③ B특성치 : 70 phon, C특성치 : 100 phon
④ B특성치 : 80 phon, C특성치 : 150 phon

해설 주파수에 따른 A, B, C 세 특성치
• A : 40 phon
• B : 70 phon
• C : 100 phon

정답 22. ④ 23. ② 24. ② 25. ④ 26. ③

27. 생체역학적 모형의 효용성으로 가장 적합한 것은?

① 작업 시 사용되는 근육 파악
② 작업에 대한 생리적 부하 평가
③ 작업의 병리학적 영향 요소 파악
④ 작업조건에 따른 역학적 부하 추정

해설 생체역학적 모형의 효용성은 작업조건에 따른 역학적 부하를 추정하는 것이다.

28. 가동성 관절의 종류와 그 예가 잘못 연결된 것은?

① 중쇠 관절(pivot joint) – 수근중수 관절
② 타원 관절(ellipsoid joint) – 손목뼈 관절
③ 절구 관절(ball-and-socket joint) – 대퇴 관절
④ 경첩 관절(hinge joint) – 손가락뼈 사이

해설 중쇠 관절은 위아래 요골척골 관절과 같이 한 축을 중심으로 회전하는 관절이며, 수근중수 관절은 평면 관절에 해당한다.

참고 윤활 관절의 종류
- 구상 관절 : 어깨 관절, 고관절(대퇴 관절)
- 경첩 관절 : 무릎 관절, 팔꿈치 관절, 발목 관절
- 안장 관절 : 엄지손가락의 손목손바닥뼈 관절
- 타원 관절 : 요골손목뼈 관절
- 차축 관절 : 위아래 요골척골 관절
- 평면 관절 : 손목뼈 관절, 척추 사이 관절

29. 다음 중 열교환에 영향을 미치는 요소가 아닌 것은?

① 기압   ② 기온
③ 습도   ④ 공기의 유동

해설 열교환에 영향을 미치는 요소
- 온도   • 습도
- 복사온도 • 대류(공기의 유동)

30. 장력이 생기는 근육의 실질적인 수축성 단위(contractility unit)는?

① 근섬유(muscle fiber)
② 운동단위(motor unit)
③ 근원세사(myofilament)
④ 근섬유분절(sarcomere)

해설 근섬유분절 : 근육에서 장력이 발생하는 실질적인 수축성 단위이다.

31. 어떤 작업에 대해 10분간 산소 소비량을 측정한 결과, 100리터 배기량에 산소가 15%, 이산화탄소가 6%로 분석되었다. 분당 산소 소비량은?

① 0.4L/분   ② 0.6L/분
③ 0.8L/분   ④ 1.0L/분

해설 • 분당 배기량
$$= \frac{배기량}{시간} = \frac{100L}{10분} = 10L/분$$

• 분당 흡기량
$$= \frac{배기량 - 배기 중 O_2 - 배기 중 CO_2}{배기량 - 흡기 중 O_2} \times 분당 배기량$$
$$= \frac{100 - 15 - 6}{100 - (15+6)} \times 100 = 10L/분$$

• 분당 산소 소비량
= (분당 흡기량 × 흡기 중 O_2)
  − (분당 배기량 × 배기 중 O_2)
= $(10 \times 0.21) - (10 \times 0.16) = 0.6L/min$

참고 공기 중 산소는 약 21%, 질소는 약 79% 함유되어 있다.

32. 어떤 작업자의 평균심박수는 90회/분, 일박출량(stroke volume)은 70mL로 측정되었다면, 이 작업자의 심박출량(cardiacoutput)은 얼마인가?

정답 27. ④ 28. ① 29. ① 30. ④ 31. ② 32. ③

① 0.8L/mm　② 1.3L/mm
③ 6.3L/mm　④ 378.0L/mm

해설 심박출량
= 일박출량 × 심박수 = 70 × 90
= 6300 mL/분 = 6.3 L/분

33. 막전위차 발생 시 나타나는 현상이 아닌 것은?

① 평형상태에서 전위차는 −90 mV이다.
② 이온은 단백질 이온과는 달리 세포막을 투과할 수 있다.
③ 자극 발생 시 세포막은 K^+ 이온은 투과시키고 Na^+ 이온은 투과시키지 않는다.
④ 막 내부의 전위차가 음이기 때문에 신경세포 내의 K^+ 이온의 농도는 외부 농도의 약 30배가 된다.

해설 자극 발생 시 세포막은 Na^+ 이온과 K^+ 이온 모두를 투과시켜 전위 변화를 일으키며, 이를 통해 평형전위차를 맞춘다.

34. 점멸융합주파수(Critical Flicker Fusion)에 대해 설명한 것 중 틀린 것은?

① 중추신경계의 정신피로 척도로 사용된다.
② 작업시간이 경과할수록 CFF치는 낮아진다.
③ 쉬고 있을 때 CFF치는 대략 15~30Hz이다.
④ 마음이 긴장되었을 때나 머리가 맑을 때의 CFF치는 높아진다.

해설 ③ 쉬고 있을 때 CFF치는 대략 80Hz이다.

35. 근육유형 중에서 의식적으로 통제가 가능한 근육은?

① 평활근
② 골격근
③ 심장근
④ 모든 근육은 의식적으로 통제 가능하다.

해설 골격근 : 뼈에 붙는 가로무늬근으로, 대개 관절 하나 이상을 가로질러 붙으며 의지대로 움직일 수 있는 수의근이다.

36. 심박출량을 증가시키는 요인으로 볼 수 없는 것은?

① 휴식시간
② 근육활동의 증가
③ 덥거나 습한 작업환경
④ 흥분된 상태나 스트레스

해설 휴식시간은 심박출량을 감소시키는 요인이다.

참고 작업에 따른 인체의 생리적 반응
• 육체적 작업강도가 증가하면 심박출량이 증가한다.
• 심박출량이 증가하면 혈압이 상승한다.
• 혈액의 수송량이 증가하면 산소 소비량도 증가한다.

37. 육체적 활동의 정적 부하에 대한 스트레인(strain)을 측정하는 데 가장 적합한 것은?

① 산소 소비량　② 뇌전도(EEG)
③ 심박수(HR)　④ 근전도(EMG)

해설 산소 소비량은 주로 동적인 육체 부하를 측정하는 데 사용된다.

참고 EMG(근전도)는 근육이 움직일 때 발생하는 미세한 전기 신호를 측정하여, 근육 활동에 따른 전위차를 기록하는 것이다.

38. 소음에 관한 정의에 있어 "강렬한 소음작업"이라 함은 얼마 이상의 소음이 1일 8시간 이상 발생하는 작업을 의미하는가?

① 85데시벨 이상
② 90데시벨 이상
③ 95데시벨 이상
④ 100데시벨 이상

정답 33. ③　34. ③　35. ②　36. ①　37. ④　38. ②

해설 소음작업은 1일 8시간 작업을 기준으로 85dB 이상의 소음이 발생하는 작업으로, 강렬한 소음작업은 8시간 90dB 이상이다.

39. 진동이 인체에 미치는 영향이 아닌 것은?
① 심박수 감소 ② 산소 소비량 증가
③ 근장력 증가 ④ 말초혈관의 수축

해설 ① 심박수 증가

40. 근력(strength) 형태 중 근육이 등척성 수축을 하는 것에 해당하는 근력은?
① 정적 근력(static strength)
② 등장성 근력(isotonic strength)
③ 등속성 근력(isokinetic strength)
④ 등관성 근력(isoinertial strength)

해설 ②, ③, ④는 동적 근력에 해당하며, 정적 근력은 등척력이라고 한다.

3과목 산업심리학 및 관계법규

41. 산업재해 예방을 위한 안전대책 중 3E에 해당하지 않는 것은?
① 교육적 대책(Education)
② 공학적 대책(Engineering)
③ 환경적 대책(Environment)
④ 관리적 대책(Enforcement)

해설 안전대책의 3E
- 안전교육(Education)
- 안전기술(Engineering)
- 안전독려(Enforcement)

42. 관리그리드 이론(managerial grid theory)에 관한 설명으로 틀린 것은?

① 블레이크(Blake)와 머튼(Mouton)이 구조주도적-배려적 리더십 개념을 연장시켜 정립한 이론이다.
② 인기형은 (9, 1)형으로 인간에 대한 관심은 매우 높은 데 반해 과업에 관한 관심은 낮은 리더십 유형이다.
③ 중도형은 (5, 5)형으로 과업과 인간관계 유지에 모두 적당한 정도의 관심을 갖는 리더십 유형이다.
④ 리더십을 인간중심과 과업중심으로 나누고 이를 9등급씩 그리드로 계량화하여 리더의 행동경향을 표현하였다.

해설 관리그리드 이론의 유형
- (1, 1)형 : 인간 관심도와 과업 관심도 모두 낮음(무관심형)
- (1, 9)형 : 인간 관심도 높고 과업 관심도 낮음(인기형)
- (9, 1)형 : 과업 관심도 높고 인간 관심도 낮음(과업형)
- (5, 5)형 : 인간·과업 모두 중간(타협형)
- (9, 9)형 : 인간·과업 모두 높음(이상형)

여기서, X축 : 과업에 대한 관심
　　　　Y축 : 인간관계에 대한 관심

43. 입력사상 중 어느 하나라도 존재할 때 출력사상이 발생되는 논리조작을 나타내는 FTA 논리기호는?
① OR gate
② AND gate
③ 조건 gate
④ 우선적 AND gate

해설
- OR 게이트 : 입력사상 중 하나라도 발생하면 출력사상이 발생한다.
- AND 게이트 : 모든 입력사상이 동시에 발생해야 출력사상이 발생한다.
- 조건 게이트 : 입력사상과 조건사상이 함께 발생해야 출력이 발생한다.

정답 39. ①　40. ①　41. ③　42. ②　43. ①

- 우선적 AND 게이트 : 입력사상 중 어떤 현상이 다른 현상보다 먼저 일어날 경우에만 출력사상이 발생한다.

44. 맥그리거(McGregor)의 X-Y이론 중 Y이론에 대한 관리처방으로 볼 수 없는 것은?

① 분권화와 권한의 위임
② 비공식적 조직의 활용
③ 경제적 보상체계의 강화
④ 자체 평가제도의 활성화

해설 맥그리거(Mcgregor)의 X, Y이론

X이론	Y이론
인간 불신감	상호 신뢰감
성악설	성선설
인간은 원래 게으르고 태만하여 남의 지배를 받기를 즐김	인간은 부지런하고 근면·적극적이며 자주적임
물질 욕구 (저차원 욕구)	정신 욕구 (고차원 욕구)
명령, 통제에 의한 관리	자기통제에 의한 관리
저개발국형	선진국형
권위주의적(수직적) 리더십	민주적(수평적) 리더십
경제적 보상체제의 강화	분권화와 권한의 위임
금전적 보상	정신적 보상
직무의 단순화	직무의 정교화

45. 다음 중 피로의 생리학적 측정방법과 거리가 먼 것은?

① 뇌파 측정(EEG)
② 심전도 측정(ECG)
③ 근전도 측정(EMG)
④ 변별역치 측정(촉각계)

해설 ④ 변별역치 측정은 심리학적 측정방법이다.

참고 생리학적 측정방법
- EMG(근전도) : 근육활동의 전위차를 기록
- ECG(심전도) : 심장근 활동의 전위차를 기록
- ENG, EEG(뇌전도) : 신경활동의 전위차를 기록
- EOG(안전도) : 안구운동의 전위차를 기록
- 산소 소비량 : 동적작업 시 육체 부하
- 에너지 소비량(RMR) : 기준대사량 대비 상대적 에너지 소비량
- 점멸융합주파수(VFF) : 피로가 증가할수록 감소하는 경향

46. 휴먼에러(human error)로 이어지는 배후요인 중 4M에서 매체(media)에 해당하지 않은 것은?

① 작업의 자세
② 작업의 방법
③ 작업의 순서
④ 작업지휘 및 감독

해설 휴먼에러의 배후요인 4가지(4M)
- Man(사람)
- Machine(기계)
- Media(작업환경)
- Management(관리)

47. NIOSH의 직무 스트레스 관리모형 중 중재요인(moderating factors)에 해당하지 않는 것은?

① 개인적 요인
② 조직 외 요인
③ 완충작용 요인
④ 물리적 환경요인

해설 직무 스트레스의 원인
- 작업요인 : 작업부하, 교대근무 등
- 조직요인 : 갈등, 역할요구, 관리유형 등
- 환경요인 : 소음, 한랭, 환기불량, 조명 등

참고 중재요인 : 개인적 요인, 완충작용 요인, 조직 외 요인, 상황 요인 등

48. 시각을 통해 2가지 서로 다른 자극을 제시했을 때 선택반응시간이 1초라면, 4가지 서로 다른 자극에 대한 선택반응시간은 몇 초인가? (단, 각 자극의 출현 확률은 동일하며, 시각 자극에 반응 소요시간은 0.2초라 가정하고, Hick-Hyman의 법칙에 따른다.)

① 1초   ② 1.4초
③ 1.8초   ④ 2초

해설 Hick-Hyman의 법칙
선택반응시간$(RT) = a + b\log_2 N$
$1 = 0.2 + b\log_2 2$
$b = 0.8$초
∴ $RT = 0.2 + 0.8\log_2 4 = 1.8$초

49. 재해의 발생원인을 분석하는 방법에 관한 설명으로 틀린 것은?

① 특성요인도 : 재해와 원인의 관계를 도표화하여 재해 발생원인을 분석한다.
② 파레토도 : flow-chart에 의한 분석방법으로, 원인분석 중 원점으로 돌아가 재검토하면서 원인을 찾는다.
③ 관리도 : 재해발생 건수 등의 추이를 파악하고 목표관리를 행하는 데 필요한 발생건수를 그래프화하여 관리한계를 설정한다.
④ 크로스도 : 2개 이상의 문제관계를 분석하는데 사용하는 것으로, 데이터를 집계하고 표로 표시하여 요인별 결과내역을 교차시켜 분석한다.

해설 파레토도 : 사고 유형, 기인물 등 분류항목을 발생빈도가 큰 순서대로 도표화한 분석법이다.

50. 다음 중 재해에 의한 상해의 종류에 해당하는 것은?

① 진폐   ② 추락
③ 비래   ④ 전복

해설 • 상해의 종류(외적 상해) : 골절, 동상, 부종, 자상, 타박상, 절단, 중독, 질식, 찰과상, 창상, 화상 등
• 재해의 발생형태 : 폭발, 협착, 감전, 추락, 비래, 전복 등

51. 휴먼에러와 기계의 고장에 대한 차이점을 설명한 것으로 틀린 것은?

① 기계와 설비의 고장조건은 저절로 복구되지 않는다.
② 인간의 실수는 우발적으로 재발하는 유형이다.
③ 인간은 기계와는 달리 학습을 통해 지속적으로 성능을 향상시킨다.
④ 인간 성능과 압박(stress)은 선형관계를 가져, 압박이 중간 정도일 때 성능수준이 가장 높다.

해설 인간 성능과 압박은 선형관계가 아니라 역U자형 곡선관계를 따른다. 즉 압박이 너무 낮거나 지나치게 높으면 성능이 떨어지고, 적당한 수준의 스트레스가 주어질 때 작업성과가 가장 높다.

52. 리더십의 유형은 리더가 처한 상황에 따라 결정된다. 각 상황적 요소와 리더십 유형의 연결이 잘못된 것은?

① 군 조직, 교도소 등은 권위형 리더십이 적절하다.
② 집단 구성원의 교육수준이 높을수록 민주형 리더십이 적절하다.
③ 조직을 둘러싸고 있는 환경상태가 불확실할 때는 권위형 리더십이 요구된다.
④ 기술의 발달은 개인의 전문화를 야기하므로 민주형 리더십을 촉구하게 된다.

해설 ③ 조직을 둘러싸고 있는 환경상태가 불확실할 때는 참여적 리더십이 요구된다.

정답 48. ③ 49. ② 50. ① 51. ④ 52. ③

53. 스트레스 상황하에서 일어나는 현상으로 틀린 것은?

① 동공이 수축된다.
② 스트레스는 정보처리의 효율성에 영향을 미친다.
③ 스트레스로 인한 신체 내부의 생리적 변화가 나타난다.
④ 스트레스 상황에서 심장박동수는 증가하나 혈압은 내려간다.

해설 ④ 스트레스 상황에서 심장박동수는 증가하고 혈압도 올라간다.

54. A 사업장의 상시 근로자가 200명이고, 연간 3건의 재해가 발생했다면 이 사업장의 도수율은 약 얼마인가? (단, 근로자는 1일 9시간씩 연간 300일을 근무하였다.)

① 3.25
② 5.56
③ 6.25
④ 8.30

해설 도수율

$$= \frac{재해발생건수}{연근로시간수} \times 10^6$$

$$= \frac{3}{200 \times 9 \times 300} \times 10^6 = 5.56$$

55. 작업자 한 사람의 성능 신뢰도가 0.95일 때, 요원을 중복하여 2인 1조로 작업을 할 경우 이 조의 인간신뢰도는 얼마인가? (단, 작업 중에는 항상 요원이 지원되며, 두 작업자의 신뢰도는 동일하다고 가정한다.)

① 0.9025
② 0.9500
③ 0.9975
④ 1.0000

해설 신뢰도(R_s)
$= 1-(1-R_1)(1-R_2)\cdots(1-R_n)$
$= 1-(1-0.95)(1-0.95)$
$= 0.9975$

56. 사고 요인 중 주의 환기물에 익숙해져 더 이상 주의 환기 요인이 되지 않는 것을 무엇이라고 하는가?

① 습관화
② 자극화
③ 적응화
④ 반복화

해설 습관화 : 반복되는 자극에 대해 주의를 덜 기울이게 되고, 그에 따른 반응이 감소하는 현상을 말한다.

57. 집단 응집성에 관한 설명으로 틀린 것은?

① 집단 응집성은 절대적인 것이다.
② 응집성이 높은 집단일수록 결근율과 이직률이 낮다.
③ 일반적으로 집단의 구성원이 많을수록 응집력은 낮아진다.
④ 집단 응집성이란 구성원들이 서로에게 끌리고 집단 목표를 공유하는 정도를 말한다.

해설 ① 집단 응집성은 상대적인 것이다.

58. 호손(Hawthorne)의 연구에 관한 설명으로 맞는 것은?

① 동기부여와 직무 만족도 사이의 관계를 밝힌 연구이다.
② 집단 내에서 인간관계의 중요성을 증명한 연구이다.
③ 조명 조건 등 물리적 작업환경은 생산성에 큰 영향을 끼친다.
④ 미국 Western Electric 사를 대상으로 호손이 진행한 연구이다.

해설 호손실험 : 작업자의 태도, 감독자, 비공식 집단 등 물리적 작업조건보다 인간관계(심리적 태도, 감정)가 생산성 향상에 더 큰 영향을 미친다는 결론이다.

정답 53. ④   54. ②   55. ③   56. ①   57. ①   58. ②

59. 제조물책임법상 결함의 종류에 해당하지 않는 것은?

① 사용상의 결함
② 제조상의 결함
③ 설계상의 결함
④ 표시상의 결함

해설 제조물책임법상 결함은 제조상 결함, 설계상 결함, 표시상 결함 3가지만 인정한다.

60. 집단 내에서 역할갈등이 나타나는 원인과 가장 거리가 먼 것은?

① 역할모호성   ② 상호의존성
③ 역할무능력   ④ 역할부적합

해설 집단 간 갈등의 원인 : 역할모호성, 역할무능력, 역할부적합, 집단간 목표 차이, 견해와 행동 경향 차이, 자원 부족 등

4과목 근골격계질환 예방을 위한 작업관리

61. 관측 시간치의 평균이 0.6분이고 레이팅 계수는 120%, 여유시간은 8시간 근무 중에서 24분일 때 표준시간은 약 얼마인가?

① 0.62분   ② 0.68분
③ 0.76분   ④ 0.84분

해설 • 정미시간(NT)
$$= 평균관측시간 \times \frac{레이팅\ 계수}{100}$$
$$= 0.6 \times \frac{120}{100} ≒ 0.72분$$

• 여유율(A)
$$= \frac{여유시간}{실동시간} \times 100$$
$$= \frac{24}{60 \times 8} \times 100 = 5\%$$

• 표준시간(ST)
$$= 정미시간 \times \left(\frac{1}{1-여유율}\right)$$
$$= 0.72 \times \frac{1}{1-0.05} ≒ 0.76분$$

62. 작업개선을 위한 개선의 ECRS에 해당하지 않는 것은?

① Eliminate   ② Combine
③ Redesign   ④ Simplify

해설 작업개선 원칙(ECRS)
• 제거(Eliminate) : 생략과 배제의 원칙
• 결합(Combine) : 결합과 분리의 원칙
• 재조정(Rearrange) : 재배열의 원칙
• 단순화(Simplify) : 단순화의 원칙

63. 17가지 서블릭을 이용하여 좀 더 상세하게 작업내용을 분석하고 시간까지 도시한 것은?

① 스트로보(strobo)
② 시모 차트(SIMO chart)
③ 사이클 그래프(cycle graph)
④ 크로노 사이클 그래프(chrono cycle graph)

해설 시모 차트 : 작업을 서블릭의 요소 동작으로 분리하여, 양손의 동작을 시간축에 나타낸 도표로, 17가지 서블릭을 활용하여 보다 상세하게 작업내용을 분석하고 시간까지 도시한 것이다.

64. NIOSH의 RWL(Recommended Weight Limit)을 계산하는 데 필요한 계수에 대한 상수의 범위를 잘못 나타낸 것은?

① 비대칭 계수 : 135~0°
② 수평 계수 : 63~25 cm
③ 거리 계수 : 175~25 cm
④ 수직 계수 : 175~50 cm

해설 ④ 수직 계수 : 0~175 cm

정답 59. ①   60. ②   61. ③   62. ③   63. ②   64. ④

65. 영상표시 단말기(VDT) 취급에 관한 설명으로 틀린 것은?

① 키보드와 키 윗부분의 표면은 무광택으로 할 것
② 빛이 작업화면에 도달하는 각도는 화면으로부터 45° 이내일 것
③ 작업자의 손목을 지지해 줄 수 있도록 작업대 끝면과 키보드의 사이는 5cm 이상을 확보할 것
④ 화면을 바라보는 시간이 많은 작업일수록 밝기와 작업대 주변 밝기의 차를 줄이도록 할 것

해설 ③ 작업자의 손목을 지지해 줄 수 있도록 작업대 끝면과 키보드의 사이는 15cm 이상을 확보할 것

66. 사무작업의 공정분석에 사용되는 도표로 가장 적합한 것은?

① 시스템 차트 ② 유통공정도
③ 작업공정도 ④ 다중활동 분석표

해설 시스템 차트(system chart) : 사무공정 분석에서 사무작업의 흐름을 전체적으로 분석하는 데 이용한다.

67. 작업에 대한 유해요인의 관리적 개선방법으로 잘못된 것은?

① 작업의 다양성을 제공한다.
② 작업일정 및 작업속도를 조절한다.
③ 작업강도를 조절하여 작업시간을 단축시킨다.
④ 작업공간, 공구 및 장비의 정기적인 청소 및 유지보수를 한다.

해설 관리적 개선 : 작업의 다양성 제공, 작업일정 및 작업속도 조절, 직무 순환, 회복시간 제공, 작업습관 변화, 작업자 적정배치, 작업공간의 주기적 청소 및 유지보수

68. 기계 가동시간이 25분, 적재시간이 5분, 기계와 독립적인 작업자 활동시간이 10분일 때, 기계 양쪽의 유휴시간을 최소화하기 위해 한 명의 작업자가 담당해야 하는 이론적인 기계 대수는?

① 1대 ② 2대
③ 3대 ④ 4대

해설 이론적 기계 대수(n)
$$= \frac{a+t}{a+b} = \frac{5+25}{5+10} = \frac{30}{15} = 2대$$
여기서, a : 작업자와 기계의 동시작업시간
b : 독립적인 작업자 활동시간
t : 기계가동시간

69. 다음 중 워크샘플링법의 장점으로 볼 수 없는 것은?

① 특별한 시간 측정 설비가 필요하지 않다.
② 관측이 순간적으로 이루어져 작업에 방해가 적다.
③ 짧은 주기나 반복적인 작업의 경우에 적합하다.
④ 조사기간을 길게 하여 평상시 작업현황을 그대로 반영시킬 수 있다.

해설 ③ 짧은 주기나 반복작업인 경우 부적합하다.

참고 워크샘플링에 대한 장단점
• 특별한 시간 측정 장비가 필요 없다.
• 관측이 순간적으로 이루어져 작업에 방해가 적다.
• 자료수집이나 분석에 필요한 순수시간이 다른 시간연구 방법에 비해 짧다.
• 분석자가 소비하는 총 작업시간이 적은 편이다.
• 시간연구법보다 덜 자세하다.
• 짧은 주기나 반복작업에는 부적합하다.

70. 근골격계 부담작업 유해요인조사에 관한 설명으로 틀린 것은?

① 사업장 내 근골격계 부담작업에 대하여 전수조사를 원칙으로 한다.
② 사업주는 유해요인조사에 근로자 대표 또는 해당 작업 근로자를 참여시켜야 한다.
③ 신규 입사자가 근골격계 부담작업에 배치되는 경우 즉시 유해요인조사를 실시해야 한다.
④ 신설되는 사업장의 경우 신설일로부터 1년 이내에 최초의 유해요인조사를 실시해야 한다.

해설 신규 입사자가 근골격계 부담작업에 배치되었다는 사실만으로는 유해요인조사를 즉시 실시할 필요가 없다.

71. 수공구의 설계 원리로 적절하지 않은 것은?

① 손목을 곧게 펼 수 있도록 한다.
② 지속적인 정적 근육부하를 피하도록 한다.
③ 특정 손가락의 반복적인 동작을 피하도록 한다.
④ 가능하면 손바닥으로 잡는 파워그립(power grip)보다는 손가락으로 잡는 핀치그립(pinch grip)을 이용하도록 한다.

해설 힘이 요구되는 작업에는 파워그립을 이용하도록 한다. 핀치그립은 정밀한 조작에는 적합하지만 장시간 사용 시 손가락과 손목에 큰 부담을 줄 수 있다.

참고 수공구의 설계 원리
- 손목을 곧게 펼 수 있도록 한다
- 지속적인 정적 근육부하를 피하도록 한다.
- 특정 손가락의 반복적인 동작을 피하도록 한다.
- 손잡이 단면은 원형이 적합하다.
- 원형 또는 타원형 손잡이 지름은 30~45mm가 적당하다.
- 정밀작업용 손잡이 지름은 5~12mm가 적합하다.
- 손잡이 길이는 95%tile 남성 손 폭 기준으로 한다.
- 동력공구 손잡이는 두 손가락 이상으로 작동하도록 한다.

72. 다음 중 동작경제의 법칙에 대한 설명으로 틀린 것은?

① 두 손의 동작은 같이 시작하고 같이 끝나도록 한다.
② 휴식시간을 제외하고는 양손이 동시에 쉬지 않도록 한다.
③ 눈의 초점을 모아야 작업할 수 있는 경우는 가능하면 없앤다.
④ 탄도동작(ballistic movements)은 제한되거나 통제된 동작보다 더 느리고 부정확하다.

해설 ④ 탄도동작은 제한되거나 통제된 동작보다 더 신속하고 정확하다.

73. 산업안전보건법령상 근골격계 부담작업에 해당하는 작업은?

① 하루에 25kg 물건을 5회 들어 올리는 작업
② 하루에 2시간씩 시간당 15회 손으로 쳐서 기계를 조립하는 작업
③ 하루에 2시간씩 집중적으로 키보드를 이용하여 자료를 입력하는 작업
④ 하루에 4시간씩 기계의 상태를 모니터링하는 작업

해설 산업안전보건법령상 근골격계 부담작업에 해당하는 작업은 하루 2시간 이상, 시간당 10회 이상 손이나 무릎을 사용하여 반복적으로 충격을 가하는 작업이다.

74. 근골격계질환의 유형에 대한 설명으로 옳지 않은 것은?

① 외상 과염은 팔꿈치 부위의 인대에 염증이 생겨 발생하는 증상이다.

정답 70. ③ 71. ④ 72. ④ 73. ② 74. ④

② 수근관 증후군은 손목이 꺾인 상태나 과도한 힘을 준 상태에서 반복적인 손 운동을 할 때 발생한다.
③ 회내근 증후군은 과도한 망치질, 노 젓기 동작 등으로 손가락이 저리고 손가락 굴곡이 약화되는 증상이다.
④ 결절종은 반복, 구부림, 진동 등에 의해 건의 섬유질이 손상되거나 찢어지는 등 건에 염증이 생기는 질환이다.

해설 결절종은 반복, 구부림, 진동 등에 의해 손바닥 쪽이나 손가락에 액체를 함유하고 있는 낭포(물혹)가 발생하는 흔한 종양(질환)이다.

75. 요소작업의 분할원칙에 관한 설명으로 적합하지 않은 것은?

① 불변 요소작업과 가변 요소작업으로 구분한다.
② 외적 요소작업과 내적 요소작업으로 구분한다.
③ 규칙적 요소작업과 불규칙적 요소작업으로 구분한다.
④ 숙련공 요소작업과 비숙련공 요소작업으로 구분한다.

해설 요소작업은 작업의 기준에 따라 불변·가변, 외적·내적, 규칙적·불규칙적 요소작업 등으로 분할하며, 숙련도에 따라 구분하지 않는다.

76. 근골격계질환을 예방하기 위한 대책으로 적절하지 않은 것은?

① 단순 반복작업은 기계를 사용한다.
② 작업방법과 작업공간을 재설계한다.
③ 작업순환(job rotation)을 실시한다.
④ 작업속도와 작업강도를 점진적으로 강화한다.

해설 ④ 작업속도와 작업강도를 점진적으로 줄인다.
참고 작업속도와 작업강도를 강화하면 근골격계질환이 더욱 악화된다.

77. 7TMU(Time Measurement Unit)를 초 단위로 환산하면 몇 초인가?

① 0.025초
② 0.252초
③ 1.26초
④ 2.52초

해설 1TMU=0.00001시간=0.00006분
=0.036초
참고 7TMU=0.036×7=0.252초

78. 인간공학에 있어 작업관리의 주요 목적으로 거리가 먼 것은?

① 공정관리를 통한 품질 향상
② 정확한 작업측정을 통한 작업개선
③ 공정개선을 통한 작업 편리성 향상
④ 표준시간 설정을 통한 작업효율 관리

해설 작업관리의 목적
• 최선의 작업방법 개선, 개발
• 생산성 향상
• 작업효율 관리
• 재료, 설비, 공구 등의 표준화
• 안전 확보

79. 대규모 사업장에서 근골격계질환 예방·관리 추진팀을 구성함에 있어서 중·소규모 사업장 추진팀원 외에 추가로 참여되어야 할 인력은?

① 노무담당자
② 보건담당자
③ 구매담당자
④ 예산결정권자

정답 75. ④ 76. ④ 77. ② 78. ① 79. ①

해설 근골격계질환 예방관리 추진팀
㉠ 1000명 이하의 중·소규모 사업장
- 작업자대표
- 대표가 위임하는 자
- 관리자
- 정비·보수담당자
- 보건관리자
- 구매담당자

㉡ 1000명 이상의 대규모 사업장
- 기술자(생산, 설계, 보수기술자)
- 노무담당자

80. 파레토 원칙(Pareto principle)에 대한 설명으로 맞는 것은?

① 20%의 항목이 전체의 80%를 차지한다.
② 40%의 항목이 전체의 60%를 차지한다.
③ 60%의 항목이 전체의 40%를 차지한다.
④ 80%의 항목이 전체의 20%를 차지한다.

해설 파레토 원칙은 전체 결과의 약 80%가 전체 항목의 약 20%에서 발생한다는 법칙으로, 20:80 법칙이라고도 한다.

정답 80. ①

2017년도(1회차) 출제문제

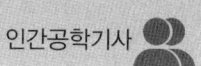

1과목 인간공학개론

1. 고령자를 위한 정보 설계원칙으로 볼 수 없는 것은?

① 불필요한 이중 과업을 줄인다.
② 학습 및 적응시간을 늘려 준다.
③ 신호의 강도와 크기를 보다 강하게 한다.
④ 가능한 세밀한 묘사와 상세한 정보를 제공한다.

해설 ④ 가능한 간략한 묘사와 간단한 정보를 제공한다.

2. 제어-반응 비율(C/R ratio)에 관한 설명으로 틀린 것은?

① C/R비가 증가하면 제어시간도 증가한다.
② C/R비가 작으면(낮으면) 민감한 장치이다.
③ C/R비가 감소함에 따라 이동시간은 감소한다.
④ C/R비는 제어장치의 이동거리를 표시장치의 이동거리로 나눈 값이다.

해설 ① C/R비가 증가하면 제어시간은 감소한다.

3. 양립성의 종류가 아닌 것은?

① 주의 양립성   ② 공간 양립성
③ 운동 양립성   ④ 개념 양립성

해설 양립성의 종류
• 운동 양립성   • 공간 양립성
• 개념 양립성   • 양식 양립성

4. 시각 표시장치보다 청각 표시장치를 사용하는 것이 유리한 경우는?

① 소음이 많은 경우
② 전하려는 정보가 복잡한 경우
③ 즉각적인 행동이 요구되는 경우
④ 전하려는 정보를 다시 확인해야 하는 경우

해설 ③ 청각 표시장치의 특성
①, ②, ④ 시각 표시장치의 특성

5. 동전 던지기에서 앞면이 나올 확률은 0.4, 뒷면이 나올 확률은 0.60이다. 이때 앞면이 나올 정보량은 1.32bit, 뒷면이 나올 정보량은 0.67bit이다. 총평균정보량은 약 얼마인가?

① 0.65bit   ② 0.88bit
③ 0.93bit   ④ 1.99bit

해설 평균정보량$(H_a) = \sum_{i=1}^{n} p_i \cdot h_i$

여기서, p_i : 사건 i가 발생할 확률
　　　　h_i : 사건 i의 정보량

∴ $H_a = (p_1 \times h_1) + (p_2 \times h_2)$
　　　$= (0.4 \times 1.32) + (0.6 \times 0.67)$
　　　$= 0.93 \text{bit}$

6. 부품 배치의 원칙에 해당되지 않는 것은?

① 사용빈도의 원칙
② 사용순서의 원칙
③ 기능별 배치의 원칙
④ 크기별 배치의 원칙

해설 부품의 공간배치의 원칙
• 중요성의 원칙   • 사용빈도의 원칙
• 사용순서의 원칙 • 기능별 배치의 원칙

정답 1. ④ 2. ① 3. ① 4. ③ 5. ③ 6. ④

7. 인간-기계 시스템 중 폐회로(closed loop) 시스템에 속하는 것은?

① 소총　　② 모니터
③ 전자레인지　　④ 자동차

해설 자동차, 지게차, 중장비 등과 같이 연속적으로 제어를 하는 장비가 폐회로 시스템에 속한다.

참고 폐회로 시스템 : 출력과 시스템 목표와의 오차를 주기적으로 피드백 받아 시스템의 목적을 달성할 때까지 제어하는 시스템

8. 반응시간이 가장 빠른 감각은?

① 청각　　② 미각
③ 시각　　④ 후각

해설 감각기능의 반응시간
청각(0.17초)>촉각(0.18초)>시각(0.20초)>미각(0.29초)>통각(0.7초)

9. 비행기에서 20m 떨어진 거리에서 측정한 엔진의 소음수준이 130dB(A)였다면 100m 떨어진 위치에서의 소음수준은 약 얼마인가?

① 113.5dB(A)　　② 116.0dB(A)
③ 121.8dB(A)　　④ 130.0dB(A)

해설 음의 강도(dB)

$$dB_2 = dB_1 - 20\log\frac{d_2}{d_1}$$
$$= 130 - 20\log\frac{100}{20} = 116.0\,dB(A)$$

여기서, d_1 떨어진 곳의 소음 : dB_1
d_2 떨어진 곳의 소음 : dB_2

10. 음원의 위치 추정을 위한 암시 신호(cue)에 해당되는 것은?

① 위상차　　② 음색차
③ 주기차　　④ 주파수차

해설 암시 신호에는 양이 간의 위상차, 음압차, 시간차, 강도차를 이용하는 방식이 있다.

11. 시스템의 사용성 검증 시 고려되어야 할 변인이 아닌 것은?

① 경제성　　② 낮은 에러율
③ 효율성　　④ 기억 용이성

해설 사용성 검증 시 고려되어야 할 변인
• 학습 용이성　• 에러의 빈도
• 과제 수행시간　• 주관적 만족도
• 기억 용이성

12. Fitts의 법칙에 관한 설명으로 맞는 것은?

① 표적과 이동거리는 작업의 난이도와 소요 이동시간과 무관하다.
② 표적이 작을수록, 이동거리가 길수록 작업의 난이도와 소요 이동시간이 증가한다.
③ 표적이 클수록, 이동거리가 길수록 작업의 난이도와 소요 이동시간이 증가한다.
④ 표적이 작을수록, 이동거리가 짧을수록 작업의 난이도와 소요 이동시간이 증가한다.

해설 Fitts의 법칙은 목표까지의 이동거리가 멀고 표적이 작을수록 작업 난이도와 소요시간이 길어지는 법칙이다.

13. 코드화(coding) 시스템 사용상의 일반적 지침으로 적합하지 않은 것은?

① 양립성이 준수되어야 한다.
② 차원의 수를 최소화해야 한다.
③ 자극은 검출이 가능해야 한다.
④ 다른 코드표시와 구별되어야 한다.

해설 ② 차원의 수를 최대화해야 한다.

참고 입력자극 암호화의 일반적 지침
• 암호의 양립성
• 암호의 검출성
• 암호의 변별성

정답 7. ④　8. ①　9. ②　10. ①　11. ①　12. ②　13. ②

14. 움직이는 몸의 동작을 측정한 인체치수를 무엇이라고 하는가?

① 조절 치수
② 구조적 인체치수
③ 파악한계 치수
④ 기능적 인체치수

해설 • 구조적 인체치수(정적 치수) : 신체를 고정된 자세에서 측정한 치수
• 기능적 인체치수(동적 치수) : 신체의 기능 수행 시 체위의 움직임에 따라 측정한 치수

15. 인간의 눈에 관한 설명으로 맞는 것은?

① 간상세포는 황반(fovea) 중심에 밀집되어 있다.
② 망막의 간상세포(rod)는 색의 식별에 사용된다.
③ 시각은 물체와 눈 사이의 거리에 반비례한다.
④ 원시는 수정체가 두꺼워져 먼 물체의 상이 망막 앞에 맺히는 현상을 말한다.

해설 ① 원추세포는 황반(fovea) 중심에 밀집되어 있다.
② 원추세포는 색의 식별에 사용된다.
④ 근시는 수정체가 두꺼워져 망막 앞에 맺히는 현상을 말한다.

참고 시각은 시각 자극(물체)의 크기(높이)를 눈과 물체 사이의 거리로 나누어 계산한다.

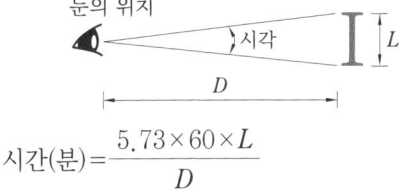

$$시간(분) = \frac{5.73 \times 60 \times L}{D}$$

여기서, L : 물체의 높이
D : 눈과 물체 사이의 거리

16. 인간기계 통합체계에서 인간 또는 기계에 의해 수행되는 기본기능이 아닌 것은?

① 정보처리
② 정보생성
③ 의사결정
④ 정보보관

해설 정보처리의 기본적인 4가지 기능 : 정보수용, 정보보관, 정보처리 및 결정, 행동기능

17. 다음 중 시(視)감각 체계에 관한 설명으로 틀린 것은?

① 동공은 조도가 낮을 때 많은 빛을 통과시키기 위해 확대된다.
② 1디옵터는 1미터 거리에 있는 물체를 보기 위해 요구되는 조절능력이다.
③ 안구의 수정체는 모양체근으로 긴장을 하면 얇아져 가까운 물체만 볼 수 있다.
④ 망막의 표면에는 빛을 감지하는 광수용기인 원추체와 간상체가 분포되어 있다.

해설 ③ 안구의 수정체는 모양체근으로 긴장을 하면 두꺼워져서 가까운 물체만 볼 수 있다.

18. 인간의 정보처리 과정, 기억의 능력과 한계 등에 관한 정보를 고려한 설계와 가장 관계가 깊은 것은?

① 제품 중심의 설계
② 기능 중심의 설계
③ 신체 특성을 고려한 설계
④ 인지 특성을 고려한 설계

해설 인지 특성을 고려한 설계란 인간의 정보처리 과정, 주의, 기억 능력과 한계 등 인지적 요인을 반영하여 작업이나 제품을 설계하는 것을 말한다. 이를 통해 사용자 오류를 줄이고 효율적인 정보의 전달을 가능하게 한다.

19. 인체측정 자료를 설계에 응용할 때 고려할 사항이 아닌 것은?

① 고정치 설계
② 조절식 설계
③ 평균치 설계
④ 극단치 설계

정답 14. ④　15. ③　16. ②　17. ③　18. ④　19. ①

해설 인체측정치의 응용원칙
- 극단치 설계 : 최소치수와 최대치수를 기준으로 한 설계
- 조절식 설계 : 조절범위를 고려한 설계
- 평균치 설계 : 평균치를 기준으로 한 설계

20. 인간공학에 관한 설명으로 틀린 것은?

① 인간의 특성 및 한계를 고려한다.
② 인간을 기계와 작업에 맞추는 학문이다.
③ 인간 활동의 최적화를 연구하는 학문이다.
④ 편리성, 안정성, 효율성을 제고하는 학문이다.

해설 ② 기계를 인간의 특성에 맞추는 학문이다.

참고 인간공학의 정의 : 인간의 특성과 한계 능력을 공학적으로 분석·평가·연구하여 이를 복잡한 체계의 설계에 응용함으로써 효율을 최대로 활용할 수 있도록 하는 학문 분야이다.

2과목 작업생리학

21. 작업강도의 증가에 따른 순환기 반응의 변화에 대한 설명으로 틀린 것은?

① 혈압의 상승
② 적혈구의 감소
③ 심박출량의 증가
④ 혈액의 수송량 증가

해설 적혈구가 감소하면 얼굴이 창백해지고 빈혈 증상 등이 나타난다.

참고 작업에 따른 인체의 생리적 반응
- 육체적 작업강도가 증가하면 심박출량이 증가한다.
- 심박출량이 증가하면 혈압이 상승한다.
- 혈액의 수송량이 증가하면 산소 소비량도 증가한다.

22. 관절에 대한 설명으로 틀린 것은?

① 연골 관절은 견관절과 같이 운동이 가장 자유롭다.
② 섬유질 관절은 두개골의 봉합선과 같으며 움직임이 없다.
③ 경첩 관절은 손가락과 같이 한쪽 방향으로만 굴곡 운동을 한다.
④ 활액 관절은 대부분의 관절이 이에 해당하며, 자유로이 움직일 수 있다.

해설 연골 관절은 연골을 사이에 두고 두 뼈가 연결되는 관절로, 운동 범위가 제한적이다.

23. 유산소(aerobic) 대사과정으로 인한 부산물이 아닌 것은?

① 젖산   ② CO_2
③ H_2O ④ 에너지

해설 젖산은 무산소 운동 시 생성된다.

24. 광도비(luminance ratio)란 주된 장소와 주변 광도의 비이다. 사무실 및 산업 상황에서의 일반적인 추천 광도비는?

① 1 : 1   ② 2 : 1
③ 3 : 1   ④ 4 : 1

해설 사무실 및 산업 상황에서는 일반적으로 3 : 1의 광도비를 표준으로 사용한다.

25. 반사 휘광의 처리방법으로 적절하지 않은 것은?

① 간접 조명 수준을 높인다.
② 무광택 도료 등을 사용한다.
③ 창문에 차양 등을 사용한다.
④ 휘광원 주위를 밝게 하여 광도비를 줄인다.

해설 반사휘강의 처리
- 발광체의 휘도를 줄인다.
- 간접 조명 수준을 높인다.

정답 20. ② 21. ② 22. ① 23. ① 24. ③ 25. ④

- 반사광이 눈에 비치지 않도록 광원의 위치를 조정한다.
- 산란광, 간접광, 조절판, 창문 차양 등을 사용한다.
- 무광택 도료, 빛을 산란시키는 표면색을 적용한 사무기기, 윤기를 없앤 종이 등을 사용한다.

26. 심장의 1회 박출량이 70mL이고 1분간의 심박수가 70이면 분당 심박출량은?

① 70 mL/min ② 140 mL/min
③ 4200 mL/min ④ 4900 mL/min

해설 심박출량
= 일박출량 × 심박수 = 70 × 70
= 4900 mL/min

27. 총작업시간이 5시간, 작업 중 평균 에너지 소비량이 7kcal/min이었다. 휴식 중 에너지 소비량이 1.5kcal/min일 때 총작업시간에 포함되어야 할 필요한 휴식시간은 얼마인가? (단, Murrell의 산정방법을 적용한다.)

① 약 84분 ② 약 96분
③ 약 109분 ④ 약 192분

해설 휴식시간(R)
$= \dfrac{T(E-5)}{E-1.5} = \dfrac{300 \times (7-5)}{7-1.5} ≒ 109$분

여기서, T : 총작업시간(분)
E : 평균에너지 소비량(kcal/min)
4(5) : 보통작업 평균에너지
1.5 : 휴식시간 중 에너지 소비량

28. 신경계 가운데 반사와 통합의 기능적 특징을 갖는 것은?

① 중추신경계 ② 운동신경계
③ 교감신경계 ④ 감각신경계

해설 중추신경계 : 뇌와 척수로 이루어지며, 신체 각 부위의 기능을 통솔하고 자극을 전달 및 처리하는 역할을 한다. 또한 자극에 대한 반사를 일으키고, 여러 반응을 조합·조정하여 목적을 달성하게 하는 통합 기능을 가진다.

29. RMR(Relative Metabolic Rate)의 값이 1.8로 계산되었다면 작업강도의 수준은?

① 아주 가볍다(very light).
② 가볍다(light).
③ 보통이다(moderate).
④ 아주 무겁다(very heavy).

해설 작업강도의 에너지 대사율(RMR)

경작업	보통작업 (中)	보통작업 (重)	초중작업
0~2	2~4	4~7	7 이상

30. 힘에 대한 설명으로 틀린 것은?

① 힘은 벡터량이다.
② 힘의 단위는 N이다.
③ 힘은 질량에 비례한다.
④ 힘은 속도에 비례한다.

해설 ④ 힘은 가속도에 비례한다.
참고 힘(F) $= ma$
여기서, m : 질량, a : 가속도

31. 작업환경 측정결과 청력보존 프로그램을 수립하여 시행해야 하는 기준이 되는 소음수준은?

① 80 dB 초과 ② 85 dB 초과
③ 90 dB 초과 ④ 95 dB 초과

해설 소음작업은 1일 8시간 작업을 기준으로 하여 85dB 이상의 소음이 발생하는 작업이다.
참고 강렬한 소음작업은 8시간 90dB 이상이다.

32. 국소진동을 일으키는 진동원은?

① 크레인 ② 버스
③ 지게차 ④ 자동식 톱

해설
- 국소진동 : 좁은 범위에 전달되는 진동(예 연마기, 자동식 톱, 착암기 등)
- 전신진동 : 전신에 전달되는 진동(예 크레인, 지게차, 대형 운송차량 등)

33. 소음에 대한 대책으로 가장 효과적이고 적극적인 방법은?

① 칸막이 설치 ② 소음원의 제거
③ 보호구 착용 ④ 소음원의 격리

해설 ①, ③, ④는 소극적인 방법

34. 중량물을 운반하는 작업에서 발생하는 생리적 반응으로 맞는 것은?

① 혈압이 감소한다.
② 심박수가 감소한다.
③ 혈류량이 재분배된다.
④ 산소 소비량이 감소한다.

해설 작업에서 발생하는 생리적 반응
- 혈압이 올라간다.
- 심박수가 증가한다.
- 산소 소비량이 증가한다.

35. 근육에 관한 설명으로 틀린 것은?

① 근섬유의 수축단위는 근원섬유이다.
② 근섬유가 수축하면 A대가 짧아진다.
③ 하나의 근육은 수많은 근섬유로 이루어져 있다.
④ 근육의 수축은 근육의 길이가 단축되는 것이다.

해설 ② 근섬유가 수축하면 I대와 H대가 짧아진다.

36. 점멸융합주파수(flicker fusion frequency)에 관한 설명으로 맞는 것은?

① 중추신경계의 정신피로 척도로 사용된다.
② 작업시간이 경과할수록 점멸융합주파수는 높아진다.
③ 쉬고 있을 때 점멸융합주파수는 대략 10~20 Hz이다.
④ 마음이 긴장되었을 때나 머리가 맑을 때의 점멸융합주파수는 낮아진다.

해설 점멸융합주파수는 정신피로도를 측정하는 척도로, 피로가 증가할수록 점멸융합주파수의 빈도가 감소한다.

37. 산소 소비량에 관한 설명으로 틀린 것은?

① 산소 소비량과 심박수 사이에는 밀접한 관련이 있다.
② 산소 소비량은 에너지 소비와 직접적인 관련이 있다.
③ 산소 소비량은 단위시간당 흡기량만 측정한 것이다.
④ 심박수와 산소 소비량 사이의 관계는 개인에 따라 차이가 있다.

해설 ③ 산소 소비량은 단위시간당 흡기와 배기 사이의 산소량 차이를 측정한 것이다.

38. 화면의 바탕 색상이 검은색 계통일 때 컴퓨터 단말기(VDT) 작업의 사무환경을 위한 추천 조명은?

① 100~300 lx
② 300~500 lx
③ 500~700 lx
④ 700~900 lx

해설 화면의 바탕 색상이 흰색 계통일 때 500~700 lx로, 검은색 계통일 때 300~500 lx (단말기 조명)로 유지하도록 한다.

정답 32. ④ 33. ② 34. ③ 35. ② 36. ① 37. ③ 38. ②

39. 열교환의 4가지 방법이 아닌 것은?

① 복사　　② 대류
③ 증발　　④ 대사

[해설] 열교환의 4가지 방법
- 증발
- 복사
- 전도
- 대류(공기의 유동)

[참고] 대사 : 음식물을 섭취하여 기계적인 일과 열로 전환하는 화학과정을 의미한다.

40. 근육운동 중 근육의 길이가 일정한 상태에서 힘을 발휘하는 운동을 나타내는 것은?

① 등척성 운동
② 등장성 운동
③ 등속성 운동
④ 단축성 운동

[해설]
- 등척성 근력 : 신체 부위를 움직이지 않고 고정된 물체에 힘을 가할 때 발휘되는 근력
- 등척성 운동 : 근육이 수축하는 과정에서 근육의 길이와 관절 각도가 변하지 않는 운동

3과목　산업심리학 및 관계법규

41. 인간의 의식수준을 단계별로 분류할 때, 에러 발생 가능성이 낮은 것으로부터 높아지는 순서대로 연결된 것은?

① Ⅰ단계 – Ⅱ단계 – Ⅲ단계 – Ⅳ단계
② Ⅰ단계 – Ⅳ단계 – Ⅲ단계 – Ⅱ단계
③ Ⅱ단계 – Ⅰ단계 – Ⅳ단계 – Ⅲ단계
④ Ⅲ단계 – Ⅱ단계 – Ⅰ단계 – Ⅳ단계

[해설] 3단계(적극활동) → 2단계(일상생활) → 1단계(졸음) → 4단계(과긴장) 순으로 에러 발생 가능성이 낮은 단계에서 높은 단계로 이어진다.

42. 제조물책임법에서 손해배상 책임에 대한 설명 중 틀린 것은?

① 물질적 손해뿐만 아니라 정신적 손해도 손해배상 대상에 포함된다.
② 피해자가 손해배상 청구를 하기 위해서는 제조자의 고의 또는 과실을 입증해야 한다.
③ 해당 제조물 결함에 의해 발생한 손해가 그 제조물 자체에만 그치는 경우에는 제조물 책임 대상에서 제외한다.
④ 제조자가 결함 있는 제조물로 인해 생명, 신체 또는 재산상의 손해를 입은 자에게 손해를 배상할 책임을 의미한다.

[해설] 피해자가 제조물의 제조업자를 알 수 없는 경우 그 제조물을 영리 목적으로 판매한 공급자가 손해를 배상해야 한다.

43. 리더십 이론 중 특성이론에 기초하여 성공적인 리더의 특성에 대한 기술로 틀린 것은?

① 강한 출세욕구를 지닌다.
② 미래보다는 현실지향적이다.
③ 부모로부터 정서적 독립을 원한다.
④ 상사에 대한 강한 동일 의식과 부하직원에 대한 관심이 많다.

[해설] 상사에 대한 강한 동일 의식은 성공적인 리더의 특성에 해당되지 않는다.

44. 스트레스에 대한 설명으로 틀린 것은?

① 직무속도는 신체적·정신적 스트레스에 영향을 미치지 않는다.
② 역할 과소는 권태, 단조로움, 신체적 피로, 정신적 피로 등을 유발할 수 있다.
③ 일반적으로 내적 통제자들은 외적 통제자들보다 스트레스를 적게 받는다.
④ A형 성격을 가진 사람이 B형 성격을 가진 사람보다 높은 스트레스를 받을 가능성이 있다.

[정답] 39. ④　40. ①　41. ④　42. ②　43. ④　44. ①

[해설] ① 직무속도는 신체적, 정신적 스트레스에 영향을 미친다.

[해설] 성격유형
- A형 : 능동적·공격적인 성향이며, 경쟁심이 강하고 자존감이 높다.
- B형 : 수동적·방어적 성향이며 느긋하다.
- C형 : 착하고 감정을 억누르며 예스맨인 경우가 많다.
- D형 : 자아는 강하지만 부정적인 감정이 많고 친구가 적다.

45. 다음 표는 동기부여와 관련된 이론의 상호 관련성을 서로 비교해 놓은 것이다. A~E에 해당하는 용어가 맞는 것은?

위생요인과 동기요인	ERG 이론	X이론과 Y이론
위생요인	A	D
	B	
동기요인	C	E

① A : 존재욕구, B : 관계욕구, D : X이론
② A : 관계욕구, C : 성장욕구, D : Y이론
③ A : 존재욕구, C : 관계욕구, E : Y이론
④ B : 성장욕구, C : 존재욕구, E : X이론

[해설] 동기부여 관련 이론의 상호 관련성

위생요인과 동기요인 (Herzberg)	ERG 이론 (Alderfer)	X이론과 Y이론 (McGregor)
위생요인	생존욕구	X이론
	관계욕구	
동기요인	성장욕구	Y이론

46. 안전에 대한 책임과 권한이 라인 관리감독자에게도 부여되며, 대규모 사업장에 적합한 조직 형태는?

① 라인형(line) 조직
② 스태프형(staff) 조직
③ 라인-스태프형(line-staff) 조직
④ 프로젝트(project team work) 조직

[해설] 라인형은 100명 이하의 소규모 사업장, 스태프형은 100~1000명의 중규모 사업장, 라인-스태프형은 1000명 이상의 대규모 사업장에 적합하다.

47. 휴먼에러의 배후요인 4가지(4M)에 속하지 않는 것은?

① Man
② Machine
③ Motive
④ Management

[해설] 휴먼에러의 배후요인 4가지(4M)
- Man(사람)
- Machine(기계)
- Media(작업환경)
- Management(관리)

[참고] Motive : 동기, 이유

48. 군중보다 한층 합의성이 없고, 감정에 의해 행동하는 집단행동은?

① 모브(mob)
② 유행(fashion)
③ 패닉(panic)
④ 풍습(folkway)

[해설] 모브(mob) : 폭력을 휘두르거나 말썽을 일으킬 가능성이 있는 군중으로, 감정에 따라 행동한다.

[참고]
- 통제적 집단행동 : 관습, 제도적 행동, 유행
- 비통제적 집단행동 : 군중, 모브, 패닉, 심리적 전염

[정답] 45. ① 46. ③ 47. ③ 48. ①

49. 다음과 같은 재해발생 시 재해조사분석 및 사후처리에 대한 내용으로 틀린 것은?

> 크레인으로 강재를 운반하던 중, 약해져 있던 와이어로프가 끊어지면서 강재가 떨어졌다. 마침 작업구역 아래를 지나가던 작업자의 머리 위로 강재가 떨어졌고, 안전모를 착용하지 않은 상태였기 때문에 큰 부상을 입었다. 이로 인해 작업자는 부상치료를 위해 4일간 요양하였다.

① 재해발생 형태는 추락이다.
② 재해의 기인물은 크레인이고, 가해물은 강재이다.
③ 산업재해조사표를 작성하여 관할 지방고용노동청장에게 제출해야 한다.
④ 불안전한 상태는 약해진 와이어로프이고, 불안전한 행동은 안전모 미착용과 위험구역 접근이다.

해설 ① 재해발생 형태는 낙하이다.

50. 반응시간 또는 동작시간에 관한 설명으로 틀린 것은?
① 단순반응시간은 하나의 특정자극에 대해 반응하는 데 소요되는 시간이다.
② 선택반응시간은 일반적으로 자극과 반응의 수가 증가할수록 로그함수로 증가한다.
③ 동작시간은 신호에 따라 손을 움직여 동작을 실제로 실행하는 데 걸리는 시간이다.
④ 선택반응시간은 여러 가지의 자극이 주어지고, 모든 자극에 대해 모두 반응하는 데까지의 총소요시간이다.

해설 선택반응시간은 여러 자극 중 하나를 선택하여 반응하는 데 걸리는 시간으로, 대안의 수가 많아질수록 로그 함수에 비례하여 증가한다.

51. 다음 중 하인리히(Heinrich)가 제시한 재해발생 과정의 도미노 이론 5단계에 해당하지 않는 것은?
① 사고
② 기본원인
③ 개인적 결함
④ 불안전한 행동 및 불안전한 상태

해설 하인리히 재해발생 도미노 5단계

1단계	2단계	3단계	4단계	5단계
선천적 결함	개인적 결함	불안전한 행동·상태	사고	재해

참고 ②는 버드의 연쇄성 이론 2단계이다.

52. 어느 사업장의 도수율은 40, 강도율은 4일 때 재해 1건당 근로손실일수는?
① 1
② 10
③ 50
④ 100

해설 평균강도율
$$= \frac{강도율}{도수율} \times 1000 = \frac{4}{40} \times 1000 = 100$$

53. 스트레스에 관한 일반적인 설명 중 거리가 가장 먼 것은?
① 스트레스는 근골격계질환에 영향을 줄 수 있다.
② 스트레스를 받게 되면 자율 신경계가 활성화된다.
③ 스트레스가 낮아질수록 업무 성과는 높아진다.
④ A형 성격의 소유자는 스트레스에 더 노출되기 쉽다.

해설 적당한 스트레스는 작업성과에 긍정적이지만, 그 이상의 스트레스는 오히려 작업성과에 부정적인 영향을 끼친다.

정답 49. ① 50. ④ 51. ② 52. ④ 53. ③

54. 시스템 안전 분석기법 중 정량적 분석 방법이 아닌 것은?

① 결함나무 분석(FTA)
② 사상나무 분석(ETA)
③ 고장모드 및 영향분석(FMEA)
④ 휴먼에러율 예측기법(THERP)

해설 ③은 정성적, 귀납적 분석방법

참고 고장모드 및 영향분석(FMEA) : 시스템에 영향을 미치는 모든 요소의 고장을 형태별로 분석하여 그 영향을 최소로 하고자 검토하는 전형적인 정성적, 귀납적 분석방법이다.

55. 조직이 리더에게 부여하는 권한의 유형으로 볼 수 없는 것은?

① 보상적 권한　② 강압적 권한
③ 합법적 권한　④ 작위적 권한

해설 조직이 지도자에게 부여하는 권한
- 보상적 권한
- 강압적 권한
- 합법적 권한

참고 리더 자신이 스스로에게 부여하는 권한에는 위임성 권한, 전문성 권한 등이 있다.

56. 호손 실험결과 생산성 향상에 영향을 주는 주요인은 무엇이라고 나타났는가?

① 자본　② 물류관리
③ 인간관계　④ 생산기술

해설 호손실험 : 작업자의 태도, 감독자, 비공식 집단 등 물리적 작업조건보다 인간관계(심리적 태도, 감정)가 생산성 향상에 더 큰 영향을 미친다는 결론이다.

57. Rasmussen의 인간행동 분류에 기초한 인간오류가 아닌 것은?

① 규칙에 기초한 행동오류
② 실행에 기초한 행동오류
③ 기능에 기초한 행동오류
④ 지식에 기초한 행동오류

해설 라스무센의 3가지 행동유형
- 숙련기반 행동 : 숙련되지 못해 발생하는 착오
- 지식기반 행동 : 무지로 발생하는 착오
- 규칙기반 행동 : 규칙을 알지 못해 발생하는 착오

58. 보행 신호등이 바뀌었지만 자동차가 움직이기까지 시간이 있다고 주관적으로 판단하여 신호등을 건너는 경우는 어떤 상태인가?

① 근도반응　② 억측 판단
③ 초조반응　④ 의식의 과잉

해설 억측 판단 : 규정과 원칙대로 행동하지 않고 과거 경험에 따라 바뀔 것을 예측하고 행동하다가 사고가 발생하는 경우로, 건널목 사고 등이 이에 해당한다.

59. 2차 재해방지와 현장 보존은 사고발생의 처리과정 중 어디에 해당하는가?

① 긴급조치　② 대책수립
③ 원인강구　④ 재해조사

해설 조치사항 : 재해발생 기계 정지, 재해자 응급조치, 관계자에게 통보, 2차 재해방지 등

참고 산업재해발생 시 조치순서

1단계	긴급처리
2단계	재해조사
3단계	원인분석
4단계	대책수립
5단계	실시계획
6단계	실시
7단계	평가

정답 54. ③　55. ④　56. ③　57. ②　58. ②　59. ①

60. 조작자 한 사람의 성능 신뢰도가 0.8일 때, 요원을 중복하여 2인 1조가 작업하는 공정이 있다. 전체 작업기간의 60% 정도만 요원을 지원한다면, 이 조의 인간신뢰도는?

① 0.816　　② 0.896
③ 0.962　　④ 0.985

해설
- 혼자 있는 기간일 경우(40%)
  신뢰도 $R_{1인}=0.8$
- 중복기간일 경우(60%)
  신뢰도 $R_{2인}$
  $=1-(1-R_1)(1-R_2)$
  $=1-(1-0.8)(1-0.8)=0.96$
- 전체 인간신뢰도
  $=(0.8\times 0.4)+(0.96\times 0.6)$
  $=0.896$

4과목　근골격계질환 예방을 위한 작업관리

61. 다음 중 유해요인조사의 법적 요구사항이 아닌 것은?

① 사업주는 유해요인조사를 실시하는 경우, 해당 작업 근로자를 배제해야 한다.
② 사업주는 근골격계 부담작업에 근로자를 종사하도록 하는 경우 3년마다 유해요인조사를 실시해야 한다.
③ 사업주는 근골격계 부담작업에 해당하는 새로운 작업이나 설비를 도입한 경우 유해요인조사를 실시해야 한다.
④ 사업주는 법에 의한 임시 건강진단 등에서 근골격계 부담작업 외의 작업에서 근골격계 질환자가 발생하였더라도 유해요인조사를 실시해야 한다.

해설 ① 사업주는 유해요인조사를 실시하는 경우, 해당 작업 근로자를 참여시켜야 한다.

62. 유해요인조사 방법 중 RULA에 관한 설명으로 틀린 것은?

① 각 작업자세는 신체 부위별로 A와 B 그룹으로 나누어진다.
② 주로 하지 자세를 평가할 목적으로 개발된 유해요인조사 방법이다.
③ RULA가 평가하는 작업부하 인자는 동작횟수, 정적인 근육작업, 힘, 작업자세 등이다.
④ 작업에 대한 평가는 1점에서 7점 사이의 총점으로 나타내며, 점수에 따라 4개의 조치단계로 분류된다.

해설 RULA는 상지 중심(상완·전완·손목 등)의 작업자세 평가도구이며, 하지 중심 평가가 필요한 경우에는 REBA가 더 적합하다.

63. 어느 요소 작업을 25번 측정한 결과, 평균이 0.5, 샘플 표준편차가 0.09라고 한다. 신뢰도 95%, 허용오차 ±5%를 만족시키는 관측횟수는? (단, t=2.06이다.)

① 15　② 55　③ 105　④ 185

해설 관측횟수(N)
$$=\left(\frac{t(n-1,\ 0.025)\times s}{0.05\times x}\right)^2$$
$$=\left(\frac{2.06\times 0.09}{0.05\times 0.5}\right)^2\fallingdotseq 55회$$

64. 유해도가 높은 근골격계 부담작업의 공학적 개선에 속하는 것은?

① 적절한 작업자의 선발
② 작업자의 교육 및 훈련
③ 작업자의 작업속도 조절
④ 작업자의 신체에 맞는 작업장 개선

해설 ①, ②, ③은 관리적 개선

참고 공학적 개선 : 공구, 장비, 설비, 작업장, 포장, 부품, 재설계, 교체 등

65. 다음 중 서블릭(Therblig)에 관한 설명으로 틀린 것은?

① 조립(A)은 효율적 서블릭이다.
② 검사(I)는 비효율적 서블릭이다.
③ 빈손 이동(TE)은 효율적 서블릭이다.
④ 미리 놓기(PP)는 비효율적 서블릭이다.

해설 ④ 미리 놓기(PP)는 효율적 서블릭이다.

66. 작업대의 개선방법으로 맞는 것은?

① 좌식 작업대의 높이는 동작이 큰 작업에는 팔꿈치 높이보다 약간 높게 설계한다.
② 입식 작업대의 높이는 경작업의 경우 팔꿈치 높이보다 5~10cm 정도 높게 설계한다.
③ 입식 작업대의 높이는 중작업의 경우 팔꿈치 높이보다 10~30cm 정도 낮게 설계한다.
④ 입식 작업대의 높이는 정밀작업의 경우 팔꿈치 높이보다 5~10cm 정도 낮게 설계한다.

해설 입식 작업대의 높이
- 정밀작업 : 팔꿈치 높이보다 5~10cm 높게 설계
- 일반작업 : 팔꿈치 높이보다 5~10cm 낮게 설계
- 힘든 작업(重작업) : 팔꿈치 높이보다 10~20cm(30cm) 낮게 설계

67. 근골격계질환의 예방원리에 관한 설명으로 맞는 것은?

① 예방보다 신속한 사후조치가 효과적이다.
② 작업자의 신체적 특징 등을 고려하여 작업장을 설계한다.
③ 공학적 개선을 통해 해결하기 어려운 경우에는 그 공정을 중단한다.
④ 사업장 근골격계 예방정책에 노사가 협의하면 작업자의 참여는 중요하지 않다.

해설 ① 사후조치보다 예방이 더 효과적이다.
③ 공학적 개선을 통해 해결하기 어려운 경우에는 관리적 개선을 실시한다.
④ 사업장 근골격계질환의 예방정책에는 노사 모두의 참여가 중요하다.

68. 작업분석에서 문제분석 도구 중 80~20의 원칙에 기초하여 빈도수별로 나열한 항목별 점유와 누적비율에 따라 불량이나 사고의 원인이 되는 중요 항목을 찾아가는 기법은?

① 특성요인도　② 파레토 차트
③ PERT 차트　④ 산포도 기법

해설 파레토도 : 사고 유형, 기인물 등 분류 항목을 발생빈도가 큰 순서대로 도표화한 분석법이다.

69. 워크샘플링(work sampling)에 대한 설명으로 맞는 것은?

① 시간연구법보다 더 정확하다.
② 자료수집 및 분석시간이 길다.
③ 관측이 순간적으로 이루어져 작업에 방해가 적다.
④ 컨베이어 작업처럼 짧은 주기의 작업에 알맞다.

해설 ① 시간연구법보다 덜 자세하다.
② 자료수집 및 분석시간이 짧다.
④ 짧은 주기나 반복작업에는 부적당하다.

70. 손과 손목 부위에 발생하는 근골격계질환이 아닌 것은?

① 결절종
② 수근관 증후군
③ 외상 과염
④ 드퀘르베 건초염

해설 팔꿈치 부위의 근골격계질환 유형에는 외상 과염과 회내근 증후군이 있다.

정답 65. ④　66. ③　67. ②　68. ②　69. ③　70. ③

71. 정미시간이 개당 3분, 준비시간이 60분, 로트 크기가 100개일 때 개당 표준시간은?

① 2.5분   ② 2.6분
③ 3.5분   ④ 3.6분

해설 • 총작업시간
= 로트 크기 수 × 개당 정미시간 + 준비시간
= 100 × 3 + 60 = 360분

• 표준시간
= $\frac{총작업시간}{로트\ 크기\ 수} = \frac{360}{100} = 3.6$분

참고 • 여유시간
= $\frac{준비시간}{로트\ 크기\ 수} = \frac{60}{100} = 0.6$분

• 표준시간
= 개당 정미시간 + 여유시간
= 3 + 0.6 = 3.6분

72. 다음 중 근골격계질환의 주요 발생요인이 아닌 것은?

① 넘어짐
② 잘못된 작업자세
③ 반복동작
④ 과도한 힘의 사용

해설 넘어짐은 재해발생 형태에 해당하며, 근골격계질환의 주요 발생요인이 아니다.

참고 근골격계질환의 작업요인 : 작업의 반복도, 작업강도, 작업자세, 과도한 힘, 진동, 스트레스, 환경요인 등

73. 디자인 프로세스 단계 중 대안의 도출을 위한 방법이 아닌 것은?

① 개선의 ECRS
② 5W1H 분석
③ SEARCH 원칙
④ Network Diagram

해설 디자인 프로세스의 대안 도출 방법에는 브레인스토밍, ECRS, SEARCH 원칙, 5W1H 분석, 마인드 멜딩 등이 있다.

참고 Network Diagram : 네트워크 선도(망조직 선도)

74. 동작경제의 원칙이 아닌 것은?

① 공정개선의 원칙
② 신체의 사용에 관한 원칙
③ 작업장의 배치에 관한 원칙
④ 공구 및 설비의 설계에 관한 원칙

해설 Barnes(반즈)의 동작경제의 3원칙
• 신체의 사용에 관한 원칙
• 작업장 배치에 관한 원칙
• 공구 및 설비 디자인에 관한 원칙

75. MTM(Method Time Measurement)법에서 사용되는 기호와 동작이 맞는 것은?

① P : 누름
② M : 회전
③ R : 손뻗침
④ AP : 잡음

해설 • P(Position) : 정치
• AP(Apply Pressure) : 누름
• M(Move) : 운반
• T(Turn) : 회전
• G(Grasp) : 잡음

76. 4개의 작업으로 구성된 조립공정의 조립시간은 다음과 같고 주기시간은 40초일 때, 공정효율은?

공정	A	B	C	D
시간(초)	10	20	30	40

① 52.5%   ② 62.5%
③ 72.5%   ④ 82.5%

해설 공정효율

$$= \frac{\text{총작업시간}}{\text{작업자 수} \times \text{주기시간}} \times 100$$

$$= \frac{10+20+30+40}{4 \times 40} \times 100 = 62.5\%$$

77. 중량물 취급 시 작업자세에 관한 내용으로 틀린 것은?

① 무릎을 곧게 펼 것
② 중량물은 몸에 가깝게 할 것
③ 발을 어깨넓이 정도로 벌릴 것
④ 목과 등이 거의 일직선이 되도록 할 것

해설 ① 무릎을 굽혔다가 펼 것

78. 사업장 근골격계질환 예방관리 프로그램에 관한 설명으로 적절하지 않은 것은?

① 의학적 관리를 포함한다.
② 팀으로 구성하여 진행된다.
③ 작업자가 직접 참여하는 프로그램이다.
④ 질환자가 3인 이상 발생할 경우 근골격계질환 예방관리 프로그램을 수립해야 한다.

해설 근골격계질환으로 요양 결정을 받은 근로자가 연간 10인 이상 발생한 사업장, 요양 결정을 받은 근로자가 5인 이상이면서 그 수가 사업장 근로자의 10% 이상인 경우, 근골격계질환 예방관리 프로그램을 수립해야 한다.

79. 작업분석을 통한 작업개선안 도출을 위해 문제가 되는 작업에 대하여 가장 우선적이고 근본적으로 고려해야 하는 것은?

① 작업의 제거
② 작업의 결합
③ 작업의 변경
④ 작업의 단순화

해설 작업개선 원칙(ECRS)
- 제거(Eliminate) : 생략과 배제의 원칙
- 결합(Combine) : 결합과 분리의 원칙
- 재조정(Rearrange) : 재배열의 원칙
- 단순화(Simplify) : 단순화의 원칙

80. 공정도 중 소요시간과 운반거리를 함께 표현하고, 생산 공정에서 발생하는 잠복비용을 감소시키며, 사고의 원인을 파악하는 데 사용되는 기법은?

① 작업 공정도(operation process chart)
② 작업자 공정도(operator process chart)
③ 흐름(유통) 공정도(flow process chart)
④ 작업자 흐름 공정도(man flow process chart)

해설 유통 공정도는 소요시간과 운반거리를 함께 표시하여 잠복비용을 발견·감소시키고, 사고의 원인을 파악하는 데 활용된다.

정답 77. ① 78. ④ 79. ① 80. ③

2017년도(3회차) 출제문제

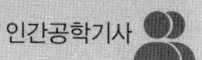

1과목　　인간공학개론

1. 음의 한 성분이 다른 성분의 청각 감지를 방해하는 현상을 무엇이라 하는가?

① 밀폐효과　　② 은폐효과
③ 소멸효과　　④ 방해효과

해설 은폐효과(masking effect)란 한 음 때문에 다른 음의 가청역치가 높아져, 상대적으로 작은 음을 잘 듣지 못하는 현상을 말한다.

참고 가청역치는 청각을 자극하는 데 필요한 음의 최소 강도를 말한다.

2. 인간의 시식별능력에 영향을 주는 외적 인자와 가장 거리가 먼 것은?

① 휘도　　② 과녁의 이동
③ 노출시간　　④ 최소분간 시력

해설 최소분간 시력은 눈이 파악할 수 있는 표적 사이의 최소 공간으로, 개인의 시각적 특성에 해당한다.

3. 코드화 시스템 사용상의 일반적인 지침과 가장 거리가 먼 것은?

① 정보를 코드화한 자극은 검출이 가능해야 한다.
② 2가지 이상의 코드 차원을 조합해서 사용하면 정보전달이 촉진된다.
③ 자극과 반응 간의 관계가 인간의 기대와 모순되지 않아야 한다.
④ 모든 코드 표시는 감지장치에 의해 다른 코드 표시와 구별되어서는 안 된다.

해설 모든 코드 표시는 판별성(변별성)에 따라 다른 코드 표시와 명확히 구별될 수 있어야 한다.

4. 시배분(time sharing)에 대한 설명으로 적절하지 않은 것은?

① 시배분이 요구되는 경우 인간의 작업능률은 떨어진다.
② 청각과 시각이 시배분 되는 경우에는 일반적으로 시각이 우월하다.
③ 시배분 작업은 처리해야 하는 정보의 가짓수와 속도에 의해 영향을 받는다.
④ 음악을 들으며 책을 읽는 것처럼 동시에 2가지 이상을 수행해야 하는 상황을 의미한다.

해설 ② 청각과 시각이 시배분 되는 경우에는 일반적으로 청각이 우월하다.

참고 시배분은 여러 가지 일을 일정한 시간에 처리할 수 있도록 시간을 나누는 것을 의미한다.

5. 제품, 공구, 장비 등의 설계 시에 적용하는 인체측정 자료의 응용원칙에 해당하지 않는 것은?

① 조절식 설계
② 기계식 설계
③ 극단값을 기준으로 한 설계
④ 평균값을 기준으로 한 설계

해설 인체측정치의 응용원칙
- 극단치 설계 : 최소치수와 최대치수를 기준으로 한 설계
- 조절식 설계 : 조절범위를 고려한 설계
- 평균치 설계 : 평균치를 기준으로 한 설계

정답　1. ②　2. ④　3. ④　4. ②　5. ②

6. 실현 가능성이 같은 N개의 대안이 있을 때 총정보량(H)을 구하는 식으로 옳은 것은?

① $H = \log N^2$　　② $H = \log_2 N$
③ $H = 2\log_2 N^2$　④ $H = \log 2N$

해설 총정보량
N개의 대안이 있을 때 $H = \log_2 N$

7. 효율적인 공간의 배치를 위하여 적용되는 원리와 가장 거리가 먼 것은?

① 중요도의 원리
② 사용빈도의 원리
③ 사용순서의 원리
④ 작업방법의 원리

해설 부품의 공간배치의 원칙
• 중요성의 원칙
• 사용빈도의 원칙
• 사용순서의 원칙
• 기능별 배치의 원칙

8. 인간-기계 시스템의 설계원칙으로 가장 거리가 먼 것은?

① 인간의 신체적 특성에 적합해야 한다.
② 시스템은 인간의 예상과 양립해야 한다.
③ 기계의 효율과 같은 경제적 원칙을 우선적으로 고려해야 한다.
④ 계기반이나 제어장치의 중요성, 사용빈도, 사용순서, 기능에 따라 배치가 이루어져야 한다.

해설 ③ 인간의 심리와 기능을 우선적으로 고려해야 한다.

9. 인체치수 데이터가 개인에 따라 차이가 발생하는 요인과 가장 거리가 먼 것은?

① 나이　　　② 성별
③ 인종　　　④ 작업환경

해설 인체치수 차이는 나이, 성별, 인종 등 개인의 특성에 따라 달라지며, 작업환경은 직접적인 요인이 아니다.

10. 인간의 오류모형에 있어 상황이나 목표해석은 제대로 했지만 의도와는 다른 행동을 하는 경우에 발생하는 오류는?

① 실수(slip)
② 착오(mistake)
③ 위반(violation)
④ 건망증(forgetfulness)

해설 • 실수 : 의도는 올바르지만 행동이 의도와 다르게 나타나는 오류
• 착오 : 위치, 순서, 패턴, 형상, 기억오류 등 외부적 요인에 의해 잘못된 판단이나 행동이 나타나는 오류

11. 인간의 후각 특성에 대한 설명으로 틀린 것은?

① 후각은 청각에 비해 반응속도가 더 빠르다.
② 훈련을 통하면 식별능력을 향상시킬 수 있다.
③ 특정한 냄새에 대한 절대적 식별능력은 떨어진다.
④ 후각은 특정 물질이나 개인에 따라 민감도에 차이가 있다.

해설 ① 청각은 후각에 비해 반응속도가 더 빠르다.

참고 감각기능의 반응시간
청각(0.17초)＞촉각(0.18초)＞시각(0.20초)＞미각(0.29초)＞통각(0.7초)

12. 통계적 분석에서 사용되는 제1종 오류(α)를 설명한 것으로 옳지 않은 것은?

① $1-\alpha$를 검출력(power)이라고 한다.
② 제1종 오류를 통계적 기각역이라고도 한다.

③ 발견한 결과가 우연에 의한 것일 확률을 의미한다.
④ 동일한 데이터의 분석에서 제1종 오류를 적게 설정할수록 제2종 오류가 증가할 수 있다.

해설 ① $1-\beta$를 검출력(power)이라고 한다.

13. 어떤 물체나 표면에 도달하는 빛의 밀도를 무엇이라 하는가?
① 시력   ② 순응
③ 조도   ④ 간상체

해설 조도(illuminance)는 단위면적당 비춰지는 빛의 양으로, 어떤 물체 표면에 도달한 빛의 밀도를 의미한다.

14. 인간공학의 연구 목적과 가장 거리가 먼 것은?
① 인간오류의 특성을 연구하여 사고를 예방
② 인간의 특성에 적합한 기계나 도구의 설계
③ 병리학을 연구하여 인간의 질병퇴치에 기여
④ 인간의 특성에 맞는 작업환경 및 작업방법의 설계

해설 ③은 질병 예방 및 치료에 관한 내용이다.

참고 인간공학의 연구 목적
- 안전성 향상과 사고방지
- 기계 조작의 능률성과 생산성의 향상
- 인간의 특성에 맞는 작업환경 및 작업방법의 설계
- 안전의 극대화 및 효율성 향상

15. 정상 조명하에서 5m 거리에서 볼 수 있는 원형 바늘 시계를 설계하고자 한다. 시계의 눈금단위를 1분 간격으로 표시하고자 할 때, 권장되는 눈금 간의 간격은 최소 몇 mm 정도인가?
① 9.15   ② 18.31   ③ 45.75   ④ 91.55

해설 정상 조명에서 1분 눈금의 권장 크기는 1.3mm(기본 거리 71cm 기준)이므로
$71 : 1.3 = 500 : x$
$\therefore x ≒ 9.15\,mm$

참고 눈금 1개당 9.15mm이므로 원주는 $9.15 \times 60 = 549\,mm$
지름$\times \pi =$원주이므로
지름$= \dfrac{원주}{\pi} = \dfrac{549}{3.14} ≒ 174.8\,mm$

16. 표시장치와 제어장치를 포함하는 작업장을 설계할 때 우선 고려사항에 해당되지 않는 것은?
① 작업시간
② 제어장치와 표시장치와의 관계
③ 주 시각 임무와 상호작용하는 주 제어장치
④ 자주 사용되는 부품을 편리한 위치에 배치

해설 표시장치와 조종장치 설계 시 지침
- 주된 시각적 임무
- 주 시각 임무와 상호작용하는 주 조종장치
- 조종장치와 표시장치 간의 관계
- 순서적으로 사용되는 부품의 배치
- 체계 내 혹은 다른 체계의 다른 배치와 일관성 있는 배치
- 자주 사용되는 부품을 편리한 위치에 배치

17. sone과 phon에 대한 설명으로 틀린 것은?
① 20phon은 0.5sone이다.
② 10phon 증가할 때마다 sone은 2배가 된다.
③ phon은 1000Hz 순음과의 상대적인 음량 비교이다.
④ phon은 음량과 주파수를 동시에 고려하여 도출된 수치이다.

해설 phon값이 20일 경우의 sone값
sone값$= 2^{(phon값-40)/10}$
$= 2^{(20-40)/10} = 0.25\,sone$

18. 신호검출이론(SDT)에서 신호의 유무를 판별함에 있어 4가지 반응 대안에 해당하지 않는 것은?

① 긍정(hit) ② 채택(acceptation)
③ 누락(miss) ④ 허위(false alarm)

해설 신호검출이론(SDT)
- 신호의 정확한 판정(hit) : 긍정
- 신호검출 실패(miss) : 누락
- 허위경보(false alarm) : 허위
- 잡음을 제대로 판정(correct rejection) : 부정

19. 선형 제어장치를 20cm 이동시켰을 때 선형 표시장치에서 지침이 5cm 이동하였다면 제어반응(C/R)비는 얼마인가?

① 0.2 ② 0.25 ③ 4.0 ④ 5.0

해설 조종장치의 C/R비

$$= \frac{조종장치의\ 이동거리}{표시장치의\ 이동거리}$$

$$= \frac{20}{5} = 4.0$$

20. Norman이 제시한 사용자 인터페이스 설계원칙에 해당하지 않는 것은?

① 가시성(visibility)의 원칙
② 피드백(feedback)의 원칙
③ 양립성(compatibility)의 원칙
④ 유지보수 경제성(maintenance economy)의 원칙

해설 사용자 인터페이스 설계원칙
- 가시성의 원칙
- 피드백의 원칙
- 양립성의 원칙
- 대응의 원칙
- 행동 유도성의 원칙

2과목 작업생리학

21. 다음 그림과 같이 작업할 때 팔꿈치의 반작용력과 모멘트값은 얼마인가? (단, CG_1은 물체의 무게중심, CG_2는 하박의 무게중심, W_1은 물체의 하중, W_2는 하박의 하중이다.)

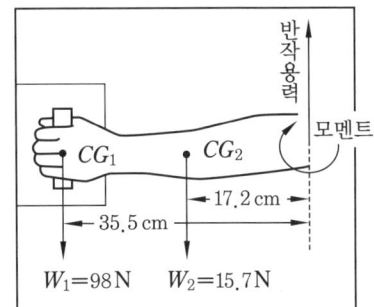

① 반작용력 : 79.3N, 모멘트 : 22.42N·m
② 반작용력 : 79.3N, 모멘트 : 37.5N·m
③ 반작용력 : 113.7N, 모멘트 : 22.42N·m
④ 반작용력 : 113.7N, 모멘트 : 37.5N·m

해설
- 반작용력
  $= W_1 + W_2 = 98N + 15.7N$
  $= 113.7N$
- 모멘트
  $= W_1 \times$ 물체의 무게중심까지의 거리
  $\quad + W_2 \times$ 하박의 무게중심까지의 거리
  $= 98N \times 0.355m + 15.7N \times 0.172m$
  $= 37.5N \cdot m$

22. 산업안전보건법령상 소음작업이란 1일 8시간 작업을 기준으로 몇 데시벨 이상의 소음이 발생하는 작업을 말하는가?

① 75 ② 80 ③ 85 ④ 90

해설 소음작업은 1일 8시간 작업을 기준으로 85dB 이상의 소음이 발생하는 작업이다.

참고 강렬한 소음작업은 8시간 90dB 이상이다.

정답 18. ② 19. ③ 20. ④ 21. ④ 22. ③

23. 다음 중 광원으로부터의 직사 휘광 처리가 틀린 것은?

① 가리개, 갓, 차양을 사용한다.
② 광원을 시선에서 멀리 위치시킨다.
③ 광원의 휘도를 높이고 수를 줄인다.
④ 휘광원 주위를 밝게 하여 광도비를 줄인다.

해설 ③ 광원의 휘도를 낮추고 수를 늘린다.

24. 교대작업의 주의사항에 관한 설명으로 틀린 것은?

① 12시간 교대제가 적절하다.
② 야간근무는 2~3일 이상 연속하지 않는다.
③ 야간근무의 교대는 심야에 하지 않도록 한다.
④ 야간근무 종료 후에는 48시간 이상의 휴식을 갖도록 한다.

해설 12시간 교대제는 적절하지 않으며, 교대작업은 주간 → 저녁 → 야간 → 주간 순서로 진행하는 것이 피로회복에 도움이 된다.

25. 골격근(skeletal muscle)에 대한 설명으로 틀린 것은?

① 골격근은 체중의 약 40%를 차지하고 있다.
② 골격근은 건(tendon)에 의해 뼈에 붙어 있다.
③ 골격근의 기본구조는 근원섬유(myofibril)이다.
④ 골격근은 400개 이상이 신체 양쪽에 쌍으로 있다.

해설 ③ 골격근의 기본구조는 근섬유(muscle fiber)이다.

참고 근육은 근섬유로 이루어지며, 각 근섬유는 다수의 근원섬유로 구성되고, 근원섬유는 근섬유분절로 이루어진다.

26. 소음에 의한 청력손실이 가장 심하게 발생할 수 있는 주파수는?

① 1000Hz ② 4000Hz
③ 10000Hz ④ 20000Hz

해설 소음에 의한 청력손실이 가장 크게 나타나는 주파수대는 3000~4000Hz이다.

27. 생리적 활동의 척도 중 Borg의 RPE (Ratings of Perceived Exertion) 척도에 대한 설명으로 옳지 않은 것은?

① 육체적 작업부하의 주관적 평가방법이다.
② NASA-TLX와 동일한 평가척도를 사용한다.
③ 척도의 양 끝은 최소 심장 박동률과 최대 심장 박동률을 나타낸다.
④ 작업자들이 주관적으로 지각한 신체적 노력의 정도를 6~20 사이의 척도로 평정한다.

해설 NASA-TLX는 0~100 사이의 평가척도를 사용하며, RPE는 6~20 사이의 평가척도를 사용한다.

28. 저온 스트레스의 생리적 영향에 대한 설명 중 틀린 것은?

① 저온 환경에 노출되면 혈관수축이 발생한다.
② 저온 환경에 노출되면 발한이 시작된다.
③ 저온 스트레스를 받으면 피부가 파랗게 보인다.
④ 저온 환경에 노출되면 떨기반사(shivering reflex)가 나타난다.

해설 발한은 체온을 낮추기 위한 반응으로, 고온 환경에서 나타나는 생리반응이다.

29. 근육운동에 있어 장력이 활발하게 생기는 동안 근육이 가시적으로 단축되는 것을 무엇이라 하는가?

① 연축(twitch)
② 강축(tetanus)
③ 원심성 수축(eccentric contraction)
④ 구심성 수축(concentric contraction)

정답 23. ③ 24. ① 25. ③ 26. ② 27. ② 28. ② 29. ④

해설 구심성 수축은 근육이 저항보다 큰 장력을 발휘하여 근육의 길이가 짧아지는 수축을 말한다.

30. 인체활동이나 작업종료 후에도 체내에 쌓인 젖산을 제거하기 위해 산소가 더 필요하게 된다. 이를 무엇이라 하는가?
① 산소 빚(oxygen debt)
② 산소 값(oxygen value)
③ 산소 피로(oxygen fatigue)
④ 산소 대사(oxygen metabolism)

해설 산소 부채 : 활동이 끝난 후에도 남아 있는 젖산을 제거하기 위해 필요한 산소

참고 젖산은 무산소 운동 시 생성되는 부산물로, 탄수화물 분해 과정에서 크렙스 사이클(Krebs cycle)이 원활히 작동하지 않을 때 발생한다.

31. 윤활 관절(synovial joint)인 팔굽 관절(elbow joint)은 연결 형태를 기준으로 어느 관절에 해당되는가?
① 관절구(condyloid)
② 경첩 관절(hinge joint)
③ 안장 관절(saddle joint)
④ 구상 관절(ball and socket joint)

해설 경첩 관절은 한 방향으로만 굽힘과 폄이 가능한 관절로 팔꿈치 관절, 무릎 관절, 발목 관절이 이에 해당한다.

32. 근력에 관련된 설명 중 틀린 것은?
① 여성의 평균 근력은 남성의 65% 정도이다.
② 50세가 지나면 근력이 서서히 감소하기 시작한다.
③ 성별에 관계없이 25~35세에서 근력이 최고에 도달한다.
④ 운동을 통해 약 30~40%의 근력 증가 효과를 얻을 수 있다.

해설 ② 40세가 지나면 서서히 근력이 감소하기 시작한다.

33. 중량물 취급 시 쪼그려 앉아(squat) 들기와 등을 굽혀(stoop) 들기를 비교할 경우, 에너지 소비량에 영향을 미치는 인자 중 가장 관련이 깊은 것은?
① 작업자세
② 작업방법
③ 작업속도
④ 도구설계

해설 쪼그려 앉아 들기와 등을 굽혀 들기는 작업자세에 따라 에너지 소비량이 달라지는 사례이다.

참고 작업 중 에너지 소비량에 영향을 주는 인자 : 작업자세, 작업속도, 작업도구(설계), 작업방법

34. 다음 중 생체반응 측정에 관한 설명으로 틀린 것은?
① 혈압은 대동맥에서의 압력을 의미한다.
② 심전도는 P, Q, R, S, T파로 구성된다.
③ 1리터의 산소 소비는 4kcal의 에너지 소비와 같다.
④ 중간 정도의 작업에서 나타나는 심장박동률은 산소 소비량과 선형적인 관계가 있다.

해설 일반적으로 1L의 산소(O_2)는 5kcal 정도의 에너지를 생성할 수 있다.

35. 신체에 전달되는 진동은 전신진동과 국소진동으로 구분되는데 진동원의 성격이 다른 것은?
① 크레인
② 대형 운송차량
③ 지게차
④ 휴대용 연삭기

해설 ④는 국소진동에 해당한다.

정답 30. ① 31. ② 32. ② 33. ① 34. ③ 35. ④

참고
- 국소진동 : 좁은 범위에 전달되는 진동(예 연마기, 자동식 톱, 착암기 등)
- 전신진동 : 전신에 전달되는 진동(예 크레인, 지게차, 대형 운송차량 등)

36. 위치(positioning) 동작에 관한 설명으로 틀린 것은?

① 반응시간은 이동거리와 관계없이 일정하다.
② 위치동작의 정확도는 그 방향에 따라 달라진다.
③ 오른손의 위치동작은 우하-좌상 방향의 정확도가 높다.
④ 주로 팔꿈치의 선회로만 팔 동작을 할 때가 어깨를 많이 움직일 때보다 정확하다.

해설 ③ 오른손의 위치동작은 좌하-우상 방향의 정확도가 높다.

37. 200cd인 점광원으로부터의 거리가 2m 떨어진 곳에서의 조도는 몇 럭스인가?

① 50   ② 100   ③ 200   ④ 400

해설 조도 = $\dfrac{광량}{거리^2}=\dfrac{200}{2^2}=50\,\mathrm{lx}$

38. 뇌파와 관련된 내용이 맞게 연결된 것은?

① α파 : 2~5Hz로 얕은 수면 상태에서 증가한다.
② β파 : 5~10Hz로 불규칙적인 파동이다.
③ θ파 : 14~30Hz로 고(高)진폭파를 의미한다.
④ δ파 : 4Hz 미만으로 깊은 수면 상태에서 나타난다.

해설 뇌파
- α파 : 8~14Hz, 집중력이 느슨한 상태
- β파 : 14~18Hz, 집중력을 유지하는 상태
- θ파 : 4~7Hz, 졸리거나 백일몽 상태
- δ파 : 4Hz 미만, 깊은 수면 상태

39. 호흡계의 기본적인 기능과 가장 거리가 먼 것은?

① 가스교환 기능
② 산-염기조절 기능
③ 영양물질 운반 기능
④ 흡입된 이물질 제거 기능

해설 ③은 순환계(혈액)를 통해 이루어지는 기능이다.

40. 육체 활동에 따른 에너지 소비량이 가장 큰 것은?

해설 육체활동에 따른 에너지 소비량

4.0   6.8   8.0   10.2

3과목 산업심리학 및 관계법규

41. 사고의 특성에 해당되지 않는 사항은?

① 사고의 시간성
② 사고의 재현성
③ 우연성 중의 법칙성
④ 필연성 중의 우연성

해설 재현성은 사물이나 현상이 다시 나타날 수 있는 성질을 의미한다. 사고는 동일 조건에서 재현이 불가능하므로 재현성은 사고의 특성이 아니다.

42. 다음 중 스트레스 요인에 관한 설명으로 틀린 것은?

① 성격유형에서 A형 성격은 B형 성격보다 스트레스를 많이 받는다.
② 일반적으로 내적 통제자들은 외적 통제자들보다 스트레스를 많이 받는다.
③ 역할 과부하는 직무기술서가 분명치 않은 관리직이나 전문직에서 더욱 많이 나타난다.
④ 집단의 압력이나 행동적 규범은 조직구성원에게 스트레스와 긴장의 원인으로 작용할 수 있다.

해설 ② 일반적으로 외적 통제자들은 내적 통제자들보다 스트레스를 많이 받는다.

참고 성격유형
- A형 : 능동적·공격적인 성향이며, 경쟁심이 강하고 자존감이 높다.
- B형 : 수동적·방어적 성향이며 느긋하다.
- C형 : 착하고 감정을 억누르며 예스맨인 경우가 많다.
- D형 : 자아는 강하지만 부정적인 감정이 많고 친구가 적다.

43. 베버(Max Weber)가 제창한 관료주의에 관한 설명으로 틀린 것은?

① 노동의 분업화를 전제로 조직을 구성한다.
② 부서장들의 권한 일부를 수직적으로 위임하도록 했다.
③ 단순한 계층구조로 상위리더의 의사결정이 독단화되기 쉽다.
④ 산업화 초기의 비규범적 조직운영을 체계화시키는 역할을 했다.

해설 ③ 규모가 크고 복잡한 구조에 적용되어 의사결정 과정이 복잡하다.

참고 베버가 제창한 관료주의
- 노동을 분업화하는 전제를 바탕으로 조직을 구성한다.
- 부서장에게 일부 권한을 수직적으로 위임한다.
- 규모가 크고 복잡하며 합리적인 조직형태를 가진다.
- 산업화 초기의 비체계적 조직운영을 체계화하는 역할을 수행한다.

44. 인간실수와 관련된 설명으로 틀린 것은?

① 생활변화 단위 이론은 사고를 촉진시킬 수 있는 상황인자를 측정하기 위해 개발되었다.
② 반복사고자 이론이란 인간은 개인별로 불변의 특성이 있으므로 사고는 일으키는 사람이 계속 일으킨다는 이론이다.
③ 인간성능은 각성수준(arousal level)이 낮을수록 향상되므로 실수를 줄이기 위해서는 각성수준을 가능한 낮추도록 한다.
④ 피터슨의 동기부여-보상-만족모델에 따르면, 작업자의 동기부여에는 작업자의 능력과 작업 분위기, 그리고 작업 수행에 따른 보상에 대한 만족이 큰 영향을 미친다.

해설 인간성능은 각성수준이 낮아지면 저하되므로 이로 인해 인간실수가 발생하기 쉽다.

45. FTA에서 입력사상 중 어느 하나라도 발생하면 출력사상이 발생하는 논리게이트는?

① OR gate ② AND gate
③ NOT gate ④ NOR gate

해설
- OR 게이트 : 입력사상 중 하나라도 발생하면 출력사상이 발생한다.
- AND 게이트 : 모든 입력사상이 동시에 발생해야 출력사상이 발생한다.

정답 42. ②　43. ③　44. ③　45. ①

- NOT 게이트 : 입력 사상이 일어나지 않아야 출력 사상이 발생한다.
- NOR 게이트 : 입력사상이 하나라도 발생하면 출력사상이 발생하지 않는다(OR 게이트의 부정).

참고
- 조합 AND 게이트 : 3개 이상의 입력현상 중 2개가 일어나면 출력이 발생한다.
- 우선적 AND 게이트 : 입력사상 중 어떤 현상이 다른 현상보다 먼저 일어날 경우에만 출력사상이 발생한다.
- 배타적 OR 게이트(XOR) : 입력이 하나만 있을 때 출력사상이 발생하며, 2개 이상 동시에 발생하면 출력사상이 없다.

46. 매슬로우(Maslow)가 제시한 욕구 단계에 포함되지 않는 것은?

① 안전 욕구 ② 존경의 욕구
③ 자아실현의 욕구 ④ 감성적 욕구

해설 매슬로우의 인간의 욕구 5단계

1단계	생리적 욕구
2단계	안전 욕구
3단계	사회적 욕구
4단계	존경 욕구
5단계	자아실현의 욕구

47. 리더십 이론 중 관리그리드 이론에서 인간관계의 유지에는 낮은 관심을 보이지만 과업에 대해서는 높은 관심을 보이는 유형은?

① 인기형 ② 과업형
③ 타협형 ④ 무관심형

해설 관리그리드 이론
X축 : 과업에 대한 관심, Y축 : 인간관계에 대한 관심
- (1, 1)형 : 인간 관심도와 과업 관심도 모두 낮음(무관심형)
- (1, 9)형 : 인간 관심도 높고 과업 관심도 낮음(인기형)
- (9, 1)형 : 과업 관심도 높고 인간 관심도 낮음(과업형)
- (5, 5)형 : 인간·과업 모두 중간(타협형)
- (9, 9)형 : 인간·과업 모두 높음(이상형)

48. 갈등 해결방안 중 자신의 이익이나 상대방의 이익에 모두 무관심한 것은?

① 경쟁 ② 순응 ③ 타협 ④ 회피

해설 회피 : 일하기를 꺼려 선뜻 나서지 않는 것으로, 무관심한 태도를 의미한다.

49. 하인리히(Heinrich)의 재해발생이론에 관한 설명으로 틀린 것은?

① 사고를 발생시키는 요인에는 유전적 요인도 포함된다.
② 일련의 재해요인들이 연쇄적으로 발생한다는 도미노 이론이다.
③ 일련의 재해요인들 중 하나만 제거하여도 재해예방이 가능하다.
④ 불안전한 행동 및 상태는 사고 및 재해의 간접원인으로 작용한다.

해설
- 직접원인 : 인적 원인(불안전한 행동), 물적 원인(불안전한 상태)
- 간접원인 : 기술적 원인, 교육적 원인, 관리적 원인, 신체적 원인, 정신적 원인

50. 집단 내에서 권한의 행사가 외부에 의해 선출되고 임명된 지도자에 의해 이루어지는 것은?

① 멤버십 ② 헤드십
③ 리더십 ④ 매니저십

해설
- 헤드십 : 권한 부여는 위에서 위임
- 리더십 : 구성원의 동의에 의해 선출

정답 46. ④ 47. ② 48. ④ 49. ④ 50. ②

51. 지능과 작업 간의 관계를 설명한 것으로 가장 적절한 것은?

① 작업 수행자의 지능이 높을수록 바람직하다.
② 작업 수행자의 지능과 사고율 사이에는 관계가 없다.
③ 각 작업에는 그에 적정한 지능수준이 존재한다.
④ 작업특성과 작업자의 지능 간에는 특별한 관계가 없다.

[해설] 지능과 작업 간의 관계
- 작업의 종류에 따라 다르다.
- 지능은 사고에 영향을 미친다.
- 작업특성과 작업자의 지능 간에는 밀접한 관계가 있다.

52. 상시근로자 1000명이 근무하는 사업장의 강도율이 0.6이었다. 이 사업장에서 재해발생으로 인한 연간 총 근로손실일수는 며칠인가? (단, 근로자 1인당 연간 2400시간을 근무하였다.)

① 1220일   ② 1320일
③ 1440일   ④ 1630일

[해설] 강도율
$$=\frac{근로손실일수}{총근로시간 수}\times 1000$$
∴ 총근로손실일수
$$=\frac{강도율 \times 총근로시간 수}{1000}$$
$$=\frac{0.6\times(1000\times 2400)}{1000}$$
$$=1440일$$

53. 대뇌피질의 활성 정도를 측정하는 방법은?

① EMG   ② EOG
③ ECG   ④ EEG

[해설] 생리학적 측정방법
- EMG(근전도) : 근육활동의 전위차를 기록
- EOG(안전도) : 안구운동 전위차의 기록
- ECG(심전도) : 심장근 활동의 전위차를 기록
- ENG, EEG(뇌전도) : 신경활동 전위차의 기록

54. 직무수행 준거 중 한 개인의 근무연수에 따른 변화가 비교적 적은 것은?

① 사고   ② 결근
③ 이직   ④ 생산성

[해설] 장기간 근무했다고 해서 사고를 완전히 피할 수 있는 것은 아니다.

55. 어떤 사업장의 생산라인에서 완제품을 검사하던 중, 하루는 5000개의 제품을 검사하여 200개를 부적합품으로 처리하였으나, 이 로트에 실제로 1000개의 부적합품이 있었을 때, 로트당 휴먼에러를 범하지 않을 확률은 약 얼마인가?

① 0.16   ② 0.20
③ 0.80   ④ 0.84

[해설] 휴먼에러 확률(HEP)
$$=\frac{인간의 과오 수}{전체 과오 발생기회 수}$$
$$=\frac{1000-200}{5000}=0.16$$
∴ 인간신뢰도(R) $=1-HEP$
$$=1-0.16=0.84$$

56. 휴먼에러(Human Error) 예방대책이 아닌 것은?

① 무결점에 대한 대책
② 관리요인에 대한 대책
③ 인적요인에 대한 대책

④ 설비 및 작업환경적 요인에 대한 대책

[해설] 휴먼에러 예방대책
- 인적요소에 대한 대책
- 소집단 활동의 활성화
- 작업에 대한 교육 및 훈련
- 전문인력의 적재적소 배치
- 모의훈련으로 시나리오에 따른 리허설

57. NIOSH의 직무 스트레스 관리 모형에 관한 설명으로 틀린 것은?

① 직무 스트레스 요인은 크게 작업요인, 조직요인 및 환경 요인으로 구분된다.
② 똑같은 작업 스트레스에 노출된 개인은 스트레스에 대한 지각과 반응에서 차이를 보이지 않는다.
③ 조직요인에 의한 직무 스트레스에는 역할 모호성, 열할 갈등, 의사결정에의 참여도, 승진 및 직무의 불안정성 등이 있다.
④ 작업요인에 의한 직무 스트레스에는 작업부하, 작업속도 및 작업과정에 대한 작업자의 통제 정도, 교대근무 등이 포함된다.

[해설] 똑같은 작업 스트레스에 노출되더라도 개인의 성향과 상황에 따라 지각과 반응 방식에 차이가 나타나는데, 이는 개인적 요인에 해당한다.

58. 새로운 작업을 수행할 때 근로자의 실수를 예방하고 정확한 동작을 위해 다양한 조건에서 연습한 결과로 나타나는 것은?

① 상기 스키마(recall schema)
② 동작 스키마(motion schema)
③ 도구 스키마(instrument schema)
④ 정보 스키마(information schema)

[해설] 상기 스키마 : 경험이나 연습을 통해 장기기억 속의 정보가 강화되어 나타나는 결과이다.

59. 호손(Hawthorne)의 연구 결과에 기초한다면 작업자의 작업능률에 영향을 미치는 주요 요인은?

① 작업조건   ② 생산방식
③ 인간관계   ④ 작업자 특성

[해설] 호손실험 : 작업자의 태도, 감독자, 비공식 집단 등 물리적 작업조건보다 인간관계(심리적 태도, 감정)가 생산성 향상에 더 큰 영향을 미친다는 결론이다.

60. 다음 중 물품의 중량과 무게중심에 대해 작업장 주변에 안내표지를 해야 하는 중량물의 기준은?

① 5kg 이상
② 10kg 이상
③ 15kg 이상
④ 20kg 이상

[해설] 산업안전보건기준에 관한 규칙 제665조에 따르면 중량물의 기준은 5kg 이상이다.

4과목 근골격계질환 예방을 위한 작업관리

61. 표준자료법에 대한 설명 중 틀린 것은?

① 표준자료 작성은 초기 비용이 적기 때문에 생산량이 적은 경우에 유리하다.
② 한번 작성되면 유사한 작업에 대해 신속한 표준시간 설정이 가능하다.
③ 작업조건이 불안정하거나 표준화가 곤란한 경우에는 표준자료 설정이 어렵다.
④ 정미시간을 종속변수, 작업에 영향을 주는 요인을 독립변수로 하여 두 변수 사이의 함수관계를 바탕으로 표준시간을 구한다.

[해설] ① 표준자료 작성은 초기 비용이 크기 때문에 생산량이 적은 경우에 부적합하다.

정답 57. ② 58. ① 59. ③ 60. ① 61. ①

참고 표준자료법의 단점
- 표준시간의 정확도가 낮다.
- 작업 개선의 기회와 의욕이 저하된다.
- 초기 비용이 크기 때문에 생산량이 적거나 제품이 큰 경우 부적합하다.

62. 다양한 작업자세의 신체 전반에 대한 부담 정도를 분석하는 데 적합한 기법은?
① JSI ② QEC
③ NLE ④ REBA

해설 REBA : 하지뿐만 아니라 전신 자세도 분석 가능한 기법이다.

63. 작업자가 동종의 기계를 복수로 담당하는 경우, 작업자 한 사람이 담당해야 할 이론적인 기계 대수(n)를 구하는 식으로 맞는 것은? (단, a는 작업자와 기계의 동시 작업시간의 총합, b는 작업자만의 총 작업시간, t는 기계만의 총 가동시간이다.)

① $n = \dfrac{a+t}{a+b}$ ② $n = \dfrac{a+b}{a+t}$

③ $n = \dfrac{a+b}{b+t}$ ④ $n = \dfrac{b+t}{a+b}$

해설 이론적 기계 대수(n) $= \dfrac{a+t}{a+b}$
여기서, a : 작업자와 기계의 동시작업시간
b : 독립적인 작업자 활동시간
t : 기계가동시간

64. 워크샘플링 조사에서 주요작업의 추정비율(p)이 0.06이라면 99% 신뢰도를 위한 워크샘플링 횟수는 몇 회인가? (단, $Z_{0.005}$는 2.58, 허용오차는 0.01이다.)
① 3744 ② 3755
③ 3764 ④ 3745

해설 워크샘플링 횟수(N)
$= \dfrac{Z^2 \times P(1-P)}{e^2}$
$= \dfrac{(2.58)^2 \times 0.06(1-0.06)}{0.01^2} ≒ 3755$

여기서, Z : 표준편차 수, P : 추정비율
e : 허용오차

65. 공정도(process chart)에 사용되는 기호와 명칭이 잘못 연결된 것은?
① ▢ : 저장 ② ⇨ : 운반
③ ▢ : 검사 ④ ○ : 작업

해설 공정도에 사용되는 기호

가공	저장	정체	수량 검사	운반	품질 검사
○	▽	▢	□	○/⇨	◇

66. 다음 중 개선의 ECRS에 대한 내용으로 맞는 것은?
① Economic – 경제성
② Combine – 결합
③ Reduce – 절감
④ Specification – 규격

해설 작업개선의 원칙(ECRS)
- 제거(Eliminate) : 생략과 배제의 원칙
- 결합(Combine) : 결합과 분리의 원칙
- 재조정(Rearrange) : 재배열의 원칙
- 단순화(Simplify) : 단순화의 원칙

67. NIOSH의 들기 지수에 관한 설명으로 틀린 것은?
① 들기 지수는 요추의 디스크 압력에 대한 기준치이다.
② 들기 횟수는 분당 들기 횟수를 기준으로 설정되어 있다.

정답 62. ④ 63. ① 64. ② 65. ① 66. ② 67. ④

③ 들기 지수가 1 이상인 경우 추천 무게를 넘는 것으로 간주한다.
④ 들기 자세는 수평거리, 수직거리, 이동거리의 3개 요인으로 계산한다.

해설 NIOSH의 들기 지수의 변수 : 부하 상수, 수직 계수, 수평 계수, 거리 계수, 비대칭 계수, 빈도 계수, 결함 계수

68. 관측평균은 1분, Rating 계수는 120%, 여유시간은 0.05분이다. 내경법에 의한 여유율과 표준시간은?

① 여유율 : 4.0%, 표준시간 : 1.05분
② 여유율 : 4.0%, 표준시간 : 1.25분
③ 여유율 : 4.2%, 표준시간 : 1.05분
④ 여유율 : 4.2%, 표준시간 : 1.25분

해설
• 정미시간(NT)
$$= 평균관측시간 \times \frac{레이팅 계수}{100}$$
$$= 1 \times \frac{120}{100} = 1.2분$$

• 여유율(A)
$$= \frac{여유시간}{정미시간 + 여유시간} \times 100$$
$$= \frac{0.05}{1.2 + 0.05} \times 100 ≒ 4\%$$

• 표준시간(ST)
$$= 정미시간 \times \left(\frac{1}{1 - 여유율}\right)$$
$$= 1.2 \times \frac{1}{1 - 0.04} ≒ 1.25분$$

69. 어떤 결과에 영향을 미치는 크고 작은 요인들을 계통적으로 파악하기 위한 작업분석 도구로 적합한 것은?

① PERT/CPM
② 간트 차트
③ 파레토 차트
④ 특성요인도

해설 특성요인도 : 재해와 그 요인의 관계를 어골상으로 세분화하여 나타내는 분석법이다.

70. 팔꿈치 부위에 발생하는 근골격계질환의 유형에 해당하는 것은?

① 외상 과염
② 수근관 증후군
③ 추간판 탈출증
④ 바르텐베르그 증후군

해설 팔꿈치 부위의 근골격계질환에는 외상 과염과 회내근 증후군이 있다.

71. 시설배치방법 중 공정별 배치방법의 장점에 해당하는 것은?

① 운반 길이가 짧아진다.
② 작업진도의 파악이 용이하다.
③ 전문적인 작업지도가 용이하다.
④ 제공품이 적고 생산길이가 짧아진다.

해설 ㉠ 공정별 배치의 장점
• 작업자의 자긍심이 높고, 직무에 대한 만족도가 높다.
• 제품설계나 작업순서 변경에 대한 유연성이 크다.
• 전문화된 감독과 통제가 가능하다.
• 설비의 보전이 용이하고 가동률이 높기 때문에 자본 투자가 적다.
• 작업 할당에 융통성이 있다.

㉡ 공정별 배치의 단점
• 총생산시간이 증가한다.
• 숙련된 노동력이 필요하다.
• 생산 일정의 계획 및 통제가 어렵다.
• 자재 취급 비용, 재고 비용 등의 증가로 단위당 생산원가가 높아진다.
• 운반거리가 길어진다.

정답 68. ② 69. ④ 70. ① 71. ③

72. 근골격계 부담작업 유해요인조사와 관련하여 틀린 것은?

① 사업주는 유해요인조사에 근로자 대표 또는 해당 작업 근로자를 참여시켜야 한다.
② 유해요인조사 내용은 작업장 상황, 작업조건, 근골격계질환 증상 및 징후를 포함한다.
③ 신설 사업장의 경우에는 신설일로부터 2년 이내에 최초 유해요인조사를 실시해야 한다.
④ 유해요인조사는 3년마다 실시되는 정기적 조사와 특정한 사유 발생 시 실시하는 수시조사가 있다.

해설 ③ 신설 사업장의 경우에는 신설일로부터 1년 이내에 최초 유해요인조사를 실시해야 한다.

73. 레이팅 방법 중 Westinghouse 시스템은 4가지 측면에서 작업자의 수행도를 평가하여 합산한다. 다음 중 이 4가지에 해당하지 않는 것은?

① 노력　　　　② 숙련도
③ 성별　　　　④ 작업환경

해설 웨스팅하우스 시스템 평가요소
- 노력 : 마음가짐
- 숙련도 : 경험, 적성 등 숙련된 정도
- 일관성 : 작업시간의 일관성
- 작업환경 : 온도, 조명 등 작업조건

74. 근골격계질환의 원인으로 가장 거리가 먼 것은?

① 작업 특성요인
② 개인적 특성요인
③ 사회 심리적인 요인
④ 법률적인 기준에 따른 요인

해설 근골격계질환의 원인
- 작업 특성요인 : 반복성, 무리한 힘, 진동 등
- 개인적 특성요인 : 과거병력, 생활습관, 취미, 작업경력, 작업습관 등
- 사회 심리적인 요인 : 대인관계 등

75. 근골격계질환의 예방대책으로 적절한 내용이 아닌 것은?

① 질환자에 대한 재활프로그램 및 산업재해 보험의 가입
② 충분한 휴식시간의 제공과 스트레칭 프로그램의 도입
③ 적절한 공구의 사용 및 올바른 작업방법에 대한 작업자 교육
④ 작업자의 신체적 특성과 작업내용을 고려한 작업장 구조의 인간공학적 개선

해설 산업재해 보험 가입은 사후대책에 해당하며, 질환자는 이미 근골격계질환에 걸린 사람으로 재활·치료 등 사후대책이 필요하다.

76. 사업장 근골격계질환 예방·관리 프로그램에 있어 예방·관리추진팀의 역할이 아닌 것은?

① 교육 및 훈련에 관한 사항을 결정하고 실행한다.
② 예방·관리 프로그램의 수립 및 수정에 관한 사항을 결정한다.
③ 근골격계질환의 증상·유해요인 보고 및 대응체계를 구축한다.
④ 유해요인 평가 및 개선계획의 수립과 시행에 관한 사항을 결정하고 실행한다.

해설 ③은 예방·관리추진팀의 역할이 아니라 사업주의 역할이다.

77. 작업관리에서 사용되는 기본형 5단계 문제해결 절차로 가장 적절한 것은?

① 자료의 검토 → 연구대상 선정 → 개선안의 수립 → 분석과 기록 → 개선안의 도입

정답 72. ③　73. ③　74. ④　75. ①　76. ③　77. ④

② 자료의 검토 → 연구대상 선정 → 분석과 기록 → 개선안의 수립 → 개선안의 도입
③ 연구대상 선정 → 자료의 검토 → 분석과 기록 → 개선안의 수립 → 개선안의 도입
④ 연구대상 선정 → 분석과 기록 → 자료의 검토 → 개선안의 수립 → 개선안의 도입

해설 문제해결 기본형 5단계 절차
연구대상 선정 → 분석과 기록 → 자료의 검토 → 개선안의 수립 → 개선안의 도입

78. 동작분석을 할 때 스패너에 손을 뻗치는 동작의 적절한 서블릭(Therblig) 기호는?

① H
② P
③ TE
④ Sh

해설 서블릭 문자기호
㉠ 효율적 서블릭
- 쥐기(G)
- 빈손 이동(TE)
- 운반(TL)
- 내려놓기(RL)
- 사용(U)
- 미리 놓기(PP)
- 조립(A)
- 분해(DA)

㉡ 비효율적 서블릭
- 계획(Pn)
- 고르기(St)
- 찾기(Sh)
- 검사(I)
- 휴식(R)
- 잡고 있기(H)

79. 작업개선의 일반적 원리에 대한 내용으로 틀린 것은?

① 충분한 여유공간
② 단순 동작의 반복화
③ 자연스러운 작업자세
④ 과도한 힘의 사용 감소

해설 작업개선의 원리
- 충분한 여유공간
- 반복 동작의 최소화
- 자연스러운 작업자세
- 과도한 힘의 사용 감소
- 피로와 정적부하의 최소화
- 쾌적한 작업환경 유지

80. 동작경제의 원칙에서 작업장 배치에 관한 원칙에 해당하는 것은?

① 각 손가락이 서로 다른 작업을 할 때, 작업량을 각 손가락의 능력에 맞게 분배한다.
② 사용하는 장소에 부품이 가까이 도달할 수 있도록 중력을 이용한 부품 상자나 용기를 사용한다.
③ 손과 신체의 동작은 작업을 원만하게 처리할 수 있는 범위 내에서 가장 낮은 동작등급을 사용한다.
④ 눈의 초점을 모아야 하는 작업은 가능한 적게 하고, 이것이 불가피할 경우 두 작업 간의 거리를 짧게 한다.

해설 ①, ③, ④는 신체 사용에 관한 원칙이다.

정답 78. ③ 79. ② 80. ②

2018년도(1회차) 출제문제

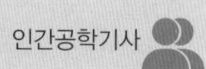

1과목 인간공학개론

1. 청각의 특성 중 2개 음 사이의 진동수 차이가 얼마 이상이 되면 울림(beat)이 들리지 않고 각각 다른 2개의 음으로 들리는가?

① 5Hz ② 11Hz ③ 22Hz ④ 33Hz

해설 두 음 사이의 진동수 차이가 33Hz 이상이면 각각 다른 두 음으로 들리고, 33Hz 이하이면 하나의 음처럼 들린다.

2. 작업대 공간의 배치 원리와 가장 거리가 먼 것은?

① 기능성의 원리
② 사용순서의 원리
③ 중요도의 원리
④ 오류 방지의 원리

해설 부품의 공간배치의 원칙
- 중요성(도)의 원칙 : 중요한 부품을 우선 배치한다.
- 사용빈도의 원칙 : 사용빈도가 높은 부품을 우선 배치한다.
- 기능별 배치의 원칙 : 관련 기능의 부품을 모아서 배치한다.
- 사용순서의 원칙 : 사용순서에 따라 배치한다.

3. 사용자의 기억단계에 대한 설명으로 옳은 것은?

① 잔상은 단기기억의 일종이다.
② 인간의 단기기억 용량은 유한하다.
③ 장기기억을 작업기억이라고도 한다.
④ 정보를 수 초 동안 기억하는 것을 장기기억이라고 한다.

해설 ① 잔상은 감각기억의 일종이다.
③ 단기기억을 작업기억이라고도 한다.
④ 정보를 수 초 동안 기억하는 것을 단기기억이라 한다.

참고 단기기억(작업기억)의 용량은 보통 7±2청크(chunk)이다.

4. 시스템의 성능 평가척도의 설명으로 맞는 것은?

① 적절성 : 평가척도가 시스템의 목표를 잘 반영해야 한다.
② 실제성 : 기대되는 차이에 적합한 단위로 측정할 수 있어야 한다.
③ 무오염성 : 비슷한 환경에서 평가를 반복할 경우 일정한 결과를 나타낸다.
④ 신뢰성 : 측정하려는 변수 이외의 다른 변수들의 영향을 받지 않아야 한다.

해설 인간공학 연구조사 시 구비조건
- 적절성(타당성) : 기준이 의도한 목적에 적합해야 한다.
- 신뢰성 : 반복시험 시 재현성이 있어야 한다.
- 민감도 : 피실험자 사이에서 볼 수 있는 예상 차이점에 비례하는 단위로 측정해야 한다.
- 무오염성 : 측정하고자 하는 변수 이외의 다른 변수에 영향을 받아서는 안 된다.

5. 최소치를 이용한 인체 측정치 원리를 적용해야 할 것은?

정답 1. ④ 2. ④ 3. ② 4. ① 5. ④

① 문의 높이
② 안전대의 하중강도
③ 비상탈출구의 크기
④ 기구조작에 필요한 힘

해설 출입문, 안전대, 비상탈출구 등의 크기는 큰 사람이나 작은 사람 모두 이용할 수 있도록 최대치수로 설계한다.

참고 최소 집단값에 의한 설계
- 인체치수 분포의 하위 1%, 5%, 10% 사용자를 포함할 수 있도록 최솟값을 기준으로 설계한다.
- 선반의 높이, 조정장치까지의 거리 등을 정할 때 사용된다.
- 지하철이나 버스 손잡이의 설치높이 등 키 작은 사람이 잡을 수 있다면 이보다 큰 사람은 모두 잡을 수 있다.

6. 그림은 인간-기계 통합체계의 인간 또는 기계에 의해 수행되는 기본기능의 유형이다. A 부분에 가장 적합한 내용은?

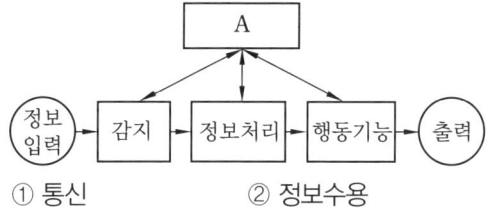

① 통신 ② 정보수용
③ 정보보관 ④ 신체제어

해설 인간-기계 통합체계의 기본기능

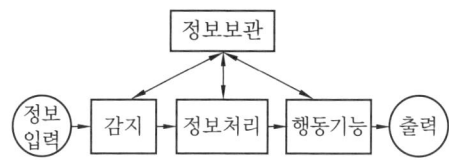

7. 동적 표시장치에 해당하는 것은?
① 도표 ② 지도
③ 속도계 ④ 도로표지판

해설 동적 표시장치의 3가지
- 동침형 : 자동차 속도계
- 동목형 : 체중계
- 계수형 : 전력계

8. 조종장치에 대한 설명으로 맞는 것은?
① C/R비가 크면 민감한 장치이다.
② C/R비가 작은 경우에는 조종장치의 조정시간이 적게 필요하다.
③ C/R비가 감소함에 따라 이동시간은 감소하고 조종시간은 증가한다.
④ C/R비는 반응장치의 움직인 거리를 조종장치의 움직인 거리로 나눈 값이다.

해설 ① C/R비가 크면 둔감한 장치이다.
② C/R비가 클수록 조종장치의 조정 수행시간은 상대적으로 길다.
④ C/R비는 조종장치의 움직인 거리를 표시장치의 반응거리로 나눈 값이다.

9. 출입문, 통로의 공간, 줄사다리의 강도 등은 어떤 설계기준을 적용하는 것이 바람직한가?
① 조절식 원칙
② 최소치수의 원칙
③ 평균치수의 원칙
④ 최대치수의 원칙

해설 최대치수의 원칙 : 인체치수 분포의 상위 90%, 95%, 99% 사용자를 포함할 수 있도록 최댓값을 기준으로 하며 출입문, 통로 등 여유 공간에 적용한다.

10. 음압수준이 100 dB인 1000 Hz 순음의 sone값은 얼마인가?
① 32 ② 64 ③ 128 ④ 256

해설 $sone값 = 2^{(phon값 - 40)/10}$
$= 2^{(100-40)/10} = 64$

11. 빛이 어떤 물체에 반사되어 나온 양을 지칭하는 용어는?

① 휘도(brightness)
② 조도(illumination)
③ 반사율(reflectance)
④ 광량(luminous intensity)

해설
- 휘도 : 단위면적당 표면에 반사 또는 방출되는 빛의 양
- 조도 : 점광원에서 어떤 물체나 표면에 도달하는 빛의 양
- 반사율 : 표면으로부터 반사되는 비율
- 광량 : 광원으로부터 나오는 빛 에너지의 양
- 광도 : 단위면적당 표면에서 반사, 방출되는 광량

12. 인간공학과 관련된 용어로 사용되는 것이 아닌 것은?

① Ergonomics
② Just In Time
③ Human Factors
④ User Interface Design

해설 ②는 생산관리 기법으로 공정 관련 용어이다.

참고
- Ergonomics : 인간공학(인체공학)
- Human Factors : 인간요인
- User Interface Design : 사용자 인터페이스 설계

13. 양립성에 관한 설명으로 틀린 것은?

① 직무에 알맞은 자극과 응답방식을 직무 양립성이라고 한다.
② 표시장치와 제어장치의 움직임에 관련된 것을 운동 양립성이라고 한다.
③ 코드와 기호를 인간의 사고에 일치시키는 것을 개념적 양립성이라고 한다.
④ 제어장치와 표시장치의 물리적 배열이 사용자의 기대와 일치하도록 하는 것을 공간적 양립성이라고 한다.

해설 양립성은 운동 양립성, 공간 양립성, 개념 양립성의 3가지로 분류된다.

14. 반응시간이 가장 빠른 감각은?

① 미각
② 후각
③ 시각
④ 청각

해설 감각기능의 반응시간
청각(0.17초) > 촉각(0.18초) > 시각(0.20초) > 미각(0.29초) > 통각(0.7초)

15. 시스템의 평가척도 유형으로 볼 수 없는 것은?

① 인간 기준
② 관리 기준
③ 시스템 기준
④ 작업성능 기준

해설 시스템의 평가척도 유형
- 인간 기준 : 주관적 반응, 생리학적 지표, 인간의 성능 척도, 사고 및 과오 빈도
- 시스템 기준 : 의도한 목표를 얼마나 달성했는지 나타내는 척도
- 작업성능 기준 : 작업결과에 대한 효율

16. 시각장치를 사용하는 경우보다 청각장치가 더 유리한 경우는?

① 전언이 복잡할 때
② 전언이 후에 재참조될 때
③ 전언이 즉각적인 행동을 요구할 때
④ 직무상 수신자가 한곳에 머무를 때

해설 ①, ②, ④는 시각장치가 청각장치보다 더 유리한 경우이다.

17. 표시장치를 사용할 때 자극 전체를 직접 나타내거나 재생시키는 대신, 정보나 자극을 암호화하는 경우가 흔하다. 이와 같이 정보를 암호화할 때 지켜야 할 일반적 지침으로 볼 수 없는 것은?

① 암호의 민감성
② 암호의 양립성
③ 암호의 변별성
④ 암호의 검출성

해설 암호체계의 일반사항
- 검출성 : 정보를 암호화한 자극은 검출이 가능해야 한다.
- 판별성(변별성) : 모든 암호 표시는 다른 암호와 구별될 수 있어야 한다.
- 표준화 : 암호를 표준화하여 다른 상황으로 변화해도 이용할 수 있어야 한다.
- 부호의 양립성 : 자극과 반응의 관계가 사람의 기대와 모순되지 않아야 한다.
- 부호의 성질 : 암호를 사용할 때는 사용자가 그 의미를 분명히 알 수 있어야 한다.
- 다차원 시각적 암호 : 색이나 숫자로 된 단일 암호보다 색과 숫자를 중복 조합한 암호가 효과적이다.

18. 신호검출이론에 의하면 시그널(signal)에 대한 인간의 판정결과는 4가지로 구분된다. 이 중 시그널을 노이즈(noise)로 판단한 결과를 지칭하는 용어는?

① 긍정(hit)
② 누락(miss)
③ 허위(false alarm)
④ 부정(correct rejection)

해설 신호검출이론
- 신호의 정확한 판정(hit) : 긍정
- 신호검출 실패(miss) : 누락
- 허위경보(false alarm) : 허위
- 잡음을 제대로 판정(correct rejection) : 부정

19. 암순응에 대한 설명으로 맞는 것은?

① 암순응 때 원추세포가 감수성을 갖게 된다.
② 어두운 곳에서는 주로 간상세포에 의해 보게 된다.
③ 어두운 곳에서 밝은 곳으로 들어갈 때 발생한다.
④ 완전 암순응에는 일반적으로 5~10분 정도 소요된다.

해설 암순응에 대한 설명
- 암순응 시 감수성을 갖는 것은 간상세포이다.
- 암순응은 밝은 곳에서 어두운 곳으로 들어갈 때 발생한다.
- 완전 암순응에는 30~35분 정도 소요된다.

참고 완전 명순응 소요시간 : 보통 2~3분

20. 발생 확률이 0.1과 0.9로 다른 2개의 이벤트의 정보량은 발생 확률이 0.5로 같은 2개의 이벤트의 정보량에 비해 어느 정도 감소되는가?

① 51%
② 52%
③ 53%
④ 54%

해설
- 평균정보량(H_a)

$$= \sum_{i=1}^{n} p_i \log_2\left(\frac{1}{p_i}\right)$$

$$= 0.1 \times \log_2\left(\frac{1}{0.1}\right) + 0.9 \times \log_2\left(\frac{1}{0.9}\right)$$

$$\fallingdotseq 0.47$$

- 최대정보량(H_{max})

$$= \log_2 N = \log_2 2 = 1$$

$$\therefore 중복률 = \left(1 - \frac{평균정보량(H_a)}{최대정보량(H_{max})}\right) \times 100$$

$$= \left(1 - \frac{0.47}{1}\right) \times 100 = 53\%$$

정답 17. ① 18. ② 19. ② 20. ③

2과목 작업생리학

21. 주파수가 가청영역 이하인 소음을 무엇이라고 하는가?
① 충격 소음 ② 초음파 소음
③ 간헐 소음 ④ 초저주파 소음

해설 • 가청주파수 : 20~20000 Hz
• 저주파 : 20~700 Hz
• 초저주파 : 20 Hz 이하

22. 한랭대책으로서 개인위생에 해당되지 않는 사항은?
① 과음을 피할 것
② 식염을 많이 섭취할 것
③ 더운물과 더운 음식을 섭취할 것
④ 얼음 위에서 오랫동안 작업하지 말 것

해설 식염을 많이 섭취하는 것은 더운 환경에서의 대책에 해당한다.

23. 최대 산소소비능력(MAP : Maximum Aerobic Power)에 대한 설명으로 틀린 것은?
① 근육과 혈액 중에 축적되는 젖산의 양이 감소한다.
② 이 수준에서는 주로 혐기성 에너지 대사가 발생한다.
③ 20세 전후로 최고가 되었다가 나이가 들수록 점차로 줄어든다.
④ 산소섭취량이 일정 수준에 도달하면 더 이상 증가하지 않는 수준이다.

해설 ① 근육과 혈액 중에 축적되는 젖산의 양이 증가한다.

24. 정적 작업과 국소 근육피로에 대한 설명으로 적절하지 않은 것은?

① 근육이 발휘할 수 있는 힘의 최대치를 MVC라 한다.
② 국소 근육피로를 측정하기 위해 산소 소비량이 측정된다.
③ 국소 근육피로는 정적인 근육수축을 요구하는 직무에서 자주 관찰된다.
④ MVC의 10퍼센트 미만인 경우에만 정적 수축이 거의 무한하게 유지될 수 있다.

해설 ② 국소 근육피로를 측정하기 위해 근전도(EMG)를 사용한다.

참고 근전도(EMG) : 근육이 움직일 때 발생하는 미세한 전기 신호를 측정하여 근육활동에 따른 전위차를 기록하는 것이다.

25. 연축(twitch)이 일어나는 일련의 과정으로 옳은 것은?
① 근섬유의 자극 → 활동전압 → 흥분수축연결 → 근원섬유의 수축
② 활동전압 → 근섬유의 자극 → 흥분수축연결 → 근원섬유의 수축
③ 흥분수축연결 → 활동전압 → 근섬유의 자극 → 근원섬유의 수축
④ 근원섬유의 수축 → 근섬유의 자극 → 활동전압 → 흥분수축연결

해설 연축이 일어나는 과정
근섬유의 자극 → 활동전압 → 흥분수축연결 → 근원섬유의 수축

참고 연축 : 근육운동에서 장력이 활발하게 발생하여 근육이 눈에 띄게 단축되는 현상

26. 장기간 침상 생활을 하던 환자의 뼈가 정상인의 뼈보다 쉽게 골절이 일어나는 이유는 뼈의 어떤 기능에 의해 설명되는가?
① 재형성 기능 ② 조혈 기능
③ 지렛대 기능 ④ 지지 기능

정답 21. ④ 22. ② 23. ① 24. ② 25. ① 26. ①

해설 뼈의 주요 기능
- 재형성 기능 : 흡수와 형성을 반복해서 조직을 구성한다.
- 조혈 기능 : 공수에서 혈액 세포성분을 형성한다.
- 지렛대 기능 : 뼈에 부착된 근육이 수축하면서 관절 운동을 가능하게 하며, 지렛대의 힘판 역할을 수행한다.
- 지지 기능 : 연부조직을 지탱하고 신체의 형태를 유지하며, 추골과 하지의 뼈는 체중을 지지한다.

27. 허리 부위의 요추는 몇 개의 뼈로 구성되어 있는가?
① 4개 ② 5개
③ 6개 ④ 7개

해설 인간의 척추는 각각 경추 7개, 흉추 12개, 요추 5개, 천추 5개, 미추 3~5개로 구성되어 있다.

참고 성인이 되면 천추와 미추는 하나로 합쳐져 천골과 미골을 형성하게 된다.

28. 근력에 관한 설명으로 틀린 것은?
① 근력이란 수의적인 노력으로 근육이 등장성으로 낼 수 있는 힘의 최대치이다.
② 정적 근력의 측정은 피검자가 고정 물체에 대하여 최대 힘을 내도록 하여 측정한다.
③ 동적 근력은 가속과 관절 각도변화가 힘의 발휘에 영향을 미치므로 측정이 어렵다.
④ 근력의 측정은 자세, 관절각도, 동기 등의 인자에 영향을 받으므로 반복 측정이 필요하다.

해설 ① 근력이란 수의적인 노력으로 근육이 등척성으로 낼 수 있는 힘의 최대치이다.

참고 근력 : 근육수축에 의해 발생하는 힘을 말한다.

29. 힘에 대한 설명으로 틀린 것은?
① 능동적 힘은 근수축에 의해 생성된다.
② 힘은 근골격계를 움직이거나 안정시키는 데 작용한다.
③ 수동적 힘은 관절 주변의 결합조직에 의해 생성된다.
④ 능동적 힘과 수동적 힘은 근절의 안정길이에서 발생한다.

해설 ④ 능동적 힘은 근절의 안정길이에서 가장 크게 발생한다.

참고 능동적 힘은 근육의 수의적 수축에 의해 생성되고, 수동적 힘은 인대나 힘줄 등 결합조직의 장력에 의해 발생한다.

30. 다음 중 전신진동의 영향에 대한 설명으로 틀린 것은?
① 10~25Hz에서 시성능이 가장 저하된다.
② 5Hz 이하의 낮은 진동수에서 운동성능이 가장 저하된다.
③ 머리와 어깨 부위의 공명 주파수는 20~30Hz이다.
④ 등이나 허리뼈에 가장 위험한 주파수는 60~90Hz이다.

해설 등이나 허리뼈에 가장 위험한 주파수는 4~8Hz이며, 안구의 공명 주파수가 60~90Hz이다.

31. 자율신경계의 교감, 부교감 신경에 대한 설명 중 틀린 것은?
① 교감 신경은 동공을 축소시키고 부교감 신경은 동공을 확대시킨다.
② 교감 신경은 동공을 확대시키고 부교감 신경은 동공을 축소시킨다.
③ 교감 신경은 심장 박동을 촉진시키고 부교감 신경은 심장 박동을 억제시킨다.

정답 27. ② 28. ① 29. ④ 30. ④ 31. ①

④ 교감 신경은 소화 운동을 억제시키고 부교감 신경은 소화 운동을 촉진시킨다.

해설 자율신경계는 교감 신경계와 부교감 신경계로 나뉜다.
- 교감 신경 : 동공 확대
- 부교감 신경 : 동공 축소

32. 남성 작업자의 육체작업에 대한 에너지가를 평가한 결과 산소 소비량이 1.5L/min이 나왔다. 작업자의 4시간에 대한 휴식시간은 몇 분인가? (단, Murrell의 공식 이용)

① 75분　② 100분
③ 125분　④ 150분

해설 휴식시간(R)
$$= \frac{T(E-5)}{E-1.5} = \frac{240 \times (7.5-5)}{7.5-1.5}$$
$= 100분$

여기서, T : 총작업시간(분)
E : 평균에너지 소비량(kcal/min)
4(5) : 보통작업 평균에너지
1.5 : 휴식시간 중 에너지 소비량

33. 근육이 수축할 때 생성 및 소모되는 물질(에너지원)이 아닌 것은?

① 글리코겐(glycogn)
② CP(creatine phosphate)
③ 글리콜리시스(glycolysis)
④ ATP(adenosine triphosphate)

해설 글리콜리시스는 당을 분해하여 에너지를 얻는 대사과정이며 에너지원 자체는 아니다.

참고 근육수축 시 에너지원 : 글리코겐, 크레아틴 인산(CP), 아데노신삼인산(ATP)

34. 인간이 휴식을 취하고 있을 때 혈액이 가장 많이 분포하는 신체 부위는?

① 뇌　② 심장근육
③ 근육　④ 소화기관

해설 휴식 시 혈액 분포 순위
소화기관>콩팥>골격근>뇌

35. 일반적으로 소음계는 주파수에 따른 사람의 느낌을 감안하여 A, B, C 세 특성에서 음압을 측정할 수 있도록 보정되어 있다. A 특성치는 몇 phon의 등음량 곡선과 비슷하게 주파수에 따른 반응을 보정하여 측정한 음압 수준을 말하는가?

① 20　② 40　③ 70　④ 100

해설 주파수에 따른 A, B, C 세 특성치
- A : 40 phon
- B : 70 phon
- C : 100 phon

36. 실내 표면에서 추천 반사율이 낮은 것부터 높은 순서대로 나열한 것은?

① 벽<가구<천장<바닥
② 천장<벽<가구<바닥
③ 가구<바닥<벽<천장
④ 바닥<가구<벽<천장

해설 실내 조명반사율

바닥	가구, 책상	벽	천장
20~40%	25~40%	40~60%	80~90%

참고 조명이 천장에 있다고 가정하면 가까운 곳일수록 조명반사율이 높다.

37. 공기정화시설을 갖춘 사무실에서의 환기 기준으로 맞는 것은?

① 환기횟수는 시간당 2회 이상으로 한다.
② 환기횟수는 시간당 3회 이상으로 한다.
③ 환기횟수는 시간당 4회 이상으로 한다.
④ 환기횟수는 시간당 6회 이상으로 한다.

정답 32. ② 33. ③ 34. ④ 35. ② 36. ④ 37. ③

해설 공기정화시설을 갖춘 사무실에서 근로자 1인당 필요한 최소 외기량은 $0.57\,\text{m}^3/\text{min}$이며, 환기횟수는 시간당 4회 이상으로 한다.

38. 일반적인 성인 남성 작업자의 산소 소비량이 2.5L/min일 때, 에너지 소비량은?

① 7.5 kcal/min
② 10.0 kcal/min
③ 12.5 kcal/min
④ 15.0 kcal/min

해설 에너지 소비량
= 분당 산소 소비량×5
= 2.5×5 = 12.5 kcal/min

참고 산소 1L의 에너지는 5 kcal이다.

39. 빛의 측정치를 나타내는 단위의 관계가 틀린 것은?

① 1fc = 10 lx
② 반사율 = 휘도/조도
③ 1candela = 10 lumen
④ 조도 = 광도/단위면적(m^2)

해설 $1\,\text{candela}(\text{cd}) = 4\pi(\fallingdotseq 12.57)\,\text{lumen}$

40. 신체의 작업부하에 대하여 작업자들이 주관적으로 지각한 신체적 노력의 정도를 6~20의 값으로 평가하는 척도는?

① 부정맥지수
② 점멸융합주파수(VFF)
③ 운동자각도(Borg's RPE)
④ 최대 산소소비능력(Maximum Aerobic Power)

해설 운동자각도는 작업자가 주관적으로 느끼는 신체적 노력의 정도를 6~20 사이의 척도로 평가하는 방법이다.

3과목 산업심리학 및 관계법규

41. 제조물책임법상 제조업자가 제조물에 대하여 제조·가공상의 주의의무를 이행하였는지와 관계없이, 제조물이 원래 의도한 설계와 다르게 제조·가공됨으로써 안전하지 못하게 된 경우에 해당하는 결함은?

① 제조상의 결함   ② 설계상의 결함
③ 표시상의 결함   ④ 기타 유형의 결함

해설 제조상의 결함 : 제조물이 원래 의도한 설계와 다르게 제조·가공됨으로써 발생하는 결함을 의미한다.

참고 제조물책임법상 결함은 제조상 결함, 설계상 결함, 표시상 결함 3가지만 인정한다.

42. 리더십 이론 중 관리그리드 이론에서 인간에 대한 관심이 낮은 유형은?

① 타협형   ② 인기형
③ 이상형   ④ 무관심형

해설 관리그리드 이론

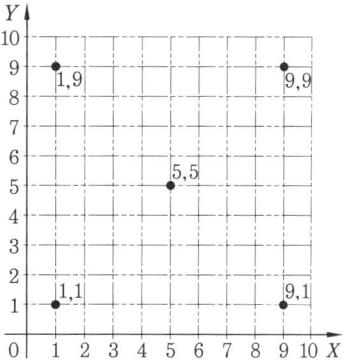

• (1, 1)형 : 무관심형   • (1, 9)형 : 인기형
• (9, 1)형 : 과업형   • (5, 5)형 : 타협형
• (9, 9)형 : 이상형
여기서, X축 : 과업에 대한 관심
       Y축 : 인간관계에 대한 관심

정답 38. ③ 39. ③ 40. ③ 41. ① 42. ④

43. 사고의 유형, 기인물 등 분류항목을 큰 순서대로 분류하여 사고방지를 위해 사용하는 통계적 원인분석 도구는?

① 관리도(control chart)
② 크로스도(cross diagram)
③ 파레토도(pareto diagram)
④ 특성요인도(cause and effect diagram)

해설 파레토도 : 사고 유형, 기인물 등 분류 항목을 큰 순서대로 도표화한 분석법이다.

44. 알더퍼(P.Alderfer)의 EGR 이론에서 3단계로 나눈 욕구 유형에 속하지 않은 것은?

① 성취욕구 ② 성장욕구
③ 존재욕구 ④ 관계욕구

해설 알더퍼의 ERG 이론 3단계
존재욕구 → 관계욕구 → 성장욕구

45. 레빈(Lewin)의 인간행동에 관한 공식은?

① $B=f(P \cdot E)$
② $B=f(P \cdot B)$
③ $B=E(P \cdot f)$
④ $B=f(B \cdot E)$

해설 인간행동$(B)=f(P \cdot E)$의 관계
- f : 함수관계(function)
- P(개인) : 연령, 경험, 성격, 지능, 소질 등
- F(환경) : 심리적 환경, 인간관계, 작업환경 등

46. Max Weber가 제시한 관료주의 조직을 움직이는 4가지 기본원칙으로 틀린 것은?

① 구조 ② 노동의 분업
③ 권한의 통제 ④ 통제의 범위

해설 Weber가 제시한 4가지 기본원칙
- 구조
- 노동의 분업
- 권한의 위임
- 통제의 범위

47. 집단역학에 있어 구성원 상호 간의 선호도를 기초로 집단 내부에서 발생하는 상호관계를 분석하는 기법을 무엇이라 하는가?

① 갈등 관리
② 소시오메트리
③ 시너지 효과
④ 집단의 응집력

해설 소시오메트리(sociometry) : 인간관계 관리기법에 있어 구성원 상호 간의 선호도를 기초로 집단 내부의 동태적 상호관계를 분석하는 방법이다.

48. 인간의 불안전한 행동을 예방하기 위해 Harvey에 의해 제안된 안전대책의 3E에 해당하지 않는 것은?

① Education ② Enforcement
③ Engineering ④ Environment

해설 안전대책의 3E
- 안전교육(Education)
- 안전기술(Engineering)
- 안전독려(Enforcement)

49. 재해발생에 관한 하인리히(H.W. Heinrich)의 도미노 이론에서 제시된 5가지 요인에 해당하지 않는 것은?

① 제어의 부족
② 개인적 결함
③ 불안전한 행동 및 상태
④ 유전 및 사회 환경적 요인

해설 하인리히 재해발생 도미노 5단계

1단계	2단계	3단계	4단계	5단계
선천적 결함	개인적 결함	불안전한 행동·상태	사고	재해

참고 ①은 버드의 최신 연쇄성 이론 1단계에 해당한다.

정답 43. ③ 44. ① 45. ① 46. ③ 47. ② 48. ④ 49. ①

50. 다음 중 휴먼에러로 이어지는 배경원인이 아닌 것은?

① 인간(Man)
② 매체(Media)
③ 관리(Management)
④ 재료(Manterial)

해설 휴먼에러의 배후요인 4가지(4M)
- Man(사람)
- Machine(기계)
- Media(작업환경)
- Management(관리)

51. 선택반응시간(Hick의 법칙)과 동작시간(Fitts의 법칙)의 공식에 대한 설명으로 맞는 것은?

- 선택반응시간$(RT) = a + b\log_2 N$
- 동작시간$(T) = a + b\log_2 \left(\dfrac{2A}{W}\right)$

① N은 자극과 반응의 수, A는 목표물의 너비, W는 움직인 거리를 나타낸다.
② N은 감각기관의 수, A는 목표물의 너비, W는 움직인 거리를 나타낸다.
③ N은 자극과 반응의 수, A는 움직인 거리, W는 목표물의 너비를 나타낸다.
④ N은 감각기관의 수, A는 움직인 거리, W는 목표물의 너비를 나타낸다.

해설 선택반응시간과 동작시간
- N : 가능한 자극과 반응의 수
- A : 표적 중심까지 움직인 거리
- W : 목표물(표적)의 너비

52. 연평균 근로자 수가 2000명인 회사에서 1년 동안 중상해 1명과 경상해 1명이 발생하였다. 연천인율은 얼마인가?

① 0.5 ② 1 ③ 2 ④ 4

해설 연천인율
$$= \dfrac{\text{연간 재해자 수}}{\text{연평균 근로자 수}} \times 1000$$
$$= \dfrac{2}{2000} \times 1000 = 1$$

53. 작업수행에 의해 발생하는 피로를 방지, 경감시키고 효율적으로 회복시키는 방법으로 틀린 것은?

① 동일한 작업을 될 수 있는 한 적은 에너지로 수행할 수 있도록 한다.
② 정적 근작업을 하도록 하여 작업자의 에너지 소비를 될 수 있는 한 줄인다.
③ 작업속도나 작업의 정확도가 작업자에게 너무 과중하게 되지 않도록 한다.
④ 작업방법을 개선하여 무리한 자세로 작업이 진행되지 않도록 하고, 특히 정적 근작업을 배제한다.

해설 ② 동적 근작업을 하도록 하여 작업자의 에너지 소비를 될 수 있는 한 줄인다.

참고 피로 방지를 위해 동적인 작업을 늘리고, 정적인 작업을 줄이는 것이 바람직하다.

54. 리더십의 유형에 따라 나타나는 특징에 대한 설명으로 틀린 것은?

① 권위주의적 리더십 : 리더에 의해 모든 정책이 결정된다.
② 권위주의적 리더십 : 각 구성원의 업적을 평가할 때 주관적이기 쉽다.
③ 민주적 리더십 : 모든 정책은 리더에 의해 지원을 받는 집단토론식으로 결정된다.
④ 민주적 리더십 : 리더는 보통 과업과 그 과업을 함께 수행할 구성원을 지정해 준다.

해설 민주적 리더십은 자발적 의욕과 참여를 통해 조직의 목적을 달성하는 것이 특징이다.

정답 50. ④ 51. ③ 52. ② 53. ② 54. ④

55. 인간오류 확률 추정기법 중 초기 사건을 이원적(binary) 의사결정(성공 또는 실패) 가지들로 모형화하고, 이후 사건들의 확률을 모두 선행 사건에 대한 조건부 확률로 부여하여 이원적 의사결정 가지들로 분지해 나가는 방법은?

① 결함나무 분석(Fault Tree Analysis)
② 조작자 행동나무(Operator Action Tree)
③ 인간오류 시뮬레이터(Human Action Tree)
④ 인간실수율 예측기법(Technique for Human Error Rate Prediction)

해설 인간실수율 예측기법(THERP) : 초기 사건을 이원적 의사결정 가지들로 모형화하고, 성공 혹은 실패의 조건부 확률의 추정치를 각 가지에 부여함으로써 에러율을 추정하는 기법이다.

56. 오류를 범할 수 없도록 사물을 설계하는 기법은?

① fail-safe 설계
② interlock 설계
③ exclusion 설계
④ prevention 설계

해설 인간과오 방지의 3가지 설계기법
• 안전설계 : fail-safe 설계
• 보호설계 : fool-proof 설계
• 배타설계 : 휴먼에러의 가능성을 근원적으로 제거

참고 예방설계(prevention design)는 오류의 가능성을 근원적으로 제거하는 배타설계와 달리, 오류를 범하기 어렵도록 설계하여 오류 가능성을 최소화하는 방법이다.

57. 인간신뢰도에 대한 설명으로 맞는 것은?

① 반복되는 이산적 직무에서 인간실수확률은 단위시간당 실패 수로 표현한다.
② 인간의 성능이 특정 기간 동안 실수를 범하지 않을 확률로 정의된다.
③ THERP는 완전 독립에서 완전 정(正)종속까지의 비연속을 종속 정도에 따라 3수준으로 분류하여 직무의 종속성을 고려한다.
④ 연속적 직무에서 인간의 실수율이 불변이고, 실수 과정이 과거와 무관하다면 실수 과정은 베르누이 과정으로 묘사된다.

해설 ① 반복되는 이산적 직무에서 인간실수 확률은 단위작업당 실패 수로 표현한다.
③ THERP는 종속 정도를 완전 독립에서 완전 정(正)종속까지 5단계 이상의 수준으로 나누어 고려한다.
④ 연속적 직무에서 실수율이 불변이고 과거와 무관하다면, 실수 과정은 포아송 과정으로 묘사된다.

58. 인간이 장시간 주의를 집중하지 못하는 것은 주의의 어떤 특성 때문인가?

① 선택성 ② 방향성 ③ 변동성 ④ 배칭성

해설 주의의 특성
• 선택성 : 주의는 동시에 2개의 방향에 집중할 수 없다.
• 방향성 : 한 방향에 집중하면 다른 곳에서는 약해진다.
• 변동(단속)성 : 주의는 장시간 일정한 규칙적인 수순을 지속할 수 없다.
• 주의력 중복집중 곤란 : 동시에 복수의 방향을 잡지 못한다.

59. 미국의 산업안전보건연구원(NIOSH)에서 직무 스트레스 요인에 해당하지 않는 것은?

① 성능요인   ② 환경요인
③ 작업요인   ④ 조직요인

해설 직무 스트레스의 요인
• 작업요인 : 작업부하, 교대근무 등

정답 55. ④ 56. ③ 57. ② 58. ③ 59. ①

- 조직요인 : 갈등, 역할요구, 관리유형 등
- 환경요인 : 소음, 한랭, 환기불량, 조명 등

60. 스트레스에 관한 설명으로 틀린 것은?

① 위협적인 환경특성에 대한 개인의 반응이라고 볼 수 있다.
② 스트레스 수준은 작업성과와 정비례의 관계에 있다.
③ 적정 수준의 스트레스는 작업성과에 긍정적으로 작용할 수 있다.
④ 지나친 스트레스를 지속적으로 받으면 인체는 자기조절능력을 상실할 수 있다.

해설 적당한 스트레스는 작업성과에 긍정적으로 작용하지만, 그 이상의 스트레스는 오히려 부정적인 영향을 끼친다.

4과목 근골격계질환 예방을 위한 작업관리

61. 적절한 입식 작업대 높이에 대한 설명으로 옳은 것은?

① 일반적으로 어깨 높이를 기준으로 한다.
② 작업자의 체격에 따라 작업대의 높이가 조정 가능하도록 하는 것이 좋다.
③ 미세부품 조립과 같은 섬세한 작업일수록 작업대의 높이는 낮아야 한다.
④ 일반적인 조립라인이나 기계 작업 시 팔꿈치 높이보다 5~10cm 높아야 한다.

해설 적절한 입식 작업대 높이
- 일반적으로 팔꿈치 높이를 기준으로 한다.
- 미세부품 조립과 같은 섬세한 작업의 경우 작업대가 팔꿈치보다 약간 높아야 한다.
- 경작업인 조립라인이나 기계 작업 시 팔꿈치 높이보다 5~10cm 낮아야 한다.

참고 무거운 작업 시 작업대 높이는 팔꿈치 높이보다 10~20cm 낮은 것이 적합하다.

62. 파레토 차트에 관한 설명으로 틀린 것은?

① 재고관리에서는 ABC곡선으로 부르기도 한다.
② 20% 정도에 해당하는 중요한 항목을 찾아내는 것이 목적이다.
③ 불량이나 사고의 원인이 되는 중요한 항목을 찾아 관리하기 위함이다.
④ 작성 방법은 빈도수가 낮은 항목부터 큰 항목 순으로 차례대로 나열하고, 항목별 점유비율과 누적비율을 구한다.

해설 파레토 차트(파레토도) : 사고 유형, 기인물 등 분류 항목을 큰 값에서 작은 값의 순서로 나열하고, 항목별 점유비율과 누적비율을 구하여 도표화한 분석법이다.

63. 유해요인조사 도구 중 JSI(Job Strain Index)의 평가항목에 해당하지 않는 것은?

① 손/손목의 자세
② 1일 작업의 생산량
③ 힘을 발휘하는 강도
④ 힘을 발휘하는 지속시간

해설 JSI의 평가항목은 하루 작업시간, 근육사용 힘(강도), 근육사용 기간, 동작빈도, 손/손목 자세, 작업속도의 6개 요소로 구성되며, 이를 곱한 값으로 상지질환의 위험성을 평가한다.

참고 JSI : 생리학, 생체역학, 상지질환에 대한 병리학을 기초로 한 정량적 평가기법이다.

64. 손동작(manual operation)을 목적에 따라 효율적 및 비효율적인 기본동작으로 구분한 것은?

① task
② motion
③ process
④ therbling

정답 60. ② 61. ② 62. ④ 63. ② 64. ④

해설 서블릭 문자기호
㉠ 효율적 서블릭
- 쥐기(G)
- 빈손 이동(TE)
- 운반(TL)
- 내려놓기(RL)
- 사용(U)
- 미리 놓기(PP)
- 조립(A)
- 분해(DA)

㉡ 비효율적 서블릭
- 계획(Pn)
- 고르기(St)
- 찾기(Sh)
- 검사(I)
- 휴식(R)
- 잡고 있기(H)

65. 근골격계질환 예방을 위한 바람직한 관리적 개선방안으로 볼 수 없는 것은?

① 규칙적이고 적절한 휴식을 통해 피로의 누적을 예방한다.
② 작업 확대를 통해 한 작업자가 할 수 있는 일의 다양성을 넓힌다.
③ 전문적인 스트레칭과 체조 등을 교육하고 작업 중 수시로 실시하도록 유도한다.
④ 중량물 운반 등 특정 작업에 적합한 작업자를 선별하여 상대적 위험도를 경감시킨다.

해설 중량물 운반 등 특정 작업에는 기계 운반작업을 한다.

참고 기계 운반작업
- 단순하고 반복적인 작업
- 취급물이 중량물인 작업
- 취급물의 형상, 성질, 크기 등이 일정한 작업
- 표준화되어 있어 지속적이고 운반량이 많은 작업

66. 다음 중 SEARCH 원칙에 대한 내용으로 틀린 것은?

① Composition : 구성
② How often : 얼마나 자주
③ Alter sequence : 순서의 변경
④ Simplify operation : 작업의 단순화

해설 SEARCH 원칙
- S(Simplify operations) : 작업의 단순화
- E(Eliminate unnecessary work and material) : 불필요한 작업이나 자재의 제거
- A(Alter sequence) : 순서 변경
- R(Requirement) : 요구 조건
- C(Combine operations) : 작업의 결합
- H(How often) : 얼마나 자주, 몇 번인가?

67. 작업관리에 관한 설명으로 틀린 것은?

① Gilbreth 부부는 적은 노력으로 최대의 성과를 짧은 시간에 이룰 수 있는 작업방법을 연구한 동작연구(Motion Study)의 창시자로 알려져 있다.
② Taylor는 벽돌 쌓기 작업을 대상으로 작업방법과 작업도구를 개선하였으며, 이를 발전시켜 과학적 관리법을 주장하였다.
③ 작업관리는 생산성 향상을 목적으로 경제적인 작업방법을 연구하는 작업연구와 표준작업시간을 결정하기 위한 작업측정으로 구분할 수 있다.
④ Hawthorn 실험결과는 작업장의 물리적 조건보다 인간관계와 같은 사회적 조건이 생산성에 더 큰 영향을 준다는 사실에 관심을 갖게 한 시발점이 되었다.

해설 ② 벽돌 쌓기 작업을 대상으로 작업방법과 작업 도구를 개선한 것은 Taylor가 아니라 Gilbreth 부부이다.

68. 동작경제의 원칙 3가지 범주에 들어가지 않는 것은?

① 작업개선의 원칙
② 신체의 사용에 관한 원칙
③ 작업장의 배치에 관한 원칙
④ 공구 및 설비의 디자인에 관한 원칙

정답 65. ④ 66. ① 67. ② 68. ①

해설 Barnes(반즈)의 동작경제의 3원칙
- 신체의 사용에 관한 원칙
- 작업장 배치에 관한 원칙
- 공구 및 설비 디자인에 관한 원칙

참고 작업개선 원칙(ECRS)
- 제거(Eliminate)
- 결합(Combine)
- 재조정(Rearrange)
- 단순화(Simplify)

69. 워크샘플링 조사에서 초기 idle rate가 0.05라면, 99% 신뢰도를 위한 워크샘플링 회수는 약 몇 회인가? (단, $Z_{0.005}$는 2.58, 허용오차는 0.01이다.)

① 1232　　② 2557
③ 3060　　④ 3162

해설 워크샘플링 횟수(N)

$$= \frac{Z^2 \times P(1-P)}{e^2}$$

$$= \frac{(2.58)^2 \times 0.05(1-0.05)}{0.01^2}$$

$$≒ 3162$$

여기서, Z : 표준편차 수
P : 추정비율
e : 허용오차

70. A 공장의 한 컨베이어 라인에는 5개의 작업공정으로 이루어져 있다. 각 작업공정의 작업시간이 다음과 같을 때 이 공정의 균형효율은 약 얼마인가? (단, 작업은 작업자 1명이 맡고 있다.)

㉠	→	㉡	→	㉢	→	㉣	→	㉤
5분		7분		6분		6분		3분

① 21.86%　　② 22.86%
③ 78.14%　　④ 77.14%

해설 공정효율

$$= \frac{총작업시간}{작업자 수 \times 주기시간} \times 100$$

$$= \frac{5+7+6+6+3}{7 \times 5} \times 100 ≒ 77.14\%$$

여기서, 주기시간 : 가장 긴 작업시간

71. 관측 평균시간이 5분, 레이팅 계수가 120%, 여유시간이 0.4분인 작업에서 제품의 개당 표준시간과 여유율(%)을 내경법에 의해 구하면 각각 얼마인가?

① 4.5분, 2.20%　　② 6.4분, 6.25%
③ 8.5분, 7.25%　　④ 9.7분, 10.25%

해설
- 정미시간(NT)

$$= 평균관측시간 \times \frac{레이팅 계수}{100}$$

$$= 5 \times \frac{120}{100} = 6분$$

- 여유율(A)

$$= \frac{여유시간}{정미시간 + 여유시간} \times 100$$

$$= \frac{0.4}{6+0.4} \times 100 = 6.25\%$$

- 표준시간(ST)

$$= 정미시간 \times \left(\frac{1}{1-여유율}\right)$$

$$= 6 \times \left(\frac{1}{1-0.0625}\right) ≒ 6.4분$$

72. 공정도에 사용되는 공정도 기호 "○"으로 표시하기에 가장 적합한 것은?

① 작업 대상물을 다른 장소로 옮길 때
② 작업 대상물이 분해되거나 조립할 때
③ 작업 대상물을 지정된 장소에 보관할 때
④ 작업 대상물이 올바르게 시행되었는지를 확인할 때

해설 공정도 기호 "○"은 가공 공정을 나타내며 원료, 재료, 부품 또는 제품의 모양이나 성질에 변화를 주는 작업에 해당한다.

참고 공정도에 사용되는 기호

가공	저장	정체	수량검사	운반	품질검사
○	▽	D	□	○/⇨	◇

73. 사람이 행하는 작업을 기본동작으로 분류하고, 각 기본동작들은 동작의 성질과 조건에 따라 이미 정해진 기준 시간을 적용하여 전체 작업의 정미시간을 구하는 방법은?

① PTS법
② Rating법
③ Therblig법
④ Work Sampling법

해설 PTS법 : 작업을 기본동작으로 분류하고, 각 기본동작의 성질과 조건에 따라 미리 정해진 기준 시간치를 적용하여 전체 작업의 정미시간을 구하는 방법이다.

참고 정미시간 : 일정한 속도로 작업을 수행하는 데 소요되는 시간

74. 근골격계질환 예방관리 프로그램의 기본원칙에 속하지 않는 것은?

① 인식의 원칙
② 시스템적 접근의 원칙
③ 일시적인 문제 해결의 원칙
④ 사업장 내 자율적 해결 원칙

해설 근골격계질환 예방관리 기본원칙
• 인식의 원칙
• 시스템적 접근의 원칙
• 전사적 지원의 원칙
• 사업장 내 자율적 해결의 원칙
• 지속적 관리 및 사후평가의 원칙
• 문서화의 원칙

75. 상완, 전완, 손목을 그룹 A로 하고 목, 상체, 다리를 그룹 B로 나누어 측정, 평가하는 유해요인의 평가기법은?

① RULA(Rapid Upper Limb Assessment)
② REBA(Rapid Entire Body Assessment)
③ OWAS(Ovako Working Posture Analysis System)
④ NIOSH 들기 작업지침(Revised NIOSH Lifting Equation)

해설 RULA는 작업자세를 신체 부위별로 그룹 A(상완, 전완, 손목)와 그룹 B(목, 상체, 다리)로 나누어 평가한다. 각 그룹의 자세 점수는 근육과 힘을 고려하여 산정하며, 이를 종합하여 최종 점수를 도출한다.

76. NIOSH Lifting Equation(NLE) 평가에서 권장무게한계(Recommended Weight Limit)가 20 kg이고 현재 작업물의 무게가 23 kg일 때, 들기 지수의 값과 이에 대한 평가가 맞는 것은?

① 0.87, 요통의 발생위험이 낮다.
② 0.87, 작업을 재설계할 필요가 있다.
③ 1.15, 요통의 발생위험이 높다.
④ 1.15, 작업을 재설계할 필요가 없다.

해설 들기 지수(LI)
$$= \frac{\text{작업물의 무게}}{RWL(\text{권장무게한계})} = \frac{23}{20} = 1.15$$
LI가 1보다 크므로 요통의 발생위험이 높다.

77. 근골격계질환 중 어깨 부위 질환이 아닌 것은?

① 외상 과염(lateral epicondylitis)
② 극상근 건염(supraspinatus tendinitis)
③ 견봉하 점액낭염(subacromial bursitis)
④ 상완이두 건막염(bicipital tenosynovitis)

정답 73. ① 74. ③ 75. ① 76. ③ 77. ①

해설 외상 과염은 팔꿈치 부위의 근골격계 질환이다.

78. 근골격계질환의 예방에서 단기적 관리방안으로 볼 수 없는 것은?

① 안전한 작업방법의 교육
② 작업자에 대한 휴식시간의 배려
③ 근골격계질환 예방·관리 프로그램의 도입
④ 휴게실, 운동시설 등 기타 관리시설의 확충

해설 ③은 장기적 관리방안에 해당한다.

참고 스트레스를 해소하는 방법 : 숙면 취하기, 건강한 식단, 하루 계획하기, 규칙적인 휴식시간, 깊은 심호흡, 가벼운 운동, 방해요소 최소화, 힐링 언어 및 장소, 상황 관리하기, 동료들의 도움받기 등

79. 다음 설명은 수행도 평가의 어느 방법을 설명한 것인가?

- 작업을 요소작업으로 구분한 후 시간연구를 통해 개별시간을 구한다.
- 요소작업 중 임의로 작업자 조절이 가능한 요소를 정한다.
- 선정된 작업에서 PTS 시스템 중 1개를 적용하여 대응되는 시간치를 구한다.
- PTS법에 의한 시간치와 관측시간 간의 비율을 구하여 레이팅 계수를 구한다.

① 속도평가법
② 객관적 평가법
③ 합성평가법
④ 웨스팅하우스법

해설 합성평가법 : 시간연구와 PTS를 결합하여 레이팅 계수를 객관적으로 구하는 방법이다.

80. 근골격계질환을 유발할 수 있는 주요 부담작업에 대한 설명으로 맞는 것은?

① 충격작업의 경우 분당 2회를 기준으로 한다.
② 단순 반복작업은 대개 4시간을 기준으로 한다.
③ 들기 작업의 경우 10kg, 25kg이 기준 무게로 사용된다.
④ 쥐기(grip) 작업의 경우 쥐는 힘과 1kg과 4.5kg을 기준으로 사용한다.

해설 들기 작업의 경우 하루에 10회 이상 25kg 이상 또는 25회 이상 10kg 이상의 물체를 드는 경우가 부담작업에 해당한다.

정답 78. ③ 79. ③ 80. ③

2018년도(3회차) 출제문제

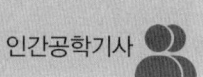

1과목 인간공학개론

1. 시스템 평가 척도의 요건에 대한 설명으로 적절하지 않은 것은?

① 신뢰성 : 평가를 반복할 경우 일정한 결과를 얻을 수 있다.
② 실제성 : 현실성을 가지며 실질적으로 이용하기 쉽다.
③ 타당성 : 측정하고자 하는 평가 척도가 시스템의 목표를 반영한다.
④ 무오염성 : 측정하고자 하는 변수 이외의 외적 변수에 영향을 받는다.

해설 ④ 무오염성 : 측정하고자 하는 변수 외 다른 변수에 영향을 받아서는 안 된다.

2. 다음 중 광도(luminous intensity)를 측정하는 단위는?

① lux
② candela
③ lumen
④ lambert

해설
- lux : 조도의 단위
- candela : 광도의 단위
- lumen : 광선속의 크기를 나타내는 단위
- lambert : 휘도의 단위

3. 정신 작업부하를 측정하는 척도로 적합하지 않은 것은?

① 심박수
② Cooper-Harper 척도(scale)
③ 주임무(primary task) 수행에 소요된 시간
④ 부임무(secondary task) 수행에 소요된 시간

해설 생리적 부담을 측정하는 척도
- 산소 소비량
- 심박수
- 혈류량(혈압)
- 에너지 소비량

4. 기계가 인간보다 더 우수한 기능이 아닌 것은? (단, 인공지능은 제외한다.)

① 자극에 대하여 연역적으로 추리한다.
② 이상하거나 예기치 못한 사건을 감지한다.
③ 장시간 신뢰성 있는 작업을 수행한다.
④ 암호화된 정보를 신속하고 정확하게 회수한다.

해설 ①, ③, ④ 기계가 인간보다 우수한 기능

5. 버스의 의자 앞뒤 사이의 간격을 설계할 때 적용하는 인체치수 적용원리로 가장 적절한 것은?

① 평균치 원리
② 최대치 원리
③ 최소치 원리
④ 조절식 원리

해설 인체측정치의 응용원리
- 극단치 설계 : 최소치수와 최대치수를 기준으로 한 설계
- 조절식 설계 : 조절범위를 고려한 설계
- 평균치 설계 : 평균치를 기준으로 한 설계

참고 덩치가 크거나 작은 사람 모두 이용할 수 있도록 의자 간격을 최대치로 설정한다.

6. 제어장치와 표시장치의 일반적인 설계원칙이 아닌 것은?

① 눈금이 움직이는 동침형 표시장치를 우선 적용한다.

정답 1. ④ 2. ② 3. ① 4. ② 5. ② 6. ①

② 눈금을 조절 노브와 같은 방향으로 회전시 킨다.
③ 눈금 수치는 왼쪽에서 오른쪽으로 돌릴 때 증가하도록 한다.
④ 증가량을 설정할 때 제어장치를 시계 방향으로 돌리도록 한다.

해설
- 동목형 : 지침이 고정되고 눈금이 움직이는 표시장치
- 동침형 : 눈금이 고정되고 지침이 움직이는 표시장치

7. 다음 중 촉각적 표시장치에 대한 설명으로 맞는 것은?

① 시각 및 청각 표시장치를 대체하는 장치로 사용할 수 없다.
② 3점 문턱값(three-point threshold)을 척도로 사용한다.
③ 세밀한 식별이 필요한 경우 손가락보다 손바닥을 사용하도록 유도해야 한다.
④ 촉감은 피부온도가 낮아지면 나빠지므로 저온환경에서 촉감 표시장치를 사용할 때는 주의해야 한다.

해설 극심한 저온에서 작업을 수행하면 손의 감각과 민첩성이 저하되고 피로가 증가할 수 있다.

참고 추운 환경에서는 손으로 가는 혈액공급이 줄어 촉감이 둔해진다.

8. 소리의 차폐효과(masking)에 관한 설명으로 맞는 것은?

① 주파수별 같은 소리의 크기를 표시한 개념
② 하나의 소리가 다른 소리의 판별을 방해하는 현상
③ 내이(inner ear)의 달팽이관 안에 있는 섬모(fiber)가 소리의 주파수에 따라 민감하게 반응하는 현상
④ 한 소리의 크기가 다른 소리에 비해 몇 배나 크게(또는 작게) 느껴지는지를 기준으로 소리의 크기를 표시하는 개념

해설 차폐(은폐) 현상 : 높은음과 낮은음이 공존할 때 낮은음이 강한 음에 가로막혀 감도가 감소되는 현상

9. 정상 조명하에서 100m 거리에서 볼 수 있는 원형 시계탑을 설계하고자 한다. 시계의 눈금단위를 1분 간격으로 표시하고자 할 때 원형문자판의 지름은 약 몇 cm인가?

① 250
② 300
③ 350
④ 400

해설 정상 조명에서 1분 눈금의 권장 크기는 1.3mm(기본 거리 71cm 기준)이므로
$71 : 1.3 = 10000 : X$
$X ≒ 183mm$
원주는 $183 × 60 = 10980mm$(눈금 1개당 183mm이므로)
지름 × π = 원주
∴ 지름 = $\frac{원주}{π} = \frac{10980}{3.14}$
≒ 3497mm ≒ 350cm

10. 시각의 기능에 대한 설명으로 틀린 것은?

① 밤에는 빨간색보다 초록색이나 파란색이 잘 보인다.
② 눈이 초점을 맞출 수 있는 가장 가까운 거리를 근점이라 한다.
③ 근시인 사람은 수정체가 얇아져 가까운 물체를 제대로 볼 수 없다.
④ 간상체나 원추체가 빛을 흡수하면 화학반응이 일어나 뇌로 전달된다.

해설 ③ 원시인 사람은 수정체가 얇아져 가까운 물체를 제대로 볼 수 없다.

11. 작업환경 측정법이나 소음 규제법에서 사용되는 음의 강도의 척도는?

① dB(A)　　　② dB(B)
③ Sone　　　　④ Phon

해설 소음계는 주파수에 따른 사람의 느낌을 감안하여 A, B, C 세 특성으로 나누며, A는 40 phon, B는 70 phon, C는 100 phon의 등감곡선과 비슷하게 주파수의 반응을 보정하여 측정한 음압수준을 의미한다.

참고 소음은 dB(A), dB(B), dB(C)로 표시하며 소음 규제법에서는 dB(A)로 측정한다.

12. 구성요소 배치의 원칙에 관한 기술 중 틀린 것은?

① 사용빈도를 고려하여 배치한다.
② 작업공간의 활용을 고려하여 배치한다.
③ 기능적으로 관련된 구성요소들을 한데 모아서 배치한다.
④ 시스템의 목적을 달성하는 데 중요한 정도를 고려하여 배치한다.

해설 부품(구성요소) 배치의 원칙
- 중요성의 원칙 : 중요한 부품을 우선 배치한다.
- 사용빈도의 원칙 : 사용빈도가 높은 부품을 우선 배치한다.
- 기능별 배치의 원칙 : 관련 기능의 부품을 모아서 배치한다.
- 사용순서의 원칙 : 사용순서에 따라 배치한다.

13. 정보이론의 응용과 가장 거리가 먼 것은? (정답 2개)

① 정보이론에 따르면 자극의 수와 반응시간은 무관하다.
② 주의를 번갈아가며 두 가지 이상의 일을 돌보아야 하는 것을 시배분이라 한다.
③ 단일 차원의 자극에서 확인할 수 있는 범위는 Magic number 7±2로 제시되었다.
④ 선택반응시간은 자극 정보량의 선형함수임을 나타내는 것이 Hick-Hyman 법칙이다.

해설
- 정보이론에서는 자극의 수가 많아질수록 반응시간이 증가한다(Hick-Hyman 법칙).
- 시배분은 여러 작업을 동시에 수행하기 위해 주의와 자원을 적절히 배분하는 것을 의미하며, 단순히 시간을 나누는 개념이 아니다.

14. 회전운동을 하는 조종장치의 레버를 25° 움직였을 때 표시장치의 커서는 1.5 cm 이동하였다. 레버의 길이가 15 cm일 때 이 조종장치의 C/R비는?

① 2.09　② 3.49　③ 4.36　④ 5.23

해설 조종장치의 C/R비

$$= \frac{(\alpha/360) \times 2\pi L}{\text{표시장치의 이동거리}}$$

$$= \frac{(25/360) \times 2 \times 3.14 \times 15}{1.5} ≒ 4.36$$

여기서, α : 조종장치가 움직인 각도
L : 반지름(조종장치의 거리)

15. 인체측정에 관한 설명으로 틀린 것은?

① 활동 중인 신체의 자세를 측정한 것을 기능적 치수라 한다.
② 일반적으로 구조적 치수는 나이, 성별, 인종에 따라 다르게 나타난다.
③ 인간-기계 시스템 설계에서는 구조적 치수만 활용해야 한다.
④ 표준자세에서 움직이지 않는 상태를 인체측정기로 측정한 측정치를 구조적 치수라 한다.

해설 ③ 인간-기계 시스템의 설계에서는 구조적 치수와 기능적 치수를 모두 활용해야 한다.

정답 11. ①　12. ②　13. ①②　14. ③　15. ③

16. Wickens의 인간의 정보처리 체계 모형에 따르면 외부자극으로 인한 정보가 처리될 때, 인간의 주의집중(attention resources)이 관여하지 않는 것은?

① 인식(perception)
② 감각저장(sensory storage)
③ 작업기억(working memory)
④ 장기기억(long-term memory)

해설 자극이 사라진 후에도 잠시 동안 감각이 지속되는 잔상은 감각기억의 일종이다.

참고 감각저장은 감각기관에서 자동으로 일어나는 현상이므로 주의집중이 관여하지 않는다.

17. 인간공학의 정보이론에 있어 1bit에 관한 설명으로 가장 적절한 것은?

① 초당 최대 정보 기억 용량이다.
② 정보 저장 및 회송(recall)에 필요한 시간이다.
③ 2개의 대안 중 하나가 명시되었을 때 얻어지는 정보량이다.
④ 일시에 보낼 수 있는 정보전달 용량의 크기로서 통신 채널의 capacity를 의미한다.

해설 실현 가능성이 동일한 대안 2가지 중 하나가 명시되었을 때 얻어지는 정보량은 1bit이다.

참고 정보량(H)=$\log_2 N$으로 대안이 2가지일 경우 정보량(H)=$\log_2 2$=1bit이다.

18. 인간-기계 시스템의 설계원칙으로 적절하지 않은 것은?

① 인체의 특성에 적합해야 한다.
② 인간의 기계적 성능에 적합해야 한다.
③ 시스템의 동작은 인간의 예상과 일치되어야 한다.
④ 단독 기계를 배치할 경우 기계의 성능을 우선적으로 고려해야 한다.

해설 ④ 단독 기계를 배치할 경우 인간의 심리와 기능을 우선적으로 고려해야 한다

19. 신호 및 정보 등의 경우 빛의 검출성에 따라 신호와 경보 효과가 달라진다. 다음 중 빛의 검출성에 영향을 주는 인자에 해당하지 않는 것은?

① 색광
② 배경광
③ 점멸속도
④ 신호등 유리의 재질

해설 빛의 검출성에 영향을 주는 인자에는 색광, 배경광, 점멸속도, 광발산도, 노출 시간, 크기 등이 있다.

20. 인간공학의 목적과 가장 거리가 먼 것은?

① 생산성 향상
② 안전성 향상
③ 사용성 향상
④ 인간의 기능 향상

해설 인간공학의 목적은 작업자의 안전과 능률 향상, 건강·안전·만족과 같은 가치 유지, 생산성과 사용성 향상에 있다. 인간의 기능 향상은 인간공학의 직접적인 목적이 아니다.

참고 인간공학의 기대효과
- 건강하고 안전한 작업 조건 마련
- 생산성 향상
- 직무 만족도 향상
- 노사 간 신뢰성 증가
- 이직률 감소
- 산재 보상비용 감소
- 제품 품질 향상

2과목 작업생리학

21. 신체 부위를 움직이지 않으면서 고정된 물체에 힘을 가하는 상태의 근력을 의미하는 용어는?

① 등장성 근력(isotonic strength)
② 등척성 근력(isometric strength)
③ 등속성 근력(isokinetic strength)
④ 등관성 근력(isoinertial strength)

해설
- 등척성 근력 : 신체 부위를 움직이지 않고 고정된 물체에 힘을 가할 때 발휘되는 근력
- 등척성 운동 : 근육이 수축하는 과정에서 근육의 길이와 관절 각도가 변하지 않는 운동

22. 어떤 들기 작업 후 작업자의 배기를 3분간 수집하여 60리터의 가스를 분석한 결과 산소는 16%, 이산화탄소는 4%였다. 분당 산소 소비량과 에너지가를 구한 것으로 맞는 것은? (단, 공기 중 산소는 21%, 질소는 79%이다.)

① 1.053L/min, 5.265kcal/min
② 1.053L/min, 10.525kcal/min
③ 2.105L/min, 5.265kcal/min
④ 2.105L/min, 10.525kcal/min

해설 분당 산소 소비량과 에너지가
㉠ 분당 산소 소비량

- 분당 배기량 = $\dfrac{배기량}{시간} = \dfrac{60L}{3분} = 20L/min$

- 분당 흡기량
$= \dfrac{배기량 - 배기\ 중\ O_2 - 배기\ 중\ CO_2}{배기량 - 흡기\ 중\ O_2}$
  $\times 분당\ 배기량$
$= \dfrac{100-16-4}{100-21} \times 20 ≒ 20.25L/min$

∴ 분당 산소 소비량
= (분당 흡기량 × 흡기 중 O_2)
 − (분당 배기량 × 배기 중 O_2)
= (20.25 × 0.21) − (20 × 0.16)
≒ 1.053L/min

㉡ 에너지가
= 분당 산소 소비량 × 5kcal
= 1.053 × 5 = 5.265kcal/min

참고 산소 1L는 약 5kcal의 에너지를 낸다.

23. 휴식을 취할 때나 힘든 작업을 수행할 때 혈류량의 변화가 없는 기관은?

① 뼈   ② 근육
③ 소화기계   ④ 심장

해설 심장의 혈류량은 항상 4~5% 비율로 유지된다.

24. 근육이 피로해질수록 근전도(EMG) 신호의 변화로 옳은 것은?

① 저주파 영역이 증가하고 진폭도 커진다.
② 저주파 영역이 감소하나 진폭은 커진다.
③ 저주파 영역이 증가하나 증폭은 작아진다.
④ 저주파 영역이 감소하고 진폭도 작아진다.

해설 근육의 피로가 증가하면 근전도 신호에서 저주파 영역의 활성이 증가하고, 고주파 영역의 활성이 감소한다.

참고 EMG(근전도) : 근육이 움직일 때 발생하는 미세한 전기 신호를 측정하여, 근육 활동에 따른 전위차를 기록하는 것이다.

25. 척추를 구성하고 있는 뼈 가운데 요추의 수는 몇 개인가?

① 5개   ② 6개   ③ 7개   ④ 8개

해설 인간의 척추는 각각 경추 7개, 흉추 12개, 요추 5개, 천추 5개, 미추 3~5개로 구성되어 있다.

정답 21. ② 22. ① 23. ④ 24. ① 25. ①

참고 성인이 되면 천추와 미추는 하나로 합쳐져 천골과 미골을 형성하게 된다.

26. 진동방지대책으로 적합하지 않은 것은?

① 진동의 강도를 일정하게 유지한다.
② 작업자는 방진장갑을 착용하도록 한다.
③ 공장의 진동 발생원을 기계적으로 격리한다.
④ 진동 발생원을 작동시키기 위해 원격제어를 사용한다.

해설 진동의 강도를 일정하게 유지하는 것은 진동을 줄이거나 차단하지 못해 위험을 그대로 유지하므로 진동방지대책이 아니다.

27. 다음 중 정신적 부하 측정치로 가장 거리가 먼 것은?

① 뇌전도   ② 부정맥지수
③ 근전도   ④ 점멸융합주파수

해설 근전도(EMG)는 근육이 움직일 때 발생하는 미세한 전기 신호를 측정하여 근육 활동의 전위차를 기록하는 것으로, 정적인 육체 부하 측정에 사용된다.

참고 점멸융합주파수(VFF)는 정신적 부하를 측정하는 대표적인 파라미터이다.

28. 환경요소와 관련된 복합지수 중 열과 관련된 것이 아닌 것은?

① 긴장지수(strain index)
② 습건지수(oxford index)
③ 열압박지수(heat stress index)
④ 유효온도(effective temperature)

해설 긴장지수는 작업평가 기법으로 열과 관련된 복합지수가 아니다.

참고 • 습구흑구온도지수 : WBGT
• 유효온도 : 체감온도, 감각온도
• 습건지수 : oxford지수
• 열압박지수 : HSI(Heat Stress Index)

29. 육체적인 작업을 수행할 때 생리적 변화에 대한 설명으로 틀린 것은?

① 작업부하가 지속적으로 커지면 산소 흡입량이 증가할 수 있다.
② 정적인 작업의 부하가 커지면 심박출량과 심박수가 감소한다.
③ 교대작업을 하는 작업자는 수면 부족, 식욕 부진 등을 일으킬 수 있다.
④ 서서 하는 작업이 앉아서 하는 작업보다 심혈관계의 순환이 활발해질 수 있다.

해설 ② 정적인 작업의 부하가 커지면 심박출량과 심박수가 증가한다.

30. 기초대사량(BMR)에 관한 설명으로 틀린 것은?

① 기초대사량은 개인차가 크며 나이에 따라 달라진다.
② 일상생활을 하는 데 필요한 단위시간당 에너지 양이다.
③ 일반적으로 체격이 크고 젊은 남성의 기초대사량이 크다.
④ 공복상태에서 쾌적한 온도에서 신체적 휴식을 취하는 엄격한 조건에서 측정한다.

해설 기초대사량은 생명유지에 필요한 최소한의 에너지를 단위 시간당 측정한 값이다.

31. 신체의 지지와 보호 및 조혈기능을 담당하는 것은?

① 근육계   ② 순환계
③ 신경계   ④ 골격계

해설 골격계(뼈)의 역할 및 기능
• 신체의 중요 부분을 보호하는 역할
• 신체의 지지 및 형상을 유지하는 역할
• 신체활동을 수행하는 역할
• 골수에서 혈구세포를 만드는 조혈기능
• 칼슘, 인 등의 무기질 저장 및 공급기능

정답 26. ① 27. ③ 28. ① 29. ② 30. ② 31. ④

32. 진동에 의한 영향으로 틀린 것은?

① 심박수가 감소한다.
② 약간의 과도 호흡이 일어난다.
③ 장시간 노출 시 근육 긴장을 증가시킨다.
④ 혈액이나 내분비의 화학적 성질이 변하지 않는다.

해설 ① 심박수가 증가한다.

33. 실내표면의 추천 반사율이 높은 곳에서 낮은 순으로 맞게 나열된 것은?

① 창문 발(blind)-사무실 천장-사무용 기기-사무실 바닥
② 사무실 바닥-사무실 천장-창문 발(blind)-사무실 바닥
③ 사무실 천장-창문 발(blind)-사무용 기기-사무실 바닥
④ 사무용 기기-사무실 바닥-사무실 천장-창문 발(blind)

해설 실내 조명반사율

바닥	가구, 책상	벽	천장
20~40%	25~40%	40~60%	80~90%

참고 조명이 천장에 있다고 가정하면 가까운 곳일수록 조명반사율이 높다.

34. 음식물을 섭취하여 기계적인 일과 열로 전환하는 화학적인 과정을 무엇이라 하는가?

① 에너지가
② 산소 부채
③ 신진대사
④ 에너지 소비량

해설
- 신진대사 : 음식물을 섭취하여 기계적인 일과 열로 전환하는 화학적인 과정이다.
- 산소 부채 : 활동이 끝난 후에도 남아 있는 젖산을 제거하기 위해 필요한 산소를 말한다.

35. 육체적 작업을 위해 휴식시간을 산정할 때 가장 관련이 깊은 척도는?

① 눈 깜빡임 수(blink rate)
② 점멸융합주파수(flicker test)
③ 부정맥지수(cardiac arrhythmia)
④ 에너지 대사율(relative metabolic rate)

해설 에너지 대사율은 작업 부하량에 따라 휴식시간을 산정할 때 가장 관련이 깊은 지수이다.

36. 작업장에서 8시간 동안 85dB(A)로 2시간, 90dB(A)로 3시간, 95dB(A)로 3시간 소음에 노출되었을 경우 소음노출지수는? (단, 국내의 관련 규정을 따른다.)

① 0.975
② 1.125
③ 1.25
④ 1.5

해설 소음노출지수(D)

$$= \frac{C_1}{T_1} + \frac{C_2}{T_2} + \cdots + \frac{C_n}{T_n}$$

$$= \frac{2}{16} + \frac{3}{8} + \frac{3}{4} = 1.25$$

여기서, C_n : 실제노출시간
T_n : 허용노출시간

참고 강렬한 소음작업 1일 허용노출기준

기준	85dB	90dB	95dB	100dB	105dB
시간(이상)	16시간	8시간	4시간	2시간	1시간

37. 근육의 수축에 대한 설명으로 틀린 것은?

① 근육이 최대로 수축할 때 Z선이 A대에 맞닿는다.
② 근섬유(muscle fiber)가 수축하면 I대 및 H대가 짧아진다.
③ 근육이 수축할 때 근세사(myofilament)의 원래 길이는 변하지 않는다.

정답 32. ① 33. ③ 34. ③ 35. ④ 36. ② 37. ④

④ 근육이 수축하면 굵은 근세사(myofilament)가 가는 근세사 사이로 미끄러져 들어간다.

해설 근수축은 액틴과 미오신 필라멘트가 서로 미끄러지듯 겹쳐 들어가는 과정에 의해 이루어지며, 이때 필라멘트 자체의 길이는 변하지 않는다.

38. 교대작업에 대한 설명으로 틀린 것은?
① 일반적으로 야간 근무자의 사고 발생률이 높다.
② 교대작업은 생산설비의 가동률을 높이고자 하는 제도 중의 하나이다.
③ 교대작업 주기를 자주 바꿔주는 것이 근무자의 건강에 도움이 된다.
④ 상대적으로 가벼운 작업을 야간 근무조에 배치하고 업무 내용을 탄력적으로 조정한다.

해설 ③ 교대작업 주기를 자주 변경하기보다 주간 → 저녁 → 야간 → 주간 순서로 진행하는 것이 피로회복에 도움이 된다.

39. 다음 중 생체 역할 용어에 대한 설명으로 틀린 것은?
① 힘의 3요소는 크기, 방향, 작용점이다.
② 벡터(vector)는 크기와 방향을 갖는 양이다.
③ 스칼라(scalar)는 벡터량과 유사하나 방향이 다르다.
④ 모멘트(moment)는 변형시키거나 회전시킬 수 있는 관절에 가해지는 힘이다.

해설 스칼라는 질량, 온도, 일, 에너지처럼 방향이 없고 크기만 있는 양이다.

40. 눈으로 볼 수 있는 빛의 가시광선 파장에 속하는 것은?
① 250 nm   ② 600 nm
③ 1000 nm   ④ 1200 nm

해설 눈으로 볼 수 있는 빛(가시광선)의 파장은 380~780 nm이다.

3과목 산업심리학 및 관계법규

41. 재해예방의 4원칙에 해당되지 않는 것은?
① 예방가능의 원칙   ② 손실우연의 원칙
③ 보상분배의 원칙   ④ 대책선정의 원칙

해설 재해예방의 4원칙
- 손실우연의 원칙
- 원인계기의 원칙
- 예방가능의 원칙
- 대책선정의 원칙

42. 원자력발전소 주제어실의 직무는 4명의 운전원으로 구성된 근무조가 수행하며, 이들의 직무는 서로 영향을 미친다. 근무조원 중 1차 계통 운전원 A와 2차 계통 운전원 B의 직무는 중간 정도의 의존성(15%)이 있다. 운전원 A의 기초 인간실수확률 HEP Prob{A}=0.001일 때, 운전원 B의 직무 실패를 조건으로 한 운전원 A의 직무 실패 확률은? (단, THERP 분석법을 사용한다.)
① 0.151   ② 0.161   ③ 0.171   ④ 0.181

해설 THERP 분석법(조건부 실패 확률)
- $\text{Prob}\{N|N-1\}$
  $=$ 의존도$1.0+(1-$의존도$)\text{Prob}(N)$
- B가 실패할 때 A도 실패할 확률
  $=\text{Prob}\{A|B\}$
  $=$ 의존도$1.0+(1-$의존도$)P(A)$
  $=0.15\times1.0+(1-0.15)\times0.001$
  $\fallingdotseq 0.151$

참고 조건이 따로 없다면 근무조원 간 직무의 중간 정도 의존성은 약 15%이다.

정답 38. ③   39. ③   40. ②   41. ③   42. ①

43. 작업자의 인지과정을 고려한 휴먼에러의 정성적 분석방법이 아닌 것은?

① 연쇄적 오류모형
② GEMS(Generic Error Modeling System)
③ PHECA(Potential Human Error Cause Analysis)
④ CREAM(Cognitive Reliability Error Analysis Method)

해설 PHECA는 인지과정을 고려한 분석이 아니라 작업 수행단계에서 휴먼에러를 분석하는 방법이다.

44. 손과 발 등의 동작시간과 이동시간이 표적의 크기와 표적까지의 거리에 따라 결정된다는 법칙은?

① Fitts의 법칙
② Alderfer의 법칙
③ Rasmussen의 법칙
④ Hicks-Hymann의 법칙

해설 Fitts의 법칙 : 목표까지의 이동거리가 멀고 표적이 작을수록 작업 난이도와 소요시간이 길어지는 법칙이다.

참고 힉-하이만 법칙 : 작업자가 신호를 보고 어떤 장치를 조작해야 할지 결정하기까지 걸리는 시간을 예측하는 이론이다.

45. 안전수단을 생략하는 원인으로 적합하지 않는 것은?

① 감정
② 의식과잉
③ 피로
④ 주변의 영향

해설 안전수단을 생략하는 원인
• 피로
• 과로
• 의식과잉
• 주변의 영향

참고 감정 : 어떤 현상이나 일에 대해 일어나는 마음이나 느끼는 기분

46. 많은 동작들은 신호등이나 청각적 경계 신호와 같은 외부자극을 계기로 시작된다. 자극이 주어진 후 동작을 개시할 때까지 걸리는 시간은 무엇이라 하는가?

① 동작시간
② 반응시간
③ 감지시간
④ 정보처리 시간

해설 반응시간 : 자극이 주어진 순간부터 반응이 일어날 때까지의 시간

47. 피로의 생리학적(physiological) 측정방법과 거리가 먼 것은?

① 뇌파 측정(EEG)
② 심전도 측정(ECG)
③ 근전도 측정(EMG)
④ 변별역치 측정(촉각계)

해설 ④ 변별역치 측정은 심리학적 측정방법에 해당한다.

참고 생리학적 측정방법
• EMG(근전도) : 근육활동의 전위차를 기록
• ECG(심전도) : 심장근 활동의 전위차를 기록
• ENG, EEG(뇌전도) : 신경활동의 전위차를 기록
• EOG(안전도) : 안구운동의 전위차를 기록
• 산소 소비량 : 동적작업 시 육체 부하
• 에너지 소비량(RMR) : 기준대사량 대비 상대적 에너지 소비량
• 점멸융합주파수(VFF) : 피로가 증가할수록 감소하는 경향

48. 통제적 집단행동 요소가 아닌 것은?

① 관습
② 유행
③ 군중
④ 제도적 행동

정답 43. ③ 44. ① 45. ① 46. ② 47. ④ 48. ③

해설
- 통제적 집단행동 : 관습, 제도적 행동, 유행
- 비통제적 집단행동 : 군중, 모브, 패닉, 심리적 전염

49. A 사업장의 도수율이 2로 계산되었다면 이에 대한 해석으로 가장 적절한 것은?
① 근로자 1000명당 1년 동안 발생한 재해자수가 2명이다.
② 근로자 1000명당 1년간 발생한 사망자 수가 2명이다.
③ 연근로시간 1000시간당 발생한 근로손실일수가 2일이다.
④ 연근로시간 합계 100만시(man-hour)당 2건의 재해가 발생하였다.

해설
- 도수율 : 연근로시간 1000000시간당 발생한 재해발생 건수
- 연천인율 : 근로자 1000명당 1년 동안 발생한 사상자 수
- 강도율 : 연근로시간 1000시간당 발생한 재해에 의한 근로손실일수

50. 제조물책임법에서 동일한 손해에 대해 배상할 책임이 있는 사람이 최소 몇 명 이상이어야 연대하여 그 손해를 배상할 책임이 있는가?
① 2인 이상   ② 4인 이상
③ 6인 이상   ④ 8인 이상

해설 동일한 손해에 대해 배상할 책임이 있는 사람이 2명 이상이면 연대하여 배상할 책임이 있다.

51. 동기를 부여하는 방법이 아닌 것은?
① 상과 벌을 준다.
② 경쟁을 자제하게 한다.
③ 근본이념을 인식시킨다.
④ 동기부여의 최적의 수준을 유지한다.

해설 동기부여를 위해 선의의 경쟁을 하게 한다.

52. 정서 노동의 정의를 가장 적절하게 설명한 것은?
① 스트레스가 심한 사람을 상대하는 노동
② 정서적으로 우울 성향이 높은 사람을 상대하는 노동
③ 조직에 부정적 정서를 갖고 있는 종업원들의 노동
④ 자신이 느끼는 정서와는 다른 정서를 고객에게 의무적으로 표현해야 하는 노동

해설 정서 노동 : 사람을 상대하는 3차 산업 종사자들이 일터에서 자신의 실제 감정과 다른 정서를 고객에게 표현해야 하는 정서적 요구를 의미한다.

53. 다음은 인적 오류가 발생한 사례이다. Swain Guttman이 사용한 개별적 독립행동에 의한 오류 중 어느 것에 해당하는가?

> 컨베이어 벨트 수리공이 작업을 시작하면서 동료에게 컨베이어 벨트의 작동버튼을 살짝 눌러 벨트를 조금만 움직이라고 이른 뒤 수리작업을 시작하였다. 그러나 작동버튼 옆에서 서성이던 동료가 순간적으로 중심을 잃으면서 작동버튼을 힘껏 눌러, 컨베이어벨트가 전속력으로 움직이면서 수리공의 신체 일부가 끼이는 사고가 발생하였다.

① 시간 오류(timing error)
② 순서 오류(sequence error)
③ 부작위적 오류(omission error)
④ 작위적 오류(commission error)

정답 49. ④ 50. ① 51. ② 52. ④ 53. ④

해설 작위적 오류 : 필요한 작업 또는 절차의 불확실한 수행으로 발생한 에러로, 심리적 분류에서 독립행동에 해당한다.

54. 재해발생원인 중 불안전한 상태에 해당하는 것은?

① 보호구의 결함
② 불안전한 조작
③ 안전장치 기능의 제거
④ 불안전한 자세 및 위치

해설 불안전한 상태
- 안전장치의 결함
- 방호조치의 결함
- 보호구의 결함
- 작업환경의 결함
- 숙련도 부족

참고 불안전한 행동
- 규칙의 무시
- 보호구 미착용
- 불안전한 조작
- 안전장치 제거

55. 전술적(tactical) 에러, 전략적(operational) 에러, 관리구조(organizational) 결함 등의 용어를 사용하여 사고연쇄반응 이론을 제안한 사람은?

① 버드(Bird)
② 아담스(Adams)
③ 베버(Weber)
④ 하인리히(Heinrich)

해설 아담스의 사고연쇄반응 이론
- 관리구조 : 조직 시스템의 결함
- 작전적 에러 : 관리자의 의사결정 오류 또는 행동 부재
- 전술적 에러 : 불안전한 행동, 불안전한 동작
- 사고 : 상해의 발생, 아차사고, 무상해 사고
- 상해, 손해 : 대인, 대물

참고
- 하인리히 : 도미노 이론
- 버드 : 신도미노 이론

56. 호손(Hawthorne) 연구의 내용으로 맞는 것은?

① 종업원의 이적률을 결정하는 주요 요인은 임금수준이다.
② 호손 연구의 결과는 맥그리거(McGreger)의 XY이론 중 X이론을 지지한다.
③ 작업자의 작업능률은 물리적인 작업조건보다는 인간관계의 영향을 더 많이 받는다.
④ 높은 임금수준이나 좋은 작업조건은 개인의 직무 불만족을 방지하고 직무 동기 수준을 높인다.

해설 호손실험 : 작업자의 태도, 감독자, 비공식 집단 등 물리적 작업조건보다 인간관계 (심리적 태도, 감정)가 생산성 향상에 더 큰 영향을 미친다는 결론이다.

57. 스트레스 수준과 수행(성능) 사이의 일반적 관계는?

① W형
② 뒤집힌 U형
③ U자형
④ 증가하는 직선형

해설 스트레스 수준과 수행 간의 관계
- 일반적으로 뒤집힌 U형 곡선을 나타낸다.
- 스트레스가 적정수준일 때 수행이 가장 높고, 너무 낮거나 높으면 떨어진다.

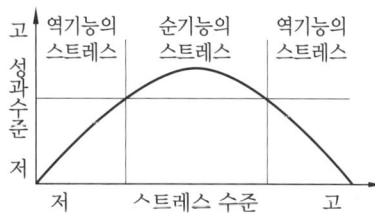

58. 리더쉽 이론 중 관리그리드 이론에서 인간에 대한 관심이 높은 유형으로만 나열된 것은 어느 것인가?

① 인기형, 타협형
② 인기형, 이상형
③ 이상형, 타협형
④ 이상형, 과업형

정답 54. ① 55. ② 56. ③ 57. ② 58. ②

해설 관리그리드 이론

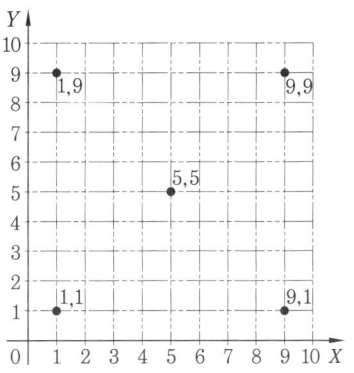

- (1, 1)형 : 무관심형   · (1, 9)형 : 인기형
- (9, 1)형 : 과업형   · (5, 5)형 : 타협형
- (9, 9)형 : 이상형

여기서, X축 : 과업에 대한 관심
   Y축 : 인간관계에 대한 관심

59. 미사일을 탐지하는 경보 시스템이 있다. 조작자는 한 시간마다 일련의 스위치를 작동해야 하는데 휴먼에러 확률(HEP)은 0.01이다. 2시간에서 5시간까지의 인간신뢰도는 약 얼마인가?

① 0.9412   ② 0.9510
③ 0.9606   ④ 0.9703

해설 인간신뢰도 $R(t)$
$= e^{-\lambda(t_2-t_1)} = e^{-0.01(5-2)} ≒ 0.9703$
여기서, λ : 고장률
   t_1 : 시작하는 시간
   t_2 : 끝나는 시간

60. 다음 중 게슈탈트 지각원리에 해당하지 않은 것은?

① 근접성의 원리   ② 유사성의 원리
③ 부분우세의 원리 ④ 대칭성 원리

해설 게슈탈트의 지각원리
- 근접성의 원리   · 유사성의 원리
- 연속성의 원리   · 폐쇄성의 원리
- 단순성의 원리   · 대칭성의 원리
- 공동 운명성의 원리

참고 게슈탈트 이론 : 인간은 자신이 본 것을 조직화하려는 기본 성향을 가지고 있으며, 전체는 부분의 합 이상이라는 점을 강조하는 심리학 이론이다.

4과목 근골격계질환 예방을 위한 작업관리

61. 어느 회사의 컨베이어 라인에서 작업순서가 다음 표의 번호와 같이 구성되어 있을 때, 설명 중 옳은 것은?

작업	1.조립	2.납땜	3.검사	4.포장
시간(초)	10초	9초	8초	7초

① 공정 손실은 15%이다.
② 애로작업은 검사작업이다.
③ 라인의 주기시간은 7초이다.
④ 라인의 시간당 생산량은 6개이다.

해설 컨베이어 라인에서 작업순서

- 공정손실 $= 1 - \dfrac{총작업시간}{작업자\ 수 \times 주기시간}$

$= 1 - \dfrac{10+9+8+7}{4 \times 10} = 0.15 = 15\%$

- 애로작업 : 시간이 가장 많이 걸리는 조립
- 주기시간 : 표 기준 주기가 가장 긴 10초
- 시간당 생산량 $= \dfrac{1시간}{주기} = \dfrac{3600초}{10초/개} = 360개$

62. 1시간을 TMU(Time Measurement Unit)로 환산한 것은?

① 0.036TMU   ② 27.8TMU
③ 1667TMU   ④ 100000TMU

정답 59. ④   60. ③   61. ①   62. ④

해설 1TMU=0.00001시간=0.0006분
=0.036초

참고 1TMU=$1×10^{-5}$시간

63. 들기 작업의 안전작업 범위 중 주의작업 범위에 해당하는 것은?
① 팔을 몸에 붙이고 손목만 위아래로 움직일 수 있는 범위
② 팔을 완전히 뻗어 손을 어깨까지 올리고, 허벅지까지 내리는 범위
③ 물체를 놓치기 쉽거나 허리가 안전하게 무게를 지탱할 수 있는 범위
④ 팔꿈치를 몸 측면에 붙이고 손이 어깨 높이에서 허벅지 부위까지 닿을 수 있는 범위

해설 ①, ④는 안전작업 범위
③은 위험작업 범위(물체를 놓치기 쉽거나 허리가 안전하게 무게를 지탱할 수 없는 범위)

참고 주의작업 범위
• 몸에서 조금 더 떨어진 범위
• 팔을 완전히 뻗어 손을 어깨까지 올리고, 허벅지까지 내리는 범위
• 허리의 지탱한계에 도달한 상태로 40 kg 정도까지 무게를 지탱할 수 있는 범위

64. 근골격계질환의 예방원리에 관한 설명으로 가장 적절한 것은?
① 예방이 최선의 정책이다.
② 작업자의 정신적 특징 등을 고려하여 작업장을 설계한다.
③ 공학적 개선을 통해 해결하기 어려운 경우에는 공정을 중단한다.
④ 사업장 근골격계질환의 예방정책에 노사가 협의하면 작업자의 참여는 중요하지 않다.

해설 ② 작업자의 신체적 특징 등을 고려하여 작업장을 설계한다.

③ 공학적 개선을 통해 해결하기 어려운 경우에는 관리적 개선을 실시한다.
④ 사업장 근골격계질환의 예방정책에는 노사 모두의 참여가 중요하다.

65. 작업관리의 궁극적인 목적인 생산성 향상을 위한 대상 항목이 아닌 것은?
① 노동 ② 기계 ③ 재료 ④ 세금

해설 작업관리의 목적
• 최선의 작업방법 개선, 개발
• 생산성 향상
• 작업효율 관리
• 재료, 설비, 공구 등의 표준화
• 안전 확보

66. NIOSH의 들기 작업지침에서 들기지수 값이 1이 되는 경우 대상 중량물의 무게는?
① 18 kg   ② 21 kg
③ 23 kg   ④ 25 kg

해설 NIOSH의 들기 작업지침에서 들기 지수(LI)가 1이 되는 대상 중량물의 무게는 부하상수(LC : Load Constant)인 23 kg이다.

67. 작업연구의 내용과 가장 관계가 먼 것은?
① 재고량 관리
② 표준시간의 산정
③ 최선의 작업방법 개발과 표준화
④ 최적의 작업방법에 의한 작업자 훈련

해설 재고량 관리는 생산, 재고관리 영역이므로 작업연구의 내용과 관련성이 낮다.

68. 다음 중 배치설비를 분석하는 데 가장 필요한 것은?
① 서블릭   ② 유통선도
③ 관리도   ④ 간트 차트

정답 63. ② 64. ① 65. ④ 66. ③ 67. ① 68. ②

해설 유통선로(flow diagram)의 기능
- 자재 흐름의 혼잡지역 파악
- 시설물의 위치나 배치관계 파악
- 공정과정의 역류현상 발생유무 점검
- 제조과정에서 발생하는 운반 정체, 검사, 보관 등 부품의 이동경로를 배치도상에 선으로 표시

69. 작업 대상물의 품질 확인이나 수량의 조사, 검사 등에 사용되는 공정도 기호에 해당하는 것은?

① ○ ② □
③ △ ④ ⇨

참고 공정도에 사용되는 기호

가공	저장	정체	수량검사	운반	품질검사
○	▽	□	□	○/⇨	◇

70. 작업개선에 따른 대안을 도출하기 위한 사항과 가장 거리가 먼 것은?
① 다른 사람에게 열심히 탐문한다.
② 유사한 문제로부터 아이디어를 얻도록 한다.
③ 현재의 작업방법을 완전히 잊어버리도록 한다.
④ 대안 탐색 시 양보다 질에 우선순위를 둔다.

해설 ④ 대안탐색 시 질보다 양에 우선순위를 둔다.

참고 브레인스토밍의 4원칙
- 비판금지 : 좋다, 나쁘다 등의 비판은 하지 않는다.
- 자유분방 : 자유롭게 발언한다.
- 대량발언 : 무엇이든 좋으니 많이 발언한다.
- 수정발언 : 타인의 생각에 동참하거나 보충 발언해도 좋다.

71. 근골격계질환 중 손과 손목에 관련된 질환으로 분류되지 않는 것은?
① 결절종(ganglion)
② 수근관 증후군(carpal tunnel syndrome)
③ 회전근개 증후군(rotator cuff syndrome)
④ 드퀘르뱅 건초염(De Quervain's syndrome)

해설 회전근개 증후군은 어깨에 관련된 질환이다.

참고 손과 손목에 관련된 질환
- 결절종
- 수근관 증후군
- 드퀘르뱅 건초염
- 방아쇠 수지
- 가이언 증후군
- 수완진동 증후군

72. 근골격계질환 발생의 주요한 작업 위험요인으로 분류하기에 적절하지 않은 것은?
① 부적절한 휴식
② 과도한 반복작업
③ 작업 중 과도한 힘의 사용
④ 작업 중 적절한 스트레칭의 부족

해설 근골격계질환의 작업요인 : 작업의 반복도, 작업강도, 작업자세, 과도한 힘, 진동, 스트레스, 환경요인 등

73. 근골격계질환 예방·관리 프로그램의 실행을 위한 보건관리자의 역할과 가장 밀접한 관계가 있는 것은?
① 기본 정책을 수립하여 근로자에게 알려야 한다.
② 예방·관리 프로그램의 수립 및 수정에 관한 사항을 결정한다.
③ 예방·관리 프로그램의 개발·평가에 적극적으로 참여하고 준수한다.
④ 주기적인 근로자 면담 등을 통해 근골격계질환 증상 호소자를 조기에 발견하는 일을 한다.

정답 69. ② 70. ④ 71. ③ 72. ④ 73. ④

[해설] ①은 사업주의 역할
②는 예방·관리 담당자의 역할
③은 근로자의 역할

74. 유해요인의 공학적 개선사례로 볼 수 없는 것은?

① 로봇을 도입하여 수작업을 자동화하였다.
② 중량물 작업개선을 위해 호이스트를 도입하였다.
③ 작업량 조정을 위해 컨베이어 속도를 재설정하였다.
④ 작업피로 감소를 위해 바닥을 부드러운 재질로 교체하였다.

[해설] 컨베이어 속도 재설정은 관리적 개선에 해당한다.

[참고] 공학적 개선 : 공구, 장비, 설비, 작업장, 포장, 부품, 재설계, 교체 등

75. 신체 사용에 관한 동작경제 원칙으로 틀린 것은?

① 두 손은 순차적으로 동작하도록 한다.
② 두 팔의 동작은 서로 반대 방향에서 대칭적으로 움직이도록 한다.
③ 손과 신체의 동작은 작업을 원만하게 처리할 수 있는 범위 내에서 가장 낮은 동작등급을 사용한다.
④ 가능한 관성을 이용하여 작업을 하되, 작업자가 관성을 억제해야 하는 경우에는 발생하는 관성을 최소한으로 줄인다.

[해설] ① 두 손의 동작은 같이 시작하고 같이 끝나도록 한다.

76. 정미시간이 0.177분인 작업을 여유율 10%에서 외경법으로 계산하면 표준시간이 0.195분이 되고, 8시간 기준으로 계산하면 여유시간은 총44분이 된다. 같은 작업을 내경법으로 계산할 경우 8시간 기준 총여유시간은 약 몇 분인가? (단, 여유율은 외경법과 동일하다.)

① 12분
② 24분
③ 48분
④ 60분

[해설] 내경법에 의한 총여유시간

• 표준시간 = 정미시간 $\times \left(\dfrac{1}{1-여유율}\right)$

$= 0.177 \times \left(\dfrac{1}{1-0.1}\right)$

≈ 0.1967분

• 총정미시간 = 근무시간 $\times \dfrac{정미시간}{표준시간}$

$= 480 \times \dfrac{0.177}{0.1967}$

$= 432$분

∴ 총여유시간 = 근무시간 - 총정미시간
$= 480 - 432 = 48$분

77. 작업측정에 관한 설명으로 틀린 내용은?

① 정미시간은 반복생산에 요구되는 여유시간을 포함한다.
② 인적 여유는 생리적 욕구로 인해 작업이 지연되는 시간을 포함한다.
③ 레이팅은 측정된 작업시간을 정상작업 시간으로 보정하는 과정이다.
④ TV 조립공정과 같이 짧은 주기의 작업은 비디오 촬영에 의한 시간연구법이 좋다.

[해설] 정미시간은 일정한 속도로 작업을 수행하는 데 소요되는 시간이며, 여유시간을 포함하지 않는다.

78. 워크샘플링 방법 중 관측을 등간격 시점마다 행하는 것은?

[정답] 74. ③ 75. ① 76. ③ 77. ① 78. ③

① 랜덤 샘플링
② 층별 비례 샘플링
③ 체계적 워크샘플링
④ 퍼포먼스 워크샘플링

해설 체계적 워크샘플링
- 관측시간을 등간격 시점마다 수행한다.
- 작업요소가 랜덤으로 발생하는 경우에 적용한다.
- 주기성이 있어도 관측간격이 작업요소의 주기보다 짧은 경우 사용할 수 있다.

79. OWAS에 대한 설명으로 옳지 않은 것은? (정답 2개)

① 핀란드에서 개발되었다.
② 중량물의 취급이 OWAS 분석에 포함되지 않는다.
③ OWAS는 정밀한 작업자세 분석은 포함되지 않는다.
④ 작업자세를 평가 또는 분석하는 checkist이다.

해설 ② 중량물의 취급이 OWAS 분석에 포함된다.
③ OWAS는 작업자세를 간단히 분석하고 평가하는 방법이다.

참고 OWAS(작업자세 분석법)는 작업자의 작업자세를 정의하고 평가하기 위해 개발된 방법으로, 현장에서 적용하기 쉽다. 단, 팔목·손목 등 세부 정보는 반영되어 있지 않다.

80. 문제분석을 위한 기법 중 원과 직선을 이용하여 아이디어 문제, 개념 등을 개괄적으로 빠르게 설정하도록 돕는 연연적 추론 기법은?

① 공정도(process chart)
② 마인트 매핑(mind maping)
③ 파레토 차트(pareto chart)
④ 특성요인도(cause and effect diagram)

해설 마인드 매핑 : 원과 직선을 이용하여 아이디어 문제, 개념 등을 핵심적으로 요약하고 정리하는 연역적 추론 기법이다.

2019년도(1회차) 출제문제

1과목 인간공학개론

1. 인간의 피부가 느끼는 3종류의 감각에 속하지 않는 것은?
① 압각
② 통각
③ 온각
④ 미각

해설 피부의 3대 감각 계통
- 압각(압력 감각)
- 통각(고통 감각)
- 온각(온도 감각)

참고 미각은 입안의 혀에 있는 감각으로, 물질의 맛을 느끼는 것이다.

2. 어떤 시스템의 사용성을 평가하기 위해 사용하는 기준으로 적절하지 않은 것은?
① 효율성
② 학습 용이성
③ 가격 대비 성능
④ 기억 용이성

해설 사용성 평가 시 사용기준
- 효율성
- 학습 용이성
- 기억 용이성
- 에러 빈도

3. 각각의 변수가 다음과 같을 때, 정보량을 구하는 식으로 틀린 것은?

n : 대안의 수
p : 대안의 실현 확률
p_k : 각 대안의 실패 확률
p_i : 각 대안의 실현 확률

① $H = \log_2 n$
② $H = \log_2 \left(\dfrac{1}{p}\right)$
③ $H = \sum_{i=1}^{n} p_i \log_2 \left(\dfrac{1}{p_i}\right)$
④ $H = \sum_{k=1}^{n} p_k + \log_2 \left(\dfrac{1}{p_k}\right)$

해설
- 정보량$(H) = \log_2 n$
- 정보량$(H) = \log_2 \left(\dfrac{1}{p}\right)$
  (p : 각 대안의 실현 확률)
- 정보량$(H) = \sum_{i=1}^{n} p_i \log_2 \left(\dfrac{1}{p_i}\right)$
  (p_i : 각 대안의 실현 확률)

4. 물리적 공간의 구성요소를 배열하는 데 적용될 수 있는 원리에 대한 설명이 틀린 것은?
① 사용빈도의 원리 : 자주 사용되는 구성요소를 편리한 위치에 두어야 한다.
② 기능성의 원리 : 대표 기능을 수행하는 구성요소를 편리한 위치에 배치해야 한다.
③ 중요도의 원리 : 시스템 목표 달성에 중요한 구성요소를 편리한 위치에 두어야 한다.
④ 사용순서의 원리 : 구성요소들 간의 관련 순서나 사용 패턴에 따라 배치해야 한다.

해설 기능성의 원리 : 관련 기능을 수행하는 구성요소를 묶어서 배치해야 한다.

5. Fitts의 법칙에 관한 설명으로 맞는 것은?
① 표적이 작을수록, 이동거리가 짧을수록 작업의 난이도와 소요 이동시간이 증가한다.

정답 1. ④ 2. ③ 3. ④ 4. ② 5. ②

② 표적이 작을수록, 이동거리가 길수록 작업의 난이도와 소요 이동시간이 증가한다.
③ 표적이 클수록, 이동거리가 길수록 작업의 난이도와 소요 이동시간이 증가한다.
④ 표적이 클수록, 이동거리가 짧을수록 작업의 난이도와 소요 이동시간이 증가한다.

해설 Fitts의 법칙은 목표까지의 이동거리가 멀고 표적이 작을수록 작업 난이도와 소요시간이 길어지는 법칙이다.

6. 귀의 청각과정이 순서대로 올바르게 나열된 것은?
① 신경전도 → 액체전도 → 공기전도
② 공기전도 → 액체전도 → 신경전도
③ 액체전도 → 공기전도 → 신경전도
④ 신경전도 → 공기전도 → 액체전도

해설 귀의 청각과정 순서
공기 → 공기전도(고막이 진동) → 액체전도(달팽이관 리프액이 진동) → 신경전도(청신경을 통해 뇌에 전달)

7. 신호검출이론을 적용하기에 가장 적합하지 않은 것은?
① 의료진단   ② 정보량 측정
③ 음파탐지   ④ 품질검사 과업

해설 신호검출이론(SDT)은 의료진단, 음파탐지, 품질검사 임무, 증인·증언, 항공기관제 등 광범위하게 적용된다.

8. 회전운동을 하는 조종장치의 레버를 30° 움직였을 때 표시장치의 커서는 4cm 이동하였다. 레버의 길이가 20cm일 때, 이 조종장치의 C/R비는 약 얼마인가?
① 2.62   ② 5.24
③ 8.33   ④ 10.48

해설 조종장치의 C/R비
$$= \frac{(\alpha/360) \times 2\pi L}{\text{표시장치의 이동거리}}$$
$$= \frac{(30/360) \times 2 \times 3.14 \times 20}{4} ≒ 2.62$$
여기서, α : 조종장치가 움직인 각도
L : 반지름(조종장치의 거리)

9. 밀러(Miller)의 신비의 수(magic number) 7 ± 2와 관련이 있는 인간의 정보처리 계통은 어느 것인가?
① 장기기억   ② 단기기억
③ 감각기관   ④ 제어기관

해설 단기기억(작업기억)의 용량은 보통 7 ± 2청크(chunk)이다.

10. 인간공학 연구에 사용되는 기준(criterion, 종속변수) 중 인적 기준(human criterion)에 해당하지 않은 것은?
① 보전도   ② 사고 빈도
③ 주관적 반응   ④ 인간 성능

해설 인적 기준에는 사고 빈도, 주관적 반응, 인간 성능, 생리학적 지표가 포함된다.

참고 보전도 : 기기나 시스템에 고장이 발생했을 때, 이를 고칠 수 있는 확률

11. 시력에 관한 설명으로 틀린 것은?
① 근시는 수정체가 두꺼워져 먼 물체를 볼 수 없다.
② 시력은 시각(visual angle)의 역수로 측정한다.
③ 시각(visual angle)은 표적까지의 거리를 표적두께로 나누어 계산한다.
④ 눈이 파악할 수 있는 표적 사이의 최소 공간을 최소 분간 시력(minimum separable acuity)이라고 한다.

정답 6. ② 7. ② 8. ① 9. ② 10. ① 11. ③

해설 시각은 시각 자극(물체)의 크기(높이)를 눈과 물체 사이의 거리로 나누어 계산한다.

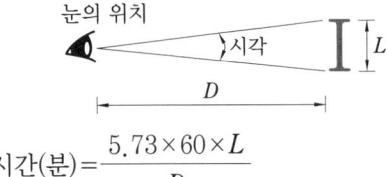

시간(분) = $\dfrac{5.73 \times 60 \times L}{D}$

여기서, L : 물체의 높이
D : 눈과 물체 사이의 거리

12. 인간의 나이가 많아짐에 따라 시각능력이 쇠퇴하여 근시력이 나빠지는 이유로 가장 적절한 것은?

① 시신경의 둔화로 동공의 반응이 느려지기 때문
② 세포의 팽창으로 망막에 이상이 발생하기 때문
③ 수정체의 투명도가 떨어지고 유연성이 감소하기 때문
④ 안구 내의 공막이 얇아져 영양 공급이 잘 되지 않기 때문

해설 나이가 들면서 수정체의 탄성·유연성이 감소하여 조절력이 떨어지기 때문이다.

13. 음 세기(sound intensity)에 관한 설명으로 맞는 것은?

① 음 세기의 단위는 Hz이다.
② 음 세기는 소리의 고저와 관련이 있다.
③ 음 세기는 단위시간에 단위면적을 통과하는 음의 에너지이다.
④ 음압수준 측정 시에는 2000 Hz의 순음을 기준음압으로 사용한다.

해설 음의 세기는 단위면적을 통과하는 단위시간당 소리 에너지이다.

참고 단위 : W/m^2(W는 와트), dB(데시벨)

14. 청각적 코드화 방법에 관한 설명으로 틀린 것은?

① 진동수는 많을수록 좋으며 간격은 좁을수록 좋다.
② 음의 방향은 두 귀 간의 강도차를 확실하게 해야 한다.
③ 강도(순음)의 경우는 1000~4000 Hz로 한정할 필요가 있다.
④ 지속시간은 0.5초 이상 지속시키고, 확실한 차이를 두어야 한다.

해설 청각적 코드화에는 높은 진동수보다 낮은 진동수(저주파)가 더 효과적이다.

15. 인체측정 자료의 유형에 대한 설명으로 틀린 것은?

① 기능적 치수는 정적 자세에서의 신체치수를 측정한 것이다.
② 정적 치수에 의해 나타나는 값과 동적 치수에 의해 나타나는 값은 다르다.
③ 정적 치수에는 대표적으로 골격 치수(skeletal dimension)와 외곽 치수(contour dimension)가 있다.
④ 우리나라에서는 국가기술표준원 주관하에 'SIZE KOREA'라는 이름으로 인체치수 조사 사업을 실시하여 인체측정에 관한 결과를 제공하고 있다.

해설
• 구조적 인체치수(정적 치수) : 신체를 고정된 자세에서 측정한 치수
• 기능적 인체치수(동적 치수) : 신체의 기능 수행 시 체위의 움직임에 따라 측정한 치수

16. 정량적 시각 표시장치의 기본 눈금선 수열로 가장 적당한 것은?

① 2, 4, 6, …
② 3, 6, 9, …

정답 12. ③ 13. ③ 14. ① 15. ① 16. ④

③ 8, 16, 24, …
④ 0, 10, 20, …

해설 기본 눈금선 수열은 일반적으로 0, 10, 20, …과 같이 10 단위로 구분된 눈금이 가장 사용하기 쉽다.

17. 인간공학을 지칭하는 용어로 적절하지 않은 것은?

① Biology
② Ergonomics
③ Human factors
④ Human factors engineering

해설 Biology는 생물학으로 인간공학을 지칭하는 용어가 아니다.

참고 • Ergonomics : 인간공학(인체공학)
• Human factors : 인간요인
• Human factors engineering : 인간요인공학

18. 웹 네비게이션 설계 시 검토해야 할 인터페이스 요소로 가장 적절하지 않은 것은?

① 일관성이 있어야 한다.
② 쉽게 학습할 수 있어야 한다.
③ 전체적인 문맥을 이해하기 쉬워야 한다.
④ 시각적 이미지가 최대한 많이 제공되어야 한다.

해설 ④ 시각적 이미지가 많이 제공되면 인지과정의 장애를 초래한다.

19. 인간이 기계를 조종하여 임무를 수행해야 하는 직렬구조의 인간-기계 체계가 있다. 인간의 신뢰도가 0.9, 기계의 신뢰도가 0.9라면 이 인간-기계 통합체계의 신뢰도는?

① 0.64
② 0.72
③ 0.81
④ 0.98

해설 직렬시스템의 신뢰도(R_s)
$= R_1 \cdot R_2 = 0.9 \times 0.9 = 0.81$

참고 병렬시스템의 신뢰도(R_p)
$= 1 - (1-R_1)(1-R_2)\cdots$

20. 인체측정치의 응용원칙과 관계가 먼 것은?

① 극단치를 이용한 설계
② 평균치를 이용한 설계
③ 조절식 범위를 이용한 설계
④ 기능적 치수를 이용한 설계

참고 인체측정치의 응용원칙
• 극단치 설계 : 최소치수와 최대치수를 기준으로 설계한다.
• 조절식 설계 : 조절범위를 기준으로 설계한다.
• 평균치 설계 : 평균치를 기준으로 설계한다.

2과목 작업생리학

21. 다음 중 점광원으로부터 어떤 물체나 표면에 도달하는 빛의 밀도를 나타내는 단위로 맞는 것은?

① nit
② lambert
③ candela
④ lumen/m²

해설 조도 : 어떤 물체의 표면에 도달하는 빛의 밀도(단위 : lumen/m^2)

참고 • nit : 휘도의 단위
• lambert : 휘도의 단위
• candela : 광도의 단위

22. 최대 산소소비능력(MAP)에 관한 설명으로 틀린 것은?

① 산소섭취량이 일정하게 되는 수준을 말한다.

정답 17. ① 18. ④ 19. ③ 20. ④ 21. ④ 22. ③

② 최대 산소소비능력은 개인의 운동역량을 평가하는 데 활용된다.
③ 젊은 여성의 평균 MAP는 젊은 남성의 평균 MAP의 20~30% 정도이다.
④ MAP를 측정하기 위해 일반적으로 트레드밀(treadmill)이나 자전거 에르고미터(ergometer)를 활용한다.

해설 ③ 젊은 여성의 평균 MAP는 젊은 남성의 평균 MAP의 70~85% 정도이다.

23. 정적 자세를 유지할 때의 떨림(tremor)을 감소시킬 수 있는 방법으로 적당한 것은?
① 손을 심장 높이보다 높게 한다.
② 몸과 작업에 관계되는 부위를 잘 받친다.
③ 작업 대상물에 기계적인 마찰을 제거한다.
④ 시각적인 기준을 정하지 않는다.

해설
- 손이 심장 높이보다 낮게 있을 때 손 떨림이 적다.
- 작업 대상물에 기계적인 마찰이 있을 때 떨림이 감소한다.
- 시각적인 참조를 한다.

24. 신경계에 관한 설명으로 틀린 것은?
① 체신경계는 피부, 골격근, 뼈 등에 분포한다.
② 자율신경계는 교감 신경계와 부교감 신경계로 세분된다.
③ 중추신경계는 척수신경과 말초신경으로 이루어진다.
④ 기능적으로는 체신경계와 자율신경계로 나눌 수 있다.

해설 ③ 중추신경계는 뇌와 척수로 이루어진다.

25. 육체적인 작업을 할 경우 순환기계의 반응이 아닌 것은?

① 혈압의 상승
② 혈류의 재분배
③ 심박출량의 증가
④ 산소 소비량의 증가

해설 육체적인 작업을 할 경우 순환기계가 아니라 근육계에서 산소 소비량이 증가한다.

26. 어떤 작업자의 5분 작업에 대한 전체 심박수는 400회, 일박출량은 65mL/회로 측정되었다면 이 작업자의 분당 심박출량(L/min)은 얼마인가?
① 4.5L/min
② 4.8L/min
③ 5.0L/min
④ 5.2L/min

해설 분당 심박출량
- 분당 박출량 $= \dfrac{65\,\text{mL/회}}{1000} = 0.065\,\text{L/회}$
- 분당 심박수 $= 400회/5분 = 80회/분$
∴ 심박출량 $=$ 일박출량 $\times$ 심박수
$= 0.065 \times 80 = 5.2\,\text{L/min}$

27. 인체의 해부학적 자세에서 팔꿈치 관절의 굴곡과 신전 동작이 일어나는 면은?
① 시상면(sagittal plane)
② 정중면(median plane)
③ 관상면(coronal plane)
④ 횡단면(transverse plane)

해설 인체해부학적 기준면
- 정중면 : 신체를 좌우대칭으로 나누는 면
- 관상면 : 몸을 전후로 나누는 면
- 횡단면(수평면) : 신체를 상하로 나누는 면
- 시상면 : 해부학적 자세를 기준으로 신체를 좌우로 나누는 면

참고 신전(펴기) : 관절 간의 각도가 증가하는 신체의 움직임(시상면에서의 움직임)

정답 23. ② 24. ③ 25. ④ 26. ④ 27. ①

28. 소음방지대책 중 다음과 같은 기법을 무엇이라 하는가?

> 감쇠 대상의 음파와 동위상인 신호를 보내어 음파 간에 간섭현상을 일으키면서 소음이 저감되도록 하는 기법

① 음원 대책 ② 능동제어 대책
③ 수음자 대책 ④ 전파경로 대책

해설 지문은 감쇠 대상 음파와 동위상 신호를 보내 간섭으로 소음을 줄이는 능동소음제어 기법을 설명한 것이다.

29. 기초대사량의 측정과 가장 관계가 깊은 자세는?

① 누워서 휴식을 취하고 있는 상태
② 앉아서 휴식을 취하고 있는 상태
③ 선 자세로 휴식을 취하고 있는 상태
④ 벽에 기대어 휴식을 취하고 있는 상태

해설 기초대사량은 생명 유지에 필요한 최소한의 에너지를 단위시간당 측정한 값이다.

30. 소음에 의한 청력손실이 가장 크게 발생하는 주파수 대역은?

① 1000Hz ② 2000Hz
③ 4000Hz ④ 10000Hz

해설 소음에 의한 청력손실이 가장 크게 나타나는 주파수대는 3000~4000Hz이다.

31. 어떤 작업의 총작업시간이 35분이고 작업 중 평균에너지 소비량이 분당 7kcal라면, 이때 필요한 휴식시간은 약 몇 분인가? (단, Murrell의 공식을 이용하며, 기초대사량은 분당 1.5kcal, 남성의 권장 평균에너지 소비량은 분당 5kcal이다.)

① 8분 ② 13분 ③ 18분 ④ 23분

해설 휴식시간(R)
$$= \frac{T(E-5)}{E-1.5} = \frac{35 \times (7-5)}{7-1.5} \fallingdotseq 13\text{분}$$
여기서, T : 총작업시간(분)
  E : 평균에너지 소비량(kcal/min)
  4(5) : 보통작업 평균에너지
  1.5 : 휴식시간 중 에너지 소비량

32. 정적 평형상태에 대한 설명으로 틀린 것은?

① 힘이 거리에 반비례하여 발생한다.
② 물체나 신체가 움직이지 않는 상태이다.
③ 작용하는 모든 힘의 총합이 0인 상태이다.
④ 작용하는 모든 모멘트의 총합이 0인 상태이다.

해설 ① 힘이 거리에 비례하여 발생한다.

참고 정적 평형상태를 유지하기 위한 조건 : 힘의 총합과 모멘트의 총합이 0이어야 한다.

33. 근육 대사작용에서 혐기성 과정으로 글루코스가 분해되어 생성되는 물질은?

① 물 ② 피루브산
③ 젖산 ④ 이산화탄소

해설 글루코스(glucose)는 포도당으로 부르는 대표적인 단당이며, 근육에 산소 공급이 부족할 경우 분해되어 혈액 중에 젖산이 축적된다.

34. 정신활동의 부담척도로 사용되는 시각적 점멸융합주파수(VFF)에 대한 설명으로 틀린 것은?

① 연습의 효과는 적다.
② 암조응 시 VFF가 증가한다.
③ 휘도만 같으면 색은 VFF에 영향을 주지 않는다.
④ VFF는 조명 강도의 대수치에 선형적으로 비례한다.

정답 28. ② 29. ① 30. ③ 31. ② 32. ① 33. ③ 34. ②

해설 ② 암조응 시 VFF가 감소한다.

참고 암순응(암조응)
- 완전 암순응 소요시간 : 보통 30~40분
- 완전 명순응 소요시간 : 보통 2~3분

35. 근세포막에 전달된 흥분을 근세포 내부로 전달하는 통로역할을 하는 것은?

① 근초(sarcolemma)
② 근섬유속(fasciculus)
③ 가로세관(transverse tubules)
④ 근형질세망(sarcoplasmic reticulum)

해설
- 근초 : 근섬유를 둘러싸고 있는 얇은 막
- 근섬유속 : 근섬유의 집합체로 근속이라고도 한다.
- 가로세관 : 근세포막에 전달된 흥분을 근세포 내부로 전달하는 통로역할을 한다.
- 근형질세망 : 칼슘이온(Ca^{2+})을 저장하고 농도를 조절하며, 근수축 시 칼슘이온을 방출한다.

36. 근(筋)섬유에 관한 설명으로 틀린 것은?

① 적근섬유(slow twitch fiber)는 주로 작은 근육 그룹에서 볼 수 있다.
② 백근섬유(fast twitch fiber)는 무산소 운동에 좋아 단거리 달리기 등에 사용된다.
③ 근섬유는 백근섬유(fast twitch fiber)와 적근섬유(slow twitch fiber)로 나눌 수 있다.
④ 운동이 격렬하여 근육에 산소공급이 원활하지 않은 경우에는 엽산이 생성되어 피곤함을 느낀다.

해설 ④ 운동이 격렬하여 근육에 산소공급이 원활하지 않은 경우에는 젖산이 생성되어 피곤함을 느낀다.

참고 엽산 : 헤모글로빈 형성에 관여하는 비타민B 복합체

37. 교대근무와 생체리듬과의 관계에서 야간 근무를 하는 동안 근무시간이 길어질 때 졸음이 증가하고 작업능력이 저하되는 현상을 무엇이라 하는가?

① 항상성 유지기능
② 작업적응 유지기능
③ 생리적응 유지기능
④ 야간적응 유지기능

해설 수면욕구는 자동적으로 조절되는 신체 항상성 유지기능이다.

참고 인간의 대표적인 3대 욕구는 식욕, 수면욕, 배설욕이다.

38. 수술실과 같이 대비가 아주 낮고, 크기가 작은 아주 특수한 시각적 작업의 실행에 가장 적절한 조도는?

① 500~1000 lx
② 1000~2000 lx
③ 3000~5000 lx
④ 10000~20000 lx

해설 병원 각 실의 조도
- 수술실 10000 lx 이상
- 진료, 치료실, 구급실, 약국 : 500 lx 이상
- 주사실 : 200 lx 이상
- 병실, 문진실, 방사선실 : 100 lx 이상

39. 다음 중 근력 및 지구력에 대한 설명으로 틀린 것은?

① 정적인 근력 측정치로부터 동적 작업에서 발휘할 수 있는 최대 힘을 정확히 추정할 수 있다.
② 근력 측정치는 작업조건뿐만 아니라 검사자의 지시내용, 측정방법 등에 의해서도 달라진다.
③ 근육이 발휘할 수 있는 힘은 근육의 최대자율수축(MVC)에 대한 백분율로 나타낸다.

정답 35. ③ 36. ④ 37. ① 38. ④ 39. ①

④ 등척력은 신체를 움직이지 않으면서 자발적으로 가할 수 있는 힘의 최댓값이다.

해설 ① 정적인 근력 측정치로부터 동적 작업에서 발휘할 수 있는 최대 힘을 정확히 추정할 수 없다.

참고 정적 상태에서의 근력은 피실험자가 고정 물체에 대해 최대 힘을 내도록 하여 측정한 것이다.

40. 고온 스트레스의 개인차에 대한 설명 중 틀린 것은?

① 나이가 들수록 고온 스트레스에 적응하기 힘들다.
② 남자가 여자보다 고온에 적응하는 것이 어렵다.
③ 체지방이 많은 사람일수록 고온에 견디기 어렵다.
④ 체력이 좋은 사람일수록 고온 환경에서 작업할 때 잘 견딘다.

해설 ② 남자가 여자보다 고온에 적응하는 것이 쉽다.

참고 생활습관, 근육량, 체중에 따라 고온 스트레스의 정도가 달라진다.

3과목 산업심리학 및 관계법규

41. 다음 중 안전관리의 개요에 관한 설명으로 틀린 것은?

① 안전의 3요소는 Engineering, Education, Economy이다.
② 안전의 기본원리는 사고방지차원에서 산업재해 예방활동을 통해 무재해를 추구하는 것이다.
③ 사고방지를 위해 현장에 존재하는 위험을 찾아내고, 이를 제거하거나 위험성을 최소화한다는 위험통제의 개념이 적용되고 있다.
④ 안전관리란 생산성을 향상시키고 재해로 인한 손실을 최소화하기 위한 것으로, 재해의 원인 및 경과의 규명과 재해방지에 필요한 과학 기술 관련 계통적 지식체계의 관리를 의미한다.

해설 ① 안전대책의 3E는 Engineering, Education, Enforcement를 말한다.

42. 검사작업자가 한 로트에 100개인 부품을 조사하여 6개의 부적합품을 발견했으나 로트에는 실제로 10개의 부적합품이 있었다. 이 검사작업자의 휴먼에러 확률은?

① 0.04 ② 0.06
③ 0.1   ④ 0.6

해설 휴먼에러 확률(HEP)
$$=\frac{\text{인간의 과오 수}}{\text{전체 과오 발생기회 수}}$$
$$=\frac{4}{100}=0.04$$

43. 근로자가 400명이 작업하는 사업장에서 1일 8시간씩 연간 300일 근무하는 동안 10건의 재해가 발생하였다. 도수율(빈도율)은 얼마인가? (단, 결근율은 10%이다.)

① 2.50   ② 10.42
③ 11.57 ④ 12.54

해설 도수율
$$=\frac{\text{재해 건수}}{\text{연근로시간 수}}\times 10^6$$
$$=\frac{10}{(400\times 300\times 8)\times(1-0.1)}\times 10^6$$
$$≒11.57$$

정답 40. ② 41. ① 42. ① 43. ③

44. 주의의 범위가 높고 신뢰성이 매우 높은 상태의 의식수준으로 맞는 것은?

① Phase 0　　② Phase Ⅰ
③ Phase Ⅱ　　④ Phase Ⅲ

해설 인간의 의식 레벨의 단계

단계	모드	생리적 상태	신뢰성
0	무의식	수면, 뇌발작, 주의작용 상실, 실신	0
1	의식 흐림	피로, 단조로운 일, 수면, 졸음, 몽롱	0.9 이하
2	이완 상태	안정적 기거, 휴식, 정상작업	0.99~1 이하
3	상쾌한 상태	적극적 활동, 최적의 활동상태	0.999 이상
4	과긴장 상태	일점 집중, 긴급 방위 반응	0.9 이하

45. 다음 중 재해발생원인의 4M에 해당하지 않는 것은?

① Man　　② Movement
③ Machine　　④ Management

해설 재해발생원인의 4M
- Man(사람)
- Machine(기계)
- Media(작업)
- Management(관리)

참고 Movement : 이동, 움직임

46. 인간과오를 방지하기 위해 기계설비를 설계하는 원칙에 해당되지 않는 것은?

① 안전설계(fail-safe design)
② 배타설계(exclusion design)
③ 조절설계(adjustable design)
④ 보호설계(prevention design)

해설 인간과오 방지의 3가지 설계기법
- 안전설계 : fail-safe 설계
- 보호설계 : fool-proof 설계
- 배타설계 : 휴먼에러의 가능성을 근원적으로 제거

47. 부주의를 일으키는 의식수준에 대한 설명으로 틀린 것은?

① 의식의 저하 : 귀찮은 생각에 해야 할 과정을 빠뜨리고 행동하는 상태
② 의식의 과잉 : 순간적으로 의식이 긴장되고 한 방향으로만 집중되는 상태
③ 의식의 단절 : 외부의 정보를 받아들일 수도 없고 의사결정도 할 수 없는 상태
④ 의식의 우회 : 습관적으로 작업을 하지만 머릿속에는 고민이나 공상으로 가득 차 있는 상태

해설 ① 의식수준의 저하 : 심신의 피로나 단조로운 반복작업 시 주의력이 떨어지는 상태

48. 조직을 유지하고 성장시키기 위한 평가를 실행함에 있어서 평가자가 저지르기 쉬운 과오 중 어떤 사람에 관한 평가자의 개인적 인상이 피평가자 개개인의 특징에 관한 평가에 영향을 미치는 것을 설명하는 이론은?

① 할로효과(halo effect)
② 대비오차(contrast effect)
③ 근접오차(proximity effect)
④ 관대화 경향(centralization tendency)

해설 할로효과(halo effect) : 후광효과라 하며, 어떤 사람에 대한 평가자의 개인적 인상이 그 사람의 개별적 특징에 관한 평가에 영향을 미치는 현상을 말한다.

49. 집단 간 갈등원인과 이에 대한 대책으로 틀린 것은?

정답 44. ④　45. ②　46. ③　47. ①　48. ①　49. ③

① 영역 모호성 : 역할과 책임을 분명하게 한다.
② 자원 부족 : 계열사나 자회사로의 전직기회를 확대한다.
③ 불균형 상태 : 승진에 대한 동기를 부여하기 위해 직급 간 처우에 차이를 크게 둔다.
④ 작업 유동의 상호의존성 : 부서 간의 협조, 정보교환, 동조, 협력체계를 견고하게 구축한다.

[해설] 직급 간 처우에 큰 차이를 두면 불균형 상태가 해소되지 않는다.

[참고] 집단 간 갈등의 원인 : 역할의 모호성, 자원 부족, 승진·동기부여 문제, 집단 간 목표 차이, 견해와 행동 경향 차이 등

50. 제조업자가 합리적인 대체설계를 채용하였더라면 피해나 위험을 줄이거나 피할 수 있었음에도 대체설계를 채용하지 않아 해당 제조물이 안전하지 못하게 된 경우를 지칭하는 결함의 유형은?

① 제조상의 결함 ② 지시상의 결함
③ 경고상의 결함 ④ 설계상의 결함

[해설] 설계상의 결함 : 제품 자체에 내재된 결함으로, 설계 그 자체의 문제로 판정되는 경우이다.

[참고] 제조물책임법에서의 결함은 제조상의 결함, 설계상의 결함, 표시상의 결함이다.

51. 테일러(F.W. Taylor)에 의해 주장된 조직형태로 관리자가 일정한 관리기능을 담당하도록 기능별 전문화가 이루어진 조직은?

① 위원회 조직   ② 직능식 조직
③ 프로젝트 조직 ④ 사업부제 조직

[해설] 직능식 조직 : 테일러가 제안한 형태로, 각 관리자가 특정 관리 기능을 전문적으로 수행하도록 기능이 분화된 조직 구조이다.

[참고] 직계식(line형) 조직 : 모든 안전관리 업무가 생산라인을 따라 직선적으로 이루어지는 조직이다.

52. 어떤 사람의 행동이 "빨리빨리, 경쟁적으로, 여러 가지를 한꺼번에" 한다고 하면 어떤 성격특성을 설명하는가?

① typt-A 성격
② typt-B 성격
③ typt-C 성격
④ typt-D 성격

[해설] 인간의 성격유형
- Type A : 참을성이 없고 성취욕이 크며 성격이 급하다. 시간에 쫓기며 한 번에 많은 계획을 세우고 여러 일을 동시에 진행한다.
- Type B : 차분하고 여유로우며 시간에 무관심하다. 한 번에 한 가지씩 계획하고 처리한다.

[참고] 성격특성은 사회 일반에서 개인의 행위를 파악할 수 있는 일관된 특징이다.

53. NIOSH 직무 스트레스 모형에서 직무 스트레스 요인과 성격이 다른 한 가지는?

① 작업요인   ② 조직요인
③ 환경요인   ④ 상황 요인

[해설] 직무 스트레스의 원인
- 작업요인 : 작업부하, 교대근무
- 조직요인 : 갈등, 역할요구, 관리유형
- 환경요인 : 소음, 한랭, 환기불량, 조명

[참고] 중재요인 : 개인적 요인, 완충작용 요인, 조직 외 요인, 상황 요인

54. 심리적 측면에서 분류한 휴먼에러의 분류에 속하는 것은?

① 입력 오류   ② 정보처리 오류
③ 생략오류   ④ 의사결정오류

정답 50. ④ 51. ② 52. ① 53. ④ 54. ③

해설 휴먼에러의 심리적 분류
- 생략, 누설, 부작위 오류
- 순서 오류
- 작위 오류

참고 정보처리 과정의 측면에서 분류하면 입력 오류, 출력 오류, 정보처리 오류, 의사결정오류가 있다.

55. 스트레스가 정보처리 수행에 미치는 영향에 대한 설명으로 거리가 가장 먼 것은?
① 스트레스하에서 의사결정의 질은 저하된다.
② 스트레스는 효율적인 학습을 어렵게 할 수 있다.
③ 스트레스는 빠른 수행보다 정확한 수행으로 편파시키는 경향이 있다.
④ 스트레스에 의해 인지적 터널링이 발생하여 다양한 가설을 고려하지 못한다.

해설 ③ 스트레스는 정확한 수행보다 빠른 수행으로 편파시키는 경향이 있다.

56. 여러 개의 자극을 동시에 제시하고 각각의 자극에 대해 반응을 하는 과제를 준 후, 자극이 제시되어 반응할 때까지의 시간을 무엇이라 하는가?
① 기초반응시간 ② 단순반응시간
③ 집중반응시간 ④ 선택반응시간

해설
- 반응시간 : 자극이 주어진 순간부터 반응이 일어날 때까지의 시간
- 단순반응시간 : 하나의 자극 신호에 대해 하나의 반응만 요구할 때 측정되는 반응시간
- 선택반응시간 : 여러 개의 자극을 제시하고 각각의 자극에 대해 서로 다른 반응을 요구하는 경우의 반응시간

57. 다음 중 재해예방의 원칙에 대한 설명으로 틀린 것은?
① 예방가능의 원칙 : 천재지변을 제외한 모든 인재는 예방이 가능하다.
② 손실우연의 원칙 : 재해손실은 우연한 사고 원인에 따라 발생한다.
③ 원인연계의 원칙 : 사고에는 반드시 원인이 있고 원인은 대부분 복합적 연계원인이 있다.
④ 대책선정의 원칙 : 사고의 원인이나 불안전 요소가 발견되면 반드시 대책을 선정하여 실시해야 한다.

해설 손실우연의 원칙 : 사고의 결과 손실유무 또는 대소는 사고 당시 조건에 따라 우연적으로 발생한다.

58. 휴먼에러 확률에 대한 추정기법 중 Tree 구조와 비슷한 그림을 이용하여 사건을 일련의 2진(binary) 의사결정 분지로 모형화하고 직무의 올바른 수행여부에 확률을 부여하여 에러율을 추정하는 기법은?
① FMEA
② THERP
③ Fool Proof Method
④ Monte Carlo Method

해설 일반적으로 THERP는 사건들을 일련의 2진(binary) 의사결정 분지로 모형화하며, 완전 독립부터 완전 정(正)종속까지 5단계 수준으로 직무의 종속성을 고려한다.

59. 다음 동기이론 중 직무 환경요인을 중시하는 것은?
① 기대이론
② 자기조절이론
③ 목표설정이론
④ 작업설계이론

해설 작업설계이론 : 환경요인을 중시하며, 직무가 적절히 설계되면 작업 자체가 업무 동기와 열정을 증진시킬 수 있다고는 이론이다.

정답 55. ③ 56. ④ 57. ② 58. ② 59. ④

60. 리더가 구성원에 영향력을 행사하기 위한 9가지 영향 방략과 가장 거리가 먼 것은?

① 자문
② 무시
③ 제휴
④ 합리적 설득

해설 리더의 영향력 행사 9가지 방략 : 합리적 설득, 자문, 아부(비위), 교환, 동맹(집단형성), 합법화, 압력(강요), 감흥, 합리적 권위

4과목 근골격계질환 예방을 위한 작업관리

61. 근골격계질환 예방·관리 프로그램에서 추진팀의 구성원이 아닌 것은?

① 관리자
② 근로자대표
③ 사용자대표
④ 보건담당자

해설 근골격계질환 예방관리 추진팀
㉠ 1000명 이하의 중·소규모 사업장
  • 작업자대표   • 대표가 위임하는 자
  • 관리자   • 정비·보수담당자
  • 보건관리자   • 구매담당자
㉡ 1000명 이상의 대규모 사업장
  • 기술자(생산, 설계, 보수기술자)
  • 노무담당자

62. 작업관리의 문제분석 도구로서, 가로축에 항목을, 세로축에 항목별 점유비율과 누적비율을 표시한 막대-꺾은선 혼합 그래프를 사용하는 것은?

① 파레토 차트
② 간트 차트
③ 특성요인도
④ PERT 차트

해설 파레토도 : 사고 유형, 기인물 등 분류 항목을 발생빈도가 큰 순서대로 도표화한 분석법이다.

63. 작업분석에 사용되는 공정도나 차트가 아닌 것은?

① 유통선도(flow diagram)
② 활동분석표(activity chart)
③ 간접노동분석표(indirect labor chart)
④ 복수작업자분석표(gang process chart)

해설 방법연구에 사용하는 공정도와 도표
• 생산 시스템 : 흐름선도, 흐름공정도
• 고정된 작업장 내 부동의 작업자 : 작업분석도표, SIMO 차트, 동작경제의 원칙 적용
• 작업자-기계 시스템 : 활동도표
• 다수의 작업자 시스템 : 활동도표, 갱공정도표

64. 근골격계질환을 예방하기 위한 대책으로 적절하지 않은 것은?

① 단순 반복작업은 기계를 사용한다.
② 작업방법과 작업공간을 재설계한다.
③ 작업순환을 실시한다.
④ 작업속도와 작업강도를 점진적으로 강화한다.

해설 ④ 작업속도와 작업강도를 점진적으로 줄인다.

참고 작업속도와 작업강도를 강화하면 근골격계질환이 더욱 악화된다.

65. 요소작업이 여러 개인 경우의 관측횟수를 결정하고자 한다. 표본의 표준편차는 0.6이고, 신뢰도 계수는 2인 경우 추정의 오차범위 ±5%를 만족시키는 관측횟수(N)는?

① 24번   ② 66번   ③ 144번   ④ 576번

해설 관측횟수(N)
$$= \left(\frac{t \cdot s}{e}\right)^2 = \left(\frac{2 \times 0.6}{0.05}\right)^2 = 576$$
여기서, t : 신뢰도계수, s : 표준편차 e : 오차범위

정답 60.② 61.③ 62.① 63.③ 64.④ 65.④

66. 개정된 NIOSH 들기 작업지침에 따라 권장무게한계(RWL)를 산출하고자 할 때, RWL이 최적이 되는 조건과 거리가 먼 것은?

① 정면에서 중량물 중심까지의 비틀림이 전혀 없을 때
② 작업자와 물체의 수평거리가 25cm보다 작을 때
③ 물체를 이동시킨 수직거리가 75cm보다 작을 때
④ 수직높이가 팔을 편안히 늘어뜨린 상태의 손 높이일 때

해설 ③ 물체를 이동시킨 수직거리가 75cm일 때 최적이다.

참고 권장무게한계
$RWL(Kd) = LC \times HM \times VM \times DM \times AM \times FM \times CM$

LC	부하 상수	23kg 작업물의 무게
HM	수평 계수	$25/H$
VM	수직 계수	$1 - (0.003 \times V - 75)$
DM	거리 계수	$0.82 + (4.5/D)$
AM	비대칭 계수	$1 - (0.0032 \times A)$
FM	빈도 계수	분당 들어 올리는 횟수
CM	결합 계수	커플링 계수

67. 셀(cell) 생산방식에 가장 적합한 제품은?

① 의류　　② 가구
③ 선박　　④ 컴퓨터

해설 셀 생산방식 : 시작 공정부터 최종 공정까지 한 작업자 또는 팀이 모든 공정을 담당하여 완제품을 만들어내는 방식이다.

68. 근골격계질환 관련 위험작업에 대한 관리적 개선으로 볼 수 없는 것은?

① 작업의 다양성 제공
② 스트레칭 체조의 활성화
③ 작업도구나 설비의 개선
④ 작업일정 및 작업속도의 조절

해설 ③은 공학적(기술적) 개선에 해당한다.

참고 관리적 개선
• 작업의 다양성 제공
• 스트레칭 체조의 활성화
• 작업일정 및 작업속도의 조절
• 작업자 적정배치
• 작업공간의 주기적 청소 및 유지보수

69. 근골격계질환의 요인에 있어 작업 관련 요인에 해당하는 것은?

① 매장 경력　　② 작업 만족도
③ 휴식시간 부족　　④ 작업의 자율적 조절

해설 ① 개인적 요인
②, ④ 사회심리적 요인

70. 간헐적으로 랜덤한 시점에서 연구대상을 순간적으로 관측하여 대상이 처한 상황을 파악하고, 이를 토대로 관측시간 동안 나타난 항목별로 차지하는 비율을 추정하는 방법은?

① PTS법
② 워크샘플링
③ 웨스팅하우스법
④ 스톱워치를 이용한 시간연구

해설 워크샘플링 : 간헐적으로 무작위 시점에서 연구대상을 순간적으로 관측하여 상황을 파악하고, 이를 바탕으로 관측시간 동안 항목별 비율을 추정하는 방법이다.

71. 1TMU(Time Measurement Unit)를 초 단위로 환산한 것은?

① 0.0036초　　② 0.036초
③ 0.36초　　④ 1.667초

정답 66. ③　67. ④　68. ③　69. ③　70. ②　71. ②

해설 1TMU=0.00001시간=0.0006분
=0.036초

참고 1TMU=$1×10^{-5}$시간

72. 동작경제원칙 중 신체 사용에 관한 원칙이 아닌 것은?

① 두 손은 동시에 시작하고, 동시에 끝나도록 한다.
② 두 팔은 서로 반대 방향으로 대칭적으로 움직이도록 한다.
③ 가능하다면 쉽고 자연스러운 리듬이 생기도록 동작을 배치한다.
④ 타자 칠 때와 같이 각 손가락이 서로 다른 작업을 할 때는 작업량을 각 손가락의 능력에 맞게 배분해야 한다.

해설 ④는 공구 및 설비 디자인에 관한 원칙이다.

73. 설비의 배치방법 중 제품별 배치의 특성에 대한 설명으로 틀린 것은?

① 재고와 재공품이 적어 저장면적이 작다.
② 운반거리가 짧고 가공물의 흐름이 빠르다.
③ 작업기능이 단순화되며 작업자의 작업지도가 용이하다.
④ 설비의 보전이 용이하고 가동율이 높기 때문에 자본투자가 적다.

해설 ④는 공정별 배치의 특성에 대한 설명이다.

참고 부품의 공간배치의 원칙
• 중요성의 원칙 : 중요한 부품을 우선 배치한다.
• 사용빈도의 원칙 : 사용빈도가 높은 부품을 우선 배치한다.
• 기능별 배치의 원칙 : 관련 기능의 부품을 모아서 배치한다.
• 사용순서의 원칙 : 사용순서에 따라 배치한다.

74. 작업분석의 활용 및 적용에 관한 사항 중 틀린 것은?

① 조업 정지로 인한 손실이 큰 작업부터 대상으로 한다.
② 주기 기간이 짧은 작업의 동작분석은 서블릭 분석법을 이용한다.
③ 사람의 동작이 많은 작업을 개선하려는 경우에 적용하는 것이 바람직하다.
④ 반복작업이 많은 경우에는 미세한 동작개선을 중심으로 한다.

해설 ② 주기 기간이 긴 작업의 동작분석은 서블릭 분석법을 이용한다.

75. A 작업의 관측 평균시간이 25DM이고, 제1평가에 의한 속도평가 계수는 120%이며, 제2평가에 의한 2차 조정계수가 10%일 때 객관적 평가법에 의한 정미시간은 몇 초인가? (단, 1DM=0.6초이다.)

① 19.8   ② 23.8
③ 26.1   ④ 28.8

해설 정미시간(NT)
=평균관측시간×속도평가 계수
 ×(1+2차 조정 계수)
=(25×0.6)×1.2×(1+0.1)
=19.8

76. 다음 중 보다 많은 아이디어를 창출하기 위해 가능한 모든 의견을 비판 없이 받아들이고 수정 발언을 허용하며 대량 발언을 유도하는 방법은?

① Brainstorming   ② SEARCH
③ Mind Mapping   ④ ECRS 원칙

해설 브레인스토밍의 4원칙
- 비판금지 : 좋다, 나쁘다 등의 비판은 하지 않는다.
- 자유분방 : 자유롭게 발언한다.
- 대량발언 : 무엇이든 좋으니 많이 발언한다.
- 수정발언 : 타인의 생각에 동참하거나 보충 발언해도 좋다.

77. 작업관리의 목적에 부합하지 않는 것은?

① 안전하게 작업을 실시하도록 한다.
② 작업의 효율성을 높여 재고량을 확보한다.
③ 생산작업을 합리적이고 효율적으로 개선한다.
④ 표준화된 작업의 실시과정에서 그 표준이 유지되도록 한다.

해설 작업관리의 목적
- 최선의 작업방법 개선, 개발
- 생산성 향상
- 작업효율 관리
- 재료, 설비, 공구 등의 표준화
- 안전 확보

78. 어느 병원의 간호사에 대한 근골격계질환의 위험을 평가하기 위하여 인간공학 분야에서 많이 사용되는 유해요인 평가도구 중 하나인 RULA(Rapid Upper Linb Assessment)를 적용하여 작업을 평가한 결과, 최종 점수가 4점이었다. 평가 결과에 대한 해석으로 맞는 것은?

① 수용 가능한 안전한 작업으로 평가됨
② 계속적인 추적관찰이 요구되는 작업으로 평가됨
③ 빠른 작업개선과 작업위험요인의 분석이 요구됨
④ 즉각적인 개선과 작업위험요인의 정밀조사가 요구됨

해설 RULA 조치단계 결정
- 조치수준1(1~2점) : 수용 가능한 작업이다.
- 조치수준2(3~4점) : 계속적인 추적관찰이 요구된다.
- 조치수준3(5~6점) : 빠른 작업개선과 작업위험요인의 분석이 요구된다.
- 조치수준4(7점 이상) : 정밀조사와 즉각적인 개선이 요구된다.

79. 다음 중 근골격계질환에 관한 설명으로 틀린 것은?

① 신체의 기능적 장해를 유발할 수 있다.
② 사전조사에 의해 완전 예방이 가능하다.
③ 초기에 치료하지 않으면 심각해질 수 있다.
④ 미세한 근육이나 조직의 손상으로 시작된다.

해설 사전조사와 면담을 통해 근골격계질환 증상 호소자를 조기에 발견할 수 있으나, 이를 통해 완전 예방이 가능한 것은 아니다.

80. 단위작업 장소 내에 4개, 8개의 동일작업으로 이루어진 부담작업이 있다. 유해요인조사 시 표본 작업 수는 각각 얼마 이상인가?

① 2, 2   ② 2, 3
③ 2, 4   ④ 4, 8

해설 유해요인조사 시 표본 작업의 수는 한 단위작업 장소 내 동일 부담작업이 10개 이하일 경우 작업강도가 가장 높은 2개 이상의 작업을 표본으로 선정한다.

정답 77. ② 78. ② 79. ② 80. ①

2019년도(3회차) 출제문제

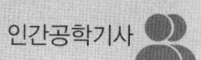

1과목 인간공학개론

1. 음량의 측정과 관련된 사항으로 적절하지 않은 것은?

① 물리적 소리 강도는 지각되는 음의 강도와 비례한다.
② 소리의 세기에 대한 물리적 측정 단위는 데시벨(dB)이다.
③ 손(sone)과 폰(phon)은 지각된 음의 강약을 측정하는 단위이다.
④ 손(sone)값 1은 주파수가 1000 Hz이고 강도가 40 dB인 음이 지각되는 소리의 크기이다.

해설 물리적 소리 강도는 지각되는 음의 강도와 반드시 일치하지 않으며, 사람의 청각 특성에 따라 다르게 지각될 수 있다.

2. 부품배치의 원칙이 아닌 것은?

① 중요성의 원칙
② 사용빈도의 원칙
③ 사용순서의 원칙
④ 크기별 배치의 원칙

해설 부품의 공간배치의 원칙
- 중요성의 원칙
- 사용빈도의 원칙
- 사용순서의 원칙
- 기능별 배치의 원칙

3. 산업현장에서 필요한 인체치수와 같이 움직이는 자세에서 측정한 인체치수는?

① 기능적 인체치수
② 정적 인체치수
③ 구조적 인체치수
④ 고정 인체치수

해설
- 구조적 인체치수(정적 치수) : 신체를 고정된 자세에서 측정한 치수
- 기능적 인체치수(동적 치수) : 신체의 기능 수행 시 체위의 움직임에 따라 측정한 치수

4. 청각적 표시장치에 적용되는 지침으로 적절하지 않은 것은?

① 신호음은 배경소음과 다른 주파수를 사용한다.
② 신호음은 최소 0.5~1초 동안 지속시킨다.
③ 300 m 이상 멀리 보내는 신호음은 1000 Hz 이하의 주파수가 좋다.
④ 주변 소음은 주로 고주파이므로 은폐효과를 막기 위해 200 Hz 이하의 신호음을 사용하는 것이 좋다.

해설 ④ 주변 소음은 주로 고주파이므로 은폐효과를 막기 위해 500~1000 Hz의 신호음을 사용하는 것이 좋다.

5. 인간과 기계의 역할분담에 이어, 인간이 시스템 설치와 보수, 유지 및 감시 등의 역할만 담당하게 되는 시스템은?

① 수동시스템
② 기계시스템
③ 자동시스템
④ 반자동시스템

해설 자동시스템은 인간의 개입이 거의 필요 없도록 설계된 시스템으로, 사람은 설치·보수·유지·감시 등 최소 역할만 담당한다.

정답 1. ① 2. ④ 3. ① 4. ④ 5. ③

6. 연구조사에서 사용되는 기준척도의 요건에 대한 설명으로 옳은 것은?

① 타당성 : 반복 실험 시 재현성이 있어야 한다.
② 민감도 : 동일단위로 환산 가능한 척도여야 한다.
③ 신뢰성 : 기준이 의도한 목적에 부합해야 한다.
④ 무오염성 : 기준 척도는 측정하고자 하는 변수 이외에 다른 변수의 영향을 받아서는 안 된다.

해설 인간공학 연구조사 시 구비조건
- 적절성(타당성) : 기준이 의도한 목적에 적합해야 한다.
- 신뢰성 : 반복시험 시 재현성이 있어야 한다.
- 민감도 : 피실험자 사이에서 볼 수 있는 예상 차이점에 비례하는 단위로 측정해야 한다.
- 무오염성 : 측정하고자 하는 변수 이외의 다른 변수에 영향을 받아서는 안 된다.

7. 인간의 감각기관 중 작업자가 가장 많이 사용하는 감각은?

① 시각   ② 청각   ③ 촉각   ④ 미각

해설 인간의 감각기관 중 눈을 통해 전체 정보의 약 80%를 수집한다.

8. 시각적 암호화(coding) 설계 시 고려사항이 아닌 것은?

① 코딩방법의 분산화
② 사용될 정보의 종류
③ 수행될 과제의 성격과 수행조건
④ 코딩의 중복 또는 결합에 대한 필요성

해설 ① 코딩방법의 표준화

9. 시식별에 영향을 주는 인자에 대한 설명으로 옳은 것은?

① 휘도의 척도로는 foot-candle과 lx가 흔히 쓰인다.
② 어떤 물체나 표면에 도달하는 광의 밀도를 휘도라고 한다.
③ 과녁이나 관측자(또는 양자)가 움직일 경우에는 시력이 감소한다.
④ 일반적으로 조도가 큰 조건에서는 노출시간이 적을수록 식별력이 커진다.

해설 ① 휘도의 척도로는 cd/m^2이 흔히 쓰이며, foot-candle과 lx는 조도의 단위이다.
② 어떤 물체나 표면에 도달하는 광의 밀도는 조도이다.
④ 일반적으로 조도가 큰 조건에서는 노출시간이 짧아도 식별력이 좋아진다.

10. 인체측정치의 응용원칙으로 적합한 것은?

① 침대의 길이는 5퍼센타일 치수를 적용한다.
② 비상버튼까지의 거리는 5퍼센타일 치수를 적용한다.
③ 의자의 좌판 깊이는 95퍼센타일 치수를 적용한다.
④ 지하철의 손잡이 높이는 95퍼센타일 치수를 적용한다.

해설 극단치 설계원칙
- 최대치수의 원칙 : 인체치수 분포의 상위 90%, 95%, 99% 사용자를 포함할 수 있도록 최댓값을 기준으로 설계하며 출입문, 통로 등 여유 공간에 적용한다.
- 최소치수의 원칙 : 인체치수 분포의 하위 1%, 5%, 10% 사용자를 포함할 수 있도록 최솟값을 기준으로 설계하며 기계 높이, 전철 손잡이, 비상버튼 등에 적용한다.

11. 신호검출이론(SDT)에 관한 설명으로 틀린 것은? (단, β는 응답편견척도(response bias), d는 감도척도(sensitivity)이다.)

정답 6. ④ 7. ① 8. ① 9. ③ 10. ② 11. ④

① β값이 클수록 '보수적인 판단자'라고 한다.
② d값은 정규분포를 이용하여 구할 수 있다.
③ 민감도는 신호와 잡음의 평균 간 거리로 표현한다.
④ 잡음이 많을수록, 신호가 약하거나 분명하지 않을수록 d값은 커진다.

해설 ④ 잡음이 많을수록, 신호가 약하거나 분명하지 않을수록 d값은 작아진다.

참고 감도척도가 높으면 작은 신호도 잘 감지할 수 있지만, 잡음이 많거나 신호가 약하면 감도척도가 낮아진다.

12. 다음 중 인간공학의 목적에 관한 내용으로 틀린 것은?

① 사용편의성의 증대, 오류 감소, 생산성 향상 등을 목적으로 둔다.
② 인간공학은 일과 활동을 수행하는 효능과 효율을 향상시키는 것이다.
③ 안전성 개선, 피로와 스트레스 감소, 사용자 수용성 향상, 작업 만족도 증대를 목적으로 한다.
④ Chapanis는 목적달성을 위해 구체적 응용에서 가장 중요한 목표는 몇 가지뿐이며, 그들의 서로 상호연관성은 없다고 했다.

해설 Chapanis는 인간공학의 핵심 목표를 효율성·안전성·사용자 만족으로 제시했으며, 이들은 서로 상호연관되어 함께 고려되어야 한다.

13. 제품의 행동 유도성에 대한 설명으로 적절하지 않은 것은?

① 사용자의 행동에 단서를 제공한다.
② 행동에 제약을 주지 않는 설계를 해야 한다.
③ 제품에 물리적 또는 의미적 특성을 부여함으로써 달성이 가능하다.
④ 사용 설명서를 별도로 읽지 않아도 사용자가 무엇을 해야 할지 알도록 설계해야 한다.

해설 행동 유도성 : 불필요한 행동을 제한하고 특정한 행동만 가능하도록 제약을 주어 설계하는 원리이다.

14. 시식별 요소에 대한 설명으로 옳지 않은 것은?

① 표면으로부터 반사되는 비율을 반사율이라 한다.
② 단위면적당 표면에서 반사되는 광량을 광도라 한다.
③ 광원으로부터 나오는 빛 에너지의 양을 휘도라 한다.
④ 어떤 물체나 표면에 도달하는 빛의 단위면적당 밀도를 조도라 한다.

해설 ③ 광원으로부터 나오는 빛 에너지의 양을 광량이라 한다.

참고 휘도는 광원의 단위면적당 밝기의 정도이며, 단위로 lambert를 쓴다.

15. 배경소음하에서 신호의 발생유무를 판정하는 경우 4가지 반응결과에 대한 설명으로 틀린 것은?

① 허위경보(false alarm) : 신호가 없을 때 신호가 있다고 판단한다.
② 정확한 판정(hit) : 신호가 있을 때 신호가 있다고 판단한다.
③ 신호검출실패(miss) : 정보의 부족으로 신호의 유무를 판단할 수 없다.
④ 잡음을 제대로 판정(correct rejection) : 신호가 없을 때 신호가 없다고 판단한다.

해설 ③ 신호검출실패(miss) : 신호가 있을 때도 잡음으로 판정한다.

참고 신호검출이론은 긍정, 허위, 누락, 부정의 4가지 결과가 있다.

정답 12. ④ 13. ② 14. ③ 15. ③

16. Fitts의 법칙과 관련 없는 것은?

① 표적의 폭
② 표적의 개수
③ 이동소요 시간
④ 표적 중심선까지의 이동거리

해설 Fitts의 법칙

$$동작시간(T) = a + b\log_2\left(\frac{2A}{W}\right)$$

여기서, T : 동작완수에 필요한 평균시간
　　　　A : 이동거리
　　　　W : 목표물의 너비
　　　　a : 단순반응시간
　　　　b : 선택반응시간

17. 하나의 소리가 다른 소리의 청각 감지를 방해하는 현상을 무엇이라 하는가?

① 기피(avoid)효과
② 은폐(masking)효과
③ 제거(exclusion)효과
④ 차단(interception)효과

해설 차폐현상(효과) : 높은음과 낮은음이 공존할 때 낮은음이 강한 음에 가로막혀 감도가 감소되는 현상

18. 회전운동을 하는 조종장치의 레버를 30° 움직였을 때 표시장치의 커서는 2cm 이동하였다. 레버의 길이가 15cm일 때 이 조종장치의 C/R비는 약 얼마인가?

① 2.62　② 3.93　③ 5.24　④ 8.33

해설 조종장치의 C/R비

$$= \frac{(\alpha/360) \times 2\pi L}{표시장치의\ 이동거리}$$

$$= \frac{(30/360) \times 2 \times 3.14 \times 15}{2} ≒ 3.93$$

여기서, α : 조종장치가 움직인 각도
　　　　L : 반지름(조종장치의 거리)

19. 기계화 시스템에 대한 설명으로 적절하지 않은 것은?

① 동력은 기계가 제공한다.
② 반자동화 시스템이라고도 부른다.
③ 인간은 조종장치를 통해 체계를 제어한다.
④ 무인공장이 기계화 시스템의 대표적인 예이다.

해설 ④ 무인공장은 자동화 시스템의 대표적인 예이다.

20. 계기판에 등이 4개 있고 그중 하나에만 불이 켜지는 경우, 얻을 수 있는 정보량은?

① 2bit　　　② 3bit
③ 4bit　　　④ 5bit

해설 정보량$(H) = \log_2 N = \log_2 4 = 2\,\text{bit}$

2과목　　**작업생리학**

21. 산업안전보건법령상 작업환경 측정에 사용되는 단위로 고열환경을 종합적으로 평가할 수 있는 지수는?

① 실효온도(ET)
② 열스트레스지수(HSI)
③ 습구흑구온도지수(WBGT)
④ 옥스퍼드지수(Oxford index)

해설
• 습구흑구온도지수(WBGT) : 작업환경 측정에 사용되는 단위로, 고열환경을 종합적으로 평가할 수 있는 지수이다.
• 실효온도(체감온도, 감각온도) : 상대습도 100%일 때의 온도에서 느끼는 온도와 동일한 온감이다.
• 습건지수(Oxford지수) : 습구온도와 건구온도의 단순 가중치를 나타내는 지수이다.

참고 HSI(Heat Stress Index) : 열압박지수

정답 16. ②　17. ②　18. ②　19. ④　20. ①　21. ③

22. 신체동작 유형 중 관절의 각도가 감소하는 동작에 해당하는 것은?

① 굽힘(flexion)
② 내선(medial retation)
③ 폄(extension)
④ 벌림(abduction)

해설 신체 부위 기본운동
- 굴곡(굽히기) : 관절 간의 각도가 감소하는 움직임
- 신전(펴기) : 관절 간의 각도가 증가하는 움직임
- 내전(모으기) : 팔, 다리가 밖에서 몸 중심선으로 향하는 이동
- 외전(벌리기) : 팔, 다리가 몸 중심선에서 밖으로 멀어지는 이동
- 내선 : 발 운동이 몸 중심선으로 향하는 회전
- 외선 : 발 운동이 몸 중심선으로부터의 회전

23. 교대작업 근로자를 위한 교대제 지침으로 옳지 않은 것은?

① 4조 3교대보다 2조 2교대가 바람직하다.
② 작업을 최소화한다.
③ 연속적인 야간교대작업은 줄인다.
④ 근무시간 종료 후 11시간 이상의 휴식시간을 둔다.

해설 ① 2조 2교대보다 4조 3교대가 바람직하다.

24. 지면으로부터 가벼운 금속조각을 줍는 일에 대해 취하는 다음 자세 중 에너지 소비량(kcal/min)이 가장 낮은 것은?

① 한 팔을 대퇴부에 지지하는 등 구부린 자세
② 두 팔의 지지가 없는 등 구부린 자세
③ 손을 지면에 지지하면서 무릎을 구부린 자세
④ 두 손을 지면에 지지하지 않은 무릎을 구부린 자세

해설 지면에서 금속조각을 줍는 자세 중 손을 지면에 지지하면서 무릎을 구부린 자세가 에너지 소비량이 가장 낮다.

25. 객관적으로 육체적 활동을 측정할 수 있는 생리학적 측정방법으로 옳지 않은 것은?

① EMG
② 에너지 대사량
③ RPE 척도
④ 심박수

해설 생리학적 측정방법
- EMG(근전도)
- ECG(심전도)
- EOG(안전도)
- 산소 소비량
- 에너지 소비량(RMR)
- 피부전기반사(GSR)
- 점멸융합주파수(VFF)

참고 RPE 척도는 주관적 부하측정방법이다.

26. 산업안전보건법령상 영상표시 단말기(VDT) 취급 근로자의 건강장해를 예방하기 위한 방법으로 옳지 않은 것은?

① 작업물을 보기 쉽도록 주위 조명 수준을 1000lx 이상으로 높인다.
② 저휘도형 조명기구를 사용한다.
③ 빛이 작업화면에 도달하는 각도는 화면으로부터 45° 이내로 한다.
④ 화면상의 문자와 배경과의 휘도비를 낮춘다.

해설 화면의 바탕 색상이 흰색 계통일 때 500~700lx로, 검은색 계통일 때 300~500lx로 유지하도록 한다.

27. 순환계의 기능 및 특성에 관한 설명으로 옳지 않은 것은?

① 심장으로부터 말초로 혈액을 운반하는 혈관을 정맥이라고 한다.

정답 22. ① 23. ① 24. ③ 25. ③ 26. ① 27. ①

② 모세혈관은 소동맥과 소정맥을 연결하는 혈관이다.
③ 동맥은 혈액을 심장으로부터 직접 받아들이며, 혈관계에서 가장 높은 압력을 유지한다.
④ 폐순환은 우심실, 폐동맥, 폐, 폐정맥, 좌심방 순서로 혈액이 흐르는 것을 말한다.

해설 ① 심장으로부터 나와서 말초로 향하는 원심성 혈관을 동맥이라고 한다.

참고 정맥 : 말초에서 심장으로 되돌아가는 구심성 혈관

28. 근육의 대사(metabolism)에 관한 설명으로 적절하지 않은 것은?

① 대사과정에 있어 산소 공급이 충분하면 젖산이 축적된다.
② 산소를 이용하는 유기성과 산소를 이용하지 않는 무기성 대사로 나눌 수 있다.
③ 음식물을 섭취하여 기계적인 일과 열로 전환하는 화학적 과정이다.
④ 활동수준이 평상시에 공급되는 산소 이상 필요로 하는 경우, 순환계통은 이에 맞추어 호흡수와 맥박수를 증가시킨다.

해설 ① 계속적인 인체 활동 시 산소 공급이 부족하면 젖산이 축적된다.

참고 산소 부채 : 활동이 끝난 후에도 남아 있는 젖산을 제거하기 위해 필요한 산소

29. 모멘트(moment)에 관한 설명으로 옳지 않은 것은?

① 모멘트는 특정한 축에 관하여 회전을 일으키는 힘의 경향이다.
② 모멘트의 크기는 힘의 크기와 회전축으로부터 힘의 작용선까지의 거리에 의해 결정된다.
③ 모멘트의 단위는 N·m이다.
④ 힘의 방향과 관계없이 모멘트의 방향은 항상 일정하다.

해설 ④ 힘의 방향에 따라 모멘트의 방향은 바뀐다.

30. 인간의 근육에 관한 설명으로 옳지 않은 것은?

① 근조직은 형태와 기능에 따라 골격근, 평활근, 심근으로 분류된다.
② 골격근의 수축은 운동신경의 지배를 받으며 수의적 조절에 따라 일어난다.
③ 평활근의 수축은 자율신경계, 호르몬, 화학 신호의 지배를 받으며, 불수의적 조절에 따라 일어난다.
④ 적근은 체표면 가까이 존재하며 주로 급속한 동작을 하기 때문에 쉽게 피로해진다.

해설 ④ 적근은 근육의 수축속도는 느리지만 지구력이 높아 쉽게 피로해지지 않는다.

참고
• 백근 : 수축속도가 빠르고 피로해지기 쉽다.
• 적근 : 수축속도가 느리고 잘 피로해지지 않는다.

31. 진동이 인체에 미치는 영향에 대한 설명으로 적절하지 않은 것은?

① 진동은 시력, 추적 능력 등의 손상을 초래한다.
② 시간이 경과함에 따라 영구 청력손실을 가져온다.
③ 레이노 증후군(Raynaud's phenomenon)은 진동으로 인한 말초혈관운동의 장해로 발생한다.
④ 정확한 근육조절을 요구하는 작업의 경우 그 효율이 저하된다.

해설 ② 시간이 경과함에 따라 전신장해와 국소장해를 가져온다.

참고 • 전신진동이 만성적으로 반복되면 천장골좌상이나 신장손상으로 인한 혈뇨, 자

정답 28. ① 29. ④ 30. ④ 31. ②

각적 동요감, 불쾌감, 불안감 및 동통을 호소하게 된다.
• 국소장해는 심한 진동을 받으면 뼈, 관절 및 신경, 근육, 인대, 혈관 등 연부조직에 이상이 발생된다.

32. 작업장의 소음 노출정도를 측정한 결과가 다음과 같다면 이 작업장 근로자의 소음노출지수는?

소음수준 [dB(A)]	노출시간[h]	허용시간[h]
80	3	64
90	4	8
100	1	2

① 1.00　　② 1.05
③ 1.10　　④ 1.15

해설 소음노출지수(D)
$$= \frac{C_1}{T_1} + \frac{C_2}{T_2} + \cdots + \frac{C_n}{T_n}$$
$$= \frac{3}{64} + \frac{4}{8} + \frac{1}{2} \approx 1.047$$
여기서, C_n : 실제노출시간
　　　　T_n : 허용노출시간

33. 다음 인체해부학의 용어 중 몸을 전후로 나누는 가상의 면(plane)을 뜻하는 것은?

① 정중면(medial plane)
② 시상면(sagittal plane)
③ 관상면(coronal plane)
④ 횡단면(transverse plane)

해설 인체해부학적 기준면
• 정중면 : 신체를 좌우대칭으로 나누는 면
• 관상면 : 몸을 전후로 나누는 면
• 횡단면 : 신체를 상하로 나누는 면
• 시상면 : 해부학적 자세를 기준으로 신체를 좌우로 나누는 면

34. 근수축 활동에 관한 설명으로 옳지 않은 것은?

① 근수축은 액틴과 미오신 필라멘트의 미끄러짐 작용에 의해 이루어진다.
② 액틴과 미오신 필라멘트는 미끄러짐 작용을 통해 길이 자체가 짧아진다.
③ ATP 분해 시 방출된 에너지가 근육에 이용된다.
④ 운동 시 부족했던 산소를 운동이 끝나고 휴식시간에 보충하는 것을 산소 부채라 한다.

해설 근수축은 액틴과 미오신 필라멘트가 서로 미끄러지듯 겹쳐 들어가는 과정에 의해 이루어지며, 이때 필라멘트 자체의 길이는 변하지 않는다.

35. 일반적으로 눈을 감고 편안한 자세로 조용히 앉아 있는 사람에게 나타나며, 안정파라고 불리는 뇌파 형태에 해당하는 것은?

① α파　② β파　③ θ파　④ δ파

해설 뇌파의 상태
• α파 : 뇌가 이완된 상태
• β파 : 의식이 깨어있을 때 나타나는 뇌파
• θ파 : 지각과 꿈의 경계상태
• δ파 : 깊은 수면 상태에서 나타나는 뇌파

36. 작업자 A가 작업을 하던 중 평균 흡기량은 50L/min, 배기량은 40L/min이며 배기량 중 산소의 함량이 17%일 때 산소 소비량은? (단, 공기 중 산소 함량은 21%이다.)

① 2.7L/min　　② 3.7L/min
③ 4.7L/min　　④ 5.7L/min

해설 산소 소비량
= (분당 흡기량 × 흡기 중 O_2)
　- (분당 배기량 × 배기 중 O_2)
= (50 × 0.21) - (40 × 0.17)
= 3.7 L/min

참고 공기 중에는 산소가 21%, 질소가 79% 함유되어 있다.

37. 작업부하 및 휴식시간 결정에 관한 설명으로 옳은 것은?

① 작업부하는 작업자 개인의 능력과 관계없이 산출된다.
② 정신적인 권태감은 주관적인 요소이므로 휴식시간 산정 시 고려할 필요가 없다.
③ 작업방법이나 설비를 재설계하는 공학적 대책으로는 작업부하를 감소시킬 수 없다.
④ 장기적인 전신피로는 직무 만족감을 낮추고, 건강상의 위험을 증가시킬 수 있다.

해설 정신적, 육체적 피로, 권태감 등을 줄이기 위해 모든 작업에는 일정한 휴식시간이 필요하다.

참고 직무 스트레스의 원인
- 작업요인 : 작업부하, 교대근무 등
- 조직요인 : 갈등, 역할요구, 관리유형 등
- 환경요인 : 소음, 한랭, 환기불량, 조명 등

38. 다음의 산업안전보건법령상 "강렬한 소음작업" 정의에서 ( )에 적합한 수치는?

( ) 데시벨 이상의 소음이 1일 30분 이상 발생하는 작업

① 80　② 90　③ 100　④ 110

해설 하루 기준 소음노출허용시간

기준	90 dB	95 dB	100 dB	105 dB	110 dB
노출	8시간	4시간	2시간	1시간	30분

39. 조도(illuminance)의 단위로 옳은 것은?

① m　② lumen
③ lux　④ candela

해설
- m : 길이
- lumen : 광속
- lux : 조도
- candela : 광도

40. 다음 중 근육의 정적상태의 근력을 나타내는 용어는?

① 등속성 근력(Isokinetic strength)
② 등장성 근력(Isotonic strength)
③ 등관성 근력(Isoinertia strength)
④ 등척성 근력(Isometric strength)

해설
- 등척성 근력 : 신체 부위를 움직이지 않고 고정된 물체에 힘을 가할 때 발휘되는 근력
- 등척성 운동 : 근육이 수축하는 과정에서 근육의 길이와 관절 각도가 변하지 않는 운동

3과목　산업심리학 및 관계법규

41. 산업안전보건법령상 유해요인조사 및 개선 등에 관한 내용으로 옳지 않은 것은?

① 법에 의한 임시건강진단 등에서 근골격계질환자가 발생한 경우에는 지체 없이 유해요인조사를 해야 한다.
② 근골격계 부담작업에 근로자를 종사하도록 하는 신설 사업장의 경우에는 지체 없이 유해요인조사를 해야 한다.
③ 근골격계 부담작업에 해당하는 새로운 작업, 설비를 도입한 경우에는 지체없이 유해요인조사를 해야 한다.
④ 근골격계 부담작업에 해당하는 업무의 양과 작업공정 등 작업환경을 변경한 경우에는 지체없이 유해요인조사를 해야 한다.

해설 ② 근골격계 부담작업에 근로자를 종사하도록 하는 신설 사업장은 신설일로부터 1년 이내에 유해요인조사를 완료해야 한다.

정답 37. ④　38. ④　39. ③　40. ④　41. ②

42. 조직차원에서의 스트레스 관리방안과 가장 거리가 먼 것은?

① 직무재설계
② 긴장완화훈련
③ 우호적인 직장 분위기 조성
④ 경력계획과 개발 과정의 수립 및 상담 제공

해설 긴장완화훈련은 스스로 수행하는 자율훈련이므로 조직차원과 거리가 있다.

참고 스트레스를 해소하는 방법 : 숙면 취하기, 건강한 식단, 하루 계획하기, 규칙적인 휴식시간, 깊은 심호흡, 가벼운 운동, 방해요소 최소화, 힐링 언어 및 장소, 상황 관리하기, 동료들의 도움받기 등

43. 개인의 성격을 건강과 관련하여 연구하는 성격유형 중 아래와 같은 행동 양식을 가지는 유형으로 옳은 것은?

- 항상 분주하고 시간에 강박관념을 가진다.
- 동시에 많은 일을 하려고 한다.
- 공격적이고 경쟁적이다.
- 양적인 면으로 성공을 측정한다.

① A형 행동양식
② B형 행동양식
③ C형 행동양식
④ D형 행동양식

해설 성격유형
- A형 : 능동적 · 공격적인 성향이며, 경쟁심이 강하고 자존감이 높다.
- B형 : 수동적 · 방어적 성향이며 느긋하다.
- C형 : 착하고 감정을 억누르며 예스맨인 경우가 많다.
- D형 : 자아는 강하지만 부정적인 감정이 많고 친구가 적다.

44. 산업안전보건법령상 산업재해조사에 관한 설명으로 옳은 것은?

① 재해 조사의 목적은 인적, 물적 피해상황을 알아내고 사고의 책임자를 밝히는 데 있다.
② 재해발생 시 가장 먼저 조치할 사항은 직접 원인, 간접 원인 등의 재해원인을 조사하는 것이다.
③ 3개월 이상의 요양이 필요한 부상자가 동시에 2인 이상 발생했을 때 중대재해로 분류한다.
④ 사업주는 사망자가 발생했을 때 재해가 발생한 날로부터 10일 이내에 산업재해 조사표를 작성하여 관할 지방노동관서의 장에게 제출해야 한다.

해설 ① 재해 조사의 목적은 같은 종류의 재해가 되풀이되지 않도록 원인을 분석, 검토하여 재해예방대책을 세우는 것이다.
② 재해발생 시 가장 먼저 조치할 사항은 재해발생 상황을 현장 조사하여, 작업의 개시부터 재해발생까지의 경과 중 재해와 관련된 사실을 확인하는 것이다.
④ 사업주는 사망자가 발생했을 때 재해가 발생한 날로부터 1개월 이내에 산업재해 조사표를 작성하여 관할 지방노동관서의 장에게 제출해야 한다.

참고 중대재해 3가지
- 사망자가 1명 이상 발생한 재해
- 3개월 이상의 요양이 필요한 부상자가 동시에 2명 이상 발생한 재해
- 부상자 또는 직업성 질병자가 동시에 10명 이상 발생한 재해

45. 인적요인 개선을 통한 휴먼에러 방지대책으로 적합한 것은?

① 작업자의 특성과 작업설비의 적합성 점검 · 개선
② 인간공학적 설계 및 적합화
③ 모의훈련으로 시나리오에 따른 리허설
④ 안전 설계(fail-safe desing)

정답 42. ② 43. ① 44. ③ 45. ③

해설 휴먼에러 예방대책
- 인적요소에 대한 대책
- 소집단 활동의 활성화
- 작업에 대한 교육 및 훈련
- 전문인력의 적재적소 배치
- 모의훈련으로 시나리오에 따른 리허설

46. 작업자의 휴먼에러 발생 확률은 매시간 0.05로 일정하고 다른 작업과 독립적으로 실수를 한다고 가정할 때, 8시간 동안 에러의 발생 없이 작업을 수행할 신뢰도는?

① 0.60 ② 0.67 ③ 0.86 ④ 0.95

해설 신뢰도 $T(t) = e^{-\lambda t} = e^{-0.05 \times 8} = 0.67$
여기서, λ : 고장률
t : 고장 없이 사용할 시간

47. 반응시간(reaction time)에 관한 설명으로 옳은 것은?

① 자극이 요구하는 반응을 행하는 데 걸리는 시간을 의미한다.
② 반응해야 할 신호가 발생한 때부터 반응이 종료될 때까지의 시간을 의미한다.
③ 단순반응시간에 영향을 미치는 변수로는 자극 양식, 자극의 특성, 자극 위치, 연령 등이 있다.
④ 여러 개의 자극을 제시하고, 각각에 대한 서로 다른 반응을 할 과제를 준 후 자극이 제시되어 반응할 때까지의 시간을 단순반응시간이라 한다.

해설
- 반응시간 : 자극이 주어진 순간부터 반응이 일어날 때까지의 시간
- 단순반응시간 : 하나의 자극 신호에 대해 하나의 반응만 요구할 때 측정되는 반응시간
- 선택반응시간 : 여러 개의 자극을 제시하고 각각의 자극에 대해 서로 다른 반응을 요구하는 경우의 반응시간

48. 다음 중 민주적 리더십에 관한 내용으로 옳은 것은?

① 리더에 의한 모든 정책의 결정
② 리더의 지원에 의한 집단 토론식 결정
③ 리더의 과업 및 과업 수행 구성원 지정
④ 리더의 최소 개입 또는 개인적인 결정의 완전한 자유

해설 ①, ③ 권위주의적 리더
④ 자유방임적 리더

49. 어느 사업장의 도수율은 40이고 강도율은 4이다. 이 사업장의 재해 1건당 근로손실일수는?

① 1 ② 10
③ 50 ④ 100

해설 평균강도율
$= \dfrac{강도율}{도수율} \times 1000 = \dfrac{4}{40} \times 1000$
$= 100$

50. 교육 프로그램에 대한 평가 준거 중 교육 프로그램이 회사에 주는 경제적 가치와 가장 밀접한 관련이 있는 것은?

① 반응 준거 ② 학습 준거
③ 행동 준거 ④ 결과 준거

해설 결과 준거 : 교육 프로그램을 통해 생산량, 제품 불량률, 출근율, 이직률, 안전사고율 등이 얼마나 증감했는지를 보여주는 것이다.

51. 부주의로 인한 사고방지를 위한 정신적 측면의 대책으로 옳지 않은 것은?

① 작업의욕의 고취
② 작업환경의 개선
③ 안전의식의 제고
④ 스트레스 해소방안 마련

정답 46. ② 47. ③ 48. ② 49. ④ 50. ④ 51. ②

해설 부주의로 인한 사고방지대책

기능 및 작업적 측면	정신적 측면
• 적성배치 • 안전작업방법 습득 • 작업조건 개선 • 표준작업동작의 습관화	• 안전의식의 함양 • 주의력의 집중훈련 • 스트레스의 해소 • 작업의욕의 고취

52. 산업재해방지를 위한 대책으로 적절하지 않은 것은?

① 산업재해 감소를 위해 안전관리체계를 자율화하고 안전관리자의 직무권한을 최소화해야 한다.
② 재해와 원인 사이에는 인과관계가 있으므로 재해의 원인분석을 통한 방지대책이 필요하다.
③ 재해방지를 위해서는 손실유무와 관계없는 아차사고(near accident)를 예방하는 것이 중요하다.
④ 불안전한 행동의 방지를 위해서는 심리적 대책과 공학적 대책이 동시에 필요하다.

해설 ① 산업재해 감소를 위해 안전관리체계를 강화하고 안전관리자의 직무권한을 확대해야 한다.

53. 호손실험의 결과에 따라 작업자의 작업능률에 영향을 미치는 주요 요인은?

① 작업장의 온도
② 물리적 작업조건
③ 작업장의 습도
④ 작업자의 인간관계

해설 호손실험 : 작업자의 태도, 감독자, 비공식 집단 등 물리적 작업조건보다 인간관계(심리적 태도, 감정)가 생산성 향상에 더 큰 영향을 미친다는 결론이다.

54. 스웨인(Swain)의 휴먼에러 분류 중 다음 사례에서 재해의 원인이 된 동료작업자 B의 휴먼에러로 적합한 것은?

> 컨베이어 벨트 위에 앉아 있는 작업자 A가 동료작업자 B에게 작동 버튼을 살짝 눌러서 벨트가 조금만 움직이다가 멈추게 하라고 요청했다. 동료작업자 B는 버튼을 누르던 중 균형을 잃고 버튼을 과도하게 눌러서 벨트가 전속력으로 움직여 작업자 A가 전도되는 재해가 발생하였다.

① time error
② sequential error
③ omission error
④ commission error

해설 휴먼에러의 심리적 분류에서 독립행동에 관한 분류
• 시간지연 오류(time error) : 시간지연으로 발생하는 에러
• 순서 오류(sequential error) : 작업공정의 순서 착오로 발생한 에러
• 생략, 누설, 부작위 오류(omission error) : 작업공정 절차를 수행하지 않아 발생한 에러
• 작위 오류, 실행 오류(commission error) : 필요한 작업절차의 불확실한 수행으로 발생한 에러
• 과잉행동 오류(extraneous error) : 불확실한 작업절차의 수행으로 발생한 에러

55. 뇌파의 유형에 따라 인간의 의식수준을 단계별로 분류할 때, 의식이 명료하여 가장 적극적인 활동이 이루어지고 실수의 확률이 가장 낮은 단계는?

① Ⅰ단계
② Ⅱ단계
③ Ⅲ단계
④ Ⅳ단계

정답 52. ① 53. ④ 54. ④ 55. ③

해설 인간의 의식 레벨의 단계

단계	모드	생리적 상태	신뢰성
0	무의식	수면, 뇌발작, 주의작용 상실, 실신	0
1	의식 흐림	피로, 단조로운 일, 수면, 졸음, 몽롱	0.9 이하
2	이완 상태	안정적 기거, 휴식, 정상작업	0.99~1 이하
3	상쾌한 상태	적극적 활동, 최적의 활동상태	0.999 이상
4	과긴장 상태	일점 집중, 긴급 방위 반응	0.9 이하

56. FTA(Fault Tree Analysis)에 관한 설명으로 옳은 것은?

① 연역적이며 톱다운(top down) 접근방식이다.
② 귀납적이고, 위험 그 자체와 영향을 강조하고 있다.
③ 시스템 구상에 있어 가장 먼저 하는 분석으로 위험요소가 어떤 상태에 있는지를 정성적으로 평가하는 데 적합하다.
④ 한 사건에 대해 실패와 성공으로 분개하고, 동일한 방법으로 분개된 각각의 가지에 대해 실패 또는 성공의 확률을 구하는 것이다.

해설 결함수 분식법(FTA)의 특성
- top down 형식(연역적)
- 정량적 해석 기법(해석 가능)
- 논리기호를 사용하여 특정 사상에 대한 해석
- 서식이 간단하고 비교적 적은 노력으로 분석 가능
- 논리성의 부족, 2가지 이상의 요소가 고장 날 경우 분석이 곤란하며, 요소가 물체로 한정되어 인적 원인 분석이 어렵다.

57. 직무 스트레스 요인 중 역할 관련 스트레스 요인의 설명으로 옳지 않은 것은?

① 역할 모호성이 클수록 스트레스가 크다.
② 역할 부하가 적을수록 스트레스가 적다.
③ 조직의 중간에 위치하는 중간관리자 등은 역할갈등에 노출되기 쉽다.
④ 역할 과부하는 직무요구가 능력을 초과하는 경우의 스트레스 요인이다.

해설 담당업무의 역할을 명확히 함으로써 스트레스를 줄여 주는 역할을 한다.

참고 적당한 업무와 스트레스는 건강에 도움이 된다.

58. 매슬로우(Maslow)의 욕구위계설에서 제시한 인간 욕구들을 낮은 단계부터 높은 단계의 순서로 바르게 나열한 것은?

① 생리적 욕구 → 안전 욕구 → 사회적 욕구 → 존경 욕구 → 자아실현의 욕구
② 안전 욕구 → 생리적 욕구 → 사회적 욕구 → 존경 욕구 → 자아실현의 욕구
③ 생리적 욕구 → 사회적 욕구 → 존경 욕구 → 자아실현의 욕구 → 안전 욕구
④ 생리적 욕구 → 사회적 욕구 → 안전 욕구 → 존경 욕구 → 자아실현의 욕구

해설 매슬로우가 제창한 인간의 욕구 5단계

1단계	생리적 욕구
2단계	안전 욕구
3단계	사회적 욕구
4단계	존경 욕구
5단계	자아실현의 욕구

59. 안전대책의 중심적인 내용이라 할 수 있는 3E에 포함되지 않는 것은?

① Education

정답 56. ① 57. ② 58. ① 59. ③

② Engineering
③ Environment
④ Enforcement

[해설] 안전대책의 3E
- Education(교육대책)
- Engineering(기술대책)
- Enforcement(관리대책)

[참고] Environment : 환경

60. 리더십의 이론 중 경로-목표이론(path-goal theory)에서 리더 행동에 따른 4가지 범주의 설명으로 옳은 것은?

① 후원적 리더는 부하들의 욕구, 복지문제 및 안정, 온정에 관심을 기울이고, 친밀한 집단 분위기를 조성한다.
② 성취지향적 리더는 부하들과 정보자료를 충분히 활용하고, 부하들의 의견을 존중하여 의사결정에 반영한다.
③ 주도적 리더는 도전적 목표를 설정하고, 높은 수준의 수행을 강조하여 부하들이 그 목표를 달성할 수 있다는 자신감을 갖게 한다.
④ 참여적 리더는 부하들의 작업을 계획하고 조정하며, 그들에게 기대하는 바를 알려주고 구체적인 작업지시를 하며, 규칙과 절차를 따르도록 요구한다.

[해설] 리더의 행동유형 4가지
- 성취적 리더 : 높은 목표를 설정하고 의욕적인 성취동기를 유도하는 리더
- 지원(후원)적 리더 : 관계 지향적이며, 부하의 요구와 친밀한 분위기를 중시하는 리더
- 주도적 리더 : 구조 주도적 측면을 강조하고, 부하의 과업계획을 구체화하는 리더
- 참여적 리더 : 부하의 정보자료를 활용하고, 의사결정에 부하의 의견을 반영하여 집단 중심의 관리를 중시하는 리더

4과목 근골격계질환 예방을 위한 작업관리

61. 다음 중 위험작업의 관리적 개선에 속하지 않는 것은?

① 위험표지 부착
② 작업자의 교육 및 훈련
③ 작업자의 작업속도 조절
④ 작업자의 신체에 맞는 작업장 개선

[해설] 작업장 개선은 공학적 개선사례이다.

[참고] 공학적 개선 : 공구, 장비, 설비, 작업장, 포장, 부품, 재설계, 교체 등

62. NIOSH의 들기 작업지침에 따른 중량물 취급작업에서 권장무게한계를 산정하는 데 고려해야 할 변수로 옳지 않은 것은?

① 상체의 비틀림 각도
② 작업자의 평균 보폭거리
③ 물체를 이동시킨 수직이동거리
④ 작업자의 손과 물체 사이의 수직거리

[해설] 권장무게한계
$RWL(Kd) = LC \times HM \times VM \times DM \times AM \times FM \times CM$

LC	부하 상수	23kg 작업물의 무게
HM	수평 계수	$25/H$
VM	수직 계수	$1-(0.003 \times V-75)$
DM	거리 계수	$0.82+(4.5/D)$
AM	비대칭 계수	$1-(0.0032 \times A)$
FM	빈도 계수	분당 들어 올리는 횟수
CM	결합 계수	커플링 계수

63. 작업관리에서 결과에 대한 원인을 파악하기 위한 문제분석 도구는?

① 브레인스토밍
② 공정도(process chart)

[정답] 60. ① 61. ④ 62. ② 63. ④

③ 마인트 매핑(mind mapping)
④ 특성요인도

해설 특성요인도 : 재해와 그 요인의 상호관계를 어골상으로 세분하여 나타내는 분석법이다.

64. 근골격계질환 발생단계 가운데 2단계에 해당하는 것은?
① 작업 수행이 불가능함
② 휴식시간에도 통증을 호소함
③ 통증이 하룻밤 지나면 없어짐
④ 작업을 수행하는 능력이 저하됨

해설 근골격계질환 발병단계

1단계	• 하룻밤 지나면 증상 없음 • 작업능력 감소 없음 • 작업 중 통증 호소
2단계	• 하룻밤 지나도 통증 지속 • 작업능력 감소 • 화끈거려 잠을 설침
3단계	• 하루 종일 통증 • 작업수행 불가능 • 휴식시간 통증, 불면

65. 다음 중 손가락을 구부릴 때 힘줄의 굴곡 운동에 장애를 주는 근골격계질환의 명칭으로 옳은 것은?
① 회전근개 건염
② 외상 과염
③ 방아쇠 수지
④ 내상 과염

해설 손가락을 굽히고 펼 때 방아쇠를 당기는 듯한 저항감과 통증이 느껴지기 때문에 방아쇠 수지라고 부른다.

66. 워크샘플링에 대한 장단점으로 적합하지 않은 것은?
① 시간연구법보다 더 자세하다.
② 특별한 측정장치가 필요 없다.
③ 관측이 순간적으로 이루어져 작업에 방해가 적다.
④ 자료수집이나 분석에 필요한 순수시간이 다른 시간연구법에 비해 짧다.

해설 워크샘플링에 대한 장단점
• 특별한 시간측정 장비가 필요 없다.
• 관측이 순간적으로 이루어져 작업에 방해가 적다.
• 자료수집이나 분석에 필요한 순수시간이 다른 시간연구 방법에 비해 짧다.
• 분석자가 소비하는 총 작업시간이 적은 편이다.
• 시간연구법보다 덜 자세하다.
• 짧은 주기나 반복작업에는 부적합하다.

67. 3시간 동안 작업 수행과정을 촬영하여 워크샘플링 방법으로 200회를 샘플링한 결과 30번의 손목꺾임이 확인되었다. 이 작업의 시간당 손목끼임 시간은?
① 6분
② 9분
③ 18분
④ 30분

해설 • 손목끼임 시간
= 발생 확률 × 60분 = 0.15 × 60분 = 9분
• 손목끼임 발생 확률
$= \dfrac{관측된\ 횟수}{총관측횟수} = \dfrac{30}{200} = 0.15$

68. 동작경제의 원칙에 해당되지 않는 것은?
① 신체 사용에 관한 원칙
② 작업장 배치에 관한 원칙
③ 제품과 공정별 배치에 관한 원칙
④ 공구 및 설비 디자인에 관한 원칙

해설 Barnes(반즈)의 동작경제의 3원칙
• 신체의 사용에 관한 원칙

정답 64. ④ 65. ③ 66. ① 67. ② 68. ③

- 작업장 배치에 관한 원칙
- 공구 및 설비 디자인에 관한 원칙

69. 근골격계질환을 예방하기 위한 대책으로 적절하지 않은 것은?

① 작업방법과 작업공간을 재설계한다.
② 작업순환(job rotation)을 실시한다.
③ 단순 반복적인 작업은 기계를 사용한다.
④ 작업속도와 작업강도를 점진적으로 강화한다.

해설 ④ 작업속도와 작업강도를 점진적으로 줄인다.

참고 작업속도와 작업강도를 강화하면 근골격계질환이 더욱 악화된다.

70. 다음 동작 중 '주머니로 운반', '다시잡기', '볼펜회전'은 동시에 수행되는 결합동작이다. '주머니로 운반'의 시간은 15.2TMU, '다시잡기'는 5.6TMU, '볼펜회전'은 4.1TMU일 때 왼손작업 정미시간은?

왼손작업	동작	TMU	동작	오른손 작업
볼펜잡기	G3	5.6		
주머니로 운반	M12C	15.2		
다시잡기	G2	5.6	RL1	볼펜 놓기
볼펜회전	T60S	4.1		
주머니에 넣기	PISE	5.6		

① 11.2TMU
② 26.4TMU
③ 32.0TMU
④ 36.1TMU

해설
- 정미시간 = 볼펜잡기 + 결합동작 + 주머니에 넣기
- 결합동작 : 15.2(주머니로 운반, 다시잡기, 볼펜회전의 시간 중 TMU값이 큰 것이 대표시간)

∴ 정미시간 = 5.6 + 15.2 + 5.6 = 26.4TMU

71. 어느 작업시간의 관측 평균시간이 1.2분, 레이팅 계수가 110%, 여유율이 25%일 때 외경법에 의한 개당 표준시간은?

① 1.32분
② 1.50분
③ 1.53분
④ 1.65분

해설 외경법에 의한 개당 표준시간
- 정미시간(NT)

$$= 평균관측시간 \times \frac{레이팅 계수}{100}$$

$$= 1.2 \times \frac{110}{100} = 1.32분$$

- 표준시간(ST)
= 정미시간 × (1 + 여유율)
= 1.32 × (1 + 0.25) = 1.65분

72. 설비의 배치방법 중 공정별 배치의 특성에 대한 설명으로 틀린 것은?

① 작업 할당에 융통성이 있다.
② 운반거리가 직선적이며 짧아진다.
③ 작업자가 다루는 품목의 종류가 다양하다.
④ 설비의 보전이 용이하고 가동률이 높기 때문에 자본 투자가 적다.

해설 ②는 제품별 배치의 특성이다.

참고 ㉠ 공정별 배치의 장점
- 작업자의 자긍심이 높고, 직무 만족도가 높다.
- 제품설계나 작업순서 변경에 대한 유연성이 크다.
- 전문화된 감독과 통제가 가능하다.
- 설비의 보전이 용이하고, 가동률이 높기 때문에 자본 투자가 적다.
- 작업 할당에 융통성이 있다.

㉡ 공정별 배치의 단점
- 총생산시간이 증가한다.
- 숙련된 노동력이 필요하다.
- 생산 일정의 계획 및 통제가 어렵다.

- 자재 취급 비용, 재고 비용 등의 증가로 단위당 생산원가가 높아진다.
- 운반거리가 길어진다.

73. 작업구분을 큰 것에서부터 작은 것 순으로 나열한 것은?

① 공정 → 단위작업 → 요소작업 → 동작요소 → 서블릭
② 공정 → 요소작업 → 단위작업 → 서블릭 → 동작요소
③ 공정 → 단위작업 → 동작요소 → 요소작업 → 서블릭
④ 공정 → 단위작업 → 요소작업 → 서블릭 → 동작요소

해설 작업구분 단계순서(대에서 소까지)
공정 → 단위작업 → 요소작업 → 동작요소 → 서블릭

74. 시계 조립과 같이 정밀한 작업을 위한 작업대의 높이로 가장 적절한 것은?

① 팔꿈치 높이로 한다.
② 팔꿈치 높이보다 5~15cm 낮게 한다.
③ 팔꿈치 높이보다 5~15cm 높게 한다.
④ 작업면과 눈의 거리가 30cm 정도 되도록 한다.

해설 입식 작업대의 높이
- 정밀작업 : 팔꿈치 높이보다 5~10cm 높게 설계
- 일반작업 : 팔꿈치 높이보다 5~10cm 낮게 설계
- 힘든 작업(重작업) : 팔꿈치 높이보다 10~20cm(30cm) 낮게 설계

75. 유해요인조사 방법 중 OWAS(Ovako Working Posture Analysis System)에 관한 설명으로 옳지 않은 것은?

① OWAS의 작업자세 수준은 4단계로 분류된다.
② OWAS는 작업자세로 인한 부하를 평가하는 데 초점이 맞추어져 있다.
③ OWAS는 신체 부위의 자세뿐만 아니라 중량물의 사용도 고려하여 평가한다.
④ OWAS는 작업자세를 허리, 팔, 손목으로 구분하여 각 부위의 자세를 코드로 표현한다.

해설 OWAS : 작업자세의 부하를 평가하기 위해 개발한 방법으로, 현장에서 작업자세는 허리, 팔, 다리, 하중으로 구분하여 각 부위의 자세를 코드로 표현한다.

76. 산업안전보건법령상 근로자가 근골격계 부담작업을 하는 경우 유해요인조사의 실시 주기는? (단, 신설되는 사업장은 제외한다.)

① 6개월 ② 1년
③ 2년   ④ 3년

해설 사업주는 근로자가 근골격계 부담작업을 하는 경우 3년마다 유해요인조사를 실시해야 한다.

참고 신설되는 사업장의 경우 신설일로부터 1년 이내에 최초의 유해요인조사를 실시한다.

77. 다음의 설명에 적합한 서블릭 용어는?

> 다음에 진행할 동작을 위해 대상물을 정해진 장소에 놓는 동작

① 바로 놓기
② 놓기
③ 미리 놓기
④ 운반

해설 미리 놓기는 다음 작업을 준비하기 위한 사전 배치동작이다.

정답 73. ① 74. ③ 75. ④ 76. ④ 77. ③

78. 표준시간의 산정방법과 구체적인 측정기법의 연결이 옳지 않은 것은?

① 시간연구법 : 스톱워치법
② PTS법 : MTM법, Work factor법
③ 워크샘플링법 : 직접 관찰법
④ 실적자료법 : 전자식 자료 집적기

해설 실적자료법 : 과거 자료나 경험을 활용하여 표준시간을 산정하는 방법이다.

79. 상세한 작업분석의 도구로 적합하지 않은 것은?

① 서블릭(Therblig) ② 파레토도
③ 다중활동 분석표   ④ 작업자 공정도

해설 파레토도 : 사고 유형, 기인물 등 분류항목을 발생빈도가 큰 순서대로 도표화한 분석법

80. 공정도(process chart)에 관한 설명으로 옳지 않은 것은?

① 작업을 기본적인 동작요소로 나눈다.
② 부품의 이동을 확인할 수 있다.
③ 역류 현상을 점검할 수 있다.
④ 작업과 검사 과정을 표시할 수 있다.

해설 ①은 서블릭에 관한 설명이다.

참고 공정도(process chart)는 공정의 흐름을 기호로 표시하여 작업의 순서, 검사, 운반, 지연 등의 과정을 한눈에 파악하도록 한 도표로, 공정 개선과 불필요한 공정 제거에 활용된다.

정답 78. ④ 79. ② 80. ①

2020년도(1회차) 출제문제

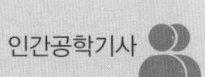

1과목 인간공학개론

1. 회전운동을 하는 조종장치의 레버를 20° 움직였을 때 표시장치의 커서는 2cm 이동하였다. 레버의 길이가 15cm일 때 이 조종장치의 C/R비는 약 얼마인가?
① 2.62
② 5.24
③ 8.33
④ 10.48

해설 조종장치의 C/R비
$$= \frac{(\alpha/360) \times 2\pi L}{\text{표시장치의 이동거리}}$$
$$= \frac{(20/360) \times 2 \times 3.14 \times 15}{2} ≒ 2.62$$
여기서, α : 조종장치가 움직인 각도
L : 반지름(조종장치의 거리)

2. 정보에 관한 설명으로 옳은 것은?
① 대안의 수가 늘어나면 정보량은 감소한다.
② 선택반응시간은 선택대안의 수에 선형으로 반비례한다.
③ 정보이론에서 정보란 불확실성의 감소라 정의할 수 있다.
④ 실현 가능성이 동일한 대안이 2가지일 경우 정보량은 2bit이다.

해설 ① 대안의 수가 늘어나면 정보량은 증가한다.
② 선택반응시간은 선택대안의 수가 증가할수록 로그에 비례하여 증가한다.
④ 실현 가능성이 동일한 대안 2가지 중 하나가 명시되었을 때 얻어지는 정보량은 1bit이다.

참고 정보량(H)=$\log_2 N$으로 대안이 2가지일 경우 정보량(H)=$\log_2 2$=1bit이다.

3. 인간-기계 시스템에서의 기본적인 기능으로 볼 수 없는 것은?
① 정보의 수용
② 정보의 생성
③ 정보의 저장
④ 정보처리 및 결정

해설 정보처리의 기본기능
• 정보의 수용
• 행동 기능
• 정보의 저장
• 정보처리 및 결정

4. 신호검출이론(signal detection theory)에서 판정기준을 나타내는 우도비(likelihood ratio) β와 민감도(sensitibity) d에 대한 설명 중 옳은 것은?
① β가 클수록 보수적이고 d가 클수록 민감함을 나타낸다.
② β가 작을수록 보수적이고 d가 클수록 민감함을 나타낸다.
③ β가 클수록 보수적이고 d가 클수록 둔감함을 나타낸다.
④ β가 작을수록 보수적이고 d가 클수록 둔감함을 나타낸다.

해설 • β가 클수록 보수적이며 작을수록 진취적이다.
• d가 클수록 민감함을 나타내며 정규분포를 이용하여 구할 수 있다.

참고 감도척도가 높으면 작은 신호도 잘 감지할 수 있지만, 잡음이 많거나 신호가 약하면 감도척도가 낮아진다.

정답 1. ① 2. ③ 3. ② 4. ①

5. 다음 피부의 감각기능 중 감수성이 제일 높은 것은?

① 온각　② 통각　③ 압각　④ 냉각

해설 피부감각의 민감도(감수성) 순서 : 통각 > 압각 > 냉각 > 온각

6. 인간공학의 개념과 가장 거리가 먼 것은?

① 효율성 제고　② 심미성 제고
③ 안전성 제고　④ 편리성 제고

해설 인간공학은 인간의 특성에 맞는 작업환경·도구·시스템을 설계하여 안전성, 효율성, 편리성을 높이는 것이므로 심미성 제고는 인간공학의 본질적인 목표가 아니다.

참고 인간공학의 연구 목적
- 안전성 향상과 사고방지
- 기계 조작의 능률성과 생산성 향상
- 인간의 특성에 맞는 작업환경 및 작업방법의 설계
- 안전의 극대화 및 효율성 향상

7. 인체 측정자료의 응용 시 평균치 설계에 관한 내용으로 옳지 않은 것은?

① 최소, 최대 집단값이 사용 불가능한 경우에 사용된다.
② 인체측정학적인 면에서 보면 모든 부분에서 평균인 인간은 없다.
③ 은행 창구의 접수대는 평균값을 기준으로 한 설계의 좋은 예이다.
④ 일반적으로 평균치를 이용한 설계에는 보통 집단 특성치의 5%에서 95%까지의 범위가 사용된다.

해설 ④는 조절식 설계에 대한 내용이다.

8. 정량적인 표시장치에 대한 설명으로 옳은 것은?

① 표시장치 설계 시 끝이 둥근 지침이 권장된다.
② 계수형 표시장치의 기본형태는 지침이 고정되고 눈금이 움직이는 형태이다.
③ 동침형 표시장치는 인식적 암시 신호를 나타내는 데 적합하다.
④ 눈금이 고정되고 지침이 움직이는 표시장치를 동목형 표시장치라 한다.

해설 ① 표시장치 설계 시 끝이 뾰족한 지침이 권장된다.
② 동목형 표시장치의 기본형태는 지침이 고정되고 눈금이 움직이는 형태이다.
④ 눈금이 고정되고 지침이 움직이는 표시장치를 동침형 표시장치라 한다.

참고 계수형 표시장치는 전력계나 택시요금 등의 계기와 같이 숫자가 표시된다.

9. 음량수준(phon)이 80인 순음의 sone값은 얼마인가?

① 4　② 8
③ 16　④ 32

해설 $sone = 2^{(phon-40)/10} = 2^{(80-40)/10} = 16$

10. 시감각 체계에 관한 설명으로 옳지 않은 것은?

① 동공은 조도가 낮을 때 많은 빛을 통과시키기 위해 확대된다.
② 1디옵터는 1m 거리에 있는 물체를 보기 위해 요구되는 조절기능이다.
③ 망막의 표면에는 빛을 감지하는 광수용기인 원추체와 간상체가 분포되어 있다.
④ 안구의 수정체는 공막에 정확한 이미지가 맺히도록 형태를 스스로 조절하는 일을 담당한다.

해설 ④ 안구의 수정체는 망막에 상이 맺히도록 하며, 초점을 맞추기 위해 수정체의 두께와 만곡을 조절한다.

정답　5. ②　6. ②　7. ④　8. ③　9. ③　10. ④

11. 다음 눈의 구조 중 빛이 도달하여 초점이 가장 선명하게 맺히는 부위는?

① 동공　　② 홍채
③ 황반　　④ 수정체

해설 황반은 시력이 가장 예민한 부위로, 빛이 도달했을 때 초점이 가장 선명하게 맺히는 곳이다.

12. 정적 인체 측정자료를 동적 자료로 변환할 때 활용될 수 있는 크로머(Kroemer)의 경험법칙을 설명한 것으로 옳지 않은 것은?

① 키, 눈, 어깨, 엉덩이 등의 높이는 3% 정도 줄어든다.
② 팔꿈치 높이는 대개 변화가 없지만, 작업 중 5%까지 증가하는 경우가 있다.
③ 앉은 무릎 높이 또는 오금 높이는 굽 높은 구두를 신지 않는 한 변화가 없다.
④ 전방 및 측방 팔길이는 편안한 자세에서 30% 정도 늘어나고, 어깨와 몸통을 심하게 돌리면 20% 정도 감소한다.

해설 ④ 전방 및 측방 팔길이는 편안한 자세에서 30% 정도 줄고, 어깨와 몸통을 심하게 돌리면 20% 정도 늘어난다.

13. 청각을 이용한 경계 및 경보신호의 설계에 관한 내용으로 옳지 않은 것은?

① 500~3000Hz의 진동수를 사용한다.
② 장거리용으로는 1000Hz 이하의 진동수를 사용한다.
③ 신호가 칸막이를 통과해야 할 때는 500Hz 이상의 진동수를 사용한다.
④ 주의를 끌기 위해 초당 1~3번 오르내리는 변조된 신호를 사용한다.

해설 ③ 신호가 칸막이를 통과해야 할 때는 500Hz 이하의 진동수를 사용한다.

14. 사람이 일정한 시간에 두 가지 이상의 작업을 처리할 수 있도록 하는 것을 무엇이라 하는가?

① 시배분(time sharing)
② 변화감지(variety sense)
③ 절대식별(absolute judgment)
④ 비교식별(comparative judgment)

해설 시배분은 여러 가지 일을 일정한 시간에 처리할 수 있도록 시간을 나누는 것이다.

15. 사용성 평가에 주로 사용되는 평가척도로 적합하지 않은 것은?

① 과제물 내용
② 에러의 빈도
③ 과제의 수행시간
④ 사용자의 주관적 만족도

해설 닐슨(Nielsen)의 사용성 평가척도
- 학습 용이성
- 에러의 빈도
- 과제의 수행시간
- 주관적 만족도
- 기억 용이성
- 효율성

16. 키를 측정할 때 체중계가 아닌 줄자를 이용하는 것처럼 연구조사 시 측정하고자 하는 바를 얼마나 정확하게 측정하였는지를 평가하는 척도는?

① 타당성(validity)
② 신뢰성(reliability)
③ 상관성(correlation)
④ 민감성(sensitivity)

해설 인간공학 연구조사 시 구비조건
- 적절성(타당성) : 기준이 의도한 목적에 적합해야 한다.
- 신뢰성 : 반복시험 시 재현성이 있어야 한다.

정답 11. ③　12. ④　13. ③　14. ①　15. ①　16. ①

- 민감도 : 피실험자 사이에서 볼 수 있는 예상 차이점에 비례하는 단위로 측정해야 한다.
- 무오염성 : 측정하고자 하는 변수 이외의 다른 변수에 영향을 받아서는 안 된다.

17. 청각적 신호를 설계하는 데 고려되어야 하는 원리 중 검출성(detectability)에 대한 설명으로 옳은 것은?

① 사용자에게 필요한 정보만 제공한다.
② 동일한 신호는 항상 동일한 정보를 지정하도록 한다.
③ 사용자가 알고 있는 친숙한 신호의 차원과 코드를 선택한다.
④ 신호는 주어진 상황하에서 감지장치나 사람이 감지할 수 있어야 한다.

해설 검출성은 신호를 감지할 수 있는 능력에 초점을 맞추어야 한다.

18. 동전 던지기에서 앞면이 나올 확률은 0.4이고 뒷면이 나올 확률은 0.6일 경우, 이로부터 기대할 수 있는 평균정보량은 약 얼마인가?

① 0.65 bit   ② 0.88 bit
③ 0.97 bit   ④ 1.99 bit

해설 평균정보량$(H_a) = \sum_{i=1}^{n} p_i \log_2\left(\frac{1}{p_i}\right)$

$= 0.4 \times \log_2\left(\frac{1}{0.4}\right) + 0.6 \times \log_2\left(\frac{1}{0.6}\right)$

$\fallingdotseq 0.97$ bit

19. 손잡이의 설계에 있어 촉각정보를 통해 분별 및 확인할 수 있는 코딩방법이 아닌 것은?

① 색에 의한 코딩
② 크기에 의한 코딩
③ 표면의 거칠기에 의한 코딩
④ 형상에 의한 코딩

해설 ① 색에 의한 코딩은 촉각정보가 아니라 시각정보를 통해 분별 및 확인할 수 있는 코딩방법이다.

20. 특정 사물들, 특히 표시장치(display)나 조종장치(control)에서 물리적 형태나 공간적인 배치의 양립성을 나타내는 것은?

① 양식(modality) 양립성
② 공간(spatial) 양립성
③ 운동(movement) 양립성
④ 개념적(conceptual) 양립성

해설 양립성의 종류
- 운동 양립성 : 사용자가 핸들을 오른쪽으로 움직이면 장치의 방향도 오른쪽으로 이동하는 것
- 공간 양립성 : 공간의 배치가 인간의 기대와 일치하는 것
- 개념 양립성 : 코드나 심벌의 의미가 인간의 개념과 일치하는 것
- 양식 양립성 : 자극의 제시 양식과 반응 양식이 일치하는 것

2과목 작업생리학

21. 영상표시 단말기(VDT)를 취급하는 작업장 주변환경의 조도(lux)는? (단, 화면의 바탕 색상은 검은색 계통이며 고용노동부 고시를 따른다.)

① 100~300   ② 300~500
③ 500~700   ④ 700~900

해설 화면의 바탕 색상이 흰색 계통일 때 500~700 lx로, 검은색 계통일 때 300~500 lx로 유지하도록 한다.

정답 17. ④ 18. ③ 19. ① 20. ② 21. ②

22. 인체활동이나 작업종료 후에도 체내에 쌓인 젖산을 제거하기 위해 산소가 더 필요하게 되는 것을 무엇이라 하는가?

① 산소 빚(oxygen debt)
② 산소값(oxygen value)
③ 산소 피로(oxygen fatigue)
④ 산소 대사(oxygen metabolism)

해설 산소 부채(산소 빚) : 활동이 끝난 후에도 남아 있는 젖산을 제거하기 위해 필요한 산소이다.

참고 젖산은 무산소 운동 시 생성되는 부산물로, 탄수화물 분해 과정에서 크렙스 사이클(Krebs cycle)이 원활히 작동하지 않을 때 발생한다.

23. 다음 중 불수의근(involuntary muscle)과 관계가 없는 것은?

① 내장근
② 평활근
③ 골격근
④ 민무늬근

해설 ③ 골격근은 내 의지대로 움직일 수 있는 수의근이다.

참고 불수의근(involuntary muscle) : 의지와 관계없이 자율적으로 움직이며, 자율신경계(교감 신경계와 부교감 신경계)의 지배를 받는다.

24. 시소 위에 올려놓은 물체 A와 B는 평형을 이루고 있다. 물체 A는 시소 중심에서 1.2m 떨어져 있고 무게는 35kg이며, 물체 B는 물체 A와 반대 방향으로 중심에서 1.5m 떨어져 있다고 가정했을 때 물체 B의 무게는 몇 kg인가?

① 19　② 28　③ 35　④ 42

해설 물체 A와 B는 평형이므로
$W_A \times d_A = W_B \times d_B$
$35 \times 1.2 = x \times 1.5$
$\therefore x = 35 \times \dfrac{1.2}{1.5} = 28\,kg$

25. 작업강도의 증가에 따른 순환기 반응의 변화로 옳지 않은 것은?

① 혈압의 상승
② 적혈구의 감소
③ 심박출량의 증가
④ 혈액의 수송량 증가

해설 ② 적혈구의 감소는 작업강도 증가에 따른 반응이 아니며, 오히려 얼굴이 창백해지고 빈혈 증상 등이 나타난다.

참고 작업에 따른 인체의 생리적 반응
- 육체적 작업강도가 증가하면 심박출량이 증가한다.
- 심박출량이 증가하면 혈압이 상승한다.
- 혈액의 수송량이 증가하면 산소 소비량도 증가한다.

26. 어떤 물체 또는 표면에 도달하는 빛의 밀도는?

① 조도
② 광도
③ 반사율
④ 점광원

해설 조도(illuminance)는 단위면적당 비춰지는 빛의 양으로, 어떤 물체 표면에 도달한 빛의 밀도를 의미한다.

27. 시각적 점멸융합주파수(VFF)에 영향을 주는 변수에 대한 내용으로 옳지 않은 것은?

① 암조응 시 VFF가 증가한다.
② 연습의 효과는 아주 적다.
③ 휘도만 같으면 색은 VFF에 영향을 주지 않는다.
④ VFF는 조명 강도의 대수치에 선형적으로 비례한다.

정답 22. ①　23. ③　24. ②　25. ②　26. ①　27. ①

[해설] ① 암조응 시 VFF가 감소한다.
[참고] 암순응(암조응)
- 완전 암순응 소요시간 : 보통 30~40분
- 완전 명순응 소요시간 : 보통 2~3분

28. 인체의 척추 구조에서 경추는 몇 개로 구성되어 있는가?
① 5개   ② 7개   ③ 9개   ④ 12개

[해설] 인간의 척추는 각각 경추 7개, 흉추 12개, 요추 5개, 천추 5개, 미추 3~5개로 구성되어 있다.
[참고] 성인이 되면 천추와 미추는 하나로 합쳐져 천골과 미골을 형성하게 된다.

29. 근육운동에 있어 장력이 활발하게 생기는 동안 근육이 가시적으로 단축되는 것을 무엇이라 하는가?
① 연축(twitch)
② 강축(tetanus)
③ 원심성 수축(eccentric contraction)
④ 구심성 수축(concentric contraction)

[해설] 구심성 수축은 근육이 저항보다 큰 장력을 발휘하여 근육의 길이가 짧아지는 수축을 말한다.

30. 어떤 작업자의 8시간 작업 시 평균 흡기량은 40L/min, 배기량은 30L/min로 측정되었다. 배기량에 대한 산소 함량이 15%로 측정되었다면 이때 분당 산소 소비량(L/min)은?
① 3.3   ② 3.5   ③ 3.7   ④ 3.9

[해설] 산소 소비량
= (분당 흡기량 × 흡기 중 O_2)
 − (분당 배기량 × 배기 중 O_2)
= $(40 \times 0.21) - (30 \times 0.15)$
= 3.9 L/min

[참고] 공기 중에는 산소가 21%, 질소가 79% 함유되어 있다.

31. 나이에 따라 발생하는 청력손실은 어떤 주파수의 음에서 가장 먼저 나타나는가?
① 500Hz   ② 1000Hz
③ 2000Hz   ④ 4000Hz

[해설] 소음에 의한 청력손실이 가장 크게 나타나는 주파수대는 3000~4000Hz이다.

32. 생리적 활동의 척도 중 Borg의 RPE (Ratings of Perceived Exertion) 척도에 대한 설명으로 옳지 않은 것은?
① 육체적 작업부하의 주관적 평가방법이다.
② NASA−TLX와 동일한 평가척도를 사용한다.
③ 척도의 양 끝은 최소 심장 박동률과 최대 심장 박동률을 나타낸다.
④ 작업자들이 주관적으로 지각한 신체적 노력의 정도를 6~20 사이의 척도로 평정한다.

[해설] ② NASA−TLX는 0~100 사이의 평가척도를 사용한다.
[참고] RPE는 6~20 사이의 평가척도를 사용한다.

33. 신경계 중 반사(reflex)와 통합(integration)의 기능적 특징을 갖는 것은?
① 중추신경계
② 운동신경계
③ 교감신경계
④ 감각신경계

[해설] 중추신경계 : 뇌와 척수로 이루어지며, 신체 각 부위의 기능을 통솔하고 자극을 전달·처리하는 역할을 한다. 또한 자극에 대한 반사를 일으키고, 여러 반응을 조합·조정하여 목적을 달성하도록 하는 통합 기능을 가진다.

[정답] 28. ②   29. ④   30. ④   31. ④   32. ②   33. ①

34. 근력의 상태 중 물체를 들고 있을 때처럼 신체 부위를 움직이지 않으면서 고정된 물체에 힘을 가하는 상태는?

① 정적 상태(static condition)
② 동적 상태(dynamic condition)
③ 등속 상태(isokinetic condition)
④ 가속 상태(acceleration condition)

해설
- 정적 상태 : 물체를 들고 있을 때처럼 신체 부위를 움직이지 않으면서 고정된 물체에 힘을 가하는 상태
- 동적 상태 : 물체를 들고 신체 부위를 움직이면서 물체에 힘을 가하는 기능적인 근력 상태

35. 다음 중 추천반사율(IES)이 가장 높은 것은?

① 벽　② 천장　③ 바닥　④ 책상

해설 실내 조명반사율

바닥	가구, 책상	벽	천장
20~40%	25~40%	40~60%	80~90%

참고 조명이 천장에 있다고 가정하면 가까운 곳일수록 조명반사율이 높다.

36. 사업장에서 발생하는 소음의 노출기준을 정할 때 고려해야 할 결정요인과 가장 거리가 먼 것은?

① 소음의 크기
② 소음의 높낮이
③ 소음의 지속시간
④ 소음 발생체의 물리적 특성

해설 소음의 노출기준
- 소음의 크기
- 소음의 높낮이
- 소음의 지속시간
- 소음작업의 근속연수
- 소음작업의 개인적인 감수성

37. 특정 과업에서 에너지 소비량에 영향을 미치는 인자로 가장 거리가 먼 것은?

① 작업속도　② 작업자세
③ 작업순서　④ 작업방법

해설 에너지 소비량에 영향을 주는 인자
- 작업자세
- 작업속도
- 도구사용(설계)
- 작업방법

38. 진동이 인체에 미치는 영향으로 옳지 않은 것은?

① 심박수가 증가한다.
② 시성능은 10~25Hz 대역의 경우 가장 심하게 영향을 받는다.
③ 진동수와 추적작업과의 상호연관성이 적어 운동성능에 영향을 미치지 않는다.
④ 중앙신경계의 처리과정과 관련되는 과업의 성능은 진동의 영향을 비교적 덜 받는다.

해설 ③ 진동수와 추적작업과의 상호연관성이 있어 운동성능에 영향을 미친다.

39. 고온 작업장에서 작업 시 신체 내부의 체온조절 계통의 기능이 상실되어 발생하며, 체온이 과도하게 오를 경우 사망에 이를 수 있는 고열장해는?

① 열소모　② 열사병
③ 열발진　④ 참호족

해설 열에 의한 손상
- 열발진 : 고온환경에서 과도한 땀과 자극으로 피부에 붉은 수포성 발진이 나타나는 현상
- 열경련 : 과도한 땀 배출로 전해질이 고갈되어 근육 경련이 나타나는 현상
- 열소모(열피로) : 장시간 노동이나 운동으로 다량의 땀을 흘리고 체내 수분과 염분이 부족하여 현기증, 구토 등이 나타나는 현상
- 열사병 : 고온, 다습한 환경에서 체온조절

정답 34. ①　35. ②　36. ④　37. ③　38. ③　39. ②

장애로 뇌 온도가 상승하여, 심하면 혼수상태에 빠져 생명을 앗아가는 현상
• 열쇠약 : 만성적인 고온환경 노출로 체력 소모와 함께 위장장애, 불면, 빈혈 등이 나타나는 현상

40. 작업생리학 분야에서 신체활동의 부하를 측정하는 생리적 반응치가 아닌 것은?

① 심박수(heart rate)
② 혈류량(blood flow)
③ 폐활량(lung capacity)
④ 산소 소비량(oxygen consumption)

해설 생리적 부하 측정척도
• 산소 소비량
• 에너지 소비량
• 혈류 재분배
• 혈압(심박수, 심박출량, 혈류량)

참고 정신적 작업부하에 대한 생리적 측정치 : 심박수, 부정맥, 뇌전위(점멸융합주파수), 동공반응(눈 깜빡임률), 호흡수, 뇌파 등

3과목 산업심리학 및 관계법규

41. 산업재해의 발생형태 중 상호 자극에 의해 순간적(일시적)으로 재해가 발생하는 유형은 어느 것인가?

① 복합형   ② 단순 자극형
③ 단순 연쇄형   ④ 복합 연쇄형

해설 산업재해의 발생형태
• 단순자극형 :

• 단순연쇄형 : ○→○→○→○→⊗

• 복합연쇄형 :

• 복합형 :

42. 단순반응시간을 a, 선택반응시간을 b, 움직인 거리를 A, 목표물의 너비를 W라 할 때, 동작시간 예측에 관한 피츠의 법칙(Fitt's law)으로 옳은 것은?

① 동작시간 $= a + b\log_2\left(\dfrac{2A}{W}\right)$

② 동작시간 $= b + a\log_2\left(\dfrac{2A}{W}\right)$

③ 동작시간 $= a + b\log_2\left(\dfrac{2W}{A}\right)$

④ 동작시간 $= b + a\log_2\left(\dfrac{2W}{A}\right)$

해설 피츠법칙의 동작시간

동작시간$(T) = a + b\log_2\left(\dfrac{2A}{W}\right)$

여기서, T : 동작완수에 필요한 평균시간
A : 이동거리
W : 목표물의 너비
a : 단순반응시간
b : 선택반응시간

43. 보행 신호등이 바뀌었지만 자동차가 움직이기까지는 아직 시간이 있다고 주관적으로 판단하여 신호등을 건너는 경우는 어떤 상태인가?

① 억측 판단   ② 근도반응
③ 초조반응   ④ 의식의 과잉

정답 40. ③   41. ②   42. ①   43. ①

해설 억측 판단 : 규정과 원칙대로 행동하지 않고 과거 경험에 따라 바뀔 것을 예측하고 행동하다가 사고가 발생하는 경우로, 건널목 사고 등이 이에 해당한다.

44. 갈등 해결방안 중 자신의 이익이나 상대방의 이익에 모두 무관심한 것은?

① 경쟁 ② 순응
③ 타협 ④ 회피

해설 회피 : 일하기를 꺼려 선뜻 나서지 않으며, 이는 무관심한 태도로 나타난다.

45. 다음 중 스트레스에 관한 설명으로 옳지 않은 것은?

① 스트레스 수준은 작업성과와 정비례 관계에 있다.
② 위협적인 환경특성에 대한 개인의 반응이라 볼 수 있다.
③ 적정수준의 스트레스는 작업성과에 긍정적으로 작용한다.
④ 지나친 스트레스를 지속적으로 받으면 인체는 자기조절능력을 상실할 수 있다.

해설 적당한 스트레스는 작업성과에 긍정적이지만, 그 이상의 스트레스는 오히려 작업성과에 부정적인 영향을 끼친다.

46. 재해예방의 4원칙에 해당하지 않는 것은?

① 손실우연의 원칙
② 조직구성의 원칙
③ 원인계기의 원칙
④ 대책선정의 원칙

해설 하인리히 산업재해예방의 4원칙
- 손실우연의 원칙 : 사고로 인한 손실유무나 크기는 사고 당시의 조건에 따라 우연히 결정된다.
- 원인계기(연계)의 원칙 : 재해 발생에는 반드시 원인이 있다.
- 예방가능의 원칙 : 재해는 원인을 제거하면 원칙적으로 예방이 가능하다.
- 대책선정의 원칙 : 재해를 예방할 수 있는 안전대책은 반드시 존재한다.

47. 리더십(leadership)과 비교한 헤드십(headship)의 특징으로 옳은 것은?

① 민주주의적 지휘형태
② 개인능력에 따른 권한 근거
③ 구성원과의 사회적 간격이 넓음
④ 집단의 구성원들에 의해 선출된 지도자

해설 리더십과 헤드십의 비교

분류	리더십	헤드십
권한 행사	선출직	임명직
권한 부여	구성원의 동의 (밑으로부터)	상위자에 의한 위임
권한 귀속	목표달성에 기여한 공로 인정	공식 규정에 따름
상하 관계	개인적인 영향	지배적인 영향
부하와의 사회적 관계	관계(간격)가 좁음	관계(간격)가 넓음
지휘형태	민주주의적	권위주의적
책임 귀속	상사와 부하 공동	상사 중심
권한 근거	개인적, 비공식적	법적, 공식적

48. 제조물책임법에서 손해배상 책임에 대한 설명으로 옳지 않은 것은?

① 해당 제조물 결함에 의해 발생한 손해가 그 제조물 자체에만 그치는 경우에는 제조물 책임대상에서 제외한다.

정답 44. ④ 45. ① 46. ② 47. ③ 48. ④

② 피해자가 제조물의 제조업자를 알 수 없는 경우에는 제조물을 영리 목적으로 판매한 공급자가 손해를 배상해야 한다.
③ 제조자가 결함 제조물로 인해 생명, 신체 또는 재산상의 손해를 입은 자에게 손해를 배상할 책임을 의미한다.
④ 제조업자가 제조물의 결함을 알면서도 필요한 조치를 취하지 않으면 손해를 입은 자에게 발생한 손해의 2배 범위 내에서 배상책임을 진다.

해설 ④ 제조업자가 제조물의 결함을 알면서도 필요한 조치를 취하지 않으면, 손해를 입은 자에게 발생한 손해의 3배를 넘지 않는 범위 내에서 배상책임을 진다.

49. 다음 소시오그램에서 B의 선호신분지수로 옳은 것은?

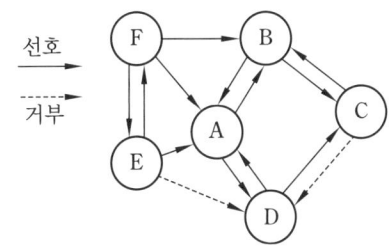

① 1/5　② 2/5
③ 3/5　④ 4/5

해설 선호신분지수
$$= \frac{선호총계}{구성원 수-1} = \frac{3}{6-1} = \frac{3}{5}$$

50. 하인리히는 재해연쇄론에서 재해가 발생하는 과정을 5단계 요인으로 나누어 설명하였다. 그중 사고를 예방하기 위한 관리 활동들이 가장 효과적으로 적용될 수 있는 단계는 무엇이라고 주장하였는가?
① 개인적 결함
② 사고 그 자체
③ 사회적 환경(분위기)
④ 불안전행동 및 불안전상태

해설 하인리히에 따르면 3단계인 불안전행동 및 불안전상태를 제거하면 연쇄가 끊겨 사고와 재해를 예방할 수 있다.
• 직접 원인 : 3단계(불안전행동 및 불안전상태)
• 간접 원인 : 2단계(사회적 환경, 개인적 결함)

51. 민주적 리더십과 관련된 이론이나 조직형태는?
① X이론
② Y이론
③ 라인형 조직
④ 관료주의 조직

해설 맥그리거(Mcgregor)의 X, Y이론

X이론	Y이론
인간 불신감	상호 신뢰감
성악설	성선설
인간은 원래 게으르고 태만하여 남의 지배를 받기를 즐김	인간은 부지런하고 근면·적극적이며 자주적임
물질 욕구 (저차원 욕구)	정신 욕구 (고차원 욕구)
명령, 통제에 의한 관리	자기통제에 의한 관리
저개발국형	선진국형
권위주의적 리더십	민주적 리더십
경제적 보상체제의 강화	분권화와 권한의 위임
금전적 보상	정신적 보상
직무의 단순화	직무의 정교화

52. FTA(Fault Tree Analysis)에 대한 설명으로 옳지 않은 것은?

① 해석하고자 하는 정상사상과 기본사상과의 인과관계를 도식화하여 나타낸다.
② 고장이나 재해요인의 정성적 분석뿐만 아니라 정량적 분석이 가능하다.
③ "사건이 발생하려면 어떤 조건이 만족되어야 하는가?"에 근거한 연역적 접근방법을 이용한다.
④ 정성적 결함나무(FT : Fault Tree)를 작성하기 전에 정상사상이 발생할 확률을 계산한다.

해설 결함수 분석법(FTA) : 특정 사고에 대해 사고 원인이 되는 장치 및 기기의 결함이나 작업자 오류 등을 연역적(top-down) 방식으로 정량적으로 평가하는 분석기법이다.

53. 다음 중 피로의 생리학적 측정방법과 거리가 먼 것은?

① 뇌파 측정(EEG)
② 심전도 측정(ECG)
③ 근전도 측정(EMG)
④ 변별역치의 측정(촉각계)

해설 변별역치의 측정은 심리학적 측정방법이다.

참고 생리학적 측정방법
- EMG(근전도) : 근육활동의 전위차를 기록
- ECG(심전도) : 심장근 활동의 전위차를 기록
- ENG, EEG(뇌전도) : 신경활동의 전위차를 기록
- EOG(안전도) : 안구운동의 전위차를 기록
- 산소 소비량 : 동적작업 시 육체 부하
- 에너지 소비량(RMR) : 기준대사량 대비 상대적 에너지 소비량
- 점멸융합주파수(VFF) : 피로가 증가할수록 감소하는 경향

54. 어느 작업자가 평균 100개의 부품을 검사하여 불량품 5개를 검출했으나 실제로는 15개의 불량품이 있었다. 이 작업자가 100개가 1로트로 구성된 로트 2개를 검사하면서 2개의 로트 모두에서 휴먼에러를 범하지 않을 확률은?

① 0.01 ② 0.1 ③ 0.81 ④ 0.9

해설 반복되는 이산적 직무에서의 인간신뢰도
$R(n_1, n_2) = (1-p)^{(n_2-n_1+1)}$
$= (1-0.1)^{(2-1+1)}$
$= 0.81$
여기서, p : 실수 확률

55. 상시작업자 1000명이 근무하는 사업장의 강도율이 0.6이었다. 이 사업장에서 재해발생으로 인한 연간 총 근로손실일수는 며칠인가? (단, 작업자 1인당 연간 2400시간을 근무하였다.)

① 1220일 ② 1320일
③ 1440일 ④ 1630일

해설 강도율 = $\dfrac{근로손실일수}{총근로시간 수} \times 1000$

$0.6 = \dfrac{x}{1000 \times 2400} \times 1000$

$\therefore x = 0.6 \times 2400 = 1440$

56. 라스무센(Rasmussen)은 인간 행동의 종류 또는 수준에 따라 휴먼에러를 3가지로 분류하였다. 이에 속하지 않는 것은?

① 숙련기반 에러(skill-based error)
② 기억기반 에러(momory-based error)
③ 규칙기반 에러(rule-based error)
④ 지식기반 에러(knowledge-based error)

해설 라스무센의 3가지 행동유형 분류
- 숙련기반 에러
- 지식기반 에러
- 규칙기반 에러

정답 52. ④ 53. ④ 54. ③ 55. ③ 56. ②

57. 휴먼에러 방지대책을 설비요인, 인적요인, 관리요인 대책으로 구분할 때 인적요인에 관한 대책으로 볼 수 없는 것은?

① 소집단 활동
② 작업의 모의훈련
③ 인체측정치의 적합화
④ 작업에 관한 교육훈련과 작업 전 회의

해설 ③ 인체측정치의 적합화는 설비요인에 해당한다.

참고 인적요인에 관한 대책
- 소집단 활동
- 작업의 모의훈련
- 숙련된 인력의 적재적소 배치
- 작업에 관한 교육훈련과 작업 전 회의

58. 관리그리드 모형(management grid model)에서 제시한 리더십의 유형에 대한 설명으로 옳지 않은 것은?

① (9, 1)형은 인간에 대한 관심은 높으나 과업에 대한 관심은 낮은 인기형이다.
② (1, 1)형은 과업과 인간관계 유지에 모두 관심을 갖지 않는 무관심형이다.
③ (9, 9)형은 과업과 인간관계 유지에 모두 관심이 높은 이상형으로서 팀형이다.
④ (5, 5)형은 과업과 인간관계 유지에 모두 적당한 정도의 관심을 갖는 중도형이다.

해설 관리그리드 이론
X축 : 과업에 대한 관심, Y축 : 인간관계에 대한 관심
- (1, 1)형 : 인간 관심도와 과업 관심도 모두 낮음(무관심형)
- (1, 9)형 : 인간 관심도 높고 과업 관심도 낮음(인기형)
- (9, 1)형 : 과업 관심도 높고 인간 관심도 낮음(과업형)
- (5, 5)형 : 인간·과업 모두 중간(타협형)
- (9, 9)형 : 인간·과업 모두 높음(이상형)

59. NIOSH의 직무 스트레스 모형에서 직무 스트레스 요인에 해당하지 않는 것은?

① 작업요인
② 개인적 요인
③ 조직요인
④ 환경요인

해설 직무 스트레스의 요인
- 작업요인 : 작업부하, 교대근무 등
- 조직요인 : 갈등, 역할요구, 관리유형 등
- 환경요인 : 소음, 한랭, 환기불량, 조명 등

참고 중재요인 : 개인적 요인, 비직무적 요인, 완충요인

60. Herzberg의 동기위생 이론에서 위생요인에 대한 설명으로 옳지 않은 것은?

① 위생요인이 갖추어지지 않으면 구성원들은 불만족한다.
② 위생요인이 갖추어지지 않으면 조직을 떠날 수 있다.
③ 위생요인이 갖추어지지 않으면 성과에 좋지 않은 영향을 준다.
④ 위생요인이 잘 갖추어지면 구성원들에게 동기를 부여하여 열심히 일하도록 자극하게 된다.

해설 위생요인이 잘 갖추어졌다고 해서 직무만족이 생기는 것은 아니다. 직무 만족은 동기요인에 의해 결정된다.

4과목 근골격계질환 예방을 위한 작업관리

61. 동작경제의 3원칙 중 신체 사용의 원칙에 해당하지 않는 것은?

① 가능하다면 중력을 이용한 운반방법을 사용한다.

정답 57. ③ 58. ① 59. ② 60. ④ 61. ①

② 두 손의 동작은 같이 시작하고 같이 끝나도록 한다.
③ 휴식시간을 제외하고는 양손이 동시에 쉬지 않도록 한다.
④ 두 팔의 동작은 동시에 서로 반대 방향으로 대칭적으로 움직이도록 한다.

해설 ①은 작업장 배치에 관한 원칙이다.

62. 어떤 한 작업의 25회 시험관측치가 평균 0.35, 표준편차 0.08일 때, 오차확률 5%에서 필요한 최소 관측횟수는? (단, $t_{(25, 0.05)}$ =2.069이고, $t_{(24, 0.05)}$ =2.064, $t_{(26, 0.05)}$ =2.056이다.)

① 89 ② 90 ③ 91 ④ 92

해설 관측횟수(N)

$$= \left(\frac{t(n-1, 0.05) \times s}{0.05 \times x}\right)^2$$

$$= \left(\frac{2.064 \times 0.08}{0.05 \times 0.35}\right)^2 ≒ 89.027 ≒ 90회$$

63. 다음 중 작업장 시설의 재배치, 기자재 소통상 혼잡지역의 파악, 공정과정 중 역류현상 점검 등에 가장 유용하게 사용할 수 있는 공정도는?

① Gantt chart
② flow diagram
③ man-machine chart
④ operation process chart

해설 유통선로(flow diagram)는 시설 재배치, 기자재의 소통 혼잡지역 파악, 공정 중 역류현상 점검 등에 유용하게 활용된다.

64. 다음 중 산업안전보건법령상 근골격계 부담작업 유해요인조사에 관한 설명으로 옳지 않은 것은?

① 사업주는 유해요인조사에 근로자 대표 또는 해당 작업 근로자를 참여시켜야 한다.
② 사업주는 근로자가 근골격계 부담작업을 하는 경우 3년마다 유해요인조사를 해야 한다.
③ 신규 입사자가 근골격계 부담작업에 배치되는 경우 즉시 유해요인조사를 실시해야 한다.
④ 신설되는 사업장의 경우 신설일로부터 1년 이내에 최초의 유해요인조사를 실시해야 한다.

해설 유해요인조사는 신규 입사자의 배치와 무관하다.

참고 유해요인조사는 해당하는 사유가 발생한 경우 실시하거나 3년마다 주기적으로 실시한다.

65. 표본의 크기가 충분히 크다면 모집단의 분포와 일치한다는 통계적 이론에 근거하여 인간 활동이나 기계의 가동상황 등을 무작위로 관측하여 측정하는 표준시간 측정방법은?

① Work Sampling법
② Work Factor법
③ PTS(Predetermined Time Standards)법
④ MTM(Methods Time Measurement)법

해설 워크샘플링 : 간헐적으로 무작위 시점에서 연구대상을 순간적으로 관측하여 상황을 파악하고, 이를 바탕으로 관측시간 동안 항목별 비율을 추정하는 방법이다.

66. 문제분석 도구 중 빈도수가 큰 항목부터 차례대로 나열하는 방법으로, 불량이나 사고의 원인이 되는 항목을 찾아내는 기법은?

① 간트 차트
② 특성요인도
③ PERT 차트
④ 파레토 차트

정답 62. ② 63. ② 64. ③ 65. ① 66. ④

해설 파레토도(파레토 차트) : 사고 유형, 기인물 등 분류 항목을 발생빈도가 큰 순서대로 도표화한 분석법이다.

67. 다음 중 근골격계질환 예방·관리 교육에서 사업주가 모든 작업자 및 관리감독자를 대상으로 실시하는 기본교육 내용에 해당되지 않는 것은?

① 근골격계질환 발생 시 대처요령
② 근골격계 부담작업에서의 유해요인
③ 예방·관리 프로그램의 수립 및 운영방법
④ 작업도구와 장비 등 작업시설이 올바른 사용방법

해설 ③ 근골격계질환의 증상 식별법과 보고방법

참고 예방·관리 프로그램의 수립 및 운영방법은 기본교육 내용에 포함되지 않으며, 이는 추진팀의 역할에 해당한다.

68. 근골격계질환의 발생원인을 개인적 특성요인과 작업 특성요인으로 구분할 때, 개인적 특성요인에 해당하는 것은?

① 반복적인 동작
② 무리한 힘의 사용
③ 작업방법 및 기술수준
④ 동력을 이용한 공구 사용 시 진동

해설 반복성, 무리한 힘, 진동은 작업 특성요인에 해당한다.

69. 근골격계질환의 예방원리에 관한 설명으로 옳은 것은?

① 예방보다는 신속한 사후조치가 더 효과적이다.
② 작업자의 신체적 특성 등을 고려하여 작업장을 설계한다.
③ 공학적 개선을 통해 해결하기 어려운 경우에는 그 공정을 중단해야 한다.
④ 사업장 근골격계 예방정책에 노사가 협의하면 작업자의 참여는 중요치 않다.

해설 근골격계질환의 예방은 사후조치보다 사전예방이 중요하며, 이를 위해 작업자의 신체적 특성과 능력에 맞게 작업장을 설계·개선하는 것이 핵심 원리이다.

70. 작업관리에 관한 내용으로 옳지 않은 것은?

① 작업연구에는 시간연구, 동작연구, 방법연구가 있다.
② 방법연구는 테일러에 의해 시작, 길브레스에 의해 더욱 발전되었다.
③ 작업관리는 생산과정에서 인간이 관여하는 작업을 주 연구대상으로 한다.
④ 작업관리는 생산활동의 여러 과정 중 작업요소를 조사, 연구하여 합리적인 작업방법을 설정하는 것이다.

해설 방법연구는 길브레스에 의해 시작되었으며, 불필요한 동작을 제거하고 효율적인 작업방법을 설계한 기법이다.

71. 입식 작업대에서 무거운 물건을 다루는 작업(중작업)을 할 때 작업대의 높이로 가장 적절한 것은?

① 작업자의 팔꿈치 높이로 한다.
② 작업자의 팔꿈치 높이보다 10~20cm 정도 높게 한다.
③ 작업자의 팔꿈치 높이보다 5~10cm 정도 낮게 한다.
④ 작업자의 팔꿈치 높이보다 10~30cm 정도 낮게 한다.

해설 입식 작업대의 높이
• 정밀작업 : 팔꿈치 높이보다 5~10cm 높게 설계

정답 67. ③ 68. ③ 69. ② 70. ② 71. ④

- 일반작업 : 팔꿈치 높이보다 5~10cm 낮게 설계
- 힘든 작업(重작업) : 팔꿈치 높이보다 10~20cm(30cm) 낮게 설계

72. 작업관리의 문제해결방법으로 전문가 집단의 의견과 판단을 추출하고 종합하여 집단적으로 판단하는 방법은?

① 브레인스토밍(brainstorming)
② 마인드 매핑(mind mapping)
③ 마인드 멜딩(mind melding)
④ 델파이 기법(delphi technique)

해설 델파이 기법 : 전문가 집단의 의견과 판단을 추출하고 종합하여 집단적 합의를 도출하는 방법으로, 쉽게 결정하기 어려운 정책이나 사회적 쟁점 해결에 활용된다.

73. Work Factor에서 고려하는 4가지 시간 변동요인이 아닌 것은?

① 동작 타임   ② 신체 부위
③ 인위적 조절 ④ 중량이나 저항

해설 WF에서 고려하는 시간의 변동요인
- 신체 부위
- 이동거리
- 중량 또는 저항
- 동작의 인위적 조절

74. 영상표시 단말기(VDT) 취급작업자 작업관리지침상 취급작업자의 작업자세로 적절하지 않은 것은?

① 손목은 일직선이 되도록 한다.
② 화면과의 거리는 최소 40cm 이상이 확보되어야 한다.
③ 화면상의 시야범위는 수평선상에서 10~15° 위에 오도록 한다.
④ 위팔(upper arm)은 자연스럽게 늘어뜨리고 팔꿈치의 내각은 90° 이상 되어야 한다.

해설 ③ 화면상의 시야범위는 수평선상에서 10~15° 아래에 오도록 한다.

75. 각 작업자가 한 명씩 배치된 3개의 라인으로 구성된 공정에서 공정시간이 각각 3분, 5분, 4분일 때 공정효율은?

① 65%   ② 70%   ③ 75%   ④ 80%

해설 공정효율

$$= \frac{총작업시간}{작업자\ 수 \times 주기시간} \times 100$$

$$= \frac{3+5+4}{3 \times 5} \times 100 = 80\%$$

여기서, 주기시간 : 가장 긴 작업시간

76. 어느 회사가 외경법을 기준으로 10%의 여유율을 제공한다. 8시간 동안 한 작업자를 워크샘플링한 결과가 다음 표와 같을 때 이 작업자의 수행도 평가결과는 110%였다. 청소 작업의 표준시간은?

요소작업	관측횟수
적재	15
이동	15
청소	5
유휴	15
합계	50

① 7분   ② 58분   ③ 74분   ④ 81분

해설 외경법에 의한 개당 표준시간

- 평균시간 $= \dfrac{총작업시간}{관측횟수} = \dfrac{480 \times 5}{50} = 48$

- 정미시간 $= \dfrac{평균시간 \times 레이팅\ 계수}{100}$

$$= \frac{48 \times 110}{100} = 52.8분$$

∴ 표준시간 = 정미시간 × (1 + 여유율)
= 52.8 × (1 + 0.1) ≒ 58분

정답 72. ④   73. ①   74. ③   75. ④   76. ②

77. NIOSH lifting equation의 변수와 결과에 대한 설명으로 옳지 않은 것은?

① 수평거리 요인이 변수로 작용한다.
② 권장무게한계(RWL)의 최대치는 23kg이다.
③ LI(들기 지수)값이 1 이상이 나오면 안전하다.
④ 빈도 계수의 들기 빈도는 평균적으로 분당 들어 올리는 횟수(회/분)를 나타낸다.

해설 LI(들기 지수)값이 1 이상이면 요통의 발생위험이 높고, 1 이하가 되도록 재설계가 필요하다.

78. 비효율적인 서블릭(Therblig)에 해당하는 것은?

① 계획(Pn)   ② 조립(A)
③ 사용(U)   ④ 쥐기(G)

해설 서블릭 문자기호
㉠ 효율적 서블릭
  · 쥐기(G)   · 빈손 이동(TE)
  · 운반(TL)   · 내려놓기(RL)
  · 사용(U)   · 미리 놓기(PP)
  · 조립(A)   · 분해(DA)
㉡ 비효율적 서블릭
  · 계획(Pn)   · 고르기(St)
  · 찾기(Sh)   · 검사(I)
  · 휴식(R)   · 잡고 있기(H)

79. 작업방법 설계 시 고려해야 할 사항으로 옳지 않은 것은?

① 눈동자의 움직임을 최소화한다.
② 동작을 천천히 하여 최대 근력을 얻도록 한다.
③ 최대한 발휘할 수 있는 힘의 30% 이하로 유지한다.
④ 가능하다면 중력 방향으로 작업을 수행하도록 한다.

해설 근력으로 발휘할 수 있는 최대 힘은 약 30초 유지되며, 50%에서는 약 1분, 15% 이하에서는 긴 시간 유지되고, 10% 미만에서는 무한히 유지될 수 있다.

80. 다음 중 근골격계 부담작업에 해당하지 않는 작업은?

① 하루에 10회 이상 25kg 이상의 물체를 드는 작업
② 하루에 총 2시간 이상, 분당 2회 이상 4.5kg 이상의 물체를 드는 작업
③ 하루에 2시간 이상 집중적으로 자료입력 등을 위해 키보드 또는 마우스를 조작하는 작업
④ 하루에 총 2시간 이상 목, 어깨, 팔꿈치, 손목 또는 손을 사용하여 같은 동작을 반복하는 작업

해설 ③ 하루 4시간 이상 집중적으로 키보드 또는 마우스를 조작하는 작업

정답 77. ③ 78. ① 79. ③ 80. ③

2020년도(3회차) 출제문제

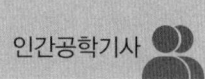

1과목　인간공학개론

1. 회전운동을 하는 조종장치의 레버를 40° 움직였을 때 표시장치의 커서는 3cm 이동하였다. 레버의 길이가 15cm일 때 이 조종장치의 C/R비는?

① 2.62　② 3.49
③ 8.33　④ 10.48

해설 조종장치의 C/R비

$$= \frac{(\alpha/360) \times 2\pi L}{\text{표시장치의 이동거리}}$$

$$= \frac{(40/360) \times 2 \times 3.14 \times 15}{3} \fallingdotseq 3.49$$

여기서, α : 조종장치가 움직인 각도
　　　　L : 반지름(조종장치의 거리)

2. 정량적 표시장치(Quantitative display)에 대한 설명으로 옳지 않은 것은?

① 시력이 나쁜 사람이나 조명이 낮은 환경에서 계기를 사용할 때는 눈금단위 길이를 크게 하는 편이 좋다.
② 기계식 표시장치는 원형, 수평형, 수직형 등의 아날로그 표시장치와 디지털 표시장치로 구분된다.
③ 아날로그 표시장치의 눈금단위 길이는 정상 가시거리를 기준으로 정상 조명환경에서는 1.3mm 이상이 권장된다.
④ 아날로그 표시장치는 눈금이 고정되고 지침이 움직이는 동목형과 지침이 고정되고 눈금이 움직이는 동침형으로 구분된다.

해설 정량적 표시장치
- 동목형 : 지침이 고정되고 눈금이 움직이는 표시장치
- 동침형 : 눈금이 고정되고 지침이 움직이는 표시장치
- 계수형 : 숫자로 표시되는 표시장치

3. 사용자의 기억단계에 대한 설명으로 옳은 것은?

① 잔상은 단기기억의 일종이다.
② 인간의 단기기억 용량은 유한하다.
③ 장기기억을 작업기억이라고도 한다.
④ 정보를 수 초 동안 기억하는 것을 장기기억이라고 한다.

해설 ① 잔상은 감각기억의 일종이다.
③ 단기기억을 작업기억이라고도 한다.
④ 정보를 수 초 동안 기억하는 것을 단기기억이라 한다.

참고 단기기억(작업기억)의 용량은 보통 7±2 청크(chunk)이다.

4. 작업장에서 인간공학을 적용함으로써 얻게 되는 효과로 볼 수 없는 것은?

① 회사의 생산성 증가
② 작업손실 시간의 감소
③ 노사 간의 신뢰성 저하
④ 건강하고 안전한 작업조건 마련

해설 작업장에서 인간공학을 적용하면 노사 간의 신뢰성이 오히려 향상되는 긍정적인 효과가 있다.

정답 1. ②　2. ④　3. ②　4. ③

5. 기능적 인체치수 측정에 대한 설명으로 가장 적합한 것은?

① 앉은 상태에서만 측정해야 한다.
② 5~95%tile에 대해서만 정의된다.
③ 신체 부위의 동작범위를 측정해야 한다.
④ 움직이지 않는 표준자세에서 일관되게 측정해야 한다.

해설 ① 앉은 자세뿐만 아니라 서거나 눕는 등 다양한 자세에서 측정할 수 있다.
② 백분위수 개념을 사용하여 1%, 50%, 99% 등 필요에 따라 다양한 지점을 기준으로 정의할 수 있다.
④ 구조적 인체치수(정적 치수)에 해당하는 설명이다.

6. 음의 한 성분이 다른 성분의 청각감지를 방해하는 현상은?

① 은폐효과   ② 밀폐효과
③ 소멸효과   ④ 도플러효과

해설 차폐(은폐) 현상 : 높은음과 낮은음이 공존할 때 낮은음이 강한 음에 가로막혀 감도가 감소되는 현상

7. 조종장치에 대한 설명으로 옳은 것은?

① C/R비가 크면 민감한 장치이다.
② C/R비가 작은 경우에는 조종장치의 조정시간이 적게 필요하다.
③ C/R비가 감소함에 따라 이동시간은 감소하고 조종시간은 증가한다.
④ C/R비는 반응장치의 움직인 거리를 조종장치의 움직인 거리로 나눈 값이다.

해설 ① C/R비가 크면 둔감한 장치이다.
② C/R비가 클수록 조종장치의 조정 수행시간은 상대적으로 길다.
④ C/R비는 조종장치의 움직인 거리를 표시장치의 반응거리로 나눈 값이다.

8. 연구 자료의 통계적 분석에 대한 설명으로 옳지 않은 것은?

① 최빈값은 자료의 중심 경향을 나타낸다.
② 분산은 자료의 퍼짐 정도를 나타내 주는 척도이다.
③ 상관계수값+1은 두 변수가 부의 상관관계임을 나타낸다.
④ 통계적 유의수준 5%는 100번 중 5번 정도는 판단을 잘못하는 확률을 뜻한다.

해설 ③ 상관계수값+1은 두 변수가 양(정)의 상관관계임을 나타낸다.

참고 산포도와 상관계수 사이의 관계
• $-1 < r < 0$: 음(부)의 상관관계
• $0 < r < +1$: 양(정)의 상관관계
• $r = +1$: 완전한 양의 상관관계
• $r = -1$: 완전한 음의 상관관계

9. 시각적 표시장치와 청각적 표시장치 중 청각적 표시장치를 사용하는 것이 더 유리한 경우는?

① 수신장소가 너무 시끄러운 경우
② 직무상 수신자가 한곳에 머무르는 경우
③ 수신자의 청각 계통이 과부하 상태일 경우
④ 수신장소가 너무 밝거나 암조응이 요구될 경우

해설 ①, ②, ③은 시각적 표시장치가 적합한 경우이다.

10. 신호검출이론(SDT)에서 신호의 유무를 판별함에 있어 4가지 반응 대안에 해당하지 않는 것은?

① 긍정(hit)   ② 누락(miss)
③ 채택(acceptation)   ④ 허위(false alarm)

해설 신호검출이론은 긍정(hit), 허위(false alarm), 누락(miss), 부정(correct rejection)의 4가지 결과가 있다.

정답 5. ③   6. ①   7. ③   8. ③   9. ④   10. ③

11. 암조응(dark adaptation)에 대한 설명으로 옳은 것은?

① 적색 안경은 암조응을 촉진한다.
② 어두운 곳에서는 주로 원추세포에 의해 보게 된다.
③ 완전한 암조응을 위해 보통 1~2분 정도의 시간이 요구된다.
④ 어두운 곳에 들어가면 눈으로 들어오는 빛을 조절하기 위하여 동공이 축소된다.

해설 ② 어두운 곳에서는 주로 간상세포에 의해 보게 된다.
③ 완전한 암순응(암조응)에는 보통 30~35분 정도의 시간이 요구된다.
④ 어두운 곳에 들어가면 눈으로 들어오는 빛을 조절하기 위해 동공이 확대된다.

12. 다음에서 설명하고 있는 것은?

> 모든 암호 표시는 다른 암호 표시와 구별될 수 있어야 한다. 인접한 자극들 간에 적당한 차이가 있어 전부 구별 가능하더라도 인접 자극의 상이도는 암호체계의 효율에 영향을 끼친다.

① 암호의 검출성(detectability)
② 암호의 양립성(compatibility)
③ 암호의 표준화(standardization)
④ 암호의 변별성(discriminability)

해설 서로 다른 암호 표시가 명확히 구별될 수 있는 정도를 암호의 변별성이라 하며, 인접 자극 간 차이가 충분히 커야 혼동이 줄고 암호체계의 효율이 높아진다.

13. 인간공학적 설계에서 사용하는 양립성(compatibility)의 개념 중 인간이 사용한 코드와 기호가 얼마나 의미를 가진 것인지를 다루는 것은?

① 개념적 양립성
② 공간적 양립성
③ 운동 양립성
④ 양식 양립성

해설 양립성의 종류
- 운동 양립성 : 사용자가 핸들을 오른쪽으로 움직이면 장치의 방향도 오른쪽으로 이동하는 것
- 공간 양립성 : 공간의 배치가 인간의 기대와 일치하는 것
- 개념 양립성 : 코드나 심벌의 의미가 인간의 개념과 일치하는 것
- 양식 양립성 : 자극의 제시 양식과 반응 양식이 일치하는 것

14. 다음 그림은 Sanders와 McCormick이 제시한 인간-기계 통합체계의 인간 또는 기계에 의해 수행되는 기본기능의 유형이다. A 부분에 가장 적합한 것은?

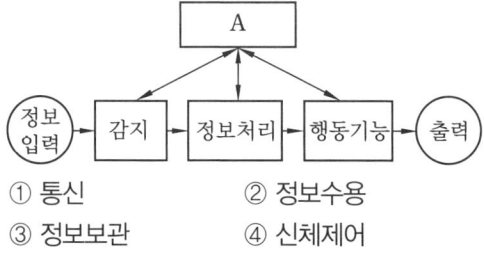

① 통신
② 정보수용
③ 정보보관
④ 신체제어

해설 인간-기계 통합체계의 기본기능

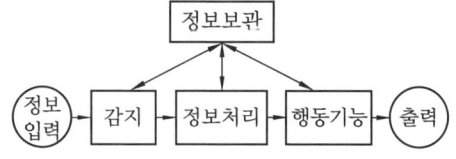

15. 지하철이나 버스 손잡이의 설치높이를 결정하는 데 적용하는 인체치수 적용원리는?

① 평균치 원리
② 최소치 원리
③ 최대치 원리
④ 조절식 원리

해설 최소치(최소 집단값)에 의한 설계
- 인체치수 분포의 하위 1%, 5%, 10% 사용자를 포함할 수 있도록 최솟값을 기준으로 설계한다.
- 선반의 높이, 조정장치까지의 거리 등을 정할 때 사용한다.
- 키 작은 사람도 닿을 수 있게 설계한다면 이보다 큰 사람은 모두 잡을 수 있다.

참고 인체측정치의 응용원칙
- 극단치 설계 : 최소치수와 최대치수를 기준으로 한 설계
- 조절식 설계 : 조절범위를 고려한 설계
- 평균치 설계 : 평균치를 기준으로 한 설계

16. 시스템의 평가척도 유형으로 볼 수 없는 것은?

① 인간 기준
② 관리 기준
③ 시스템 기준
④ 작업성능 기준

해설 시스템의 평가척도 유형
- 인간 기준 : 주관적 반응, 생리학적 지표, 인간의 성능 척도, 사고 및 과오 빈도
- 시스템 기준 : 의도한 목표를 얼마나 달성했는지 나타내는 척도
- 작업성능 기준 : 작업결과에 대한 효율

17. 실현 가능성이 같은 N개의 대안이 있을 때 총정보량(H)을 구하는 식으로 옳은 것은?

① $H = \log N$
② $H = \log_2 N$
③ $H = 2\log_2 N$
④ $H = \log 2N$

해설 N개의 대안이 있을 경우
총정보량(H) $= \log_2 N$

18. 인간의 후각 특성에 대한 설명으로 옳지 않은 것은?

① 훈련을 통하면 식별능력을 향상시킬 수 있다.
② 특정한 냄새에 대한 절대적 식별능력은 떨어진다.
③ 후각은 특정 물질이나 개인에 따라 민감도의 차이가 있다.
④ 후각은 훈련을 통해 구별할 수 있는 일상적인 냄새의 수가 최대 7가지 종류이다.

해설 ④ 후각은 훈련을 통해 구별할 수 있는 일상적인 냄새의 수가 최대 60가지 정도이다.

참고 훈련하지 않은 사람은 보통 15~32가지 냄새를 구별할 수 있으며, 후각의 절대적 식별능력은 약 2000~3000가지 냄새까지 구분할 수 있다.

19. 작업 중인 프레스기로부터 50m 떨어진 곳에서 음압을 측정한 결과 음압수준이 100dB이었다면, 100m 떨어진 곳에서의 음압수준은 약 몇 dB인가?

① 90
② 92
③ 94
④ 96

해설 음압수준(SPL)

$$dB_2 = dB_1 - 20\log\left(\frac{d_2}{d_1}\right)$$

$$= 100 - 20\log\left(\frac{100}{50}\right) \fallingdotseq 94\,dB$$

20. 종이의 반사율이 70%이고 인쇄된 글자의 반사율이 15%일 경우 대비(contrast)는?

① 15%
② 21%
③ 70%
④ 79%

해설 대비(contrast)

$$= \frac{L_b - L_l}{L_b} \times 100 = \frac{0.7 - 0.15}{0.7} \times 100 \fallingdotseq 79\%$$

여기서, L_b : 배경 반사율
L_l : 과녁 반사율

2과목 작업생리학

21. 물체가 정적 평형상태를 유지하기 위한 조건으로 작용하는 모든 힘의 총합과 외부 모멘트의 총합이 옳은 것은?

① 힘의 총합 : 0, 모멘트의 총합 : 0
② 힘의 총합 : 1, 모멘트의 총합 : 0
③ 힘의 총합 : 0, 모멘트의 총합 : 1
④ 힘의 총합 : 1, 모멘트의 총합 : 1

해설 정적 평형상태를 유지하기 위한 조건은 힘의 총합과 모멘트의 총합이 0이어야 한다.

22. 전신의 생리적 부담을 측정하는 척도로 가장 적절한 것은?

① 뇌전도(EEG) ② 산소 소비량
③ 근전도(EMG) ④ Flicker 테스트

해설 생리적 부담을 측정하는 척도
• 산소 소비량
• 심박수
• 혈류량(혈압)
• 에너지 소비량 등

23. 최대 산소소비능력(MAP : Maximum Aerobic Power)에 대한 설명으로 옳은 것을 고르면?

① MAP는 실제 작업현장에서 작업을 할 때 측정한다.
② 젊은 여성의 MAP는 남성의 40~50% 정도이다.
③ MAP란 산소 소비량이 최대가 되는 수준을 의미한다.
④ MAP는 개인의 운동역량을 평가하는 데 널리 활용된다.

해설 ① MAP는 실제 작업현장이 아닌 트레드밀이나 자전거 에르고미터를 활용한다.
② 젊은 여성의 MAP는 남성의 70~85% 정도이다.
③ MAP는 산소 섭취량이 일정하게 유지되는 수준을 의미한다.

24. 교대작업 운영의 효율적인 방법으로 볼 수 없는 것은?

① 고정적이거나 연속적인 야간근무 작업은 줄인다.
② 교대일정은 정기적이고 작업자가 예측 가능하도록 해야 한다.
③ 교대작업은 주간근무 → 야간근무 → 저녁근무 → 주간근무 식으로 진행해야 피로를 빨리 회복할 수 있다.
④ 2교대 근무는 최소화하며, 1일 2교대 근무가 불가피한 경우에는 연속 근무일이 2~3일이 넘지 않도록 한다.

해설 ③ 교대작업은 주간근무 → 저녁근무 → 야간근무 → 주간근무 식으로 진행해야 피로를 빨리 회복할 수 있다.

25. 생리적 측정을 주관적 평점등급으로 대체하기 위해 개발된 평가척도는?

① Fitts Scale ② Likert Scale
③ Garg Scale ④ Borg-RPE Scale

해설 보그 스케일 : 작업부하에 대한 자신의 주관적인 느낌을 언어로 표현할 수 있도록 만든 평가척도이다.

26. 다음 중 시각연구에 오랫동안 사용되어 왔으며, 망막의 함수로 정신피로의 척도에 사용되는 것은?

① 부정맥
② 뇌파(EEG)
③ 전기피부반응(GSR)
④ 점멸융합주파수(VFF)

해설 점멸융합주파수는 정신피로도를 측정하는 척도로, 피로가 증가할수록 점멸융합주파수의 빈도가 감소한다.

27. 광도와 거리를 이용하여 조도를 산출하는 공식으로 옳은 것은?

① 조도=광도/거리
② 조도=광도/거리^2
③ 조도=거리/광도
④ 조도=거리/광도^2

해설 조도 : 단위면적에 도달하는 빛의 양(조도=광도/거리^2)

28. K 작업장에서 근무하는 작업자가 90 dB(A)에 6시간, 95 dB(A)에 2시간 동안 노출되었다. 음압수준별 허용시간이 다음 표와 같을 때 소음 노출지수(%)는?

음압수준 dB(A)	노출 허용시간/일
90	8
95	4
100	2
105	1
110	0.5
115	0.25
–	0.125

① 55%   ② 85%
③ 105%   ④ 125%

해설 소음노출지수(D)
$$=\left(\frac{C_1}{T_1}+\frac{C_2}{T_2}+\cdots+\frac{C_n}{T_n}\right)\times 100$$
$$=\left(\frac{6}{8}+\frac{2}{4}\right)\times 100=125\%$$

여기서, C_n : 실제노출시간
T_n : 허용노출시간

29. 육체적으로 격렬한 작업 시 충분한 양의 산소가 근육활동에 공급되지 못해 근육에 축적되는 것은?

① 젖산
② 피루브산
③ 글리코겐
④ 초성포도산

해설 운동이 격렬해지면 젖산이 빠르게 생성되고, 제거 속도가 이를 따라가지 못하면 근육에 축적되어 피로를 느끼게 된다.

참고 젖산은 무산소 운동 시 생성되는 부산물로, 탄수화물 분해 과정에서 크렙스 사이클(Krebs cycle)이 원활히 작동하지 않을 때 발생한다.

30. 조명에 관한 용어의 설명으로 옳지 않은 것은?

① 조도는 광도에 비례하고, 광원으로부터의 거리의 제곱에 반비례한다.
② 휘도는 단위면적당 표면에 반사 또는 방출되는 빛의 양을 의미한다.
③ 조도는 점광원에서 어떤 물체나 표면에 도달하는 빛의 양을 의미한다.
④ 광도는 단위입체각당 물체 또는 표면에 도달하는 광속으로 측정하며, 단위는 램버트(lambert)이다.

해설 ④ 광도는 단위면적당 표면에서 반사·방출되는 광량이며, 단위는 칸델라(cd)이다.

31. 어떤 작업자에 대해 미국 직업안전위생관리국(OSHA)에서 정한 허용소음노출의 소음 수준이 130%로 계산되었다면, 이때 8시간 시간가중평균(TWA)값은 약 얼마인가?

① 89.3 dB(A)   ② 90.7 dB(A)
③ 91.9 dB(A)   ④ 92.5 dB(A)

정답 27. ② 28. ④ 29. ① 30. ④ 31. ③

해설 시간가중평균(TWA)

$= 16.61 \times \log \dfrac{D}{100} + 90$

$= 16.61 \times \log \dfrac{130}{100} + 90$

$\fallingdotseq 91.9 \, dB(A)$

32. 척추동물의 골격근에서 1개의 운동신경이 지배하는 근섬유군을 무엇이라 하는가?

① 신경섬유 ② 운동단위
③ 연결조직 ④ 근원섬유

해설 근육은 작은 수축요소인 운동 단위(motor unit)로 구성되며, 운동신경섬유에 의해 통제되는 근섬유집단이다.

33. 관절의 움직임 중 모음(내전, adduction)을 설명한 것으로 옳은 것은?

① 정중면 가까이로 끌어 들이는 운동이다.
② 신체를 원형 또는 원추형으로 돌리는 운동이다.
③ 굽혀진 상태를 해부학적 자세로 되돌리는 운동이다.
④ 뼈의 긴 축을 중심으로 제자리에서 돌아가는 운동이다.

해설 내전(모으기) : 팔, 다리가 밖에서 몸 중심선으로 향하는 이동

34. 격심한 작업활동 중에 혈류분포가 가장 높은 신체 부위는?

① 뇌 ② 골격근
③ 피부 ④ 소화기관

해설 작업 시 혈액 분배 비율
• 근육 : 80~85%
• 심장 : 4~5%
• 간 및 소화기관 : 3~5%
• 뇌 : 3~4%
• 신장 : 3~4%
• 뼈 : 0.5~1%

35. 전신진동에 있어 안구에 공명이 발생하는 진동수의 범위로 가장 적합한 것은?

① 8~12Hz ② 10~20Hz
③ 20~30Hz ④ 60~90Hz

해설 진동수별 공명이 발생하는 신체 부위
• 3~4Hz : 척추골
• 14Hz : 요추
• 20~30Hz : 머리에서 어깨 사이
• 60~90Hz : 안구에 공명 발생

36. 근육의 수축원리에 관한 설명으로 옳지 않은 것은?

① 근섬유가 수축하면 I대와 H대가 짧아진다.
② 액틴과 미오신 필라멘트의 길이는 변하지 않는다.
③ 최대로 수축했을 때는 Z선이 A대에 맞닿는다.
④ 근육 전체가 내는 힘은 비활성화된 근섬유 수에 의해 결정된다.

해설 ④ 근육 전체가 내는 힘은 활성화된 근섬유 수에 의해 결정된다.

37. 해부학적 자세를 기준으로 신체를 좌우로 나누는 면(plane)은?

① 횡단면 ② 시상면
③ 관상면 ④ 전두면

해설 인체해부학적 기준면
• 정중면 : 신체를 좌우대칭으로 나누는 면
• 관상면 : 몸을 전후로 나누는 면
• 횡단면(수평면) : 신체를 상하로 나누는 면
• 시상면 : 해부학적 자세를 기준으로 신체를 좌우로 나누는 면

정답 32. ② 33. ① 34. ② 35. ④ 36. ④ 37. ②

38. 정적 근육수축이 무한하게 유지될 수 있는 최대자율수축(MVC)의 범위는?

① 10% 미만
② 25% 미만
③ 40% 미만
④ 50% 미만

해설 정적 근육수축은 근육의 길이가 변하지 않고 일정하게 유지되는 수축을 말하며, MVC의 10% 미만의 수준에서만 거의 무한하게 유지할 수 있다.

39. 인간과 주위와의 열교환 과정을 바르게 나타낸 열균형 방정식은? (단, S는 열축적, M은 대사, E는 증발, R은 복사, C는 대류, W는 한 일이다.)

① $S = M - E \pm R - C + W$
② $S = M - E - R \pm C + W$
③ $S = M - E \pm R \pm C - W$
④ $S = M \pm E - R \pm C - W$

해설 열교환 방정식
열축적(S) = M(대사열) $- E$(증발) $\pm R$(복사) $\pm C$(대류) $- W$(한 일)

참고 열은 피부 표면으로 운반되어 대류·복사·증발·전도로 주위에 방출되며, 체온 변화에 따라 열방출이 자동 조절된다.

40. 생명을 유지하기 위해 필요로 하는 단위시간당 에너지양을 무엇이라 하는가?

① 산소 소비량
② 에너지 소비율
③ 기초대사율
④ 활동 에너지가

해설 기초대사율(BMR) : 안정된 상태에서 호흡, 혈액순환, 체온 유지 등 생명유지에 필요한 최소한의 에너지를 단위시간당 소비하는 양을 말한다.

3과목 산업심리학 및 관계법규

41. Herzberg의 2요인론(동기-위생이론)을 Maslow의 욕구단계설과 비교했을 때, 동기요인과 거리가 먼 것은?

① 존경 욕구
② 안전 욕구
③ 사회적 욕구
④ 자아실현 욕구

해설
- 동기요인 : 성취감, 책임감, 안정감, 도전감, 발전과 성장
- 위생요인 : 정책 및 관리, 개인 간의 관계, 감독, 임금 및 지위, 작업조건, 안전

42. 직무 행동의 결정요인이 아닌 것은?

① 능력
② 수행
③ 성격
④ 상황적 제약

해설 직무 행동의 결정요인은 능력, 성격, 상황적 제약 등이며, 수행은 이 요인들에 의해 결과로 나타나는 행동의 산물이다.

43. 결함나무분석(FTA : Fault Tree Analysis)에 대한 설명으로 옳지 않은 것은?

① 고장이나 재해요인의 정성적 분석뿐만 아니라 정량적 분석이 가능하다.
② 정성적 결함나무를 작성하기 전에 정상사상(top event)이 발생할 확률을 계산한다.
③ "사건이 발생하려면 어떤 조건이 만족되어야 하는가?"에 근거한 연역적 접근방법을 이용한다.
④ 해석하고자 하는 정상사상(top event)과 기본사상(basic event)과의 인과관계를 도식화하여 나타낸다.

해설 ② 정성적 결함나무를 작성한 후 정상사상이 발생할 확률을 계산한다.

정답 38. ① 39. ③ 40. ③ 41. ② 42. ② 43. ②

44. 버드의 신연쇄성이론에서 불안전한 상태와 불안전한 행동의 근원적 원인은?

① 작업(Media) ② 작업자(Man)
③ 기계(Machine) ④ 관리(Management)

해설 불안전한 상태와 불안전한 행동의 근원적 원인은 제거가 가능한 사업주의 관리(management)이다.

45. 부주의의 발생원인과 이를 없애기 위한 대책의 연결이 옳지 않은 것은?

① 내적 원인 – 적성배치
② 정신적 원인 – 주의력 집중훈련
③ 기능 및 작업적 원인 – 안전의식 제고
④ 설비 및 환경적 원인 – 표준작업 제도의 도입

해설 ③ 정신적 원인 : 안전의식 제고

참고 기능 및 작업적 원인
- 적성배치
- 안전작업방법 습득
- 표준작업의 습관화
- 적응력 향상과 작업조건의 개선

46. 중복형태를 갖는 2인 1조 작업조의 신뢰도가 0.99 이상이어야 한다면 기계를 조종하는 임무를 수행하기 위해 한 사람이 갖는 신뢰도의 최솟값은?

① 0.99 ② 0.95 ③ 0.90 ④ 0.85

해설 신뢰도의 최솟값
$R_S = 1 - (1-a)(1-a) \geq 0.99$
$(1-a)^2 \leq 1 - 0.99 = 0.01$
$1 - a \leq 0.1$
$\therefore a \geq 0.9$

47. 직무 스트레스의 요인 중 자신의 직무에 대한 책임영역과 직무목표를 명확하게 인식하지 못할 때 발생하는 요인은?

① 역할 과소 ② 역할 갈등
③ 역할 모호성 ④ 역할 과부하

해설 역할 모호성 : 역할과 책임의 명확성이나 일관성이 없어 발생하는 요인

48. 최고 상위에서부터 최하위 단계에 이르는 모든 직위가 단일 명령권한의 라인으로 연결된 조직형태는?

① 직능식 조직
② 프로젝트 조직
③ 직계식 조직
④ 직계 참모 조직

해설 line형(직계식) : 모든 안전관리 업무가 생산라인을 통해 직선적으로 이루어지는 조직이다.

49. 재해의 발생형태에 해당하지 않는 것은?

① 화상 ② 협착
③ 추락 ④ 폭발

해설 재해의 발생형태 : 폭발, 협착, 감전, 추락, 비래, 전복 등

50. 주의를 기울여 시선을 집중하는 곳의 정보는 잘 받아들여지지만 주변의 정보는 놓치기 쉽다. 이것은 주의의 어떠한 특성 때문인가?

① 주의의 선택성 ② 주의의 변동성
③ 주의의 연속성 ④ 주의의 방향성

해설 주의의 특성
- 선택성 : 주의는 동시에 2개의 방향에 집중할 수 없다.
- 방향성 : 한 방향에 집중하면 다른 곳에서는 약해진다.
- 변동(단속)성 : 주의는 장시간 일정한 규칙적인 수순을 지속할 수 없다.
- 주의력 중복집중 곤란 : 동시에 복수의 방향을 잡지 못한다.

정답 44. ④ 45. ③ 46. ③ 47. ③ 48. ③ 49. ① 50. ④

51. 인간행동에 대한 Rasmussen의 분류에 해당되지 않는 것은?

① 숙련기반 행동(skill-based behavior)
② 규칙기반 행동(rule-based behavior)
③ 능력기반 행동(ability-based behavior)
④ 지식기반 행동(knowledge-based behavior)

해설 라스무센의 3가지 행동유형
- 숙련기반 행동
- 지식기반 행동
- 규칙기반 행동

52. 연평균 작업자 수가 2000명인 회사에서 1년에 중상해 1명과 경상해 1명이 발생하였다. 연천인율은?

① 0.5 ② 1 ③ 2 ④ 4

해설 연천인율 = $\dfrac{\text{연간 재해자 수}}{\text{연평균 근로자 수}} \times 1000$

$= \dfrac{2}{2000} \times 1000 = 1$

53. NIOSH의 직무 스트레스 관리 모형 중 중재요인(moderating factors)에 해당하지 않는 것은?

① 개인적 요인
② 조직 외 요인
③ 완충작용 요인
④ 물리적 환경요인

해설 중재요인
- 개인적 요인 : 성격, 태도, 생활습관
- 완충작용 요인 : 사회적 지지, 대처능력, 스트레스 관리기술
- 조직 외 요인 : 가정, 사회적 지지, 경제적 상황
- 상황 요인 : 개인이 처한 사회적·조직적 맥락(가정 문제, 고용불안정)

참고 직무 스트레스의 원인
- 작업요인 : 작업부하, 교대근무
- 조직요인 : 갈등, 역할요구, 관리유형
- 환경요인 : 소음, 한랭, 환기불량, 조명

54. 리더십 이론 중 경로-목표이론에서 리더들이 보여줘야 하는 4가지 행동유형에 속하지 않는 것은?

① 권위적
② 지시적
③ 참여적
④ 성취지향적

해설 리더의 행동유형 4가지
- 지시적 리더
- 후원(지원)적 리더
- 참여적 리더
- 성취지향적 리더

55. 하인리히의 사고예방대책의 5가지 기본원리를 순서대로 올바르게 나열한 것은?

① 사실의 발견 → 안전조직 → 분석평가 → 시정책 선정 → 시정책 적용
② 안전조직 → 사실의 발견 → 분석평가 → 시정책 선정 → 시정책 적용
③ 안전조직 → 분석평가 → 사실의 발견 → 시정책 선정 → 시정책 적용
④ 사실의 발견 → 분석평가 → 안전조직 → 시정책 선정 → 시정책 적용

해설 하인리히의 사고예방대책의 5단계

1단계	안전조직
2단계	사실의 발견
3단계	분석평가
4단계	시정책 선정
5단계	시정책 적용

정답 51. ③ 52. ② 53. ④ 54. ① 55. ②

56. 헤드십과 리더십에 대한 설명으로 옳지 않은 것은?

① 헤드십은 부하와의 사회적 간격이 넓다.
② 리더십에서 책임은 리더와 구성원 모두에게 있다.
③ 리더십에서 구성원과의 관계는 개인적인 영향에 따른다.
④ 헤드십은 권한부여가 구성원으로부터의 동의에 의한 것이다.

해설 헤드십은 권한부여가 상위제도나 제도에 의해 주어지며, 리더십은 구성원으로부터의 동의에 의한 것이다.

57. 제조물책임법령상 제조업자가 제조물에 대해 충분한 설명, 지시, 경고 등 정보를 제공하지 않아 피해가 발생했다면 이것은 어떤 결함 때문인가?

① 표시상의 결함
② 제조상의 결함
③ 설계상의 결함
④ 고지의무의 결함

해설 제조물에 대한 충분한 설명, 지시, 경고 등의 정보 제공 부족으로 발생한 결함은 표시상의 결함이다.

58. 인간의 정보처리 과정 측면에서 분류한 휴먼에러(human error)에 해당하는 것은?

① 생략 오류(omission error)
② 순서 오류(sequential error)
③ 작위 오류(commission error)
④ 의사결정 오류(decision making error)

해설 정보처리 과정 측면에서의 분류
- 입력 오류 : 잘못된 정보를 받아들이거나 누락하는 오류
- 출력 오류 : 잘못된 동작이나 반응으로 나타나는 오류
- 정보처리 오류 : 정보의 변환·해석 과정에서 발생하는 오류
- 의사결정 오류 : 여러 대안 중 잘못된 판단을 선택하는 오류

참고 휴먼에러의 심리적 분류 : 생략, 누설, 부작위 오류, 순서 오류, 작위 오류 등

59. 인간의 감각기관 중 신체 반응시간이 빠른 것부터 느린 순서대로 나열된 것은?

① 청각 → 시각 → 미각 → 통각
② 청각 → 미각 → 시각 → 통각
③ 시각 → 청각 → 미각 → 통각
④ 시각 → 미각 → 청각 → 통각

해설 감각기능의 반응시간
청각(0.17초) > 촉각(0.18초) > 시각(0.20초) > 미각(0.29초) > 통각(0.7초)

60. 다음 중 집단 간 갈등의 원인과 가장 거리가 먼 것은?

① 제한된 자원
② 조직구조의 개편
③ 집단 간 목표의 차이
④ 견해와 행동 경향의 차이

해설 집단 간 갈등의 원인
- 집단 간 목표의 차이
- 견해와 행동 경향의 차이
- 역할의 모호성
- 자원 부족(제한된 자원)

4과목 근골격계질환 예방을 위한 작업관리

61. 적절한 입식 작업대 높이에 대한 설명으로 옳은 것은?

① 일반적으로 어깨 높이를 기준으로 한다.
② 작업자의 체격에 따라 작업대의 높이가 조정 가능하도록 하는 것이 좋다.

정답 56. ④ 57. ① 58. ④ 59. ① 60. ② 61. ②

③ 미세부품 조립과 같은 섬세한 작업일수록 작업대의 높이는 낮아야 한다.
④ 일반적인 조립라인이나 기계 작업 시 팔꿈치 높이보다 5~10cm 높아야 한다.

해설 ① 일반적으로 팔꿈치 높이를 기준으로 한다.
③ 미세부품 조립과 같은 섬세한 작업의 경우 작업대가 팔꿈치보다 약간 높아야 한다.
④ 경작업인 조립라인이나 기계 작업 시 팔꿈치 높이보다 5~10cm 낮아야 한다.

참고 무거운 작업 시 작업대 높이는 팔꿈치 높이보다 10~20cm 낮은 것이 적합하다.

62. NIOSH의 들기 작업 지침에서 들기 지수(LI)를 산정하는 식에서 반영되는 변수가 아닌 것은?

① 표면 계수　　② 수평 계수
③ 빈도 계수　　④ 비대칭 계수

해설 권장무게한계
RWL(Kd) = LC × HM × VM × DM × AM × FM × CM

LC	부하 상수	23kg 작업물의 무게
HM	수평 계수	$25/H$
VM	수직 계수	$1-(0.003 \times V-75)$
DM	거리 계수	$0.82+(4.5/D)$
AM	비대칭 계수	$1-(0.0032 \times A)$
FM	빈도 계수	분당 들어 올리는 횟수
CM	결합 계수	커플링 계수

63. 사람이 행하는 작업을 기본동작으로 분류하고, 각 기본동작들은 동작의 성질과 조건에 따라 이미 정해진 기준시간을 적용하여 전체 작업의 정미시간을 구하는 방법은?

① PTS법　　② Rating법
③ Therblig법　　④ Work Sampling법

해설 PTS법 : 작업을 기본동작으로 분류하고, 각 기본동작의 성질과 조건에 따라 미리 정해진 기준 시간치를 적용하여 전체 작업의 정미시간을 구하는 방법이다.

참고 정미시간 : 일정한 속도로 작업을 수행하는 데 소요되는 시간

64. 공정도(process chart)에 사용되는 기호와 명칭이 잘못 연결된 것은?

① ⇨ : 운반　　② □ : 검사
③ ○ : 가공　　④ D : 저장

참고 공정도에 사용되는 기호

가공	저장	정체	수량 검사	운반	품질 검사
○	▽	D	□	○/⇨	◇

65. 근골격계질환의 발생원인 중 작업요인이 아닌 것은?

① 작업강도　　② 작업자세
③ 직무 만족도　　④ 작업의 반복도

해설 근골격계질환의 작업요인 : 작업의 반복도, 작업강도, 작업자세, 과도한 힘, 진동, 스트레스, 환경요인 등

66. 다음 중 산업안전보건법령상 근골격계 부담작업의 유해요인조사를 해야 하는 상황이 아닌 것은?

① 법에 따른 건강진단 등에서 근골격계질환자가 발생한 경우
② 근골격계 부담작업에 해당하는 기존의 동일한 설비가 도입된 경우
③ 근골격계 부담작업에 해당하는 업무의 양과 작업공정 등 작업환경이 바뀐 경우
④ 작업자가 근골격계질환으로 관련 법령에 따라 업무상 질환으로 인정받는 경우

정답 62. ①　63. ①　64. ④　65. ③　66. ②

[해설] ② 근골격계 부담작업에 해당하는 새로운 작업 설비가 도입된 경우

67. 다음 중 근골격계질환 예방·관리프로그램 실행을 위한 보건관리자의 역할로 볼 수 없는 것은?

① 사업장 특성에 맞게 근골격계질환의 예방·관리 추진팀을 구성한다.
② 주기적으로 작업장을 순회하여 근골격계질환 유발공정 및 작업유해요인을 파악한다.
③ 주기적인 작업자 면담을 통해 근골격계질환 증상 호소자를 조기에 발견할 수 있도록 노력한다.
④ 7일 이상 지속되는 증상을 가진 작업자가 있을 경우 지속적인 관찰, 전문의 진단의뢰 등의 필요한 조치를 한다.

[해설] ①은 보건관리자의 역할이 아니라 사업주의 역할에 해당한다.

68. 작업자-기계 작업분석 시 작업자와 기계의 동시작업 시간이 1.8분, 기계와 독립적인 작업자의 활동시간이 2.5분, 기계만의 가동시간이 4.0분일 때, 동시성을 달성하기 위한 이론적 기계 대수는 약 얼마인가?

① 0.28 ② 0.74 ③ 1.35 ④ 3.61

[해설] 이론적 기계 대수(n)
$$=\frac{a+t}{a+b}=\frac{1.8+4}{1.8+2.5}≒1.35$$
여기서, a : 작업자와 기계의 동시작업시간
b : 독립적인 작업자 활동시간
t : 기계가동시간

69. 문제해결 절차에 관한 설명으로 옳지 않은 것은?

① 작업방법의 분석 시 공정도나 시간차트, 흐름도 등을 사용한다.
② 선정된 개선안은 작업자나 관련 부서의 이해와 협조과정을 거쳐 시행하도록 한다.
③ 개선절차는 "연구대상선정 → 현 작업방법 분석 → 분석자료의 검토 → 개선안 선정 → 개선안 도입" 순으로 이루어진다.
④ 개선 분석 시 5W1H 중 What은 작업순서의 변경, Where, When, Who는 작업 자체의 제거, How는 작업의 결합 분석을 의미한다.

[해설] ④ 개선 분석 시 5W1H 중 What은 작업 자체의 제거, Where, When, Who는 작업의 결합과 작업순서의 변경, How는 작업의 단순화를 의미한다.

70. 동작경제(motion economy)의 원칙에 해당하지 않는 것은?

① 가능한 기본동작의 수를 많이 늘린다.
② 공구의 기능을 결합하여 사용하도록 한다.
③ 두 손의 동작은 같이 시작하고 같이 끝나도록 한다.
④ 공구, 재료 및 제어장치는 사용위치에 가까이 두도록 한다.

[해설] 동작경제의 원칙은 불필요한 동작을 줄이고 작업을 단순화하는 것을 목표로 한다.

[참고] Barnes(반즈)의 동작경제의 3원칙
• 신체 사용에 관한 원칙 : 두 손의 동작은 같이 시작하고 같이 끝나도록 한다.
• 작업장의 배치에 관한 원칙 : 공구, 재료 및 제어장치는 사용위치에 가까이 두도록 한다.
• 공구 및 설비 디자인에 관한 원칙 : 공구의 기능을 결합하여 사용하도록 한다.

71. 산업안전보건법령상 사업주가 근골격계 부담작업 종사자에게 반드시 주지시켜야 하는 내용에 해당되지 않는 것은?

① 근골격계 부담작업의 유해요인

[정답] 67. ① 68. ③ 69. ④ 70. ① 71. ②

② 근골격계질환의 요양 및 보상
③ 근골격계질환의 징후 및 증상
④ 근골격계질환 발생 시의 대처요령

해설 요양 및 보상은 산업재해 발생 후의 절차로, 사전에 주지시켜야 할 내용에 포함되지 않는다.

72. 평균 관측시간이 0.9분, 레이팅 계수가 120%, 여유시간이 하루 8시간 근무시간 중 28분으로 설정되었다면, 표준시간은 약 몇 분인가?

① 0.926　　② 1.080
③ 1.147　　④ 1.151

해설
- 정미시간(NT)
= 평균관측시간 × $\dfrac{\text{레이팅 계수}}{100}$
= $0.9 \times \dfrac{120}{100} = 1.08$

- 여유율(A)
= $\dfrac{\text{여유시간}}{\text{정미시간}} \times 100 = \dfrac{28}{60 \times 8} \times 100$
≒ 5.8%

- 표준시간(ST)
= 정미시간 × $\left(\dfrac{1}{1-\text{여유율}}\right)$
= $1.08 \times \dfrac{1}{1-0.058} ≒ 1.147$

73. 손과 손목 부위에 발생하는 작업 관련성 근골격계질환이 아닌 것은?

① 방아쇠 손가락(trigger finger)
② 외상 과염(lateral epicondylitis)
③ 가이언 증후군(canal of guyon)
④ 수근관 증후군(carpal tunnel syndrome)

해설 ①, ③, ④는 손과 손목에 발생하는 질환이며, 팔꿈치 부위의 근골격계질환에는 외상 과염과 회내근 증후군이 있다.

74. 근골격계질환 예방을 위한 바람직한 관리적 개선방안으로 볼 수 없는 것은?

① 규칙적이고 적절한 휴식을 통해 피로의 누적을 예방한다.
② 작업 확대를 통해 한 작업자가 할 수 있는 일의 다양성을 넓힌다.
③ 전문적인 스트레칭과 체조 등을 교육하고 작업 중 수시로 실시하도록 유도한다.
④ 중량물 운반 등 특정 작업에 적합한 작업자를 선별하여 상대적 위험도를 경감시킨다.

해설 중량물 운반 등 특정 작업은 작업자를 선별하기보다 기계 운반작업으로 대체하는 것이 바람직하다.

참고 기계 운반작업
- 단순하고 반복적인 작업
- 취급물이 중량물인 작업
- 취급물의 형상, 성질, 크기 등이 일정한 작업
- 표준화되어 있어 지속적이고 운반량이 많은 작업

75. 상완, 전완, 손목을 그룹 A로 하고 목, 상체, 다리를 그룹 B로 나누어 측정, 평가하는 유해요인의 평가기법은?

① RULA(Rapid Upper Limb Assessment)
② REBA(Rapid Entire Body Assessment)
③ OWAS(Ovako Working Posture Analysis System)
④ NIOSH 들기 작업지침(Revised NIOSH Lifting Equation)

해설 유해요인 평가방법의 RULA
- 작업자세는 신체 부위별로 그룹 A(상완, 전완, 손목)와 그룹 B(목, 상체, 다리)로 나눈다.

정답 72. ③　73. ②　74. ④　75. ①

- 주로 상지(upper limb)에 초점을 맞춰 작업부하를 평가한다.
- 평가하는 작업부하 인자는 동작의 횟수, 정적인 근육작업, 힘, 작업자세 등이다.
- 평가는 1~7점으로 이루어지며 점수에 따라 4개의 조치단계로 분류된다.

76. 서블릭(Therblig) 기호의 심벌과 영문이 잘못된 것은?

① ⟶ : TL
② ⊤⊤ : DA
③ ◯◯ : Sh
④ ⌒ : H

해설 서블릭 기호의 심볼과 영문 표기
- ⟶ : 선택(St)
- ◯◯ : 찾음(Sh)
- ⌣ : 운반(TL)
- ⊤⊤ : 분해(DA)
- ⌒ : 잡고 있기(H)

77. 다음 중 수행도 평가기법이 아닌 것은?

① 속도 평가법
② 합성 평가법
③ 평준화 평가법
④ 사이클 그래프 평가법

해설 수행도 평가법
- 속도 평가법
- 합성 평가법
- 평준화 평가법
- 웨스팅하우스 시스템

78. 파레토 원칙(Pareto principle : 80-20원칙)에 대한 설명으로 옳은 것은?

① 20%의 항목이 전체의 80%를 차지한다.
② 40%의 항목이 전체의 60%를 차지한다.
③ 60%의 항목이 전체의 40%를 차지한다.
④ 80%의 항목이 전체의 20%를 차지한다.

해설 파레토 원칙(80-20원칙)은 전체 결과의 대부분(약 80%)이 일부 핵심요인(약 20%)에 의해 좌우된다는 의미이다.

79. 간헐적으로 랜덤인 시점에 연구대상을 순간적으로 관측하여 관측기간 동안 나타난 항목별로 차지하는 비율을 추정하는 방법은?

① Work Factor법
② Work Sampling법
③ PTS(Predetermined Time Standards)법
④ MTM(Methods Time Measurement)법

해설 워크샘플링 : 간헐적으로 무작위 시점에서 연구대상을 순간적으로 관측하여 상황을 파악하고, 이를 바탕으로 관측시간 동안 항목별 비율을 추정하는 방법이다.

80. ECRS의 4원칙에 해당되지 않는 것은?

① Eliminate : 꼭 필요한가?
② Simplify : 단순화할 수 있는가?
③ Control : 작업을 통제할 수 있는가?
④ Rearrange : 작업하는 순서를 바꾸면 효율적인가?

해설 ③ Control : 다른 작업과 결합하면 더 좋은 결과를 얻을 수 있는가?

2021년도(1회차) 출제문제

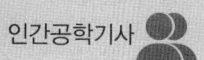

1과목 인간공학개론

1. 시각 및 시각과정에 대한 설명으로 옳지 않은 것은?

① 원추체(cone)는 황반(fovea)에 집중되어 있다.
② 멀리 있는 물체를 볼 때는 수정체가 두꺼워진다.
③ 동공의 크기는 어두우면 커진다.
④ 근시는 수정체가 두꺼워져 원점이 너무 가까워진다.

해설 멀리 있는 물체를 볼 때 수정체가 얇아지고, 가까이 있는 물체를 볼 때 수정체가 두꺼워진다.

2. 시식별에 영향을 주는 인자로 적합하지 않은 것은?

① 조도   ② 휘도비
③ 대비   ④ 온·습도

해설
- 시식별에 영향을 주는 요소 : 시력, 밝기, 조도, 휘도비, 대비, 물체 크기, 노출 시간, 과녁의 이동, 반사율, 훈련 등
- 온도나 습도의 변화는 시식별에 직접적인 영향을 미치지 않는다.

3. 실제 사용자들의 행동 분석을 위해 사용자가 생활하는 자연스러운 환경에서 조사하는 사용성 평가기법으로 옳은 것은?

① Heuristic Evaluation
② Usability Lab Testing
③ Focus Group Interview
④ Observation Ethnography

해설 관찰 에스노그라피 : 실제 사용자들의 행동을 분석하기 위해 이용자가 생활하는 자연스러운 환경에서 시험하는 사용성 평가기법이다.

4. 인체의 감각기능 중 후각에 대한 설명으로 옳은 것은?

① 후각에 대한 순응은 느린 편이다.
② 후각은 훈련을 통해 식별능력을 기르지 못한다.
③ 후각은 냄새의 존재 여부보다 특정 자극을 식별하는 데 효과적이다.
④ 특정 냄새의 절대 식별능력은 떨어지나 상대적 비교능력은 우수한 편이다.

해설 ① 후각에 대한 순응은 빠른 편이다.
② 후각은 훈련을 통해 최대 60종까지도 식별 가능하다.
③ 후각은 특정 자극을 식별하는 것보다 냄새의 존재 여부를 파악하는 데 더 효과적이다.

5. 제어장치가 가지는 저항의 종류에 포함되지 않는 것은?

① 탄성저항(elastic resistance)
② 관성저항(inertia resistance)
③ 점성저항(viscous resistance)
④ 시스템 저항(system resistance)

해설 제어(조종)장치의 저항력
- 탄성저항
- 점성저항
- 관성저항
- 정지 및 미끄럼마찰

정답 1. ② 2. ④ 3. ④ 4. ④ 5. ④

6. 음 세기(sound intensity)에 관한 설명으로 옳은 것은?

① 음 세기의 단위는 Hz이다.
② 음 세기는 소리의 고저와 관련이 있다.
③ 음 세기는 단위시간에 단위면적을 통과하는 음의 에너지를 말한다.
④ 음압수준 측정 시 주로 1000Hz 순음을 기준 음압으로 사용한다.

해설 음 세기는 단위면적을 통과하는 단위시간당 소리 에너지를 말한다.

참고 단위 : W/m^2(W는 와트), dB

7. 시스템의 사용성 검증 시 고려되어야 할 변인이 아닌 것은?

① 경제성   ② 낮은 에러율
③ 효율성   ④ 기억 용이성

해설 사용성 검증 시 고려되어야 할 변인
- 학습 용이성
- 효율성
- 기억 용이성
- 에러 빈도
- 주관적 만족도

8. 암호체계의 사용에 관한 일반적 지침에서 암호의 변별성에 대한 설명으로 옳은 것은?

① 정보를 암호화한 자극은 검출이 가능해야 한다.
② 자극과 반응 간의 관계가 인간의 기대와 모순되지 않아야 한다.
③ 두 가지 이상의 암호 차원을 조합하여 사용하면 정보전달이 촉진된다.
④ 모든 암호 표시는 감지장치에 의해 다른 암호 표시와 구별될 수 있어야 한다.

해설 암호체계의 일반사항
- 검출성 : 정보를 암호화한 자극은 검출이 가능해야 한다.
- 판별성(변별성) : 모든 암호 표시는 다른 암호와 구별될 수 있어야 한다.
- 표준화 : 암호를 표준화하여 다른 상황으로 변화해도 이용할 수 있어야 한다.
- 부호의 양립성 : 자극과 반응의 관계가 사람의 기대와 모순되지 않아야 한다.
- 부호의 성질 : 암호를 사용할 때는 사용자가 그 의미를 분명히 알 수 있어야 한다.
- 다차원 시각적 암호 : 색이나 숫자로 된 단일 암호보다 색과 숫자를 중복 조합한 암호가 효과적이다.

9. 다음 중 주의(attention)의 종류에 포함되지 않는 것은?

① 병렬주의(parallel attention)
② 분할주의(divided attention)
③ 초점주의(focused attention)
④ 선택적 주의(selective attention)

해설 주의의 종류
- 분할주의
- 초점주의
- 선택적 주의

10. 다음 중 인간공학에 관한 내용으로 옳지 않은 것은?

① 인간의 특성 및 한계를 고려한다.
② 인간을 기계와 작업에 맞추는 학문이다.
③ 인간활동의 최적화를 연구하는 학문이다.
④ 편리성, 안정성, 효율성을 제고하는 학문이다.

해설 ② 기계를 인간의 특성에 맞추는 학문이다.

11. 움직이는 몸의 동작을 측정한 인체치수를 무엇이라고 하는가?

① 조절 치수   ② 파악한계 치수
③ 구조적 인체치수   ④ 기능적 인체치수

정답 6. ③ 7. ① 8. ④ 9. ① 10. ② 11. ④

해설
- 구조적 인체치수(정적 치수) : 신체를 고정된 자세에서 측정한 치수
- 기능적 인체치수(동적 치수) : 신체의 기능 수행 시 움직임에 따라 측정한 치수

12. 인간의 기억체계에 대한 설명으로 옳지 않은 것은?

① 단위시간당 영구 보관할 수 있는 정보량은 7bit/s이다.
② 감각저장에서는 정보의 코드화가 이루어지지 않는다.
③ 장기기억 내의 정보는 의미적으로 코드화된 정보이다.
④ 기억은 현재 또는 최근의 정보를 잠시동안 기억하기 위한 저장소의 역할을 한다.

해설 ① 단위시간당 영구 보관할 수 있는 정보량은 0.7bit이다.

13. 인체측정 자료의 최대 집단값에 의한 설계 원칙에 관한 내용으로 옳은 것은?

① 통상 1, 5, 10%의 하위 백분위수를 기준으로 정한다.
② 통상 70, 75, 80%의 상위 백분위수를 기준으로 정한다.
③ 문, 탈출구, 통로 등과 같은 공간의 여유를 정할 때 사용한다.
④ 선반의 높이, 조정장치까지의 거리 등을 정할 때 사용한다.

해설 ①, ④는 최소 집단값에 의한 설계에 대한 내용이다.

참고 최대 집단값에 의한 설계
- 인체치수 분포의 상위 90%, 95%, 99% 사용자를 포함할 수 있도록 최댓값을 기준으로 설계한다.
- 문, 탈출구, 통로 등과 같이 누구나 통과할 수 있어야 하는 공간의 설계에 적용된다.

14. 다음과 같은 확률로 발생하는 4가지 대안에 대한 중복률(%)은?

결과	확률(p)	$-\log_2 p$
A	0.1	3.32
B	0.3	1.74
C	0.4	1.32
D	0.2	2.32

① 1.8 ② 2.0
③ 7.7 ④ 8.7

해설 중복률

$$= \left(1 - \frac{\text{평균정보량}(H_a)}{\text{최대정보량}(H_{\max})}\right) \times 100$$

- $H_a = \sum_{i=1}^{n} p_i \log_2\left(\frac{1}{p_i}\right) = -\sum_{i=1}^{n} p_i \log_2 p_i$

$= 0.1 \times 3.32 + 0.3 \times 1.74$
$\quad + 0.4 \times 1.32 + 0.2 \times 2.32$
$= 1.846$

- $H_{\max} = \log_2 N = \log_2 4 = 2$

∴ 중복률 $= \left(1 - \dfrac{1.846}{2}\right) \times 100 = 7.7\%$

15. 인간-기계 체계의 신뢰도(R_{HS})가 0.85 이상이어야 한다. 이때 인간의 신뢰도(R_H)가 0.9라면 기계의 신뢰도(R_M)는 얼마 이상이어야 하는가? (단, 인간-기계 체계는 직렬 체계이다.)

① $R_M \geq 0.831$ ② $R_M \geq 0.877$
③ $R_M \geq 0.915$ ④ $R_M \geq 0.944$

해설
- 직렬시스템의 신뢰도(R_S)
  $= R_1 \cdot R_2 \cdots R_n$
- 인간신뢰도(R_H) × 기계 신뢰도(R_M) $\geq R_{HS}$
  $0.9 \times R_M \geq 0.85$

∴ $R_M \geq \dfrac{0.85}{0.9} \fallingdotseq 0.944$

정답 12. ① 13. ③ 14. ③ 15. ④

16. 선형 표시장치를 움직이는 조종구(레버)에서의 C/R비를 나타내는 다음 식에서 변수의 의미로 옳은 것은? (단, L은 컨트롤러의 길이를 의미한다.)

$$C/R비 = \frac{(\alpha/360) \times 2\pi L}{표시장치의 이동거리}$$

① 조종장치의 여유율
② 조종장치의 최대 각도
③ 조종장치가 움직인 각도
④ 조종장치가 움직인 거리

해설 조종장치의 C/R비
$$= \frac{(\alpha/360) \times 2\pi L}{표시장치의 이동거리}$$
여기서, α : 조종장치가 움직인 각도
L : 반지름(조종장치의 거리)

17. 신호검출 이론에서 판정기준을 나타내는 우도비 β와 민감도 d에 대한 설명으로 옳은 것은?

① β가 클수록 보수적이고 d가 클수록 민감함을 나타낸다.
② β가 클수록 보수적이고 d가 클수록 둔감함을 나타낸다.
③ β가 작을수록 보수적이고 d가 클수록 민감함을 나타낸다.
④ β가 작을수록 보수적이고 d가 클수록 둔감함을 나타낸다.

해설 • β가 클수록 보수적이며 작을수록 진취적이다.
• d가 클수록 민감함을 나타내며 정규분포를 이용하여 구할 수 있다.

18. 정량적 표시장치의 지침 설계에 있어 일반적인 요령으로 적합하지 않은 것은?

① 뾰족한 지침을 사용한다.
② 지침을 눈금면과 최대한 밀착시킨다.
③ 지침의 끝은 최소 눈금선과 맞닿고 겹치게 한다.
④ 원형눈금의 경우 지침의 색은 지침 끝에서 중앙까지 칠한다.

해설 ③ 지침의 끝은 작은 눈금과 맞닿게 하되, 겹치지 않게 한다.

참고 지침은 눈금과 겹치지 않도록 설계하는 것이 원칙이다. 하지만 여러 지침을 사용할 때는 길이와 굵기를 달리 하여 겹치더라도 구분할 수 있게 한다.

19. 표시장치와 제어장치를 포함하는 작업장을 설계할 때 고려해야 할 사항과 가장 거리가 먼 것은?

① 작업시간
② 제어장치와 표시장치와의 관계
③ 주된 시각 임무와 상호작용하는 주제어장치
④ 자주 사용되는 부품을 편리한 위치에 배치

해설 작업시간은 인체공학적 배치나 인터페이스 설계와는 직접적인 관련이 없어 고려사항과 거리가 있다.

20. 통화 이해도 측정을 위한 척도로 적합하지 않은 것은?

① 명료도 지수
② 인식 소음수준
③ 이해도 점수
④ 통화 간섭수준

해설 통화 이해도 측정을 위한 척도
• 명료도
• 이해도
• 통화 간섭수준

참고 통화 이해도 : 다양한 통신 상황에서 음성 전달의 품질을 평가하는 기준으로, 수화자가 얼마나 잘 이해하는지에 의해 판단된다.

정답 16. ③   17. ①   18. ③   19. ①   20. ②

2과목 작업생리학

21. 산업안전보건법령상 소음작업이란 1일 8시간 작업을 기준으로 얼마 이상의 소음이 발생하는 작업을 뜻하는가?

① 80데시벨 ② 85데시벨
③ 90데시벨 ④ 95데시벨

해설 소음작업은 1일 8시간 작업을 기준으로 하여 85 dB 이상의 소음이 발생하는 작업이다.

참고 강렬한 소음작업은 8시간 90 dB 이상의 소음이 발생하는 작업을 말한다.

22. 중량물을 운반하는 작업에서 발생하는 생리적 반응으로 옳은 것은?

① 혈압이 감소한다.
② 심박수가 감소한다.
③ 혈류량이 재분배된다.
④ 산소 소비량이 감소한다.

해설 작업에서 발생하는 생리적 반응
- 혈압이 증가한다.
- 심박수가 증가한다.
- 산소 소비량이 증가한다.

23. 수의근(voluntary muscle)에 대한 설명으로 옳은 것은?

① 민무늬근과 줄무늬근을 통칭한다.
② 내장근 또는 평활근으로 구분한다.
③ 대표적으로 심장근이 있으며 원통형 근섬유 구조를 이룬다.
④ 중추신경계의 지배를 받아 내 의지대로 움직일 수 있는 근육이다.

해설 수의근(voluntary muscle) : 중추신경계의 지배를 받아 의지대로 움직이며, 체중의 약 40%를 차지한다.

24. 신체에 전달되는 진동은 전신진동과 국소진동으로 구분된다. 진동원의 성격이 다른 것은?

① 크레인 ② 지게차
③ 대형 운송차량 ④ 휴대용 연삭기

해설
- 국소진동 : 연마기, 자동식 톱, 착암기, 해머 드릴 등
- 전신진동 : 크레인, 지게차, 불도저, 대형 운송차량 등

25. 중추신경계의 피로, 즉 정신피로의 측정척도로 사용할 때 가장 적합한 것은?

① 혈압
② 근전도
③ 산소 소비량
④ 점멸융합주파수

해설 점멸융합주파수는 정신피로도를 측정하는 척도로, 피로가 증가할수록 점멸융합주파수의 빈도가 감소한다.

26. 휴식 중 에너지 소비량이 1.5 kcal/min인 작업자가 분당 평균 8 kcal의 에너지를 소비한 작업을 60분 동안 했을 경우 총작업시간 60분에 포함되어야 하는 휴식시간은 약 몇 분인가? (단, Murrell의 식을 적용하며, 작업 시 권장평균에너지 소비량은 5 kcal/min으로 가정한다.)

① 22분 ② 28분 ③ 34분 ④ 40분

해설 휴식시간$(R) = \dfrac{T(E-S)}{E-1.5}$

$= \dfrac{60(8-5)}{8-1.5} ≒ 28분$

여기서, T : 총작업시간(분)
E : 평균에너지 소비량(kcal/min)
S : 보통작업 평균에너지
1.5 : 휴식시간 중 에너지 소비량

정답 21. ② 22. ③ 23. ④ 24. ④ 25. ④ 26. ②

27. 힘에 대한 설명으로 옳지 않은 것은?

① 능동적 힘은 근수축에 의해 생성된다.
② 힘은 근골격계를 움직이거나 안정시키는 데 작용한다.
③ 수동적 힘은 관절 주변의 결합조직에 의해 생성된다.
④ 능동적 힘과 수동적 힘의 합은 근절의 안정 길이의 50%에서 발생한다.

해설 ④ 능동적 힘과 수동적 힘의 합은 근절의 안정길이에서 최대로 발생한다.

28. 근력과 지구력에 관한 설명으로 옳지 않은 것은?

① 근력에 영향을 미치는 대표적 개인적 인자로는 성(姓)과 연령이 있다.
② 정적 조건에서의 근력이란 자의적 노력에 의해 등척적으로(isometrically) 낼 수 있는 최대 힘이다.
③ 근육이 발휘할 수 있는 최대 근력의 50% 정도의 힘으로는 상당히 오래 유지할 수 있다.
④ 동적 근력은 측정이 어려우며, 이는 가속과 관절 각도의 변화가 힘의 발휘와 측정에 영향을 주기 때문이다.

해설 ③ 근육이 발휘할 수 있는 최대 근력의 15% 정도의 힘으로는 상당히 오래 유지할 수 있다.

참고 지구력은 근육이 발휘할 수 있는 최대 근력의 약 15% 정도의 힘으로는 오랫동안 유지할 수 있으나, 50% 수준에서는 약 1분 정도, 100% 수준에서는 30초 이내만 유지할 수 있다.

29. 열교환에 영향을 미치는 요소와 가장 거리가 먼 것은?

① 기압   ② 기온
③ 습도   ④ 공기의 유동

해설 열교환에 영향을 미치는 요소
- 온도
- 습도
- 복사온도
- 대류(공기의 유동)

30. 다음 중 전체 환기가 필요한 경우로 볼 수 없는 것은?

① 유해물질의 독성이 적을 때
② 실내에 오염물 발생이 많지 않을 때
③ 실내 오염 배출원이 분산되어 있을 때
④ 실내에 확산된 오염물의 농도가 전체적으로 일정하지 않을 때

해설 ④는 전체 환기보다는 국소배기가 필요한 경우이다.

참고 국소배기는 고깃집 후드나 주방 레인지 후드처럼 특정 부분만 환기할 수 있는 방식이다.

31. 일정(constant) 부하를 가진 작업 수행 시 인체의 산소 소비량 변화를 나타낸 그래프로 옳은 것은?

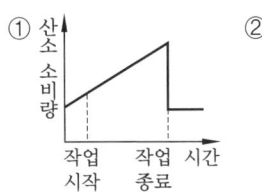
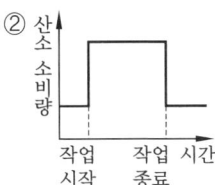
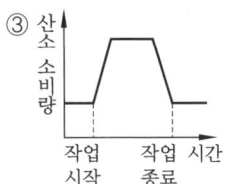
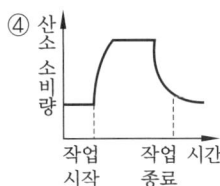

해설 인체의 산소 소비량 변화 그래프

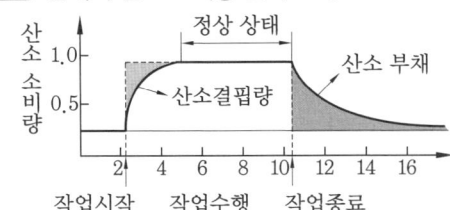

정답 27. ④ 28. ③ 29. ① 30. ④ 31. ④

32. 생체신호를 측정할 때 이용되는 측정방법이 잘못 연결된 것은?

① 뇌의 활동 측정 – EOG
② 심장근의 활동 측정 – EKG
③ 피부의 전기 전도 측정 – GSR
④ 국부 골격근의 활동 측정 – EMG

[해설] ① 뇌의 활동 측정 : 뇌전도(EEG)

[참고] 안정도(EOG)는 뇌 활동이 아니라 안구 운동의 전위차를 기록하는 방법이다.

33. 중추신경계(central nervous system)에 해당하는 것은?

① 신경절(ganglia)
② 척수(spinal cord)
③ 뇌신경(cranial nerve)
④ 척수신경(spinal nerve)

[해설] 중추신경계 : 뇌, 척수

34. 어떤 작업에 대하여 10분간 산소 소비량을 측정한 결과 100L 배기량에 산소가 15%, 이산화탄소가 6%로 분석되었다. 에너지 소비량은 몇 kcal/min인가? (단, 산소 1L가 몸에서 소비되면 5kcal의 에너지가 소비되며, 공기 중에서 산소는 21%, 질소는 79%를 차지하는 것으로 가정한다.)

① 2　　② 3　　③ 4　　④ 6

[해설]
• 분당 배기량
$= \dfrac{배기량}{시간} = \dfrac{100L}{10분} = 10 L/min$

• 분당 흡기량
$= \dfrac{배기량 - 배기 중 O_2 - 배기 중 CO_2}{배기량 - 흡기 중 O_2}$
$\times 분당 배기량$
$= \dfrac{100-15-6}{100-21} \times 10 = 10 L/min$

• 산소 소비량
$=$(분당 흡기량 × 흡기 중 O_2)
$\quad -$(분당 배기량 × 배기 중 O_2)
$=(21 \times 10)-(15 \times 10)=0.6 L/min$
∴ 에너지 소비량 = 산소 소비량 × 5
$= 0.6 \times 5 = 3 kcal/min$

[참고] 산소 1L의 에너지는 5kcal이다.

35. 안정 시 신체 부위에 공급하는 혈액 분배 비율이 가장 높은 곳은?

① 뇌　　　　② 근육
③ 소화기계　④ 심장

[해설] 안정(휴식) 시 혈액 분배 비율
• 간 및 소화기관 : 20~25%
• 신장 : 20%
• 근육 : 15~20%
• 뇌 : 15%
• 심장 : 4~5%

36. 작업장 실내에서 일반적으로 추천 반사율이 가장 높은 곳은? (단, IES 기준이다.)

① 천장　　② 바닥
③ 벽　　　④ 책상면

[해설] 실내 조명반사율

바닥	가구, 책상	벽	천장
20~40%	25~40%	40~60%	80~90%

[참고] 조명이 천장에 있다고 가정하면 가까운 곳일수록 조명반사율이 높다.

37. 신체 부위의 동작 유형 중 관절에서의 각도가 증가하는 동작을 무엇이라고 하는가?

① 굴곡(flexion)
② 신전(extension)
③ 내전(adduction)
④ 외전(abduction)

[정답] 32. ①　33. ②　34. ②　35. ③　36. ①　37. ②

해설 신체 부위 기본운동
- 굴곡(굽히기) : 관절 간의 각도가 감소하는 움직임
- 신전(펴기) : 관절 간의 각도가 증가하는 움직임
- 내전(모으기) : 팔, 다리가 밖에서 몸 중심선으로 향하는 이동
- 외전(벌리기) : 팔, 다리가 몸 중심선에서 밖으로 멀어지는 이동
- 내선 : 발 운동이 몸 중심선으로 향하는 회전
- 외선 : 발 운동이 몸 중심선으로부터의 회전

38. 소음에 의한 회화 방해현상과 같이 한 음의 가청역치가 다른 음 때문에 높아지는 현상을 무엇이라 하는가?

① 사정효과 ② 차폐효과
③ 은폐효과 ④ 흡음효과

해설 은폐효과(masking effect) : 한 음의 가청역치가 다른 음 때문에 높아지는 현상

참고 가청역치는 청각을 자극시키는 데 필요한 음의 최소 강도를 말한다.

39. 강도 높은 작업을 마친 후 휴식 중에도 근육에 추가적으로 소비되는 산소량은?

① 산소 부채 ② 산소 결핍
③ 산소 결손 ④ 산소 요구량

해설 산소 부채 : 활동이 끝난 후에도 남아 있는 젖산을 제거하기 위해 필요한 산소

참고 젖산은 무산소 운동 시 생성되는 부산물로, 탄수화물 분해 과정에서 크렙스 사이클(Krebs cycle)이 원활히 작동하지 않을 때 발생한다.

40. 광도비(luminance ratio)란 주된 장소와 주변 광도의 비이다. 사무실 및 산업 상황에서의 일반적인 추천 광도비는?

① 1 : 1 ② 2 : 1
③ 3 : 1 ④ 4 : 1

해설 사무실 및 산업 상황에서는 일반적으로 3 : 1의 광도비를 표준으로 사용한다.

3과목 산업심리학 및 관계법규

41. 인간의 불안전행동을 예방하기 위해 Harvey에 의해 제안된 안전대책의 3E에 해당하지 않는 것은?

① Education ② Enforcement
③ Engineering ④ Environment

해설 안전대책의 3E
- 안전교육(Education)
- 안전기술(Engineering)
- 안전독려(Enforcement)

참고 Environment : 환경

42. 휴먼에러의 배후요인 4가지(4M)에 속하지 않는 것은?

① Man ② Machine
③ Motive ④ Management

해설 휴먼에러의 배후요인 4가지(4M)
- Man(사람) • Machine(기계)
- Media(작업환경) • Management(관리)

참고 Motive : 동기, 이유

43. 작업자 한 사람의 성능 신뢰도가 0.95일 때, 요원을 중복하여 2인 1조로 작업을 할 경우 이 조의 인간신뢰도는 얼마인가? (단, 작업 중에는 항상 요원이 지원되며, 두 작업자의 신뢰도는 동일하다고 가정한다.)

① 0.9025 ② 0.9500
③ 0.9975 ④ 1.0000

정답 38. ③ 39. ① 40. ③ 41. ④ 42. ③ 43. ③

해설 신뢰도(R_S)
$= 1-(1-R_1)(1-R_2)$
$= 1-(1-0.95)(1-0.95)$
$= 0.9975$

44. NIOSH의 직무 스트레스 모형에서 같은 직무 스트레스 요인에서도 개인들이 지각하고 상황에 반응하는 방식에 차이가 있는데, 이를 무엇이라 하는가?

① 환경요인 ② 작업요인
③ 조직요인 ④ 중재요인

해설 직무 스트레스의 원인
- 작업요인 : 작업부하, 교대근무
- 조직요인 : 갈등, 역할요구, 관리유형
- 환경요인 : 소음, 한랭, 환기불량, 조명

참고 중재요인 : 개인적 요인, 완충작용 요인, 조직 외 요인, 상황 요인

45. 선택반응시간(Hick의 법칙)과 동작시간(Fitts의 법칙)의 공식에 대한 설명으로 옳은 것은?

- 선택반응시간$(RT) = a + b\log_2 N$
- 동작시간$(T) = a + b\log_2\left(\dfrac{2A}{W}\right)$

① N은 자극과 반응의 수, A는 목표물의 너비, W는 움직인 거리를 나타낸다.
② N은 감각기관의 수, A는 목표물의 너비, W는 움직인 거리를 나타낸다.
③ N은 자극과 반응의 수, A는 움직인 거리, W는 목표물의 너비를 나타낸다.
④ N은 감각기관의 수, A는 움직인 거리, W는 목표물의 너비를 나타낸다.

해설 선택반응시간과 동작시간
- N : 가능한 자극과 반응들의 수
- A : 표적 중심까지 움직인 거리
- W : 목표물(표적)의 너비

46. 재해 원인을 불안전한 행동과 불안전한 상태로 구분할 때, 불안전한 상태에 해당하는 것은?

① 규칙의 무시 ② 안전장치의 결함
③ 보호구 미착용 ④ 불안전한 조작

해설 불안전한 상태
- 안전장치의 결함 · 방호조치의 결함
- 보호구의 결함 · 작업환경의 결함
- 숙련도 부족

참고 불안전한 행동
- 규칙의 무시 · 보호구 미착용
- 불안전한 조작 · 안전장치 제거

47. 시스템 안전 분석기법 중 정량적 분석 방법이 아닌 것은?

① 결함나무 분석(FTA)
② 사상나무 분석(ETA)
③ 고장모드 및 영향분석(FMEA)
④ 휴먼에러율 예측기법(THERP)

해설 FMEA : 시스템에 영향을 미치는 모든 요소의 고장을 형태별로 분석하여 그 영향을 최소로 하고자 검토하는 전형적인 정성적, 귀납적 분석방법이다.

48. 조직의 리더(leader)에게 부여하는 권한 중 구성원을 징계 또는 처벌할 수 있는 권한은 어느 것인가?

① 보상적 권한 ② 강압적 권한
③ 합법적 권한 ④ 전문성의 권한

해설 강압적 권한 : 리더에게 주어진 권력 등을 이용하여 상벌을 할 수 있는 권한이다.

정답 44. ④ 45. ③ 46. ② 47. ③ 48. ②

49. 허즈버그(Herzberg)의 동기요인에 해당되지 않는 것은?

① 성장   ② 성취감
③ 책임감   ④ 작업조건

해설
- 동기요인 : 성취감, 책임감, 안정감, 도전감, 발전과 성장
- 위생요인 : 정책 및 관리, 개인 간의 관계, 감독, 임금 및 지위, 작업조건, 안전

50. 다음 중 에러 발생 가능성이 가장 낮은 의식수준은?

① 의식수준 0   ② 의식수준 Ⅰ
③ 의식수준 Ⅱ   ④ 의식수준 Ⅲ

해설 인간의 의식 레벨의 단계

단계	모드	생리적 상태	신뢰성
0	무의식	수면, 뇌발작, 주의작용 상실, 실신	0
1	의식 흐림	피로, 단조로운 일, 수면, 졸음, 몽롱	0.9 이하
2	이완 상태	안정적 기거, 휴식, 정상작업	0.99~1 이하
3	상쾌한 상태	적극적 활동, 최적의 활동상태	0.999 이상
4	과긴장 상태	일점 집중, 긴급 방위 반응	0.9 이하

51. Rasmussen의 인간행동 분류에 기초한 인간 오류에 해당하지 않는 것은?

① 규칙에 기초한 행동오류
② 실행에 기초한 행동오류
③ 기능에 기초한 행동오류
④ 지식에 기초한 행동오류

해설 라스무센의 3가지 행동유형
- 숙련기반 행동 : 숙련되지 못해 발생하는 착오
- 지식기반 행동 : 무지로 발생하는 착오
- 규칙기반 행동 : 규칙을 알지 못해 발생하는 착오

52. 개인의 기술과 능력에 맞게 직무를 할당하고 작업환경 개선을 통해 안심하고 작업할 수 있도록 하는 스트레스 관리 대책은?

① 직무 재설계
② 긴장 이완법
③ 협력관계 유지
④ 경력계획과 개발

해설 직무 재설계 : 사람마다 가지고 있는 기술과 신체적 능력이 다르므로 직무를 분석·평가하여 조직의 최종 목표를 수행하는 효율을 높이기 위해 기존 직무를 다시 설계하는 일을 말한다.

53. 사고발생에 있어 부주의 현상의 원인에 해당되지 않는 것은?

① 의식의 우회   ② 의식의 혼란
③ 의식의 중단   ④ 의식수준의 향상

해설 부주의 현상

의식수준 저하	의식의 혼란	의식의 단절	의식의 우회
(위험)	(위험)	(위험)	(위험)

54. 제조물책임법상 결함의 종류에 해당되지 않는 것은?

① 재료상의 결함
② 제조상의 결함
③ 설계상의 결함
④ 표시상의 결함

해설 제조물책임법상 결함은 제조상 결함, 설계상 결함, 표시상 결함 3가지만 인정된다.

정답 49. ④ 50. ④ 51. ② 52. ① 53. ④ 54. ①

55. 레빈(Lewin. K)이 주장한 인간의 행동에 대한 함수식 $B=f(P \cdot E)$에서 개체(person)에 포함되지 않는 변수는?

① 연령   ② 성격
③ 심신상태   ④ 인간관계

해설 P : 개체(person) – 연령, 경험, 심신상태, 성격, 지능, 소질

참고 E : 심리적 환경(environment) – 인간관계, 작업환경

56. 재해율과 관련된 설명으로 옳은 것은?

① 재해율은 근로자 100명당 1년간 발생하는 재해자 수를 나타낸다.
② 도수율은 연간 총근로시간의 합계에 10만시간당 재해발생 건수이다.
③ 강도율은 근로자 1000명당 1년 동안 발생하는 재해자 수(사상자 수)를 나타낸다.
④ 연천인율은 연간 총근로시간에 1000시간당 재해발생에 의해 잃어버린 근로손실일수를 말한다.

해설 ② 연근로시간 100만시간당 재해발생 건수 : 도수율
③ 근로자 1000명당 1년 동안 발생한 사상자 수 : 연천인율
④ 연간 총근로시간 1000시간당 발생한 재해에 의한 근로손실일수 : 강도율

57. 막스 베버(Max Weber)가 주장한 관료주의에 관한 설명으로 옳지 않은 것은?

① 노동의 분업화를 전제로 조직을 구성한다.
② 부서장들의 권한 일부를 수직적으로 위임하도록 했다.
③ 단순한 계층구조로 상위리더의 의사결정이 독단화되기 쉽다.
④ 산업화 초기의 비규범적 조직운영을 체계화시키는 역할을 했다.

해설 ③ 규모가 크고 복잡한 구조에 적용되어 의사결정 과정이 복잡하다.

참고 베버가 제창한 관료주의
• 노동을 분업화하는 전제를 바탕으로 조직을 구성한다.
• 부서장에게 일부 권한을 수직적으로 위임한다.
• 규모가 크고 복잡하며 합리적인 조직형태를 가진다.
• 산업화 초기의 비체계적 조직운영을 체계화하는 역할을 수행한다.

58. 집단 응집력을 결정하는 요소에 대한 내용으로 옳지 않은 것은?

① 집단의 구성원이 적을수록 응집력이 낮다.
② 외부의 위협이 있을 때 응집력이 높다.
③ 가입의 난이도가 쉬울수록 응집력이 낮다.
④ 함께 보내는 시간이 많을수록 응집력이 높다.

해설 ① 집단의 구성원이 적을수록 응집력이 높다.

59. 재해발생에 관한 하인리히(H.W. Heinrich)의 도미노 이론에서 제시된 5가지 요인에 해당하지 않는 것은?

① 제어의 부족
② 개인적 결함
③ 불안전한 행동 및 상태
④ 유전 및 사회 환경적 요인

해설 하인리히 재해발생 도미노 5단계

1단계	2단계	3단계	4단계	5단계
선천적 결함	개인적 결함	불안전한 행동·상해	사고	재해

참고 ①은 버드의 최신 연쇄성 이론의 1단계이다.

정답 55. ④ 56. ① 57. ③ 58. ① 59. ①

60. 리더십 이론 중 관리그리드 이론에서 인간관계에 대한 관심이 낮은 유형은?

① 타협형 ② 인기형
③ 이상형 ④ 무관심형

해설 관리그리드 이론

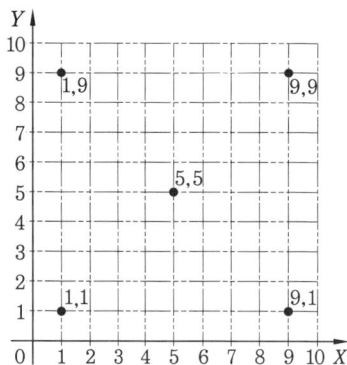

- (1, 1)형 : 무관심형 • (1, 9)형 : 인기형
- (9, 1)형 : 과업형 • (5, 5)형 : 타협형
- (9, 9)형 : 이상형

여기서, X축 : 과업에 대한 관심
　　　　Y축 : 인간관계에 대한 관심

4과목 근골격계질환 예방을 위한 작업관리

61. 다음 중 작업측정에 관한 설명으로 옳지 않은 것은?

① 정미시간은 반복생산에 요구되는 여유시간을 포함한다.
② 인적 여유는 생리적 욕구에 의해 작업이 지연되는 시간을 포함한다.
③ 레이팅은 측정작업 시간을 정상 작업시간으로 보정하는 과정이다.
④ TV 조립공정과 같이 짧은 주기의 작업은 비디오 촬영에 의한 시간연구법이 좋다.

해설 ① 정미시간은 반복생산에 요구되는 여유시간을 포함하지 않는다.

참고 정미시간은 일정한 속도로 작업을 수행하는 데 소요되는 시간이며, 표준시간은 정미시간에 여유시간을 더하여 구한다.

62. 작업개선에 있어서 개선의 ECRS에 해당하지 않는 것은?

① 보수(Repair) ② 제거(Eliminate)
③ 단순화(Simplify) ④ 재배치(Rearrange)

해설 작업개선의 원칙(ECRS)
- 제거(Eliminate) : 생략과 배제의 원칙
- 결합(Combine) : 결합과 분리의 원칙
- 재조정(Rearrange) : 재배열의 원칙
- 단순화(Simplify) : 단순화의 원칙

63. Work Factor에서 동작시간 결정 시 고려하는 4가지 요인에 해당하지 않는 것은?

① 수행도 ② 동작거리
③ 중량이나 저항 ④ 인위적 조절정도

해설 동작시간의 변동요인
- 신체 부위
- 이동거리
- 중량 또는 저항
- 동작의 인위적 조절

64. 산업안전보건법령상 근골격계 부담작업에 해당하는 기준은?

① 하루에 5회 이상 20kg 이상의 물체를 드는 작업
② 하루에 총 1시간 키보드 또는 마우스를 조작하는 작업
③ 하루에 총 2시간 이상 목, 허리, 팔꿈치, 손목 또는 손을 사용하여 다양한 동작을 반복하는 작업
④ 하루에 총 2시간 이상 지지되지 않은 상태에서 4.5kg 이상의 물건을 한 손으로 들거나 동일한 힘으로 쥐는 작업

정답 60. ④　61. ①　62. ①　63. ①　64. ④

해설 근골격계 부담작업
① 하루 10회 이상 25kg 이상의 물체를 드는 작업
② 하루 총 4시간 이상 집중적으로 키보드 또는 마우스를 조작하는 작업
③ 하루 총 2시간 이상 목, 어깨, 팔꿈치, 손목 또는 손으로 같은 동작을 반복하는 작업

65. 워크샘플링(work sampling)의 특징으로 옳지 않은 것은?
① 짧은 주기나 반복작업에 효과적이다.
② 관측이 순간적으로 이루어져 작업에 방해가 적다.
③ 작업방법이 변화되는 경우에는 전체적인 연구를 새로 해야 한다.
④ 관측자가 여러 명의 작업자나 기계를 동시에 관측할 수 있다.

해설 ① 짧은 주기나 반복작업에 부적합하다.

66. NIOSH 들기 공식에서 고려되는 평가요소가 아닌 것은?
① 수평거리
② 목 자세
③ 수직거리
④ 비대칭 각도

해설 권장무게한계 RWL(Kd)
$= LC \times HM \times VM \times DM \times AM \times FM \times CM$

LC	부하 상수	23kg 작업물의 무게
HM	수평 계수	$25/H$
VM	수직 계수	$1-(0.003 \times V-75)$
DM	거리 계수	$0.82+(4.5/D)$
AM	비대칭 계수	$1-(0.0032 \times A)$
FM	빈도 계수	분당 들어 올리는 횟수
CM	결합 계수	커플링 계수

67. 평균관측시간이 0.8분, 레이팅 계수가 120%, 정미시간에 대한 작업 여유율이 15%일때 표준시간은 약 얼마인가?
① 0.78분
② 0.88분
③ 1.104분
④ 1.264분

해설 표준시간(ST)
= (평균관측시간 × 레이팅 계수) × (1+여유율)
$= \left(0.8 \times \dfrac{120}{100}\right) \times (1+0.15)$
$= 1.104$분

68. 동작경제의 원칙에서 작업장 배치에 관한 원칙에 해당하는 것은?
① 각 손가락이 서로 다른 작업을 할 때 작업량을 각 손가락의 능력에 맞게 분배한다.
② 중력 이송원리를 이용한 부품상자나 용기를 사용하여 부품을 사용장소에 가까이 보낼 수 있도록 한다.
③ 손과 신체의 동작은 작업을 원만하게 처리할 수 있는 범위 내에서 가장 낮은 동작등급을 사용한다.
④ 눈의 초점을 모아야 할 수 있는 작업은 가능한 적게 하고, 불가피한 경우 두 작업간의 거리를 짧게 한다.

해설 ①, ③, ④는 동작경제 원칙에서 신체 사용에 관한 원칙이다.

참고 작업장 배치에 관한 원칙
• 모든 공구나 재료는 정해진 위치에 배치한다.
• 공구, 재료 및 제어장치는 사용위치에 가까이 두도록 한다.
• 공구나 재료는 작업동작이 원활하게 수행되도록 그 위치를 정해준다.
• 중력 이송원리를 이용한 부품을 제품 사용위치에 가까이 보낼 수 있도록 한다.

69. 작업개선방법을 관리적 개선방법과 공학적 개선방법으로 구분할 때 공학적 개선방법에 속하는 것은?

① 적절한 작업자의 선발
② 작업자의 교육 및 훈련
③ 작업자의 작업속도 조절
④ 작업자의 신체에 맞는 작업장 개선

해설 ①, ②, ③ 관리적 개선방법

참고 작업개선방법
㉠ 관리적 개선
- 적절한 작업자의 선발
- 작업자의 교육 및 훈련
- 작업자의 작업속도 조절

㉡ 공학적 개선
- 공구 및 장비의 개선
- 작업장 개선

70. 어느 회사의 컨베이어 라인에서 작업순서가 다음 표의 번호와 같이 구성되어 있을 때, 설명 중 옳은 것은?

작업	1. 조립	2. 납땜	3. 검사	4. 포장
시간(초)	10초	9초	8초	7초

① 공정손실은 15%이다.
② 애로작업은 검사작업이다.
③ 라인의 주기시간은 7초이다.
④ 라인의 시간당 생산량은 6개이다.

해설
- 공정손실

$$= 1 - \frac{\text{총작업시간}}{\text{작업자 수} \times \text{주기시간}}$$

$$= 1 - \frac{10+9+8+7}{4 \times 10} = 0.15 = 15\%$$

- 애로작업 : 시간이 가장 많이 걸리는 조립
- 주기시간 : 표 기준 주기가 가장 긴 10초
- 시간당 생산량 $= \dfrac{1\text{시간}}{\text{주기}} = \dfrac{3600\text{초}}{10\text{초}/\text{개}} = 360\text{개}$

71. 근골격계질환 예방을 위한 방안과 거리가 먼 것은?

① 손목을 곧게 유지한다.
② 춥고 습기 많은 작업환경을 피한다.
③ 손목이나 손의 반복동작을 활용한다.
④ 손잡이는 손에 접촉하는 면적을 넓게 한다.

해설 ③ 손목이나 손의 반복동작을 피한다.

72. 수공구를 이용한 작업개선원리에 대한 내용으로 옳지 않은 것은?

① 진동 패드, 진동 장갑 등으로 손에 전달되는 진동 효과를 줄인다.
② 동력 공구는 그 무게를 지탱할 수 있도록 매달거나 지지한다.
③ 힘이 요구되는 작업에 대해서는 감싸쥐기(power grip)를 이용한다.
④ 적합한 모양의 손잡이를 사용하되, 가능하면 손바닥과 접촉면을 좁게 한다.

해설 ④ 적합한 모양의 손잡이를 사용하되, 가능하면 손바닥과 접촉면을 넓게 한다.

73. 동작분석(motion study)에 관한 설명으로 옳지 않은 것은?

① 동작분석 기법에는 서블릭법과 작업측정기법을 이용하는 PTS법이 있다.
② 작업과정에서 무리 · 낭비 · 불합리한 동작을 제거, 최선의 작업방법으로 개선하는 것이 목표이다.
③ 미세동작 분석은 작업주기가 짧은 작업이나 규칙적인 작업주기시간, 단기적 연구대상 작업 분석에는 사용할 수 없다.
④ 작업을 분해 가능한 세밀한 단위로 분석하고, 각 단위의 변이를 측정하여 표준작업방법을 알아내기 위한 연구이다.

해설 ③ 미세동작 분석은 작업주기가 긴 작업이나 불규칙한 작업의 동작분석에 적합하다.

정답 69. ④ 70. ① 71. ③ 72. ④ 73. ③

74. 사업장 근골격계질환 예방관리 프로그램에 있어서 예방·관리추진팀의 역할이 아닌 것은?

① 교육 및 훈련에 관한 사항을 결정하고 실행한다.
② 예방·관리 프로그램의 수립 및 수정에 관한 사항을 결정한다.
③ 근골격계질환의 증상·유해요인 보고 및 대응체계를 구축한다.
④ 유해요인 평가 및 개선계획의 수립과 시행에 관한 사항을 결정하고 실행한다.

해설 ③은 예방·관리추진팀의 역할이 아니라 사업주의 역할이다.

75. 산업안전보건법령상 근골격계 부담작업의 유해요인조사에 대한 내용으로 옳지 않은 것은? (단, 해당 사업장은 근로자가 근골격계 부담작업을 하는 경우이다.)

① 정기 유해요인조사는 2년마다 유해요인조사를 해야 한다.
② 신설되는 사업장의 경우에는 신설일로부터 1년 이내 최초의 유해요인조사를 해야 한다.
③ 조사항목으로는 작업량, 작업속도 등 작업장의 상황과 작업자세, 작업방법 등의 작업조건이 있다.
④ 근골격계 부담작업에 해당하는 새로운 작업·설비를 도입한 경우 지체없이 유해요인조사를 해야 한다.

해설 ① 정기 유해요인조사는 최초 조사한 날로부터 3년마다 주기적으로 실시해야 한다.

76. 유통선로(flow diagram)의 기능으로 옳지 않은 것은?

① 자재흐름의 혼잡지역 파악
② 시설물의 위치나 배치관계 파악
③ 공정과정의 역류현상 발생유무 점검
④ 운반과정에서 물품의 보관 내용 파악

해설 ④ 제조과정에서 물품의 이동경로 파악

참고 유통선로는 제조과정에서 발생하는 운반, 정체, 검사, 보관 등 부품의 이동경로를 배치도상에 선으로 표시한 후, 유통공정도에서 사용되는 기호와 번호를 발생위치에 따라 유통선상에 표시한 도표이다.

77. 팔꿈치 부위에 발생하는 근골격계질환의 유형은?

① 결절종(ganglion)
② 방아쇠 손가락(trigger finger)
③ 외상 과염(lateral epicondylitis)
④ 수근관 증후군(carpal tunnel syndrome)

해설 팔꿈치 부위에 발생하는 대표적인 근골격계질환에는 외상 과염과 회내근 증후군이 있다.

참고 ①, ②, ④는 손목에 발생하는 질환이다.

78. 다음 중 영상표시 단말기(VDT) 취급근로자 작업관리지침상 작업기기의 조건으로 옳지 않은 것은?

① 키보드와 키 윗부분의 표면은 무광택으로 할 것
② 영상표시 단말기 화면은 회전 및 경사 조절이 가능할 것
③ 키보드의 경사는 3° 이상 20° 이하, 두께는 4cm 이하로 할 것
④ 단색 화면일 경우 색상은 일반적으로 어두운 배경에 밝은 황·녹색 또는 흰색 문자를 사용하고, 적색 또는 청색 문자는 가급적 사용하지 않을 것

해설 ③ 키보드의 경사는 5° 이상 15° 이하, 두께는 3cm 이하로 할 것

정답 74. ③ 75. ① 76. ④ 77. ③ 78. ③

79. 다음 중 작업관리의 주목적과 가장 거리가 먼 것은?

① 생산성 향상
② 무결점 달성
③ 최선의 작업방법 개발
④ 재료, 설비, 공구 등의 표준화

해설 작업관리의 목적
- 최선의 작업방법 개선, 개발
- 생산성 향상
- 작업효율 관리
- 재료, 설비, 공구 등의 표준화
- 안전 확보

80. 다음 서블릭(Therblig) 기호 중 효율적 서블릭에 해당하는 것은?

① Sh
② G
③ P
④ H

해설 효율적 서블릭 : 쥐기(G)

참고 서블릭 문자기호
㉠ 효율적 서블릭
- 쥐기(G)
- 빈손 이동(TE)
- 운반(TL)
- 내려놓기(RL)
- 사용(U)
- 미리 놓기(PP)
- 조립(A)
- 분해(DA)

㉡ 비효율적 서블릭
- 계획(Pn)
- 고르기(St)
- 찾기(Sh)
- 검사(I)
- 휴식(R)
- 바로 놓기(P)
- 잡고 있기(H)

정답 79. ② 80. ②

2021년도(3회차) 출제문제

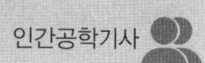

1과목　인간공학개론

1. 신호검출이론에서 판정기준(criterion)이 오른쪽으로 이동할 때 나타나는 현상으로 옳은 것은?

① 허위경보(false alarm)가 줄어든다.
② 신호(signal)의 수가 증가한다.
③ 소음(noise)의 분포가 커진다.
④ 적중 확률(실제 신호를 신호로 판단)이 높아진다.

해설 반응기준의 오른쪽으로 이동할 때($\beta > 1$) : 판정자는 신호라고 판정하는 기회가 줄어들게 되므로 신호가 나타났을 때 신호의 정확한 판정은 적어지나 허위경보는 줄어들게 된다.

2. 조종-반응 비율(C/R ratio)에 관한 설명으로 옳지 않은 것은?

① C/R비가 증가하면 이동시간도 증가한다.
② C/R비가 작으면 민감한 장치이다.
③ C/R비는 조종장치의 이동거리를 표시장치의 반응거리로 나눈 값이다.
④ C/R비가 감소함에 따라 조종시간은 상대적으로 작아진다.

해설 C/R비의 변화에 따른 특성
C/R비가 감소하면 장치가 민감해져 미세한 조정이 어려워지고, 오히려 조종시간은 증가할 수 있다.

3. 다음 중 인간공학의 연구 목적과 가장 거리가 먼 것은?

① 인간오류의 특성을 연구하여 사고를 예방
② 인간의 특성에 적합한 기계나 도구의 설계
③ 병리학을 연구하여 인간의 질병퇴치에 기여
④ 인간의 특성에 맞는 작업환경 및 작업방법의 설계

해설 인간공학의 연구 목적
- 안전성 향상과 사고방지
- 기계 조작의 능률성과 생산성의 향상
- 인간의 특성에 맞는 작업환경 및 작업방법의 설계
- 안전의 극대화 및 효율성 향상

4. 시각적 표시장치에 관한 설명으로 옳은 것은?

① 정확한 수치를 필요로 하는 경우에는 디지털 표시장치보다 아날로그 표시장치가 우수하다.
② 온도, 압력과 같이 연속적으로 변하는 변수의 변화경향, 변화율 등을 알고자 할 때는 정량적 표시장치를 사용하는 것이 좋다.
③ 정성적 표시장치는 동침형(moving pointer), 동목형(moving scale) 등의 형태로 구분할 수 있다.
④ 정량적 눈금을 식별하는 데 영향을 미치는 요소는 눈금 단위의 길이, 눈금의 수열 등이 있다.

해설 ① 정확한 수치를 필요로 하는 경우에는 아날로그 표시장치보다 디지털 표시장치가 우수하다.
② 온도, 압력과 같이 연속적으로 변하는 변수의 변화경향, 변화율 등을 알고자 할 때는 정성적 표시장치를 사용하는 것이 좋다.
③ 정량적 표시장치는 동침형, 동목형, 계수형으로 구분할 수 있다.

정답 1. ①　2. ④　3. ③　4. ④

5. 인간 기억의 여러 가지 형태에 대한 설명으로 옳지 않은 것은?

① 단기기억의 용량은 보통 7청크(chunk)이며 학습에 의해 무한히 커질 수 있다.
② 단기기억에 있는 내용을 반복하여 학습하면 장기기억으로 저장된다.
③ 일반적으로 작업기억 정보는 시각(visual), 음성(phonetic), 의미(semantic) 코드의 3가지로 코드화된다.
④ 자극을 받은 후 단기기억에 저장되기 전에 시각적인 정보는 아이코닉 기억(iconic memory)에 잠시 저장된다.

해설 ① 단기기억(작업기억)의 용량은 보통 7 ± 2청크(chunk)이다.

6. 소리의 차폐효과(masking)란?

① 주파수별로 같은 소리의 크기를 표시한 개념
② 하나의 소리가 다른 소리의 판별에 방해를 주는 현상
③ 내이(inner ear)의 달팽이관 안에 있는 섬모(fiber)가 소리의 주파수에 따라 민감하게 반응하는 현상
④ 하나의 소리의 크기가 다른 소리에 비해 몇 배나 크게(또는 작게) 느껴지는 지를 기준으로 소리의 크기를 표시하는 개념

해설 차폐(은폐) 현상 : 높은음과 낮은음이 공존할 때 낮은음이 강한 음에 가로막혀 감도가 감소되는 현상

7. 멀리 있는 물체를 선명하게 보기 위해 눈에서 일어나는 현상으로 옳은 것은?

① 홍채가 이완한다.
② 수정체가 얇아진다.
③ 동공이 커진다.
④ 모양체근이 수축한다.

해설 멀리 있는 물체를 볼 때 수정체가 얇아지고, 가까이 있는 물체를 볼 때는 수정체가 두꺼워진다.

8. 인체측정을 구조적 치수와 기능적 치수로 구분할 때 기능적 치수 측정에 대한 설명으로 옳은 것은?

① 형태학적 측정을 의미한다.
② 나체 측정을 원칙으로 한다.
③ 마틴식 인체측정 장치를 사용한다.
④ 상지나 하지의 운동범위를 측정한다.

해설
- 구조적 인체치수(정적 치수) : 신체를 고정된 자세에서 측정한 치수
- 기능적 인체치수(동적 치수) : 신체의 기능 수행 시 체위의 움직임에 따라 측정한 치수

9. 손의 위치에서 조종장치 중심까지의 거리가 30cm, 조종장치의 폭이 5cm일 때 Fitts의 난이도 지수(index of difficulty)값은 약 얼마인가?

① 2.6 ② 3.2 ③ 3.6 ④ 4.1

해설 Fitts의 난이도 지수값(ID)
$$= \log_2 \left(\frac{2A}{W} \right)$$
여기서, A : 표적 중심선까지의 이동거리
W : 표적 폭
$$\therefore ID = \log_2 \left(\frac{2A}{W} \right) = \log_2 \frac{2 \times 30}{5} \fallingdotseq 3.6$$

10. 인간의 신뢰도가 70%, 기계의 신뢰도가 90%이면 인간과 기계가 직렬체계로 작업할 때의 신뢰도는 몇 %인가?

① 30% ② 54% ③ 63% ④ 98%

해설 직렬시스템의 신뢰도(R_S)
$= R_1 \cdot R_1 = 0.7 \times 0.9 = 0.63 = 63\%$

정답 5. ① 6. ② 7. ② 8. ④ 9. ③ 10. ③

11. 1000Hz, 40dB을 기준으로 음의 상대적인 주관적 크기를 나타내는 단위는?

① sone   ② siemens
③ bell   ④ phon

해설
- 1 sone : 1000 Hz에서 음압수준 40dB의 크기
- 1 phon : 1000 Hz에서 순음의 음압수준 1dB의 크기

12. 직렬시스템과 병렬시스템의 특성에 대한 설명으로 옳은 것은?

① 직렬시스템에서 요소의 개수가 증가하면 시스템의 신뢰도도 증가한다.
② 병렬시스템에서 요소의 개수가 증가하면 시스템의 신뢰도는 감소한다.
③ 시스템의 높은 신뢰도를 안정적으로 유지하기 위해서는 병렬시스템으로 설계해야 한다.
④ 일반적으로 병렬시스템으로 구성된 시스템은 직렬시스템으로 구성된 시스템보다 비용이 감소한다.

해설 ① 직렬시스템에서 요소의 개수가 증가하면 시스템의 신뢰도는 감소한다.
② 병렬시스템에서 요소의 개수가 증가하면 시스템의 신뢰도도 증가한다.
④ 일반적으로 병렬시스템으로 구성된 시스템은 직렬시스템으로 구성된 시스템보다 비용이 증가한다.

13. 시(視)감각 체계에 관한 설명으로 옳지 않은 것은?

① 동공은 조도가 낮을 때 많은 빛을 통과시키기 위해 확대된다.
② 안구의 수정체는 모양체근으로 긴장을 하면 얇아져 가까운 물체만 볼 수 있다.
③ 망막의 표면에는 빛을 감지하는 광수용기인 원추체와 간상체가 분포되어 있다.
④ 1디옵터는 1m 거리에 있는 물체를 보기 위해 요구되는 수정체의 초점 조절능력을 나타낸 값이다.

해설 ② 안구의 수정체는 모양체근으로 긴장을 하면 두꺼워져 가까운 물체만 볼 수 있다.

14. 은행이나 관공서 접수창구의 높이를 설계하는 기준으로 옳은 것은?

① 조절식 설계   ② 최소집단치 설계
③ 최대집단치 설계   ④ 평균치 설계

해설 평균치를 기준으로 한 설계 : 최대·최소치수, 조절식으로 설계하기 곤란한 경우 평균치로 설계하며, 은행창구나 슈퍼마켓의 계산대 등에 적용한다.

15. 정보 이론(information theory)에 대한 내용으로 옳은 것은?

① 정보를 정량적으로 측정할 수 있다.
② 정보의 기본 단위는 바이트(byte)이다.
③ 확실한 사건의 출현에는 많은 정보가 담겨 있다.
④ 정보란 불확실성의 증가로 정의한다.

해설 ② 정보의 기본 단위는 bit이다.
③ 확실한 사건의 출현에는 많은 정보가 담겨 있지 않다.
④ 정보란 불확실성의 감소로 정의한다.

16. 시각 표시장치보다 청각 표시장치를 사용하는 것이 유리한 경우는?

① 소음이 많은 경우
② 전하려는 정보가 복잡한 경우
③ 즉각적인 행동이 요구되는 경우
④ 전하려는 정보를 다시 확인해야 하는 경우

해설 ③ 청각 표시장치의 특성
①, ②, ④ 시각 표시장치의 특성

정답 11. ①　12. ③　13. ②　14. ④　15. ①　16. ③

17. 다음 중 반응시간이 가장 빠른 감각은?

① 청각 ② 미각 ③ 시각 ④ 후각

해설 감각기능의 반응시간
청각(0.17초)>촉각(0.18초)>시각(0.20초)
>미각(0.29초)>통각(0.7초)

18. 발생 확률이 0.1과 0.9로 다른 2개의 이벤트의 정보량은 발생 확률이 0.5로 같은 2개의 이벤트의 정보량에 비해 어느 정도 감소되는가?

① 42% ② 45% ③ 50% ④ 53%

해설 정보량
- 여러 개의 실현 가능한 대안이 있을 경우

$$H = \sum_{i=1}^{n} p_i \log_2\left(\frac{1}{p_i}\right)$$
$$= 0.1 \times \log_2\left(\frac{1}{0.1}\right) + 0.9 \times \log_2\left(\frac{1}{0.9}\right)$$
$$\approx 0.47$$

(p_i : 각 대안의 실현 확률)

- 실현 가능성이 같은 N개 대안이 있을 경우
$H = \log_2 N = \log_2 2 = 1$
∴ $1 - 0.47 = 0.53$

19. 인간-기계 시스템에서 인간의 과오나 동작상의 실패가 있어도 안전사고를 발생시키지 않도록 하는 설계 시스템을 무엇이라고 하는가?

① lock system
② fail-safe system
③ fool-proof system
④ accident-check system

해설 • lock system(록 시스템) : 위험 기계·설비의 예상치 못한 가동을 막기 위해 시동 장치에 잠금 장치를 설치하여 에너지원 공급을 차단하는 시스템

- 페일 세이프 : 기계의 고장이 있어도 안전사고가 발생되지 않도록 2중, 3중 통제를 가하는 장치
- 풀 프루프 : 작업자의 실수가 있어도 안전사고가 발생되지 않도록 2중, 3중 통제를 가하는 장치
- accident-check system(사고점검 시스템) : 기계·설비 운전 과정에서 사고 가능성을 사전에 점검·차단하는 시스템

20. 일반적으로 연구 조사에 사용되는 기준의 요건으로 볼 수 없는 것은?

① 적절성 ② 사용성
③ 신뢰성 ④ 무오염성

해설 인간공학 연구기준의 요건
- 무오염성
- 적절성(타당성)
- 기준 척도의 신뢰성
- 민감도

2과목 작업생리학

21. 다음 중 유산소 대사의 하나인 크렙스 사이클(Krebs cycle)에서 일어나는 반응이 아닌 것은?

① 산화가 발생한다.
② 젖산이 생성된다.
③ 이산화탄소가 생성된다.
④ 구아노신 3인산(GTP)의 전환을 통해 ATP가 생성된다.

해설 젖산은 무산소 운동 시 생성되는 부산물로, 탄수화물 분해 과정에서 크렙스 사이클(Krebs cycle)이 원활히 작동하지 않을 때 발생한다.

정답 17. ① 18. ④ 19. ③ 20. ② 21. ②

22. 다음 그림과 같이 작업할 때 팔꿈치의 반작용력과 모멘트값은 얼마인가? (단, CG_1은 물체의 무게중심, CG_2는 하박의 무게중심, W_1은 물체의 하중, W_2는 하박의 하중이다.)

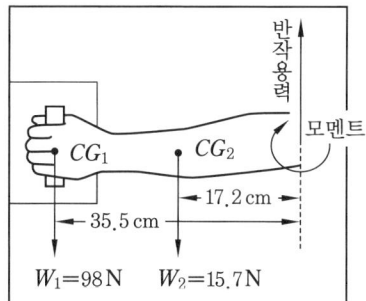

① 반작용력 : 79.3N, 모멘트 : 22.42N·m
② 반작용력 : 79.3N, 모멘트 : 37.5N·m
③ 반작용력 : 113.7N, 모멘트 : 22.42N·m
④ 반작용력 : 113.7N, 모멘트 : 37.5N·m

해설 • 팔꿈치에 걸리는 반작용력
$= W_1 + W_2 = 98\text{N} + 15.7\text{N} = 113.7\text{N}$
• 팔꿈치 모멘트
$= W_1 \times$ 물체의 무게중심까지 거리
$\quad + W_2 \times$ 하박의 무게중심까지 거리
$= 98\text{N} \times 0.355\text{m} + 15.7\text{N} \times 0.172\text{m}$
$\fallingdotseq 37.5\text{N·m}$

23. 실내의 면에서 추천 반사율(IES)이 가장 낮은 곳은?

① 벽 ② 천장
③ 가구 ④ 바닥

해설 실내 조명반사율

바닥	가구, 책상	벽	천장
20~40%	25~40%	40~60%	80~90%

24. 교대작업 시 주의사항에 관한 설명으로 옳지 않은 것은?

① 12시간 교대제가 적절하다.
② 야간근무는 2~3일 이상 연속하지 않는다.
③ 야간근무의 교대는 심야에 하지 않도록 한다.
④ 야간근무 종료 후에는 48시간 이상의 휴식을 갖도록 한다.

해설 장시간 교대는 피로와 오류 및 사고 위험을 높이므로 12시간 교대제는 적절하지 않다.

25. 한랭대책으로서 개인위생에 해당되지 않는 사항은?

① 과음을 피할 것
② 식염을 많이 섭취할 것
③ 따뜻한 물과 음식을 섭취할 것
④ 얼음 위에서 오랫동안 작업하지 말 것

해설 식염을 많이 섭취하라는 권고는 한랭작업이 아니라 땀으로 전해질이 많이 손실되는 고열 작업 시 알맞은 대책에 해당한다.

26. 동일한 관절운동을 일으키는 주동근(agonists)과 반대되는 작용을 하는 근육은?

① 박근(gracilis)
② 장요근(iliopsoas)
③ 길항근(antagonists)
④ 대퇴직근(rectus femoris)

해설 길항근 : 특정 관절운동에서 주동근과 서로 반대 방향으로 작용하는 근육으로, 예를 들어 팔꿈치 굴곡 운동 시 상완이두근이 주동근이라면 상완삼두근은 길항근이 된다.

참고 근육의 명칭과 기능
• 박근 : 넓적다리 안쪽에서 두덩뼈와 정강뼈에 붙는 근육
• 장요근 : 장골근과 대요근으로 이루어진 근육
• 대퇴직근 : 넓적다리 앞쪽에 있는 4개의 근육 중 하나
• 주동근 : 운동 시 주역을 담당하는 근육
• 협력근 : 주동근의 작용을 돕는 근육

정답 22. ④ 23. ④ 24. ① 25. ② 26. ③

27. 윤활 관절(synovial joint)인 팔굽 관절(elbow joint)은 연결 형태를 기준으로 어느 관절에 해당되는가?

① 관절구(condyloid)
② 경첩 관절(hinge joint)
③ 안장 관절(saddle joint)
④ 구상 관절(ball and socket joint)

해설 경첩 관절 : 한 방향으로만 운동할 수 있는 관절로 무릎 관절, 팔꿈치 관절, 발목 관절 등이 있다.

28. 사람의 근골격계와 신경계에 대한 설명으로 옳지 않은 것은?

① 신체골격구조는 206개의 뼈로 구성되어 있다.
② 관절은 섬유질 관절, 연골 관절, 활액 관절로 구분된다.
③ 심장근은 수의근으로 민무늬의 원통형 근섬유 구조를 가지고 있다.
④ 신경계는 구조적인 측면으로 중추신경계와 말초신경계로 나누어진다.

해설 ③ 심장근은 가로무늬근이지만 생리적으로는 불수의근이므로 자율적이고 주기적인 수축 운동을 한다.

참고 불수의근 : 의지와 관계없이 자율적으로 움직이는 근육

29. 근육이 움직일 때 나오는 미세한 전기신호를 측정하여 근육의 활동 정도를 나타낼 수 있는 것을 무엇이라고 하는가?

① ECG(electrocardiogram)
② EMG(electromyograph)
③ GSR(galvanic skin response)
④ EEG(electroencephalogram)

해설 EMG(근전도)는 근육이 움직일 때 발생하는 미세한 전기 신호를 측정하여 근육 활동에 따른 전위차를 기록하는 것이다.

30. 남성 작업자의 육체작업에 대한 대사량을 측정한 결과, 분당 산소 소비량이 1.5L/min으로 나왔다. 작업자의 4시간에 대한 휴식시간은 약 몇 분 정도인가? (단, Murrell의 공식을 이용한다.)

① 75분
② 100분
③ 125분
④ 150분

해설 휴식시간(R)
$$= \frac{T(E-5)}{E-1.5} = \frac{240 \times (7.5-5)}{7.5-1.5} = 100분$$

여기서, T : 총작업시간(분)
E : 평균에너지 소비량(kcal/min)
4(5) : 보통작업 평균에너지
1.5 : 휴식시간 중 에너지 소비량

31. 근력(strength)과 지구력(endurance)에 대한 설명으로 옳지 않은 것은?

① 동적 근력(dynamic strength)을 등속력(isokinetic strength)이라 한다.
② 지구력(endurance)이란 등척적으로 근육이 낼 수 있는 최대 힘을 말한다.
③ 정적 근력(static strength)을 등척력(isometric strength)이라 한다.
④ 근육이 발휘하는 힘은 근육의 최대자율수축(MVC : Maximum Voluntary Contraction)에 대한 백분율로 나타낸다.

해설 등척적으로 근육이 낼 수 있는 최대 힘은 정적 근력(등척력)이며, 지구력은 오랫동안 수축을 지속하며 견디는 힘을 말한다.

32. 정신피로의 척도로 사용되는 시각적 점멸 융합주파수(VFF)에 영향을 주는 변수에 관한 내용으로 옳지 않은 것은?

정답 27. ② 28. ③ 29. ② 30. ② 31. ② 32. ①

① 암조응 시 VFF는 증가한다.
② 휘도만 같으면 색은 VFF에 영향을 주지 않는다.
③ 조명 강도의 대수치(불꽃돌)에 선형적으로 비례한다.
④ 사람들 간에는 큰 차이가 있으나 개인의 경우 일관성이 있다.

해설 ① 암조응 시 VFF는 감소한다.

참고 암순응(암조응)
- 완전 암순응 소요시간 : 보통 30~40분
- 완전 명순응 소요시간 : 보통 2~3분

33. 에너지 소비량에 영향을 미치는 인자 중 중량물 취급 시 쪼그려 앉아(squat) 들기와 등을 굽혀(stoop) 들기와 가장 관련이 깊은 것은?
① 작업자세 　　② 작업방법
③ 작업속도 　　④ 도구설계

해설 쪼그려 앉아 들기와 등을 굽혀 들기는 작업자세에 따라 에너지 소비량이 달라지는 사례이다.

참고 작업 중 에너지 소비량에 영향을 주는 인자에는 작업자세, 작업속도, 작업도구(설계), 작업방법 등이 있다.

34. 산소 소비량에 관한 설명으로 옳지 않은 것은?
① 산소 소비량과 심박수 사이에는 밀접한 관련이 있다.
② 산소 소비량은 에너지 소비와 직접적인 관련이 있다.
③ 산소 소비량은 단위시간당 흡기량만 측정한 것이다.
④ 심박수와 산소 소비량 사이의 관계는 개인에 따라 차이가 있다.

해설 ③ 산소 소비량은 단위시간당 흡기와 배기 사이의 산소량 차이를 측정한 것이다.

35. 산업안전보건법령상 소음작업이란 1일 8시간 작업을 기준으로 얼마 이상의 소음(dB)이 발생하는 작업인가?
① 80　　② 85　　③ 90　　④ 100

해설 소음작업은 1일 8시간 작업을 기준으로 85dB 이상의 소음이 발생하는 작업이다.

참고 강렬한 소음작업은 8시간 90dB 이상이다.

36. 조도가 균일하고 눈부심이 적지만 기구 효율이 나쁘고 설치비용이 많이 소요되는 조명 방식은?
① 직접조명 　　② 국소조명
③ 반직접조명 　　④ 간접조명

해설 간접조명 : 광원에서 나온 빛을 벽이나 천장 따위에 비추어 반사시킨 후 이용하는 방식으로, 눈부심 현상이 없고 조도가 균일하다.

37. 엉덩이 관절(hip joint)에서 일어날 수 있는 움직임이 아닌 것은?
① 굴곡(flexion)과 신전(extension)
② 외전(abduction)과 내전(adduction)
③ 내선(internal rotation)과 외선(external rotation)
④ 내번(inversion)과 외번(eversion)

해설 내번과 외번은 발목 관절에서 나오는 움직임이다.

38. 육체적 작업강도가 증가함에 따른 순환계의 반응이 옳지 않은 것은?
① 혈압 상승 　　② 백혈구 감소
③ 근혈류의 증가　④ 심박출량 증가

정답 33. ①　34. ③　35. ②　36. ④　37. ④　38. ②

해설 작업에 따른 인체의 생리적 반응
- 육체적 작업강도가 증가하면 심박출량이 증가한다.
- 심박출량이 증가하면 혈압이 상승하게 된다.
- 혈액의 수송량이 증가하면 산소 소비량도 증가한다.

39. 진동에 의한 인체의 영향으로 옳지 않은 것은?

① 맥박수가 감소한다.
② 약간의 과도(過度) 호흡이 일어난다.
③ 장시간 노출 시 근육 긴장을 증가시킨다.
④ 혈액이나 내분비의 화학적 성질이 변하지 않는다.

해설 진동에 노출되면 심혈관계와 교감신경계가 자극되어 맥박수와 혈압이 증가한다.

40. 손-팔 진동 증후군의 피해를 줄이기 위한 방법으로 적절하지 않은 것은?

① 진동수준이 최저인 연장을 선택한다.
② 진동 연장의 하루 사용시간을 줄인다.
③ 연장을 잡거나 조절하는 악력을 늘린다.
④ 진동 연장을 사용할 때는 중간 휴식시간을 길게 한다.

해설 ③ 연장을 잡거나 조절하는 악력을 줄인다.

3과목 산업심리학 및 관계법규

41. 사고의 유형, 기인물 등 항목을 큰 순서대로 분류하여 사고방지를 위해 사용하는 통계적 원인분석 도구는?

① 관리도 ② 크로스도
③ 파레토도 ④ 특성요인도

해설 재해 분석 분류
- 관리도 : 시간 경과에 따른 재해발생 건수 등의 대략적인 추이를 파악하는 분석법
- 크로스 분석도 : 2가지 항목 이상의 요인이 상호관계를 유지할 때의 문제분석법
- 파레토도 : 사고 유형, 기인물 등 분류항목이 큰 순서대로 도표화한 분석법
- 특성요인도 : 재해와 그 요인의 관계를 어골상으로 세분하여 나타낸 분석법

42. 다음 ( ) 안에 들어갈 알맞은 것은?

산업안전보건법령상 사업주는 근로자가 근골격계 부담작업을 하는 경우 ( )마다 유해요인조사를 해야 한다. 다만, 신설되는 사업장의 경우 1년 이내에 최초의 유해요인조사를 해야 한다.

① 1년 ② 2년
③ 3년 ④ 4년

해설 사업주는 근로자가 근골격계 부담작업을 하는 경우 3년마다 유해요인조사를 해야 한다.

43. 심리적 측면에서 분류한 휴먼에러의 분류에 속하는 것은?

① 입력 오류
② 정보처리 오류
③ 의사결정 오류
④ 생략 오류

해설 휴먼에러의 심리적 분류
- 생략, 누설, 부작위 오류
- 순서 오류
- 작위 오류

참고 정보처리 과정의 측면에서 분류하면 입력 오류, 출력 오류, 정보처리 오류, 의사결정 오류가 있다.

정답 39. ① 40. ③ 41. ③ 42. ③ 43. ④

44. 스트레스 상황에서 일어나는 현상으로 옳지 않은 것은? (정답 2개)
① 동공이 수축된다.
② 혈당, 호흡이 증가하고 감각기관과 신경이 예민해진다.
③ 스트레스 상황에서 심장 박동수는 증가하나 혈압은 내려간다.
④ 스트레스를 지속적으로 받게 되면 자기조절 능력을 상실하게 되고 체내 항상성이 깨진다.

[해설] ① 동공이 확대된다.
③ 스트레스 상황에서 심장 박동수가 증가하고 혈압도 증가한다.

45. Hick-Hyman의 법칙에 의하면 인간의 반응시간(RT)은 자극정보의 양에 비례한다고 한다. 자극정보의 수가 2개에서 8개로 증가한다면 반응시간은 몇 배 증가하겠는가?
① 3배 ② 4배 ③ 16배 ④ 32배

[해설] Hick-Hyman의 법칙
반응시간(RT) = $a \log_2 N$
여기서, a : 상수, N : 자극정보의 수
$N=2$일 때 RT는 $\log_2 2 = 1$에 비례
$N=8$일 때 RT는 $\log_2 8 = 3$에 비례
∴ 반응시간은 약 3배 증가한다.

46. 인간오류확률 추정기법 중 초기 사건을 이원적 의사결정(성공 또는 실패) 가지들로 모형화하고, 이 이후의 사건들의 확률은 모두 선행 사건에 대한 조건부 확률을 부여하여 이원적 의사결정 가지들로 분지해 나가는 방법은?
① 결함나무 분석(fault tree analysis)
② 조작자 행동 나무(operator action tree)
③ 인간오류 시뮬레이터(human error simulator)
④ 인간실수율 예측기법(technique for human error rate prediction)

[해설] 인간실수율 예측기법(THERP) : 초기 사건을 이원적 의사결정 가지들로 모형화하고, 성공 혹은 실패의 조건부 확률의 추정치를 각 가지에 부여함으로써 에러율을 추정하는 기법이다.

47. 어느 사업장의 도수율은 40이고 강도율은 4일 때, 이 사업장의 재해 1건당 근로손실일수는?
① 1 ② 10
③ 50 ④ 100

[해설] 평균강도율
= $\dfrac{강도율}{도수율} \times 1000 = \dfrac{4}{40} \times 1000 = 100$

48. NIOSH 직무 스트레스 모형에서 직무 스트레스 요인과 성격이 다른 한 가지는?
① 작업요인 ② 조직요인
③ 환경요인 ④ 상황요인

[해설] 직무 스트레스의 원인
• 작업요인 : 작업부하, 교대근무 등
• 조직요인 : 갈등, 역할요구, 관리유형 등
• 환경요인 : 소음, 한랭, 환기불량, 조명 등

[참고] 중재요인 : 개인적 요인, 완충작용 요인, 조직 외 요인, 상황요인 등

49. 보행 신호등이 막 바뀌어도 자동차가 움직이기까지는 아직 시간이 있다고 스스로 판단하여 건널목을 건너는 것과 같은 부주의 행위와 가장 관계가 깊은 것은?
① 억측 판단 ② 근도반응
③ 생략행위 ④ 초조반응

[해설] 억측 판단 : 규정과 원칙대로 행동하지 않고 과거 경험을 예측하여 바뀔 것을 예상하고 행동하다 사고가 발생하는 것을 말한다.

정답 44. ①③ 45. ① 46. ④ 47. ④ 48. ④ 49. ①

50. 다음 중 통제적 집단행동이 아닌 것은?

① 모브 ② 관습
③ 유행 ④ 제도적 행동

해설 모브(mob) : 폭력을 휘두르거나 말썽을 일으킬 가능성이 있는 군중으로, 감정에 따라 행동한다.

참고
- 통제적 집단행동 : 관습, 제도적 행동, 유행
- 비통제적 집단행동 : 군중, 모브, 패닉, 심리적 전염

51. 막스 베버(Max Weber)의 관료주의에서 주장하는 4가지 원칙이 아닌 것은?

① 노동의 분업 ② 창의력 중시
③ 통제의 범위 ④ 권한의 위임

해설 관료주의 기본 4원칙
- 노동의 분업   • 권한의 위임
- 통제의 범위   • 구조

52. 조직을 유지하고 성장시키기 위한 평가를 실행함에 있어서 평가자가 저지르기 쉬운 과오 중 어떤 사람에 관한 평가자의 개인적 인상이 피평가자 개개인의 특징에 관한 평가에 영향을 미치는 것을 설명하는 이론은?

① 할로효과
② 대비오차
③ 근접오차
④ 관대화 경향

해설 할로효과(halo effect) : 후광효과라 하며, 어떤 사람에 대한 평가자의 개인적 인상이 그 사람의 개별적 특징에 관한 평가에 영향을 미치는 현상을 말한다.

53. 작업에 수반되는 피로를 줄이기 위한 대책으로 적절하지 않은 것은?

① 작업부하의 경감
② 작업속도의 조절
③ 동적 동작의 제거
④ 작업 및 휴식시간의 조절

해설 ③ 정적 자세의 제거

참고 정적 자세를 오래 유지하는 것은 동적 자세보다 더 큰 부담을 주므로 제거해야 한다.

54. 10명으로 구성된 집단에서 소시오메트리(sociometry) 연구를 이용하여 조사한 결과 실제 긍정적인 상호작용을 맺고 있는 관계의 수가 16일 때, 이 집단의 응집성지수는 약 얼마인가?

① 0.222 ② 0.356 ③ 0.401 ④ 0.504

해설
- 가능한 상호작용의 수($_nC_2$)
$$= \frac{n(n-1)}{2} \quad (n : 집단\ 구성원의\ 수)$$
- $_nC_2 = \frac{n(n-1)}{2} = \frac{10 \times (10-1)}{2} = 45$
- 응집성지수 $= \frac{실제\ 상호작용의\ 수}{가능한\ 상호작용의\ 수}$
$$= \frac{16}{45} \fallingdotseq 0.356$$

55. 인간신뢰도에 대한 설명으로 옳은 것은?

① 반복되는 이산적 직무에서 인간실수확률은 단위시간당 실패 수로 표현된다.
② 인간의 성능이 특정한 기간 동안 실수를 범하지 않을 확률로 정의된다.
③ THERP는 완전 독립에서 완전 정(正)종속까지의 비연속을 종속 정도에 따라 3수준으로 분류하여 직무의 종속성을 고려한다.
④ 연속적 직무에서 인간의 실수율이 불변이고, 실수과정이 과거와 무관하다면 실수과정은 베르누이과정으로 묘사된다.

정답 50. ① 51. ② 52. ① 53. ③ 54. ② 55. ②

해설 인간신뢰도
- 반복되는 이산적 직무에서 인간실수확률은 사건당 실패수로 표현된다.
- THERP는 완전 독립에서 완전 정(正)종속까지의 5수준으로 직무의 종속성을 고려한다.
- 연속적 직무에서 인간의 실수율이 불변이고, 실수과정이 과거와 무관하다면 실수과정은 포아송과정으로 묘사된다.

56. 다음 중 휴먼에러(human error)를 예방하기 위한 시스템 분석기법의 설명으로 옳지 않은 것은?

① 예비위험분석(PHA) : 모든 시스템 안전프로그램의 최초 단계의 분석으로, 시스템 내 위험요소가 얼마나 위험상태에 있는지 정성적으로 평가하는 것이다.
② 고장형태와 영향분석(FMEA) : 시스템에 영향을 미치는 모든 요소의 고장을 형태별로 분석하여 그 영향을 검토하는 것이다.
③ 작업자 공정도 : 위급직무의 순서에 초점을 맞추어 조작자행동나무를 구성하고, 이를 사용하여 사건의 위급경로에서의 조작자의 역할을 분석하는 기법이다.
④ 결함나무분석(FTA) : 기계설비 또는 인간-기계시스템의 고장이나 재해발생요인을 Fault Tree 도표에 의해 분석하는 방법이다.

해설 ③은 조작자행동나무(OAT)에 대한 설명이다.

참고 조작자행동나무(OAT) : 위급직무의 순서에 초점을 맞추어 조작자행동나무를 구성하고, 이를 사용하여 사건의 위급경로에서의 조작자의 역할을 분석하는 기법이다.

57. 헤드십(headship)과 리더십(leadership)을 상대적으로 비교하여 설명한 것으로 헤드십의 특징에 해당되는 것은?

① 민주주의적 지휘형태이다.
② 구성원과의 사회적 간격이 넓다.
③ 권한의 근거는 개인의 능력에 따른다.
④ 집단의 구성원들에 의해 선출된 지도자이다.

해설 리더십과 헤드십의 비교

분류	리더십	헤드십
권한 행사	선출직	임명직
권한 부여	구성원의 동의 (밑으로부터)	상위자에 의한 위임
권한 귀속	목표달성에 기여한 공로 인정	공식 규정에 따름
상하 관계	개인적인 영향	지배적인 영향
부하와의 사회적 관계	관계(간격)가 좁음	관계(간격)가 넓음
지휘형태	민주주의적	권위주의적
책임 귀속	상사와 부하 공동	상사 중심
권한 근거	개인적, 비공식적	법적, 공식적

58. 산업안전보건법령에서 정의한 중대재해의 범위 기준에 해당하지 않는 것은?

① 사망자가 1인 이상 발생한 재해
② 부상자가 동시에 10인 이상 발생한 재해
③ 직업성 질병자가 동시에 5인 이상 발생한 재해
④ 3개월 이상 요양이 필요한 부상자가 동시에 2인 이상 발생한 재해

해설 중대재해 3가지
- 사망자가 1명 이상 발생한 재해
- 3개월 이상의 요양이 필요한 부상자가 동시에 2명 이상 발생한 재해
- 부상자 또는 직업성 질병자가 동시에 10명 이상 발생한 재해

정답 56. ③ 57. ② 58. ③

59. 인간의 본질에 대한 기본 가정을 부정적인 시각과 긍정적인 시각으로 구분하여 주장한 동기이론은?

① XY이론　② 역할이론
③ 기대이론　④ ERG이론

해설 맥그리거(Mcgregor)의 X, Y이론 : 인간관을 부정적 가정인 X이론(일을 싫어하여 통제·감독 필요)과 긍정적 가정인 Y이론(일은 자연스러우며 자율·책임·창의성 발휘)을 대비하여 설명하는 동기이론이다.

60. 재해예방의 4원칙에 해당되지 않는 것은?

① 예방가능의 원칙
② 보상분배의 원칙
③ 손실우연의 원칙
④ 대책선정의 원칙

해설 하인리히 산업재해예방의 4원칙
- 손실우연의 원칙
- 원인계기의 원칙
- 예방가능의 원칙
- 대책선정의 원칙

4과목　근골격계질환 예방을 위한 작업관리

61. 작업개선의 일반적 원리에 대한 내용으로 옳지 않은 것은?

① 충분한 여유 공간
② 단순 동작의 반복화
③ 자연스러운 작업자세
④ 과도한 힘의 사용 감소

해설 작업개선의 원리
- 충분한 여유 공간
- 반복 동작의 최소화
- 자연스러운 작업자세
- 과도한 힘의 사용 감소
- 피로와 정적부하의 최소화
- 쾌적한 작업환경 유지

62. 유해요인조사 도구 중 JSI(Job Strain Index)의 평가항목에 해당하지 않는 것은?

① 손/손목의 자세
② 1일 작업의 생산량
③ 힘을 발휘하는 강도
④ 힘을 발휘하는 지속시간

해설 ② 1일 작업 지속시간

참고 JSI의 평가항목 : 하루 작업시간, 근육 사용 힘(강도), 근육사용 기간, 동작빈도, 손/손목 자세, 작업속도의 6개 요소로 구성되며, 이를 곱한 값으로 상지질환의 위험성을 평가한다.

63. 산업안전보건법령상 근골격계 부담작업 범위의 기준에 해당하지 않는 것은? (단, 단기간작업 또는 간헐적인 작업은 제외한다.)

① 하루에 5회 이상 25kg 이상의 물체를 드는 작업
② 하루에 4시간 이상 집중적으로 자료입력 등을 위해 키보드를 조작하는 작업
③ 하루에 총 2시간 이상 쪼그리고 앉거나 무릎을 굽힌 자세에서 이루어지는 작업
④ 하루에 총 2시간 이상, 분당 2회 이상 4.5kg 이상의 물체를 드는 작업

해설 ① 하루 10회 이상 25kg 이상의 물체를 드는 작업

64. 어깨(견관절) 부위에서 발생할 수 있는 근골격계질환은?

① 외상 과염　② 회내근 증후군
③ 극상근 건염　④ 수완진동 증후군

정답 59. ①　60. ②　61. ②　62. ②　63. ①　64. ③

해설 • 외상 과염 : 팔꿈치
• 회내근 증후군 : 팔꿈치
• 수완진동 증후군 : 손

참고 어깨 부위의 근골격계질환 : 상완부근육의 근막통증후근, 극상근건염, 상완이두건막염, 회전근개건염, 유착성관절낭염(견구축증), 흉곽출구증후근, 견관절 부위의 점액낭염

65. 근골격계질환 예방관리 프로그램상 예방·관리 추진팀의 구성원이 아닌 것은?

① 관리자 ② 근로자대표
③ 사용자대표 ④ 보건담당자

해설 근골격계질환 예방관리 추진팀
㉠ 1000명 이하의 중·소규모 사업장
• 작업자대표 • 대표가 위임하는 자
• 관리자 • 정비·보수담당자
• 보건관리자 • 구매담당자
㉡ 1000명 이상의 대규모 사업장
• 기술자(생산, 설계, 보수기술자)
• 노무담당자

66. 동작경제의 원칙 중 신체 사용에 관한 원칙으로 옳지 않은 것은?

① 두 손의 동작은 같이 시작하고 같이 끝나도록 한다.
② 휴식시간을 제외하고는 양손이 같이 쉬지 않도록 한다.
③ 손의 동작은 완만하게 연속적인 동작이 되도록 한다.
④ 두 팔의 동작은 같은 방향으로 비대칭적으로 움직이도록 한다.

해설 ④ 두 팔은 서로 반대 방향에서 대칭적으로 동시에 움직여야 한다.

67. 4개의 작업으로 구성된 조립공정의 주기시간이 40초일 때 공정효율은 얼마인가?

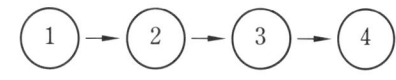

10초 20초 30초 40초

① 40.0% ② 57.5%
③ 62.5% ④ 72.5%

해설 공정효율

$$= \frac{총작업시간}{작업장\ 수 \times 주기시간} \times 100$$

$$= \frac{10+20+30+40}{4 \times 40} \times 100 = 62.5\%$$

여기서, 주기시간 : 가장 긴 공정의 작업시간

68. 간트 차트(Gantt chart)에 관한 설명으로 옳지 않은 것은?

① 과제 간의 상호 연관사항을 파악하기에 용이하다.
② 계획활동의 예측 완료시간은 막대모양으로 표시된다.
③ 기계의 사용에 대한 필요시간과 일정을 표시할 때 이용되기도 한다.
④ 예정사항과 실제 성과를 기록·비교하여 작업을 관리하는 계획도표이다.

해설 ① 과제 간의 상호 유기적인 관계를 명확하게 파악하기는 어렵다.

69. 근골격계질환의 사전예방을 위해 적합한 관리대책이 아닌 것은?

① 적합한 노동강도에 대한 평가
② 작업장 구조의 인간공학적 개선
③ 산업재해보상 보험의 가입
④ 올바른 작업방법에 대한 작업자 교육

해설 근골격계질환 예방
• 인간공학 교육
• 안전한 작업방법 교육
• 교대근무에 대한 고려
• 안전예방 체조의 도입

정답 65. ③ 66. ④ 67. ③ 68. ① 69. ③

- 적절한 휴식시간의 부여
- 위험요인의 인간공학적 분석 후 작업장 개선
- 재활복귀질환자에 대한 재활시설의 도입
- 의료시설 및 인력확보
- 휴게실, 운동시설 등 복지시설 확충

참고 보험 가입은 질환이 발생했을 때의 보상제도일 뿐, 근골격계질환을 사전에 예방하는 관리대책은 아니다.

70. 작업개선을 위한 개선의 ECRS에 해당하지 않는 것은?
① Eliminate ② Combine
③ Redesign ④ Simplify

해설 작업개선의 원칙(ECRS)
- 제거(Eliminate) : 생략과 배제의 원칙
- 결합(Combine) : 결합과 분리의 원칙
- 재조정(Rearrange) : 재배열의 원칙
- 단순화(Simplify) : 단순화의 원칙

71. NIOSH 들기 작업 지침상 권장무게한계(RWL)를 구할 때 사용되는 계수의 기호와 정의가 올바르게 짝지어지지 않은 것은?
① HM-수평 계수 ② DM-비대칭 계수
③ FM-빈도 계수 ④ VM-수직 계수

해설 권장무게한계
$RWL(Kd) = LC \times HM \times VM \times DM \times AM \times FM \times CM$

LC	부하 상수	23kg 작업물의 무게
HM	수평 계수	$25/H$
VM	수직 계수	$1-(0.003 \times V-75)$
DM	거리 계수	$0.82+(4.5/D)$
AM	비대칭 계수	$1-(0.0032 \times A)$
FM	빈도 계수	분당 들어 올리는 횟수
CM	결합 계수	커플링 계수

72. 표준시간 산정방법 중 간접측정 방법에 해당하는 것은?
① PTS법 ② 스톱워치법
③ VTR 촬영법 ④ 워크샘플링법

해설 간접측정 방법 : 표준자료법, PTS법, 실적기록법, 통계적 표준

73. 어느 조립작업의 부품 1개 조립당 관측평균시간이 1.5분, rating 계수가 110%, 외경법에 의한 일반 여유율이 20%라고 할 때, 외경법에 의한 개당 표준시간(A)과 8시간 작업에 따른 일반 총여유시간(B)은?
① A : 1.98분, B : 80분
② A : 1.65분, B : 400분
③ A : 1.65분, B : 80분
④ A : 1.98분, B : 400분

해설 ㉠ 외경법에 의한 개당 표준시간
- 정미시간(NT)
$$= 평균관측시간 \times \frac{레이팅 계수}{100}$$
$$= 1.5 \times \frac{110}{100} = 1.65분$$
- 표준시간(ST) = 정미시간 × (1 + 여유율)
$= 1.65 \times (1+0.2) = 1.98분$

㉡ 8시간 작업에 따른 일반 총여유시간
- 총정미시간 = 근무시간 × $\frac{정미시간}{표준시간}$
$$= 480 \times \frac{1.65}{1.98} = 400분$$
- 총여유시간 = 근무시간 − 총정미시간
$= 480 - 400 = 80분$

74. 공정 중 발생하는 모든 작업, 검사, 운반, 저장, 정체 등을 자재나 작업자의 관점에서 흘러가는 순서에 따라 표현한 분석방법은?

정답 70. ③ 71. ② 72. ① 73. ① 74. ④

① Man-Machine Chart
② Operation Process Chart
③ Assembly Chart
④ Flow Process Chart

해설 플로우 프로세스 차트(FPC) : 흐름(유통) 공정도라고도 하며, 공정 중 발생하는 모든 작업, 검사, 운반, 저장, 정체 등을 자재나 작업자의 흐름 순서에 따라 표시하는 분석기법이다.

참고 흐름(유통) 공정도의 용도 : 공정 내 불필요한 작업이나 잠복비용을 찾아내어 줄이고, 문제의 원인을 파악하는 데 활용된다.

75. 근골격계질환의 위험을 평가하기 위해 유해요인 평가도구 중 하나인 RULA(Rapid Upper Limb Assessment)를 적용하여 작업을 평가한 결과, 최종 점수가 4점으로 평가되었다면 결과에 대한 해석으로 옳은 것은?

① 수용 가능한 안전한 작업으로 평가됨
② 계속적인 추적관찰이 요구되는 작업으로 평가됨
③ 빠른 작업개선과 작업위험요인의 분석이 요구됨
④ 즉각적인 개선과 작업위험요인의 정밀조사가 요구됨

해설 RULA 조치단계 결정
• 조치수준1(1~2점) : 수용 가능한 작업이다.
• 조치수준2(3~4점) : 계속적인 추적관찰이 요구된다.
• 조치수준3(5~6점) : 빠른 작업개선과 작업위험요인의 분석이 요구된다.
• 조치수준4(7점 이상) : 정밀조사와 즉각적인 개선이 요구된다.

76. 일반적인 시간연구방법과 비교한 워크샘플링 방법의 장점이 아닌 것은?

① 분석자에 의해 소비되는 총작업시간이 훨씬 적은 편이다.
② 특별한 시간측정 장비가 별도로 필요하지 않는 간단한 방법이다.
③ 관측항목의 분류가 자유로워 작업현황을 세밀히 관찰할 수 있다.
④ 한 사람의 평가자가 동시에 여러 작업을 측정할 수 있다.

해설 ③ 관측항목의 분류가 어렵고 작업현황을 세밀히 관찰할 수 없다.

77. 다음 중 작업연구에 대한 설명으로 옳지 않은 것은?

① 작업연구는 보통 동작연구와 시간연구로 구성된다.
② 시간연구는 표준화된 작업방법에 의해 작업을 수행할 경우 소요되는 표준시간을 측정하는 분야이다.
③ 동작연구는 경제적인 작업방법을 검토하여 표준화된 작업방법을 개발하는 분야이다.
④ 동작연구는 작업측정으로, 시간연구는 방법연구라고도 한다.

해설 방법연구와 작업측정
• 방법연구의 주요 기법 : 공정분석, 작업분석, 동작분석
• 작업측정의 주요 기법 : 시간연구법, 워크샘플링법, 표준자료법, PTS법

78. 동작분석의 종류 중 미세동작 분석에 관한 설명으로 옳지 않은 것은?

① 복잡하고 세밀한 작업 분석이 가능하다.
② 직접 관측자가 옆에 없어도 측정이 가능하다.
③ 작업내용과 작업시간을 동시에 측정할 수 있다.
④ 타 분석법에 비해 적은 시간과 비용으로 연구가 가능하다.

정답 75. ② 76. ③ 77. ④ 78. ④

해설 미세동작 분석은 필름이나 테이프에 작업내용을 기록하여 분석하기 때문에 연구수행에 많은 비용이 소요된다.

참고 미세동작 분석은 제품 수명이 길고 대량 생산되며, 생산 사이클이 짧은 제품을 대상으로 하는 것이 적합하다.

79. PTS법의 특징이 아닌 것은?

① 직접 작업자를 대상으로 작업시간을 측정하지 않아도 된다.
② 표준시간 설정에 논란이 되는 rating의 필요가 없어 표준시간의 일관성이 증대된다.
③ 실제 생산현장을 보지 않고도 작업대의 배치와 작업방법을 알면 표준시간의 산출이 가능하다.
④ 표준자료 작성의 초기비용이 적기 때문에 생산량이 적거나 제품이 큰 경우에 적합하다.

해설 PTS법은 도입 초기에는 전문가의 자문이 필요하고, 교육 및 훈련비용이 크기 때문에 초기 도입비용이 많이 소요된다.

80. 자세에 관한 수공구의 개선사항으로 옳지 않은 것은?

① 손목을 곧게 펴서 사용하도록 한다.
② 반복적인 손가락 동작을 방지하도록 한다.
③ 지속적인 정적근육 부하를 방지하도록 한다.
④ 정확성이 요구되는 작업은 파워그립을 사용하도록 한다.

해설 파워그립(power grip)은 정확성이 아니라 힘이 요구되는 작업에 적합하다.

정답 79. ④ 80. ④

2022년도(1회차) 출제문제

1과목 　　인간공학개론

1. 새로운 자동차의 결함원인이 엔진일 확률이 0.8, 프레임일 확률이 0.2라고 할 때, 이로부터 기대할 수 있는 평균정보량은?

① 0.26 bit　② 0.32 bit
③ 0.72 bit　④ 2.64 bit

해설 평균정보량$(H_a) = \sum_{i=1}^{n} p_i \log_2\left(\dfrac{1}{p_i}\right)$

$= 0.8 \times \log_2\left(\dfrac{1}{0.8}\right) + 0.2 \times \log_2\left(\dfrac{1}{0.2}\right)$

$≒ 0.8 \times 0.32 + 0.2 \times 2.32$

$≒ 0.26 + 0.46$

$= 0.72 \,\text{bit}$

2. 정보이론과 관련된 내용 중 옳지 않은 것은?

① 정보의 측정 단위는 bit를 사용한다.
② 두 대안의 실현 확률이 동일할 때 총정보량이 가장 작다.
③ 실현 가능성이 같은 N개의 대안이 있을 때 총정보량 H는 $\log_2 N$이다.
④ 1bit란 실현 가능성이 같은 2개의 대안 중 결정에 필요한 정보량이다.

해설 ② 두 대안의 실현 확률의 차이가 커질수록 정보량은 줄어든다.

참고 실현 가능성이 동일한 대안 2가지 중 하나가 명시되었을 때 얻어지는 정보량은 1bit이다.

3. 다음 중 시식별에 영향을 주는 정도가 가장 작은 것은?

① 시력　② 물체 크기
③ 밝기　④ 표적의 형태

해설 시식별에 영향을 주는 요소 : 시력, 밝기, 조도, 휘도비, 대비, 물체 크기, 노출시간, 과녁의 이동, 반사율, 훈련 등

4. 시력에 관한 내용으로 옳지 않은 것은?

① 눈의 조절능력이 불충분한 경우 근시 또는 원시가 된다.
② 시력은 세부적인 내용을 시각적으로 식별할 수 있는 능력을 말한다.
③ 눈이 초점을 맞출 수 없는 가장 먼 거리를 원점이라 하는데, 정상 시각에서 원점은 거의 무한하다.
④ 여러 유형의 시력은 주로 망막 위에 초점이 맞추어지도록 홍채의 근육에 의한 눈의 조절능력에 달려 있다.

해설 ④ 여러 유형의 시력은 주로 망막 위에 초점이 맞추어지도록 수정체의 근육에 의한 눈의 조절능력에 달려 있다.

5. 인체 각 부위에 대한 정적인 치수를 측정하기 위한 계측 장비는?

① 근전도(EMG)
② 마틴(Martin)식 측정기
③ 심전도(ECG)
④ 플리커(Flicker) 측정기

해설 인체의 정적 치수를 측정할 때는 마틴식 인체측정 장치를 사용한다.

참고 • 구조적 인체치수(정적 치수) : 신체를 고정된 자세에서 측정한 치수

정답 1. ③　2. ②　3. ④　4. ④　5. ②

- 기능적 인체치수(동적 치수) : 신체의 기능 수행 시 체위의 움직임에 따라 측정한 치수

6. 인간-기계 시스템의 분류에서 인간에 의한 제어 정도에 따른 분류가 아닌 것은?

① 수동 시스템
② 기계화 시스템
③ 자동화 시스템
④ 감시제어 시스템

해설 인간에 의한 제어 정도에 따른 분류
- 수동 시스템
- 기계화(반자동) 시스템
- 자동화 시스템

참고 자동화 정도에 따른 분류
- 수동제어 시스템 : 모든 의사결정을 인간이 수행한다.
- 감시제어 시스템 : 인간과 기계가 역할을 분담한다.
- 자동제어 시스템 : 모든 의사결정을 컴퓨터에 의해 수행한다.

7. 인간의 기억체계에 대한 설명으로 옳지 않은 것은?

① 감각저장은 빠르게 사라지고 새로운 자극으로 대체된다.
② 단기기억을 장기기억으로 이전시키려면 리허설이 필요하다.
③ 인간의 기억은 감각저장, 단기기억, 장기기억으로 구분된다.
④ 단기기억의 정보는 일반적으로 시각, 음성, 촉각, 감각코드의 4가지로 코드화된다.

해설 ④ 단기기억의 정보는 일반적으로 시각, 음성, 의미의 3가지로 코드화된다.

8. 피부감각의 종류에 해당되지 않는 것은?

① 압력 감각   ② 진동 감각
③ 온도 감각   ④ 고통 감각

해설 피부감각 기관의 3가지 종류
- 압력 감각 : 압력, 접촉, 진동을 느끼는 감각
- 온도 감각 : 냉점과 온점을 통해 느끼는 감각
- 고통 감각 : 통증을 느끼는 감각

9. 조작자와 제어버튼 사이의 거리 또는 조작에 필요한 힘 등을 정할 때 사용되는 인체측정 자료의 응용원칙은?

① 최소치 설계
② 평균치 설계
③ 조절식 설계
④ 최대치 설계

해설 최소 집단값에 의한 설계
- 인체치수 분포의 하위 1%, 5%, 10% 사용자를 포함할 수 있도록 최솟값을 기준으로 설계한다.
- 선반의 높이, 조정장치까지의 거리 등을 정할 때 사용한다.

참고 인체측정치의 응용원칙
- 극단치 설계 : 최소치수와 최대치수를 기준으로 설계한다.
- 조절식 설계 : 조절범위를 기준으로 설계한다.
- 평균치 설계 : 평균치를 기준으로 설계한다.

10. 최적의 C/R비 설계 시 고려해야 할 사항으로 옳지 않은 것은?

① 조종장치의 조작시간 지연은 직접적으로 C/R비와 관계없다.
② 계기의 조절시간이 가장 짧게 소요되는 크기를 선택한다.
③ 작업자의 눈과 표시장치의 거리는 주행과 조절에 크게 관계된다.
④ 짧은 주행시간 내에서 공차의 인정범위를 초과하지 않는 계기를 마련한다.

정답 6. ④   7. ④   8. ②   9. ①   10. ①

해설 조종장치의 조작시간 지연은 과조절, 진동과 직결되므로 지연이 클수록 C/R비 조정이 필요하다.

11. 동작거리가 멀고 과녁이 작을수록 동작에 걸리는 시간이 길어짐을 나타내는 법칙은?

① Fitts 법칙
② Hick-Hyman 법칙
③ Murphy 법칙
④ Schmidt 법칙

해설 Fitts의 법칙 : 목표까지의 이동거리가 멀고 표적이 작을수록 동작에 걸리는 시간이 길어지는 법칙이다.

참고 힉-하이만 법칙 : 작업자가 신호를 보고 어떤 장치를 조작해야 할지 결정하기까지 걸리는 시간을 예측하는 법칙이다.

12. 비행기에서 20 m 떨어진 거리에서 측정한 엔진의 소음수준이 130 dB(A)였다면 100 m 떨어진 위치에서의 소음수준을 구하면 약 얼마인가?

① 113.5 dB(A)   ② 116.0 dB(A)
③ 121.8 dB(A)   ④ 130.0 dB(A)

해설 음의 강도(dB)

$$dB_2 = dB_1 - 20\log\frac{d_2}{d_1}$$
$$= 130 - 20\log\frac{100}{20} ≒ 116.0\,dB(A)$$

여기서, d_1 떨어진 곳의 소음 : dB_1
d_2 떨어진 곳의 소음 : dB_2

13. 외이와 중이의 경계가 되는 것은?

① 기저막   ② 고막
③ 정원창   ④ 난원창

해설 외이와 중이는 고막을 경계로 분리된다.

14. 양립성에 적합하도록 조종장치와 표시장치를 설계할 때 얻을 수 있는 결과로 옳지 않은 것은?

① 인간실수의 증가
② 반응시간의 감소
③ 학습시간의 단축
④ 사용자 만족도 향상

해설 ① 인간실수의 감소

15. 다음 중 시각적 부호의 3가지 유형과 거리가 먼 것은?

① 임의적 부호   ② 묘사적 부호
③ 사실적 부호   ④ 추상적 부호

해설 시각적 부호 유형
- 묘사적 부호 : 사물의 행동을 단순하고 정확하게 묘사하는 부호(예 위험표지판의 해골과 뼈, 도보 표지판의 걷는 사람)
- 추상적 부호 : 전달할 메시지의 핵심을 도식적으로 압축하여 표현한 부호
- 임의적 부호 : 일정 규칙에 따라 이미 정해져 있어 학습을 통해 알아야 하는 부호(예 경고표지는 삼각형, 안내표지는 사각형, 지시표지는 원형 등)

16. 인간-기계 시스템에서의 기본적인 기능이 아닌 것은?

① 행동
② 정보의 수용
③ 정보의 제어
④ 정보처리 및 결정

해설 정보처리의 기본적인 기능
- 정보의 수용
- 정보의 보관
- 정보처리 및 의사결정
- 행동 기능

정답 11. ① 12. ② 13. ② 14. ① 15. ③ 16. ③

17. 인간공학의 정의와 가장 거리가 먼 것은?

① 인간이 포함된 환경에서 주변 환경조건이 인간에게 맞도록 설계·재설계되는 것이다.
② 인간의 작업과 작업환경을 인간의 정신적, 신체적 능력에 적용시키는 것을 목적으로 하는 과학이다.
③ 건강, 안전, 복지, 작업성과 등의 개선을 요구하는 작업, 시스템, 제품, 환경을 인간의 신체·정신적 능력과 한계에 부합시키기 위해 인간과학으로부터 지식을 생성·통합한다.
④ 인간에게 질병, 건강장해, 심각한 불쾌감 및 능률저하 등을 초래하는 작업환경 요인과 스트레스를 예측, 인식(측정), 평가, 관리(대책)하는 과학인 동시에 기술이다.

해설 ④는 산업위생의 정의이다.

참고 인간공학의 정의 : 인간의 특성과 한계 능력을 공학적으로 분석·평가·연구하여, 이를 복잡한 체계의 설계에 응용함으로써 효율을 극대화하는 학문 분야이다.

18. 정량적 표시장치의 지침을 설계할 경우 고려해야 할 사항으로 옳지 않은 것은?

① 끝이 뾰족한 지침을 사용할 것
② 지침의 끝이 작은 눈금과 겹치게 할 것
③ 지침의 색은 선단에서 눈금의 중심까지 칠할 것
④ 지침을 눈금 면과 밀착시킬 것

해설 ② 지침의 끝은 작은 눈금과 맞닿게 하되, 겹치지 않게 할 것

참고 지침은 눈금과 겹치지 않도록 설계하는 것이 원칙이다. 하지만 여러 지침을 사용할 때는 길이와 굵기를 달리하여 겹치더라도 구분할 수 있게 한다.

19. 다음 중 신호검출이론에 대한 설명으로 옳은 것은?

① 잡음에 실린 신호의 분포는 잡음만의 분포와 구분되지 않아야 한다.
② 신호의 유무를 판정함에 있어 반응대안은 2가지뿐이다.
③ 신호에 의한 반응이 선형인 경우 판별력이 좋아진다.
④ 신호검출의 민감도에서 신호와 잡음 간의 두 분포가 가까울수록 판정자는 신호와 잡음을 정확하게 판별하기 쉽다.

해설 ① 잡음에 실린 신호의 분포는 잡음만의 분포와 구분되어야 한다.
② 신호의 유무를 판정함에 있어 반응대안은 4가지뿐이다.
④ 신호검출의 민감도에서 신호와 잡음 간의 두 분포가 가까울수록 판정자는 신호와 잡음을 정확하게 판별하기 어렵다.

20. 통계적 분석에서 사용되는 제1종 오류(α)를 설명한 것으로 옳지 않은 것은?

① $1-\alpha$를 검출력(power)이라고 한다.
② 제1종 오류를 통계적 기각역이라고 한다.
③ 발견한 결과가 우연에 의한 것일 확률을 의미한다.
④ 동일한 데이터의 분석에서 제1종 오류를 적게 설정할수록 제2종 오류가 증가할 수 있다.

해설 ① $1-\beta$를 검출력(power)이라고 한다.

2과목 작업생리학

21. 육체적 작업에서 생기는 우리 몸의 순환기 반응에 해당하지 않는 것은?

① 혈압상승
② 심박출량의 증가
③ 산소 소비량의 증가

정답 17. ④ 18. ② 19. ③ 20. ① 21. ③

④ 신체에 흐르는 혈류의 재분배

해설 순환기 반응
- 혈압상승
- 심박출량의 증가
- 신체에 흐르는 혈류의 재분배
- 혈액의 수송량 증가
- 수축기와 이완기 혈압

참고 격렬한 육체적 작업에 활용되는 대표적인 생리적 척도는 맥박수와 산소 소비량이다.

22. 소리 크기의 지표로 사용하는 단위 중 8sone은 몇 phon인가?

① 60   ② 70   ③ 80   ④ 90

해설 sone값 $=2^{(phon값-40)/10}$
$2^3=2^{(x-40)/10}$
$3=(x-40)/10$
∴ $x=70$

23. 어떤 작업의 평균에너지값이 6kcal/min이라고 할 때 60분간 총작업시간 내에 포함되어야 하는 휴식시간은 약 몇 분인가? (단, Murrell의 방법을 적용하여, 기초대사를 포함한 작업에 대한 권장 평균에너지값의 상한은 4kcal/min이다.)

① 6.7   ② 13.3   ③ 26.7   ④ 53.3

해설 휴식시간(R)
$=\dfrac{T(E-5)}{E-1.5}=\dfrac{60\times(6-4)}{6-1.5}≒26.7$분

여기서, T : 총작업시간(분)
E : 평균에너지 소비량(kcal/min)
4(5) : 보통작업 평균에너지
1.5 : 휴식시간 중 에너지 소비량

24. 신체 부위를 움직이지 않으면서 고정된 물체에 힘을 가하는 상태의 근력을 의미하는 것은?

① 등장성 근력(isotonic strength)
② 등척성 근력(isometric strength)
③ 등속성 근력(isokinetic strength)
④ 등관성 근력(isoinerial strength)

해설
- 등척성 근력 : 신체 부위를 움직이지 않고 고정된 물체에 힘을 가할 때 발휘되는 근력
- 등척성 운동 : 근육이 수축하는 과정에서 근육의 길이와 관절 각도가 변하지 않는 운동

25. 남성근로자의 육체작업에 대한 에너지대사량을 측정한 결과 분당 작업 시 산소 소비량이 1.2L/min, 안정 시 산소 소비량이 0.5L/min, 기초대사량이 1.5kcal/min이었다면 이 작업에 대한 에너지 대사율(RMR)은 약 얼마인가? (단, 권장 평균에너지 소비량은 5kcal/min이다.)

① 0.47   ② 0.80
③ 1.25   ④ 2.33

해설 에너지 대사율(RMR)
$=\dfrac{\text{작업 시 소비에너지}-\text{안정 시 소비에너지}}{\text{기초대사량}}$
$=\dfrac{(1.2\times5)-(0.5\times5)}{1.5}≒2.33$

26. 다음 중 작업면에 균등한 조도를 얻기 위한 조명방식으로 공장 등에서 많이 사용되는 조명방식은?

① 국소조명   ② 전반조명
③ 직접조명   ④ 간접조명

해설 조명방식
- 직접조명 : 광원에서 나온 빛을 직접 대상 영역에 비추는 방식
- 간접조명 : 광원에서 나온 빛을 벽이나 천장에 반사시켜 부드럽게 만든 후 이용하는 방식

- 전반조명 : 조명기구를 일정한 간격과 높이로 광원을 균등하게 배치하여 균일한 조도를 얻기 위한 방식
- 국소조명 : 빛이 필요한 곳만 큰 조도를 조명하는 방식

27. 사무실 공기관리 지침상 공기정화시설을 갖춘 사무실의 시간당 환기횟수 기준은?

① 1회 이상 ② 2회 이상
③ 3회 이상 ④ 4회 이상

해설 공기정화시설을 갖춘 사무실에서 작업자 1인당 최소 외기량은 $0.57\,m^3/min$이며, 시간당 환기횟수 기준은 4회 이상이다.

28. 어떤 작업자가 팔꿈치 관절에서부터 30cm 거리에 있는 10kg 중량의 물체를 한 손으로 잡고 있다. 팔꿈치 관절의 회전 중심에서 손까지의 중력 중심 거리는 14cm이며, 이 부분의 중량은 1.3kg이다. 이때 팔꿈치에 걸리는 반작용(R_E)의 힘은?

① 98.2N ② 105.5N
③ 110.7N ④ 114.9N

해설 중량(W) = $m \cdot g$
여기서 m : 질량, g : 중력가속도
- $W_1 = 10\,kg \times 9.8\,m/s^2 = 98\,N$
- $W_2 = 1.3\,kg \times 9.8\,m/s^2 = 12.74\,N$
- 팔꿈치에 걸리는 반작용 힘(R_E)
  = $W_1 + W_2 = 98 + 12.74 ≒ 110.7\,N$

29. 일반적으로 소음계는 주파수에 따른 사람의 느낌을 감안하여 A, B, C 세 특성에서 음압을 측정할 수 있도록 보정되어 있다. A 특성치는 몇 phon의 등음량 곡선과 비슷하게 주파수에 따른 반응을 보정하여 측정한 음압수준을 말하는가?

① 20 ② 40 ③ 70 ④ 100

해설 주파수에 따른 A, B, C 세 특성치
- A : 40 phon
- B : 70 phon
- C : 100 phon

30. 뇌간(brain stem)에 해당되지 않는 것은?

① 간뇌 ② 중뇌 ③ 뇌교 ④ 연수

해설 뇌간은 중뇌(중간뇌, midbrain), 교뇌(다리뇌, pons), 연수(숨뇌, medulla oblongata)로 구성된다.

31. 음식물을 섭취하여 기계적인 일과 열로 전환하는 화학적인 과정을 무엇이라 하는가?

① 신진대사 ② 에너지가
③ 산소 부채 ④ 에너지 소비량

해설
- 신진대사 : 음식물을 섭취하여 기계적인 일과 열로 전환하는 화학적인 과정이다.
- 산소 부채 : 활동이 끝난 후에도 남아 있는 젖산을 제거하기 위해 필요한 산소를 말한다.

32. 정신적 작업부하를 측정하는 생리적 측정치에 해당하지 않는 것은?

① 부정맥지수 ② 산소 소비량
③ 점멸융합주파수 ④ 뇌파도 측정치

해설 정신적 작업부하에 대한 생리적 측정치 : 심박수, 부정맥, 뇌전위(점멸융합주파수), 동공반응(눈 깜빡임률), 호흡수, 뇌파 등

33. 최대 산소소비능력(MAP)에 관한 설명으로 옳지 않은 것은?

① 산소섭취량이 일정하게 되는 수준을 말한다.
② 최대 산소소비능력은 개인의 운동역량을 평가하는 데 활용된다.
③ 젊은 여성의 평균 MAP는 젊은 남성의 평균 MAP의 20~30% 정도이다.

정답 27. ④ 28. ③ 29. ② 30. ① 31. ① 32. ② 33. ③

④ MAP를 측정하기 위해 일반적으로 트레드밀(treadmill)이나 자전거 에르고미터(ergometer)를 활용한다.

해설 ③ 젊은 여성의 평균 MAP는 젊은 남성의 평균 MAP의 70~85% 정도이다.

34. 골격의 구조와 기능에 대한 설명으로 옳지 않은 것은?

① 신체 중요 부분을 보호하는 역할을 한다.
② 소화, 순환, 분비, 배설 등 신체 내부 환경의 조절에 중요한 역할을 한다.
③ 골격은 뼈, 연골, 관절로 이루어지며 사지 및 몸통을 움직이는 피동적 운동기관으로 작용한다.
④ 혈구세포를 만드는 조혈기능과 칼슘과 인 등의 무기질을 저장하여 몸이 필요할 때 공급해 주는 역할을 한다.

해설 ② 소화, 순환, 분비, 배설 등 신체 내부 환경의 조절에 중요한 역할을 하는 기관은 순환계이다.

35. 척추와 근육에 대한 설명으로 옳은 것은?

① 허리 부위의 미골은 체중의 60% 정도를 지탱하는 역할을 담당한다.
② 인대는 근육과 뼈에 연결되어 있는 것으로 보통 힘줄이라고 한다.
③ 건은 뼈와 뼈를 연결하여 관절의 운동을 제한한다.
④ 척추는 26개의 뼈로 구성되어 경추, 흉추, 요추, 천골, 미골로 구성되어 있다.

해설 인간의 척추는 경추 7개, 흉추 12개, 요추 5개, 천추 5개, 미추 3~5개로 구성되어 있다.

참고 성인이 되면 천추와 미추는 하나로 합쳐져 천골과 미골을 형성하게 된다.

36. 저온환경이 작업수행에 미치는 영향으로 옳지 않은 것은?

① 근육강도와 내성이 감소하여 육체적 기능도가 줄어든다.
② 손 피부온도(HST)의 감소로 수작업 과업수행능력이 저하된다.
③ 저온 환경에서는 체내 온도를 유지하기 위해 근육의 대사율이 증가된다.
④ 저온은 말초운동신경의 신경전도 속도를 감소시킨다.

해설 ③ 저온 환경에서는 체내 온도를 유지하기 위해 근육의 대사율이 감소된다.

참고 저온 환경에서는 몸을 움츠리게 되어 활동이 줄고, 그 결과 근육의 대사율도 감소한다.

37. 산소 소비량과 에너지 대사를 설명한 것으로 옳지 않은 것은?

① 산소 소비량은 에너지 소비량과 선형적인 관계를 가진다.
② 산소 소비량이 증가한다는 것은 육체적 부하가 증가한다는 것이다.
③ 에너지가의 계산에는 2kcal의 에너지 생성에 1리터의 산소가 소모되는 관계를 이용한다.
④ 산소 소비량은 육체활동에 요구되는 에너지 대사량을 활동 시 소비된 산소량으로 간접적으로 측정한 것이다.

해설 ③ 에너지가의 계산은 1리터의 산소가 소모될 때 약 5kcal의 에너지가 생성된다는 관계를 기준으로 한다.

38. 근육피로의 1차적 원인으로 옳은 것은?

① 젖산 축적
② 글리코겐 축적
③ 미오신 축적
④ 피루브산 축적

해설 운동이 격렬해지면 젖산이 빠르게 생성되고, 제거 속도가 이를 따라가지 못하면 근육에 축적되어 피로를 느끼게 된다.

참고 젖산은 주로 무산소 운동 시 생성되며, 제거 속도가 늦어져 근육에 축적되면 피로의 주요 원인이 된다.

39. 점광원으로부터 어떤 물체나 표면에 도달하는 빛의 밀도를 나타내는 단위는?

① nit ② lambert
③ candela ④ lumen/m²

해설 조도 : 어떤 물체의 표면에 도달하는 빛의 밀도(단위 : lumen/m²)

참고
- nit : 휘도의 단위
- lambert : 휘도의 단위
- candela : 광도의 단위

40. 진동이 인체에 미치는 영향으로 옳지 않은 것은?

① 심박수 감소 ② 산소 소비량 증가
③ 근장력 증가 ④ 말초혈관의 수축

해설 진동이 발생하면 심혈관계와 교감신경계에 영향을 주어 심박수가 증가한다.

3과목 산업심리학 및 관계법규

41. 리더십은 교육 훈련에 의해 향상되므로 좋은 리더는 육성될 수 있다는 가정을 하는 리더십 이론은?

① 특성접근법
② 상황접근법
③ 행동접근법
④ 제한적 특질접근법

해설 행동접근법 : 리더의 행동에 중점을 두어, 행동에 따라 리더십과 역할이 결정되고 교육·훈련을 통해 향상되어 좋은 리더로 육성될 수 있다고 보는 이론이다.

42. R.House의 경로-목표이론(path-goal theory) 중 리더 행동에 따른 4가지 범주에 해당하지 않는 것은?

① 방임적 리더 ② 지시적 리더
③ 후원적 리더 ④ 참여적 리더

해설 리더의 행동유형 4가지
- 지시적 리더
- 후원(지원)적 리더
- 참여적 리더
- 성취지향적 리더

43. 부주의에 대한 사고방지대책 중 정신적 측면의 대책으로 볼 수 없는 것은?

① 안전의식의 제고
② 작업의욕의 고취
③ 작업조건의 개선
④ 주의력 집중훈련

해설 ㉠ 정신적 측면에 대한 대책
- 안전의식의 함양
- 주의력의 집중훈련
- 스트레스의 해소
- 작업의욕의 고취

㉡ 기능 및 작업적 측면에 대한 대책
- 적성배치
- 안전작업방법 습득
- 작업조건 개선
- 표준작업 동작의 습관화

44. 집단행동에 있어 이성적 판단보다 감정에 의해 좌우되며, 공격적이라는 특징을 갖는 행동은?

① crowd ② mob
③ panic ④ fashion

정답 39. ④ 40. ① 41. ③ 42. ① 43. ③ 44. ②

해설 모브(mob) : 폭력을 휘두르거나 말썽을 일으킬 가능성이 있는 군중으로, 감정에 따라 행동한다.

참고
- 통제적 집단행동 : 관습, 제도적 행동, 유행
- 비통제적 집단행동 : 군중, 모브, 패닉, 심리적 전염

45. 제조물책임법에서 정의한 결함의 종류에 해당하지 않는 것은?
① 제조상의 결함
② 기능상의 결함
③ 설계상의 결함
④ 표시상의 결함

해설 제조물책임법에서 결함의 종류
- 제조상의 결함
- 설계상의 결함
- 표시상의 결함

46. 다음 중 인간 오류에 관한 일반 설계기법 중 오류를 범할 수 없도록 사물을 설계하는 기법은?
① Fail-Safe 설계
② Interlock 설계
③ Exclusion 설계
④ Prevention 설계

해설
- 페일 세이프 설계 : 기계설비의 일부가 고장나더라도 전체 기능이 안전하게 유지되도록 설계
- 인터록 설계 : 기계식, 전기적, 기구적, 유공압장치 등의 안전장치 또는 덮개를 제거하는 경우 자동으로 전원을 차단하도록 설계
- 오류제거 설계 : 설계단계에서 사용하는 재료나 시스템 작동 측면에서 인적오류의 가능성을 근원적으로 제거하도록 설계

47. 집단을 공식집단과 비공식집단으로 구분할 때 비공식집단의 특성이 아닌 것은?
① 규모가 크다.
② 동료애의 욕구가 강하다.
③ 개인적 접촉의 기회가 많다.
④ 감정의 논리에 따라 운영된다.

해설 ① 규모가 크지 않고 소집단의 성격을 띤다.

48. 작업자가 제어반의 압력계를 계속적으로 모니터링 하는 작업에서 압력계를 잘못 읽어 에러를 범할 확률이 100시간에 1회로 일정한 것으로 조사되었다. 작업을 시작한 후 200시간 시점에서의 인간신뢰도는 약 얼마로 추정되는가?
① 0.02
② 0.98
③ 0.135
④ 0.865

해설 연속적 직무에서 인간신뢰도
- 고장률$(\lambda) = \dfrac{고장건수}{총가동시간} = \dfrac{1}{100} = 0.01$
- 신뢰도$(R) = e^{-\lambda t} = e^{-0.01 \times 200} ≒ 0.135$

49. 다음 조직에 의한 스트레스 요인은?

> 급속한 기술의 변화에 대한 적응이 요구되는 직무나 직무의 난이도나 속도를 요구하는 특성을 가진 업무와 관련하여 역할이 과부하되어 받게 되는 스트레스

① 역할 갈등
② 과업 요구
③ 집단 압력
④ 역할 모호성

해설 과업 요구는 직무의 난이도, 속도, 기술 변화 등 직무 특성에서 발생하는 스트레스 요인이다. 따라서 급속한 기술 변화나 과도한 직무 요구로 인한 역할 과부하는 과업 요구에 해당한다.

정답 45. ② 46. ④ 47. ① 48. ③ 49. ②

50. 미국 국립산업안전보건연구원(NIOSH)에서 제안한 직무 스트레스 요인에 해당하지 않는 것은?

① 성능요인 ② 환경요인
③ 작업요인 ④ 조직요인

해설 직무 스트레스의 요인
- 작업요인 : 작업부하, 교대근무 등
- 조직요인 : 갈등, 역할요구, 관리유형 등
- 환경요인 : 소음, 한랭, 환기불량, 조명 등

51. 반응시간(reaction time)에 관한 설명으로 옳은 것은?

① 자극이 요구하는 반응을 행하는 데 걸리는 시간을 의미한다.
② 반응해야 할 신호가 발생한 때부터 반응이 종료될 때까지의 시간을 의미한다.
③ 단순반응시간에 영향을 미치는 변수로는 자극 양식, 자극의 특성, 자극 위치, 연령 등이 있다.
④ 여러 개의 자극을 제시하고, 각각에 대한 서로 다른 반응을 할 과제를 준 후에 자극이 제시되어 반응할 때까지의 시간을 단순반응시간이라 한다.

해설
- 반응시간 : 자극이 주어진 순간부터 반응이 일어날 때까지의 시간
- 단순반응시간 : 하나의 자극 신호에 대해 하나의 반응만 요구할 때 측정되는 반응시간
- 선택반응시간 : 여러 개의 자극을 제시하고 각각의 자극에 대해 서로 다른 반응을 요구하는 경우의 반응시간

52. 재해의 발생원인 중 직접원인(1차원인)에 해당하는 것은?

① 기술적 원인 ② 교육적 원인
③ 관리적 원인 ④ 물적 원인

해설
- 직접원인 : 인적 원인(불안전한 행동), 물적 원인(불안전한 상태)
- 간접원인 : 기술적 원인, 교육적 원인, 관리적 원인, 신체적 원인, 정신적 원인

53. 다음에서 설명하는 것은?

> 집단을 이루는 구성원들이 서로에게 매력적으로 끌리어 그 집단 목표를 달성하는 정도를 나타내며, 소시오메트리 연구에서는 실제 상호선호관계의 수를 가능한 상호선호관계의 총수로 나누어 지수(index)로 표현한다.

① 집단 협력성 ② 집단 단결성
③ 집단 응집성 ④ 집단 목표성

해설 집단 응집성은 집단 구성원들이 서로 매력을 느끼고 결속하여 목표 달성에 기여하는 정도를 의미한다. 소시오메트리 연구에서는 실제 상호선호관계를 가능한 상호선호관계 총수로 나누어 지수로 나타낸다.

54. A 사업장의 도수율이 2로 산출되었을 때, 그 결과에 대한 해석으로 옳은 것은?

① 근로자 1000명당 1년 동안 발생한 재해자 수가 2명이다.
② 연근로시간 1000시간당 발생한 근로손실일 수가 2일이다.
③ 근로자 10000명당 1년간 발생한 사망자 수가 2명이다.
④ 연근로시간 1000000시간당 발생한 재해건 수가 2건이다.

해설 ① 근로자 1000명당 1년 동안 발생한 재해자 수 : 연천인율
② 연근로시간 1000시간당 발생한 재해에 의한 근로손실일수 : 강도율

정답 50. ① 51. ③ 52. ④ 53. ③ 54. ④

③ 근로자 10000명당 1년간 발생한 사망자 수 : 사망만인율
④ 연근로시간 1000000시간당(100만인시당) 재해발생 건수 : 도수율

55. 인간의 의식수준과 주의력에 대한 관계가 옳지 않은 것은?

구분	의식수준	의식모드	행동수준	신뢰성
A	Ⅳ	흥분	흥분	낮다.
B	Ⅲ	정상(분명한 의식)	적극적 행동	매우 높다.
C	Ⅱ	정상(느긋한 기분)	안정된 행동	다소 높다.
D	Ⅰ	무의식	수면	높다.

① A ② B ③ C ④ D

해설 인간의 의식 레벨의 단계

단계	모드	생리적 상태	신뢰성
0	무의식	수면, 뇌발작, 주의작용 상실, 실신	0
1	의식 흐림	피로, 단조로운 일, 수면, 졸음, 몽롱	0.9 이하
2	이완 상태	안정적 기거, 휴식, 정상작업	0.99~1 이하
3	상쾌한 상태	적극적 활동, 최적의 활동상태	0.999 이상
4	과긴장 상태	일점 집중, 긴급 방위 반응	0.9 이하

56. 원자력발전소 주제어실의 직무는 4명의 운전원으로 구성된 근무조로 수행되고, 이들 직무 간 서로 영향을 끼치게 된다. 근무조원 중 1차 계통의 운전원 A와 2차 계통의 운전원 B 간의 직무는 중간 정도의 의존성(15%)이 있다. 운전원 A의 기초 인간실수확률 HEP Prob{A}=0.001일 때, 운전원 B의 직무실패를 조건으로 한 운전원 A의 직무실패확률은 약 얼마인가? (단, THERP 분석법을 사용한다.)

① 0.151 ② 0.161 ③ 0.171 ④ 0.181

해설 THERP 분석법(조건부 실패확률)
- $\text{Prob}\{N|N-1\}$
  $= 의존도 1.0 + (1-의존도)\text{Prob}(N)$
- B가 실패할 때 A도 실패할 확률
  $= \text{Prob}\{A|B\}$
  $= 의존도 1.0 + (1-의존도)P(A)$
  $= 0.15 \times 1.0 + (1-0.15) \times 0.001 ≒ 0.151$

참고 조건이 따로 없다면 근무조원 간 직무의 중간 정도 의존성은 약 15%이다.

57. 하인리히의 도미노 이론을 순서대로 나열한 것은?

A. 유전적 요인과 사회적 환경
B. 개인의 결함
C. 불안전한 행동과 불안전한 상태
D. 사고
E. 재해

① A → B → D → C → E
② A → B → C → D → E
③ B → A → C → D → E
④ B → A → D → C → E

해설 하인리히 재해발생 도미노 5단계

1단계	2단계	3단계	4단계	5단계
선천적 결함	개인적 결함	불안전한 행동·상태	사고	재해

정답 55. ④ 56. ① 57. ②

58. 상해의 종류에 해당하지 않는 것은?

① 협착　　　　② 골절
③ 부종　　　　④ 중독·질식

해설 골절, 부종, 중독, 질식은 상해의 종류이며, 협착은 재해의 발생형태이다.

참고 상해(외적 상해) 종류 : 골절, 동상, 부종, 자상, 타박상, 절단, 중독, 질식, 찰과상, 창상, 화상 등

59. 다음은 인적오류가 발생한 사례이다. Swain과 Guttman이 사용한 개별적 독립행동에 의한 오류 중 어느 것에 해당하는가?

> 컨베이어 벨트 수리공이 작업을 시작하면서 동료에게 컨베이어 벨트의 작동버튼을 살짝 눌러 벨트를 조금만 움직이라고 이른 뒤 수리작업을 시작하였다. 그러나 작동버튼 옆에서 서성이던 동료가 순간적으로 중심을 잃으면서 작동버튼을 힘껏 눌러, 컨베이어벨트가 전속력으로 움직이면서 수리공의 신체 일부가 끼이는 사고가 발생하였다.

① 시간 오류(timing error)
② 순서 오류(sequence error)
③ 부작위적 오류(omission error)
④ 작위적 오류(commission error)

해설 작위적 오류 : 필요한 작업 또는 절차의 불확실한 수행으로 발생한 에러로, 심리적 분류에서 독립행동에 해당한다.

참고 • 시간지연 오류 : 시간지연으로 발생하는 에러
• 순서 오류 : 작업공정의 순서 착오로 발생한 에러
• 생략, 누설, 부작위 오류 : 작업공정 절차를 수행하지 않아 발생한 에러

60. Maslow의 욕구단계 이론을 하위단계부터 상위단계로 올바르게 나열한 것은?

> A : 사회적 욕구
> B : 안전에 대한 욕구
> C : 생리적 욕구
> D : 존경에 대한 욕구
> E : 자아실현의 욕구

① C → A → B → E → D
② C → A → B → D → E
③ C → B → A → E → D
④ C → B → A → D → E

해설 매슬로우의 인간의 욕구 5단계
• 1단계 : 생리적 욕구
• 2단계 : 안전 욕구
• 3단계 : 사회적 욕구
• 4단계 : 존경의 욕구
• 5단계 : 자아실현의 욕구

4과목 근골격계질환 예방을 위한 작업관리

61. 시설 배치방법 중 공정별 배치방법의 장점에 해당하는 것은?

① 운반 길이가 짧아진다.
② 작업진도의 파악이 용이하다.
③ 전문적인 작업지도가 용이하다.
④ 재공품이 적고 생산길이가 짧아진다.

해설 ㉠ 공정별 배치의 장점
• 작업자의 높은 자긍심과 직무 만족도
• 제품설계, 작업순서 변경 시 큰 유연성
• 전문화된 감독과 통제
• 한 기계의 고장으로 인한 전체작업의 중단이 적고, 쉽게 극복할 수 있음

정답 58. ① 　59. ④ 　60. ④ 　61. ③

ⓒ 공정별 배치의 단점
- 총생산시간의 증가
- 숙련된 노동력 필요
- 생산일정 계획 및 통제의 어려움
- 자재취급비용, 재고비용 등의 증가로 인해 단위당 생산원가가 높음

62. 작업관리의 문제해결 방법으로 전문가 집단의 의견과 판단을 추출·종합하여 집단적으로 판단하는 방법은?

① SEARCH의 원칙
② 브레인스토밍(brainstorming)
③ 마인드 매핑(mind mapping)
④ 델파이 기법(delphi technique)

해설 델파이 기법 : 전문가 집단의 의견과 판단을 추출하고 종합하여 집단적 합의를 도출하는 방법으로, 쉽게 결정하기 어려운 정책이나 사회적 쟁점 해결에 활용된다.

63. 동작경제의 원칙 중 작업장 배치에 관한 원칙으로 볼 수 없는 것은?

① 모든 공구나 재료는 지정된 위치에 있도록 한다.
② 공구의 기능을 결합하여 사용하도록 한다.
③ 가능하다면 낙하식 운반방법을 이용한다.
④ 작업이 용이하도록 적절한 조명을 비추어 준다.

해설 작업장 배치에 관한 원칙
- 모든 공구나 재료는 정해진 위치에 배치한다.
- 공구, 재료 및 제어장치는 사용위치에 가까이 두도록 한다.
- 공구나 재료는 작업 동작이 원활하게 수행되도록 그 위치를 정해준다.
- 중력 이송원리를 이용한 부품을 제품 사용위치에 가까이 보낼 수 있도록 한다.

참고 공구의 기능을 결합하여 사용하는 것은 작업장 배치가 아니라 공구 및 설비 디자인에 관한 원칙에 해당한다.

64. 허리 부위나 중량물 취급작업에 대한 유해요인의 주요 평가기법은?

① REBA ② JSI ③ RULA ④ NLE

해설 NLE(NIOSH Lifting Equation) : 중량물 취급작업의 여러 요인을 고려하여 들기 작업에 대한 권장무게한계(RWL)를 산출하는 평가방법이다.

65. NIOSH Lifting Equation 평가에서 권장무게한계가 20kg이고, 현재 작업물의 무게가 23kg일 때, 들기 지수(Lifting Index)의 값과 이에 대한 평가가 옳은 것은?

① 0.87, 요통의 발생위험이 높다.
② 0.87, 작업을 재설계할 필요가 있다.
③ 1.15, 요통의 발생위험이 높다.
④ 1.15, 작업을 재설계할 필요가 없다.

해설 들기 지수(LI)
$$=\frac{\text{작업물의 무게}}{RWL(\text{권장무게한계})}=\frac{23}{20}=1.15$$
LI가 1보다 크므로 요통의 발생위험이 높다.

66. 다중활동 분석표의 사용 목적과 가장 거리가 먼 것은?

① 작업자의 작업시간 단축
② 기계 혹은 작업자의 유휴시간 단축
③ 조 작업을 재편성 또는 개선하여 작업효율 향상
④ 한 명의 작업자가 담당할 수 있는 기계 대수의 산정

해설 다중활동 분석표의 사용 목적
- 경제적인 작업조 편성
- 적정 인원수 결정

정답 62. ④ 63. ② 64. ④ 65. ③ 66. ①

- 한 명의 작업자가 담당할 수 있는 기계 대수의 산정
- 기계 혹은 작업자의 유휴시간 단축

67. 작업관리에서 사용되는 한국산업표준 공정도시 기호와 명칭이 잘못 연결된 것은?

① ▽ – 이동   ② ○ – 운반
③ □ – 수량 검사   ④ ◇ – 품질 검사

[해설] 공정도에 사용되는 기호

가공	저장	정체	수량 검사	운반	품질 검사
○	▽	◻	□	○/⇨	◇

68. 작업관리에서 사용되는 기본 문제해결 절차로 가장 적합한 것은?

① 연구대상 선정 → 분석과 기록 → 분석자료의 검토 → 개선안 수립 → 개선안 도입
② 연구대상 선정 → 분석자료의 검토 → 분석과 기록 → 개선안 수립 → 개선안 도입
③ 분석자료의 검토 → 분석과 기록 → 개선의 수립 → 연구대상 선정 → 개선안 도입
④ 분석자료의 검토 → 개선안 수립 → 분석과 기록 → 연구대상 선정 → 개선안 도입

[해설] 문제해결 기본 5단계 절차
- 1단계 : 연구대상 선정
- 2단계 : 분석, 기록
- 3단계 : 분석자료 검토
- 4단계 : 개선안 수립
- 5단계 : 개선안 도입

69. 문제분석을 위한 기법 중 원과 직선을 이용하여 아이디어, 문제, 개념 등을 개괄적으로 빠르게 설정할 수 있도록 도와주는 연역적 추론 기법에 해당하는 것은?

① 공정도   ② 마인드 매핑
③ 파레토 차트   ④ 특성요인도

[해설] 마인드 매핑 : 원과 직선을 이용하여 아이디어, 문제, 개념 등을 핵심적으로 요약하는 연역적 추론 기법이다.

[참고]
- 공정도 : 작업이나 공정의 흐름을 기호와 선으로 도식화한 분석법
- 파레토도 : 사고 유형, 기인물 등 분류 항목을 발생빈도가 큰 순서대로 도표화한 분석법
- 특성요인도 : 재해와 그 요인의 관계를 어골상으로 세분화하여 나타내는 분석법

70. 다음 특징을 가지는 표준시간 측정법은?

> 연속적인 측정방법으로 스톱워치, 전자식 타이머, 비디오카메라 등이 사용되며, 작업을 실제로 관측하여 표준시간을 산정하는 방법이다.

① PTS법   ② 시간연구법
③ 표준자료법   ④ 워크샘플링

[해설] 시간연구법 : 스톱워치, 전자식 타이머, 비디오카메라 등의 기록 장치를 이용하여 작업을 직접 관측하고, 그 결과를 바탕으로 표준시간을 산정하는 방법이다.

71. 작업연구의 내용과 가장 관계가 먼 것은?

① 표준시간을 산정하여 결정한다.
② 최선의 작업방법을 개발하고 표준화한다.
③ 최적의 작업방법에 의한 작업자 훈련을 한다.
④ 작업에 필요한 경제적 로트(lot) 크기를 결정한다.

[해설] 작업에 필요한 경제적 로트 크기 결정은 재고 · 생산계획의 영역으로, 발주비용과 보유비용을 최소화하는 주문 또는 생산량을 정하는 문제이다.

[정답] 67. ①　68. ①　69. ②　70. ②　71. ④

72. 워크샘플링 조사에서 주요작업의 추정비율(p)이 0.06이라면, 99% 신뢰도를 위한 워크샘플링 횟수는 몇 회인가? (단, $Z_{0.005}$는 2.58, 허용오차는 0.01이다.)

① 3744　　② 3745
③ 3755　　④ 3764

해설 워크샘플링 횟수(N)
$$= \frac{Z^2 \times P(1-P)}{e^2}$$
$$= \frac{(2.58)^2 \times 0.06(1-0.06)}{0.01^2} ≒ 3755$$

여기서, Z : 표준편차 수
　　　　P : 추정비율
　　　　e : 허용오차

73. 3시간 동안 작업 수행과정을 촬영하여 워크샘플링 방법으로 200회를 샘플링한 결과 30번의 손목 꺾임이 확인되었다. 이 작업의 시간당 손목 꺾임시간은?

① 6분　　② 9분
③ 18분　　④ 30분

해설 • 시간당 손목 꺾임시간
　＝발생 확률×60＝0.15×60
　＝9분
• 손목꺾임 발생률
　$= \frac{관측된 횟수}{총관측횟수} = \frac{30}{200} = 0.15$

74. 근골격계질환의 유형에 대한 설명으로 옳지 않은 것은?

① 외상 과염은 팔꿈치 부위의 인대에 염증이 생겨 발생하는 증상이다.
② 수근관 증후군은 손목이 꺾인 상태나 과도한 힘을 준 상태에서 반복적인 손 운동을 할 때 발생한다.
③ 회내근 증후군은 과도한 망치질, 노 젓기 동작 등으로 손가락이 저리고 손가락 굴곡이 약화되는 증상이다.
④ 결절종은 반복, 구부림, 진동 등에 의해 건의 섬유질이 손상되거나 찢어지는 등 건에 염증이 생기는 질환이다.

해설 ④ 결절종은 반복, 구부림, 진동 등에 의해 손바닥 쪽이나 손가락에 액체를 함유하고 있는 낭포(물혹)가 발생하는 흔한 종양(질환)이다.

75. 동작분석을 할 때 스패너에 손을 뻗치는 동작의 적합한 서블릭(Therblig) 문자기호는?

① H　　② P
③ TE　　④ SH

해설 서블릭 문자기호
• H(Hold) : 잡고 있기
• P(Position) : 위치 결정
• TE(Transport Empty) : 빈손 이동
• Sh(Search) : 찾기

76. 작업수행도 평가 시 사용되는 레이팅 계수(rating scale)에 대한 설명으로 옳지 않은 것은?

① 관측시간치의 평균값을 레이팅 계수로 보정하여 보통속도로 변환시켜준 개념을 표준시간이라 한다.
② 정상기준 작업속도를 100%로 보고, 100%보다 큰 경우 표준보다 빠르고 100%보다 작은 경우 느린 것을 의미한다.
③ 레이팅 계수(%)가 125일 경우 동작이 매우 숙달된 속도, 장시간 작업 시 피로할 것 같은 작업속도로 판정할 수 있다.
④ 속도 평가법에서의 레이팅 계수는 기준속도를 실제속도로 나누어 계산하고, 레이팅 시 작업속도만 고려하므로 적용하기 쉬워 보편적으로 사용한다.

정답 72. ③　73. ②　74. ④　75. ③　76. ①

해설 ① 관측시간치의 평균값을 레이팅 계수로 보정하여 보통속도로 변환시켜준 개념은 정미시간이다.

77. 근골격계질환 관리추진팀 내 보건관리자의 역할로 옳지 않은 것은?

① 근골격계질환 예방·관리프로그램의 기본 정책을 수립하여 근로자에게 알린다.
② 주기적으로 작업장을 순회하여 근골격계질환을 유발하는 작업공정 및 작업 유해요인을 파악한다.
③ 7일 이상 지속되는 증상을 가진 근로자가 있을 경우 지속적인 관찰, 전문의 진단의뢰 등의 필요한 조치를 한다.
④ 주기적인 근로자 면담 등을 통해 근골격계질환 증상 호소자를 조기에 발견하는 일을 한다.

해설 ① 보건관리자는 근골격계질환 예방·관리프로그램의 기본정책의 결정에 참여한다.

78. 표준자료법의 특징으로 옳은 것은?

① 레이팅이 필요하다.
② 표준시간의 정도가 뛰어나다.
③ 직접적인 표준자료 구축 비용이 크다.
④ 작업방법 변경 시 표준시간을 설정할 수 있다.

해설 표준자료법의 특징
- 레이팅이 필요없다.
- 표준시간의 정도가 떨어진다.
- 직접적인 표준자료 구축 비용이 크다.
- 현장에서 직접 측정하지 않더라도 표준시간을 설정할 수 있다.

79. 산업안전보건법령상 근골격계 부담작업에 해당하지 않는 것은? (단, 단기간작업 또는 간헐적인 작업은 제외한다.)

① 하루에 10회 이상 25kg 이상의 물체를 드는 작업
② 하루에 총 2시간 이상, 분당 2회 이상 4.5kg 이상의 물체를 드는 작업
③ 하루에 총 1시간 이상 쪼그리고 앉거나 무릎을 굽힌 자세에서 이루어지는 작업
④ 하루에 4시간 이상 집중적으로 자료입력 등을 위해 키보드 또는 마우스를 조작하는 작업

해설 ③ 하루 총 2시간 이상 쪼그리고 앉거나 무릎을 굽힌 자세에서 이루어지는 작업

80. 다음 중 근골격계질환 예방대책으로 옳지 않은 것은?

① 단순 반복작업은 기계를 사용한다.
② 작업순환(job rotation)을 실시한다.
③ 작업방법과 작업공간을 인간공학적으로 설계한다.
④ 작업속도와 작업강도를 점진적으로 강화한다.

해설 근골격계질환 예방의 핵심은 반복, 높은 힘, 빠른 속도, 부자연스러운 자세와 같은 위험요인을 줄이는 것이다. 따라서 작업속도와 작업강도를 점진적으로 강화하는 것은 오히려 위험을 키우므로 옳지 않다.

정답 77. ① 78. ③ 79. ③ 80. ④

CBT 출제문제

(2022~2025)

2022년도 3회차부터 CBT 방식으로
시험이 출제되고 있습니다.

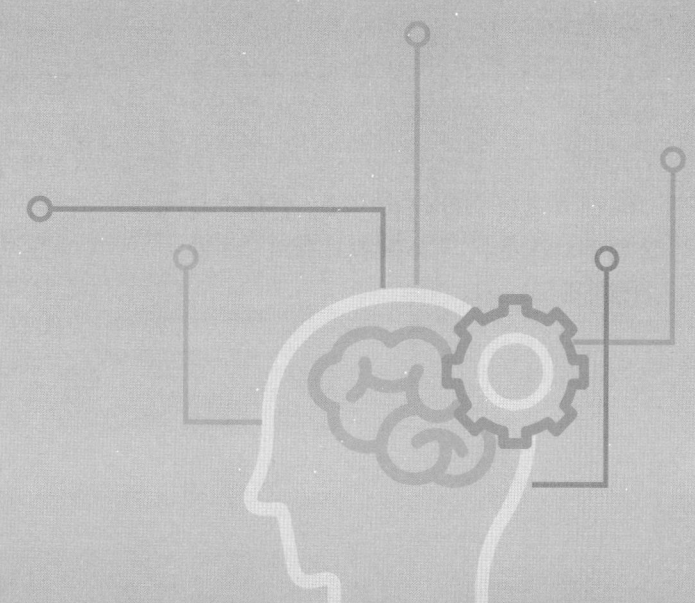

2022년도(3회차) CBT 출제문제

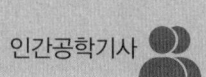

1과목　인간공학개론

1. 새로운 자동차의 결함원인이 엔진일 확률이 0.8, 프레임일 확률이 0.2라고 할 때, 이로부터 기대할 수 있는 평균 정보량은?

① 0.26 bit　② 0.32 bit
③ 0.72 bit　④ 2.64 bit

해설 평균정보량(H) = $\sum_{i=1}^{n} p_i \log_2\left(\dfrac{1}{p_i}\right)$

$= 0.8\log_2\left(\dfrac{1}{0.8}\right) + 0.2\log_2\left(\dfrac{1}{0.2}\right)$

$\fallingdotseq 0.8 \times 0.32 + 0.2 \times 2.32$

$\fallingdotseq 0.26 + 0.46 = 0.72\,\text{bit}$

2. 시각 및 시각과정에 대한 설명으로 옳지 않은 것은?

① 원추체는 황반에 집중되어 있다.
② 멀리 있는 물체를 볼 때는 수정체가 두꺼워진다.
③ 동공의 크기는 어두우면 커진다.
④ 근시는 수정체가 두꺼워져 원점이 너무 가까워진다.

해설 ② 멀리 있는 물체를 볼 때는 수정체가 얇아진다.

3. 인간과 기계의 역할분담에 이어, 인간이 시스템 설치와 보수, 유지 및 감시 등의 역할만 담당하게 되는 시스템은?

① 수동시스템　② 기계시스템
③ 자동시스템　④ 반자동시스템

해설 자동시스템은 인간의 개입이 거의 필요 없도록 설계된 시스템으로, 인간은 설치·보수·유지·감시 등 최소 역할만 담당한다.

4. 다음 중 시식별 요소에 대한 설명으로 옳지 않은 것은?

① 표면으로부터 반사되는 비율을 반사율이라 한다.
② 단위면적당 표면에서 반사되는 광량을 광도라 한다.
③ 광원으로부터 나오는 빛 에너지의 양을 휘도라 한다.
④ 어떤 물체나 표면에 도달하는 빛의 단위면적당 밀도를 조도라 한다.

해설 ③ 광원으로부터 나오는 빛 에너지의 양을 광량이라 한다.

참고 휘도는 광원의 단위면적당 밝기의 정도이며, 단위로 lambert를 쓴다.

5. 인체 측정자료의 응용 시 평균치 설계에 관한 내용으로 옳지 않은 것은?

① 최소, 최대 집단값이 사용 불가능한 경우에 사용된다.
② 인체측정학적인 면에서 보면 모든 부분에서 평균인 인간은 없다.
③ 은행 창구의 접수대는 평균값을 기준으로 한 설계의 좋은 예이다.
④ 일반적으로 평균치를 이용한 설계에는 보통 집단 특성치의 5%에서 95%까지의 범위가 사용된다.

해설 ④는 조절식 설계에 대한 내용이다.

정답　1. ③　2. ②　3. ③　4. ③　5. ④

6. 최적의 C/R비 설계 시 고려해야 할 사항으로 옳지 않은 것은?

① 조종장치의 조작시간 지연은 직접적으로 C/R비와 관계없다.
② 계기의 조절시간이 가장 짧게 소요되는 크기를 선택한다.
③ 작업자의 눈과 표시장치의 거리는 주행과 조절에 크게 관계된다.
④ 짧은 주행시간 내에서 공차의 인정범위를 초과하지 않는 계기를 마련한다.

해설 조종장치의 조작시간 지연은 과조절, 진동과 직결되므로 지연이 클수록 C/R비 조정이 필요하다.

7. 너비가 2cm인 버튼을 누르기 위해 손가락을 8cm 이동하려고 한다. Fitts' law에서 로그함수의 상수가 10이고, 이동을 위한 준비시간과 관련된 상수가 5이다. 이때 이동시간 (ms)은?

① 10ms   ② 15ms
③ 35ms   ④ 55ms

해설 Fitts의 법칙

$$동작시간(T) = a + b\log_2\left(\frac{2A}{W}\right)$$

$$= 5 + 10\log_2\left(\frac{2 \times 8}{2}\right) = 35$$

여기서, T: 동작완수에 필요한 평균시간
A: 이동거리
W: 목표물의 너비
a, b: 실험상수

8. 인간공학과 관련된 용어로 사용되는 것이 아닌 것은?

① Ergonomics
② Just In Time
③ Human Factors
④ User Interface Design

해설 ②는 생산관리 기법으로, 공정과 관련된 용어이다.

참고 • Ergonomics: 인간공학(인체공학)
• Human Factors: 인간요인
• User Interface Design: 사용자 인터페이스 설계

9. 정량적 표시장치의 지침을 설계할 경우 고려해야 할 사항으로 옳지 않은 것은?

① 끝이 뾰족한 지침을 사용할 것
② 지침의 끝이 작은 눈금과 겹치게 할 것
③ 지침의 색은 선단에서 눈금의 중심까지 칠할 것
④ 지침을 눈금 면과 밀착시킬 것

해설 ② 지침의 끝은 작은 눈금과 맞닿게 하되, 겹치지 않게 할 것

참고 지침은 눈금과 겹치지 않도록 설계하는 것이 원칙이다. 하지만 여러 지침을 사용할 때는 길이와 굵기를 다르게 하여 겹치더라도 구분할 수 있게 한다.

10. 청각적 신호의 식별에 관한 설명으로 틀린 것은?

① JND가 클수록 자극 차원의 변화를 쉽게 검출할 수 있다.
② 1kHz 이하의 순음에 대한 JND는 그 이상의 주파수에서는 JND가 급격히 커진다.
③ 청각적 코드로 전달할 정보량이 많을 때에는 다차원 코드 시스템을 사용한다.
④ 주변 소음이 있는 경우 음의 은폐효과가 나타날 수 있다.

해설 ① JND(Just Noticeable Difference)가 작을수록 자극 차원의 변화를 더 쉽게 검출할 수 있다.

정답 6. ① 7. ③ 8. ② 9. ② 10. ①

11. 통계적 분석에서 사용되는 제1종 오류(α)를 설명한 것으로 옳지 않은 것은?

① $1-\alpha$를 검출력(power)이라고 한다.
② 제1종 오류를 통계적 기각역이라고도 한다.
③ 발견한 결과가 우연에 의한 것일 확률을 의미한다.
④ 동일한 데이터의 분석에서 제1종 오류를 적게 설정할수록 제2종 오류가 증가할 수 있다.

해설 ① $1-\beta$를 검출력(power)이라고 한다.

12. 음압수준이 100 dB인 1000 Hz 순음의 sone값은 얼마인가?

① 32 ② 64
③ 128 ④ 256

해설 sone값 $= 2^{(phon값-40)/10}$
$= 2^{(100-40)/10} = 64$

13. 키를 측정할 때 체중계가 아닌 줄자를 이용하는 것처럼 연구조사 시 측정하고자 하는 바를 얼마나 정확하게 측정하였는지를 평가하는 척도는?

① 타당성(validity)
② 신뢰성(reliability)
③ 상관성(correlation)
④ 민감성(sensitivity)

해설 인간공학 연구조사 시 구비조건
- 적절성(타당성) : 기준이 의도한 목적에 적합해야 한다.
- 신뢰성 : 반복시험 시 재현성이 있어야 한다.
- 민감도 : 피실험자 사이에서 볼 수 있는 예상 차이점에 비례하는 단위로 측정해야 한다.
- 무오염성 : 측정하고자 하는 변수 이외의 다른 변수에 영향을 받아서는 안 된다.

14. 정량적인 동적 표시장치에 대한 설명으로 옳은 것은?

① 표시장치 설계 시 끝이 둥근 지침이 권장된다.
② 계수형 표시장치는 자동차 속도계에 적합하다.
③ 동침형 표시장치는 인식적 암시 신호를 나타내는 데 적합하다.
④ 눈금이 고정되고 지침이 움직이는 표시장치를 동목형 표시장치라 한다.

해설 ① 표시장치 설계 시 끝이 뾰족한 지침이 권장된다.
② 계수형 표시장치는 전력계나 택시 요금계에 적합하다.
④ 눈금이 고정되고 지침이 움직이는 표시장치를 동침형 표시장치라 한다.

15. 다음 그림은 Sanders와 McCormick이 제시한 인간-기계 통합체계의 인간 또는 기계에 의해 수행되는 기본기능의 유형이다. A 부분에 가장 적합한 것은?

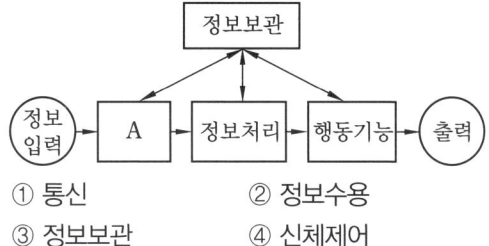

① 통신 ② 정보수용
③ 정보보관 ④ 신체제어

해설 인간-기계 통합체계의 기본기능

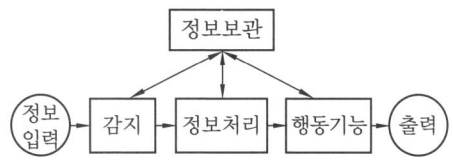

16. 청각적 신호를 설계하는 데 고려되어야 하는 원리 중 검출성(detectability)에 대한 설명으로 옳은 것은?

① 사용자에게 필요한 정보만 제공한다.
② 동일한 신호는 항상 동일한 정보를 지정하도록 한다.
③ 사용자가 알고 있는 친숙한 신호의 차원과 코드를 선택한다.
④ 신호는 주어진 상황에서 감지장치나 사람이 감지할 수 있어야 한다.

해설 검출성 : 정보를 암호화한 자극은 검출이 가능해야 한다.

17. Wickens의 인간의 정보처리 체계 모형에 따르면 외부자극으로 인한 정보가 처리될 때, 인간의 주의집중(attention resources)이 관여하지 않는 것은?

① 인식(perception)
② 감각저장(sensory storage)
③ 작업기억(working memory)
④ 장기기억(long-term memory)

해설 자극이 사라진 후에도 잠시 동안 감각이 지속되는 잔상은 감각기억의 일종이다.

참고 감각저장은 감각기관에서 자동으로 이루어지므로 주의집중이 관여하지 않는다.

18. 청각적 코드화 방법에 관한 설명으로 틀린 것은?

① 진동수는 많을수록 좋으며 간격은 좁을수록 좋다.
② 음의 방향은 두 귀 간의 강도차를 확실하게 해야 한다.
③ 강도(순음)의 경우는 1000~4000Hz로 한정할 필요가 있다.
④ 지속시간은 0.5초 이상 지속시키고 확실한 차이를 두어야 한다.

해설 청각적 코드화에는 높은 진동수보다 낮은 진동수(저주파)가 더 효과적이다.

19. 고령자를 위한 정보 설계원칙으로 볼 수 없는 것은?

① 불필요한 이중 과업을 줄인다.
② 학습 및 적응시간을 늘려 준다.
③ 신호의 강도와 크기를 보다 강하게 한다.
④ 가능한 세밀한 묘사와 상세한 정보를 제공한다.

해설 ④ 가능한 간략한 묘사와 간단한 정보를 제공한다.

20. 폰(phon)에 관한 설명으로 틀린 것은?

① 1000Hz대의 20dB 크기의 음은 20phon이다.
② 상이한 음의 상대적 크기에 대한 정보는 나타내지 못한다.
③ 40dB의 1000Hz 순음을 기준으로 다른 음의 상대적인 크기를 설정하는 척도의 단위이다.
④ 1000Hz의 주파수를 기준으로 각 주파수별 동일한 음량을 주는 음압을 평가하는 척도의 단위이다.

해설 ③은 sone에 관한 설명이다. 손(sone)의 값 1은 주파수 1000Hz, 강도 40dB인 음이 지각되는 소리의 크기를 의미한다.

2과목 작업생리학

21. 소리 크기의 지표로 사용하는 단위 중 8sone은 몇 phon인가?

① 60   ② 70   ③ 80   ④ 90

해설 sone값 $= 2^{(\text{phon값}-40)/10}$
$2^3 = 2^{(x-40)/10}$
$3 = (x-40)/10$
∴ $x = 70$

정답 17. ②   18. ①   19. ④   20. ③   21. ②

22. 근력(strength) 형태 중 근육이 등척성 수축을 하는 것에 해당하는 근력은?

① 정적 근력(static strength)
② 등장성 근력(isotonic strength)
③ 등속성 근력(isokinetic strength)
④ 등관성 근력(isoinertial strength)

해설 ②, ③, ④는 동적 근력에 해당하며, 정적 근력은 등척력이라고 한다.

23. 사무실 공기관리지침에 따라 사무실의 공기를 관리하고자 할 때 오염물질의 관리기준이 잘못된 것은?

① 석면은 0.01개/cc 이하이어야 한다.
② 일산화탄소(CO)는 10ppm 이하이어야 한다.
③ 이산화탄소(CO_2)의 농도는 100ppm 이하이어야 한다.
④ 포름알데히드(HCHO)의 농도가 0.1ppm 이하이어야 한다.

해설 ③ 이산화탄소의 농도는 1000ppm 이하이어야 한다.

24. 어떤 물체 또는 표면에 도달하는 빛의 밀도는?

① 조도
② 광도
③ 반사율
④ 점광원

해설 조도(illuminance)는 단위면적당 비춰지는 빛의 양으로, 어떤 물체 표면에 도달한 빛의 밀도를 의미한다.

25. 생리적 활동의 척도 중 Borg의 RPE (Ratings of Perceived Exertion) 척도에 대한 설명으로 옳지 않은 것은?

① 육체적 작업부하의 주관적 평가방법이다.
② NASA-TLX와 동일한 평가척도를 사용한다.
③ 척도의 양 끝은 최소 심장 박동률과 최대 심장 박동률을 나타낸다.
④ 작업자들이 주관적으로 지각한 신체적 노력의 정도를 6~20 사이의 척도로 평정한다.

해설 NASA-TLX는 0~100 사이의 평가척도를 사용하며, RPE는 6~20 사이의 평가척도를 사용한다.

26. 진동이 인체에 미치는 영향으로 틀린 것은?

① 심박수가 증가한다.
② 시성능은 10~25Hz 대역의 경우 가장 심하게 영향을 받는다.
③ 진동수와 추적작업과의 상호연관성이 적어 운동성능에 영향을 미치지 않는다.
④ 중앙신경계의 처리과정과 관련되는 과업의 성능은 진동의 영향을 비교적 덜 받는다.

해설 ③ 진동수와 추적작업과의 상호연관성이 있어 운동성능에 영향을 미친다.

27. 그림과 같이 작업자가 한 손으로 무게(W_L)가 98N인 작업물을 수평선을 기준으로 팔꿈치 각도 30도에서 들고 있다. 물체를 쥔 손에서 팔꿈치까지의 거리는 0.35m이고, 손과 아래팔의 무게(W_A)는 16N이며, 손과 아래팔의 무게중심은 팔꿈치로부터 0.17m에 있다. 팔꿈치에 작용하는 모멘트는?

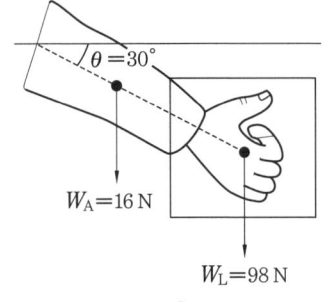

① 32N·m
② 37N·m
③ 42N·m
④ 47N·m

해설 $\sum M(\text{모멘트})=0$
$(W_L \times d_1 \times \cos\theta)+(W_A \times d_2 \times \cos\theta)$
$+M_E(\text{팔꿈치 모멘트})=0$
$(-98\text{N} \times 0.35\text{m} \times \cos30°)$
$+(-16\text{N} \times 0.17\text{m} \times \cos30°)+M_E=0$
∴ $M_E ≒ 29.70\text{N} \cdot \text{m} + 2.36\text{N} \cdot \text{m}$
$≒ 32\text{N} \cdot \text{m}$

28. 교대작업에 대한 설명으로 틀린 것은?

① 일반적으로 야간 근무자의 사고 발생률이 높다.
② 교대작업은 생산설비의 가동률을 높이고자 하는 제도 중의 하나이다.
③ 교대작업 주기를 자주 바꿔주는 것이 근무자의 건강에 도움이 된다.
④ 상대적으로 가벼운 작업을 야간 근무조에 배치하고 업무 내용을 탄력적으로 조정한다.

해설 ③ 교대작업 주기를 자주 변경하기보다 주간 → 저녁 → 야간 → 주간 순서로 진행하는 것이 피로회복에 도움이 된다.

29. 근력(strength)과 지구력(endurance)에 대한 설명으로 옳지 않은 것은?

① 동적 근력(dynamic strength)을 등속력(isokinetic strength)이라 한다.
② 지구력(endurance)이란 등척적으로 근육이 낼 수 있는 최대 힘을 말한다.
③ 정적 근력(static strength)을 등척력(isometric strength)이라 한다.
④ 근육이 발휘하는 힘은 근육의 최대자율수축(MVC : Maximum Voluntary Contraction)에 대한 백분율로 나타낸다.

해설 등척적으로 근육이 낼 수 있는 최대 힘은 정적 근력(등척력)이며, 지구력은 오랫동안 수축을 지속하며 견디는 힘을 말한다.

30. 신체 부위의 동작 중 전완의 회전운동에 쓰이며, 손바닥을 위로 향하도록 하는 회전을 무엇이라 하는가?

① 굴곡(flexion)
② 회내(pronation)
③ 외전(abduction)
④ 회외(supination)

해설 신체 부위 기본운동
- 굴곡(굽히기) : 관절 간의 각도가 감소하는 움직임
- 외전(벌리기) : 팔, 다리가 몸 중심선에서 밖으로 멀어지는 이동
- 회내(하향) : 손바닥을 아래로 향하는 이동
- 회외(상향) : 손바닥을 위로 향하는 이동

31. 중추신경계(central nervous system)에 해당하는 것은?

① 신경절
② 척수
③ 뇌신경
④ 척수신경

해설 중추신경계 : 뇌, 척수

32. 힘에 대한 설명으로 틀린 것은?

① 능동적 힘은 근수축에 의해 생성된다.
② 힘은 근골격계를 움직이거나 안정시키는 데 작용한다.
③ 수동적 힘은 관절 주변의 결합조직에 의해 생성된다.
④ 능동적 힘과 수동적 힘은 근절의 안정길이에서 발생한다.

해설 ④ 능동적 힘은 근절의 안정길이에서 가장 크게 발생한다.

참고 능동적 힘은 근육의 수의적 수축에 의해 생성되고, 수동적 힘은 인대나 힘줄 등 결합조직의 장력에 의해 발생한다.

정답 28. ③ 29. ② 30. ④ 31. ② 32. ④

33. 소음에 의한 회화 방해현상과 같이 한 음의 가청역치가 다른 음 때문에 높아지는 현상을 무엇이라 하는가?
① 사정효과 ② 차폐효과
③ 은폐효과 ④ 흡음효과

해설 은폐효과(masking effect) : 한 음의 가청역치가 다른 음 때문에 높아지는 현상

참고 가청역치는 청각을 자극시키는 데 필요한 음의 최소 강도를 말한다.

34. 골격근(skeletal muscle)에 대한 설명으로 틀린 것은?
① 골격근은 체중의 약 40%를 차지하고 있다.
② 골격근은 건(tendon)에 의해 뼈에 붙어 있다.
③ 골격근의 기본구조는 근원섬유이다.
④ 골격근은 400개 이상이 신체 양쪽에 쌍으로 있다.

해설 ③ 골격근의 기본구조는 근섬유(muscle fiber)이다.

참고 근육은 근섬유로 이루어지며, 각 근섬유는 여러 근원섬유로 구성되고, 근원섬유는 근섬유분절로 이루어진다.

35. 위치(positioning) 동작에 관한 설명으로 틀린 것은?
① 반응시간은 이동거리와 관계없이 일정하다.
② 위치동작의 정확도는 그 방향에 따라 달라진다.
③ 오른손의 위치동작은 우하-좌상 방향의 정확도가 높다.
④ 주로 팔꿈치의 선회로만 팔 동작을 할 때가 어깨를 많이 움직일 때보다 정확하다.

해설 ③ 오른손의 위치동작은 좌하-우상 방향의 정확도가 높다.

36. 근력의 상태 중 물체를 들고 있을 때처럼 신체 부위를 움직이지 않으면서 고정된 물체에 힘을 가하는 상태는?
① 정적 상태(static condition)
② 동적 상태(dynamic condition)
③ 등속 상태(isokinetic condition)
④ 가속 상태(acceleration condition)

해설
• 정적 상태 : 물체를 들고 있을 때처럼 신체 부위를 움직이지 않으면서 고정된 물체에 힘을 가하는 상태
• 동적 상태 : 물체를 들고 신체 부위를 움직이면서 물체에 힘을 가하는 기능적인 근력 상태

37. 정적 자세를 유지할 때의 진전(tremor)을 감소시킬 수 있는 방법으로 적당한 것은?
① 손을 심장 높이보다 높게 한다.
② 몸과 작업에 관계되는 부위를 잘 받친다.
③ 작업 대상물에 기계적인 마찰을 제거한다.
④ 시각적인 기준을 정하지 않는다.

해설 진전을 감소시키는 방법
• 손을 심장 높이보다 높게 한다.
• 작업 대상물에 기계적인 마찰을 제거한다.
• 시각적인 참조 기준을 정하지 않는다.

38. 에너지 대사율(RMR)에 관한 계산식은?
① RMR = 작업대사량/기초대사량
② RMR = 기초대사량/작업대사량
③ RMR = (한 일/에너지 소비)×100(%)
④ RMR = 안정 시 에너지대사량/기초대사량

해설 에너지 대사율(RMR)

$$= \frac{작업대사량}{기초대사량}$$

$$= \frac{작업 시 소비에너지 - 안정 시 소비에너지}{기초대사량}$$

정답 33. ③ 34. ③ 35. ③ 36. ① 37. ② 38. ①

39. 작업자세를 생체역학적으로 분석하는 데 사용되는 지표와 가장 관계가 먼 것은?

① 각 신체 부위의 길이
② 각 신체 부위의 무게
③ 각 신체 부위의 근력
④ 각 신체 부위의 무게중심점

해설 각 신체 부위의 근력이 아니라 신체 부위의 부피와 운동 범위가 관련된다.

40. 화면의 바탕색상이 검은색 계통일 때 VDT 작업 사무환경에 적합한 조명은?

① 100~300lx
② 300~500lx
③ 500~700lx
④ 700~900lx

해설 화면의 바탕 색상이 흰색 계통일 때 500~700lx로, 검은색 계통일 때 300~500lx로 유지하도록 한다.

3과목 산업심리학 및 관계법규

41. 리더십은 교육 훈련에 의해 향상되므로 좋은 리더는 육성될 수 있다고 보는 이론은?

① 특성접근법
② 상황접근법
③ 행동접근법
④ 제한적 특질접근법

해설 행동접근법 : 리더의 행동에 중점을 두어, 행동에 따라 리더십과 역할이 결정되고 교육·훈련을 통해 향상되어 좋은 리더로 육성될 수 있다고 보는 이론이다.

42. 제조물책임법령상 제조업자가 제조물에 대해 충분한 설명, 지시, 경고 등 정보를 제공하지 않아 피해가 발생했다면 이것은 어떤 결함 때문인가?

① 표시상의 결함
② 제조상의 결함
③ 설계상의 결함
④ 고지의무의 결함

해설 제조물에 대한 충분한 설명, 지시, 경고 등의 정보 제공 부족으로 발생한 결함은 표시상의 결함이다.

43. 작업자가 제어반의 압력계를 계속 모니터링 하는 작업에서 압력계를 잘못 읽어 에러를 범할 확률이 100시간에 1회로 일정한 것으로 조사되었다. 작업을 시작한 후 200시간 시점에서의 인간신뢰도는 약 얼마로 추정되는가?

① 0.02
② 0.98
③ 0.135
④ 0.865

해설 연속적 직무에서 인간신뢰도

- 고장률(λ) = $\dfrac{\text{고장건수}}{\text{총가동시간}} = \dfrac{1}{100} = 0.01$
- 신뢰도(R) = $e^{-\lambda t} = e^{-0.01 \times 200} ≒ 0.135$

44. 개인의 성격을 건강과 관련하여 연구하는 성격유형 중 다음과 같은 행동양식을 가지는 유형은?

- 항상 분주하고 시간에 강박관념을 가진다.
- 동시에 많은 일을 하려고 한다.
- 공격적이고 경쟁적이다.
- 양적인 면으로 성공을 측정한다.

① A형 행동양식
② B형 행동양식
③ C형 행동양식
④ D형 행동양식

해설 성격유형
- A형 : 능동적·공격적 성향이며, 경쟁심이 강하고 자존감이 높다.
- B형 : 수동적·방어적 성향이며 느긋하다.

정답 39. ③ 40. ② 41. ③ 42. ① 43. ③ 44. ①

- C형 : 착하고 감정을 억누르며 예스맨인 경우가 많다.
- D형 : 자아는 강하지만 부정적인 감정이 많고 친구가 적다.

45. 집단 간의 갈등의 원인과 거리가 먼 것은?

① 영역 모호성
② 집단 간의 목표 차이
③ 제한된 자원
④ 조직구조의 개편

해설 집단 간 갈등의 원인 : 집단 간 목표 차이, 견해와 행동 경향 차이, 역할의 모호성, 자원 부족 등

46. 손과 발 등의 동작시간과 이동시간이 표적의 크기와 표적까지의 거리에 따라 결정된다는 법칙은?

① Fitts의 법칙
② Alderfer의 법칙
③ Rasmussen의 법칙
④ Hicks-Hyman의 법칙

해설 Fitts의 법칙 : 목표까지의 이동거리가 멀고 표적이 작을수록 작업 난이도와 소요시간이 길어지는 법칙이다.

참고 힉-하이만 법칙 : 신호를 보고 어떤 장치를 조작할지 결정하는 데 걸리는 시간을 예측하는 이론이다.

47. 원자력발전소 주제어실의 직무는 4명의 운전원으로 구성된 근무조에 의해 수행되고, 이들의 직무간에는 서로 영향을 끼치게 된다. 근무조원 중 1차 계통의 운전원 A와 2차 계통의 운전원 B 간의 직무는 중간 정도의 의존성(15%)이 있다. 운전원 A의 기초 인간실수확률 HEP Prob{A}=0.001일 때, 운전원 B의 직무실패를 조건으로 한 운전원 A의 직무실패확률은? (단, THERP 분석법을 사용한다.)

① 0.151
② 0.161
③ 0.171
④ 0.181

해설 THERP 분석법(조건부 실패확률)
- $\text{Prob}\{N \mid N-1\}$
  =의존도1.0+(1-의존도)Prob(N)
- B가 실패할 때 A도 실패할 확률
  =Prob{A | B}
  =의존도1.0+(1-의존도)P(A)
  =$0.15 \times 1.0 + (1-0.15) \times 0.001$
  ≒0.151

참고 조건이 따로 없다면 근무조원 간 직무의 중간 정도 의존성은 약 15%이다.

48. 하인리히는 재해연쇄론에서 재해가 발생하는 과정을 5단계 요인으로 나누어 설명하였다. 그중 사고를 예방하기 위한 관리 활동이 가장 효과적으로 적용될 수 있는 단계는 무엇이라고 주장했는가?

① 개인적 결함
② 사고 그 자체
③ 사회적 환경(분위기)
④ 불안전행동 및 불안전상태

해설 하인리히에 따르면 3단계인 불안전행동 및 불안전상태를 제거하면 연쇄가 끊겨 사고와 재해를 예방할 수 있다.
- 직접 원인 : 3단계(불안전행동 및 불안전상태)
- 간접 원인 : 2단계(사회적 환경, 개인적 결함)

49. 인간의 행동과정을 통한 휴먼에러의 분류에 해당하지 않는 것은?

① 입력 오류
② 정보처리 오류
③ 출력 오류
④ 조작 오류

정답 45. ④ 46. ① 47. ① 48. ④ 49. ④

해설 행동과정을 통한 휴먼에러의 분류
- 입력 오류
- 정보처리 오류
- 출력 오류
- 의사결정 오류
- 피드백 오류

50. 어느 작업자가 평균 100개의 부품을 검사하여 불량품 5개를 검출했으나 실제로는 15개의 불량품이 있었다. 작업자가 100개가 1로트로 구성된 로트 2개를 검사하면서 2개의 로트 모두에서 휴먼에러를 범하지 않을 확률은?

① 0.01   ② 0.1
③ 0.81   ④ 0.9

해설 반복되는 이산적 직무에서 인간신뢰도
$R(n_1, n_2) = (1-p)^{(n_2-n_1+1)}$
$= (1-0.1)^{(2-1+1)} = 0.81$

51. Maslow의 욕구단계 이론을 하위단계부터 상위단계로 올바르게 나열한 것은?

```
A : 사회적 욕구
B : 안전에 대한 욕구
C : 생리적 욕구
D : 존경에 대한 욕구
E : 자아실현의 욕구
```

① C → A → B → E → D
② C → A → B → D → E
③ C → B → A → E → D
④ C → B → A → D → E

해설 매슬로우의 인간의 욕구 5단계
- 1단계 : 생리적 욕구
- 2단계 : 안전 욕구
- 3단계 : 사회적 욕구
- 4단계 : 존경의 욕구
- 5단계 : 자아실현의 욕구

52. 인간신뢰도에 대한 설명으로 옳은 것은?

① 반복되는 이산적 직무에서 인간실수확률은 단위시간당 실패 수로 표현된다.
② 인간의 성능이 특정한 기간 동안 실수를 범하지 않을 확률로 정의된다.
③ THERP는 완전 독립에서 완전 정(正)종속까지의 비연속을 종속 정도에 따라 3수준으로 분류하여 직무의 종속성을 고려한다.
④ 연속적 직무에서 인간의 실수율이 불변이고, 실수과정이 과거와 무관하다면 실수과정은 베르누이과정으로 묘사된다.

해설 인간신뢰도
- 반복되는 이산적 직무에서 인간실수확률은 사건당 실패수로 표현된다.
- THERP는 완전 독립에서 완전 정(正)종속까지의 5수준으로 직무의 종속성을 고려한다.
- 연속적 직무에서 인간의 실수율이 불변이고, 실수과정이 과거와 무관하다면 실수과정은 포아송과정으로 묘사된다.

53. 인간의 본질에 대한 기본 가정을 부정적인 시각과 긍정적인 시각으로 구분하여 주장한 동기이론은?

① XY이론   ② 역할이론
③ 기대이론 ④ ERG이론

해설 맥그리거(Mcgregor)의 X, Y이론 : 인간관을 부정적 가정인 X이론(일을 싫어하여 통제·감독 필요)과 긍정적 가정인 Y이론(일은 자연스러우며 자율·책임·창의성 발휘)을 대비하여 설명하는 동기이론이다.

54. 다음 중 대표적인 연역적 방법이며, 톱-다운(top-down) 방식의 접근방법에 해당하는 시스템 안전 분석기법은?

① FTA   ② ETA
③ PHA   ④ FMEA

정답 50. ③   51. ④   52. ②   53. ①   54. ①

해설 결함수 분석법(FTA) : 특정 사고의 원인이 되는 장치 결함이나 작업자 오류 등을 연역적 방식으로 정량 평가하는 기법이다.

55. 리더십의 유형에 따라 나타나는 특징에 대한 설명으로 틀린 것은?

① 권위주의적 리더십 : 리더에 의해 모든 정책이 결정된다.
② 권위주의적 리더십 : 각 구성원의 업적을 평가할 때 주관적이기 쉽다.
③ 민주적 리더십 : 모든 정책은 리더에 의해 지원을 받는 집단토론식으로 결정된다.
④ 민주적 리더십 : 리더는 보통 과업과 그 과업을 함께 수행할 구성원을 지정해 준다.

해설 민주적 리더십은 자발적 의욕과 참여를 통해 조직의 목적을 달성하는 것이 특징이다.

56. 레빈(Lewin)이 제안한 인간의 행동특성에 관한 설명으로 틀린 것은?

① 인간의 행동은 개인적 특성(P : Person) 및 주어진 환경(E : Environment)과 함수관계에 있다.
② 태도는 인간행동의 표상으로, 어떤 자극이나 상황에 대해 좋고 나쁨을 평가하는 개인의 선호경향이다.
③ 개인적 특성(P : Person)은 연령, 심신상태, 성격, 지능 등에 의해 결정된다.
④ 주어진 환경(E : Environment)의 주요 대상 중 인적환경은 제외된다.

해설 주어진 환경(E : Environment)에는 물리적 환경뿐 아니라 인간관계와 같은 사회적·인적 환경도 포함된다.

57. 교육 프로그램에 대한 평가 준거 중 교육 프로그램이 회사에 주는 경제적 가치와 가장 밀접한 관련이 있는 것은?

① 반응 준거
② 학습 준거
③ 행동 준거
④ 결과 준거

해설 결과 준거 : 교육 프로그램을 통해 생산량, 불량률, 출근률, 이직률, 안전사고율 등이 얼마나 증감했는지 보여주는 것이다.

58. 작업수행에 의해 발생하는 피로를 방지, 경감시키고 효율적으로 회복시키는 방법으로 틀린 것은?

① 동일한 작업을 될 수 있는 한 적은 에너지로 수행할 수 있도록 한다.
② 정적 근작업을 하도록 하여 작업자의 에너지 소비를 될 수 있는 한 줄인다.
③ 작업속도나 작업의 정확도가 작업자에게 너무 과중하게 되지 않도록 한다.
④ 작업방법을 개선하여 무리한 자세로 작업이 진행되지 않도록 하고, 특히 정적 근작업을 배제한다.

해설 ② 동적 근작업을 하도록 하여 작업자의 에너지 소비를 될 수 있는 한 줄인다.

참고 피로 방지를 위해 동적인 작업을 늘리고, 정적인 작업을 줄이는 것이 바람직하다.

59. 소비자의 생명, 신체 또는 재산에 피해를 주거나 그 우려가 있는 제품에 대해 제조업자나 유통업자가 자발적 또는 의무적으로 위험성을 소비자에게 알리고 해당 제품을 회수하여 수리, 교환, 환불 등 적절한 시정조치를 해주는 제도는?

① 애프터서비스(after service) 제도
② 제조물책임법
③ 소비자기본법
④ 리콜(recall) 제도

해설 판매한 제품에 문제가 있다고 판단될 때, 예방적 조치로 업체에서 무상으로 수리·

정답 55. ④ 56. ④ 57. ④ 58. ② 59. ④

점검을 하거나 교환해주는 소비자 보호 제도를 리콜 제도라 한다.

60. 하인리히(Heinrich) 재해코스트 평가방식에서 1 : 4 원칙에 관한 설명으로 옳은 것은?

① 간접비용의 정확한 산출이 어려운 경우 직접비용의 4배를 간접비용으로 추산한다.
② 직접비용의 정확한 산출이 어려운 경우 간접비용의 4개를 직접비용으로 추산한다.
③ 인적 비용의 정확한 산출이 어려운 경우 물적 비용의 4배를 인적 비용으로 추산한다.
④ 물적 비용의 정확한 산출이 어려운 경우 인적 비용의 4배를 물적 비용으로 추산한다.

해설 하인리히의 재해손실비용 산정에서 직접비 : 간접비=1 : 4의 비율을 적용한다. 따라서 간접비 산출이 어려울 경우에는 직접비의 4배를 간접비로 추산한다.

4과목 근골격계질환 예방을 위한 작업관리

61. 다중활동 분석표의 사용 목적과 가장 거리가 먼 것은?

① 작업자의 작업시간 단축
② 기계 혹은 작업자의 유휴시간 단축
③ 조 작업을 재편성 또는 개선하여 작업효율 향상
④ 한 명의 작업자가 담당할 수 있는 기계 대수의 산정

해설 다중활동 분석표의 사용 목적
• 경제적인 작업조 편성
• 적정 인원수 결정
• 한 명의 작업자가 담당할 수 있는 기계 대수의 산정
• 기계 혹은 작업자의 유휴시간 단축

62. 작업관리의 문제해결방법으로 전문가 집단의 의견과 판단을 추출하고 종합하여 집단적으로 판단하는 방법은?

① 브레인스토밍(brainstorming)
② 마인드 매핑(mind mapping)
③ 마인드 멜딩(mind melding)
④ 델파이 기법(delphi technique)

해설 델파이 기법 : 전문가 집단의 의견과 판단을 추출하고 종합하여 집단적 합의를 도출하는 방법으로, 쉽게 결정하기 어려운 정책이나 사회적 쟁점 해결에 활용된다.

63. 허리 부위와 중량물취급 작업에 대한 유해요인의 주요 평가기법은?

① REBA ② JSI ③ RULA ④ NLE

해설 NLE(NIOSH Lifting Equation) : 중량물 취급작업의 여러 요인을 고려하여 들기 작업에 대한 권장무게한계(RWL)를 산출하는 평가방법이다.

64. 작업관리용 도표의 사용으로 가장 적절하지 않은 것은?

① 파레토 차트를 이용하여 문제점의 원인을 파악한다.
② Man-machine chart를 이용하여 표준시간을 결정한다.
③ 흐름도를 이용하여 병목(bottleneck) 공정을 파악한다.
④ 다중활동 분석표를 이용하여 기계와 인력배치 균형을 분석한다.

해설 Man-machine chart
• 작업조 편성이나 경제적인 기계 담당 대수를 결정하는 문제를 해결하는 데 사용된다.
• 작업현황을 체계적으로 파악하여 기계와 작업자의 유휴시간을 단축하고, 작업효율을 높이는 데 활용된다.

정답 60. ① 61. ① 62. ④ 63. ④ 64. ②

65. 워크샘플링(work sampling)의 특징으로 옳지 않은 것은?

① 짧은 주기나 반복작업에 효과적이다.
② 관측이 순간적으로 이루어져 작업에 방해가 적다.
③ 작업방법이 변화되는 경우에는 전체적인 연구를 새로 해야 한다.
④ 관측자가 여러 명의 작업자나 기계를 동시에 관측할 수 있다.

해설 ① 짧은 주기나 반복작업에 부적합하다.

66. 작업개선방법을 관리적 개선방법과 공학적 개선방법으로 구분할 때 공학적 개선방법에 속하는 것은?

① 적절한 작업자의 선발
② 작업자의 교육 및 훈련
③ 작업자의 작업속도 조절
④ 작업자의 신체에 맞는 작업장 개선

해설 ①, ②, ③ 관리적 개선방법

67. 서블릭(Therblig) 기호의 심벌과 영문이 잘못된 것은?

① ⟶ : TL
② ⊥⊥ : DA
③ ⌒ : Sh
④ ⌒ : H

해설 서블릭 기호의 심볼과 영문 표기
- ⟶ : 선택(St)
- ⌒ : 찾음(Sh)
- ∪ : 운반(TL)
- ⊥⊥ : 분해(DA)
- ⌒ : 잡고 있기(H)

68. 실측시간의 평균이 120분이고 여유율이 9%이며, 레이팅 계수가 110%일 때 내경법에 의한 표준시간은 약 얼마인가?

① 170.57분
② 150.09분
③ 166.78분
④ 145.05분

해설
- 정미시간(NT)
$$= 평균관측시간 \times \frac{레이팅\ 계수}{100}$$
$$= 120 \times \frac{110}{100} = 132분$$

- 표준시간(ST)
$$= 정미시간 \times \left(\frac{1}{1-여유율}\right)$$
$$= 132 \times \frac{1}{1-0.09} ≒ 145.05분$$

69. 근골격계질환 예방·관리 프로그램의 실행을 위한 보건관리자의 역할과 가장 밀접한 관계가 있는 것은?

① 기본 정책을 수립하여 근로자에게 알려야 한다.
② 예방·관리 프로그램의 수립 및 수정에 관한 사항을 결정한다.
③ 예방·관리 프로그램의 개발·평가에 적극적으로 참여하고 준수한다.
④ 주기적인 근로자 면담을 통해 근골격계질환 증상 호소자를 조기 발견하는 일을 한다.

해설 ①은 사업주의 역할
②는 예방·관리 담당자의 역할
③은 근로자의 역할

70. 산업안전보건법령상 근골격계 부담작업 유해요인조사에 관한 설명으로 옳지 않은 것은?

① 사업주는 유해요인조사에 근로자 대표 또는 해당 작업 근로자를 참여시켜야 한다.
② 사업주는 근로자가 근골격계 부담작업을 하는 경우 3년마다 유해요인조사를 해야 한다.
③ 신규 입사자가 근골격계 부담작업에 배치되는 경우 즉시 유해요인조사를 실시해야 한다.
④ 신설 사업장의 경우 신설일로부터 1년 이내에 최초의 유해요인조사를 실시해야 한다.

정답 65. ① 66. ④ 67. ① 68. ④ 69. ④ 70. ③

해설 유해요인조사는 신규 입사자의 배치와 무관하다.

참고 유해요인조사는 해당 사유가 발생한 경우 실시하거나 3년마다 주기적으로 실시한다.

71. 수공구를 이용한 작업개선원리에 대한 내용으로 옳지 않은 것은?

① 진동 패드, 진동 장갑 등으로 손에 전달되는 진동 효과를 줄인다.
② 동력 공구는 그 무게를 지탱할 수 있도록 매달거나 지지한다.
③ 힘이 요구되는 작업에 대해서는 감싸쥐기(power grip)를 이용한다.
④ 적합한 모양의 손잡이를 사용하되, 가능하면 손바닥과 접촉면을 좁게 한다.

해설 ④ 적합한 모양의 손잡이를 사용하되, 가능하면 손바닥과 접촉면을 넓게 한다.

72. 작업개선을 위해 검토할 사항과 가장 거리가 먼 항목은?

① "이 작업은 꼭 필요한가? 제거할 수 없는가?"
② "이 작업을 기계화 또는 자동화할 경우의 투자 효과는 어느 정도인가?"
③ "이 작업을 다른 작업과 결합하면 더 나은 결과가 생길 것인가?"
④ "이 작업의 순서를 바꾸면 더 효율적이지 않을까?"

해설 ② "이 작업을 단순화할 경우 작업요소가 간소화되지 않을까?"

73. 동작분석(motion study)에 관한 설명으로 옳지 않은 것은?

① 동작분석 기법에는 서블릭법과 작업측정기법을 이용하는 PTS법이 있다.
② 작업과정에서 무리·낭비·불합리한 동작을 제거, 최선의 작업방법으로 개선하는 것이 목표이다.
③ 미세동작 분석은 작업주기가 짧은 작업이나 규칙적인 작업주기시간, 단기적 연구대상 작업 분석에는 사용할 수 없다.
④ 작업을 분해 가능한 세밀한 단위로 분석하고, 각 단위의 변이를 측정하여 표준작업방법을 알아내기 위한 연구이다.

해설 ③ 미세동작 분석은 작업주기가 긴 작업이나 불규칙한 작업의 동작분석에 적합하다.

74. 다음 중 배치설비를 분석하는 데 가장 필요한 것은?

① 서블릭　　　② 유통선도
③ 관리도　　　④ 간트 차트

해설 유통선로(flow diagram)의 기능
• 자재 흐름의 혼잡지역 파악
• 시설물의 위치나 배치관계 파악
• 공정과정의 역류현상 발생유무 점검
• 제조과정에서 발생하는 운반, 검사, 보관 등 부품의 이동경로를 배치도에 선으로 표시

75. 상완, 전완, 손목을 그룹 A로 하고 목, 상체, 다리를 그룹 B로 나누어 측정, 평가하는 유해요인의 평가기법은?

① RULA(Rapid Upper Limb Assessment)
② REBA(Rapid Entire Body Assessment)
③ OWAS(Ovako Working Posture Analysis System)
④ NIOSH 들기 작업지침(Revised NIOSH Lifting Equation)

해설 유해요인 평가방법의 RULA
• 작업자세는 신체 부위별로 그룹 A(상완, 전완, 손목)와 그룹 B(목, 상체, 다리)로 나눈다.

정답　71. ④　72. ②　73. ③　74. ②　75. ①

- 주로 상지(upper limb)에 초점을 맞춰 작업부하를 평가한다.
- 평가하는 작업부하 인자는 동작의 횟수, 정적인 근육작업, 힘, 작업자세 등이다.
- 평가는 1~7점으로 이루어지며 점수에 따라 4개의 조치단계로 분류된다.

76. 어떤 한 작업의 25회 시험관측치가 평균 0.35, 표준편차 0.08일 때, 오차확률 5%에 필요한 최소 관측횟수는? (단, $t_{(25,\ 0.05)}$ = 2.069, $t_{(24,\ 0.05)}$ = 2.064, $t_{(26,\ 0.05)}$ = 2.056 이다.)

① 89　　② 90　　③ 91　　④ 92

해설 관측횟수(N)
$$= \left(\frac{t(n-1,\ 0.05) \times s}{0.05 \times x}\right)^2$$
$$= \left(\frac{2.064 \times 0.08}{0.05 \times 0.35}\right)^2$$
$$= 89.027 ≒ 90회$$

77. 1시간을 TMU(Time Measurement Unit)로 환산한 것은?

① 0.036TMU　　② 27.8TMU
③ 1667TMU　　④ 100000TMU

해설 1TMU = 0.00001시간
∴ 100000TMU = 1시간

78. [보기]와 같은 디자인 개념의 문제해결 절차를 올바른 순서로 나열한 것은?

> ㉮ 문제의 분석
> ㉯ 문제의 형성
> ㉰ 대안의 탐색
> ㉱ 선정안의 제시
> ㉲ 대안의 평가

① ㉮ → ㉯ → ㉰ → ㉲ → ㉱
② ㉯ → ㉮ → ㉰ → ㉲ → ㉱
③ ㉰ → ㉯ → ㉮ → ㉱ → ㉲
④ ㉱ → ㉰ → ㉲ → ㉯ → ㉮

해설 디자인의 문제해결 순서
문제의 형성 → 문제의 분석 → 대안의 탐색 → 대안의 평가 → 선정안의 제시

79. 근골격계질환과 가장 관련이 없는 것은?

① VDT 증후군
② 반복 긴장성 손상(RSI)
③ 누적 외상성 질환(CTDs)
④ 외상 후 스트레스 증후군(PTSD)

해설 외상 후 스트레스 증후군(PTSD) : 생명을 위협할 정도의 큰 사고로 인한 정신적 충격 후 나타나는 질환으로, 천재지변·화재·전쟁·폭행·인질사건·아동학대·교통사고 등에서 발생할 수 있다.

80. 동작경제의 원칙 중 신체사용에 관한 원칙에서 손목을 축으로 하는 손동작은 몇 등급에 해당되는가?

① 1등급　　② 2등급
③ 3등급　　④ 4등급

해설
- 1등급 : 손가락 끝을 사용하는 정밀한 동작
- 2등급 : 손과 손목을 사용하는 동작
- 3등급 : 팔꿈치를 사용하는 동작
- 4등급 : 어깨를 사용하는 큰 동작
- 5등급 : 허리를 사용하는 큰 동작

정답 76. ②　77. ④　78. ②　79. ④　80. ②

2023년도(1회차) CBT 출제문제

1과목 인간공학개론

1. 발생 확률이 0.1과 0.9로 다른 2개 이벤트의 정보량은 발생 확률이 0.5로 같은 2개 이벤트의 정보량에 비해 어느 정도 감소되는가?

① 51% ② 52% ③ 53% ④ 54%

해설
- 평균정보량$(H_a) = \sum_{i=1}^{n} p_i \log_2\left(\dfrac{1}{p_i}\right)$

  $= 0.1 \times \log_2\left(\dfrac{1}{0.1}\right) + 0.9 \times \log_2\left(\dfrac{1}{0.9}\right)$

  $\fallingdotseq 0.47$

- 최대정보량(H_{max})
  $= \log_2 N = \log_2 2 = 1$

∴ 중복률 $= \left(1 - \dfrac{평균정보량(H_a)}{최대정보량(H_{max})}\right) \times 100$

  $= \left(1 - \dfrac{0.47}{1}\right) \times 100 = 53\%$

2. 인간의 시식별 능력에 영향을 주는 외적 인자와 가장 거리가 먼 것은?

① 휘도
② 과녁의 이동
③ 노출시간
④ 최소분간 시력

해설 최소분간 시력은 눈이 파악할 수 있는 표적 사이의 최소 공간으로, 개인의 시각적 특성에 해당한다.

3. 다음 중 시감각 체계에 관한 설명으로 옳지 않은 것은?

① 동공은 조도가 낮을 때 많은 빛을 통과시키기 위해 확대된다.
② 1디옵터는 1m 거리에 있는 물체를 보기 위해 요구되는 조절기능이다.
③ 망막의 표면에는 빛을 감지하는 광수용기인 원추체와 간상체가 분포되어 있다.
④ 안구의 수정체는 공막에 정확한 이미지가 맺히도록 형태를 스스로 조절한다.

해설 ④ 안구의 수정체는 망막에 상이 맺히도록 하며, 초점을 맞추기 위해 수정체의 두께와 만곡을 조절한다.

4. 인체측정을 구조적 치수와 기능적 치수로 구분할 때 기능적 치수 측정에 대한 설명으로 옳은 것은?

① 형태학적 측정을 의미한다.
② 나체 측정을 원칙으로 한다.
③ 마틴식 인체측정 장치를 사용한다.
④ 상지나 하지의 운동범위를 측정한다.

해설
- 구조적 인체치수(정적 치수) : 신체를 고정된 자세에서 측정한 치수
- 기능적 인체치수(동적 치수) : 신체의 기능 수행 시 체위의 움직임에 따라 측정한 치수

5. 인간-기계 통합체계의 유형으로 볼 수 없는 것은?

① 수동 시스템
② 자동화 시스템
③ 정보 시스템
④ 기계화 시스템

해설 인간-기계 통합체계의 유형은 수동 시스템, 기계화 시스템, 자동화 시스템의 3가지로 분류한다.

정답 1. ③ 2. ④ 3. ④ 4. ④ 5. ③

6. 조종-반응 비율(Control-Response ratio)에 대한 설명으로 옳은 것은?

① 조종-반응 비율이 낮을수록 둔감하다.
② 조종-반응 비율이 높을수록 조정시간은 증가한다.
③ 표시장치의 이동거리를 조종장치의 이동거리로 나눈 비율을 말한다.
④ 회전 꼭지(knob)의 경우 조종-반응 비율은 손잡이 1회전에 해당하는 표시장치 이동거리의 역수이다.

해설 C/R 비율
① 조종-반응 비율이 낮을수록 민감하다.
② 조종-반응 비율이 높을수록 조정시간은 감소한다.
③ 조종장치의 이동거리를 표시장치의 이동거리로 나눈 비율을 말한다.

7. 비행기에서 20m 떨어진 거리에서 측정한 엔진의 소음수준이 130dB(A)였다면 100m 떨어진 위치에서의 소음수준은 약 얼마인가?

① 113.5dB(A)   ② 116.0dB(A)
③ 121.8dB(A)   ④ 130.0dB(A)

해설 음의 강도(dB)

$$dB_2 = dB_1 - 20\log\frac{d_2}{d_1}$$
$$= 130 - 20\log\frac{100}{20} = 116.0\,dB(A)$$

여기서, d_1 떨어진 곳의 소음 : dB_1
d_2 떨어진 곳의 소음 : dB_2

8. 인간공학에 관한 내용으로 옳지 않은 것은?

① 인간의 특성 및 한계를 고려한다.
② 인간을 기계와 작업에 맞추는 학문이다.
③ 인간활동의 최적화를 연구하는 학문이다.
④ 편리성, 안정성, 효율성을 제고하는 학문이다.

해설 ② 기계를 인간의 특성에 맞추는 학문이다.

참고 인간공학의 정의 : 인간의 특성과 한계 능력을 공학적으로 분석·평가·연구하여, 이를 복잡한 체계의 설계에 응용함으로써 효율을 극대화하는 학문 분야이다.

9. 정량적 표시장치(Quantitative display)에 대한 설명으로 옳지 않은 것은?

① 시력이 나쁜 사람이나 조명이 낮은 환경에서 계기를 사용할 때는 눈금단위 길이를 크게 하는 편이 좋다.
② 기계식 표시장치는 원형, 수평형, 수직형 등의 아날로그 표시장치와 디지털 표시장치로 구분된다.
③ 아날로그 표시장치의 눈금단위 길이는 정상 가시거리를 기준으로 정상 조명환경에서는 1.3mm 이상이 권장된다.
④ 아날로그 표시장치는 눈금이 고정되고 지침이 움직이는 동목형과 지침이 고정되고 눈금이 움직이는 동침형으로 구분된다.

해설 정량적 표시장치
- 동목형 : 지침이 고정되고 눈금이 움직이는 표시장치
- 동침형 : 눈금이 고정되고 지침이 움직이는 표시장치
- 계수형 : 숫자로 표시되는 표시장치

10. 연구 자료의 통계적 분석에 대한 설명으로 옳지 않은 것은?

① 최빈값은 자료의 중심 경향을 나타낸다.
② 분산은 자료의 퍼짐 정도를 나타내 주는 척도이다.
③ 상관계수값 +1은 두 변수가 부의 상관관계임을 나타낸다.

정답 6. ④ 7. ② 8. ② 9. ④ 10. ③

④ 통계적 유의수준 5%는 100번 중 5번 정도는 판단을 잘못하는 확률을 뜻한다.

해설 ③ 상관계수값 +1은 두 변수가 양(정)의 상관관계임을 나타낸다.

참고 산포도와 상관계수 사이의 관계
- $-1 < r < 0$: 음(부)의 상관관계
- $0 < r < +1$: 양(정)의 상관관계
- $r = +1$: 완전한 양의 상관관계
- $r = -1$: 완전한 음의 상관관계

11. 기준(표준)자극 100에 대한 최소변화 감지역(JND)이 5라면 Weber비는 얼마인가?

① 0.02 ② 0.05
③ 20   ④ 50

해설 베버의 비
$$= \frac{\text{변화 감지역}}{\text{기준자극의 크기}} = \frac{5}{100} = 0.05$$

12. 다음 중 반응시간이 가장 빠른 감각은?

① 청각 ② 미각
③ 시각 ④ 후각

해설 감각기능의 반응시간
청각(0.17초) > 촉각(0.18초) > 시각(0.20초) > 미각(0.29초) > 통각(0.7초)

13. 연구조사에서 사용되는 기준척도의 요건에 대한 설명으로 옳은 것은?

① 타당성 : 반복 실험 시 재현성이 있어야 한다.
② 민감도 : 동일단위로 환산 가능한 척도여야 한다.
③ 신뢰성 : 기준이 의도한 목적에 부합해야 한다.
④ 무오염성 : 기준 척도는 측정하고자 하는 변수 이외에 다른 변수의 영향을 받아서는 안 된다.

해설 인간공학 연구조사 시 구비조건
- 적절성(타당성) : 기준이 의도한 목적에 적합해야 한다.
- 신뢰성 : 반복시험 시 재현성이 있어야 한다.
- 민감도 : 피실험자 사이에서 볼 수 있는 예상 차이점에 비례하는 단위로 측정해야 한다.
- 무오염성 : 측정하고자 하는 변수 이외의 다른 변수에 영향을 받아서는 안 된다.

14. 제어 시스템에서 제어장치에 의해 피제어요소가 동작하지 않는 0점(null point) 주위의 제어동작 공간을 지칭하는 용어는?

① 백래시(back lash)
② 시공간(dead space)
③ 0점공간(null space)
④ 조정공간(adjustment space)

해설 시공간 : 조종장치를 움직여도 반응장치가 반응하지 않는 공간

15. 신호 및 정보 등의 경우 빛의 검출성에 따라 신호와 경보 효과가 달라진다. 빛의 검출성에 영향을 주는 인자가 아닌 것은?

① 색광   ② 배경광
③ 점멸속도   ④ 신호등 유리의 재질

해설 빛의 검출성에 영향을 주는 인자에는 색광, 배경광, 점멸속도, 광발산도, 노출 시간, 크기 등이 있다.

16. 인간공학적 설계에서 사용하는 양립성(compatibility)의 개념 중 인간이 사용한 코드와 기호가 얼마나 의미를 가진 것인지를 다루는 것은?

① 개념적 양립성 ② 공간적 양립성
③ 운동 양립성   ④ 양식 양립성

정답 11. ② 12. ① 13. ④ 14. ② 15. ④ 16. ①

해설 양립성의 종류
- 운동 양립성 : 사용자가 핸들을 오른쪽으로 움직이면 장치의 방향도 오른쪽으로 이동하는 것
- 공간 양립성 : 공간의 배치가 인간의 기대와 일치하는 것
- 개념 양립성 : 코드나 심벌의 의미가 인간의 개념과 일치하는 것
- 양식 양립성 : 자극의 제시 양식과 반응 양식이 일치하는 것

17. 정적 인체측정 자료를 동적 자료로 변환할 때 활용될 수 있는 크로머(Kroemer)의 경험 법칙에 대한 설명으로 틀린 것은?
① 키, 눈, 어깨, 엉덩이 등의 높이는 3% 정도 줄어든다.
② 팔꿈치 높이는 대개 변화가 없지만, 작업 중 5%까지 증가하는 경우가 있다.
③ 앉은 무릎 높이 또는 오금 높이는 굽 높은 구두를 신지 않는 한 변화가 없다.
④ 전방 및 측방 팔길이는 편안한 자세에서 30% 정도 늘어나고, 어깨와 몸통을 심하게 돌리면 20% 정도 감소한다.

해설 ④ 전방 및 측방 팔길이는 편안한 자세에서 30% 정도 감소하고, 어깨와 몸통을 심하게 돌리면 20% 정도 늘어난다.

18. 정량적 시각 표시장치의 기본 눈금선 수열로 가장 적당한 것은?
① 2, 4, 6, … ② 3, 6, 9, …
③ 8, 16, 24, … ④ 0, 10, 20, …

해설 기본 눈금선 수열은 0, 10, 20, …과 같이 10 단위로 구분된 눈금이 가장 사용하기 쉽다.

19. 청각의 특성 중 2개 음 사이의 진동수 차이가 얼마 이상이 되면 울림이 들리지 않고 각각 다른 2개의 음으로 들리는가?
① 5Hz ② 11Hz ③ 22Hz ④ 33Hz

해설 두 음 사이의 진동수 차이가 33Hz 이상이면 각각 다른 두 음으로 들리고, 33Hz 이하이면 하나의 음처럼 들린다.

20. 광삼현상(irradiation)에 관한 설명으로 맞는 것은?
① 조도가 낮은 표시장치에서 많이 나타난다.
② 암조응이 필요한 경우에는 흰 바탕에 검은 글자가 바람직하다.
③ 검은 모양이 주위의 흰 배경으로 번져 보이는 현상을 말한다.
④ 검은 바탕에 흰 글자의 획폭은 흰 바탕의 검은 글자보다 가늘게 할 수 있다.

해설 광삼현상 : 검은 바탕에 흰 글자가 있는 경우, 글자가 번져 보이는 현상이다. 따라서 검은 바탕의 흰 글자 획폭은 흰 바탕의 검은 글자보다 가늘게 할 수 있다.

2과목　작업생리학

21. 음(音)에 관한 설명으로 옳은 것은?
① sone과 phon의 환산식을 나타내면 sone = $2^{(phon값-40)/10}$이다.
② 1000Hz 순음의 60dB 음의 세기 레벨의 음의 크기를 1sone이라 한다.
③ sone값이 2배로 증가하면 감각의 양은 4배로 증가한다.
④ 어떤 음의 음량 수준을 나타내는 phon값은 그 음과 같은 크기로 들리는 1000Hz 순음의 음압수준(dB)을 의미한다.

정답 17. ④　18. ④　19. ④　20. ④　21. ④

해설
- 1 sone : 1000 Hz 순음에서 음압수준 40 dB의 크기
- 1 phon : 1000 Hz 순음의 음압수준 1 dB의 크기

22. 다음 중 신체 부위를 움직이지 않고 고정된 물체에 힘을 가하는 상태의 근력을 의미하는 용어는?

① 등장성 근력(isotonic strength)
② 등척성 근력(isometric strength)
③ 등속성 근력(isokinetic strength)
④ 등관성 근력(isoinertial strength)

해설
- 등척성 근력 : 신체 부위를 움직이지 않고 고정된 물체에 힘을 가하는 상태의 근력
- 등척성 운동 : 근육이 수축하는 과정에서 근육의 길이와 관절 각도가 변하지 않는 운동

23. 신체의 작업부하에 대하여 작업자들이 주관적으로 지각한 신체적 노력의 정도를 6~20의 값으로 평가하는 척도는?

① 부정맥지수
② 점멸융합주파수(VFF)
③ 운동자각도(Borg's RPE)
④ 최대 산소소비능력(MAP)

해설 운동자각도는 작업자가 주관적으로 느끼는 신체적 노력의 정도를 6~20 사이의 척도로 평가하는 방법이다.

24. 어떤 작업자가 팔꿈치 관절에서부터 30cm 거리에 있는 10kg 중량의 물체를 한 손으로 잡고 있다. 팔꿈치 관절의 회전 중심에서 손까지의 중력 중심 거리는 14cm이며, 이 부분의 중량은 1.3kg이다. 이때 팔꿈치에 걸리는 반작용(R_E)의 힘은?

① 98.2N ② 105.5N
③ 110.7N ④ 114.9N

해설 중량(W) = $m \cdot g$
여기서 m : 질량, g : 중력가속도
- $W_1 = 10\,kg \times 9.8\,m/s^2 = 98\,N$
- $W_2 = 1.3\,kg \times 9.8\,m/s^2 = 12.74\,N$
팔꿈치에 걸리는 반작용 힘(R_E)
= $W_1 + W_2$ = 98 + 12.74 ≒ 110.7N

25. 200 cd인 점광원으로부터의 거리가 2m 떨어진 곳에서의 조도는 몇 럭스인가?

① 50 ② 100
③ 200 ④ 400

해설 조도 = $\dfrac{광도}{거리^2}$ = $\dfrac{200}{4^2}$ = 50 lx

26. 근육피로의 1차적 원인으로 옳은 것은?

① 젖산 축적   ② 글리코겐 축적
③ 미오신 축적 ④ 피루브산 축적

해설 운동이 격렬해지면 젖산이 빠르게 생성되고, 제거 속도가 이를 따라가지 못하면 근육에 축적되어 피로를 느끼게 된다.

참고 젖산은 주로 무산소 운동 시 생성된다.

27. 시소 위에 올려놓은 물체 A와 B는 평형을 이루고 있다. 물체 A는 시소 중심에서 1.2m 떨어져 있고 무게는 35kg, 물체 B는 A와 반대 방향으로 중심에서 1.5m 떨어져 있다고 가정했을 때 물체 B의 무게는 몇 kg인가?

① 19 ② 28
③ 35 ④ 42

해설 물체 A와 B는 평형이므로
$W_A \times d_A = W_B \times d_B$
$35 \times 1.2 = x \times 1.5$
$\therefore x = \dfrac{35 \times 1.2}{1.5} = 28\,kg$

정답 22. ② 23. ③ 24. ③ 25. ① 26. ① 27. ②

28. 교대작업 설계 시 주의할 사항으로 거리가 먼 것은?

① 교대주기는 3~4개월 단위로 적용한다.
② 가능한 한 고령의 작업자는 교대작업에서 제외한다.
③ 교대 순서는 주간 → 저녁 → 야간의 순으로 한다.
④ 작업자가 예측할 수 있는 단순한 교대작업 계획을 수립한다.

해설 교대주기는 짧을수록 작업자 피로 누적을 줄일 수 있어 바람직하다.

29. 근력과 지구력에 관한 설명으로 옳지 않은 것은?

① 근력에 영향을 미치는 대표적 개인적 인자로는 성(姓)과 연령이 있다.
② 정적 조건에서의 근력이란 자의적 노력에 의해 등척적으로 낼 수 있는 최대 힘이다.
③ 근육이 발휘할 수 있는 최대 근력의 약 50%의 힘으로 상당히 오래 유지할 수 있다.
④ 동적 근력은 측정이 어려우며, 이는 가속과 관절 각도의 변화가 힘의 발휘와 측정에 영향을 주기 때문이다.

해설 ③ 근육이 발휘할 수 있는 최대 근력의 약 15%의 힘으로 상당히 오래 유지할 수 있다.

참고 지구력은 근육이 발휘할 수 있는 최대 근력의 50% 수준에서는 약 1분 정도, 100% 수준에서는 30초 이내만 유지할 수 있다.

30. 관절의 움직임 중 모음(내전, adduction)을 설명한 것으로 옳은 것은?

① 정중면 가까이로 끌어 들이는 운동이다.
② 신체를 원형 또는 원추형으로 돌리는 운동이다.
③ 굽혀진 상태를 해부학적 자세로 되돌리는 운동이다.
④ 뼈의 긴 축을 중심으로 제자리에서 돌아가는 운동이다.

해설 내전(모으기) : 팔, 다리가 밖에서 몸 중심선으로 향하는 이동

31. 신경계 중 반사(reflex)와 통합(integration)의 기능적 특징을 갖는 것은?

① 중추신경계
② 운동신경계
③ 교감신경계
④ 감각신경계

해설 중추신경계 : 뇌와 척수로 이루어져 신체 각 부위의 기능을 통솔하고 자극을 전달·처리하는 역할을 한다. 또한 자극에 대한 반사를 일으키고, 여러 반응을 조합·조정하여 목적을 달성하게 하는 통합 기능을 가진다.

32. 힘에 대한 설명으로 틀린 것은?

① 힘은 벡터량이다.
② 힘의 단위는 N이다.
③ 힘은 질량에 비례한다.
④ 힘은 속도에 비례한다.

해설 ④ 힘은 가속도에 비례한다.

참고 힘$(F) = ma$
여기서, m : 질량, a : 가속도

33. 은폐(masking) 현상에 관한 설명으로 옳은 것은?

① 일정한 강도 및 진동수 이상의 소음에 노출되었을 때 점차 청각 기능을 잃게 되는 현상이다.
② 음의 한 성분이 다른 성분에 대한 귀의 감수성을 감소시키는 상황이다.
③ 동일한 소음을 내는 설비 2대가 동시에 가동될 때 소음 수준이 3dB 정도 증가하는 현상이다.
④ 소음 수준이 같은 3가지 음이 합쳐졌을 때 음의 강도가 일정하게 증가되는 현상이다.

정답 28. ① 29. ③ 30. ① 31. ① 32. ④ 33. ②

해설 차폐(은폐) 현상 : 높은음과 낮은음이 공존할 때 낮은음이 강한 음에 가로막혀 감도가 감소되는 현상

34. 근육의 수축원리에 관한 설명으로 옳지 않은 것은?

① 근섬유가 수축하면 I대와 H대가 짧아진다.
② 액틴과 미오신 필라멘트의 길이는 변하지 않는다.
③ 최대 수축했을 때 Z선이 A대에 맞닿는다.
④ 근육 전체가 내는 힘은 비활성화된 근섬유 수에 의해 결정된다.

해설 ④ 근육 전체가 내는 힘은 활성화된 근섬유 수에 의해 결정된다.

35. 사업장에서 발생하는 소음의 노출기준을 정할 때 고려해야 할 결정요인과 가장 거리가 먼 것은?

① 소음의 크기
② 소음의 높낮이
③ 소음의 지속시간
④ 소음 발생체의 물리적 특성

해설 소음의 노출기준
- 소음의 크기
- 소음의 높낮이
- 소음의 지속시간
- 소음작업의 근속연수
- 소음작업의 개인적인 감수성

36. 어떤 작업자의 5분 작업에 대한 전체 심박수는 400회, 일박출량은 65mL/회로 측정되었다면 이 작업자의 분당 심박출량(L/min)은 얼마인가?

① 4.5L/min
② 4.8L/min
③ 5.0L/min
④ 5.2L/min

해설 분당 심박출량

- 분당 박출량 $= \dfrac{65\,\text{mL/회}}{1000} = 0.065\,\text{L/회}$
- 분당 심박수 $= 400\text{회}/5\text{분} = 80\text{회}/\text{분}$
- $\therefore$ 심박출량 $=$ 일박출량 $\times$ 심박수
  $= 0.065 \times 80 = 5.2\,\text{L/min}$

37. RMR(Relative Metabolic Rate)의 값이 1.8로 계산되었다면 작업강도의 수준은?

① 아주 가볍다(very light).
② 가볍다(light).
③ 보통이다(moderate).
④ 아주 무겁다(very heavy).

해설 작업강도의 에너지 대사율(RMR)

경작업	보통작업(中)	보통작업(重)	초중작업
0~2	2~4	4~7	7 이상

38. 생리적 스트레인(strain) 척도의 측정 단위에 대한 설명으로 옳은 것은?

① 1N이란 1kg의 질량에 1m/s²의 가속도가 생기게 하는 힘이다.
② 1J이란 1kg의 물체를 1m를 움직이는 데 필요한 에너지이다.
③ 1kcal란 물 1kg을 0℃에서 100℃까지 올리는 데 필요한 열이다.
④ 동력이란 단위시간당 일로, 단위는 dyne이 사용된다.

해설 ② 1J이란 1N의 힘으로 물체를 1m를 이동시키는 데 필요한 에너지이다.
③ 1kcal란 물 1kg을 0℃에서 1℃까지 올리는 데 필요한 열량이다.
④ 동력이란 단위시간당 일로, 단위는 W가 사용된다.

정답 34. ④ 35. ④ 36. ④ 37. ② 38. ①

39. 호흡계의 기본적인 기능과 가장 거리가 먼 것은?

① 가스교환 기능
② 산-염기조절 기능
③ 영양물질 운반 기능
④ 흡입된 이물질 제거 기능

해설 ③은 순환계(혈액)를 통해 이루어지는 기능이다.

40. 열교환의 4가지 방법이 아닌 것은?

① 복사(radiation)
② 대류(convection)
③ 증발(evaporation)
④ 대사(metabolism)

해설 열교환의 4가지 방법
- 증발
- 복사
- 전도
- 대류(공기의 유동)

참고 대사 : 음식물을 섭취하여 기계적인 일과 열로 전환하는 화학과정을 의미한다.

3과목   산업심리학 및 관계법규

41. 제조업자가 합리적인 대체설계를 채용하였더라면 피해나 위험을 줄이거나 피할 수 있었음에도 대체설계를 채용하지 않아 해당 제조물이 안전하지 못하게 된 경우를 지칭하는 결함의 유형은?

① 제조상의 결함
② 지시상의 결함
③ 경고상의 결함
④ 설계상의 결함

해설 설계상의 결함 : 제품 자체에 내재한 결함으로, 설계 그 자체의 문제로 판정되는 경우이다.

참고 제조물책임법에서의 결함은 제조상의 결함, 설계상의 결함, 표시상의 결함이다.

42. R.House의 경로-목표이론(path-goal theory) 중 리더 행동에 따른 4가지 범주에 해당하지 않는 것은?

① 방임적 리더
② 지시적 리더
③ 후원적 리더
④ 참여적 리더

해설 리더의 행동유형 4가지
- 지시적 리더
- 후원(지원)적 리더
- 참여적 리더
- 성취지향적 리더

43. 미국 국립산업안전보건연구원(NIOSH)에서 제안한 직무 스트레스 요인에 해당하지 않는 것은?

① 성능요인
② 환경요인
③ 작업요인
④ 조직요인

해설 직무 스트레스의 요인
- 작업요인 : 작업부하, 교대근무 등
- 조직요인 : 갈등, 역할요구, 관리유형 등
- 환경요인 : 소음, 한랭, 환기불량, 조명 등

44. 집단 간 갈등원인과 이에 대한 대책으로 틀린 것은?

① 영역 모호성 : 역할과 책임을 분명히 한다.
② 자원 부족 : 계열사나 자회사로의 전직기회를 확대한다.
③ 불균형 상태 : 승진에 대한 동기를 부여하기 위해 직급 간 처우에 차이를 크게 둔다.
④ 작업 유동의 상호의존성 : 부서 간의 협조, 정보교환, 동조, 협력체계를 견고하게 구축한다.

해설 직급 간 처우에 큰 차이를 두면 불균형 상태가 해소되지 않는다.

참고 집단 간 갈등의 원인 : 역할의 모호성, 자원 부족, 승진·동기부여 문제, 집단 간 목표 차이, 견해와 행동 경향 차이 등

정답 39. ③ 40. ④ 41. ④ 42. ① 43. ① 44. ③

45. 개인의 성격을 건강과 관련시켜 연구하는 성격유형에 있어 B형 성격 소유자의 특성과 가장 관련이 깊은 것은?

① 수치계산에 민감하다.
② 공격적이며 경쟁적이다.
③ 문제의식을 느끼지 않는다.
④ 시간에 강박관념을 가진다.

해설 ① 수치계산에 느긋하다.
② 방어적이며 수동적이다.
④ 시간 관념이 없다.

참고 성격유형
- A형 : 능동적이고 공격적인 성향이며, 경쟁심이 강하고 자존감이 높으며 유능하다.
- B형 : 수동적이고 방어적인 성향이며 성격이 좋고 느긋하다.
- C형 : 착하며 감정을 억누르고 예스맨인 경우가 많다.
- D형 : 자아는 강하지만 부정적인 감정이 많고 친구가 적다.

46. 재해의 발생원인 중 직접원인(1차원인)에 해당하는 것은?

① 기술적 원인
② 교육적 원인
③ 관리적 원인
④ 물적 원인

해설
- 직접원인 : 인적 원인(불안전한 행동), 물적 원인(불안전한 상태)
- 간접원인 : 기술적 원인, 교육적 원인, 관리적 원인, 신체적 원인, 정신적 원인

47. 상해의 종류에 해당하지 않는 것은?

① 협착
② 골절
③ 부종
④ 중독·질식

해설 골절, 부종, 중독, 질식은 상해의 종류이며, 협착은 재해의 발생형태이다.

참고 상해(외적 상해) 종류 : 골절, 동상, 부종, 자상, 타박상, 절단, 중독, 질식, 찰과상, 창상, 화상 등

48. 재해 원인을 불안전한 행동과 불안전한 상태로 구분할 때, 불안전한 상태에 해당하는 것은?

① 규칙의 무시
② 안전장치의 결함
③ 보호구 미착용
④ 불안전한 조작

해설 불안전한 상태
- 안전장치의 결함
- 방호조치의 결함
- 보호구의 결함
- 작업환경의 결함
- 숙련도 부족

참고 불안전한 행동
- 규칙의 무시
- 보호구 미착용
- 불안전한 조작
- 안전장치 제거

49. 작업 후 가스밸브를 잠그는 것을 잊었다. 이로 인해 사고가 발생할 뻔했으나 안전밸브장치에 의해 가스가 자동으로 차단되었다. 이 경우 작업자가 범한 휴먼에러의 종류와 안전밸브장치에 적용된 안전설계의 원칙을 바르게 나열한 것은?

① omission error와 interlock 설계원칙
② omission error와 fail-safe 설계원칙
③ commission error와 Interlock 설계원칙
④ commission error와 fail-safe 설계원칙

해설
- omission error(누락 오류) : 해야 할 행동(밸브 잠금)을 수행하지 않은 경우
- fail-safe 설계원칙 : 작업자가 오류를 범하더라도 안전이 유지되도록 하는 설계

참고
- commission error(작위 오류) : 하지 않아야 할 행동을 한 경우
- fool-proof 설계원칙 : 작업자가 잘못 조작하더라도 오류가 없도록 설계하는 원칙

50. 작업자의 휴먼에러 발생 확률은 매시간 0.05로 일정하고 다른 작업과 독립적으로 실수를 한다고 가정할 때, 8시간 동안 에러의 발생 없이 작업을 수행할 신뢰도는?

① 0.60 ② 0.67
③ 0.86 ④ 0.95

해설 신뢰도 $R(t)$
$= e^{-\lambda t} = e^{-0.05 \times 8} \approx 0.67$
여기서, λ : 고장률
  t : 고장 없이 사용할 시간

51. Herzberg의 2요인론(동기-위생이론)을 Maslow의 욕구단계설과 비교했을 때, 동기요인과 거리가 먼 것은?

① 존경 욕구 ② 안전 욕구
③ 사회적 욕구 ④ 자아실현 욕구

해설 • 동기요인 : 성취감, 책임감, 안정감, 도전감, 발전과 성장
• 위생요인 : 정책 및 관리, 개인 간의 관계, 감독, 임금 및 지위, 작업조건, 안전

52. 작업자 한 사람의 성능 신뢰도가 0.95일 때, 요원을 중복하여 2인 1조로 작업을 할 경우 이 조의 인간신뢰도는 얼마인가? (단, 작업 중에는 항상 요원이 지원되며, 두 작업자의 신뢰도는 동일하다고 가정한다.)

① 0.9025 ② 0.9500
③ 0.9975 ④ 1.0000

해설 인간신뢰도(R_s)
$= 1 - (1-R_1)(1-R_2)$
$= 1 - (1-0.95)(1-0.95) = 0.9975$

53. 맥그리거(McGregor)의 X-Y이론 중 Y이론에 대한 관리처방으로 볼 수 없는 것은?

① 분권화와 권한의 위임
② 비공식적 조직의 활용
③ 경제적 보상체계의 강화
④ 자체 평가제도의 활성화

해설 맥그리거(Mcgregor)의 X, Y이론

X이론	Y이론
인간 불신감	상호 신뢰감
성악설	성선설
인간은 원래 게으르고 태만하여 남의 지배를 받기를 즐김	인간은 부지런하고 근면·적극적이며 자주적임
물질 욕구 (저차원 욕구)	정신 욕구 (고차원 욕구)
명령, 통제에 의한 관리	자기통제에 의한 관리
저개발국형	선진국형
권위주의적(수직적) 리더십	민주적(수평적) 리더십
경제적 보상체제의 강화	분권화와 권한의 위임
금전적 보상	정신적 보상
직무의 단순화	직무의 정교화

54. 리더십 이론 중 특성이론에 기초하여 성공적인 리더의 특성에 대한 기술로 틀린 것은?

① 강한 출세욕구를 지닌다.
② 미래보다는 현실지향적이다.
③ 부모로부터 정서적 독립을 원한다.
④ 상사에 대한 강한 동일 의식과 부하직원에 대한 관심이 많다.

해설 상사에 대한 강한 동일 의식은 성공적인 리더의 특성에 해당되지 않는다.

55. 리더십 이론 중 관리그리드 이론에서 인간관계에 대한 관심이 낮은 유형은?

① 타협형 ② 인기형
③ 이상형 ④ 무관심형

해설 관리그리드 이론

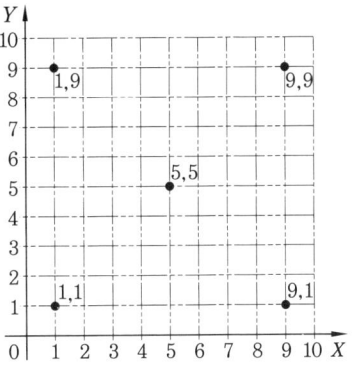

- (1, 1)형 : 무관심형 • (1, 9)형 : 인기형
- (9, 1)형 : 과업형 • (5, 5)형 : 타협형
- (9, 9)형 : 이상형

여기서, X축 : 과업에 대한 관심
　　　　Y축 : 인간관계에 대한 관심

56. FTA(Fault Tree Analysis)에 관한 설명으로 옳은 것은?

① 연역적이며 톱다운 접근방식이다.
② 귀납적이며 위험 그 자체와 영향을 강조하고 있다.
③ 시스템 구상에 있어 가장 먼저 하는 분석으로 위험요소가 어떤 상태에 있는지를 정성적으로 평가하는 데 적합하다.
④ 한 사건에 대해 실패와 성공으로 분개하고, 동일한 방법으로 분개된 각 가지에 대해 실패 또는 성공의 확률을 구하는 것이다.

해설 결함수 분석법(FTA)의 특징
- top down 형식(연역적)
- 정량적 해석 기법(해석 가능)
- 논리기호를 사용하여 특정 사상에 대한 해석
- 서식이 간단하고 비교적 적은 노력으로 분석 가능
- 논리성의 부족, 2가지 이상의 요소가 고장 날 경우 분석이 곤란하며, 요소가 물체로 한정되어 인적 원인 분석이 어렵다.

57. 산업재해방지를 위한 대책으로 적절하지 않은 것은?

① 산업재해 감소를 위해 안전관리체계를 자율화하고 안전관리자의 직무권한을 최소화해야 한다.
② 재해와 원인 사이에는 인과관계가 있으므로 재해의 원인분석을 통한 방지대책이 필요하다.
③ 재해방지를 위해서는 손실유무와 관계없는 아차사고(near accident)를 예방하는 것이 중요하다.
④ 불안전한 행동의 방지를 위해서는 심리적 대책과 공학적 대책이 동시에 필요하다.

해설 ① 산업재해 감소를 위해 안전관리체계를 강화하고 안전관리자의 직무권한을 확대해야 한다.

58. 사고의 특성에 해당되지 않는 사항은?

① 사고의 시간성
② 사고의 재현성
③ 우연성 중의 법칙성
④ 필연성 중의 우연성

해설 재현성은 사물이나 현상이 다시 나타날 수 있는 성질을 의미한다. 사고는 동일 조건에서 재현이 불가능하므로 재현성은 사고의 특성이 아니다.

59. 일반적으로 카페인이 포함된 음료를 마신 후 효과가 나타나는 시간은?

① 즉시
② 10분
③ 30분
④ 60분

해설 카페인이 포함된 음료를 마신 후 약 30분이 지나면 효과가 나타난다.

정답 56. ① 57. ① 58. ② 59. ③

60. 다음 재해 사례에서 재해의 원인 분석 및 대책으로 적절하지 않은 것은?

> ○○유리(주) 옥외작업장에서 강화유리 출하를 위해 지게차로 운반전용 팔렛트에 싣고, 작업자 2명이 지게차 포트 양쪽에 타고 강화유리가 넘어지지 않도록 붙잡고 가던 중, 포크 진동으로 강화유리가 전도되면서 지게차 백레스트와 유리 사이에 끼여 1명이 사망하고 1명이 부상을 당하였다.

① 불안전한 행동 : 지게차 승차석 외의 탑승
② 예방대책 : 중량물 이동 시 안전조치교육
③ 재해유형 : 협착
④ 기인물 : 강화유리

해설 • 기인물 : 지게차
• 가해물 : 강화유리, 지게차 백레스트

4과목 근골격계질환 예방을 위한 작업관리

61. 작업개선에 따른 대안을 도출하기 위한 사항과 가장 거리가 먼 것은?

① 다른 사람에게 열심히 탐문한다.
② 유사 문제로부터 아이디어를 얻도록 한다.
③ 현재의 작업방법을 완전히 잊어버리도록 한다.
④ 대안 탐색 시 양보다 질에 우선순위를 둔다.

해설 ④ 대안 탐색 시 질보다 양에 우선순위를 둔다.

참고 브레인스토밍의 4원칙
• 비판금지 : 좋다, 나쁘다 등의 비판은 하지 않는다.
• 자유분방 : 자유롭게 발언한다.
• 대량발언 : 무엇이든 좋으니 많이 발언한다.
• 수정발언 : 타인의 생각에 동참하거나 보충 발언해도 좋다.

62. NIOSH lifting equation 평가에서 권장무게한계가 20kg, 현재 작업물의 무게가 23kg일 때, 들기 지수의 값과 그 평가가 옳은 것은?

① 0.87, 요통의 발생위험이 높다.
② 0.87, 작업을 재설계할 필요가 있다.
③ 1.15, 요통의 발생위험이 높다.
④ 1.15, 작업을 재설계할 필요가 없다.

해설 들기 지수(lifting index)
• $LI = \dfrac{작업물의\ 무게}{RWL(권장무게한계)}$
• LI가 1보다 크면 요통의 발생위험이 높다는 것을 나타낸다.

63. 작업관리에서 사용되는 한국산업표준 공정도시 기호와 명칭이 잘못 연결된 것은?

① ▽ – 이동
② ○ – 운반
③ □ – 수량 검사
④ ◇ – 품질 검사

해설 공정도에 사용되는 기호

가공	저장	정체	수량 검사	운반	품질 검사
○	▽	□	□	○/⇨	◇

64. 문제분석을 위한 기법 중 원과 직선을 이용하여 아이디어, 문제, 개념 등을 개괄적으로 빠르게 설정할 수 있도록 도와주는 연역적 추론 기법에 해당하는 것은?

① 공정도
② 마인드 매핑
③ 파레토 차트
④ 특성요인도

해설 마인드 매핑 : 원과 직선을 이용하여 아이디어, 문제, 개념 등을 핵심적으로 요약하는 연역적 추론 기법이다.

참고
- 공정도 : 작업이나 공정의 흐름을 기호와 선으로 도식화한 분석법
- 파레토도 : 사고 유형, 기인물 등 분류 항목을 발생빈도가 큰 순서대로 도표화한 분석법
- 특성요인도 : 재해와 그 요인의 관계를 어골상으로 세분화하여 나타내는 분석법

65. 간헐적으로 랜덤인 시점에 연구대상을 순간적으로 관측하여 관측기간 동안 나타난 항목별로 차지하는 비율을 추정하는 방법은?

① Work Factor법
② Work Sampling법
③ PTS(Predetermined Time Standards)법
④ MTM(Methods Time Measurement)법

해설 워크샘플링 : 간헐적으로 무작위 시점에서 연구대상을 순간적으로 관측하여 상황을 파악하고, 이를 바탕으로 관측시간 동안 항목별 비율을 추정하는 방법이다.

66. 근골격계질환 관련 위험작업에 대한 관리적 개선으로 볼 수 없는 것은?

① 작업의 다양성 제공
② 스트레칭 체조의 활성화
③ 작업도구나 설비의 개선
④ 작업일정 및 작업속도 조절

해설 ③은 공학적(기술적) 개선에 해당한다.

참고 관리적 개선
- 작업의 다양성 제공
- 스트레칭 체조의 활성화
- 작업일정 및 작업속도 조절
- 작업자 적정배치
- 작업공간의 주기적 청소 및 유지보수

67. 근골격계질환의 예방에서 단기적 관리방안으로 볼 수 없는 것은?

① 안전한 작업방법의 교육
② 작업자에 대한 휴식시간의 배려
③ 근골격계질환 예방관리 프로그램의 도입
④ 휴게실, 운동시설, 기타 관리시설의 확충

해설 ③은 장기적 관리방안에 해당한다.

참고 스트레스를 해소하는 방법 : 숙면 취하기, 건강한 식단, 하루 계획하기, 규칙적인 휴식시간, 깊은 심호흡, 가벼운 운동, 방해요소 최소화, 힐링 언어 및 장소, 상황 관리하기, 동료들의 도움받기 등

68. 비효율적인 서블릭(Therblig)에 해당하는 것은?

① 계획(Pn)   ② 조립(A)
③ 사용(U)   ④ 쥐기(G)

해설 서블릭 문자기호
㉠ 효율적 서블릭
- 쥐기(G)   · 빈손 이동(TE)
- 운반(TL)   · 내려놓기(RL)
- 사용(U)   · 미리 놓기(PP)
- 조립(A)   · 분해(DA)

㉡ 비효율적 서블릭
- 계획(Pn)   · 고르기(St)
- 찾기(Sh)   · 검사(I)
- 휴식(R)   · 잡고 있기(H)

69. 근골격계 부담작업 유해요인조사와 관련하여 틀린 것은?

① 사업주는 유해요인조사에 근로자 대표 또는 해당 작업 근로자를 참여시킨다.
② 유해요인조사 내용은 작업장 상황, 작업조건, 근골격계질환 증상 및 징후를 포함한다.
③ 신설 사업장의 경우에는 신설일로부터 2년 이내에 최초 유해요인조사를 실시한다.

정답 65. ② 66. ③ 67. ③ 68. ① 69. ③

④ 유해요인조사는 3년마다 실시되는 정기적 조사와 특정한 사유 발생 시 실시하는 수시 조사가 있다.

해설 ③ 신설 사업장의 경우 신설일로부터 1년 이내에 최초 유해요인조사를 실시한다.

70. 평균관측시간이 0.8분, 레이팅 계수가 120%, 정미시간에 대한 작업 여유율이 15%일 때 표준시간은 약 얼마인가?

① 0.78분
② 0.88분
③ 1.104분
④ 1.264분

해설 표준시간(ST)
= (평균관측시간 × 레이팅계수) × (1 + 여유율)
= $\left(0.8 \times \dfrac{120}{100}\right) \times (1+0.15) = 1.104$분

71. 유해요인의 공학적 개선사례로 볼 수 없는 것은?

① 로봇을 도입하여 수작업을 자동화하였다.
② 중량물 작업개선을 위해 호이스트를 도입하였다.
③ 작업량 조정을 위해 컨베이어 속도를 재설정하였다.
④ 작업피로 감소를 위해 바닥을 부드러운 재질로 교체하였다.

해설 컨베이어 속도 재설정은 관리적 개선에 해당한다.

참고 공학적 개선 : 공구, 장비, 설비, 작업장, 포장, 부품, 재설계, 교체 등

72. 작업개선의 ECRS 기본원칙과 가장 거리가 먼 것은?

① 작업방법을 바꾸거나 변경한다.
② 다른 작업이나 작업요소를 결합한다.
③ 불필요한 작업이나 작업요소를 제거한다.
④ 작업과 작업요소를 단순화 및 간소화한다.

해설 작업개선 원칙(ECRS)
• 제거(Eliminate) : 생략과 배제의 원칙
• 결합(Combine) : 결합과 분리의 원칙
• 재조정(Rearrange) : 재배열의 원칙
• 단순화(Simplify) : 단순화의 원칙

73. 자세에 관한 수공구의 개선사항으로 옳지 않은 것은?

① 손목을 곧게 펴서 사용하도록 한다.
② 반복적인 손가락 동작을 방지하도록 한다.
③ 지속적인 정적근육 부하를 방지하도록 한다.
④ 정확성이 요구되는 작업은 파워그립을 사용하도록 한다.

해설 파워그립(power grip)은 정확성이 아니라 힘이 요구되는 작업에 적합하다.

74. 팔꿈치 부위에 발생하는 근골격계질환의 유형은?

① 결절종(ganglion)
② 방아쇠 손가락(trigger finger)
③ 외상 과염(lateral epicondylitis)
④ 수근관 증후군(carpal tunnel syndrome)

해설 팔꿈치 부위에 발생하는 근골격계질환에는 외상 과염과 회내근 증후군이 있다.

참고 ①, ②, ④ 손목에 발생하는 질환

75. 근골격계질환의 위험을 평가하기 위해 유해요인 평가도구 중 하나인 RULA(Rapid Upper Limb Assessment)를 적용하여 작업을 평가한 결과, 최종 점수가 4점으로 평가되었다면 결과에 대한 해석으로 옳은 것은?

① 수용 가능한 안전한 작업으로 평가됨
② 계속적인 추적관찰을 요하는 작업으로 평가됨

정답 70. ③ 71. ③ 72. ① 73. ④ 74. ③ 75. ②

③ 빠른 작업개선과 작업위험요인의 분석이 요구됨
④ 즉각적인 개선과 작업위험요인의 정밀조사가 요구됨

해설 RULA 조치단계 결정
- 조치수준1(1~2점) : 수용 가능한 작업이다.
- 조치수준2(3~4점) : 계속적인 추적관찰이 요구된다.
- 조치수준3(5~6점) : 빠른 작업개선과 작업위험요인의 분석이 요구된다.
- 조치수준4(7점 이상) : 정밀조사와 즉각적인 개선이 요구된다.

76. 요소작업이 여러 개인 경우의 관측횟수를 결정하고자 한다. 표본의 표준편차는 0.6이고, 신뢰도 계수가 2인 추정의 오차범위 ±5%를 만족시키는 관측횟수(N)는 모두 몇 번인가?

① 24번
② 66번
③ 144번
④ 576번

해설 관측횟수(N)
$$= \left(\frac{t \cdot s}{e}\right)^2 = \left(\frac{2 \times 0.6}{0.05}\right)^2 = 576$$

77. 작업분석의 활용 및 적용에 관한 사항 중 틀린 것은?

① 조업 정지로 인한 손실이 큰 작업부터 대상으로 한다.
② 주기 기간이 짧은 작업의 동작분석은 서블릭 분석법을 이용한다.
③ 사람의 동작이 많은 작업을 개선하려는 경우에 적용하는 것이 바람직하다.
④ 반복작업이 많은 경우에는 미세한 동작개선을 중심으로 한다.

해설 ② 주기 기간이 긴 작업의 동작분석은 서블릭 분석법을 이용한다.

78. MTM(Method Time Measurement)법에서 사용되는 기호와 동작이 맞는 것은?

① P : 누름
② M : 회전
③ R : 손뻗침
④ AP : 잡음

해설
- P(Position) : 정지
- AP(Apply Pressure) : 누름
- M(Move) : 운반
- T(Turn) : 회전
- G(Grasp) : 잡음

79. 근골격계 유해요인 기본조사에 대한 설명으로 틀린 것은?

① 유해요인 기본조사의 내용은 작업장 상황 및 작업조건 조사로 구성된다.
② 작업조건 조사항목으로는 반복성, 과도한 힘, 접촉 스트레스, 부자연스러운 자세, 진동 등의 내용을 포함한다.
③ 유해도 평가는 기본조사 총점이 높거나 근골격계질환 증상 호소율이 다른 부서보다 높을 때 유해도가 높다고 할 수 있다.
④ 사업장 내 근골격계 부담작업은 샘플링 조사를 원칙으로 한다.

해설 ④ 사업장 내 근골격계 부담작업은 전수조사를 원칙으로 한다.

80. 근골격계질환의 요인에 있어 작업 관련 요인에 해당하는 것은?

① 매장 경력
② 작업 만족도
③ 휴식시간 부족
④ 작업의 자율적 조절

해설 ① 개인적 요인
②, ④ 사회심리적 요인

정답 76. ④ 77. ② 78. ③ 79. ④ 80. ③

2023년도(2회차) CBT 출제문제

1과목 　　인간공학개론

1. 검은 상자 안에 붉은 공, 검은 공, 흰 공이 있다. 각 공의 추출 확률은 붉은 공 0.25, 검은 공 0.125, 그리고 흰 공 0.50이다. 추출될 공의 색을 예측하는 데 필요한 평균정보량(bit)은 약 얼마인가?

① 0.875　　② 1.375
③ 1.5　　　④ 1.75

해설 평균정보량$(H_a) = \sum_{i=1}^{n} p_i \log_2 \left(\frac{1}{p_i}\right)$

$= 0.25 \times \log_2 \left(\frac{1}{0.25}\right) + 0.125 \times \log_2 \left(\frac{1}{0.125}\right)$

$+ 0.5 \times \log_2 \left(\frac{1}{0.5}\right) = 1.375 \text{ bit}$

2. 다음 중 정보이론과 관련된 내용으로 옳지 않은 것은?

① 정보의 측정 단위는 bit를 사용한다.
② 두 대안의 실현 확률이 동일할 때 총정보량이 가장 작다.
③ 실현 가능성이 같은 N개의 대안이 있을 때 총정보량 H는 $\log_2 N$이다.
④ 1bit란 실현 가능성이 같은 2개의 대안 중 결정에 필요한 정보량이다.

해설 ② 두 대안의 실현 확률의 차이가 커질수록 정보량은 줄어든다.

참고 실현 가능성이 동일한 대안 2가지 중 하나가 명시되었을 때 얻어지는 정보량은 1bit이다.

3. 시각의 기능에 대한 설명으로 틀린 것은?

① 밤에는 빨간색보다 초록색이나 파란색이 잘 보인다.
② 눈이 초점을 맞출 수 있는 가장 가까운 거리를 근점이라 한다.
③ 근시인 사람은 수정체가 얇아져 가까운 물체를 제대로 볼 수 없다.
④ 간상체나 원추체가 빛을 흡수하면 화학반응이 일어나 뇌로 전달된다.

해설 ③ 원시인 사람은 수정체가 얇아져 가까운 물체를 제대로 볼 수 없다.

4. 움직이는 몸의 동작을 측정한 인체치수를 무엇이라고 하는가?

① 조절 치수　　② 파악한계 치수
③ 구조적 인체치수　④ 기능적 인체치수

해설
• 구조적 인체치수(정적 치수) : 신체를 고정된 자세에서 측정한 치수
• 기능적 인체치수(동적 치수) : 신체의 기능 수행 시 움직임에 따라 측정한 치수

5. 인간의 기억체계에 대한 설명으로 옳지 않은 것은?

① 감각저장은 빠르게 사라지고 새로운 자극으로 대체된다.
② 단기기억을 장기기억으로 이전시키려면 리허설이 필요하다.
③ 인간의 기억은 감각저장, 단기기억, 장기기억으로 구분된다.
④ 단기기억의 정보는 일반적으로 시각, 음성, 촉각, 감각코드의 4가지로 코드화된다.

정답 1. ②　2. ②　3. ③　4. ④　5. ④

[해설] ④ 단기기억의 정보는 일반적으로 시각, 음성, 의미의 3가지로 코드화된다.

6. 제어-반응 비율(C/R ratio)에 관한 설명으로 틀린 것은?

① C/R비가 증가하면 제어시간도 증가한다.
② C/R비가 작으면(낮으면) 민감한 장치이다.
③ C/R비가 감소함에 따라 이동시간은 감소한다.
④ C/R비는 제어장치의 이동거리를 표시장치의 이동거리로 나눈 값이다.

[해설] ① C/R비가 증가하면 제어시간은 감소한다.

7. 외이와 중이의 경계가 되는 것은?

① 기저막   ② 고막
③ 정원창   ④ 난원창

[해설] 외이와 중이는 고막을 경계로 분리된다.

8. 사용성에 대한 설명으로 틀린 것은?

① 실험 평가로 사용성을 검증할 수 있다.
② 편리하게 제품을 사용하게 하는 원칙이다.
③ 비용 절감 위주로 인간의 행동을 관찰하고 시스템을 설계한다.
④ 학습성, 에러방지, 효율성, 만족도 등의 원칙이 있다.

[해설] 사용성은 비용 절감이 아니라, 인간이 생산적이고 안전하며 쾌적하고 효과적으로 제품과 시스템을 이용할 수 있도록 하는 것을 목적으로 한다.

9. 시각적 표시장치에 관한 설명이 옳은 것은?

① 정확한 수치를 필요로 할 때는 디지털 표시장치보다 아날로그 표시장치가 우수하다.
② 온도, 압력과 같이 연속적으로 변하는 변수의 변화경향, 변화율 등을 알고자 할 때는 정량적 표시장치를 사용하는 것이 좋다.
③ 정성적 표시장치는 동침형(moving pointer), 동목형(moving scale) 등의 형태로 구분할 수 있다.
④ 정량적 눈금을 식별하는 데 영향을 미치는 요소는 눈금 단위의 길이, 눈금 수열이 있다.

[해설] ① 정확한 수치를 필요로 할 때 아날로그 표시장치보다 디지털 표시장치가 우수하다.
② 온도, 압력과 같이 연속적으로 변하는 변수의 변화경향, 변화율 등을 알고자 할 때는 정성적 표시장치를 사용하는 것이 좋다.
③ 정량적 표시장치는 동침형, 동목형, 계수형으로 구분할 수 있다.

10. 시각적 표시장치와 청각적 표시장치 중 청각적 표시장치를 사용하는 것이 더 유리한 경우는?

① 수신장소가 너무 시끄러운 경우
② 직무상 수신자가 한곳에 머무르는 경우
③ 수신자의 청각 계통이 과부하 상태일 경우
④ 수신장소가 너무 밝거나 암조응이 요구될 경우

[해설] ①, ②, ③은 시각적 표시장치가 적합한 경우이다.

11. 인간의 신뢰도가 70%, 기계의 신뢰도가 90%이면 인간과 기계가 직렬체계로 작업할 때의 신뢰도는 몇 %인가?

① 30%   ② 54%
③ 63%   ④ 98%

[해설] 직렬시스템의 신뢰도(R_s)
$= R_1 \cdot R_2 = 0.7 \times 0.9 = 0.63 = 63\%$

정답 6. ① 7. ② 8. ③ 9. ④ 10. ④ 11. ③

12. 음 세기(sound intensity)에 관한 설명으로 옳은 것은?

① 음 세기의 단위는 Hz이다.
② 음 세기는 소리의 고저와 관련 있다.
③ 음 세기는 단위시간에 단위면적을 통과하는 음의 에너지를 말한다.
④ 음압수준 측정 시 주로 1000Hz 순음을 기준으로 음압을 사용한다.

해설 음의 세기는 단위면적을 통과하는 단위시간당 소리 에너지를 의미한다.

참고 단위 : W/m^2(W는 와트), dB(데시벨)

13. 시스템의 성능 평가척도로 옳은 설명은?

① 적절성 : 평가척도가 시스템의 목표를 잘 반영해야 한다.
② 신뢰성 : 측정하려는 변수 이외의 다른 변수들의 영향을 받지 않아야 한다.
③ 무오염성 : 비슷한 환경에서 평가를 반복할 경우 일정한 결과를 나타낸다.
④ 실제성 : 기대되는 차이에 적합한 단위로 측정할 수 있어야 한다.

해설 ② 신뢰성 : 반복시험 시 재현성이 있어야 한다.
③ 무오염성 : 측정하고자 하는 변수 이외의 다른 변수에 영향을 받아서는 안 된다.
④ 민감도 : 피실험자 사이에서 예상되는 차이점에 비례하는 단위로 측정해야 한다.

14. 시스템의 사용성 검증 시 고려되어야 할 변인이 아닌 것은?

① 경제성   ② 낮은 에러율
③ 효율성   ④ 기억 용이성

해설 사용성 검증 시 고려되어야 할 변인
• 학습 용이성   • 에러의 빈도
• 과제 수행시간   • 주관적 만족도
• 기억 용이성

15. 청각적 신호를 설계하는 데 고려되어야 하는 원리 중 검출성(detectability)에 대한 설명으로 옳은 것은?

① 사용자에게 필요한 정보만 제공한다.
② 동일한 신호는 항상 동일한 정보를 지정하도록 한다.
③ 사용자가 알고 있는 친숙한 신호의 차원과 코드를 선택한다.
④ 신호는 주어진 상황하에서 감지장치나 사람이 감지할 수 있어야 한다.

해설 검출성은 신호를 감지할 수 있는 능력에 초점을 맞추어야 한다.

16. 특정 사물들, 특히 표시장치(display)나 조종장치(control)에서 물리적 형태나 공간적인 배치의 양립성을 나타내는 것은?

① 양식(modality) 양립성
② 공간(spatial) 양립성
③ 운동(movement) 양립성
④ 개념적(conceptual) 양립성

해설 공간 양립성 : 공간의 배치가 인간의 기대와 일치하는 것으로, 조종장치와 표시장치의 위치나 배열이 직관에 맞아야 한다는 원리이다.

17. 청각을 이용한 경계 및 경보신호의 설계에 관한 내용으로 옳지 않은 것은?

① 500~3000Hz의 진동수를 사용한다.
② 장거리용으로는 1000Hz 이하의 진동수를 사용한다.
③ 신호가 칸막이를 통과해야 할 때는 500Hz 이상의 진동수를 사용한다.
④ 주의를 끌기 위해 초당 1~3번 오르내리는 변조된 신호를 사용한다.

해설 ③ 신호가 칸막이를 통과해야 할 때는 500Hz 이하의 진동수를 사용한다.

정답 12. ③   13. ①   14. ①   15. ④   16. ②   17. ③

18. 웹 네비게이션 설계 시 검토해야 할 인터페이스 요소로 가장 적절하지 않은 것은?

① 일관성이 있어야 한다.
② 쉽게 학습할 수 있어야 한다.
③ 전체적인 문맥을 이해하기 쉬워야 한다.
④ 시각적 이미지가 최대한 많이 제공되어야 한다.

해설 ④ 시각적 이미지가 많이 제공되면 인지 과정의 장애를 초래한다.

19. 인체치수 데이터가 개인에 따라 차이가 발생하는 요인과 가장 거리가 먼 것은?

① 나이   ② 성별
③ 인종   ④ 작업환경

해설 인체치수 차이는 나이, 성별, 인종 등 개인의 특성에 따라 달라지며, 작업환경은 직접적인 요인이 아니다.

20. 피험자 간 설계(between subject design)에 대한 설명 중 틀린 것은?

① 독립변인의 다른 수준들을 서로 다른 피험자 집단을 사용하여 평가하는 것을 뜻한다.
② 피험자 간 설계는 피험자 내 설계보다 실험조건들 사이의 통계적 유의미한 차이를 더 쉽고 더 민감하게 찾을 수 있다.
③ 자동차 운전 훈련에서 시뮬레이터를 사용하는 경우와 실제 자동차를 사용하는 경우 효과를 비교한다면 피험자간 설계가 필요하다.
④ 교통 혼잡 지역에서 휴대폰을 사용한 피험자 집단과 교통 원활 지역에서 휴대폰을 사용하는 다른 피험자 집단으로 구분하여 실험하는 것을 피험자간 설계라 한다.

해설 ② 피험자 내 설계는 피험자 간 설계보다 실험조건들 사이의 통계적 유의미한 차이를 더 쉽고 더 민감하게 찾을 수 있다.

2과목 작업생리학

21. 진동과 관련된 단위가 아닌 것은?

① nm   ② gal
③ cm/s   ④ sone

해설 ④는 소음 단위

22. 근력에 있어 등척력(isometric strength)에 대한 설명으로 가장 적절한 것은?

① 신체 부위가 동적인 상태에서 물체에 힘을 가하는 근력이다.
② 물체를 들어 올려 일정 시간 내에 일정 거리를 이동시킬 때 힘을 가하는 근력이다.
③ 물체를 들어 올릴 때처럼 팔이나 다리를 실제로 움직이는 근력이다.
④ 물체를 들고 있을 때처럼 신체 부위를 움직이지 않으면서 고정된 물체에 힘을 가하는 상태의 근력이다.

해설 등척성 근력 : 신체 부위를 움직이지 않고 고정된 물체에 힘을 가할 때 발휘되는 근력

23. 작업면에 균등한 조도를 얻기 위한 조명방식으로 공장 등에서 많이 사용되는 방식은?

① 국소조명   ② 전반조명
③ 직접조명   ④ 간접조명

해설 조명방식
- 직접조명 : 광원에서 나온 빛을 직접 비추는 방식이다.
- 간접조명 : 벽이나 천장에 반사시켜 부드럽게 비추는 방식
- 전반조명 : 조명기구를 균등하게 배치하여 균일한 조도를 얻는 방식
- 국소조명 : 빛이 필요한 곳만 밝게 비추는 방식

정답 18. ④ 19. ④ 20. ② 21. ④ 22. ④ 23. ②

24. 최대 산소소비능력(MAP)에 관한 설명으로 옳지 않은 것은?

① 산소섭취량이 일정하게 되는 수준이다.
② 최대 산소소비능력은 개인의 운동역량을 평가하는 데 활용된다.
③ 젊은 여성의 평균 MAP는 젊은 남성의 평균 MAP의 20~30% 정도이다.
④ MAP를 측정하기 위해 일반적으로 트레드밀(treadmill)이나 자건거 에르고미터(ergometer)를 활용한다.

해설 ③ 젊은 여성의 평균 MAP는 젊은 남성의 평균 MAP의 70~85% 정도이다.

25. 조명에 관한 용어의 설명으로 옳지 않은 것은?

① 조도는 광도에 비례하고, 광원으로부터의 거리의 제곱에 반비례한다.
② 휘도는 단위면적당 표면에 반사 또는 방출되는 빛의 양을 의미한다.
③ 조도는 점광원에서 어떤 물체나 표면에 도달하는 빛의 양을 의미한다.
④ 광도는 단위입체각당 물체 또는 표면에 도달하는 광속으로 측정하며, 단위는 램버트(lambert)이다.

해설 ④ 광도는 단위면적당 표면에서 반사, 방출되는 광량이며, 단위는 칸델라(cd)이다.

26. 정적 작업과 국소 근육피로에 대한 설명으로 적절하지 않은 것은?

① 근육이 발휘할 수 있는 힘의 최대치를 MVC라 한다.
② 국소 근육피로를 측정하기 위해 산소 소비량이 측정된다.
③ 국소 근육피로는 정적인 근육수축을 요구하는 직무에서 자주 관찰된다.
④ MVC의 10퍼센트 미만인 경우에만 정적 수축이 거의 무한하게 유지될 수 있다.

해설 ② 국소 근육피로를 측정하기 위해 근전도(EMG)를 사용한다.

참고 근전도(EMG) : 근육이 움직일 때 발생하는 미세한 전기 신호를 측정하여, 근육 활동에 따른 전위차를 기록하는 것이다.

27. 어떤 작업자가 팔꿈치 관절에서부터 32cm 거리에 있는 8kg 중량의 물체를 한 손으로 잡고 있다. 팔꿈치 관절의 회전 중심에서 손까지의 중력 중심 거리는 16cm이며, 이 부분의 중량은 12N이다. 이때 팔꿈치에 걸리는 반작용의 힘(N)은 약 얼마인가?

① 38.2 ② 90.4
③ 98.9 ④ 114.3

해설 중량$(W) = m \cdot g$
여기서 m : 질량, g : 중력가속도
- $W_1 = 8\text{kg} \times 9.8\text{m/s} = 78.4\text{N}$
- $W_2 = 12\text{N}$
- 팔꿈치에 걸리는 반작용 힘(R_E)
  $= W_1 + W_2 = 78.4\text{N} + 12\text{N} = 90.4\text{N}$

28. 다음 중 교대근무와 생체리듬과의 관계에서 야간근무를 하는 동안 근무시간이 길어질 때 졸음이 증가하고 작업능력이 저하되는 현상은?

① 항상성 유지기능
② 작업적응 유지기능
③ 생리적응 유지기능
④ 야간적응 유지기능

해설 수면욕구는 자동적으로 조절되는 신체 항상성 유지기능이다.

참고 인간의 대표적인 3대 욕구는 식욕, 수면욕, 배설욕이다.

정답 24. ③ 25. ④ 26. ② 27. ② 28. ①

29. 다음 중 근력 및 지구력에 대한 설명으로 틀린 것은?

① 정적인 근력 측정치로부터 동적 작업에서 발휘할 수 있는 최대 힘을 정확히 추정할 수 있다.
② 근력 측정치는 작업조건뿐 아니라 검사자의 지시내용, 측정방법에 의해서도 달라진다.
③ 근육이 발휘할 수 있는 힘은 근육의 최대자율수축(MVC)에 대한 백분율로 나타낸다.
④ 등척력은 신체를 움직이지 않으면서 자발적으로 가할 수 있는 힘의 최댓값이다.

해설 ① 정적인 근력 측정치로부터 동적 작업에서 발휘할 수 있는 최대 힘을 정확히 추정할 수 없다.

참고 정적 상태에서의 근력은 피실험자가 고정 물체에 대해 최대 힘을 내도록 하여 측정한 것이다.

30. 진동에 의한 인체의 영향으로 틀린 것은?

① 맥박수가 감소한다.
② 약간의 과도(過度) 호흡이 일어난다.
③ 장시간 노출 시 근육 긴장을 증가시킨다.
④ 혈액이나 내분비의 화학적 성질이 변하지 않는다.

해설 진동에 노출되면 심혈관계와 교감신경계가 자극되어 맥박수와 혈압이 증가한다.

31. 신경계에 관한 설명으로 틀린 것은?

① 체신경계는 피부, 골격근, 뼈 등에 분포한다.
② 자율신경계는 교감 신경계와 부교감 신경계로 세분된다.
③ 중추신경계는 척수신경과 말초신경으로 이루어진다.
④ 기능적으로는 체신경계와 자율신경계로 나눌 수 있다.

해설 ③ 중추신경계는 뇌와 척수로 이루어진다.

32. 열교환에 영향을 미치는 요소와 가장 거리가 먼 것은?

① 기압
② 기온
③ 습도
④ 공기의 유동

해설 열교환에 영향을 미치는 요소
- 온도
- 습도
- 복사온도
- 대류(공기의 유동)

33. 광도비(luminance ratio)란 주된 장소와 주변 광도의 비이다. 사무실 및 산업 상황에서의 일반적인 추천 광도비는?

① 1 : 1
② 2 : 1
③ 3 : 1
④ 4 : 1

해설 사무실 및 산업 상황에서는 일반적으로 3 : 1의 광도비를 표준으로 사용한다.

34. 근육원 섬유마디(sarcomere)에서 근섬유가 수축하면 짧아지는 부분은?

① A 밴드
② 액틴(actin)
③ 미오신(myosin)
④ Z선과 Z선 사이의 거리

해설 근육의 수축원리
- 최대 수축 시 Z선이 A대에 맞닿는다.
- 수축 시 I대와 H대가 짧아지지만, 액틴과 미오신 필라멘트의 길이는 변하지 않는다.
- 근수축은 액틴과 미오신의 미끄러짐 작용에 의해 이루어진다.
- 근육 전체 힘은 활성화된 근섬유 수에 의해 결정된다.
- ATP 분해 에너지가 수축에 이용된다.

정답 29. ① 30. ① 31. ③ 32. ① 33. ③ 34. ④

35. 고온 작업장에서 작업 시 신체 내부의 체온조절 계통의 기능이 상실되어 발생하며, 체온이 과도하게 오를 경우 사망에 이를 수 있는 고열장해는?

① 열소모
② 열사병
③ 열발진
④ 참호족

해설
• 열에 의한 손상에는 열발진, 열경련, 열소모(열피로), 열사병, 열쇠약이 있다.
• 열사병 : 고온, 다습한 환경에서 체온조절 장애로 뇌 온도가 상승하여, 심하면 혼수상태에 빠져 생명을 앗아가는 현상이다.

36. 심박출량을 증가시키는 요인으로 볼 수 없는 것은?

① 휴식시간
② 근육활동의 증가
③ 덥거나 습한 작업환경
④ 흥분된 상태나 스트레스

해설 휴식시간은 심박출량을 감소시키는 요인이다.

참고 작업에 따른 인체의 생리적 반응
• 작업강도가 증가하면 심박출량이 증가한다.
• 심박출량이 증가하면 혈압이 상승한다.
• 혈액의 수송량이 증가하면 산소 소비량도 증가한다.

37. 눈으로 볼 수 있는 빛의 가시광선 파장에 속하는 것은?

① 250 nm
② 600 nm
③ 1000 nm
④ 1200 nm

해설 눈으로 볼 수 있는 빛(가시광선)의 파장은 380~780 nm이다.

38. 관절에 대한 설명으로 틀린 것은?

① 연골 관절은 견관절과 같이 운동이 가장 자유롭다.
② 섬유질 관절은 두개골의 봉합선과 같으며 움직임이 없다.
③ 경첩 관절은 손가락과 같이 한쪽 방향으로만 굴곡 운동을 한다.
④ 활액 관절은 대부분의 관절이 이에 해당하며, 자유로이 움직일 수 있다.

해설 연골 관절은 두 뼈가 연골로 연결된 관절로, 운동 범위가 제한적이다.

39. 진동 공구(power hand tool)의 사용으로 인한 부하를 줄이기 위한 방법으로 적절하지 않은 것은?

① 진동 공구를 정기적으로 보수한다.
② 진동을 흡수할 수 있는 재질의 손잡이를 사용한다.
③ 진동에 접촉되는 신체 부위의 면적을 감소시킨다.
④ 신체에 전달되는 진동의 크기를 줄이도록 큰 힘을 사용한다.

해설 ④ 신체에 전달되는 진동의 크기를 줄이도록 노출시간을 줄인다.

40. 근육수축 시 근절 내 영역에서 일어나는 현상으로 적합하지 않은 것은?

① A대(band)가 짧아진다.
② I대(band)가 짧아진다.
③ H영역(zone)이 짧아진다.
④ Z선(line)과 Z선(line) 사이가 가까워진다.

해설 근섬유가 수축하면 I대와 H대가 짧아지고 A대의 길이는 변하지 않으며, 최대로 수축했을 때 Z선이 A대에 맞닿는다.

정답 35. ② 36. ① 37. ② 38. ① 39. ④ 40. ①

3과목 산업심리학 및 관계법규

41. 리더십의 이론 중 경로-목표이론(path-goal theory)에서 리더 행동에 따른 4가지 범주의 설명으로 옳은 것은?

① 후원적 리더는 부하들의 욕구, 복지문제 및 안정, 온정에 관심을 기울이고, 친밀한 집단 분위기를 조성한다.
② 성취지향적 리더는 부하들과 정보자료를 충분히 활용하고, 부하들의 의견을 존중하여 의사결정에 반영한다.
③ 주도적 리더는 도전적 목표를 설정하고, 높은 수준의 수행을 강조하여 부하들이 그 목표를 달성할 수 있다는 자신감을 갖게 한다.
④ 참여적 리더는 부하들의 작업을 계획하고 조정하며, 그들에게 기대하는 바를 알려주고 구체적인 작업지시를 하며, 규칙과 절차를 따르도록 요구한다.

해설 리더의 행동유형 4가지
- 성취적 리더 : 높은 목표를 설정하고 성취동기를 유도하는 리더
- 지원(후원)적 리더 : 관계 지향적이며 친밀한 분위기를 중시하는 리더
- 주도적 리더 : 구조와 과업 중심으로, 부하의 과업계획을 구체화하는 리더
- 참여적 리더 : 부하의 의견을 의사결정에 반영하여 집단 중심의 관리를 중시하는 리더

42. 제조물책임법상 제조업자가 제조물에 대하여 제조·가공상의 주의의무를 이행하였는지와 관계없이, 제조물이 원래 의도한 설계와 다르게 제조·가공됨으로써 안전하지 못하게 된 경우에 해당하는 결함은?

① 제조상의 결함   ② 설계상의 결함
③ 표시상의 결함   ④ 기타 유형의 결함

해설 제조상의 결함 : 제조물이 원래 의도한 설계와 다르게 제조·가공됨으로써 발생하는 결함을 의미한다.

참고 제조물책임법상 결함은 제조상 결함, 설계상 결함, 표시상 결함 3가지만 인정한다.

43. NIOSH의 직무 스트레스 관리 모형 중 중재요인(moderating factors)에 해당하지 않는 것은?

① 개인적 요인
② 조직 외 요인
③ 완충작용 요인
④ 물리적 환경요인

해설 중재요인
- 개인적 요인 : 성격, 태도, 생활습관
- 완충작용 요인 : 사회적 지지, 대처능력, 스트레스 관리기술
- 조직 외 요인 : 가정, 사회적 지지, 경제적 상황

참고 직무 스트레스의 원인
- 작업요인 : 작업부하, 교대근무
- 조직요인 : 갈등, 역할요구, 관리유형
- 환경요인 : 소음, 한랭, 환기불량, 조명

44. 스트레스에 관한 설명으로 옳지 않은 것은?

① 스트레스 수준은 작업성과 정비례 관계에 있다.
② 위협적인 환경특성에 대한 개인의 반응이라 볼 수 있다.
③ 적정수준의 스트레스는 작업성과에 긍정적으로 작용한다.
④ 지나친 스트레스를 지속적으로 받으면 인체는 자기조절능력을 상실할 수 있다.

해설 적당한 스트레스는 작업성과에 긍정적이지만, 그 이상의 스트레스는 오히려 작업성과에 부정적인 영향을 끼친다.

정답 41. ① 42. ① 43. ④ 44. ①

45. 반응시간(reaction time)에 관한 설명으로 옳은 것은?

① 자극이 요구하는 반응을 행하는 데 걸리는 시간을 의미한다.
② 반응해야 할 신호가 발생한 때부터 반응이 종료될 때까지의 시간을 의미한다.
③ 단순반응시간에 영향을 미치는 변수로는 자극의 양식, 자극의 특성, 자극 위치, 연령 등이 있다.
④ 여러 개의 자극을 제시하고, 각각에 대한 서로 다른 반응을 할 과제를 준 후, 자극이 제시되어 반응할 때까지의 시간을 단순반응시간이라 한다.

해설 • 반응시간 : 자극이 주어진 순간부터 반응이 일어날 때까지의 시간
• 단순반응시간 : 하나의 자극 신호에 대해 하나의 반응만을 요구할 때 측정되는 반응시간
• 선택반응시간 : 여러 개의 자극을 제시하고 각각의 자극에 대해 서로 다른 반응을 요구하는 경우의 반응시간

46. 하인리히(Heinrich)의 재해발생이론 관한 설명으로 틀린 것은?

① 사고를 발생시키는 요인에는 유전적 요인도 포함된다.
② 일련의 재해요인들이 연쇄적으로 발생한다는 도미노 이론이다.
③ 일련의 재해요인들 중 하나만 제거해도 재해예방이 가능하다.
④ 불안전한 행동 및 상태는 사고 및 재해의 간접원인으로 작용한다.

해설 • 직접원인 : 인적 원인(불안전한 행동), 물적 원인(불안전한 상태)
• 간접원인 : 기술적 원인, 교육적 원인, 관리적 원인, 신체적 원인, 정신적 원인

47. 재해의 발생형태에 해당하지 않는 것은?

① 화상 ② 협착 ③ 추락 ④ 폭발

해설 • 상해의 종류(외적 상해) : 골절, 동상, 부종, 자상, 타박상, 절단, 중독, 질식, 찰과상, 창상, 화상 등
• 재해의 발생형태 : 폭발, 협착, 감전, 추락, 비래, 전복 등

48. 버드의 신연쇄성이론에서 불안전한 상태와 불안전한 행동의 근원적 원인은?

① 작업(Media)
② 작업자(Man)
③ 기계(Machine)
④ 관리(Management)

해설 불안전한 상태와 불안전한 행동의 근원적 원인은 제거가 가능한 사업주의 관리(management)이다.

49. 휴먼에러(Human Error) 예방대책이 아닌 것은?

① 무결점에 대한 대책
② 관리요인에 대한 대책
③ 인적요인에 대한 대책
④ 설비 및 작업환경적 요인에 대한 대책

해설 휴먼에러 예방대책
• 인적요소에 대한 대책
• 소집단 활동의 활성화
• 작업에 대한 교육 및 훈련
• 전문인력의 적재적소 배치
• 모의훈련으로 시나리오에 따른 리허설

50. 검사작업자가 한 로트에 100개인 부품을 조사하여 6개의 부적합품을 발견했으나 로트에는 실제로 10개의 부적합품이 있었다. 이 검사작업자의 휴먼에러 확률은?

정답 45. ③ 46. ④ 47. ① 48. ④ 49. ① 50. ①

① 0.04 ② 0.06 ③ 0.1 ④ 0.6

해설 휴먼에러 확률(HEP)
$= \dfrac{\text{인간의 과오 수}}{\text{전체 과오 발생기회 수}} = \dfrac{4}{100} = 0.04$

51. 매슬로우(Maslow)가 제시한 욕구 단계에 포함되지 않는 것은?

① 안전 욕구 ② 존경의 욕구
③ 자아실현의 욕구 ④ 감성적 욕구

해설 매슬로우의 인간의 욕구 5단계

1단계	생리적 욕구
2단계	안전 욕구
3단계	사회적 욕구
4단계	존경 욕구
5단계	자아실현의 욕구

52. 중복형태를 갖는 2인 1조 작업조의 신뢰도가 0.99 이상이어야 한다면 기계를 조종하는 임무를 수행하기 위해 한 사람이 갖는 신뢰도의 최솟값은?

① 0.99 ② 0.95 ③ 0.90 ④ 0.85

해설 신뢰도의 최솟값
$R_S = 1 - (1-a)(1-a) \geq 0.99$
$(1-a)^2 \leq 1 - 0.99 = 0.01$
$1 - a \leq 0.1$
$\therefore a \geq 0.9$

53. 리더십의 유형은 리더가 처한 상황에 따라 결정된다. 각 상황적 요소와 리더십 유형의 연결이 잘못된 것은?

① 군 조직, 교도소 등은 권위형 리더십이 적절하다.
② 집단 구성원의 교육수준이 높을수록 민주형 리더십이 적절하다.
③ 조직을 둘러싸고 있는 환경상태가 불확실할 때는 권위형 리더십이 요구된다.
④ 기술의 발달은 개인의 전문화를 야기하므로 민주형 리더십을 촉구하게 된다.

해설 ③ 조직을 둘러싸고 있는 환경상태가 불확실할 때는 참여적 리더십이 요구된다.

54. 관리그리드 이론(managerial grid theory)에 관한 설명으로 틀린 것은?

① 블레이크(Blake)와 머튼(Mouton)이 구조주도적-배려적 리더십 개념을 연장시켜 정립한 이론이다.
② 인기형은 (9, 1)형으로 인간에 대한 관심은 매우 높은데 과업에 관한 관심은 낮은 리더십 유형이다.
③ 중도형은 (5, 5)형으로 과업과 인간관계 유지에 모두 적당한 정도의 관심을 갖는 리더십 유형이다.
④ 리더십을 인간중심과 과업중심으로 나누고 이를 9등급씩 그리드로 계량화하여 리더의 행동경향을 표현하였다.

해설 관리그리드 이론

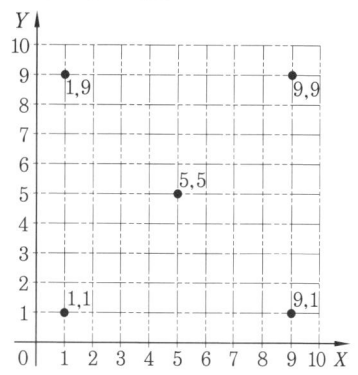

• (1, 1)형 : 인간 관심도와 과업 관심도 모두 낮음(무관심형)
• (1, 9)형 : 인간 관심도 높고 과업 관심도 낮음(인기형)

- (9, 1)형 : 과업 관심도 높고 인간 관심도 낮음(과업형)
- (5, 5)형 : 인간·과업 모두 중간(타협형)
- (9, 9)형 : 인간·과업 모두 높음(이상형)

55. Y이론에 대한 설명으로 옳은 것은?

① 사람은 무엇보다 안정을 원한다.
② 인간의 본성은 나태하다.
③ 사람은 작업 수행에 자율성을 발휘한다.
④ 대다수의 사람은 명령받는 것을 선호한다.

해설 ③은 맥그리거의 Y이론 특징
①, ②, ④는 맥그리거의 X이론 특징

56. 다음 설명에 해당하는 시스템안전 분석기법은?

> 사고의 발단이 되는 초기사상의 시스템으로 입력될 경우 그 영향이 계속해서 어떤 부적합한 사상으로 발전해 가는 과정을 나뭇가지로 갈라지는 식으로 추구하여 분석하는 방법

① ETA　　　　② FTA
③ FMEA　　　④ THERP

해설 ETA(Event Tree Analysis, 사건수 분석) : 초기사상에서 출발하여 가능한 결과들을 논리적으로 도식화하여 분석하는 기법

57. 호손(Hawthorn)실험의 결과에 따라 작업자의 작업능률에 영향을 미치는 주요 요인은?

① 작업장의 온도　② 물리적 작업조건
③ 작업장의 습도　④ 작업자의 인간관계

해설 호손실험 : 작업자의 태도, 감독자, 비공식 집단 등 물리적 작업조건보다 인간관계(심리적 태도, 감정)가 생산성 향상에 더 큰 영향을 미친다는 결론이다.

58. 인간실수와 관련된 설명으로 틀린 것은?

① 생활변화 단위 이론은 사고를 촉진시킬 수 있는 상황인자를 측정하기 위해 개발되었다.
② 반복사고자 이론이란 인간은 개인별로 불변의 특성이 있으므로 사고는 일으키는 사람이 계속 일으킨다는 이론이다.
③ 인간성능은 각성수준(arousal level)이 낮을수록 향상되므로 실수를 줄이기 위해서는 각성수준을 가능한 낮추도록 한다.
④ 피터슨의 동기부여-보상-만족모델에 따르면, 작업자의 동기부여에는 작업자의 능력과 작업 분위기, 그리고 작업 수행에 따른 보상에 대한 만족이 큰 영향을 미친다.

해설 인간성능은 각성수준이 낮아지면 저하되므로 이로 인해 인간실수가 발생하기 쉽다.

59. 인간의 수면은 일반적으로 하룻밤에 몇 분 간격의 사이클로 이루어지는가?

① 60분　② 90분　③ 120분　④ 150분

해설 인간의 수면은 하룻밤 동안 약 90분 간격의 사이클로 반복된다.

60. 강도율(severity rate of injury)에 관한 설명으로 옳은 것은?

① 연간 근로시간 1000000시간당 발생한 재해발생건수를 말한다.
② 개인이 평생 근무 시 발생할 수 있는 근로손실일수를 말한다.
③ 재해 사건당 발생한 평균근로손실일수를 말한다.
④ 연간 근로시간 1000시간당 발생한 근로손실일수를 말한다.

해설 ① 도수율
② 환산도수율
③ 평균강도율

정답 55. ③　56. ①　57. ④　58. ③　59. ②　60. ④

4과목 근골격계질환 예방을 위한 작업관리

61. 시설배치방법 중 공정별 배치방법의 장점에 해당하는 것은?

① 운반 길이가 짧아진다.
② 작업진도의 파악이 용이하다.
③ 전문적인 작업지도가 용이하다.
④ 제공품이 적고 생산길이가 짧아진다.

해설 ㉠ 공정별 배치의 장점
- 작업자의 자긍심과 직무 만족도가 높다.
- 제품설계나 작업순서 변경에 대한 유연성이 크다.
- 전문화된 감독과 통제가 가능하다.
- 설비의 보전이 쉽고 가동률이 높아 자본 투자가 적다.
- 작업 할당에 융통성이 있다.

㉡ 공정별 배치의 단점
- 총생산시간이 증가한다.
- 숙련된 노동력이 필요하다.
- 생산 일정의 계획 및 통제가 어렵다.
- 자재 취급 비용, 재고 비용의 증가로 단위당 생산원가가 높아진다.
- 운반거리가 길어진다.

62. 다음 중 문제분석 도구에 관한 설명으로 틀린 것은?

① 파레토 차트(Pareto chart)는 문제의 인자를 파악하고 그것들이 차지하는 비율을 누적분포의 형태로 표현한다.
② 간트 차트(Gantt chart)는 여러 활동계획의 시작시간과 예측 완료시간을 병행하여 시간축에 표시하는 도표이다.
③ PERT(Program Evaluation and Review Technique)는 어떤 결과의 원인을 역으로 추적해 나가는 방식의 분석 도구이다.
④ 특성요인도는 바람직하지 못한 사건이나 문제의 결과를 물고기의 머리로 표현하고, 그 원인을 인간, 기계, 방법, 자재, 환경 등으로 구분하여 표시한다.

해설 PERT : 프로젝트의 전체 일정을 관리하고, 주 공정경로와 공정시간을 파악하며 프로젝트 완성도를 평가하는 데 사용된다.

63. 공정도에 사용되는 공정도 기호 "○"으로 표시하기에 가장 적합한 것은?

① 작업 대상물을 다른 장소로 옮길 때
② 작업 대상물이 분해되거나 조립할 때
③ 작업 대상물을 지정된 장소에 보관할 때
④ 작업 대상물이 올바르게 시행되었는지를 확인할 때

해설 공정도 기호 "○"은 가공 공정을 나타내며 원료, 재료, 부품 또는 제품의 모양이나 성질에 변화를 주는 작업에 해당한다.

참고 공정도에 사용되는 기호

가공	저장	정체	수량 검사	운반	품질 검사
○	▽	□	□	○/⇨	◇

64. 다음 중 워크샘플링법의 장점으로 볼 수 없는 것은?

① 특별한 시간 측정 설비가 필요하지 않다.
② 관측이 순간적으로 이루어져 작업에 방해가 적다.
③ 짧은 주기나 반복적인 작업의 경우에 적합하다.
④ 조사기간을 길게 하여 평상시 작업현황을 그대로 반영시킬 수 있다.

해설 ③ 짧은 주기나 반복작업인 경우 부적합하다.

정답 61. ③ 62. ③ 63. ② 64. ③

참고 워크샘플링에 대한 장단점
- 특별한 시간 측정 장비가 필요 없다.
- 관측이 순간적으로 이루어져 작업방해가 적다.
- 자료수집이나 분석에 필요한 순수시간이 다른 시간연구 방법에 비해 짧다.
- 분석자가 소비하는 총작업시간이 적은 편이다.
- 시간연구법보다 덜 자세하다.
- 짧은 주기나 반복작업에는 부적합하다.

65. NIOSH의 들기 지수에 관한 설명으로 틀린 것은?

① 들기 지수는 요추의 디스크 압력에 대한 기준치이다.
② 들기 횟수는 분당 들기 횟수를 기준으로 설정되어 있다.
③ 들기 지수가 1 이상인 경우 추천 무게를 넘는 것으로 간주한다.
④ 들기 자세는 수평거리, 수직거리, 이동거리의 3개 요인으로 계산한다.

해설 NIOSH의 들기 지수의 변수 : 부하 상수, 수직 계수, 수평 계수, 거리 계수, 비대칭 계수, 빈도 계수, 결합 계수

66. 근골격계 유해요인의 개선 방법에 있어 관리적 개선으로 볼 수 없는 것은?

① 작업습관 변화   ② 작업장 재배열
③ 직장체조 강화   ④ 작업자 적정배치

해설 관리적 개선
- 작업의 다양성 제공
- 스트레칭 체조의 활성화
- 작업일정 및 작업속도 조절
- 작업습관 변화
- 작업자 적정배치
- 작업공간의 주기적 청소 및 유지보수

67. 근골격계질환의 발생원인 중 작업요인이 아닌 것은?

① 작업강도   ② 작업자세
③ 직무 만족도 ④ 작업의 반복도

해설 근골격계질환의 작업요인 : 작업의 반복도, 작업강도, 작업자세, 과도한 힘, 진동, 스트레스, 환경요인 등

68. 손동작(manual operation)을 목적에 따라 효율적과 비효율적인 기본동작으로 구분한 것은?

① task   ② motion
③ process   ④ therbling

해설 서블릭 문자기호
㉠ 효율적 서블릭
- 쥐기(G)   • 빈손 이동(TE)
- 운반(TL)   • 내려놓기(RL)
- 사용(U)   • 미리 놓기(PP)
- 조립(A)   • 분해(DA)

㉡ 비효율적 서블릭
- 계획(Pn)   • 고르기(St)
- 찾기(Sh)   • 검사(I)
- 휴식(R)   • 잡고 있기(H)

69. 관측평균은 1분, Rating 계수는 120%, 여유시간은 0.05분이다. 내경법에 의한 여유율과 표준시간은?

① 여유율 : 4.0%, 표준시간 : 1.05분
② 여유율 : 4.0%, 표준시간 : 1.25분
③ 여유율 : 4.2%, 표준시간 : 1.05분
④ 여유율 : 4.2%, 표준시간 : 1.25분

해설
- 정미시간(NT)

$$= 평균관측시간 \times \frac{레이팅 계수}{100}$$

$$= 1 \times \frac{120}{100} = 1.2분$$

정답 65. ④ 66. ② 67. ③ 68. ④ 69. ②

- 여유율(A)

$$= \frac{여유시간}{정미시간+여유시간} \times 100$$

$$= \frac{0.05}{1.2+0.05} \times 100 ≒ 4\%$$

- 표준시간(ST)

$$= 정미시간 \times \left(\frac{1}{1-여유율}\right)$$

$$= 1.2 \times \frac{1}{1-0.04} ≒ 1.25분$$

70. 단위작업 장소 내에 4개, 8개의 동일작업으로 이루어진 부담작업이 있다. 유해요인조사 시 표본 작업 수는 각각 얼마 이상인가?

① 2, 2 ② 2, 3
③ 2, 4 ④ 4, 8

해설 유해요인조사 시 표본 작업의 수는 한 단위작업장소 내 동일 부담작업이 10개 이하일 경우 작업강도가 가장 높은 2개 이상의 작업을 표본으로 선정한다.

71. 동작연구를 통한 작업개선안 도출을 위해 문제가 되는 작업에 대해 가장 우선적이고 근본적으로 고려해야 하는 것은?

① 작업의 제거
② 작업의 결합
③ 작업의 변경
④ 작업의 단순화

해설 작업개선 원칙(ECRS)
- 제거(Eliminate) : 생략과 배제의 원칙
- 결합(Combine) : 결합과 분리의 원칙
- 재조정(Rearrange) : 재배열의 원칙
- 단순화(Simplify) : 단순화의 원칙

72. 유해요인조사 도구 중 JSI(Job Strain Index)의 평가항목에 해당하지 않는 것은?

① 손·손목의 자세
② 1일 작업의 생산량
③ 힘을 발휘하는 강도
④ 힘을 발휘하는 지속시간

해설 JSI의 평가항목은 하루 작업시간, 근육사용 힘(강도), 근육사용 기간, 동작빈도, 손·손목 자세, 작업속도의 6개 요소로 구성되며, 이를 곱한 값으로 상지질환의 위험성을 평가한다.

참고 JSI : 생리학, 생체역학, 상지질환에 대한 병리학을 기초로 한 정량적 평가기법이다.

73. 어깨(견관절) 부위에서 발생할 수 있는 근골격계질환은?

① 외상 과염 ② 회내근 증후군
③ 극상근 건염 ④ 수완진동 증후군

해설
- 외상 과염 : 팔꿈치
- 회내근 증후군 : 팔꿈치
- 수완진동 증후군 : 손

참고 어깨 부위 근골격계질환 : 상완부근육의 근막통증후군, 극상근건염, 상완이두건막염, 회전근개건염, 유착성관절낭염(견구축증), 흉곽출구증후군, 견관절 부위의 점액낭염

74. 수공구의 설계원리로 적절하지 않은 것은?

① 손목을 곧게 펼 수 있도록 한다.
② 지속적인 정적 근육부하를 피하도록 한다.
③ 특정 손가락의 반복적인 동작을 피하도록 한다.
④ 가능하면 손바닥으로 잡는 파워그립(power grip)보다는 손가락으로 잡는 핀치그립(pinch grip)을 이용하도록 한다.

해설 힘이 필요한 작업에는 파워그립을 이용한다. 핀치그립은 정밀한 조작에 적합하지만 장시간 사용 시 손가락과 손목에 부담을 준다.

정답 70. ① 71. ① 72. ② 73. ③ 74. ④

참고 수공구의 설계원리
- 손목을 곧게 펼 수 있도록 한다.
- 지속적인 정적 근육부하를 피하도록 한다.
- 특정 손가락의 반복적인 동작을 피한다.
- 손잡이 단면은 원형이 적합하다.
- 원형 또는 타원형 손잡이 지름은 30~45mm, 정밀작업용은 5~12mm가 적합하다.
- 손잡이 길이는 95%tile 남성 손 폭 기준으로 한다.

75. 유해요인조사 방법 중 RULA에 관한 설명으로 틀린 것은?

① 각 작업자세는 신체 부위별로 A와 B 그룹으로 나누어진다.
② 주로 하지 자세를 평가할 목적으로 개발된 유해요인조사방법이다.
③ RULA가 평가하는 작업부하 인자는 동작의 횟수, 정적인 근육작업, 힘, 작업자세 등이다.
④ 작업에 대한 평가는 1점에서 7점 사이의 총점으로 나타내며, 점수에 따라 4개의 조치단계로 분류된다.

해설 RULA는 상지 중심(상완·전완·손목 등)의 작업자세 평가도구이며, 하지 중심 평가가 필요한 경우에는 REBA가 더 적합하다.

76. 다음 중 영상표시 단말기(VDT) 취급근로자 작업관리지침상 작업기기의 조건으로 옳지 않은 것은?

① 키보드와 키 윗부분의 표면은 무광택으로 할 것
② 영상표시 단말기 화면은 회전 및 경사 조절이 가능할 것
③ 키보드의 경사는 3° 이상 20° 이하, 두께는 4cm 이하로 할 것
④ 단색 화면일 경우 색상은 일반적으로 어두운 배경에 밝은 황·녹색 또는 흰색 문자를 사용하고, 적색 또는 청색의 문자는 가급적 사용하지 않을 것

해설 ③ 키보드의 경사는 5° 이상 15° 이하, 두께는 3cm 이하로 할 것

77. 작업분석에 사용되는 공정도나 차트가 아닌 것은?

① 유통선도(flow diagram)
② 활동분석표(activity chart)
③ 간접노동분석표(indirect labor chart)
④ 복수작업자분석표(gang process chart)

해설 방법연구에 사용하는 공정도와 도표
- 생산 시스템 : 흐름선도, 흐름공정도
- 고정된 작업장 내 부동의 작업자 : 작업분석도표, SIMO 차트, 동작경제의 원칙 적용
- 작업자-기계 시스템 : 활동도표
- 다수의 작업자 시스템 : 활동도표, 갱공정도표

78. 다음과 같은 작업표준의 작성 절차를 바르게 나열한 것은?

a. 작업분해
b. 작업의 분류 및 정리
c. 작업표준안 작성
d. 작업표준의 채점과 교육실시
e. 동작순서 설정

① a → b → c → e → d
② a → e → b → c → d
③ b → a → e → c → d
④ b → a → c → e → d

해설 작업표준의 작성 절차
① 작업의 분류 및 정리
② 작업분해
③ 동작순서 설정

④ 작업표준안 작성
⑤ 작업표준의 채점과 교육실시

79. MTM(Methods Time Measurement)법의 용도와 가장 거리가 먼 것은?

① 현상의 발생비율 파악
② 능률적인 설비, 기계류의 선택
③ 표준시간에 대한 불만 처리
④ 작업개선의 의미를 향상시키기 위한 교육

해설 MTM법의 용도
- 능률적인 설비, 기계류 선택, 작업방법 결정
- 표준시간 설정
- 작업방법 개선 및 향상을 위한 교육

80. A 제품을 생산한 과거자료가 표와 같을 때 실적자료법에 의한 1개당 표준시간은?

일자	완제품 개수(개)	소요시간(시간)
3월 3일	60	6
7월 7일	100	10
9월 9일	40	4

① 0.10시간/개　② 0.15시간/개
③ 0.20시간/개　④ 0.25시간/개

해설 표준시간
$$= \frac{소요작업시간}{생산된 수량} = \frac{20}{200}$$
$$= 0.1 시간/개$$

정답　79. ①　80. ①

2023년도(3회차) CBT 출제문제

1과목 인간공학개론

1. 다음과 같은 확률로 발생하는 4가지 대안에 대한 중복률(%)은?

결과	확률(p)	$-\log_2 p$
A	0.1	3.32
B	0.3	1.74
C	0.4	1.32
D	0.2	2.32

① 1.8 ② 2.0 ③ 7.7 ④ 8.7

해설 중복률
$$= \left(1 - \frac{\text{평균정보량}(H_a)}{\text{최대정보량}(H_{\max})}\right) \times 100$$

- $H_a = \sum_{i=1}^{n} p_i \log_2\left(\frac{1}{p_i}\right) = -\sum_{i=1}^{n} p_i \log_2 p_i$

$= 0.1 \times 3.32 + 0.3 \times 1.74$
$\quad + 0.4 \times 1.32 + 0.2 \times 2.32$
$= 1.846$

- $H_{\max} = \log_2 N = \log_2 4 = 2$

∴ 중복률 $= \left(1 - \frac{1.846}{2}\right) \times 100 = 7.7\%$

2. 정보이론에 있어 정보량에 관한 설명으로 틀린 것은?

① 단위는 bit이다.
② 2bit는 두 가지 동일 확률하의 독립사건에 대한 정보량이다.
③ N을 대안의 수라 할 때, 정보량은 $\log_2 N$으로 구할 수 있다.
④ 출현 가능성이 동일하지 않은 사건의 확률을 p라 할 때, 정보량은 $\log_2 1/p$로 나타낸다.

해설 $\log_2 4 = 2\text{bit}$이므로 2bit는 4가지 동일 확률하의 독립사건에 대한 정보량이다.

참고 정보량

- 실현 가능성이 동일한 N개의 대안이 있을 때 : $H = \log_2 N$
- 실현 가능성이 동일하지 않은 사건의 확률이 p_i일 때 : $H_i = \log_2\left(\frac{1}{p_i}\right)$

3. 시력에 관한 설명으로 틀린 것은?

① 근시는 수정체가 두꺼워져 먼 물체를 볼 수 없다.
② 시력은 시각(visual angle)의 역수로 측정한다.
③ 시각(visual angle)은 표적까지의 거리를 표적두께로 나누어 계산한다.
④ 눈이 파악할 수 있는 표적 사이의 최소 공간을 최소 분간 시력(minimum separable acuity)이라고 한다.

해설 물체의 크기(높이)를 눈과 물체 사이의 거리로 나누어 계산한다.

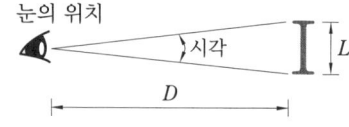

시각(분) $= \dfrac{5.73 \times 60 \times L}{D}$

여기서, L : 물체의 높이
$\quad\quad\quad D$: 눈과 물체 사이의 거리

정답 1. ③ 2. ② 3. ③

4. 기능적 인체치수(functional body dimension) 측정에 대한 설명으로 가장 적절한 것은?

① 앉은 상태에서만 측정해야 한다.
② 5~95%tile에 대해서만 정의된다.
③ 신체 부위의 동작범위를 측정해야 한다.
④ 움직이지 않는 표준자세에서 측정해야 한다.

해설 • 구조적 인체치수(정적 치수) : 신체를 고정된 자세에서 측정한 치수
• 기능적 인체치수(동적 치수) : 신체의 기능 수행 시 체위의 움직임에 따라 측정한 치수

5. 인간 기억의 여러 가지 형태에 대한 설명으로 옳지 않은 것은?

① 단기기억의 용량은 보통 7청크(chunk)이며 학습에 의해 무한히 커질 수 있다.
② 단기기억에 있는 내용을 반복하여 학습하면 장기기억으로 저장된다.
③ 일반적으로 작업기억 정보는 시각(visual), 음성(phonetic), 의미(semantic) 코드의 3가지로 코드화된다.
④ 자극을 받은 후 단기기억에 저장되기 전에 시각적인 정보는 아이코닉 기억(iconic memory)에 잠시 저장된다.

해설 ① 단기기억(작업기억)의 용량은 보통 7±2청크(chunk)이다.

6. 조종-반응 비율(C/R ratio)에 관한 설명으로 옳지 않은 것은?

① C/R비가 증가하면 이동시간도 증가한다.
② C/R비가 작으면 민감한 장치이다.
③ C/R비는 조종장치의 이동거리를 표시장치의 반응거리로 나눈 값이다.
④ C/R비가 감소함에 따라 조종시간은 상대적으로 작아진다.

해설 C/R비가 감소하면 장치가 민감해져 미세한 조정이 어려워지고, 오히려 조종시간은 증가한다.

7. 양립성에 적합하도록 조종장치와 표시장치를 설계할 때 얻을 수 있는 결과로 옳지 않은 것은?

① 인간실수의 증가   ② 반응시간의 감소
③ 학습시간의 단축   ④ 사용자 만족도 향상

해설 ① 인간실수의 감소

8. 다음 중 인간공학의 연구 목적과 가장 거리가 먼 것은?

① 인간오류의 특성을 연구하여 사고를 예방
② 인간의 특성에 적합한 기계나 도구의 설계
③ 병리학 연구로 인간의 질병 퇴치에 기여
④ 인간의 특성에 맞는 작업환경 및 작업방법의 설계

해설 ③은 질병 예방과 치료에 관한 내용이다.
참고 인간공학의 연구 목적
• 안전성 향상과 사고방지
• 기계 조작의 능률성과 생산성의 향상
• 인간의 특성에 맞는 환경 및 작업방법의 설계
• 안전의 극대화 및 효율성 향상

9. 신호검출이론에 대한 설명으로 옳은 것은?

① 잡음에 실린 신호의 분포는 잡음만의 분포와 구분되지 않아야 한다.
② 신호의 유무를 판정함에 있어 반응대안은 2가지뿐이다.
③ 신호에 의한 반응이 선형인 경우 판별력이 좋아진다.
④ 신호검출의 민감도에서 신호와 잡음 간의 두 분포가 가까울수록 판정자는 신호와 잡음을 정확하게 판별하기 쉽다.

정답 4. ③   5. ①   6. ④   7. ①   8. ③   9. ③

해설 ① 잡음에 실린 신호의 분포는 잡음만의 분포와 구분되어야 한다.
② 신호의 유무를 판정함에 있어 반응대안은 4가지뿐이다.
④ 신호검출의 민감도에서 신호와 잡음 간의 두 분포가 가까울수록 판정자는 신호와 잡음을 정확하게 판별하기 어렵다.

10. 시각적 표시장치보다 청각적 표시장치를 사용하는 것이 유리한 경우는?
① 정보의 내용이 긴 경우
② 정보의 내용이 복잡한 경우
③ 정보의 내용이 후에 재참조되는 경우
④ 정보의 내용이 시간적 사상을 다루는 경우

해설 ①, ②, ③은 시각적 표시장치가 적합하고 ④는 청각적 표시장치가 적합하다.

11. 인간이 기계를 조종하여 임무를 수행해야 하는 직렬구조의 인간-기계 체계가 있다. 인간의 신뢰도가 0.9, 기계의 신뢰도 0.9라면 이 인간-기계 통합체계의 신뢰도는?
① 0.64
② 0.72
③ 0.81
④ 0.98

해설 직렬시스템의 신뢰도(R_s)
$= R_1 \cdot R_2$
$= 0.9 \times 0.9 = 0.81$

참고 병렬시스템의 신뢰도(R_p)
$= 1-(1-R_1)(1-R_2)\cdots$

12. 정보 이론(information theory)에 관한 설명으로 옳은 것은?
① 정보를 정량적으로 측정할 수 있다.
② 정보의 기본 단위는 바이트(byte)이다.
③ 확실한 사건의 출현에는 많은 정보가 담겨 있다.
④ 정보란 불확실성의 증가로 정의한다.

해설 ② 정보의 기본 단위는 bit이다.
③ 확실한 사건의 출현에는 많은 정보가 담겨 있지 않다.
④ 정보란 불확실성의 감소로 정의한다.

13. 실제 사용자들의 행동 분석을 위해 사용자가 생활하는 자연스러운 환경에서 조사하는 사용성 평가기법은?
① Heuristic Evaluation
② Observation Ethnography
③ Usability Lab Testing
④ Focus Group Interview

해설 관찰 에스노그라피 : 사용자의 행동을 분석하기 위해 생활하는 자연스러운 환경에서 수행하는 사용성 평가기법이다.

14. 사용성 평가에 주로 사용되는 평가척도로 적합하지 않은 것은?
① 과제물 내용
② 에러 빈도
③ 과제의 수행시간
④ 주관적 만족도

해설 닐슨의 사용성 평가척도
• 학습 용이성   • 에러 빈도
• 과제의 수행시간 • 주관적 만족도
• 기억 용이성   • 효율성

15. 시각적 암호화(coding) 설계 시 고려사항이 아닌 것은?
① 코딩방법의 분산화
② 사용될 정보의 종류
③ 수행될 과제의 성격과 수행조건
④ 코딩의 중복 또는 결합에 대한 필요성

해설 ① 코딩방법의 표준화

정답 10. ④ 11. ③ 12. ① 13. ② 14. ① 15. ①

16. 양립성의 종류가 아닌 것은?

① 주의 양립성
② 공간 양립성
③ 운동 양립성
④ 개념 양립성

해설 양립성의 종류
- 운동 양립성
- 공간 양립성
- 개념 양립성
- 양식 양립성

17. 경계 및 경보신호에 사용되는 청각적 표시장치가 가져야 할 특징으로 옳은 것은?

① 300m 이상의 장거리용 신호에서는 4kHz 이상의 주파수를 사용한다.
② 경계 신호는 가급적 통일해서 사용자에게 혼란을 야기하지 말아야 한다.
③ 장애물이나 칸막이를 넘어가야 하는 신호는 1kHz 이상의 주파수를 사용한다.
④ 주의를 끄는 목적으로 신호를 사용할 때에는 변조 신호를 사용한다.

해설 ① 300m 이상의 장거리용 신호에서는 1000Hz 이하의 주파수를 사용한다.
② 경계신호는 분리하여 개별의미를 부여한다.
③ 장애물이나 칸막이를 넘어가야 하는 신호는 500Hz 이하의 주파수를 사용한다.

18. Norman이 제시한 사용자 인터페이스 설계원칙에 해당하지 않는 것은?

① 가시성(visibility)의 원칙
② 피드백(feedback)의 원칙
③ 양립성(compatibility)의 원칙
④ 유지보수 경제성(maintenance economy)의 원칙

해설 사용자 인터페이스 설계원칙
- 가시성의 원칙
- 피드백의 원칙
- 양립성의 원칙
- 대응의 원칙
- 행동 유도성의 원칙

19. 인간의 오류모형에 있어 상황이나 목표해석은 제대로 했지만 의도와는 다른 행동을 하는 경우에 발생하는 오류는?

① 실수(slip)
② 착오(mistake)
③ 위반(violation)
④ 건망증(forgetfulness)

해설
- 실수 : 의도는 올바르지만 행동이 의도와 다르게 나타나는 오류
- 착오 : 위치, 순서, 패턴, 형상, 기억오류 등 외부적 요인에 의해 잘못된 판단이나 행동이 나타나는 오류

20. 다음 중 작업공간 설계에 관한 설명으로 옳은 것은?

① 서서 하는 작업에서 작업대의 높이는 최소치 설계를 기본으로 한다.
② 작업 표준영역은 어깨를 중심으로 팔을 뻗어 닿을 수 있는 영역이다.
③ 서서 하는 힘든 작업을 위한 작업대는 세밀한 작업보다 높게 설계한다.
④ 일반적으로 앉아서 하는 작업의 작업대 높이는 팔꿈치 높이가 적당하다.

해설 ① 서서 하는 작업에서 작업대의 높이는 팔꿈치 높이를 기준으로 한다.
② 정상 작업영역은 상완을 자연스럽게 늘어뜨린 상태에서 전완을 뻗어 닿을 수 있는 영역이다.
③ 서서 하는 힘든 작업을 위한 작업대는 세밀한 작업보다 10~20cm 낮게 설계한다.

정답 16. ① 17. ④ 18. ④ 19. ① 20. ④

2과목 작업생리학

21. 육체적 작업에서 생기는 우리 몸의 순환기 반응에 해당하지 않는 것은?

① 혈압상승
② 심박출량의 증가
③ 산소 소비량의 증가
④ 신체에 흐르는 혈류의 재분배

해설 순환기 반응
- 혈압상승
- 심박출량의 증가
- 혈류의 재분배
- 혈액의 수송량 증가
- 수축기와 이완기 혈압

참고 격렬한 육체적 작업에 활용되는 대표적인 생리적 척도는 맥박수와 산소 소비량이다.

22. 근력에 관한 설명으로 틀린 것은?

① 근력이란 수의적인 노력으로 근육이 등장성으로 낼 수 있는 힘의 최대치이다.
② 정적 근력의 측정은 피검자가 고정 물체에 대하여 최대 힘을 내도록 하여 측정한다.
③ 동적 근력은 가속과 관절 각도변화가 힘의 발휘에 영향을 미치므로 측정이 어렵다.
④ 근력은 자세, 관절각도, 동기 등의 인자에 영향을 받으므로 반복 측정이 필요하다.

해설 ① 근력이란 수의적인 노력으로 근육이 등척성으로 낼 수 있는 힘의 최대치이다.

참고 근력 : 근육수축에 의해 발생하는 힘

23. 조도가 균일하고 눈부심이 적지만 설치비용이 많이 소요되는 조명방식은?

① 직접조명
② 간접조명
③ 반사조명
④ 국소조명

해설 간접조명 : 광원에서 나온 빛을 벽이나 천장에 반사시켜 부드럽게 비추는 방식으로, 눈부심 현상이 없고 조도가 균일하다.

참고
- 직접조명 : 광원에서 나온 빛을 직접 비추는 방식이다.
- 간접조명 : 벽이나 천장에 반사시켜 부드럽게 비추는 방식
- 전반조명 : 조명기구를 균등하게 배치하여 균일한 조도를 얻는 방식
- 국소조명 : 빛이 필요한 곳만 밝게 비추는 방식

24. 최대 산소소비능력(MAP : Maximum Aerobic Power)에 대한 설명으로 옳은 것은?

① MAP는 실제 작업현장에서 작업 시 측정한다.
② 젊은 여성의 MAP는 남성의 약 40~50%이다.
③ MAP란 산소 소비량이 최대가 되는 수준을 의미한다.
④ MAP는 개인의 운동역량을 평가하는 데 널리 활용된다.

해설 ① MAP는 실제 작업현장이 아닌 트레드밀이나 자전거 에르고미터를 활용한다.
② 젊은 여성의 MAP는 남성의 약 70~85%이다.
③ MAP는 산소섭취량이 일정하게 유지되는 수준을 의미한다.

25. 영상표시 단말기(VDT)를 취급하는 작업장 주변환경의 조도(lx)는? (단, 화면의 바탕 색상은 검은색 계통이며 고용노동부 고시를 따른다.)

① 100~300
② 300~500
③ 500~700
④ 700~900

해설 화면의 바탕색상이 흰색 계통일 때 500~700lx로, 검은색 계통일 때 300~500lx로 유지하도록 한다.

정답 21. ③ 22. ① 23. ② 24. ④ 25. ②

26. 운동을 시작한 직후의 근육 내 혐기성 대사에서 가장 먼저 사용되는 것은?

① CP
② ATP
③ 글리코겐
④ 포도당

해설 혐기성 대사의 에너지 이용 순서
ATP(아데노신삼인산) → CP(크레아틴 인산) → glycogen(글리코겐) or glucose(포도당)

27. 물체가 정적 평형상태를 유지하기 위한 조건으로 작용하는 모든 힘의 총합과 외부 모멘트의 총합이 옳은 것은?

① 힘의 총합 : 0, 모멘트의 총합 : 0
② 힘의 총합 : 1, 모멘트의 총합 : 0
③ 힘의 총합 : 0, 모멘트의 총합 : 1
④ 힘의 총합 : 1, 모멘트의 총합 : 1

해설 정적 평형상태를 유지하기 위한 조건은 힘의 총합과 모멘트의 총합이 0이어야 한다.

28. 한랭대책으로서 개인위생에 해당되지 않는 사항은?

① 과음을 피할 것
② 식염을 많이 섭취할 것
③ 따뜻한 물과 음식을 섭취할 것
④ 얼음 위에서 오랫동안 작업하지 말 것

해설 식염을 많이 섭취하라는 권고는 한랭작업이 아니라 땀으로 전해질이 많이 손실되는 고열 작업 시 알맞은 대책에 해당한다.

29. 에너지 소비량에 영향을 미치는 인자 중 중량물 취급 시 쪼그려 앉아(squat) 들기, 등을 굽혀(stoop) 들기와 가장 관련 깊은 것은?

① 작업자세
② 작업방법
③ 작업속도
④ 도구설계

해설 쪼그려 앉아 들기와 등을 굽혀 들기는 작업자세에 따라 에너지 소비량이 달라지는 사례이다.

참고 작업 중 에너지 소비량에 영향을 주는 인자는 작업자세, 작업속도, 작업도구(설계), 작업방법이다.

30. 손-팔 진동 증후군의 피해를 줄이기 위한 방법으로 적절하지 않은 것은?

① 진동수준이 최저인 연장을 선택한다.
② 진동 연장의 하루 사용시간을 줄인다.
③ 연장을 잡거나 조절하는 악력을 늘린다.
④ 진동 연장을 사용할 때는 중간 휴식시간을 길게 한다.

해설 ③ 연장을 잡거나 조절하는 악력을 줄인다.

31. 인간의 근육에 관한 설명 중 틀린 것은?

① 근조직은 형태와 기능에 따라 골격근, 평활근, 심근으로 분류된다.
② 골격근의 수축은 운동신경의 지배를 받으며 수의적 조절에 따라 일어난다.
③ 평활근의 수축은 자율신경계, 호르몬, 화학신호의 지배를 받으며, 불수의적 조절에 따라 일어난다.
④ 적근은 체표면 가까이 존재하며 주로 급속한 동작을 하기 때문에 쉽게 피로해진다.

해설 적근은 근육의 수축속도는 느리지만 지구력이 높아 쉽게 피로해지지 않는다.

참고 백근은 수축속도가 빠르지만 쉽게 피로해지고, 적근은 수축속도가 느리며 쉽게 피로하지 않는다.

정답 26. ② 27. ① 28. ② 29. ① 30. ③ 31. ④

32. 인간과 주위와의 열교환 과정을 바르게 나타낸 열균형 방정식은? (단, S는 열축적, M은 대사, E는 증발, R은 복사, C는 대류, W는 한 일이다.)

① $S=M-E\pm R-C+W$
② $S=M-E-R\pm C+W$
③ $S=M-E\pm R\pm C-W$
④ $S=M\pm E-R\pm C-W$

해설 열교환 방정식
열축적(S) = M(대사열) $- E$(증발) $\pm R$(복사) $\pm C$(대류) $- W$(한 일)

33. K 작업장에서 근무하는 작업자가 90 dB(A)에 6시간, 95 dB(A)에 2시간 동안 노출되었다. 음압수준별 허용시간이 다음 표와 같을 때 소음 노출지수(%)는?

음압수준 dB(A)	노출 허용시간/일
90	8
95	4
100	2
105	1
110	0.5
115	0.25
-	0.125

① 55%   ② 85%
③ 105% ④ 125%

해설 소음노출지수(D)
$= \left(\dfrac{C_1}{T_1} + \dfrac{C_2}{T_2} + \cdots + \dfrac{C_n}{T_n} \right) \times 100$
$= \left(\dfrac{6}{8} + \dfrac{2}{4} \right) \times 100 = 125\%$

여기서, C_n : 실제노출시간
T_n : 허용노출시간

34. 해부학적 자세를 기준으로 신체를 좌우로 나누는 면(plane)은?

① 횡단면   ② 시상면
③ 관상면   ④ 전두면

해설 인체해부학적 기준면
- 정중면 : 신체를 좌우대칭으로 나누는 면
- 관상면 : 몸을 전후로 나누는 면
- 횡단면(수평면) : 신체를 상하로 나누는 면
- 시상면 : 해부학적 자세를 기준으로 신체를 좌우로 나누는 면

35. 산업안전보건법령상 작업환경 측정에 사용되는 단위로 고열환경을 종합적으로 평가할 수 있는 지수는?

① 실효온도(ET)
② 열스트레스지수(HSI)
③ 습구흑구온도지수(WBGT)
④ 옥스퍼드지수(Oxford index)

해설
- 습구흑구온도지수(WBGT) : 작업환경 측정에 사용되는 단위로, 고열환경을 종합적으로 평가할 수 있는 지수이다.
- 실효온도(체감온도, 감각온도) : 상대습도 100%일 때의 온도에서 느끼는 온도와 동일한 온감이다.
- 습건지수(Oxford지수) : 습구온도와 건구온도의 단순 가중치를 나타내는 지수이다.

참고 HSI(Heat Stress Index) : 열압박지수

36. 소음방지대책 중 다음과 같은 기법을 무엇이라 하는가?

> 감쇠 대상의 음파와 동위상인 신호를 보내어 음파 간에 간섭현상을 일으키면서 소음이 저감되도록 하는 기법

① 음원 대책   ② 능동제어 대책

정답 32. ③ 33. ④ 34. ② 35. ③ 36. ②

③ 수음자 대책　　④ 전파경로 대책

해설 지문은 감쇠 대상 음파와 동위상 신호를 보내 간섭으로 소음을 줄이는 능동소음제어 기법을 설명한 것이다.

37. 주파수가 가청영역 이하인 소음을 무엇이라고 하는가?
① 충격 소음　　② 초음파 소음
③ 간헐 소음　　④ 초저주파 소음

해설
- 가청주파수 : 20~20000Hz
- 저주파 : 20~700Hz
- 초저주파 : 20Hz 이하

38. 운동이 가장 자유롭고 다축성으로 이루어진 관절은?
① 견관절　　② 추간 관절
③ 슬관절　　④ 요골수근관절

해설 견관절(어깨 관절)은 운동이 가장 자유롭고 다축성으로 이루어져 있으며, 구상 관절에 속한다.

참고 구상 관절 : 운동범위가 크고 3개의 운동축을 가진 관절로, 어깨와 고관절 등이 해당된다.

39. 다음 중 골격의 역할로 옳지 않은 것은?
① 신체 활동의 수행
② 신체 주요 부분의 보호
③ 신체의 지지 및 형상
④ 운동 명령 정보의 전달

해설 뼈의 역할 및 기능
- 신체 중요 부분을 보호하는 역할
- 신체의 지지 및 형상을 유지하는 역할
- 신체 활동을 수행하는 역할
- 골수에서 혈구세포를 만드는 조혈기능
- 칼슘, 인 등의 무기질 저장 및 공급기능

40. 교대작업에 관한 설명으로 맞는 것은?
① 교대작업은 야간 → 저녁 → 주간 순으로 하는 것이 좋다.
② 교대 일정은 정기적이고 근로자가 예측 가능하도록 해야 한다.
③ 신체 적응을 위해 야간근무는 7일 정도로 지속되어야 한다.
④ 야간 교대시간은 가급적 자정 이후로 하고, 아침 교대시간은 오전 5~6시 이전에 하는 것이 좋다.

해설 ① 교대작업은 주간 → 저녁 → 야간 → 주간 순으로 하는 것이 좋다.
③ 신체 적응을 위해 야간근무는 2~3일 이상 연속하지 않는다.
④ 야간 교대시간은 가급적 자정 이전으로 하고, 아침 교대시간은 오전 7시 이후에 하는 것이 좋다.

3과목　산업심리학 및 관계법규

41. 부주의에 대한 사고방지대책 중 정신적 측면의 대책으로 볼 수 없는 것은?
① 안전의식의 제고
② 작업의욕의 고취
③ 작업조건의 개선
④ 주의력 집중훈련

해설 ㉠ 정신적 측면에 대한 대책
- 안전의식 함양
- 주의력 집중훈련
- 스트레스 해소
- 작업의욕 고취

㉡ 기능 및 작업적 측면에 대한 대책
- 적성배치
- 안전작업방법 습득
- 작업조건 개선
- 표준작업 동작의 습관화

42. 제조물책임법에서 동일한 손해에 배상할 책임이 있는 사람이 최소 몇 명 이상이어야 연대하여 그 손해를 배상할 책임이 있는가?

① 2인 이상 ② 4인 이상
③ 6인 이상 ④ 8인 이상

해설 동일한 손해에 대해 배상할 책임이 있는 사람이 2명 이상이면 연대하여 배상할 책임이 있다.

43. NIOSH의 직무 스트레스 모형에서 직무 스트레스 요인에 해당하지 않는 것은?

① 작업요인 ② 개인적 요인
③ 조직요인 ④ 환경요인

해설 직무 스트레스의 요인
- 작업요인 : 작업부하, 교대근무 등
- 조직요인 : 갈등, 역할요구, 관리유형 등
- 환경요인 : 소음, 한랭, 환기불량, 조명 등

참고 중재요인 : 개인적 요인, 조직 외 요인, 완충요인

44. 조직차원에서의 스트레스 관리방안과 가장 거리가 먼 것은?

① 직무재설계
② 긴장완화훈련
③ 우호적인 직장 분위기 조성
④ 경력계획과 개발과정의 수립 및 상담 제공

해설 긴장완화훈련은 스스로 수행하는 자율훈련이다.

45. Hick-Hyman의 법칙에 의하면 인간의 반응시간(RT)은 자극정보의 양에 비례한다고 한다. 자극정보의 수가 2개에서 8개로 증가한다면 반응시간은 몇 배 증가하겠는가?

① 3배 ② 4배
③ 16배 ④ 32배

해설 Hick-Hyman의 법칙
반응시간(RT) = $a\log_2 N$
여기서, a : 상수
  N : 자극정보의 수
$N=2$일 때 RT는 $\log_2 2 = 1$에 비례
$N=8$일 때 RT는 $\log_2 8 = 3$에 비례
∴ 반응시간은 약 3배 증가한다.

46. 인간의 의식수준과 주의력에 대한 관계가 옳지 않은 것은?

구분	의식 수준	의식 모드	행동 수준	신뢰성
A	Ⅳ	흥분	흥분	낮다.
B	Ⅲ	정상 (분명한 의식)	적극적 행동	매우 높다.
C	Ⅱ	정상 (느긋한 기분)	안정된 행동	다소 높다.
D	Ⅰ	무의식	수면	높다.

① A ② B
③ C ④ D

해설 인간의 의식 레벨의 단계

단계	모드	생리적 상태	신뢰성
0	무의식	수면, 뇌발작, 주의작용 상실, 실신	0
1	의식 흐림	피로, 단조로운 일, 수면, 졸음, 몽롱	0.9 이하
2	이완 상태	안정적 기거, 휴식, 정상작업	0.99~1 이하
3	상쾌한 상태	적극적 활동, 최적의 활동상태	0.999 이상
4	과긴장 상태	일점 집중, 긴급 방위 반응	0.9 이하

정답 42. ① 43. ② 44. ② 45. ① 46. ④

47. 다음에서 설명하는 것은?

> 집단을 이루는 구성원들이 서로에게 매력적으로 끌리어 그 집단 목표를 달성하는 정도를 나타내며, 소시오메트리 연구에서는 실제 상호선호관계의 수를 가능한 상호선호관계의 총수로 나누어 지수(index)로 표현한다.

① 집단 협력성
② 집단 단결성
③ 집단 응집성
④ 집단 목표성

해설 집단 응집성 : 집단 구성원들이 서로 매력을 느끼고 결속하여 목표 달성에 기여하는 정도를 의미하며, 소시오메트리 연구에서는 실제 상호선호관계를 가능한 상호선호관계 총수로 나누어 지수로 나타낸다.

48. 재해예방의 4원칙에 해당되지 않는 것은?

① 예방가능의 원칙
② 보상분배의 원칙
③ 손실우연의 원칙
④ 대책선정의 원칙

해설 하인리히 산업재해예방의 4원칙
- 손실우연의 원칙
- 원인계기의 원칙
- 예방가능의 원칙
- 대책선정의 원칙

49. 인적요인 개선을 통한 휴먼에러 방지대책으로 적합한 것은?

① 작업자 특성과 작업설비 적합성 점검·개선
② 인간공학적 설계 및 적합화
③ 모의훈련으로 시나리오에 따른 리허설
④ 안전 설계(fail-safe desing)

해설 휴먼에러 예방대책
- 인적요소에 대한 대책
- 소집단 활동의 활성화
- 작업에 대한 교육 및 훈련
- 전문인력의 적재적소 배치
- 모의훈련으로 시나리오에 따른 리허설

50. 미사일을 탐지하는 경보 시스템이 있다. 조작자는 한 시간마다 일련의 스위치를 작동해야 하는 데 휴먼에러 확률(HEP)은 0.01이다. 2시간에서 5시간까지의 인간신뢰도는 약 얼마인가?

① 0.9412
② 0.9510
③ 0.9606
④ 0.9703

해설 인간신뢰도 $R(t)$
$= e^{-\lambda(t_2 - t_1)} = e^{-0.01(5-2)} ≒ 0.9703$
여기서, λ : 고장률
t_1 : 시작하는 시간
t_2 : 끝나는 시간

51. 사고의 유형, 기인물 등 항목을 큰 순서대로 분류하여 사고방지를 위해 사용하는 통계적 원인분석 도구는?

① 관리도
② 크로스도
③ 파레토도
④ 특성요인도

해설 재해 분석 분류
- 관리도 : 시간 경과에 따른 재해발생 건수 등의 대략적인 추이를 파악하는 분석법
- 크로스 분석도 : 2가지 항목 이상의 요인이 상호관계를 유지할 때의 문제분석법
- 파레토도 : 사고 유형, 기인물 등 분류항목이 큰 순서대로 도표화한 분석법
- 특성요인도 : 재해와 그 요인의 관계를 어골상으로 세분하여 나타낸 분석법

정답 47. ③ 48. ② 49. ③ 50. ④ 51. ③

52. 작업에 수반되는 피로를 줄이기 위한 대책으로 적절하지 않은 것은?

① 작업부하의 경감
② 작업속도의 조절
③ 동적 동작의 제거
④ 작업 및 휴식시간의 조절

해설 ③ 정적 자세의 제거

참고 정적 자세를 오래 유지하는 것은 동적 자세보다 부담이 크므로 제거해야 한다.

53. 다음 중 오하이오 주립대학의 리더십 연구에서 구조주도적(initiating structure) 리더와 배려적(consideration) 리더의 설명으로 틀린 것은?

① 배려적 리더는 관계지향적, 인간중심적으로 인간에 관심을 가진다.
② 구조주도적 리더십은 구성원들의 성과 환경을 구조화하는 리더십 행동이다.
③ 구조주도적 리더십은 성과를 구체적이고 정확하게 평가하는 행동 유형을 말한다.
④ 배려적 리더는 구성원의 과업을 설정 및 배정하고 구성원과의 의사소통 네트워크를 명확히 한다.

해설 배려적 리더는 관계지향적, 인간중심적으로, 친밀한 분위기를 중시하며 구성원에 관심을 갖는다.

54. 민주형 리더십의 특징에 관한 설명으로 틀린 것은?

① 자발적 행동이 나타났다.
② 구성원 간의 상호관계가 원만하다.
③ 맥그리거의 X이론에 근거를 둔다.
④ 모든 정책이 집단 토의나 결정에 의해서 이루어진다.

해설 ③ 맥그리거의 Y이론에 근거를 둔다.

55. 허즈버그(Herzberg)의 동기요인에 해당되지 않는 것은?

① 성장
② 성취감
③ 책임감
④ 작업조건

해설 • 동기요인 : 성취감, 책임감, 안정감, 도전감, 발전과 성장
• 위생요인 : 정책 및 관리, 개인 간의 관계, 감독, 임금 및 지위, 작업조건, 안전

56. 직무 행동의 결정요인이 아닌 것은?

① 능력
② 수행
③ 성격
④ 상황적 제약

해설 직무 행동의 결정요인은 능력, 성격, 상황적 제약 등이며, 수행은 이 요인들에 의해 결과로 나타나는 행동의 산물이다.

57. 다음 중 호손(Hawthorne) 연구내용으로 맞는 것은?

① 종업원의 이적률을 결정하는 주요 요인은 임금수준이다.
② 호손 연구의 결과는 맥그리거(McGreger)의 XY이론 중 X이론을 지지한다.
③ 작업자의 작업능률은 물리적인 작업조건보다는 인간관계의 영향을 더 많이 받는다.
④ 높은 임금수준이나 좋은 작업조건은 개인의 직무 불만족을 방지하고 직무 동기 수준을 높인다.

해설 호손실험 : 작업자의 태도, 감독자, 비공식 집단 등 물리적 작업조건보다 인간관계(심리적 태도, 감정)가 생산성 향상에 더 큰 영향을 미친다는 결론이다.

58. 지능과 작업 간의 관계를 설명한 것으로 가장 적절한 것은?

① 작업 수행자의 지능이 높을수록 바람직하다.

정답 52. ③ 53. ④ 54. ③ 55. ④ 56. ② 57. ③ 58. ③

② 작업 수행자의 지능과 사고율 사이에는 관계가 없다.
③ 각 작업에는 그에 적정한 지능수준이 존재한다.
④ 작업특성과 작업자의 지능 간에는 특별한 관계가 없다.

해설 지능과 작업 간의 관계
- 작업의 종류에 따라 다르다.
- 지능은 사고에 영향을 미친다.
- 작업특성과 작업자의 지능 간에는 밀접한 관계가 있다.

59. 집단 간의 갈등 해결기법으로 가장 적절하지 않은 것은?

① 자원의 지원을 제한한다.
② 집단들의 구성원들 간의 직무를 순환한다.
③ 갈등 집단의 통합이나 조직구조를 개편한다.
④ 갈등관계에 있는 당사자들이 함께 추구해야 할 새로운 상위의 목표를 제시한다.

해설 자원의 지원을 제한하기보다는, 오히려 자원의 공급을 늘려 집단 간 자원 분배 경쟁을 완화하는 것이 바람직하다.

60. 심리적 측면에서 분류한 휴먼에러의 분류에 속하는 것은?

① 입력 오류
② 정보처리 오류
③ 의사결정오류
④ 생략오류

해설 휴먼에러의 심리적 분류
- 생략, 누설, 부작위 오류
- 순서 오류
- 작위 오류

참고 정보처리 과정의 측면에서 분류하면 입력 오류, 출력 오류, 정보처리 오류, 의사결정 오류가 있다.

4과목 근골격계질환 예방을 위한 작업관리

61. 설비의 배치방법 중 제품별 배치의 특성에 대한 설명으로 틀린 것은?

① 재고와 재공품이 적어 저장면적이 작다.
② 운반거리가 짧고 가공물의 흐름이 빠르다.
③ 작업기능이 단순화되며 작업자의 작업지도가 용이하다.
④ 설비의 보전이 용이하고 가동율이 높기 때문에 자본투자가 적다.

해설 ④는 공정별 배치의 특성에 대한 설명이다.

참고 부품의 공간배치의 원칙
- 중요성의 원칙 : 중요한 부품을 우선 배치한다.
- 사용빈도의 원칙 : 사용빈도가 높은 부품을 우선 배치한다.
- 기능별 배치의 원칙 : 관련 기능의 부품을 모아서 배치한다.
- 사용순서의 원칙 : 사용순서에 따라 배치한다.

62. 작업방법 설계 시 고려해야 할 사항으로 옳지 않은 것은?

① 눈동자의 움직임을 최소화한다.
② 동작을 천천히 하여 최대 근력을 얻도록 한다.
③ 최대한 발휘할 수 있는 힘의 30% 이하로 유지한다.
④ 가능하다면 중력 방향으로 작업을 수행하도록 한다.

해설 근력으로 발휘할 수 있는 최대 힘은 약 30초 유지되며, 50%에서는 약 1분, 15% 이하에서는 긴 시간 유지되고, 10% 미만에서는 무한히 유지될 수 있다.

정답 59. ① 60. ④ 61. ④ 62. ③

63. NIOSH의 들기 작업 지침에서 들기 지수 (LI)를 산정하는 식에서 반영되는 변수가 아닌 것은?

① 표면 계수
② 수평 계수
③ 빈도 계수
④ 비대칭 계수

해설 권장무게한계
RWL(Kd) = LC × HM × VM × DM × AM × FM × CM

LC	부하 상수	23 kg 작업물의 무게
HM	수평 계수	$25/H$
VM	수직 계수	$1-(0.003 \times V-75)$
DM	거리 계수	$0.82+(4.5/D)$
AM	비대칭 계수	$1-(0.0032 \times A)$
FM	빈도 계수	분당 들어 올리는 횟수
CM	결합 계수	커플링 계수

64. 작업연구의 내용과 가장 관계가 먼 것은?

① 표준시간을 산정하여 결정한다.
② 최선의 작업방법을 개발하고 표준화한다.
③ 최적의 작업방법으로 작업자 훈련을 한다.
④ 작업에 필요한 경제적 로트(lot) 크기를 결정한다.

해설 작업에 필요한 경제적 로트 크기 결정은 재고·생산계획의 영역으로, 발주비용과 보유비용을 최소화하는 주문 또는 생산량을 정하는 문제이다.

65. 근골격계질환의 유형에 대한 설명으로 옳지 않은 것은?

① 외상 과염은 팔꿈치 부위의 인대에 염증이 생겨 발생하는 증상이다.
② 수근관 증후군은 손목이 꺾인 상태나 과한 힘을 준 상태에서 반복적인 손 운동을 할 때 발생한다.
③ 회내근 증후군은 과도한 망치질, 노 젓기 동작 등으로 손가락이 저리고 손가락 굴곡이 약화되는 증상이다.
④ 결절종은 반복, 구부림, 진동 등에 의해 건의 섬유질이 손상되거나 찢어지는 등 건에 염증이 생기는 질환이다.

해설 결절종 : 반복동작, 구부림, 진동 등에 의해 손바닥·손가락에 액체가 찬 낭포(물혹)가 생기는 흔한 종양(질환)이다.

66. 작업관리에서 사용되는 기본 문제해결 절차로 가장 적합한 것은?

① 연구대상 선정 → 분석과 기록 → 분석 자료 검토 → 개선안 수립 → 개선안 도입
② 연구대상 선정 → 분석 자료 검토 → 분석과 기록 → 개선안 수립 → 개선안 도입
③ 분석 자료 검토 → 분석과 기록 → 개선안 수립 → 연구대상 선정 → 개선안 도입
④ 분석 자료 검토 → 개선안 수립 → 분석과 기록 → 연구대상 선정 → 개선안 도입

해설 문제해결 기본 5단계 절차
- 1단계 : 연구대상 선정
- 2단계 : 분석과 기록
- 3단계 : 분석자료 검토
- 4단계 : 개선안 수립
- 5단계 : 개선안 도입

67. 근골격계질환 발생의 주요 작업 위험요인으로 분류하기에 적절하지 않은 것은?

① 부적절한 휴식
② 과도한 반복작업
③ 작업 중 과도한 힘의 사용
④ 작업 중 적절한 스트레칭의 부족

해설 근골격계질환의 작업요인 : 작업의 반복도, 작업강도, 작업자세, 과도한 힘, 진동, 스트레스, 환경요인 등

정답 63. ① 64. ④ 65. ④ 66. ① 67. ④

68. 다음 중 서블릭(Therblig)에 관한 설명으로 틀린 것은?

① 조립(A)은 효율적 서블릭이다.
② 검사(I)는 비효율적 서블릭이다.
③ 빈손 이동(TE)은 효율적 서블릭이다.
④ 미리 놓기(PP)는 비효율적 서블릭이다.

해설 ④ 미리 놓기(PP)는 효율적 서블릭이다.

69. A작업 관측 평균시간은 25DM, 제1평가에 의한 속도평가 계수는 120%, 제2평가에 의한 2차 조정계수가 10%일 때 객관적 평가법에 의한 정미시간은? (단, 1DM=0.6초)

① 19.8초　　② 23.8초
③ 26.1초　　④ 28.8초

해설 정미시간(NT)
= 평균관측시간×속도평가 계수
　×(1+2차 조정 계수)
=(25×0.6)×1.2×(1+0.1)=19.8초

70. 산업안전보건법령상 근로자가 근골격계 부담작업을 하는 경우 유해요인조사의 실시 주기는? (단, 신설되는 사업장은 제외한다.)

① 6개월　　② 1년
③ 2년　　　④ 3년

해설 사업주는 근로자가 근골격계 부담작업을 하는 경우 3년마다 유해요인조사를 한다.

참고 신설되는 사업장의 경우 신설일로부터 1년 이내에 최초의 유해요인조사를 실시한다.

71. 유해요인조사 도구 중 JSI(Job Strain Index)의 평가항목에 해당하지 않는 것은?

① 손·손목의 자세
② 1일 작업의 생산량
③ 힘을 발휘하는 강도
④ 힘을 발휘하는 지속시간

해설 ② 1일 작업 지속시간

72. 다음과 같은 특징을 가지는 표준시간 측정법은?

> 연속적인 측정방법으로 스톱워치, 전자식 타이머, 비디오카메라 등이 사용되며, 작업을 실제로 관측하여 표준시간을 산정하는 방법이다.

① PTS법　　② 시간연구법
③ 표준자료법　④ 워크샘플링

해설 시간연구법 : 스톱워치, 전자식 타이머, 비디오카메라 등의 기록 장치를 이용하여 작업을 직접 관측하고, 그 결과를 바탕으로 표준시간을 산정하는 방법이다.

73. 다음 중 수공구의 설계관리로 적절하지 않은 것은?

① 손목 대신 손잡이를 굽히도록 한다.
② 지속적인 정적 근육부하를 피하도록 한다.
③ 측정 손가락의 반복동작을 피하도록 한다.
④ 손끝이 닿는 표면의 홈은 되도록 깊게 하고, 그 수는 가능한 많이 제작한다.

해설 ④ 손끝이 닿는 표면의 홈은 되도록 얕게 하고, 그 수는 가능한 적게 제작한다.

74. 다음 중 손가락을 구부릴 때 힘줄의 굴곡운동에 장애를 주는 근골격계질환의 명칭으로 옳은 것은?

① 회전근개 건염　② 외상 과염
③ 방아쇠 수지　　④ 내상 과염

해설 손가락을 굽히고 펼 때 방아쇠를 당기는 듯한 저항감과 통증이 느껴지기 때문에 방아쇠 수지라고 부른다.

정답 68. ④　69. ①　70. ④　71. ②　72. ②　73. ④　74. ③

75. 제조업의 단순반복 조립작업을 RULA (Rapid Upper Limb Assessment)방법으로 평가한 결과 최종 점수가 5점이었다. 가장 옳은 해석은?

① 빠른 작업개선과 작업위험요인의 분석이 요구된다.
② 수용 가능한 안전한 작업으로 평가된다.
③ 계속적인 추적관찰을 요하는 작업으로 평가된다.
④ 즉각적인 개선과 작업위험요인의 정밀조사가 요구된다.

해설 RULA 조치단계 결정
- 조치수준1(1~2점) : 수용 가능한 작업
- 조치수준2(3~4점) : 계속적 추적관찰 요구
- 조치수준3(5~6점) : 빠른 작업개선, 작업위험요인 분석 요구
- 조치수준4(7점 이상) : 정밀조사, 즉각적인 개선 요구

76. 들기 작업의 안전작업 범위 중 주의작업 범위에 해당하는 것은?

① 팔을 몸에 붙이고 손목만 위아래로 움직일 수 있는 범위
② 팔을 완전히 뻗어 손을 어깨까지 올리고, 허벅지까지 내리는 범위
③ 물체를 놓치기 쉽거나 허리가 안전하게 무게를 지탱할 수 있는 범위
④ 팔꿈치를 몸 측면에 붙이고 손이 어깨 높이에서 허벅지 부위까지 닿을 수 있는 범위

해설 ①, ④는 안전작업 범위
③은 위험작업 범위

77. 다음 중 영상표시 단말기(VDT) 취급작업자 작업지침상 작업자의 작업자세로 옳지 않은 것은?

① 손목은 일직선이 되도록 한다.
② 화면과의 거리는 40cm 이상이어야 한다.
③ 화면상의 시야범위는 수평선상에서 10~15° 위에 오도록 한다.
④ 윗팔(upper arm)은 자연스럽게 늘어뜨리고 팔꿈치의 내각은 90° 이상 되어야 한다.

해설 ③ 화면상의 시야범위는 수평선상에서 10~15° 아래에 오도록 한다.

78. 작업대 및 작업공간에 관한 설명으로 틀린 것은?

① 가능하면 작업자가 작업 중 자세를 필요에 따라 변경할 수 있도록 작업대와 의자 높이를 조절할 수 있는 방식을 사용한다.
② 가능한 낙하식 운반방법을 사용한다.
③ 작업점의 높이는 팔꿈치 높이를 기준으로 설계한다.
④ 정상 작업역이란 작업자가 위팔과 아래팔을 곧게 펴서 파악할 수 있는 구역으로 조립작업에 적절한 영역이다.

해설 ④는 최대 작업역에 해당하는 내용이다.

79. 중량물 취급 시 작업자세로 틀린 것은?

① 무릎을 곧게 펼 것
② 중량물은 몸에 가깝게 할 것
③ 발을 어깨넓이 정도로 벌릴 것
④ 목과 등이 거의 일직선이 되도록 할 것

해설 ① 무릎을 굽혔다가 펼 것

80. 1TMU(Time Measurement Unit)를 초 단위로 환산한 것은?

① 0.0036초 ② 0.036초
③ 0.36초   ④ 1.667초

해설 1TMU=0.00001시간=0.00006분=0.036초

정답 75. ① 76. ② 77. ③ 78. ④ 79. ① 80. ②

2024년도(1회차) CBT 출제문제

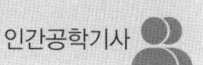

1과목 인간공학개론

1. 실현 가능성이 같은 N개의 대안이 있을 때 총정보량(H)을 구하는 식으로 옳은 것은?

① $H = \log N^2$
② $H = \log_2 N$
③ $H = 2\log_2 N^2$
④ $H = \log 2N$

해설 총정보량(H)
N개의 대안이 있을 때 $H = \log_2 N$

2. 정보이론의 응용과 가장 거리가 먼 것은?

① Hick-Hyman 법칙
② Magic number = 7±2
③ 주의 집중과 이중 과업
④ 자극의 수에 따른 반응시간 설정

해설 Hick-Hyman 법칙, Magic number(7±2), 자극의 수에 따른 반응시간 설정 등은 모두 정보이론의 응용이다.

3. 인간의 눈에 관한 설명으로 맞는 것은?

① 간상세포는 황반(fovea) 중심에 밀집되어 있다.
② 망막의 간상세포(rod)는 색의 식별에 사용된다.
③ 시각은 물체와 눈 사이의 거리에 반비례한다.
④ 원시는 수정체가 두꺼워져 먼 물체의 상이 망막 앞에 맺히는 현상을 말한다.

해설 ① 원추세포는 황반(fovea) 중심에 밀집되어 있다.
② 원추세포는 색의 식별에 사용된다.
④ 근시는 수정체가 두꺼워져 망막 앞에 맺히는 현상을 말한다.

참고 시각은 물체의 크기(높이)를 눈과 물체 사이의 거리로 나누어 계산한다.

$$시각(분) = \frac{5.73 \times 60 \times L}{D}$$

여기서, L : 물체의 높이
D : 눈과 물체 사이의 거리

4. 인체측정치의 응용원칙으로 적합한 것은?

① 침대 길이는 5퍼센타일 치수를 적용한다.
② 비상버튼까지의 거리는 5퍼센타일 치수를 적용한다.
③ 의자의 좌판 깊이는 95퍼센타일 치수를 적용한다.
④ 지하철의 손잡이 높이는 95퍼센타일 치수를 적용한다.

해설 극단치 설계원칙
- 최대치수의 원칙 : 인체치수 분포의 상위 90%, 95%, 99% 사용자를 포함할 수 있도록 최댓값을 기준으로 설계하며 출입문, 통로 등 여유 공간에 적용한다.
- 최소치수의 원칙 : 인체치수 분포의 하위 1%, 5%, 10% 사용자를 포함할 수 있도록 최솟값을 기준으로 설계하며 기계 높이, 전철 손잡이, 비상버튼 등에 적용한다.

5. 밀러(Miller)의 신비의 수(magic number) 7±2와 관련이 있는 인간의 정보처리 계통은 어느 것인가?

① 장기기억
② 단기기억
③ 감각기관
④ 제어기관

정답 1.② 2.③ 3.③ 4.② 5.②

해설 단기기억(작업기억)의 용량은 보통 7±2 청크(chunk)이다.

6. 조종장치에 대한 설명으로 옳은 것은?
① C/R비가 크면 민감한 장치이다.
② C/R비가 작은 경우에는 조종장치의 조정시간이 적게 필요하다.
③ C/R비가 감소함에 따라 이동시간은 감소하고 조종시간은 증가한다.
④ C/R비는 반응장치의 움직인 거리를 조종장치의 움직인 거리로 나눈 값이다.

해설 ① C/R비가 크면 둔감한 장치이다.
② C/R비가 클수록 조종장치의 조정 수행시간은 상대적으로 길다.
④ C/R비는 조종장치의 움직인 거리를 표시장치의 반응거리로 나눈 값이다.

7. 다음 중 시각적 부호의 3가지 유형과 거리가 먼 것은?
① 임의적 부호   ② 묘사적 부호
③ 사실적 부호   ④ 추상적 부호

해설 시각적 부호 유형
- 묘사적 부호 : 사물의 행동을 단순하고 정확하게 묘사하는 부호(예 위험표지판의 해골과 뼈, 도보 표지판의 걷는 사람)
- 추상적 부호 : 전달할 메시지의 핵심을 도식적으로 압축하여 표현한 부호
- 임의적 부호 : 약속에 의해 의미가 정해져 있어 학습을 통해 알아야 하는 부호(예 경고표지는 삼각형, 안내표지는 사각형, 지시표지는 원형 등)

8. 인간공학 연구에 사용되는 기준(criterion, 종속변수) 중 인적 기준(human criterion)에 해당하지 않은 것은?

① 보전도
② 사고 빈도
③ 주관적 반응
④ 인간 성능

해설 인적 기준에는 사고 빈도, 주관적 반응, 인간 성능, 생리학적 지표가 포함된다.

참고 보전도 : 기기나 시스템에 고장이 발생했을 때, 이를 고칠 수 있는 확률

9. 다음 중 신호검출이론(SDT)에서 신호 유무를 판별함에 있어 4가지 반응 대안과 관계없는 것은?
① 긍정(hit)
② 누락(miss)
③ 채택(acceptation)
④ 허위(false alarm)

해설 신호검출이론은 긍정(hit), 허위(false alarm), 누락(miss), 부정(correct rejection)의 4가지 결과가 있다.

10. 다음 중 청각적 표시장치에 관한 설명으로 맞는 것은?
① 청각 신호의 지속시간은 최대 0.3초 이내로 한다.
② 청각 신호의 차원은 세기, 빈도, 지속기간으로 구성된다.
③ 즉각적 행동이 요구될 때 청각적 표시장치보다 시각적 표시장치를 사용하는 것이 좋다.
④ 신호의 검출도를 높이기 위해 소음 세기가 높은 영역의 주파수로 신호 주파수를 바꾼다.

해설 ① 청각 신호의 지속시간은 0.5초 이상이어야 한다.
③ 즉각적인 행동이 요구될 때는 청각적 표시장치가 더 효과적이다.
④ 신호의 검출도 향상과 주파수 변경은 직접적인 관련이 없다.

정답 6. ③ 7. ③ 8. ① 9. ③ 10. ②

11. 직렬시스템과 병렬시스템의 특성에 대한 설명으로 옳은 것은?

① 직렬시스템에서 요소의 개수가 증가하면 시스템의 신뢰도도 증가한다.
② 병렬시스템에서 요소의 개수가 증가하면 시스템의 신뢰도는 감소한다.
③ 시스템의 높은 신뢰도를 안정적으로 유지하기 위해서는 병렬시스템으로 설계한다.
④ 일반적으로 병렬시스템으로 구성된 시스템은 직렬시스템으로 구성된 시스템보다 비용이 감소한다.

해설 ① 직렬시스템에서 요소의 개수가 증가하면 시스템의 신뢰도는 감소한다.
② 병렬시스템에서 요소의 개수가 증가하면 시스템의 신뢰도도 증가한다.
④ 일반적으로 병렬시스템으로 구성된 시스템은 직렬시스템으로 구성된 시스템보다 비용이 증가한다.

12. 작업 중인 프레스기로부터 50m 떨어진 곳에서 음압을 측정한 결과 음압수준이 100dB이었다면, 100m 떨어진 곳에서의 음압수준은 약 몇 dB인가?

① 90 ② 92 ③ 94 ④ 96

해설 음압수준
$$dB_2 = dB_1 - 20\log\left(\frac{d_2}{d_1}\right)$$
$$= 100 - 20\log\left(\frac{100}{50}\right) = 94\,dB$$

13. 실제 사용자들의 행동 분석을 위해 생활하는 자연스러운 환경에서 비디오, 오디오에 녹화하여 시험하는 사용성 평가방법은?

① F.G.I(Focus Group Interview)
② 사용성 평가실험(usability lab testing)
③ 관찰 에스노그라피(observation ethnography)
④ 종이모험(paper mock-up) 평가법

해설 관찰 에스노그라피 : 사용자의 행동을 분석하기 위해 생활하는 자연스러운 환경에서 수행하는 사용성 평가기법이다.

14. 어떤 시스템의 사용성을 평가하기 위해 사용하는 기준으로 적절하지 않은 것은?

① 효율성 ② 학습 용이성
③ 가격대비 성능 ④ 기억 용이성

해설 사용성 평가 시 사용기준
• 효율성 • 학습 용이성
• 기억 용이성 • 에러 빈도

15. 코드화(coding) 시스템 사용상의 일반적 지침으로 적합하지 않은 것은?

① 양립성이 준수되어야 한다.
② 차원의 수를 최소화해야 한다.
③ 자극은 검출이 가능해야 한다.
④ 다른 코드표시와 구별되어야 한다.

해설 ② 차원의 수를 최대화해야 한다.
참고 입력자극 암호화의 일반적 지침
• 암호의 양립성
• 암호의 검출성
• 암호의 변별성

16. 인간의 정보처리 과정에서 중요한 역할을 하는 양립성(compatibility)에 관한 설명으로 옳은 것은?

① 인간이 사용하는 코드와 기호가 얼마나 의미를 갖는지를 다루는 것을 공간적 양립성이라 한다.
② 표시장치와 제어장치의 움직임, 사용 시스템의 반응 등과 관련된 것을 개념적 양립성이라 한다.

정답 11. ③ 12. ③ 13. ③ 14. ③ 15. ② 16. ④

③ 제어장치와 표시장치의 공간적 배열에 관한 것을 운동 양립성이라 한다.
④ 직무에 알맞은 자극과 응답 양식의 존재에 대한 것을 양식 양립성이라 한다.

해설 ①은 개념적 양립성, ②는 운동 양립성, ③은 공간적 양립성에 대한 설명이다.

17. 사람이 일정한 시간에 두 가지 이상의 작업을 처리할 수 있도록 하는 것을 무엇이라 하는가?

① 시배분(time sharing)
② 변화감지(variety sense)
③ 절대식별(absolute judgment)
④ 비교식별(comparative judgment)

해설 시배분은 여러 가지 일을 일정한 시간에 처리할 수 있도록 시간을 나누는 것이다.

18. 광도(luminous intensity)를 측정하는 단위는?

① lux
② candela
③ lumen
④ lambert

해설
- lux : 조도의 단위
- candela : 광도의 단위
- lumen : 광선속의 크기를 나타내는 단위
- lambert : 휘도의 단위

19. 어떤 물체나 표면에 도달하는 빛의 밀도를 무엇이라 하는가?

① 시력　　② 순응
③ 조도　　④ 간상체

해설 조도(illuminance)는 단위면적당 비춰지는 빛의 양으로, 어떤 물체 표면에 도달한 빛의 밀도를 의미한다.

20. 다음 중 인체측정방법에 대한 설명으로 틀린 것은?

① 둥근 수평자(spreading caliper)는 가슴둘레를 측정할 때 사용한다.
② 수직자(anthropometer)는 키와 앉은 키를 측정할 때 사용한다.
③ 직접적인 인체측정방법은 일반적으로 마틴(Martin)식 인체 측정기를 사용하여 치수를 측정한다.
④ 실루에트(silhouette)법은 자동 촬영장치로 피측정자의 정면 및 측면사진을 촬영하고, 이 사진을 이용하여 인체치수를 실치수로 환산한다.

해설 둥근 수평자는 측정지점의 돌출점에 대고 다른 한쪽 끝을 벌려 눈썹점 등에 닿게 하여 직선거리를 측정하는 데 사용한다.

2과목　작업생리학

21. 작업강도의 증가에 따른 순환기 반응의 변화에 대한 설명으로 틀린 것은?

① 혈압의 상승
② 적혈구의 감소
③ 심박출량의 증가
④ 혈액의 수송량 증가

해설 적혈구가 감소하면 얼굴이 창백해지고 빈혈 증상 등이 나타난다.

참고 작업에 따른 인체의 생리적 반응
- 육체적 작업강도가 증가하면 심박출량이 증가한다.
- 심박출량이 증가하면 혈압이 상승한다.
- 혈액의 수송량이 증가하면 산소 소비량도 증가한다.

정답 17. ①　18. ②　19. ③　20. ①　21. ②

22. 근력에 대한 설명으로 틀린 것은?

① 훈련(운동)을 통해 근력을 증가시킬 수 있다.
② 동적 근력은 등척력이라 하며 정적 근력보다 측정하기 어렵다.
③ 근력은 보통 25~35세에 최고에 도달하고, 40세 이후 서서히 감소한다.
④ 정적 근력은 신체 부위를 움직이지 않으면서 물체에 힘을 가할 때 발생한다.

해설 ② 동적 근력은 등속력이라 하며 정적 근력보다 측정하기 어렵다.

23. 일반적으로 소음계는 주파수에 따른 사람의 느낌을 감안하여 A, B, C 세 특성에서 음압을 측정할 수 있도록 보정되어 있다. A 특성치는 몇 phon의 등음량 곡선과 비슷하게 주파수에 따른 반응을 보정하여 측정한 음압 수준을 말하는가?

① 20
② 40
③ 70
④ 100

해설 주파수에 따른 A, B, C 세 특성치
- A : 40 phon
- B : 70 phon
- C : 100 phon

24. 최대 산소소비능력(MAP : Maximum Aerobic Power)에 대한 설명으로 틀린 것은 어느 것인가?

① 근육과 혈액 중에 축적되는 젖산의 양이 감소한다.
② 이 수준에서는 주로 혐기성 에너지 대사가 발생한다.
③ 20세 전후로 최고가 되었다가 나이가 들수록 점차로 줄어든다.
④ 산소섭취량이 일정 수준에 도달하면 더 이상 증가하지 않는 수준이다.

해설 ① 근육과 혈액 중에 축적되는 젖산의 양이 증가한다.

25. 산업안전보건법령상 영상표시 단말기(VDT) 취급 근로자의 건강장해를 예방하기 위한 방법으로 옳지 않은 것은?

① 작업물을 보기 쉽도록 주위 조명 수준을 1000 lx 이상으로 높인다.
② 저휘도형 조명기구를 사용한다.
③ 빛이 작업화면에 도달하는 각도는 화면으로부터 45° 이내로 한다.
④ 화면상의 문자와 배경과의 휘도비를 낮춘다.

해설 화면의 바탕색상이 흰색 계통일 때 500~700 lx로, 검은색 계통일 때 300~500 lx로 유지하도록 한다.

26. 유산소(aerobic) 대사과정으로 인한 부산물이 아닌 것은?

① 젖산
② CO_2
③ H_2O
④ 에너지

해설 젖산은 무산소 운동 시 생성된다.

27. 모멘트(moment)에 관한 설명으로 옳지 않은 것은?

① 모멘트는 특정한 축에 관하여 회전을 일으키는 힘의 경향이다.
② 모멘트의 크기는 힘의 크기와 회전축으로부터 힘의 작용선까지의 거리에 의해 결정된다.
③ 모멘트의 단위는 N·m이다.
④ 힘의 방향과 관계없이 모멘트의 방향은 항상 일정하다.

해설 ④ 힘의 방향에 따라 모멘트의 방향은 바뀐다.

정답 22. ② 23. ② 24. ① 25. ① 26. ① 27. ④

28. 동일한 관절운동을 일으키는 주동근 (agonists)과 반대되는 작용을 하는 근육은?

① 박근(gracilis)
② 장요근(iliopsoas)
③ 길항근(antagonists)
④ 대퇴직근(rectus femoris)

해설 길항근 : 특정 관절운동에서 주동근과 서로 반대 방향으로 작용하는 근육으로, 예를 들어 팔꿈치 굴곡 운동 시 상완이두근이 주동근이라면 상완삼두근은 길항근이 된다.

참고 근육의 명칭과 기능
- 박근 : 넓적다리 안쪽에서 두덩뼈와 정강뼈에 붙는 근육
- 장요근 : 장골근과 대요근으로 이루어진 근육
- 대퇴직근 : 넓적다리 앞쪽에 있는 4개의 근육 중 하나
- 주동근 : 운동 시 주역을 담당하는 근육
- 협력근 : 주동근의 작용을 돕는 근육

29. 특정 과업에서 에너지 소비량에 영향을 미치는 인자로 가장 거리가 먼 것은?

① 작업속도
② 작업자세
③ 작업순서
④ 작업방법

해설 에너지 소비량에 영향을 주는 인자
- 작업자세
- 작업속도
- 도구사용(설계)
- 작업방법

30. 중량물을 운반하는 작업에서 발생하는 생리적 반응으로 옳은 것은?

① 혈압이 감소한다.
② 심박수가 감소한다.
③ 혈류량이 재분배된다.
④ 산소 소비량이 감소한다.

해설 작업에서 발생하는 생리적 반응
- 혈압이 증가한다.
- 심박수가 증가한다.
- 산소 소비량이 증가한다.

31. 자율신경계의 교감, 부교감 신경에 대한 설명 중 틀린 것은?

① 교감 신경은 동공을 축소시키고 부교감 신경은 동공을 확대시킨다.
② 교감 신경은 동공을 확대시키고 부교감 신경은 동공을 축소시킨다.
③ 교감 신경은 심장 박동을 촉진시키고 부교감 신경을 심장 박동을 억제시킨다.
④ 교감 신경은 소화 운동을 억제시키고 부교감 신경은 소화 운동을 촉진시킨다.

해설 자율신경계는 교감 신경계와 부교감 신경계로 나뉜다.
- 교감 신경 : 동공 확대
- 부교감 신경 : 동공 축소

32. 작업장의 소음 노출정도를 측정한 결과가 다음과 같다면 이 작업장 근로자의 소음노출지수는?

소음수준 [dB(A)]	노출시간[h]	허용시간[h]
80	3	64
90	4	8
100	1	2

① 1.00
② 1.05
③ 1.10
④ 1.15

해설 소음노출지수(D)
$$= \frac{C_1}{T_1} + \frac{C_2}{T_2} + \cdots + \frac{C_n}{T_n}$$
$$= \frac{3}{64} + \frac{4}{8} + \frac{1}{2} ≒ 1.05$$
여기서, C_n : 실제노출시간
T_n : 허용노출시간

정답 28. ③ 29. ③ 30. ③ 31. ① 32. ②

33. 고열 작업장에서 방열복의 착용은 신체와 환경 사이의 열교환 경로 중 어떠한 경로를 차단하기 위한 것인가?

① 전도(conduction)
② 대류(convection)
③ 복사(radiation)
④ 증발(evaporation)

해설 열교환의 4가지 방법
- 증발
- 복사
- 전도
- 대류(공기의 유동)

참고 복사란 광속의 공간을 퍼져 나가는 전자에너지를 말한다.

34. 다음 인체해부학의 용어 중 몸을 전후로 나누는 가상의 면(plane)을 뜻하는 것은?

① 정중면(medial plane)
② 시상면(sagittal plane)
③ 관상면(coronal plane)
④ 횡단면(transverse plane)

해설 인체해부학적 기준면
- 정중면 : 신체를 좌우대칭으로 나누는 면
- 관상면 : 몸을 전후로 나누는 면
- 횡단면 : 신체를 상하로 나누는 면
- 시상면 : 해부학적 자세를 기준으로 신체를 좌우로 나누는 면

35. 근세포막에 전달된 흥분을 근세포 내부로 전달하는 통로역할을 하는 것은?

① 근초(sarcolemma)
② 근섬유속(fasciculus)
③ 가로세관(transverse tubules)
④ 근형질세망(sarcoplasmic reticulum)

해설
- 근초 : 근섬유를 둘러싸고 있는 얇은 막
- 근섬유속 : 근섬유의 집합체로 근속이라고도 한다.
- 가로세관 : 근세포막에 전달된 흥분을 근세포 내부로 전달하는 통로역할을 한다.
- 근형질세망 : 칼슘이온(Ca^{2+})을 저장하고 농도를 조절하며, 근수축 시 칼슘이온을 방출한다.

36. 습구온도가 43℃, 건구온도가 32℃일 때 Oxford 지수는 얼마인가?

① 38.50℃   ② 38.15℃
③ 41.35℃   ④ 41.53℃

해설 Oxford index
$= (0.85 \times 습구온도) + (0.15 \times 건구온도)$
$= (0.85 \times 43) + (0.15 \times 32)$
$= 41.35℃$

37. 장기간 침상 생활을 하던 환자의 뼈가 정상인의 뼈보다 쉽게 골절이 일어나는 이유는 뼈의 어떤 기능에 의해 설명되는가?

① 재형성 기능   ② 조혈 기능
③ 지렛대 기능   ④ 지지 기능

해설 뼈의 주요 기능
- 재형성 기능 : 흡수와 형성을 반복해서 조직을 구성한다.
- 조혈 기능 : 공수에서 혈액 세포성분을 형성한다.
- 지렛대 기능 : 뼈에 부착된 근육이 수축하면서 관절 운동을 가능하게 하며, 지렛대의 힘판 역할을 수행한다.
- 지지 기능 : 연부조직을 지탱하고 신체의 형태를 유지하며, 추골과 하지의 뼈는 체중을 지지한다.

38. 소음에 대한 대책으로 가장 효과적이고 적극적인 방법은?

① 칸막이 설치   ② 소음원의 제거
③ 보호구 착용   ④ 소음원의 격리

정답 33. ③ 34. ③ 35. ③ 36. ③ 37. ① 38. ②

해설 소음원의 제거가 가장 적극적이고 효과적인 방법이다.
①, ③, ④는 소극적인 방법

39. 그림과 같은 심전도에서 나타나는 T파는 심장의 어떤 상태를 의미하는 것인가?

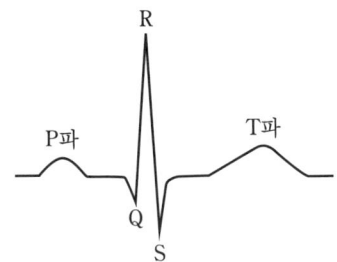

① 심방의 탈분극 ② 심실의 재분극
③ 심실의 탈분극 ④ 심방의 재분극

해설
- P파 : 심방 탈분극, 심방 수축
- Q-R-S파 : 심실 탈분극, 심실 수축
- T파 : 심실 재분극, 심실 이완, 수축 종료 후 휴식 시 발생

40. 어떤 산업현장에서 근로자가 작업을 통해 95dB(A)에서 3시간, 100dB(A)에서 0.5시간, 85dB(A)에서 5시간을 소음수준에 노출되었다면 총소음투여량은 약 얼마인가? (단, OSHA의 소음관련 기준을 따른다.)

① 65.62% ② 163.5%
③ 81.25% ④ 131.25%

해설 소음노출지수(D)

$$= \frac{C_1}{T_1} + \frac{C_2}{T_2} + \cdots + \frac{C_n}{T_n}$$

$$= \frac{3}{4} + \frac{0.5}{2} + \frac{5}{16}$$

$$\fallingdotseq 1.3125$$

$$= 131.25\%$$

여기서, C_n : 실제노출시간
T_n : 허용노출시간

3과목 산업심리학 및 관계법규

41. 제조물책임법에서 손해배상 책임에 대한 설명 중 틀린 것은?

① 물질적 손해뿐 아니라 정신적 손해도 손해배상 대상에 포함된다.
② 피해자가 손해배상 청구를 하기 위해서는 제조자의 고의 또는 과실을 입증해야 한다.
③ 해당 제조물 결함에 의해 발생한 손해가 그 제조물 자체에만 그치는 경우에는 제조물 책임 대상에서 제외한다.
④ 제조자가 결함 있는 제조물로 인해 생명, 신체 또는 재산상의 손해를 입은 자에게 손해를 배상할 책임을 의미한다.

해설 피해자가 제조물의 제조업자를 알 수 없는 경우 그 제조물을 영리 목적으로 판매한 공급자가 손해를 배상해야 한다.

42. NIOSH의 직무 스트레스 관리 모형에 관한 설명으로 틀린 것은?

① 직무 스트레스 요인은 크게 작업요인, 조직요인 및 환경 요인으로 구분된다.
② 똑같은 작업 스트레스에 노출된 개인은 스트레스에 대한 지각과 반응에서 차이를 보이지 않는다.
③ 조직요인에 의한 직무 스트레스에는 역할 모호성, 역할 갈등, 의사결정에의 참여도, 승진 및 직무의 불안정성 등이 있다.
④ 작업요인에 의한 직무 스트레스에는 작업부하, 작업속도 및 작업과정에 대한 작업자의 통제 정도, 교대근무 등이 포함된다.

해설 똑같은 작업 스트레스에 노출되더라도 개인의 성향과 상황에 따라 지각과 반응 방식에 차이가 나타나는데, 이는 개인적 요인에 해당한다.

43. 부주의의 발생원인과 이를 없애기 위한 대책의 연결이 옳지 않은 것은?

① 내적 원인 – 적성배치
② 정신적 원인 – 주의력 집중훈련
③ 기능 및 작업적 원인 – 안전의식 제고
④ 설비 및 환경적 원인 – 표준작업 제도의 도입

해설 ③ 정신적 원인 : 안전의식 제고

참고 기능 및 작업적 원인
- 적성배치
- 안전작업방법 습득
- 표준작업의 습관화
- 적응력 향상과 작업조건의 개선

44. 직무 스트레스 요인 중 역할 관련 스트레스 요인의 설명으로 옳지 않은 것은?

① 역할 모호성이 클수록 스트레스가 크다.
② 역할 부하가 적을수록 스트레스가 적다.
③ 조직의 중간에 위치하는 중간관리자 등은 역할갈등에 노출되기 쉽다.
④ 역할 과부하는 직무요구가 능력을 초과하는 경우의 스트레스 요인이다.

해설 담당업무의 역할을 명확히 함으로써 스트레스를 줄여 주는 역할을 한다.

참고 적당한 업무와 스트레스는 건강에 도움이 된다.

45. 선택반응시간(Hick의 법칙)과 동작시간(Fitts의 법칙)의 공식에 대한 설명으로 옳은 것은?

- 선택반응시간$(RT) = a + b\log_2 N$
- 동작시간$(T) = a + b\log_2\left(\dfrac{2A}{W}\right)$

① N은 자극과 반응의 수, A는 목표물의 너비, W는 움직인 거리를 나타낸다.
② N은 감각기관의 수, A는 목표물의 너비, W는 움직인 거리를 나타낸다.
③ N은 자극과 반응의 수, A는 움직인 거리, W는 목표물의 너비를 나타낸다.
④ N은 감각기관의 수, A는 움직인 거리, W는 목표물의 너비를 나타낸다.

해설 선택반응시간과 동작시간
- N : 가능한 자극과 반응들의 수
- A : 표적 중심까지 움직인 거리
- W : 목표물(표적)의 너비

46. 다음 중 에러 발생 가능성이 가장 낮은 의식수준은?

① 의식수준 0
② 의식수준 I
③ 의식수준 II
④ 의식수준 III

해설 인간의 의식 레벨의 단계

단계	모드	생리적 상태	신뢰성
0	무의식	수면, 뇌발작, 주의작용 상실, 실신	0
1	의식 흐림	피로, 단조로운 일, 수면, 졸음, 몽롱	0.9 이하
2	이완 상태	안정적 기거, 휴식, 정상작업	0.99~1 이하
3	상쾌한 상태	적극적 활동, 최적의 활동상태	0.999 이상
4	과긴장 상태	일점 집중, 긴급 방위 반응	0.9 이하

47. 집단 응집성에 관한 설명으로 틀린 것은?

① 집단 응집성은 절대적인 것이다.
② 응집성이 높은 집단일수록 결근율과 이직률이 낮다.

③ 일반적으로 집단의 구성원이 많을수록 응집력은 낮아진다.
④ 집단 응집성이란 구성원들이 서로에게 끌리고 집단 목표를 공유하는 정도를 말한다.

해설 ① 집단 응집성은 상대적인 것이다.

48. 다음 중 재해예방의 원칙에 대한 설명으로 틀린 것은?

① 예방가능의 원칙 : 천재지변을 제외한 모든 인재는 예방이 가능하다.
② 손실우연의 원칙 : 재해손실은 우연한 사고 원인에 따라 발생한다.
③ 원인연계의 원칙 : 사고에는 반드시 원인이 있고 원인은 대부분 복합적 연계원인이 있다.
④ 대책선정의 원칙 : 사고의 원인이나 불안전 요소가 발견되면 반드시 대책을 선정하여 실시해야 한다.

해설 손실우연의 원칙 : 사고의 결과 손실유무 또는 대소는 사고 당시 조건에 따라 우연적으로 발생한다.

49. 어떤 사업장의 생산라인에서 완제품을 검사하던 중, 하루는 5000개의 제품을 검사하여 200개를 부적합품으로 처리하였으나, 이 로트에 실제로 1000개의 부적합품이 있었을 때, 로트당 휴먼에러를 범하지 않을 확률은 약 얼마인가?

① 0.16
② 0.20
③ 0.80
④ 0.84

해설 휴먼에러 확률(HEP)

$$= \frac{인간의\ 과오\ 수}{전체\ 과오\ 발생기회\ 수}$$

$$= \frac{1000-200}{5000} = 0.16$$

∴ 인간신뢰도(R) = $1 - HEP$
$= 1 - 0.16 = 0.84$

50. 재해의 발생원인을 분석하는 방법에 관한 설명으로 틀린 것은?

① 특성요인도 : 재해와 원인의 관계를 도표화하여 재해 발생원인을 분석한다.
② 파레토도 : flow-chart에 의한 분석방법으로, 원인분석 중 원점으로 돌아가 재검토하면서 원인을 찾는다.
③ 관리도 : 재해발생 건수 등의 추이를 파악하고 목표관리를 행하는 데 필요한 발생건수를 그래프화하여 관리한계를 설정한다.
④ 크로스도 : 2개 이상의 문제관계를 분석하는데 사용하는 것으로, 데이터를 집계하고 표로 표시하여 요인별 결과내역을 교차시켜 분석한다.

해설 파레토도 : 사고 유형, 기인물 등 분류 항목을 발생빈도가 큰 순서대로 도표화한 분석법이다.

51. 10명으로 구성된 집단에서 소시오메트리(sociometry) 연구를 이용하여 조사한 결과 실제 긍정적인 상호작용을 맺고 있는 관계의 수가 16일 때, 이 집단의 응집성지수는 약 얼마인가?

① 0.222
② 0.356
③ 0.401
④ 0.504

해설 • 가능한 상호작용의 수($_nC_2$)

$$= \frac{n(n-1)}{2}$$ 여기서, n : 집단 구성원의 수

• $_nC_2 = \frac{n(n-1)}{2} = \frac{10 \times (10-1)}{2}$
$= 45$

∴ 응집성 지수 = $\frac{실제\ 상호작용의\ 수}{가능한\ 상호작용의\ 수}$

$= \frac{16}{45} ≒ 0.356$

정답 48. ② 49. ④ 50. ② 51. ②

52. 휴먼에러 방지대책을 설비요인, 인적요인, 관리요인 대책으로 구분할 때 인적요인에 관한 대책으로 볼 수 없는 것은?

① 소집단 활동
② 작업의 모의훈련
③ 인체측정치의 적합화
④ 작업에 관한 교육훈련과 작업 전 회의

해설 ③ 인체측정치의 적합화는 설비요인에 해당한다.

참고 인적요인에 관한 대책
- 소집단 활동
- 작업의 모의훈련
- 숙련된 인력의 적재적소 배치
- 작업에 관한 교육훈련과 작업 전 회의

53. 민주적 리더십에 관한 설명과 가장 거리가 먼 것은?

① 생산성과 사기가 높게 나타난다.
② 맥그리거의 Y이론에 근거를 둔다.
③ 구성원에게 최대의 자유를 허용한다.
④ 모든 정책이 집단 토의나 결정에 의해 이루어진다.

해설 ③은 맥그리거의 Y이론의 특징이다.

54. 레빈의 인간행동 법칙 "$B=f(P \cdot E)$"의 각 인자와 리더십의 관계를 설명한 것으로 옳지 않은 것은?

① f는 리더십의 형태이다.
② P는 집단을 구성하는 구성원의 특징이다.
③ B는 리더십 발휘에 따른 집단의 활동을 의미한다.
④ E는 집단의 과제, 구조, 사회적 요인 등 환경적 요인이다.

해설 f : 함수관계(function)

55. 다음 중 안전관리의 개요에 관한 설명으로 틀린 것은?

① 안전의 3요소로는 Engineering, Education, Economy를 말한다.
② 안전의 기본원리는 사고방지차원에서 산업재해 예방활동을 통해 무재해를 추구하는 것이다.
③ 사고방지를 위해 현장에 존재하는 위험을 찾아내어 제거하거나 위험성을 최소화하는 위험통제 개념이 적용된다.
④ 안전관리는 생산성 향상과 재해로 인한 손실 최소화를 목표로 하며, 재해의 원인·경과를 규명하고 재해방지에 필요한 과학기술적 지식을 관리하는 것을 말한다.

해설 ① 안전대책의 3E는 Engineering, Education, Enforcement이다.

56. Herzberg의 동기위생 이론에서 위생요인에 대한 설명으로 옳지 않은 것은?

① 위생요인이 갖추어지지 않으면 구성원들은 불만족한다.
② 위생요인이 갖추어지지 않으면 조직을 떠날 수 있다.
③ 위생요인이 갖추어지지 않으면 성과에 좋지 않은 영향을 준다.
④ 위생요인이 잘 갖추어지면 구성원들에게 동기를 부여하여 열심히 일하도록 자극하게 된다.

해설 위생요인이 잘 갖추어졌다고 해서 직무 만족이 생기는 것은 아니다. 직무 만족은 동기요인에 의해 결정된다.

57. 최고 상위에서부터 최하위 단계에 이르는 모든 직위가 단일 명령권한의 라인으로 연결된 조직형태는?

정답 52. ③ 53. ③ 54. ① 55. ① 56. ④ 57. ③

① 직능식 조직　　② 프로젝트 조직
③ 직계식 조직　　④ 직계 참모 조직

해설 line형(직계식) 조직 : 모든 안전관리 업무가 생산라인을 통해 직선적으로 이루어지는 조직이다.

58. 호손(Hawthorne)의 연구에 관한 설명으로 맞는 것은?

① 동기부여와 직무 만족도 사이의 관계를 밝힌 연구이다.
② 집단 내에서의 인간관계의 중요성을 증명한 연구이다.
③ 조명 조건 등 물리적 작업환경은 생산성에 큰 영향을 끼친다.
④ 미국 Western Electric 사를 대상으로 호손이 진행한 연구이다.

해설 호손실험 : 작업자의 태도, 감독자, 비공식 집단 등 물리적 작업조건보다 인간관계(심리적 태도, 감정)가 생산성 향상에 더 큰 영향을 미친다는 결론이다.

59. 직무수행 준거 중 한 개인의 근무연수에 따른 변화가 비교적 적은 것은?

① 사고　② 결근　③ 이직　④ 생산성

해설 장기간 근무했다고 해서 사고를 완전히 피할 수 있는 것은 아니다.

60. 제조물책임법에서 정의한 결함의 종류에 해당하지 않는 것은?

① 제조상의 결함　　② 기능상의 결함
③ 설계상의 결함　　④ 표시상의 결함

해설 제조물책임법에서 결함의 종류
- 제조상의 결함
- 설계상의 결함
- 표시상의 결함

4과목 근골격계질환 예방을 위한 작업관리

61. NIOSH 들기 작업 지침상 권장무게한계(RWL)를 구할 때 사용되는 계수의 기호와 정의가 올바르게 짝지어지지 않은 것은?

① HM-수평 계수　　② DM-비대칭 계수
③ FM-빈도 계수　　④ VM-수직 계수

해설 권장무게한계

$RWL(Kd) = LC \times HM \times VM \times DM \times AM \times FM \times CM$

LC	부하 상수	23kg 작업물의 무게
HM	수평 계수	$25/H$
VM	수직 계수	$1-(0.003 \times V-75)$
DM	거리 계수	$0.82+(4.5/D)$
AM	비대칭 계수	$1-(0.0032 \times A)$
FM	빈도 계수	분당 들어 올리는 횟수
CM	결합 계수	커플링 계수

62. 근골격계질환 관리추진팀 내 보건관리자의 역할로 옳지 않은 것은?

① 근골격계질환 예방·관리프로그램의 기본정책을 수립하여 근로자에게 알린다.
② 주기적으로 작업장을 순회하여 근골격계질환을 유발하는 작업공정 및 작업 유해요인을 파악한다.
③ 7일 이상 지속되는 증상을 가진 근로자가 있을 경우 지속적인 관찰, 전문의 진단의뢰 등의 필요한 조치를 한다.
④ 주기적인 근로자 면담 등을 통해 근골격계질환 증상 호소자를 조기에 발견하는 일을 한다.

해설 ① 보건관리자는 근골격계질환 예방·관리프로그램의 기본정책의 결정에 참여한다.

정답 58. ②　59. ①　60. ②　61. ②　62. ①

63. 설비의 배치방법 중 공정별 배치의 특성에 대한 설명으로 틀린 것은?

① 작업 할당에 융통성이 있다.
② 운반거리가 직선적이며 짧아진다.
③ 작업자가 다루는 품목의 종류가 다양하다.
④ 설비의 보전이 용이하고 가동률이 높기 때문에 자본투자가 적다.

해설 ②는 제품별 배치의 특성이다.

참고 ㉠ 공정별 배치의 장점
- 작업자의 자긍심이 높고, 직무 만족도가 높다.
- 제품설계나 작업순서 변경에 대한 유연성이 크다.
- 전문화된 감독과 통제가 가능하다.
- 설비의 보전이 용이하고, 가동률이 높기 때문에 자본 투자가 적다.
- 작업 할당에 융통성이 있다.

㉡ 공정별 배치의 단점
- 총생산시간이 증가한다.
- 숙련된 노동력이 필요하다.
- 생산 일정의 계획 및 통제가 어렵다.
- 자재 취급 비용, 재고 비용 등의 증가로 단위당 생산원가가 높아진다.
- 운반거리가 길어진다.

64. 작업관리에서 사용되는 기본형 5단계 문제해결 절차로 가장 적절한 것은?

① 자료의 검토 → 연구대상 선정 → 개선안의 수립 → 분석과 기록 → 개선안의 도입
② 자료의 검토 → 연구대상 선정 → 분석과 기록 → 개선안의 수립 → 개선안의 도입
③ 연구대상 선정 → 자료의 검토 → 분석과 기록 → 개선안의 수립 → 개선안의 도입
④ 연구대상 선정 → 분석과 기록 → 자료의 검토 → 개선안의 수립 → 개선안의 도입

해설 문제해결 기본형 5단계 절차
연구대상 선정 → 분석과 기록 → 자료의 검토 → 개선안의 수립 → 개선안의 도입

65. 다음 중 작업연구에 대한 설명으로 옳지 않은 것은?

① 작업연구는 보통 동작연구와 시간연구로 구성된다.
② 시간연구는 표준화된 작업방법에 의해 작업을 수행할 경우 소요되는 표준시간을 측정하는 분야이다.
③ 동작연구는 경제적인 작업방법을 검토하여 표준화된 작업방법을 개발하는 분야이다.
④ 동작연구는 작업측정으로, 시간연구는 방법연구라고도 한다.

해설 방법연구와 작업측정
- 방법연구의 주요 기법 : 공정분석, 작업분석, 동작분석
- 작업측정의 주요 기법 : 시간연구법, 워크샘플링법, 표준자료법, PTS법

66. 중량물 들기 작업방법에 대한 설명 중 틀린 것은?

① 허리를 구부려서 작업을 수행한다.
② 가능하면 중량물을 양손으로 잡는다.
③ 중량물 밑을 잡고 앞으로 운반하도록 한다.
④ 손가락만으로 잡지 말고 손 전체로 잡아서 작업한다.

해설 중량물을 들어 올릴 때는 허리를 곧게 펴고 팔, 다리, 복부의 근력을 고르게 이용해야 한다.

67. 사업장 근골격계질환 예방관리 프로그램에 관한 설명으로 적절하지 않은 것은?

① 의학적 관리를 포함한다.
② 팀으로 구성하여 진행된다.
③ 작업자가 직접 참여하는 프로그램이다.

정답 63. ② 64. ④ 65. ④ 66. ① 67. ④

④ 질환자가 3인 이상 발생할 경우 근골격계질환 예방관리 프로그램을 수립해야 한다.

해설 근골격계질환으로 요양 결정을 받은 근로자가 연간 10인 이상 발생한 사업장, 또는 요양 결정을 받은 근로자가 5인 이상이면서 그 수가 사업장 근로자의 10% 이상인 경우, 근골격계질환 예방관리 프로그램을 수립해야 한다.

68. 다음 동작 중 '주머니로 운반', '다시잡기', '볼펜회전'은 동시에 수행되는 결합동작이다. '주머니로 운반'의 시간은 15.2TMU, '다시잡기'는 5.6TMU, '볼펜회전'은 4.1TMU일 때 왼손작업 정미시간은?

왼손작업	동작	TMU	동작	오른손작업
볼펜잡기	G3	5.6		
주머니로 운반	M12C	15.2		
다시잡기	G2	5.6	RL1	볼펜놓기
볼펜회전	T60S	4.1		
주머니에 넣기	PISE	5.6		

① 11.2 TMU
② 26.4 TMU
③ 32.0 TMU
④ 36.1 TMU

해설 • 정미시간=볼펜잡기+결합동작+주머니에 넣기
• 결합동작: 15.2(주머니로 운반, 다시잡기, 볼펜회전의 시간 중 TMU값이 큰 것이 대표시간)
∴ 정미시간=5.6+15.2+5.6=26.4TMU

69. 여러 개의 스패너 중 1개를 선택하여 고르는 것을 의미하는 서블릭 기호는?

① H ② P
③ ST ④ PP

해설 • 잡고 있기(H)
• 바로 놓기(P)
• 고르기(St)
• 미리 놓기(PP)

70. 산업안전보건법령상 근골격계 부담작업에 해당하지 않는 것은? (단, 단기간작업 또는 간헐적인 작업은 제외한다.)

① 하루에 10회 이상 25kg 이상의 물체를 드는 작업
② 하루에 총 2시간 이상, 분당 2회 이상 4.5kg 이상의 물체를 드는 작업
③ 하루에 총 1시간 이상 쪼그리고 앉거나 무릎을 굽힌 자세에서 이루어지는 작업
④ 하루에 4시간 이상 집중적으로 자료입력 등을 위해 키보드 또는 마우스를 조작하는 작업

해설 ③ 하루 총 2시간 이상 쪼그리고 앉거나 무릎을 굽힌 자세에서 이루어지는 작업

71. 4개의 작업으로 구성된 조립공정의 주기시간이 40초일 때 공정효율은 얼마인가?

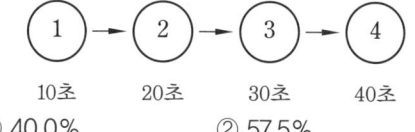

① 40.0% ② 57.5%
③ 62.5% ④ 72.5%

해설 공정효율
$$=\frac{\text{총작업시간}}{\text{작업장 수}\times\text{주기시간}}\times 100$$
$$=\frac{10+20+30+40}{4\times 40}\times 100$$
$$=62.5\%$$
여기서, 주기시간: 가장 긴 공정의 작업시간

72. 표준시간의 산정방법과 구체적인 측정기법의 연결이 옳지 않은 것은?

① 시간연구법 : 스톱워치법
② PTS법 : MTM법, Work factor법
③ 워크샘플링법 : 직접 관찰법
④ 실적자료법 : 전자식 자료 집적기

해설 실적자료법 : 과거 자료나 경험을 활용하여 표준시간을 산정하는 방법이다.

73. 다음 중 작업측정에 관한 설명으로 옳지 않은 것은?

① 정미시간은 반복생산에 요구되는 여유시간을 포함한다.
② 인적 여유는 생리적 욕구에 의해 작업이 지연되는 시간을 포함한다.
③ 레이팅은 측정작업 시간을 정상작업 시간으로 보정하는 과정이다.
④ TV 조립공정과 같이 짧은 주기의 작업은 비디오 촬영에 의한 시간연구법이 좋다.

해설 ① 정미시간은 반복생산에 요구되는 여유시간을 포함하지 않는다.

참고 정미시간은 일정한 속도로 작업을 수행하는 데 소요되는 시간이며, 표준시간은 정미시간에 여유시간을 더하여 구한다.

74. 영상표시 단말기(VDT) 취급에 관한 설명으로 틀린 것은?

① 키보드와 키 윗부분의 표면은 무광택으로 할 것
② 빛이 작업화면에 도달하는 각도는 화면으로부터 45° 이내일 것
③ 작업자의 손목을 지지해 줄 수 있도록 작업대 끝면과 키보드의 사이는 5cm 이상을 확보할 것
④ 화면을 바라보는 시간이 많은 작업일수록 밝기와 작업대 주변 밝기의 차를 줄이도록 할 것

해설 ③ 작업자의 손목을 지지해 줄 수 있도록 작업대 끝면과 키보드의 사이는 15cm 이상을 확보할 것

75. 손과 손목 부위에 발생하는 작업 관련성 근골격계질환이 아닌 것은?

① 방아쇠 손가락(trigger finger)
② 외상 과염(lateral epicondylitis)
③ 가이언 증후근(canal of guyon)
④ 수근관 증후군(carpal tunnel syndrome)

해설 팔꿈치 부위의 근골격계질환 유형 : 외상 과염, 회내근 증후군

76. RULA(Rapid Upper Limb Assesment)의 평가요소에 포함되지 않는 것은?

① 발목 각도   ② 손목 각도
③ 전완 자세   ④ 몸통 자세

해설 RULA : 목, 어깨, 팔목, 손목 등의 작업자세를 중심으로 작업부하를 쉽고 빠르게 평가하는 기법이다.

77. 근골격계질환 중 손과 손목에 관련된 질환으로 분류되지 않는 것은?

① 결절종(ganglion)
② 수근관 증후군(carpal tunnel syndrome)
③ 회전근개 증후군(rotator cuff syndrome)
④ 드퀘르뱅 건초염(De Quervain's syndrome)

해설 회전근개 증후군은 어깨에 관련된 질환이다.

참고 손과 손목에 관련된 질환
• 결절종   • 수근관 증후군
• 드퀘르뱅 건초염 • 방아쇠 수지
• 가이언 증후군   • 수완진동 증후군

정답 72. ④ 73. ① 74. ③ 75. ② 76. ① 77. ③

78. 사무작업의 공정분석에 사용되는 도표로 가장 적합한 것은?

① 시스템 차트　　② 유통공정도
③ 작업공정도　　④ 다중활동 분석표

해설 시스템 차트(system chart) : 사무공정 분석에서 사무작업의 흐름을 전체적으로 분석하는 데 이용한다.

79. 조립작업 등 엄지와 검지로 집는 작업자세가 많은 경우 손목의 정중신경 압박으로 증상이 유발되는 질환은?

① 근막통 증후군　　② 외상 과염
③ 수완진동 증후군　　④ 수근관 증후군

해설 수근관 증후군은 손목이 꺾인 상태, 손목뼈 부분의 압박이나 과도한 힘을 준 상태에서 반복적으로 손 운동을 할 때 발생한다.

80. 다음 중 산업안전보건법령상 근골격계 부담작업의 유해요인조사를 해야 하는 상황이 아닌 것은?

① 법에 따른 건강진단 등에서 근골격계질환자가 발생한 경우
② 근골격계 부담작업에 해당하는 기존의 동일한 설비가 도입된 경우
③ 근골격계 부담작업에 해당하는 업무의 양과 작업공정 등 작업환경이 바뀐 경우
④ 작업자가 근골격계질환으로 관련 법령에 따라 업무상 질환으로 인정받는 경우

해설 ② 근골격계 부담작업에 해당하는 새로운 작업 설비가 도입된 경우

정답　78. ①　79. ④　80. ②

2024년도(2회차) CBT 출제문제

1과목   인간공학개론

1. 동전 던지기에서 앞면이 나올 확률은 0.4이고 뒷면이 나올 확률은 0.6일 경우, 이로부터 기대할 수 있는 평균정보량은 약 얼마인가?

① 0.65 bit 　② 0.88 bit
③ 0.97 bit 　④ 1.99 bit

해설 평균정보량$(H_a) = \sum_{i=1}^{n} p_i \log_2 \left(\dfrac{1}{p_i}\right)$

$= 0.4 \times \log_2\left(\dfrac{1}{0.4}\right) + 0.6 \times \log_2\left(\dfrac{1}{0.6}\right)$

$\fallingdotseq 0.97 \,\text{bit}$

2. 인간의 나이가 많아짐에 따라 시각능력이 쇠퇴하여 근시력이 나빠지는 이유로 가장 적절한 것은?

① 시신경의 둔화로 동공의 반응이 느려지기 때문
② 세포의 팽창으로 망막에 이상이 발생하기 때문
③ 수정체의 투명도가 떨어지고 유연성이 감소하기 때문
④ 안구 내의 공막이 얇아져 영양 공급이 잘 되지 않기 때문

해설 나이가 들면서 수정체의 탄성·유연성이 감소하여 조절력이 떨어지는 현상이다.

3. 정보이론의 응용과 거리가 먼 것은?

① 다중과업
② Hick-Hyman 법칙
③ Magic number : 7±2
④ 자극의 수에 따른 반응시간 설정

해설 다중과업은 작업공학·인지심리학 분야에서 다루는 개념으로, 정보이론의 직접적인 응용에 해당하지 않는다.

4. 인체측정 자료의 유형에 대한 설명으로 틀린 것은?

① 기능적 치수는 정적 자세에서의 신체치수를 측정한 것이다.
② 정적 치수에 의해 나타나는 값과 동적 치수에 의해 나타나는 값은 다르다.
③ 정적 치수에는 골격 치수(skeletal dimension)와 외곽 치수(contour dimension)가 있다.
④ 우리나라에서는 국가기술표준원 주관하에 'SIZE KOREA'라는 이름으로 인체치수조사 사업을 실시하여 인체 측정에 관한 결과를 제공하고 있다.

해설 • 구조적 인체치수(정적 치수) : 신체를 고정된 자세에서 측정한 치수
• 기능적 인체치수(동적 치수) : 신체의 기능 수행 시 체위의 움직임에 따라 측정한 치수

5. 누름단추식 전화기를 사용하여 7자리를 암기하여 누를 경우 어떻게 나누어 누르는 것이 가장 효과적인가?

① 194-3421 　② 19-43421
③ 194342-1 　④ 1-943421

해설 단기기억(작업기억)의 용량은 보통 7±2 청크(chunk)이며, 숫자를 의미 있는 덩어리로 나누어 기억하는 것이 효과적이다.

정답 1. ③   2. ③   3. ①   4. ①   5. ①

6. 선형 표시장치를 움직이는 조종구(레버)에서의 C/R비를 나타내는 다음 식에서 변수의 의미로 옳은 것은? (단, L은 컨트롤러의 길이를 의미한다.)

$$C/R비 = \frac{(a/360) \times 2\pi L}{표시장치의 이동거리}$$

① 조종장치의 여유율
② 조종장치의 최대 각도
③ 조종장치가 움직인 각도
④ 조종장치가 움직인 거리

해설 조종장치의 C/R비
$$= \frac{(a/360) \times 2\pi L}{표시장치의 이동거리}$$
여기서, a : 조종장치가 움직인 각도
L : 반지름(조종장치의 거리)

7. 인간-기계 시스템에서의 기본적인 기능이 아닌 것은?

① 행동
② 정보의 수용
③ 정보의 제어
④ 정보처리 및 결정

해설 정보처리의 기본적인 기능
- 정보의 수용
- 정보의 보관
- 정보처리 및 의사결정
- 행동 기능

8. 작업장에서 인간공학을 적용함으로써 얻게 되는 효과로 볼 수 없는 것은?

① 회사의 생산성 증가
② 작업손실 시간의 감소
③ 노사 간의 신뢰성 저하
④ 건강하고 안전한 작업조건 마련

해설 작업장에서 인간공학을 적용하면 노사 간의 신뢰성이 오히려 향상되는 긍정적인 효과가 있다.

9. 신호검출이론(SDT)에 관한 설명으로 틀린 것은? (단, β는 응답편견척도(response bias), d는 감도척도(sensitivity)이다.)

① β값이 클수록 '보수적인 판단자'라고 한다.
② d값은 정규분포를 이용하여 구할 수 있다.
③ 민감도는 신호와 잡음의 평균 간 거리로 표현한다.
④ 잡음이 많을수록, 신호가 약하거나 분명하지 않을수록 d값은 커진다.

해설 ④ 잡음이 많을수록, 신호가 약하거나 분명하지 않을수록 d값은 작아진다.

참고 감도척도가 높으면 작은 신호도 잘 감지할 수 있지만, 잡음이 많거나 신호가 약하면 감도척도가 낮아진다.

10. 병렬 시스템의 특성에 관한 설명으로 틀린 것은?

① 요소의 중복도가 늘수록 시스템의 수명은 짧아진다.
② 요소의 개수가 증가할수록 시스템 고장의 기회는 감소된다.
③ 요소 중 어느 하나가 정상이면 시스템은 정상으로 작동된다.
④ 시스템의 수명은 요소 중 수명이 가장 긴 것에 의해 결정된다.

해설 ① 요소의 중복도가 늘수록 시스템의 수명은 길어진다.

11. 베버(Weber)의 법칙을 따를 때 자극 감지 능력이 가장 뛰어난 것은?

① 미각   ② 청각   ③ 무게   ④ 후각

정답 6. ③ 7. ③ 8. ③ 9. ④ 10. ① 11. ③

해설 자극 감지 능력은 시각>무게>청각>후각>미각 순으로 뛰어나다.

참고 감각기능의 반응시간
청각(0.17초)>촉각(0.18초)>시각(0.20초)>미각(0.29초)>통각(0.7초)

12. 시각 표시장치보다 청각 표시장치를 사용하는 것이 유리한 경우는?

① 소음이 많은 경우
② 전하려는 정보가 복잡할 경우
③ 즉각적인 행동이 요구되는 경우
④ 전하려는 정보를 다시 확인해야 하는 경우

해설 ③ 청각 표시장치의 특성
①, ②, ④ 시각 표시장치의 특성

13. 제어장치가 가지는 저항의 종류에 포함되지 않는 것은?

① 탄성저항(elastic resistance)
② 관성저항(inertia resistance)
③ 점성저항(viscous resistance)
④ 시스템 저항(system resistance)

해설 제어(조종)장치의 저항력
- 탄성저항
- 점성저항
- 관성저항
- 정지 및 미끄럼마찰

14. 다음 중 전문가에 의한 대표적인 사용성 평가방법은?

① 표적 집단 면접법(focus group interview)
② 사용자 테스트(user test)
③ 휴리스틱 평가(heuristic evaluation)
④ 설문조사(questionnaire survey)

해설 휴리스틱 평가 : 전문가가 정해진 사용성 원칙에 따라 시스템을 분석하고 문제점을 식별하는 평가방식이다.

15. 주의(attention)의 종류에 포함되지 않는 것은?

① 병렬주의(parallel attention)
② 분할주의(divided attention)
③ 초점주의(focused attention)
④ 선택적 주의(selective attention)

해설 주의의 종류
- 분할주의
- 초점주의
- 선택적 주의

16. 양립성에 관한 설명으로 틀린 것은?

① 직무에 알맞은 자극과 응답방식을 직무 양립성이라고 한다.
② 표시장치와 제어장치의 움직임에 관련된 것을 운동 양립성이라고 한다.
③ 코드와 기호를 인간의 사고에 일치시키는 것을 개념적 양립성이라고 한다.
④ 제어장치와 표시장치의 물리적 배열이 사용자의 기대와 일치하도록 하는 것을 공간적 양립성이라고 한다.

해설 양립성은 운동 양립성, 공간 양립성, 개념 양립성의 3가지로 분류된다.

17. 부품배치의 원칙이 아닌 것은?

① 중요성의 원칙   ② 사용빈도의 원칙
③ 사용순서의 원칙   ④ 크기별 배치의 원칙

해설 부품의 공간배치의 원칙
- 중요성의 원칙
- 사용빈도의 원칙
- 사용순서의 원칙
- 기능별 배치의 원칙

18. 빛이 어떤 물체에 반사되어 나온 양을 지칭하는 용어는?

① 휘도(brightness)
② 조도(illumination)

정답 12. ③   13. ④   14. ③   15. ①   16. ①   17. ④   18. ①

③ 반사율(reflectance)
④ 광량(luminous intensity)

해설
- 휘도 : 단위면적당 표면에 반사 또는 방출되는 빛의 양
- 조도 : 점광원에서 어떤 물체나 표면에 도달하는 빛의 양
- 반사율 : 표면으로부터 반사되는 비율
- 광량 : 광원으로부터 나오는 빛 에너지의 양
- 광도 : 단위면적당 표면에서 반사, 방출되는 광량

19. 정상 조명하에서 5m 거리에서 볼 수 있는 원형 바늘 시계를 설계하고자 한다. 시계의 눈금단위를 1분 간격으로 표시하고자 할 때, 권장되는 눈금 간의 간격은 최소 몇 mm 정도인가?

① 9.15
② 18.31
③ 45.75
④ 91.55

해설 정상 조명에서 1분 눈금의 권장 크기는 1.3mm(기본 거리 71cm 기준)이므로
71 : 1.3 = 500 : x
x ≒ 9.15mm

참고 눈금 1개당 9.15mm이므로 원주는 9.15 × 60 = 549mm
지름 × π = 원주이므로
∴ 지름 = $\frac{원주}{\pi} = \frac{549}{3.14}$ ≒ 174.8mm

20. 다음 중 정보의 전달량에 관한 공식으로 맞는 것은?

① Noise = $H(X) - T(X, Y)$
② Noise = $H(X) + T(X, Y)$
③ Equivocation = $H(X) + T(X, Y)$
④ Equivocation = $H(X) - T(X, Y)$

해설
- 정보 손실량(Equivocation)
  = $H(X) - T(X, Y) = H(X, Y) - H(Y)$
- 정보 소음량(Noise)
  = $H(Y) - T(X, Y) = H(X, Y) - H(X)$
여기서, $H(X)$: 입력 정보량
$H(Y)$: 출력 정보량
$H(X, Y)$: 전체 정보량
$T(X, Y)$: 전달 정보량

2과목　　작업생리학

21. 육체적 작업강도가 증가함에 따른 순환계의 반응이 옳지 않은 것은?

① 혈압상승
② 백혈구 감소
③ 근혈류의 증가
④ 심박출량 증가

해설 작업에 따른 인체의 생리적 반응
- 육체적 작업강도가 증가하면 심박출량이 증가한다.
- 심박출량이 증가하면 혈압이 상승하게 된다.
- 혈액의 수송량이 증가하면 산소 소비량도 증가한다.

22. 남성근로자의 육체작업에 대한 에너지대사량을 측정한 결과 분당 작업 시 산소 소비량이 1.2L/min, 안정 시 산소 소비량이 0.5L/min, 기초대사량이 1.5kcal/min이었다면 이 작업에 대한 에너지 대사율(RMR)은 약 얼마인가? (단, 권장평균에너지 소비량은 5kcal/min이다.)

① 0.47
② 0.80
③ 1.25
④ 2.33

해설 에너지 대사율
= $\frac{작업\ 시\ 소비에너지 - 안정\ 시\ 소비에너지}{기초대사량}$
= $\frac{(1.2 \times 5) - (0.5 \times 5)}{1.5}$ ≒ 2.33

정답 19. ① 20. ④ 21. ② 22. ④

23. 뇌간(brain stem)에 해당되지 않는 것은?

① 간뇌 ② 중뇌
③ 뇌교 ④ 연수

해설 뇌간은 중뇌(중간뇌, midbrain), 교뇌(다리뇌, pons), 연수(숨뇌, medulla oblongata)로 구성된다.

24. 골격의 구조와 기능에 대한 설명으로 옳지 않은 것은?

① 신체에 중요한 부분을 보호하는 역할을 한다.
② 소화, 순환, 분비, 배설 등 신체 내부 환경의 조절에 중요한 역할을 한다.
③ 골격은 뼈, 연골, 관절로 이루어지며 사지 및 몸통을 움직이는 피동적 운동기관으로 작용한다.
④ 혈구세포를 만드는 조혈기능과 칼슘과 인 등의 무기질을 저장하여 몸이 필요할 때 공급해 주는 역할을 한다.

해설 ② 소화, 순환, 분비, 배설 등 신체 내부 환경의 조절에 중요한 역할을 하는 기관은 순환계이다.

25. 조도(illuminance)의 단위는?

① nit ② lumen
③ lux ④ candela

해설 조도 : 어떤 물체의 표면에 도달하는 빛의 밀도로 단위는 lux($=lumen/m^2$)이다.

참고
- nit : 휘도의 단위
- lumen : 광속의 단위
- candela : 광도의 단위.

26. 강도 높은 작업을 마친 후 휴식 중에도 근육에 추가적으로 소비되는 산소량은?

① 산소 부채 ② 산소 결핍
③ 산소 결손 ④ 산소 요구량

해설 산소 부채 : 활동이 끝난 후에도 남아 있는 젖산을 제거하기 위해 필요한 산소

참고 젖산은 무산소 운동 시 생성되는 부산물로, 탄수화물 분해 과정에서 크렙스 사이클(Krebs cycle)이 원활히 작동하지 않을 때 발생한다.

27. 다음 중 정적 평형상태에 대한 설명으로 틀린 것은?

① 힘이 거리에 반비례하여 발생한다.
② 물체나 신체가 움직이지 않는 상태이다.
③ 작용하는 모든 힘의 총합이 0인 상태이다.
④ 작용하는 모든 모멘트의 총합이 0인 상태이다.

해설 ① 힘이 거리에 비례하여 발생한다.

참고 정적 평형상태를 유지하기 위한 조건 : 힘의 총합과 모멘트의 총합이 0이어야 한다.

28. 윤활 관절(synovial joint)인 팔꿈치 관절(elbow joint)은 연결 형태를 기준으로 어느 관절에 해당되는가?

① 관절구(condyloid)
② 경첩 관절(hinge joint)
③ 안장 관절(saddle joint)
④ 구상 관절(ball and socket joint)

해설 경첩 관절 : 한 방향으로만 운동할 수 있는 관절로 무릎 관절, 팔꿈치 관절, 발목 관절 등이 있다.

29. 산업안전보건법령상 소음작업이란 1일 8시간 작업을 기준으로 얼마 이상의 소음(dB)이 발생하는 작업인가?

① 80 ② 85
③ 90 ④ 100

정답 23. ① 24. ② 25. ③ 26. ① 27. ① 28. ② 29. ②

해설 소음작업이란 1일 8시간 작업을 기준으로 하여 85 dB 이상의 소음이 발생하는 작업이다.

참고 강렬한 소음작업은 8시간 90 dB 이상이다.

30. 수의근(voluntary muscle)에 대한 설명으로 옳은 것은?
① 민무늬근과 줄무늬근을 통칭한다.
② 내장근 또는 평활근으로 구분한다.
③ 대표적으로 심장근이 있으며 원통형 근섬유 구조를 이룬다.
④ 중추신경계의 지배를 받아 내 의지대로 움직일 수 있는 근육이다.

해설 수의근(voluntary muscle) : 중추신경계의 지배를 받아 의지대로 움직이며, 체중의 약 40%를 차지한다.

31. 신경계에 대한 설명으로 틀린 것은?
① 체신경계는 평활근, 심장근에 분포한다.
② 기능적으로는 체신경계와 자율신경계로 나눌 수 있다.
③ 자율신경계는 교감 신경계와 부교감 신경계로 세분된다.
④ 신경계는 구조적으로 중추신경과 말초신경계로 나눌 수 있다.

해설 체신경계는 평활근·심장근이 아니라 주로 골격근을 지배하며, 의식적인 운동과 감각을 담당한다. 평활근과 심장근은 자율신경계가 지배한다.

32. 다음 중 전체 환기가 필요한 경우로 볼 수 없는 것은?
① 유해물질의 독성이 적을 때
② 실내에 오염물 발생이 많지 않을 때
③ 실내 오염 배출원이 분산되어 있을 때
④ 실내에 확산된 오염물의 농도가 전체적으로 일정하지 않을 때

해설 ④는 국소배기가 필요한 경우이다.

참고 국소배기는 고깃집 후드나 주방 레인지 후드처럼 특정 부분만 환기할 수 있는 방식이다.

33. 작업장에서 8시간 동안 85 dB(A)로 2시간, 90 dB(A)로 3시간, 95 dB(A)로 3시간 소음에 노출되었을 경우 소음노출지수는? (단, 국내의 관련 규정을 따른다.)
① 0.975
② 1.125
③ 1.25
④ 1.5

해설 소음노출지수(D)
$$= \frac{C_1}{T_1} + \frac{C_2}{T_2} + \cdots + \frac{C_n}{T_n}$$
$$= \frac{2}{16} + \frac{3}{8} + \frac{3}{4} = 1.25$$
여기서, C_n : 실제노출시간
T_n : 허용노출시간

참고 강렬한 소음작업 1일 허용노출기준

기준	85 dB	90 dB	95 dB	100 dB	105 dB
시간 (이상)	16시간	8시간	4시간	2시간	1시간

34. 정적 근육수축이 무한하게 유지될 수 있는 최대자율수축(MVC)의 범위는?
① 10% 미만
② 25% 미만
③ 40% 미만
④ 50% 미만

해설 정적 근육수축은 근육의 길이가 변하지 않고 일정하게 유지되는 수축을 말하며, MVC의 10% 미만의 수준에서만 거의 무한하게 유지할 수 있다.

정답 30. ④ 31. ① 32. ④ 33. ③ 34. ①

35. 지면으로부터 가벼운 금속조각을 줍는 일에 대해 취하는 다음 자세 중 에너지 소비량(kcal/min)이 가장 낮은 것은?

① 한 팔을 대퇴부에 지지하는 등 구부린 자세
② 두 팔의 지지가 없는 등 구부린 자세
③ 손을 지면에 지지하며 무릎을 구부린 자세
④ 두 손을 지면에 지지하지 않은 무릎을 구부린 자세

해설 지면에서 금속조각을 줍는 자세 중 손을 지면에 지지하면서 무릎을 구부린 자세가 에너지 소비량이 가장 낮다.

36. 근(筋)섬유에 관한 설명으로 틀린 것은?

① 적근섬유(slow twitch fiber)는 주로 작은 근육 그룹에서 볼 수 있다.
② 백근섬유(fast twitch fiber)는 무산소 운동에 좋아 단거리 달리기 등에 사용된다.
③ 근섬유는 백근섬유(fast twitch fiber)와 적근섬유(slow twitch fiber)로 나눌 수 있다.
④ 운동이 격렬하여 근육에 산소공급이 원활하지 않은 경우에는 엽산이 생성되어 피곤함을 느낀다.

해설 ④ 운동이 격렬하여 근육에 산소공급이 원활하지 않은 경우에는 젖산이 생성되어 피곤함을 느낀다.

참고 엽산 : 헤모글로빈 형성에 관여하는 비타민B 복합체

37. 연축(twitch)이 일어나는 일련의 과정으로 옳은 것은?

① 근섬유의 자극 → 활동전압 → 흥분수축연결 → 근원섬유의 수축
② 활동전압 → 근섬유의 자극 → 흥분수축연결 → 근원섬유의 수축
③ 흥분수축연결 → 활동전압 → 근섬유의 자극 → 근원섬유의 수축
④ 근원섬유의 수축 → 근섬유의 자극 → 활동전압 → 흥분수축연결

해설 연축이 일어나는 과정
근섬유의 자극 → 활동전압 → 흥분수축연결 → 근원섬유의 수축

참고 연축 : 근육운동에서 장력이 활발하게 발생하여 근육이 눈에 띄게 단축되는 현상

38. 다음 중 소음관리 대책의 단계로 가장 적절한 것은?

① 소음원의 제거 → 개인보호구 착용 → 소음수준의 저감 → 소음의 차단
② 개인보호구 착용 → 소음원의 제거 → 소음수준의 저감 → 소음의 차단
③ 소음원의 제거 → 소음의 차단 → 소음수준의 저감 → 개인보호구 착용
④ 소음의 차단 → 소음원의 제거 → 조음수준의 저감 → 개인보호구 착용

해설 소음관리 대책의 단계별 순서
소음원 제거 → 소음 차단 → 소음수준 저감 → 개인보호구 착용

참고 소음방지대책
- 소음원 통제 : 기계설계 단계에서 소음 반영, 차량에 소음기 부착 등
- 소음 격리 : 방, 장벽, 창문, 소음 차단벽 사용
- 방음보호구 착용 : 귀마개, 귀덮개 사용(소극적인 대책)
- 차폐장치 및 흡음재 사용
- 음향 처리제 사용
- 적절한 배치
- 배경음악

39. 근육계에 관한 설명으로 옳은 것은?

① 수의근은 자율신경계의 지배를 받는다.
② 골격근은 줄무늬가 없는 민무늬근이다.

정답 35. ③ 36. ④ 37. ① 38. ③ 39. ④

③ 불수의근과 심장근은 중추신경계의 지배를 받는다.
④ 내장근은 피로 없이 지속적으로 운동을 함으로써 소화, 분비 등 신체 내부 환경의 조절에 중요한 역할을 한다.

[해설] ① 수의근은 뇌척수신경의 지배를 받는다.
② 민무늬근은 줄무늬가 없는 평활근이다.
③ 불수의근과 심장근은 자율신경계의 지배를 받는다.

40. 일반적으로 소음계는 3가지 특성에서 음압을 특정할 수 있도록 보정되어 있다. A특성치란 40phon의 등음량 곡선과 비슷하게 보정하여 특정한 음압수준을 말한다. B특성치와 C특성치는 각각 몇 phon의 등음량곡선과 비슷하게 보정하여 특정한 값을 말하는가?

① B특성치 : 50phon, C특성치 : 80phon
② B특성치 : 60phon, C특성치 : 100phon
③ B특성치 : 70phon, C특성치 : 100phon
④ B특성치 : 80phon, C특성치 : 150phon

[해설] 주파수에 따른 A, B, C 세 특성치
- A : 40phon
- B : 70phon
- C : 100phon

3과목　산업심리학 및 관계법규

41. 부주의를 일으키는 의식수준에 대한 설명으로 틀린 것은?

① 의식의 저하 : 귀찮은 생각에 해야 할 과정을 빠뜨리고 행동하는 상태
② 의식의 과잉 : 순간적으로 의식이 긴장되고 한 방향으로만 집중되는 상태
③ 의식의 단절 : 외부의 정보를 받아들일 수도 없고 의사결정도 할 수 없는 상태
④ 의식의 우회 : 습관적으로 작업을 하지만 머릿속에는 고민이나 공상으로 가득 차 있는 상태

[해설] ① 의식수준의 저하 : 심신의 피로나 단조로운 반복작업 시 주의력이 떨어지는 상태

42. 제조물책임법에서 손해배상 책임에 대한 설명 중 틀린 것은?

① 물질적 손해뿐 아니라 정신적 손해도 손해배상 대상에 포함된다.
② 피해자가 손해배상 청구를 하기 위해서는 제조자의 고의 또는 과실을 입증해야 한다.
③ 해당 제조물 결함에 의해 발생한 손해가 그 제조물 자체에만 그치는 경우에는 제조물 책임 대상에서 제외한다.
④ 제조자가 결함 있는 제조물로 인해 생명, 신체 또는 재산상의 손해를 입은 자에게 손해를 배상할 책임을 의미한다.

[해설] 피해자가 제조물의 제조업자를 알 수 없는 경우 그 제조물을 영리 목적으로 판매한 공급자가 손해를 배상해야 한다.

43. NIOSH의 직무 스트레스 평가모델에서 직무 스트레스 요인과 급성반응 사이의 중재요인에 해당되지 않는 것은?

① 완충요소　　② 조직적 요소
③ 비직업적 요소　④ 개인적 요소

[해설] 중재요인 : 개인적 요인, 완충작용 요인, 조직 외 요인, 상황 요인

[참고] 직무 스트레스의 원인
- 작업요인 : 작업부하, 교대근무
- 조직요인 : 갈등, 역할요구, 관리유형
- 환경요인 : 소음, 한랭, 환기불량, 조명

정답 40. ③　41. ①　42. ②　43. ②

44. 스트레스가 정보처리 수행에 미치는 영향에 대한 설명으로 거리가 가장 먼 것은?

① 스트레스하에서 의사결정의 질은 저하된다.
② 스트레스는 효율적인 학습을 어렵게 할 수 있다.
③ 스트레스는 빠른 수행보다 정확한 수행으로 편파시키는 경향이 있다.
④ 스트레스에 의해 인지적 터널링이 발생하여 다양한 가설을 고려하지 못한다.

해설 ③ 스트레스는 정확한 수행보다 빠른 수행으로 편파시키는 경향이 있다.

45. 단순반응시간을 a, 선택반응시간을 b, 움직인 거리를 A, 목표물의 너비를 W라 할 때, 동작시간 예측에 관한 피츠의 법칙(Fitt's law)으로 옳은 것은?

① 동작시간 $= a + b \log_2 \left(\dfrac{2A}{W} \right)$

② 동작시간 $= b + a \log_2 \left(\dfrac{2A}{W} \right)$

③ 동작시간 $= a + b \log_2 \left(\dfrac{2W}{A} \right)$

④ 동작시간 $= b + a \log_2 \left(\dfrac{2W}{A} \right)$

해설 피츠법칙의 동작시간

동작시간 $(T) = a + b \log_2 \left(\dfrac{2A}{W} \right)$

여기서, T : 동작완수에 필요한 평균시간
A : 이동거리, W : 목표물의 너비
a : 단순반응시간, b : 선택반응시간

46. 집단 응집력을 결정하는 요소에 대한 내용으로 옳지 않은 것은?

① 집단의 구성원이 적을수록 응집력이 낮다.
② 외부의 위협이 있을 때 응집력이 높다.
③ 가입의 난이도가 쉬울수록 응집력이 낮다.
④ 함께 보내는 시간이 많을수록 응집력이 높다.

해설 ① 집단의 구성원이 적을수록 응집력이 높다.

47. 인간이 과도로 긴장하거나 감정 흥분 시 의식수준 단계로, 대뇌 활동력은 높지만 냉정함이 결여되어 판단이 둔화되는 의식수준 단계는?

① Ⅰ단계 ② Ⅱ단계
③ Ⅲ단계 ④ Ⅳ단계

해설 인간의 의식 레벨의 단계

단계	모드	생리적 상태	신뢰성
0	무의식	수면, 뇌발작, 주의작용 상실, 실신	0
1	의식 흐림	피로, 단조로운 일, 수면, 졸음, 몽롱	0.9 이하
2	이완 상태	안정적 기거, 휴식, 정상작업	0.99~1 이하
3	상쾌한 상태	적극적 활동, 최적의 활동상태	0.999 이상
4	과긴장 상태	일점 집중, 긴급 방위 반응	0.9 이하

48. 하인리히의 사고예방대책의 5가지 기본원리를 순서대로 올바르게 나열한 것은?

① 사실의 발견 → 안전조직 → 분석평가 → 시정책 선정 → 시정책 적용
② 안전조직 → 사실의 발견 → 분석평가 → 시정책 선정 → 시정책 적용
③ 안전조직 → 분석평가 → 사실의 발견 → 시정책 선정 → 시정책 적용
④ 사실의 발견 → 분석평가 → 안전조직 → 시정책 선정 → 시정책 적용

정답 44. ③ 45. ① 46. ① 47. ④ 48. ④

해설 하인리히의 사고예방대책의 5단계

1단계	안전조직
2단계	사실의 발견
3단계	분석평가
4단계	시정책 선정
5단계	시정책 적용

49. 휴먼에러 확률에 대한 추정기법 중 Tree 구조와 비슷한 그림을 이용하여 사건을 일련의 2진(binary) 의사결정 분지로 모형화하고 직무의 올바른 수행여부에 확률을 부여하여 에러율을 추정하는 기법은?

① FMEA
② THERP
③ Fool Proof Method
④ Monte Carlo Method

해설 THERP는 사건들을 일련의 2진(binary) 의사결정 분지로 모형화하며, 완전 독립부터 완전 정(正)종속까지 5단계 수준으로 직무의 종속성을 고려한다.

50. 다음 ( ) 안에 들어갈 알맞은 것은?

> 산업안전보건법령상 사업주는 근로자가 근골격계 부담작업을 하는 경우 ( )마다 유해요인조사를 해야 한다. 다만, 신설되는 사업장의 경우 1년 이내에 최초의 유해요인조사를 해야 한다.

① 1년　　② 2년
③ 3년　　④ 4년

해설 사업주는 근로자가 근골격계 부담작업을 하는 경우 3년마다 유해요인조사를 해야 한다.

51. 검사 작업자가 한 로트에 100개인 부품을 조사하여 6개의 불량품을 발견했으나 로트에는 실제로 10개의 불량품이 있었다. 이 검사 작업자의 휴먼에러 확률은?

① 0.04　　② 0.06
③ 0.1　　④ 0.6

해설 휴먼에러 확률(p)

$$=\frac{\text{인간의 과오 수}}{\text{전체 과오 발생기회 수}}$$
$$=\frac{10-6}{100}=0.04$$

52. 다음 소시오그램에서 B의 선호신분지수로 옳은 것은?

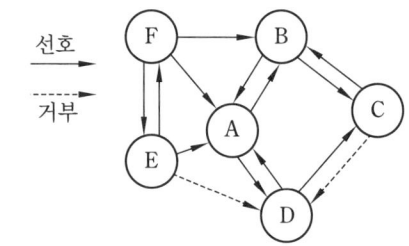

① 1/5　　② 2/5
③ 3/5　　④ 4/5

해설 선호신분지수

$$=\frac{\text{선호총계}}{\text{구성원 수}-1}=\frac{3}{6-1}=\frac{3}{5}$$

53. 리더십의 권한 중 부하직원들이 상사를 존경하여 스스로 따를 때의 상사의 권한을 무엇이라 하는가?

① 합법적 권한　　② 강압적 권한
③ 보상적 권한　　④ 위임된 권한

해설
- 조직이 리더에게 부여하는 권한 : 보상적 권한, 강압적 권한, 합법적 권한
- 리더가 자신에게 부여하는 권한 : 전문성의 권한, 위임된 권한

정답　49. ②　50. ③　51. ①　52. ③　53. ④

54. 시스템 안전 분석기법 중 정량적 분석 방법이 아닌 것은?

① 결함나무 분석(FTA)
② 사상나무 분석(ETA)
③ 고장모드 및 영향분석(FMEA)
④ 휴먼에러율 예측기법(THERP)

해설 ③은 정성적, 귀납적 분석방법

해설] 고장모드 및 영향분석(FMEA) : 시스템에 영향을 미치는 모든 요소의 고장을 형태별로 분석하여 그 영향을 최소로 하고자 검토하는 전형적인 정성적, 귀납적 분석방법이다.

55. 동기이론 중 직무 환경요인을 중시하는 것은 어느 것인가?

① 기대이론　　② 자기조절이론
③ 목표설정이론　④ 작업설계이론

해설 작업설계이론 : 환경요인을 중시하며, 직무가 적절히 설계되면 작업 자체가 업무 동기와 열정을 증진시킬 수 있다고는 이론이다.

56. 테일러(F.W. Taylor)에 의해 주장된 조직 형태로 관리자가 일정한 관리기능을 담당하도록 기능별 전문화가 이루어진 조직은?

① 위원회 조직　　② 직능식 조직
③ 프로젝트 조직　④ 사업부제 조직

해설 직능식 조직 : 테일러가 제안한 형태로, 각 관리자가 특정 관리 기능을 전문적으로 수행하도록 기능이 분화된 조직

참고 직계식 조직 : 모든 안전관리 업무가 생산라인을 따라 직선적으로 이루어지는 조직

57. 20세기 초 수행된 호손(Hawthorne)의 연구에 관한 설명으로 가장 적절한 것은?

① 조명 조건 등 물리적 작업환경의 개선으로 생산성 향상이 가능하다는 것을 밝혔다.
② 연구가 수행된 포드(Ford) 자동차 사에 컨베이어 벨트가 도입되어 노동의 분업화가 가속화되었다.
③ 산업심리학의 관심이 물리적 작업조건에서 인간관계 등으로 바뀌게 되었다.
④ 연구결과 조직 내에서의 리더십의 중요성을 인식하는 계기가 되었다.

해설 호손실험 : 작업자의 태도, 감독자, 비공식 집단 등 물리적 작업조건보다 인간관계(심리적 태도, 감정)가 생산성 향상에 더 큰 영향을 미친다는 결론이다.

58. 새로운 작업을 수행할 때 근로자의 실수를 예방하고 정확한 동작을 위해 다양한 조건에서 연습한 결과로 나타나는 것은?

① 상기 스키마(recall schema)
② 동작 스키마(motion schema)
③ 도구 스키마(instrument schema)
④ 정보 스키마(information schema)

해설 상기 스키마 : 경험이나 연습을 통해 장기기억 속의 정보가 강화되어 나타나는 결과이다.

59. 집단의 특성에 관한 설명과 가장 거리가 먼 것은?

① 집단은 사회적으로 상호 작용하는 둘 혹은 그 이상의 사람으로 구성된다.
② 집단은 구성원들 사이에 일정한 수준의 안정적인 관계가 있어야 한다.
③ 구성원들이 스스로를 집단의 일원으로 인식해야 집단이라고 칭할 수 있다.
④ 집단은 개인의 목표를 달성하고, 각자의 이해와 목표를 추구하기 위해 형성된다.

해설 ④ 집단은 공동의 목표를 달성하고, 이를 추구하기 위해 형성된 사람들의 집합체이다.

정답 54. ③　55. ④　56. ②　57. ③　58. ①　59. ④

60. 모든 입력이 동시에 발생해야만 출력이 발생되는 논리조작을 나타내는 FT도의 논리기호 명칭은?

① 기본사상 ② OR 게이트
③ 부정 게이트 ④ AND 게이트

해설
- 기본사상 : FT도에서 더 이상 세분할 수 없는 최하위 사건이다.
- OR 게이트 : 입력사상 중 하나라도 발생하면 출력사상이 발생한다.
- 부정 게이트 : 입력 사상이 일어나지 않아야 출력 사상이 발생한다.
- AND 게이트 : 모든 입력사상이 동시에 발생해야 출력사상이 발생한다.

참고 NOR 게이트 : 입력사상이 하나라도 발생하면 출력사상이 발생하지 않는다(OR 게이트의 부정).

4과목 근골격계질환 예방을 위한 작업관리

61. 동작경제의 원칙 중 작업장 배치에 관한 원칙으로 볼 수 없는 것은?

① 모든 공구나 재료는 지정된 위치에 있도록 한다.
② 공구의 기능을 결합하여 사용하도록 한다.
③ 가능하다면 낙하식 운반방법을 이용한다.
④ 작업이 용이하도록 적절한 조명을 비추어 준다.

해설 작업장 배치에 관한 원칙
- 모든 공구, 재료는 정해진 위치에 배치한다.
- 공구, 재료 및 제어장치는 사용위치에 가까이 두도록 한다.
- 공구, 재료는 작업동작이 원활하게 수행되도록 그 위치를 정해준다.
- 중력 이송원리를 이용한 부품을 제품 사용위치에 가까이 보낼 수 있도록 한다.

참고 공구의 기능을 결합하여 사용하는 것은 작업장 배치가 아니라 공구 및 설비 디자인에 관한 원칙에 해당한다.

62. NIOSH의 들기 작업지침에 따른 중량물 취급작업에서 권장무게한계를 산정할 때 고려해야 할 변수가 아닌 것은?

① 작업자와 물체 사이의 수직거리
② 작업자의 평균보폭거리
③ 물체를 이동시킨 수직이동거리
④ 상체의 비틀림 각도

해설 권장무게한계
$RWL(Kd) = LC \times HM \times VM \times DM \times AM \times FM \times CM$

LC	부하 상수	23kg 작업물의 무게
HM	수평 계수	$25/H$
VM	수직 계수	$1-(0.003 \times V-75)$
DM	거리 계수	$0.82+(4.5/D)$
AM	비대칭 계수	$1-(0.0032 \times A)$
FM	빈도 계수	분당 들어 올리는 횟수
CM	결합 계수	커플링 계수

63. 문제해결 절차에 관한 설명으로 옳지 않은 것은?

① 작업방법의 분석 시 공정도나 시간차트, 흐름도 등을 사용한다.
② 선정된 개선안은 작업자나 관련 부서의 이해와 협조과정을 거쳐 시행하도록 한다.
③ 개선절차는 "연구대상선정 → 현 작업방법 분석 → 분석자료의 검토 → 개선안 선정 → 개선안 도입" 순으로 이루어진다.
④ 개선 분석 시 5W1H 중 What은 작업순서의 변경, Where, When, Who는 작업 자체의 제거, How는 작업의 결합 분석을 의미한다.

정답 60. ④ 61. ② 62. ② 63. ④

해설 ④ 개선 분석 시 5W1H 중 What은 작업 자체의 제거, Where, When, Who는 작업의 결합과 작업순서의 변경, How는 작업의 단순화을 의미한다.

64. 워크샘플링 조사에서 주요작업의 추정비율(p)이 0.06이라면, 99% 신뢰도를 위한 워크샘플링 횟수는 몇 회인가? (단, $Z_{0.005}$는 2.58, 허용오차는 0.01이다.)

① 3744   ② 3745   ③ 3755   ④ 3764

해설 워크샘플링 횟수(N)
$$= \frac{Z^2 \times P(1-P)}{e^2}$$
$$= \frac{(2.58)^2 \times 0.06(1-0.06)}{0.01^2}$$
$$\fallingdotseq 3755$$
여기서, Z: 표준편차 수, P: 추정비율
      e: 허용오차

65. 근골격계질환 예방대책으로 틀린 것은?

① 단순 반복작업은 기계를 사용한다.
② 작업순환(job rotation)을 실시한다.
③ 작업방법과 작업공간을 인간공학적으로 설계한다.
④ 작업속도와 강도를 점진적으로 강화한다.

해설 근골격계질환 예방의 핵심은 반복, 과도한 힘, 빠른 속도, 부자연스러운 자세와 같은 위험요인을 줄이는 것이다. 따라서 작업속도와 강도를 점진적으로 높이는 것은 오히려 위험을 증가시켜 바람직하지 않다.

66. 작업방법에 관한 설명 중 틀린 것은?

① 서 있을 때는 등뼈가 S곡선을 유지하는 것이 좋다.
② 섬세한 작업 시에는 power grip보다 pinch grip을 이용한다.
③ 부적절한 자세는 신체 부위들이 중립적인 위치를 취하는 자세이다.
④ 부적절한 자세는 강하고 큰 근육들을 이용한 작업을 방해한다.

해설 ③ 적절한 자세는 신체 부위들이 중립적인 위치를 취하는 자세이다.

67. 근골격계질환 예방관리 프로그램의 기본원칙에 속하지 않는 것은?

① 인식의 원칙
② 시스템적 접근의 원칙
③ 일시적인 문제 해결의 원칙
④ 사업장 내 자율적 해결 원칙

해설 근골격계질환 예방관리 기본원칙
• 인식의 원칙
• 시스템적 접근의 원칙
• 전사적 지원의 원칙
• 사업장 내 자율적 해결의 원칙
• 지속적 관리 및 사후평가의 원칙
• 문서화의 원칙

68. 다음의 설명에 적합한 서블릭 용어는?

> 다음에 진행할 동작을 위해 대상물을 정해진 장소에 놓는 동작

① 바로 놓기   ② 놓기
③ 미리 놓기   ④ 운반

해설 미리 놓기는 다음 작업을 준비하기 위한 사전 배치동작이다.

69. 어느 작업시간의 관측 평균시간이 1.2분, 레이팅 계수가 110%, 여유율이 25%일 때 외경법에 의한 개당 표준시간은 얼마인가?

① 1.32분   ② 1.50분
③ 1.53분   ④ 1.65분

정답 64. ③   65. ④   66. ③   67. ③   68. ③   69. ④

해설 외경법에 의한 개당 표준시간
- 정미시간(NT)

    =평균관측시간×$\dfrac{레이팅 계수}{100}$

    =$1.2 \times \dfrac{110}{100} = 1.32$분

- 표준시간(ST)

    =정미시간×(1+여유율)

    =$1.32 \times (1+0.25) = 1.65$분

70. 다음 중 근골격계 부담작업에 해당하지 않는 것은?

① 하루에 6시간 동안 집중적으로 자료입력 등을 위해 키보드와 마우스를 조작하는 작업
② 하루에 15회, 10kg의 물체를 무릎 아래에서 드는 작업
③ 하루에 총 4시간 동안 지지되지 않은 상태에서 5kg의 물건을 한 손으로 들거나 동일한 힘으로 쥐는 작업
④ 하루에 총 4시간 동안 팔꿈치가 어깨 위에 있는 상태에서 이루어지는 작업

해설 근골격계 부담작업은 하루 25회 이상 10kg 이상의 물체를 무릎 아래에서 드는 작업에 해당하므로 하루 15회, 10kg의 물체를 무릎 아래에서 드는 작업은 해당하지 않는다.

참고 근골격계 부담작업
- 하루 총 4시간 이상 키보드 또는 마우스를 조작하는 작업
- 하루 총 2시간 이상 목, 어깨, 팔꿈치, 손목 또는 손을 사용하여 같은 동작을 반복하는 작업
- 하루 총 2시간 이상 손을 머리 위, 팔꿈치를 어깨 위, 팔꿈치를 몸통 뒤쪽에 두는 자세로 작업
- 하루 총 2시간 이상 지지되지 않은 상태에서 목이나 허리를 구부리거나 트는 작업
- 하루 총 2시간 이상 쪼그리거나 무릎을 굽힌 자세에서 작업
- 하루 총 2시간 이상 지지되지 않은 상태에서
  - 한 손가락으로 1kg 이상의 물건을 집거나
  - 2kg 이상의 힘으로 손가락으로 쥐는 작업
- 하루 총 2시간 이상 지지되지 않은 상태에서 한 손으로 4.5kg 이상의 물건을 들거나 동일한 힘으로 쥐는 작업
- 하루 10회 이상 25kg 이상의 물체를 드는 작업
- 하루 25회 이상 10kg 이상의 물체를 무릎 아래, 어깨 위, 팔을 뻗은 상태에서 드는 작업
- 하루 총 2시간 이상, 분당 2회 이상 4.5kg 이상의 물체를 드는 작업
- 하루 총 2시간 이상, 시간당 10회 이상 손 또는 무릎으로 반복적 충격을 가하는 작업

71. 공정별 소요시간은 다음과 같고, 각 공정에는 1명씩 배정되어 있다. 몇 번째 분할에서 효율이 가장 높은가?

공정명	A	B	C	D	E
시간(분)	12	16	14	16	12

① 현재 분할　　② 1회 분할
③ 2회 분할　　④ 3회 분할

해설 공정효율

$= \dfrac{총작업시간}{작업자 수 \times 주기시간}$

- 현재 분할=$\dfrac{70}{5 \times 16} ≒ 0.88$
- 1회 분할=$\dfrac{70}{2 \times 42} ≒ 0.83$
- 2회 분할=$\dfrac{70}{3 \times 28} ≒ 0.83$
- 3회 분할=$\dfrac{70}{4 \times 28} ≒ 0.63$

정답 70. ②　71. ①

72. 표준시간 산정방법 중 간접측정 방법에 해당하는 것은?

① PTS법
② 스톱워치법
③ VTR 촬영법
④ 워크샘플링법

해설 간접측정 방법 : 표준자료법, PTS법, 실적기록법, 통계적 표준

73. 다음 중 작업측정 방법의 성격이 다른 하나는?

① PTS법
② 표준자료법
③ 실적기록법 및 통계적 표준
④ 워크샘플링

해설 작업측정 방법
- 직접측정 방법 : 워크샘플링, 시간연구
- 간접측정 방법 : PTS법, 표준자료법, 실적기록법 및 통계적 표준

참고 워크샘플링 : 통계적 수법을 이용하여 관측대상을 랜덤으로 선정한 여러 시점에서 작업자나 기계의 가동상태를 스톱워치 없이 순간적으로 관측하여 그 상황을 추정하는 방법이다.

74. 적절한 입식 작업대 높이에 대한 설명으로 옳은 것은?

① 일반적으로 어깨 높이를 기준으로 한다.
② 작업자의 체격에 따라 작업대의 높이가 조정 가능하도록 하는 것이 좋다.
③ 미세부품 조립과 같은 섬세한 작업일수록 작업대의 높이는 낮아야 한다.
④ 일반적인 조립라인이나 기계 작업 시 팔꿈치 높이보다 5~10cm 높아야 한다.

해설 적절한 입식 작업대 높이
- 일반적으로 팔꿈치 높이를 기준으로 한다.
- 미세부품 조립과 같은 섬세한 작업의 경우 작업대가 팔꿈치보다 약간 높아야 한다.
- 경작업인 조립라인이나 기계 작업 시 팔꿈치 높이보다 5~10cm 낮아야 한다.

참고 무거운 작업 시 작업대 높이는 팔꿈치 높이보다 10~20cm 낮은 것이 적합하다.

75. 근골격계질환 발생단계 가운데 2단계에 해당하는 것은?

① 작업 수행이 불가능함
② 휴식시간에도 통증을 호소함
③ 통증이 하룻밤 지나면 없어짐
④ 작업을 수행하는 능력이 저하됨

해설 근골격계질환 발병단계

1단계	• 하룻밤 지나면 증상 없음 • 작업능력 감소 없음 • 작업 중 통증 호소
2단계	• 하룻밤 지나도 통증 지속 • 작업능력 감소 • 화끈거려 잠을 설침
3단계	• 하루 종일 통증 • 작업수행 불가능 • 휴식시간 통증, 불면

76. 문제분석을 위한 기법 중 원과 직선을 이용하여 아이디어, 문제, 개념 등을 개괄적으로 빠르게 설정할 수 있도록 도와주는 연역적 추론 기법에 해당하는 것은?

① 공정도
② 마인드 매핑
③ 파레토 차트
④ 특성요인도

해설 마인드 매핑 : 원과 직선을 이용하여 아이디어, 문제, 개념 등을 핵심적으로 요약하는 연역적 추론 기법이다.

참고 • 공정도 : 작업이나 공정의 흐름을 기호와 선으로 도식화한 분석법

정답 72. ① 73. ④ 74. ② 75. ④ 76. ②

- 파레토도 : 사고 유형, 기인물 등 분류 항목을 발생빈도가 큰 순서대로 도표화한 분석법
- 특성요인도 : 재해와 그 요인의 관계를 어골상으로 세분화하여 나타내는 분석법

77. 유해요인조사 방법 중 RULA에 관한 설명으로 틀린 것은?

① 각 작업자세는 신체 부위별로 A와 B그룹으로 나누어 평가한다.
② 전신 자세를 평가할 목적으로 개발된 유해요인 조사방법이다.
③ 작업에 대한 평가는 1점에서 7점 사이의 총점으로 나타내며, 점수에 따라 4개의 조치단계로 분류된다.
④ RULA를 평가하는 작업부하 인자는 동작의 횟수, 정적 근육작업, 힘, 작업자세 등이다.

해설 RULA : 목, 어깨, 팔, 손목 등의 작업자세를 중심으로 작업부하를 쉽고 빠르게 평가하는 방법이다.

78. 요소작업의 분할원칙에 관한 설명으로 적합하지 않은 것은?

① 불변 요소작업과 가변 요소작업으로 구분할 수 있다.
② 외적 요소작업과 내적 요소작업으로 구분할 수 있다.
③ 규칙적 요소작업과 불규칙적 요소작업으로 구분할 수 있다.
④ 숙련공 요소작업과 비숙련공 요소작업으로 구분할 수 있다.

해설 요소작업은 작업의 기준에 따라 불변·가변, 외적·내적, 규칙적·불규칙적 요소작업 등으로 분할하며, 숙련도에 따라 구분하지 않는다.

79. 근골격계질환 예방을 위한 바람직한 관리적 개선방안으로 볼 수 없는 것은?

① 규칙적이고 적절한 휴식을 통해 피로의 누적을 예방한다.
② 작업 확대를 통해 한 작업자가 할 수 있는 일의 다양성을 넓힌다.
③ 전문적인 스트레칭과 체조 등을 교육하고 작업 중 수시로 실시하도록 유도한다.
④ 중량물 운반 등 특정 작업에 적합한 작업자를 선별하여 상대적 위험도를 경감시킨다.

해설 중량물 운반 등 특정 작업에는 기계 운반작업을 한다.

참고 기계 운반작업
- 단순하고 반복적인 작업
- 취급물이 중량물인 작업
- 취급물의 형상, 성질, 크기 등이 일정한 작업
- 표준화되어 있어 지속적이고 운반량이 많은 작업

80. 작업개선의 일반적 원리에 대한 내용으로 옳지 않은 것은?

① 충분한 여유 공간
② 단순 동작의 반복화
③ 자연스러운 작업자세
④ 과도한 힘의 사용 감소

해설 작업개선의 원리
- 충분한 여유 공간
- 반복 동작의 최소화
- 자연스러운 작업자세
- 과도한 힘의 사용 감소
- 피로와 정적부하의 최소화
- 쾌적한 작업환경 유지

정답 77. ② 78. ④ 79. ④ 80. ②

2024년도(3회차) CBT 출제문제

1과목   인간공학개론

1. 주사위를 던질 때 각 눈금이 나올 확률이 다음과 같을 경우 전체 정보량(bit)은 약 얼마인가?

눈금	1	2	3	4	5	6
확률	2/10	1/10	3/10	1/10	1/10	2/10

① 2.0   ② 2.4
③ 2.6   ④ 3.0

해설 전체 정보량(H_a)

$$= \sum_{i=1}^{n} p_i \log_2\left(\frac{1}{p_i}\right)$$

$$= \frac{2}{10} \times \log_2\left(\frac{1}{2/10}\right) + \frac{1}{10} \times \log_2\left(\frac{1}{1/10}\right)$$

$$+ \frac{3}{10} \times \log_2\left(\frac{1}{3/10}\right) + \frac{1}{10} \times \log_2\left(\frac{1}{1/10}\right)$$

$$+ \frac{1}{10} \times \log_2\left(\frac{1}{1/10}\right) + \frac{2}{10} \times \log_2\left(\frac{1}{2/10}\right)$$

$$\fallingdotseq 2.44$$

2. 동일한 조건에서 선택 가능한 대안의 수가 2에서 8로 증가하였다. 선택반응시간은 몇 배 늘었는가? (단, 대안의 수가 없을 때 반응시간은 0이라고 가정한다.)

① 1   ② 2
③ 3   ④ 4

해설 Hick-Hyman의 법칙
반응시간(RT) = $a \log_2 N$
여기서, a : 상수, N : 자극정보의 수

$N=2$일 때 RT는 $\log_2 2 = 1$에 비례
$N=8$일 때 RT는 $\log_2 8 = 3$에 비례
∴ 반응시간은 약 3배 증가한다.

3. 인체 각 부위에 대한 정적인 치수를 측정하기 위한 계측 장비는?

① 근전도(EMG)
② 마틴(Martin)식 측정기
③ 심전도(ECG)
④ 플리커(Flicker) 측정기

해설 인체의 정적 치수를 측정할 때는 마틴식 인체측정 장치를 사용한다.

참고
- 구조적 인체치수(정적 치수) : 신체를 고정된 자세에서 측정한 치수
- 기능적 인체치수(동적 치수) : 신체의 기능 수행 시 체위의 움직임에 따라 측정한 치수

4. 인체측정에 관한 설명으로 틀린 것은?

① 활동 중인 신체의 자세를 측정한 것을 기능적 치수라 한다.
② 일반적으로 구조적 치수는 나이, 성별, 인종에 따라 다르게 나타난다.
③ 인간-기계 시스템 설계에서는 구조적 치수만 활용해야 한다.
④ 표준자세에서 움직이지 않는 상태를 인체측정기로 측정한 측정치를 구조적 치수라 한다.

해설 ③ 인간-기계 시스템의 설계에서는 구조적 치수와 기능적 치수를 모두 활용해야 한다.

정답   1. ②   2. ③   3. ②   4. ③

5. 사용자의 기억단계에 대한 설명으로 옳은 것은?

① 잔상은 단기기억의 일종이다.
② 인간의 단기기억 용량은 유한하다.
③ 장기기억을 작업기억이라고도 한다.
④ 정보를 수 초 동안 기억하는 것을 장기기억이라고 한다.

해설 ① 잔상은 감각기억의 일종이다.
③ 단기기억을 작업기억이라고도 한다.
④ 정보를 수 초 동안 기억하는 것을 단기기억이라 한다.

참고 단기기억(작업기억)의 용량은 보통 7 ± 2 청크(chunk)이다.

6. 회전운동을 하는 조종장치의 레버를 40° 움직였을 때 표시장치의 커서는 3cm 이동하였다. 레버의 길이가 15cm일 때 이 조종장치의 C/R비는?

① 2.62　　② 3.49
③ 8.33　　④ 10.48

해설 조종장치의 C/R비

$$= \frac{(\alpha/360) \times 2\pi L}{\text{표시장치의 이동거리}}$$

$$= \frac{(40/360) \times 2 \times 3.14 \times 15}{3} \fallingdotseq 3.49$$

여기서, α : 조종장치가 움직인 각도
L : 반지름(조종장치의 거리)

7. 인간–기계 시스템 중 폐회로(closed loop) 시스템에 속하는 것은?

① 소총　　② 모니터
③ 전자레인지　　④ 자동차

해설 자동차, 지게차, 중장비 등과 같이 연속적으로 제어를 하는 장비가 폐회로 시스템에 속한다.

참고 폐회로 시스템 : 출력과 시스템 목표와의 오차를 주기적으로 피드백 받아 시스템의 목적을 달성할 때까지 제어하는 시스템

8. 신호검출이론에서 판정기준(criterion)이 오른쪽으로 이동할 때 나타나는 현상으로 옳은 것은?

① 허위경보(false alarm)가 줄어든다.
② 신호(signal)의 수가 증가한다.
③ 소음(noise)의 분포가 커진다.
④ 적중 확률(실제 신호를 신호로 판단)이 높아진다.

해설 반응기준의 오른쪽으로 이동할 때($\beta>1$) : 판정자는 신호라고 판정하는 기회가 줄어들게 되므로 신호가 나타났을 때 신호의 정확한 판정은 적어지나 허위경보는 줄어들게 된다.

9. 청각적 표시장치에 적용되는 지침으로 적절하지 않은 것은?

① 신호음은 배경소음과 다른 주파수를 사용한다.
② 신호음은 최소한 0.5~1초 동안 지속시킨다.
③ 300m 이상 멀리 보내는 신호음은 1000Hz 이하의 주파수가 좋다.
④ 주변 소음은 주로 고주파이므로 은폐효과를 막기 위해 200Hz 이하의 신호음을 사용하는 것이 좋다.

해설 ④ 주변 소음은 주로 고주파이므로 은폐효과를 막기 위해 500~1000Hz의 신호음을 사용하는 것이 좋다.

10. 인간공학의 개념과 가장 거리가 먼 것은?

① 효율성 제고　　② 심미성 제고
③ 안전성 제고　　④ 편리성 제고

정답 5. ②　6. ②　7. ④　8. ①　9. ④　10. ②

[해설] 인간공학은 인간의 특성에 맞는 작업환경·도구·시스템을 설계하여 안전성, 효율성, 편리성을 높이는 것이므로 심미성 제고는 인간공학의 본질적인 목표가 아니다.

[참고] 인간공학의 연구 목적
- 안전성 향상과 사고방지
- 기계 조작의 능률성과 생산성 향상
- 인간의 특성에 맞는 작업환경 및 작업방법의 설계
- 안전의 극대화 및 효율성 향상

11. 인간-기계 체계의 신뢰도(R_{HS})가 0.85 이상이어야 한다. 이때 인간의 신뢰도(R_H)가 0.9라면 기계의 신뢰도(R_M)는 얼마 이상이어야 하는가? (단, 인간-기계 체계는 직렬체계이다.)

① $R_M \geq 0.831$
② $R_M \geq 0.877$
③ $R_M \geq 0.915$
④ $R_M \geq 0.944$

[해설]
- 직렬시스템의 신뢰도(R_S)
  $= R_1 \cdot R_2 \cdots R_n$
- 인간신뢰도(R_H)×기계 신뢰도(R_M)≥R_{HS}
  $0.9 \times R_M \geq 0.85$
  ∴ $R_M \geq 0.85 \div 0.9 = 0.944$

12. 인간의 후각 특성에 대한 설명으로 틀린 것은?

① 후각은 청각에 비해 반응속도가 더 빠르다.
② 훈련을 통하면 식별능력을 향상시킬 수 있다.
③ 특정한 냄새에 대한 절대적 식별능력은 떨어진다.
④ 후각은 특정 물질이나 개인에 따라 민감도에 차이가 있다.

[해설] ① 청각은 후각에 비해 반응속도가 더 빠르다.

[참고] 감각기능의 반응시간
청각(0.17초)>촉각(0.18초)>시각(0.20초)>미각(0.29초)>통각(0.7초)

13. 표시장치와 제어장치를 포함하는 작업장을 설계할 때 우선 고려사항에 해당되지 않는 것은?

① 작업시간
② 제어장치와 표시장치와의 관계
③ 주 시각 임무와 상호작용하는 주 제어장치
④ 자주 사용되는 부품을 편리한 위치에 배치

[해설] 표시장치와 조종장치 설계 시 지침
- 주된 시각적 임무
- 주 시각 임무와 상호작용하는 주 조종장치
- 조종장치와 표시장치 간의 관계
- 순서적으로 사용되는 부품의 배치
- 체계 내 혹은 다른 체계의 다른 배치와 일관성 있는 배치
- 자주 사용되는 부품을 편리한 위치에 배치

14. 암호체계의 사용에 관한 일반적 지침에서 암호의 변별성에 대한 설명으로 옳은 것은?

① 정보를 암호화한 자극은 검출이 가능해야 한다.
② 자극과 반응 간의 관계가 인간의 기대와 모순되지 않아야 한다.
③ 두 가지 이상의 암호 차원을 조합하여 사용하면 정보전달이 촉진된다.
④ 모든 암호 표시는 감지장치에 의해 다른 암호 표시와 구별될 수 있어야 한다.

[해설] 암호체계의 일반사항
- 검출성 : 정보를 암호화한 자극은 검출이 가능해야 한다.
- 판별성(변별성) : 모든 암호 표시는 다른 암호와 구별될 수 있어야 한다.
- 표준화 : 암호를 표준화하여 다른 상황으

[정답] 11. ④ 12. ① 13. ① 14. ④

로 변화해도 이용할 수 있어야 한다.
- 부호의 양립성 : 자극과 반응의 관계가 사람의 기대와 모순되지 않아야 한다.
- 부호의 성질 : 암호를 사용할 때는 사용자가 그 의미를 분명히 알 수 있어야 한다.
- 다차원 시각적 암호 : 색이나 숫자로 된 단일 암호보다 색과 숫자를 중복 조합한 암호가 효과적이다.

15. 주의(attention) 중 디스플레이상 다중 정보를 병렬 처리할 수 있게 하는 것은?

① 분산주의(divided attention)
② 초점주의(focused attention)
③ 선택주의(selective attention)
④ 개별주의(individual attention)

해설 분산(분할)주의 : 주의를 둘 이상의 대상에 나누어 동시에 할당하는 것을 말한다. 따라서 여러 정보나 과제를 병렬적으로 처리할 수 있게 한다.

16. 시스템의 평가척도 유형으로 볼 수 없는 것은?

① 인간 기준
② 관리 기준
③ 시스템 기준
④ 작업성능 기준

해설 시스템의 평가척도 유형
- 인간 기준 : 주관적 반응, 생리학적 지표, 인간의 성능 척도, 사고 및 과오 빈도
- 시스템 기준 : 의도한 목표를 얼마나 달성하였는지 나타내는 척도
- 작업성능 기준 : 작업결과에 대한 효율

17. 일반적으로 부품의 위치를 정하고자 할 때 활용되는 부품배치의 원칙을 바르게 나열한 것은?

① 중요성의 원칙과 사용빈도의 원칙
② 중요성의 원칙과 기능별 배치의 원칙
③ 사용빈도의 원칙과 사용순서의 원칙
④ 기능별 배치의 원칙과 사용빈도의 원칙

해설 중요성의 원칙과 사용빈도의 원칙은 우선순위 결정 원칙이며, 사용순서의 원칙과 기능별 배치의 원칙은 구체적인 배치 결정 원칙이다.

참고 부품의 공간배치의 원칙
- 중요성의 원칙
- 사용빈도의 원칙
- 사용순서의 원칙
- 기능별 배치의 원칙

18. 정신 작업부하를 측정하는 척도로 적합하지 않은 것은?

① 심박수
② Cooper-Harper 축척(scale)
③ 주임무(primary task) 수행에 소요된 시간
④ 부임무(secondary task) 수행에 소요된 시간

해설 생리적 부담을 측정하는 척도
- 산소 소비량
- 심박수
- 혈류량(혈압)
- 에너지 소비량

19. 인간-기계 비교의 한계점을 지적한 내용과 가장 거리가 먼 것은?

① 상대적 비교는 항상 변할 수 있다.
② 언제나 최고의 성능이 우선이다.
③ 기능의 할당에서 사회적인 가치도 고려해야 한다.
④ 가용도, 가격, 신뢰도와 같은 가치기준도 고려되어야 한다.

해설 ② 언제나 최고의 성능이 우선적으로 적용되는 것은 아니다.

정답 15. ① 16. ② 17. ① 18. ① 19. ②

20. 음원의 위치 추정을 위한 암시 신호(cue)에 해당되는 것은?

① 위상차　　② 음색차
③ 주기차　　④ 주파수차

해설 암시 신호에는 양이 간의 위상차, 음압차, 시간차, 강도차를 이용하는 방식이 있다.

2과목　작업생리학

21. 순환계의 기능 및 특성에 관한 설명으로 옳지 않은 것은?

① 심장으로부터 말초로 혈액을 운반하는 혈관을 정맥이라고 한다.
② 모세혈관은 소동맥과 소정맥을 연결하는 혈관이다.
③ 동맥은 혈액을 심장으로부터 직접 받아들이며, 혈관계에서 가장 높은 압력을 유지한다.
④ 폐순환은 우심실, 폐동맥, 폐, 폐정맥, 좌심방 순서로 혈액이 흐르는 것을 말한다.

해설 ① 심장으로부터 나와서 말초로 향하는 원심성 혈관을 동맥이라고 한다.

참고 정맥 : 말초에서 심장으로 되돌아가는 구심성 혈관

22. 어떤 작업자의 8시간 작업 시 평균 흡기량은 40L/min, 배기량은 30L/min으로 측정되었다. 배기량에 대한 산소 함량이 15%로 측정되었다면 이때 분당 산소 소비량(L/min)은?

① 3.3　② 3.5　③ 3.7　④ 3.9

해설 산소 소비량
=(분당 흡기량×흡기 중 O_2)
　－(분당 배기량×배기 중 O_2)
=(40×0.21)－(30×0.15)
=3.9 L/min

참고 공기 중에는 산소가 21%, 질소가 79% 함유되어 있다.

23. 음식물을 섭취하여 기계적인 일과 열로 전환하는 화학적인 과정을 무엇이라 하는가?

① 신진대사　　② 에너지가
③ 산소 부채　　④ 에너지 소비량

해설
• 신진대사 : 음식물을 섭취하여 기계적인 일과 열로 전환하는 화학적인 과정이다.
• 산소 부채 : 활동이 끝난 후에도 남아 있는 젖산을 제거하기 위해 필요한 산소를 말한다.

24. 척추와 근육에 대한 설명으로 옳은 것은?

① 허리 부위의 미골은 체중의 60% 정도를 지탱하는 역할을 담당한다.
② 인대는 근육과 뼈에 연결되어 있는 것으로 보통 힘줄이라고 한다.
③ 건은 뼈와 뼈를 연결하여 관절의 운동을 제한한다.
④ 척추는 26개의 뼈로 구성되어 경추, 흉추, 요추, 천골, 미골로 구성되어 있다.

해설 인간의 척추는 경추 7개, 흉추 12개, 요추 5개, 천추 5개, 미추 3~5개로 구성되어 있다.

참고 성인이 되면 천추와 미추는 하나로 합쳐져 천골과 미골을 형성하게 된다.

25. 수술실과 같이 대비가 아주 낮고, 크기가 작은 아주 특수한 시각적 작업의 실행에 가장 적절한 조도는?

① 500~1000 lx
② 1000~2000 lx
③ 3000~5000 lx
④ 10000~20000 lx

해설 병원 각 실의 조도
- 수술실 10000lx 이상
- 진료, 치료실, 구급실, 약국 : 500lx 이상
- 주사실 : 200lx 이상
- 병실, 문진실, 방사선실 : 100lx 이상

26. 육체적으로 격렬한 작업 시 충분한 양의 산소가 근육활동에 공급되지 못해 근육에 축적되는 것은?

① 젖산 ② 피루브산
③ 글리코겐 ④ 초성포도산

해설 운동이 격렬해지면 젖산이 빠르게 생성되고, 제거 속도가 이를 따라가지 못하면 근육에 축적되어 피로를 느끼게 된다.

참고 젖산은 무산소 운동 시 생성되는 부산물로, 탄수화물 분해 과정에서 크렙스 사이클(Krebs cycle)이 원활히 작동하지 않을 때 발생한다.

27. 다음 중 생체 역할 용어에 대한 설명으로 틀린 것은?

① 힘의 3요소는 크기, 방향, 작용점이다.
② 벡터(vector)는 크기와 방향을 갖는 양이다.
③ 스칼라(scalar)는 벡터량과 유사하나 방향이 다르다.
④ 모멘트(moment)는 변형시키거나 회전시킬 수 있는 관절에 가해지는 힘이다.

해설 스칼라는 질량, 온도, 일, 에너지처럼 방향이 없고 크기만 있는 양이다.

28. 가동성 관절의 종류와 그 예가 잘못 연결된 것은?

① 중쇠 관절(pivot joint) - 수근중수 관절
② 타원 관절(ellipsoid joint) - 손목뼈 관절
③ 절구 관절(ball-and-socket joint) - 대퇴 관절
④ 경첩 관절(hinge joint) - 손가락뼈 사이

해설 중쇠 관절은 위아래 요골척골 관절과 같이 한 축을 중심으로 회전하는 관절이며, 수근중수 관절은 평면 관절에 해당한다.

참고 윤활 관절의 종류
- 구상 관절 : 어깨 관절, 고관절(대퇴 관절)
- 경첩 관절 : 무릎 관절, 팔꿈치 관절, 발목 관절
- 안장 관절 : 엄지손가락의 손목손바닥뼈 관절
- 타원 관절 : 요골손목뼈 관절
- 차축 관절 : 위아래 요골척골 관절
- 평면 관절 : 손목뼈 관절, 척추 사이 관절

29. 다음의 산업안전보건법령상 "강렬한 소음 작업" 정의에서 ( )에 적합한 수치는?

( ) 데시벨 이상의 소음이 1일 30분 이상 발생하는 작업

① 80 ② 90
③ 100 ④ 110

해설 하루 기준 소음노출허용시간

기준	90 dB	95 dB	100 dB	105 dB	110 dB
노출	8시간	4시간	2시간	1시간	30분

30. 신체에 전달되는 진동은 전신진동과 국소진동으로 구분된다. 진동원의 성격이 다른 것은?

① 크레인 ② 지게차
③ 대형 운송차량 ④ 휴대용 연삭기

해설
- 국소진동 : 연마기, 자동식 톱, 착암기, 해머 드릴 등
- 전신진동 : 크레인, 지게차, 불도저, 대형 운송차량 등

정답 26. ① 27. ③ 28. ① 29. ④ 30. ④

31. 유세포 기능이 정상적으로 움직이기 위해서는 내부 환경이 적정한 범위 내에서 조절되어야 한다. 이것은 자율신경계에 의한 신경성 조절과 내분비계에 의한 체액성 조절에 의해 유지되는데, 다음 중 그 특징으로 옳은 것은?

① 신경성 조절은 조절속도가 빠르고 효과가 길다.
② 신경성 조절은 조절속도가 빠르고 효과가 짧다.
③ 내분비계 조절은 조절속도가 빠르고 효과가 짧다.
④ 내분비계 조절은 조절속도가 빠르고 효과가 길다.

해설 • 신경성 조절 : 자율신경계를 통한 조절로, 조절속도가 빠르고 효과가 짧다.
• 내분비계 조절 : 호르몬을 통한 조절로, 반응속도는 느리지만 효과는 장시간 지속된다.

32. 어떤 산업현장에서 근로자가 작업을 통해 95 dB(A)에서 3시간, 100 dB(A)에서 0.5시간, 85 dB(A)에서 5시간을 소음수준에 노출되었다면 총소음투여량은 약 얼마인가? (단, OSHA의 소음관련 기준을 따른다.)

① 65.62% ② 163.5%
③ 81.25% ④ 131.25%

해설 소음노출지수(D)

$= \dfrac{C_1}{T_1} + \dfrac{C_2}{T_2} + \cdots + \dfrac{C_n}{T_n}$

$= \dfrac{3}{4} + \dfrac{0.5}{2} + \dfrac{5}{16}$

$≒ 1.3125$

$= 131.25\%$

여기서, C_n : 실제노출시간
T_n : 허용노출시간

33. 일정(constant) 부하를 가진 작업 수행 시 인체의 산소 소비량 변화를 나타낸 그래프로 옳은 것은?

①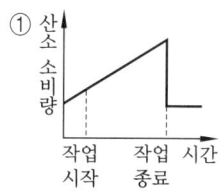
②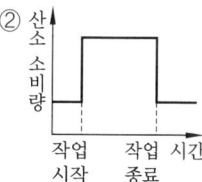
③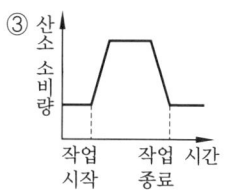
④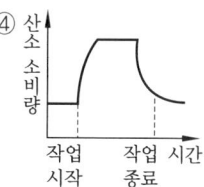

해설 인체의 산소 소비량 변화 그래프

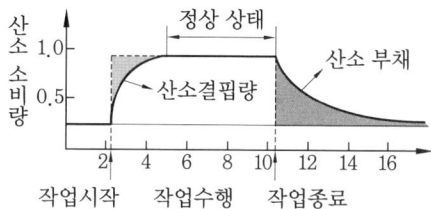

34. 생명을 유지하기 위해 필요로 하는 단위시간당 에너지양을 무엇이라 하는가?

① 산소 소비량 ② 에너지 소비율
③ 기초대사율 ④ 활동 에너지가

해설 기초대사율(BMR) : 안정된 상태에서 호흡, 혈액순환, 체온유지 등 생명유지에 필요한 최소한의 에너지를 단위시간당 소비하는 양을 말한다.

35. 고온 스트레스의 개인차에 대한 설명 중 틀린 것은?

① 나이가 들수록 고온 스트레스에 적응하기 힘들다.
② 남자가 여자보다 고온에 적응하는 것이 어렵다.

정답 31. ② 32. ④ 33. ④ 34. ③ 35. ②

③ 체지방이 많은 사람일수록 고온에 견디기 어렵다.
④ 체력이 좋은 사람일수록 고온 환경에서 작업할 때 잘 견딘다.

[해설] ② 남자가 여자보다 고온에 적응하는 것이 쉽다.

[참고] 생활습관, 근육량, 체중에 따라 고온 스트레스의 정도가 달라진다.

36. 육체 활동에 따른 에너지 소비량이 가장 큰 것은?

[해설] 육체 활동에 따른 에너지 소비량

4.0   6.8   8.0   10.2

37. 근육이 수축할 때 생성 및 소모되는 물질(에너지원)이 아닌 것은?

① 글리코겐(glycogn)
② CP(creatine phosphate)
③ 글리콜리시스(glycolysis)
④ ATP(adenosine triphosphate)

[해설] 글리콜리시스는 당을 분해하여 에너지를 얻는 대사과정이며 에너지원 자체는 아니다.

[참고] 근육수축 시 에너지원 : 글리코겐, 크레아틴 인산(CP), 아데노신삼인산(ATP)

38. 다음 중 소음방지대책으로 가장 적합하지 않은 것은?

① 전파경로를 차단하기 위해 흡음 처리를 하고 거리 감쇠를 시행한다.
② 음원 대책으로 발생원을 제거하고, 방진·제진 재료를 사용한다.
③ 장시간 소음 노출 작업 시 수음자를 격리하고 차음 보호구를 착용하도록 한다.
④ 감쇠 대상 음파에 대한 음파 간 간섭현상을 이용하여 능동적으로 제어한다.

[해설] 수음자 격리와 보호구 착용은 소극적인 소음방지대책이다.

[참고] 소음방지대책
• 소음원 통제 : 기계설계 단계에서 소음 반영, 차량에 소음기 부착 등
• 소음 격리 : 방, 장벽, 창문, 소음 차단벽 사용
• 차폐장치 및 흡음재 사용
• 음향 처리제 사용
• 적절한 배치
• 배경음악
• 방음보호구 착용 : 귀마개, 귀덮개 사용(소극적인 대책)

39. 가시도(visibility)에 영향을 미치는 요소가 아닌 것은?

① 조명기구
② 대비(contrast)
③ 과녁의 종류
④ 과녁에 대한 노출시간

[해설] 가시도는 대상 물체가 주변과 구별되어 보이는 정도를 말한다.

[정답] 36. ①   37. ③   38. ③   39. ③

참고 가시도에 영향을 미치는 요소 : 대비, 광발산도, 물체 크기, 노출시간, 휘광, 물체의 움직임 등

40. 시각적 점멸융합주파수(VFF)에 영향을 주는 변수에 대한 내용으로 옳지 않은 것은?

① 암조응 시 VFF가 증가한다.
② 연습의 효과는 아주 적다.
③ 휘도만 같으면 색은 VFF에 영향을 주지 않는다.
④ VFF는 조명 강도의 대수치에 선형적으로 비례한다.

해설 ① 암조응 시 VFF가 감소한다.

참고 암순응(암조응)
- 완전 암순응 소요시간 : 보통 30~40분
- 완전 명순응 소요시간 : 보통 2~3분

3과목   산업심리학 및 관계법규

41. 부주의의 원인과 대책이 가장 적합하게 연결된 것은?

① 의식의 우회 : 카운슬링
② 경험 또는 무경험 : 적성배치
③ 의식의 우회 : 작업환경 정비
④ 소질적 문제 : 교육 또는 훈련

해설 부주의 원인과 대책
- 의식의 우회 : 상담(카운슬링)
- 경험 또는 무경험 : 교육 또는 훈련
- 소질적 문제 : 적성 배치

42. 다음 중 제조물책임법상 손해배상책임을 지는 자(제조업자)의 면책사유에 해당하지 않는 경우는?

① 제조업자가 당해 제조물을 공급하지 않은 사실을 입증하는 경우
② 제조업자가 당해 제조물을 공급한 때의 과학 기술로는 결함의 존재를 발견할 수 없었다는 사실을 입증하는 경우
③ 제조물의 결함이 제조업자가 당해 제조물을 공급할 당시의 법령이 정하는 기준을 준수함으로써 발생한 사실을 입증하는 경우
④ 제조물을 공급한 후에 당해 제조물에 결함이 존재한다는 사실을 알거나 알 수 없었다는 사실을 입증하는 경우

해설 제조물책임법(PL법)상 면책사유
- 제조업자가 해당 제조물을 공급하지 않았음을 입증한 경우
- 제조업자가 공급 당시의 과학·기술 수준으로는 결함을 발견할 수 없었음을 입증한 경우
- 제조업자가 공급 당시의 법령 또는 기준을 준수한 결과 결함이 발생했음을 입증한 경우

43. 스트레스 수준과 수행(성능) 사이의 일반적 관계는?

① W형
② 뒤집힌 U형
③ U자형
④ 증가하는 직선형

해설 스트레스 수준과 수행 간의 관계
- 일반적으로 뒤집힌 U형 곡선을 나타낸다.
- 스트레스가 적정수준일 때 수행이 가장 높고, 너무 낮거나 높으면 떨어진다.

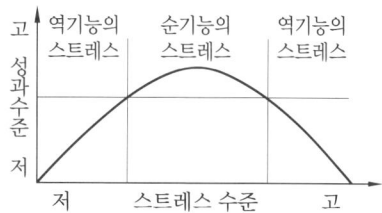

44. 다음 중 NIOSH의 직무 스트레스 모형에서 직무 스트레스 요인을 크게 작업요인, 조직요인, 환경요인으로 나눌 때 환경요인에 해당하는 것은?

① 조명, 소음, 진동
② 가족상황, 교육상태, 결혼상태
③ 작업부하, 작업속도, 교대근무
④ 역할 갈등, 관리 유형, 고용 불확실

해설 직무 스트레스의 원인
- 작업요인 : 작업부하, 교대근무 등
- 조직요인 : 갈등, 역할요구, 관리유형 등
- 환경요인 : 소음, 한랭, 환기불량, 조명 등

참고 중재요인 : 개인적 요인, 완충작용 요인, 조직 외 요인, 상황 요인 등

45. 여러 개의 자극을 동시에 제시하고 각각의 자극에 대해 반응을 하는 과제를 준 후, 자극이 제시되어 반응할 때까지의 시간을 무엇이라 하는가?

① 기초반응시간
② 단순반응시간
③ 집중반응시간
④ 선택반응시간

해설
- 반응시간 : 자극이 주어진 순간부터 반응이 일어날 때까지의 시간
- 단순반응시간 : 하나의 자극 신호에 대해 하나의 반응만 요구할 때 측정되는 반응시간
- 선택반응시간 : 여러 개의 자극을 제시하고 각각의 자극에 대해 서로 다른 반응을 요구하는 경우의 반응시간

46. A 사업장의 도수율이 2로 산출되었을 때, 그 결과에 대한 해석으로 옳은 것은?

① 근로자 1000명당 1년 동안 발생한 재해자 수가 2명이다.
② 연근로시간 1000시간당 발생한 근로손실일수가 2일이다.
③ 근로자 10000명당 1년간 발생한 사망자 수가 2명이다.
④ 연근로시간 1000000시간당 발생한 재해건수가 2건이다.

해설
① 근로자 1000명당 1년 동안 발생한 재해자 수 : 연천인율
② 연근로시간 1000시간당 발생한 재해에 의한 근로손실일수 : 강도율
③ 근로자 10000명당 1년간 발생한 사망자 수 : 사망만인율
④ 연근로시간 1000000시간당(100만인시당) 재해발생 건수 : 도수율

47. 다음은 인적 오류가 발생한 사례이다. Swain Guttman이 사용한 개별적 독립행동에 의한 오류 중 어느 것에 해당하는가?

> 컨베이어 벨트 수리공이 작업을 시작하면서 동료에게 컨베이어 벨트의 작동버튼을 살짝 눌러 벨트를 조금만 움직이라고 이른 뒤 수리작업을 시작하였다. 그러나 작동버튼 옆에서 서성이던 동료가 순간적으로 중심을 잃으면서 작동버튼을 힘껏 눌러, 컨베이어벨트가 전속력으로 움직이면서 수리공의 신체 일부가 끼이는 사고가 발생하였다.

① 시간 오류(timing error)
② 순서 오류(sequence error)
③ 부작위적 오류(omission error)
④ 작위적 오류(commission error)

해설 작위적 오류 : 필요한 작업 또는 절차의 불확실한 수행으로 발생한 에러로, 심리적 분류에서 독립행동에 해당한다.

정답 44. ①　45. ④　46. ④　47. ④

48. 인간이 과도로 긴장하거나 감정 흥분 시 의식수준 단계로, 대외의 활동력은 높지만 냉정함이 결여되어 판단이 둔화되는 의식수준 단계는?

① Ⅰ단계 ② Ⅱ단계
③ Ⅲ단계 ④ Ⅳ단계

해설 인간의 의식 레벨의 단계

단계	모드	생리적 상태	신뢰성
0	무의식	수면, 뇌발작, 주의작용 상실, 실신	0
1	의식 흐림	피로, 단조로운 일, 수면, 졸음, 몽롱	0.9 이하
2	이완 상태	안정적 기거, 휴식, 정상작업	0.99~1 이하
3	상쾌한 상태	적극적 활동, 최적의 활동상태	0.999 이상
4	과긴장 상태	일점 집중, 긴급 방위 반응	0.9 이하

49. 휴먼에러와 기계의 고장에 대한 차이점을 설명한 것으로 틀린 것은?

① 기계와 설비의 고장조건은 저절로 복구되지 않는다.
② 인간의 실수는 우발적으로 재발하는 유형이다.
③ 인간은 기계와는 달리 학습을 통해 지속적으로 성능을 향상시킨다.
④ 인간 성능과 압박(stress)은 선형관계를 가져, 압박이 중간 정도일 때 성능수준이 가장 높다.

해설 인간 성능과 압박은 선형관계가 아니라 역U자형 곡선관계를 따른다. 즉 압박이 너무 낮거나 지나치게 높으면 성능이 떨어지고, 적당한 수준의 스트레스가 주어질 때 작업성과가 가장 높다.

50. 작업자의 휴먼에러 발생 확률이 0.05로 일정하고, 다른 작업과 독립적으로 실수를 한다고 가정할 때, 8시간 동안 에러의 발생 없이 작업을 수행할 신뢰도는 약 얼마인가?

① 0.60 ② 0.67
③ 0.66 ④ 0.95

해설 인간신뢰도 $R(t)$
$= e^{-\lambda(t_2 - t_1)} = e^{-0.05(8-0)}$
$\fallingdotseq 0.67$
여기서, λ : 고장률
t_1 : 시작하는 시간
t_2 : 끝나는 시간

51. 산업안전보건법령상 유해요인조사 및 개선 등에 관한 내용으로 옳지 않은 것은?

① 법에 의한 임시건강진단 등에서 근골격계질환자가 발생한 경우에는 지체 없이 유해요인조사를 해야 한다.
② 근골격계 부담작업에 근로자를 종사하도록 하는 신설 사업장의 경우에는 지체 없이 유해요인조사를 해야 한다.
③ 근골격계 부담작업에 해당하는 새로운 작업, 설비를 도입한 경우에는 지체없이 유해요인조사를 해야 한다.
④ 근골격계 부담작업에 해당하는 업무의 양, 작업공정 등 작업환경을 변경한 경우에는 지체없이 유해요인조사를 해야 한다.

해설 ② 근골격계 부담작업에 근로자를 종사하도록 하는 신설사업장은 신설일로부터 1년 이내에 유해요인조사를 완료해야 한다.

52. 집단역학에 있어 구성원 상호 간의 선호도를 기초로 집단 내부에서 발생하는 상호관계를 분석하는 기법을 무엇이라 하는가?

① 갈등 관리 ② 소시오메트리
③ 시너지 효과 ④ 집단의 응집력

정답 48. ④ 49. ④ 50. ② 51. ② 52. ②

해설 소시오메트리(sociometry) : 인간관계 관리기법에 있어 구성원 상호 간의 선호도를 기초로 집단 내부의 동태적 상호관계를 분석하는 방법이다.

53. 조직의 리더(leader)에게 부여하는 권한 중 구성원을 징계 또는 처벌할 수 있는 권한은 어느 것인가?
① 보상적 권한
② 강압적 권한
③ 합법적 권한
④ 전문성의 권한

해설 강압적 권한 : 리더에게 주어진 권력 등을 이용하여 상벌을 할 수 있는 권한이다.

54. 결함나무분석(FTA : Fault Tree Analysis)에 대한 설명으로 옳지 않은 것은?
① 고장이나 재해요인의 정성적 분석뿐만 아니라 정량적 분석이 가능하다.
② 정성적 결함나무를 작성하기 전에 정상사상(top event)이 발생할 확률을 계산한다.
③ "사건이 발생하려면 어떤 조건이 만족되어야 하는가?"에 근거한 연역적 접근방법을 이용한다.
④ 해석하고자 하는 정상사상(top event)과 기본사상(basic event)과의 인과관계를 도식화하여 나타낸다.

해설 ② 정성적 결함나무를 작성한 후 정상사상이 발생할 확률을 계산한다.

55. 동기를 부여하는 방법이 아닌 것은?
① 상과 벌을 준다.
② 경쟁을 자제하게 한다.
③ 근본이념을 인식시킨다.
④ 동기부여의 최적의 수준을 유지한다.

해설 동기부여를 위해 선의의 경쟁을 하게 한다.

56. 안전에 대한 책임과 권한이 라인 관리감독자에게도 부여되며, 대규모 사업장에 적합한 조직 형태는?
① 라인형(line) 조직
② 스태프형(staff) 조직
③ 라인-스태프형(line-staff) 조직
④ 프로젝트(project team work) 조직

해설 라인형은 100명 이하의 소규모 사업장, 스태프형은 100~1000명의 중규모 사업장, 라인-스태프형은 1000명 이상의 대규모 사업장에 적합하다.

57. 어떤 사람의 행동이 "빨리빨리, 경쟁적으로, 여러 가지를 한꺼번에" 한다고 하면 어떤 성격특성을 설명하는가?
① typt-A 성격
② typt-B 성격
③ typt-C 성격
④ typt-D 성격

해설 인간의 성격유형
- Type A : 참을성이 없고 성취욕이 크며 성격이 급하다. 시간에 쫓기며 한 번에 많은 계획을 세우고 여러 일을 동시에 진행한다.
- Type B : 차분하고 여유로우며 시간에 무관심하다. 한 번에 한 가지씩 계획하고 처리한다.

참고 성격특성은 사회 일반에서 개인의 행위를 파악할 수 있는 일관된 특징이다.

58. 다음 중 물품의 중량과 무게중심에 대해 작업장 주변에 안내표지를 해야 하는 중량물의 기준은?
① 5kg 이상
② 10kg 이상
③ 15kg 이상
④ 20kg 이상

해설 산업안전보건기준에 관한 규칙 제665조에 따르면 중량물의 기준은 5kg 이상이다.

정답 53. ② 54. ② 55. ② 56. ③ 57. ① 58. ①

59. 집단 내에서 역할갈등이 나타나는 원인과 가장 거리가 먼 것은?

① 역할모호성 ② 상호의존성
③ 역할무능력 ④ 역할부적합

해설 집단 간 갈등의 원인 : 역할모호성, 역할무능력, 역할부적합, 집단간 목표 차이, 견해와 행동 경향 차이, 자원 부족 등

60. 재해발생에 관한 하인리히(H.W. Heinrich)의 도미노 이론에서 제시된 5가지 요인에 해당하지 않는 것은?

① 제어의 부족
② 개인적 결함
③ 불안전한 행동 및 상태
④ 유전 및 사회 환경적 요인

해설 하인리히 재해발생 도미노 5단계

1단계	2단계	3단계	4단계	5단계
선천적 결함	개인적 결함	불안전한 행동·상태	사고	재해

참고 ①은 버드의 최신 연쇄성 이론 1단계에 해당한다.

4과목 근골격계질환 예방을 위한 작업관리

61. 동작경제의 3원칙 중 신체 사용의 원칙에 해당하지 않는 것은?

① 가능하다면 중력을 이용한 운반방법을 사용한다.
② 두 손의 동작은 같이 시작하고 같이 끝나도록 한다.
③ 휴식시간을 제외하고는 양손이 동시에 쉬지 않도록 한다.
④ 두 팔의 동작은 동시에 서로 반대 방향으로 대칭적으로 움직이도록 한다.

해설 ①은 작업장 배치에 관한 원칙이다.

62. NIOSH lifting equation의 변수와 결과에 대한 설명으로 옳지 않은 것은?

① 수평거리 요인이 변수로 작용한다.
② 권장무게한계(RWL)의 최대치는 23kg이다.
③ LI(들기 지수)값이 1 이상이 나오면 안전하다.
④ 빈도 계수의 들기 빈도는 평균적으로 분당 들어 올리는 횟수(회/분)를 나타낸다.

해설 LI(들기 지수)값이 1 이상이면 요통의 발생위험이 높고, 1 이하가 되도록 재설계가 필요하다.

63. 디자인 프로세스 단계 중 대안의 도출을 위한 방법이 아닌 것은?

① 개선의 ECRS ② 5W1H 분석
③ SEARCH 원칙 ④ Network Diagram

해설 디자인 프로세스의 대안 도출 방법에는 브레인스토밍, ECRS, SEARCH 원칙, 5W1H 분석, 마인드 멜딩 등이 있다.

참고 Network Diagram : 네트워크 선도(공정망도)

64. 3시간 동안 작업 수행과정을 촬영하여 워크샘플링 방법으로 200회를 샘플링한 결과 30번의 손목꺾임이 확인되었다. 이 작업의 시간당 손목끼임 시간은?

① 6분 ② 9분 ③ 18분 ④ 30분

해설 • 손목끼임 시간
= 발생 확률 × 60분 = 0.15 × 60분 = 9분
• 손목끼임 발생 확률
$= \dfrac{\text{관측된 횟수}}{\text{총관측 횟수}} = \dfrac{30}{200} = 0.15$

정답 59. ② 60. ① 61. ① 62. ③ 63. ④ 64. ②

65. 근골격계질환 예방관리 프로그램상 예방·관리 추진팀의 구성원이 아닌 것은?

① 관리자　　② 근로자대표
③ 사용자대표　④ 보건담당자

해설 근골격계질환 예방관리 추진팀
㉠ 1000명 이하의 중·소규모 사업장
- 작업자대표　・대표가 위임하는 자
- 관리자　　　・정비·보수담당자
- 보건관리자　・구매담당자

㉡ 1000명 이상의 대규모 사업장
- 기술자(생산, 설계, 보수기술자)
- 노무담당자

66. 다음 중 근골격계질환 예방·관리 교육에서 사업주가 모든 작업자 및 관리감독자를 대상으로 실시하는 기본교육 내용에 해당되지 않는 것은?

① 근골격계질환 발생 시 대처요령
② 근골격계 부담작업에서의 유해요인
③ 예방·관리 프로그램의 수립 및 운영방법
④ 작업도구와 장비 등 작업시설이 올바른 사용방법

해설 ③ 근골격계질환의 증상 식별법과 보고방법

참고 예방·관리 프로그램의 수립 및 운영방법은 기본교육 내용에 포함되지 않으며, 이는 추진팀의 역할에 해당한다.

67. 작업분석 시 문제분석 도구로 적합하지 않는 것은?

① 작업공정도　② 다중활동 분석표
③ 서블릭 분석　④ 간트 차트

해설 서블릭 분석 : 작업자의 동작 분석을 18가지의 기본요소 동작(서블릭 기호)으로 분석·기록하는 방법으로, 동작분석에 해당한다.

68. 관측 평균시간이 5분, 레이팅 계수가 120%, 여유시간이 0.4분인 작업에서 제품의 개당 표준시간과 여유율(%)을 내경법에 의해 구하면 각각 얼마인가?

① 4.5분, 2.20%
② 6.4분, 6.25%
③ 8.5분, 7.25%
④ 9.7분, 10.25%

해설
・정미시간(NT)
$$= 평균관측시간 \times \frac{레이팅\ 계수}{100}$$
$$= 5 \times \frac{120}{100} = 6분$$

・여유율(A)
$$= \frac{여유시간}{정미시간 + 여유시간} \times 100$$
$$= \frac{0.4}{6 + 0.4} \times 100 = 6.25\%$$

・표준시간(ST)
$$= 정미시간 \times \left(\frac{1}{1 - 여유율}\right)$$
$$= 6 \times \left(\frac{1}{1 - 0.0625}\right) ≒ 6.4분$$

69. 대규모 사업장에서 근골격계질환 예방·관리 추진팀을 구성함에 있어서 중·소규모 사업장 추진팀원 외에 추가로 참여되어야 할 인력은?

① 노무담당자
② 보건담당자
③ 구매담당자
④ 예산결정권자

해설 근골격계질환 예방관리 추진팀
㉠ 1000명 이하의 중·소규모 사업장
- 작업자대표

정답 65. ③　66. ③　67. ③　68. ②　69. ①

- 대표가 위임하는 자
- 관리자
- 정비·보수담당자
- 보건관리자
- 구매담당자

ⓒ 1000명 이상의 대규모 사업장
- 기술자(생산, 설계, 보수기술자)
- 노무담당자

70. 근골격계질환을 유발할 수 있는 주요 부담작업에 대한 설명으로 맞는 것은?

① 충격작업의 경우 분당 2회를 기준으로 한다.
② 단순 반복작업은 대개 4시간을 기준으로 한다.
③ 들기 작업의 경우 10kg, 25kg이 기준 무게로 사용된다.
④ 쥐기(grip) 작업의 경우 쥐는 힘과 1kg과 4.5kg을 기준으로 사용한다.

해설 들기 작업의 경우 하루에 10회 이상 25kg 이상 또는 25회 이상 10kg 이상의 물체를 드는 경우가 부담작업에 해당한다.

71. 어느 회사의 컨베이어 라인에서 작업순서가 다음 표의 번호와 같이 구성되어 있을 때, 설명 중 옳은 것은?

작업	1.조립	2.납땜	3.검사	4.포장
시간(초)	10초	9초	8초	7초

① 공정 손실은 15%이다.
② 애로작업은 검사작업이다.
③ 라인의 주기시간은 7초이다.
④ 라인의 시간당 생산량은 6개이다.

해설
- 공정손실

$$= 1 - \frac{\text{총작업시간}}{\text{작업자 수} \times \text{주기시간}}$$

$$= 1 - \frac{10+9+8+7}{4 \times 10} = 0.15 = 15\%$$

- 애로작업 : 시간이 가장 많이 걸리는 조립
- 주기시간 : 표 기준 주기가 가장 긴 10초
- 시간당 생산량 $= \frac{1\text{시간}}{\text{주기}} = \frac{3600\text{초}}{10\text{초/개}} = 360$개

72. PTS법의 특징이 아닌 것은?

① 직접 작업자를 대상으로 작업시간을 측정하지 않아도 된다.
② 표준시간 설정에 논란이 되는 rating의 필요가 없어 표준시간의 일관성이 증대된다.
③ 실제 생산현장을 보지 않고도 작업대의 배치와 작업방법을 알면 표준시간의 산출이 가능하다.
④ 표준자료 작성의 초기비용이 적기 때문에 생산량이 적거나 제품이 큰 경우에 적합하다.

해설 PTS법은 도입 초기에는 전문가의 자문이 필요하고, 교육 및 훈련비용이 크기 때문에 초기 도입비용이 많이 소요된다.

73. 작업대의 개선방법으로 맞는 것은?

① 좌식 작업대의 높이는 동작이 큰 작업에는 팔꿈치 높이보다 약간 높게 설계한다.
② 입식 작업대의 높이는 경작업의 경우 팔꿈치 높이보다 5~10cm 정도 높게 설계한다.
③ 입식 작업대의 높이는 중작업의 경우 팔꿈치 높이보다 10~30cm 정도 낮게 설계한다.
④ 입식 작업대의 높이는 정밀작업의 경우 팔꿈치 높이보다 5~10cm 정도 낮게 설계한다.

해설 입식 작업대의 높이
- 정밀작업 : 팔꿈치 높이보다 5~10cm 높게 설계
- 일반작업 : 팔꿈치 높이보다 5~10cm 낮게 설계

정답 70. ③ 71. ① 72. ④ 73. ③

- 힘든 작업(重작업) : 팔꿈치 높이보다 10~20cm(30cm) 낮게 설계

74. 작업측정에 관한 설명으로 틀린 내용은?

① 정미시간은 반복생산에 요구되는 여유시간을 포함한다.
② 인적 여유는 생리적 욕구로 인해 작업이 지연되는 시간을 포함한다.
③ 레이팅은 측정된 작업시간을 정상작업 시간으로 보정하는 과정이다.
④ TV 조립공정과 같이 짧은 주기의 작업은 비디오 촬영에 의한 시간연구법이 좋다.

해설 정미시간은 일정한 속도로 작업을 수행하는 데 소요되는 시간이며, 여유시간을 포함하지 않는다.

75. 다음 중 수행도 평가기법이 아닌 것은?

① 속도 평가법
② 합성 평가법
③ 평준화 평가법
④ 사이클 그래프 평가법

해설 수행도 평가법
- 속도 평가법
- 합성 평가법
- 평준화 평가법
- 웨스팅하우스 시스템

76. 작업구분을 큰 것에서부터 작은 것 순으로 나열한 것은?

① 공정 → 단위작업 → 요소작업 → 동작요소 → 서블릭
② 공정 → 요소작업 → 단위작업 → 서블릭 → 동작요소
③ 공정 → 단위작업 → 동작요소 → 요소작업 → 서블릭
④ 공정 → 단위작업 → 요소작업 → 서블릭 → 동작요소

해설 작업구분 단계순서(대에서 소까지)
공정 → 단위작업 → 요소작업 → 동작요소 → 서블릭

77. 다음 중 SEARCH 원칙에 대한 내용으로 틀린 것은?

① Composition : 구성
② How often : 얼마나 자주
③ Alter sequence : 순서의 변경
④ Simplify operation : 작업의 단순화

해설 SEARCH 원칙
- S(Simplify operations) : 작업의 단순화
- E(Eliminate unnecessary work and material) : 불필요한 작업이나 자재의 제거
- A(Alter sequence) : 순서 변경
- R(Requirement) : 요구 조건
- C(Combine operations) : 작업의 결합
- H(How often) : 얼마나 자주, 몇 번인가?

78. 근골격계질환의 유형에 대한 설명으로 옳지 않은 것은?

① 외상 과염은 팔꿈치 부위의 인대에 염증이 생겨 발생하는 증상이다.
② 수근관 증후군은 손목이 꺾인 상태나 과도한 힘을 준 상태에서 반복적인 손 운동을 할 때 발생한다.
③ 회내근 증후군은 과도한 망치질, 노 젓기 동작 등으로 손가락이 저리고 손가락 굴곡이 약화되는 증상이다.
④ 결절종은 반복, 구부림, 진동 등에 의해 건의 섬유질이 손상되거나 찢어지는 등 건에 염증이 생기는 질환이다.

해설 ④ 결절종은 반복동작, 구부림, 진동 등에 의해 손바닥·손가락에 액체가 찬 낭포(물혹)가 생기는 흔한 종양(질환)이다.

정답 74. ① 75. ④ 76. ① 77. ① 78. ④

79. 워크샘플링(work sampling)에 대한 설명으로 맞는 것은?

① 시간연구법보다 더 정확하다.
② 자료수집 및 분석시간이 길다.
③ 관측이 순간적으로 이루어져 작업에 방해가 적다.
④ 컨베이어 작업처럼 짧은 주기의 작업에 알맞다.

해설 ① 시간연구법보다 덜 자세하다.
② 자료수집 및 분석시간이 짧다.
④ 짧은 주기나 반복작업에는 부적당하다.

80. 다음 중 개선의 ECRS에 대한 내용으로 맞는 것은?

① Economic – 경제성
② Combine – 결합
③ Reduce – 절감
④ Specification – 규격

해설 작업개선의 원칙(ECRS)
• 제거(Eliminate) : 생략과 배제의 원칙
• 결합(Combine) : 결합과 분리의 원칙
• 재조정(Rearrange) : 재배열의 원칙
• 단순화(Simplify) : 단순화의 원칙

정답 79. ③   80. ②

2025년도(1회차) CBT 출제문제

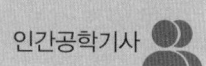

1과목　　인간공학개론

1. 계기판에 등이 4개 있고 그중 하나에만 불이 켜지는 경우, 얻을 수 있는 정보량은?
① 2bit　② 3bit
③ 4bit　④ 5bit

해설 정보량$(H) = \log_2 N = \log_2 4 = 2\,\text{bit}$

2. 시력에 관한 내용으로 옳지 않은 것은?
① 눈의 조절능력이 불충분한 경우 근시 또는 원시가 된다.
② 시력은 세부적인 내용을 시각적으로 식별할 수 있는 능력을 말한다.
③ 눈이 초점을 맞출 수 없는 가장 먼 거리를 원점이라 하는데, 정상 시각에서 원점은 거의 무한하다.
④ 여러 유형의 시력은 주로 망막 위에 초점이 맞추어지도록 홍채의 근육에 의한 눈의 조절능력에 달려 있다.

해설 ④ 여러 유형의 시력은 주로 망막 위에 초점이 맞추어지도록 수정체의 근육에 의한 눈의 조절능력에 달려 있다.

3. 조작자와 제어버튼 사이의 거리 또는 조작에 필요한 힘 등을 정할 때 사용되는 인체측정 자료의 응용원칙은?
① 최소치 설계
② 평균치 설계
③ 조절식 설계
④ 최대치 설계

해설 최소 집단값에 의한 설계
- 인체치수 분포의 하위 1%, 5%, 10% 사용자를 포함할 수 있도록 최솟값을 기준으로 설계한다.
- 선반의 높이, 조정장치까지의 거리 등을 정할 때 사용한다.

참고 인체측정치의 응용원칙
- 극단치 설계 : 최소치수와 최대치수를 기준으로 설계한다.
- 조절식 설계 : 조절범위를 기준으로 설계한다.
- 평균치 설계 : 평균치를 기준으로 설계한다.

4. 최소치를 이용한 인체 측정치 원리를 적용해야 할 것은?
① 문의 높이
② 안전대의 하중강도
③ 비상탈출구의 크기
④ 기구조작에 필요한 힘

해설 출입문, 안전대, 비상탈출구 등의 크기는 큰 사람이나 작은 사람 모두 이용할 수 있도록 최대치수로 설계한다.

참고 최소 집단값에 의한 설계
- 인체치수 분포의 하위 1%, 5%, 10% 사용자를 포함할 수 있도록 최솟값을 기준으로 설계한다.
- 선반의 높이, 조정장치까지의 거리 등을 정할 때 사용된다.
- 지하철이나 버스 손잡이의 설치높이 등 키 작은 사람이 잡을 수 있다면 이보다 큰 사람은 모두 잡을 수 있다.

정답 1. ①　2. ④　3. ①　4. ④

5. 인간의 기억체계에 대한 설명으로 옳지 않은 것은?

① 단위시간당 영구 보관할 수 있는 정보량은 7bit/s이다.
② 감각저장에서는 정보의 코드화가 이루어지지 않는다.
③ 장기기억 내의 정보는 의미적으로 코드화된 정보이다.
④ 기억은 현재 또는 최근의 정보를 잠시동안 기억하기 위한 저장소의 역할을 한다.

해설 ① 단위시간당 영구 보관할 수 있는 정보량은 0.7bit이다.

6. 선형 제어장치를 20cm 이동시켰을 때 선형 표시장치에서 지침이 5cm 이동하였다면 제어반응(C/R)비는 얼마인가?

① 0.2　② 0.25　③ 4.0　④ 5.0

해설 조종장치의 C/R비

$$= \frac{\text{조종장치의 이동거리}}{\text{표시장치의 이동거리}}$$

$$= \frac{20}{5} = 4.0$$

7. 다음 중 인간공학의 목적에 관한 내용으로 틀린 것은?

① 사용편의성의 증대, 오류 감소, 생산성 향상 등을 목적으로 둔다.
② 인간공학은 일과 활동을 수행하는 효능과 효율을 향상시키는 것이다.
③ 안전성 개선, 피로와 스트레스 감소, 사용자 수용성 향상, 작업 만족도 증대를 목적으로 한다.
④ Chapanis는 목적달성을 위해 구체적 응용에서 가장 중요한 목표는 몇 가지뿐이며, 그들의 서로 상호연관성은 없다고 했다.

해설 Chapanis는 인간공학의 핵심 목표를 효율성·안전성·사용자 만족으로 제시했으며, 이들은 서로 상호연관되어 함께 고려되어야 한다.

참고 인간공학의 목적
- 작업자의 안전과 작업능률 향상
- 건강, 안전, 만족 등 특정한 인생 가치 기준의 유지·향상
- 기계 조작의 능률성과 생산성 향상
- 인간과 사물의 설계가 인간에게 미치는 영향에 중점
- 인간의 행동, 능력, 한계, 특성에 관한 정보 발견
- 인간의 특성에 적합한 기계나 도구설계
- 인간의 특성에 맞는 작업방법, 기계설비, 전반적인 작업환경 설계

8. 인간-기계 시스템에서 정보 전달과 조종이 이루어지는 접합면인 인간-기계 인터페이스(man-machine interface)의 종류에 해당하지 않는 것은?

① 지적 인터페이스
② 역학적 인터페이스
③ 감성적 인터페이스
④ 신체적 인터페이스

해설 인간-기계 인터페이스는 지적, 감성적, 신체적 인터페이스로 분류된다.

9. 신호검출이론(signal detection theory)에서 판정기준을 나타내는 우도비(likelihood ratio) β와 민감도(sensitibity) d에 대한 설명 중 옳은 것은?

① β가 클수록 보수적이고 d가 클수록 민감함을 나타낸다.
② β가 작을수록 보수적이고 d가 클수록 민감함을 나타낸다.

정답 5. ①　6. ③　7. ④　8. ②　9. ①

③ β가 클수록 보수적이고 d가 클수록 둔감함을 나타낸다.
④ β가 작을수록 보수적이고 d가 클수록 둔감함을 나타낸다.

해설
- β가 클수록 보수적이며 작을수록 진취적이다.
- d가 클수록 민감함을 나타내며 정규분포를 이용하여 구할 수 있다.

참고 감도척도가 높으면 작은 신호도 잘 감지할 수 있지만, 잡음이 많거나 신호가 약하면 감도척도가 낮아진다.

10. 다음 중 촉각적 표시장치에 대한 설명으로 맞는 것은?

① 시각 및 청각 표시장치를 대체하는 장치로 사용할 수 없다.
② 3점 문턱값(three-point threshold)을 척도로 사용한다.
③ 세밀한 식별이 필요한 경우 손가락보다 손바닥을 사용하도록 유도해야 한다.
④ 촉감은 피부온도가 낮아지면 나빠지므로 저온환경에서 촉감 표시장치를 사용할 때는 주의해야 한다.

해설 극심한 저온에서 작업을 수행하면 손의 감각과 민첩성이 저하되고 피로가 증가할 수 있다.

참고 추운 환경에서는 손으로 가는 혈액공급이 줄어 촉감이 둔해진다.

11. 1000 Hz, 40 dB을 기준으로 음의 상대적인 주관적 크기를 나타내는 단위는?

① sone   ② siemens
③ bell   ④ phon

해설
- 1 sone : 1000 Hz에서 음압수준 40 dB의 크기
- 1 phon : 1000 Hz에서 순음의 음압수준 1 dB의 크기

12. 인체의 감각기능 중 후각에 대한 설명으로 옳은 것은?

① 후각에 대한 순응은 느린 편이다.
② 후각은 훈련을 통해 식별능력을 가르지 못한다.
③ 후각은 냄새의 존재 여부보다 특정 자극을 식별하는 데 효과적이다.
④ 특정 냄새의 절대 식별능력은 떨어지나 상대적 비교 능력은 우수한 편이다.

해설
① 후각에 대한 순응은 빠른 편이다.
② 후각은 훈련을 통해 최대 60종까지도 식별 가능하다.
③ 특정 자극을 식별하는 것보다 냄새의 존재 여부를 파악하는 데 더 효과적이다.

13. 암호의 사용에 있어 일반적인 지침에 대한 설명으로 옳은 것은?

① 모든 암호 표시는 다른 암호 표시와 비슷하여 변별이 되지 않아야 한다.
② 암호체계는 사람들이 이미 지니고 있는 연상을 이용해서는 안된다.
③ 암호를 사용할 때 사용자는 그 뜻을 알 수 없어야 한다.
④ 암호를 표준화하여 사람들이 어떤 상황에서 다른 상황으로 옮기더라도 쉽게 이용할 수 있어야 한다.

해설 암호체계의 일반사항
- 검출성 : 정보를 암호화한 자극은 검출이 가능해야 한다.
- 판별성(변별성) : 모든 암호 표시는 다른 암호와 구별될 수 있어야 한다.
- 표준화 : 암호를 표준화하여 다른 상황으로 변화해도 이용할 수 있어야 한다.

정답 10. ④   11. ①   12. ④   13. ④

- 부호의 양립성 : 자극과 반응의 관계가 사람의 기대와 모순되지 않아야 한다.
- 부호의 성질 : 암호를 사용할 때는 사용자가 그 의미를 분명히 알 수 있어야 한다.
- 다차원 시각적 암호 : 색이나 숫자로 된 단일 암호보다 색과 숫자를 중복 조합한 암호가 효과적이다.

14. 제어장치와 표시장치의 일반적인 설계원칙이 아닌 것은?

① 눈금이 움직이는 동침형 표시장치를 우선 적용한다.
② 눈금을 조절 노브와 같은 방향으로 회전시킨다.
③ 눈금 수치는 왼쪽에서 오른쪽으로 돌릴 때 증가하도록 한다.
④ 증가량을 설정할 때 제어장치를 시계 방향으로 돌리도록 한다.

해설
- 동목형 : 지침이 고정되고 눈금이 움직이는 표시장치
- 동침형 : 눈금이 고정되고 지침이 움직이는 표시장치

15. 통화 이해도 측정을 위한 척도로 적합하지 않은 것은?

① 명료도 지수
② 인식 소음수준
③ 이해도 점수
④ 통화 간섭수준

해설 통화 이해도 측정을 위한 척도
- 명료도 지수
- 이해도 점수
- 통화 간섭수준

참고 통화 이해도 : 다양한 통신 상황에서 음성 전달의 품질을 평가하는 기준으로, 수화자가 얼마나 잘 이해하는지에 의해 판단된다.

16. 종이의 반사율이 70%이고 인쇄된 글자의 반사율이 15%일 경우 대비는?

① 15% ② 21%
③ 70% ④ 79%

해설 대비(contrast)

$$= \frac{L_b - L_l}{L_b} \times 100 = \frac{0.7 - 0.15}{0.7} \times 100 ≒ 79\%$$

여기서, L_b : 배경 반사율
L_l : 과녁 반사율

17. 다음 중 물리적 공간의 구성요소를 배열하는 데 적용될 수 있는 원리에 대한 설명으로 틀린 것은?

① 사용빈도의 원리 : 자주 사용되는 구성요소를 편리한 위치에 두어야 한다.
② 기능성의 원리 : 대표 기능을 수행하는 구성요소를 편리한 위치에 배치해야 한다.
③ 중요도의 원리 : 시스템 목표 달성에 중요한 구성요소를 편리한 위치에 두어야 한다.
④ 사용순서의 원리 : 구성요소들 간의 관련 순서나 사용 패턴에 따라 배치해야 한다.

해설 기능성의 원리 : 관련 기능을 수행하는 구성요소를 묶어서 배치해야 한다.

18. 기계가 인간보다 더 우수한 기능이 아닌 것은? (단, 인공지능은 제외한다.)

① 자극에 대하여 연역적으로 추리한다.
② 이상하거나 예기치 못한 사건들을 감지한다.
③ 장시간에 걸쳐 신뢰성 있는 작업을 수행한다.
④ 암호화된 정보를 신속하고 정확하게 회수한다.

해설 ①, ③, ④ 기계가 인간보다 우수한 기능

19. 인간기계 통합체계에서 인간 또는 기계에 의해 수행되는 기본기능이 아닌 것은?
① 정보처리 ② 정보생성
③ 의사결정 ④ 정보보관

해설 정보처리의 기본적인 4가지 기능 : 정보수용, 정보보관, 정보처리 및 결정, 행동기능

20. 책상과 의자의 설계에 필요한 인체치수 기준으로 적절하지 않은 것은?
① 의자 높이 : 오금 높이를 기준으로 한다.
② 의자 깊이 : 엉덩이에서 무릎 뒤까지의 길이를 기준으로 한다.
③ 책상 높이 : 선 자세의 팔꿈치 높이를 기준으로 한다.
④ 의자 너비 : 엉덩이 너비를 기준으로 한다.

해설 ③ 책상 높이 : 앉은 자세의 팔꿈치 높이를 기준으로 한다.

2과목 작업생리학

21. 다음 중 순환기계 혈액의 기능에 해당하지 않는 것은?
① 운반작용 ② 연하작용
③ 조절작용 ④ 출혈방지

해설 ② 연하작용 : 음식물을 삼키는 기능

참고 • 순환계 : 혈액, 혈관, 심장, 림프, 림프관, 비장, 흉선 등으로 구성
• 혈액의 기능 : 운반작용, 조절작용, 출혈방지 등

22. 어떤 들기 작업 후 작업자의 배기를 3분간 수집하여 60리터의 가스를 분석한 결과 산소는 16%, 이산화탄소는 4%였다. 분당 산소 소비량과 에너지가를 구한 것으로 맞는 것은? (단, 공기 중 산소는 21%, 질소는 79%이다.)
① 1.053 L/min, 5.265 kcal/min
② 1.053 L/min, 10.525 kcal/min
③ 2.105 L/min, 5.265 kcal/min
④ 2.105 L/min, 10.525 kcal/min

해설 분당 산소 소비량과 에너지가
㉠ 분당 산소 소비량

• 분당 배기량 $= \dfrac{배기량}{시간} = \dfrac{60L}{3분} = 20 L/min$

• 분당 흡기량
$= \dfrac{배기량 - 배기 중 O_2 - 배기 중 CO_2}{배기량 - 흡기 중 O_2}$
$\times 분당 배기량$
$= \dfrac{100 - 16 - 4}{100 - 21} \times 20 \fallingdotseq 20.25 L/min$

∴ 분당 산소 소비량
$=$ (분당 흡기량 × 흡기 중 O_2)
$-$ (분당 배기량 × 배기 중 O_2)
$= (20.25 \times 0.21) - (20 \times 0.16)$
$\fallingdotseq 1.053 L/min$

㉡ 에너지가
$=$ 분당 산소 소비량 × 5 kcal
$= 1.053 \times 5 = 5.265 kcal/min$

참고 산소 1L는 약 5 kcal의 에너지를 낸다.

23. 정신적 작업부하를 측정하는 생리적 측정치에 해당하지 않는 것은?
① 부정맥지수
② 산소 소비량
③ 점멸융합주파수
④ 뇌파도 측정치

해설 정신적 작업부하에 대한 생리적 측정치 : 심박수, 부정맥, 뇌전위(점멸융합주파수), 동공반응(눈 깜빡임률), 호흡수, 뇌파 등

정답 19. ② 20. ③ 21. ② 22. ① 23. ②

24. 저온환경이 작업수행에 미치는 영향으로 옳지 않은 것은?

① 근육강도와 내성이 감소하여 육체적 기능도가 줄어든다.
② 손 피부온도(HST)의 감소로 수작업 과업수행능력이 저하된다.
③ 저온 환경에서는 체내 온도를 유지하기 위해 근육의 대사율이 증가된다.
④ 저온은 말초운동신경의 신경전도 속도를 감소시킨다.

해설 ③ 저온 환경에서는 체내 온도를 유지하기 위해 근육의 대사율이 감소된다.

참고 저온 환경에서는 몸을 움츠리게 되어 활동이 줄고, 그 결과 근육의 대사율도 감소한다.

25. 빛의 측정치를 나타내는 단위의 관계가 틀린 것은?

① 1fc = 10lx
② 반사율 = 휘도/조도
③ 1candela = 10lumen
④ 조도 = 광도/단위면적(m²)

해설 1candela(cd) = 4π(≒12.57)lumen

26. 유산소 대사의 하나인 크렙스 사이클(Krebs cycle)에서 일어나는 반응이 아닌 것은?

① 산화가 발생한다.
② 젖산이 생성된다.
③ 이산화탄소가 생성된다.
④ 구아노신 3인산(GTP)의 전환을 통해 ATP가 생성된다.

해설 젖산은 무산소 운동 시 생성되는 부산물로, 탄수화물 분해 과정에서 크렙스 사이클(Krebs cycle)이 원활히 작동하지 않을 때 발생한다.

27. 힘과 모멘트에 대한 설명으로 옳은 것은?

① 힘의 3요소는 크기, 방향, 작용선이다.
② 스칼라(scalar)량은 크기는 없으며 방향만 존재한다.
③ 벡터(vector)량은 방향은 없으며 크기만 존재한다.
④ 모멘트란 회전시킬 수 있는 물체에 가해지는 힘이다.

해설 ① 힘의 3요소는 크기, 방향, 작용점이다.
② 스칼라는 크기만 있고 방향은 없다.
③ 벡터는 크기와 방향이 모두 존재한다.

28. 사람의 근골격계와 신경계에 대한 설명으로 옳지 않은 것은?

① 신체골격구조는 206개의 뼈로 구성되어 있다.
② 관절은 섬유질 관절, 연골 관절, 활액 관절로 구분된다.
③ 심장근은 수의근으로 민무늬의 원통형 근섬유구조를 가지고 있다.
④ 신경계는 구조적인 측면으로 중추신경계와 말초신경계로 나누어진다.

해설 ③ 심장근은 가로무늬근이지만 생리적으로는 불수의근이므로 자율적이고 주기적인 수축 운동을 한다.

참고 불수의근 : 의지와 관계없이 자율적으로 움직이는 근육

29. 작업환경 측정결과 청력보존 프로그램을 수립하여 시행해야 하는 기준이 되는 소음수준은?

① 80dB 초과
② 85dB 초과
③ 90dB 초과
④ 95dB 초과

정답 24. ③ 25. ③ 26. ② 27. ④ 28. ③ 29. ③

해설 소음작업이란 1일 8시간 작업을 기준으로 하여 85dB 이상의 소음이 발생하는 작업이다.

참고 강렬한 소음작업은 8시간 90dB 이상이다.

30. 국소진동을 일으키는 진동원은?
① 크레인 ② 버스
③ 지게차 ④ 자동식 톱

해설
- 국소진동 : 좁은 범위에 전달되는 진동(예 연마기, 자동식 톱, 착암기 등)
- 전신진동 : 전신에 전달되는 진동(예 크레인, 지게차, 대형 운송차량 등)

31. 정신피로의 척도로 사용되는 시각적 점멸융합주파수(VFF)에 영향을 주는 변수에 관한 내용으로 옳지 않은 것은?
① 암조응 시 VFF는 증가한다.
② 휘도만 같으면 색은 VFF에 영향을 주지 않는다.
③ 조명 강도의 대수치(불꽃돌)에 선형적으로 비례한다.
④ 사람들 간에는 큰 차이가 있으나 개인의 경우 일관성이 있다.

해설 ① 암조응 시 VFF는 감소한다.

참고 암순응(암조응)
- 완전 암순응 소요시간 : 보통 30~40분
- 완전 명순응 소요시간 : 보통 2~3분

32. 생체신호를 측정할 때 이용되는 측정방법이 잘못 연결된 것은?
① 뇌의 활동 측정-EOG
② 심장근의 활동 측정-EKG
③ 피부의 전기 전도 측정-GSR
④ 국부 골격근의 활동 측정-EMG

해설 ① 뇌의 활동 측정 : 뇌전도(EEG)

참고 안정도(EOG)는 뇌 활동이 아니라 안구운동의 전위차를 기록하는 방법이다.

33. 어떤 작업자에 대해 미국 직업안전위생관리국(OSHA)에서 정한 허용소음노출의 소음수준이 130%로 계산되었다면, 이때 8시간 시간가중평균(TWA)값은 약 얼마인가?
① 89.3dB(A)
② 90.7dB(A)
③ 91.9dB(A)
④ 92.5dB(A)

해설 시간가중평균(TWA)

$= 16.61 \times \log \dfrac{D}{100} + 90$

$= 16.61 \times \log \dfrac{130}{100} + 90$

$\fallingdotseq 91.9 \text{dB(A)}$

34. 근육의 대사(metabolism)에 관한 설명으로 적절하지 않은 것은?
① 대사과정에 있어 산소 공급이 충분하면 젖산이 축적된다.
② 산소를 이용하는 유기성과 산소를 이용하지 않는 무기성 대사로 나눌 수 있다.
③ 음식물을 섭취하여 기계적인 일과 열로 전환하는 화학적 과정이다.
④ 활동수준이 평상시에 공급되는 산소 이상 필요로 하는 경우, 순환계통은 이에 맞추어 호흡수와 맥박수를 증가시킨다.

해설 ① 계속적인 인체 활동 시 산소 공급이 부족하면 젖산이 축적된다.

참고 산소 부채 : 활동이 끝난 후에도 남아 있는 젖산을 제거하기 위해 필요한 산소

정답 30. ④ 31. ① 32. ① 33. ③ 34. ①

35. 기초대사량의 측정과 가장 관계가 깊은 자세는 무엇인가?

① 누워서 휴식을 취하고 있는 상태
② 앉아서 휴식을 취하고 있는 상태
③ 선 자세로 휴식을 취하고 있는 상태
④ 벽에 기대어 휴식을 취하고 있는 상태

해설 기초대사량은 생명 유지에 필요한 최소한의 에너지를 단위시간당 측정한 값이다.

36. 진동방지대책으로 적합하지 않은 것은?

① 진동의 강도를 일정하게 유지한다.
② 작업자는 방진장갑을 착용하도록 한다.
③ 공장의 진동 발생원을 기계적으로 격리한다.
④ 진동 발생원을 작동시키기 위해 원격제어를 사용한다.

해설 진동의 강도를 일정하게 유지하는 것은 진동을 줄이거나 차단하지 못해 위험을 그대로 유지하므로 진동방지대책이 아니다.

37. 다음 중 광원으로부터의 직사 휘광 처리가 틀린 것은?

① 가리개, 갓, 차양을 사용한다.
② 광원을 시선에서 멀리 위치시킨다.
③ 광원의 휘도를 높이고 수를 줄인다.
④ 휘광원 주위를 밝게 하여 광도비를 줄인다.

해설 ③ 광원의 휘도를 낮추고 수를 늘린다.

38. 생체역학적 모형의 효용성으로 가장 적합한 것은?

① 작업 시 사용되는 근육 파악
② 작업에 대한 생리적 부하 평가
③ 작업의 병리학적 영향 요소 파악
④ 작업조건에 따른 역학적 부하 추정

해설 생체역학적 모형의 효용성은 작업조건에 따른 역학적 부하를 추정하는 것이다.

39. 고열 발생원에 대한 대책으로 볼 수 없는 것은?

① 고온 순환
② 전체 환기
③ 복사열 차단
④ 방열제 사용

해설 고열 작업에 대한 대책은 공학적 대책, 방열보호구의 관리대책, 작업자에 대한 보건 관리대책 등이 있다.

참고 고열 발생원에 대한 대책 : 전체 환기, 복사열 차단, 방열제 사용 등

40. 산업안전보건법령에서 정한 소음작업이란 1일 8시간 작업을 기준으로 얼마 이상의 소음이 발생하는 작업을 의미하는가?

① 80 dB(A)
② 85 dB(A)
③ 90 dB(A)
④ 100 dB(A)

해설 소음작업이란 1일 8시간 작업을 기준으로 하여 85 dB 이상의 소음이 발생하는 작업이다.

참고 강렬한 소음작업은 8시간 90 dB 이상이다.

3과목   산업심리학 및 관계법규

41. 사고발생에 있어 부주의 현상의 원인에 해당되지 않는 것은?

① 의식의 우회
② 의식의 혼란
③ 의식의 중단
④ 의식수준의 향상

해설 부주의 현상

의식수준 저하	의식의 혼란	의식의 단절	의식의 우회

정답 35. ① 36. ① 37. ③ 38. ④ 39. ① 40. ② 41. ④

42. 제조, 유통, 판매된 제조물의 결함으로 소비자나 사용자 또는 제3자의 생명, 신체, 재산 등에 손해가 발생한 경우 그 제조물을 제조, 판매한 공급업자가 법률상의 손해배상 책임을 지도록 하는 것은?
① 제조물 기술 ② 제조물 결함
③ 제조물 배상 ④ 제조물 책임

해설 제조물책임법에서 결함의 종류
- 제조상의 결함
- 설계상의 결함
- 표시상의 결함

43. 다음 조직에 의한 스트레스 요인은?

> 급속한 기술의 변화에 대한 적응이 요구되는 직무나 직무의 난이도나 속도를 요구하는 특성을 가진 업무와 관련하여 역할이 과부하되어 받게 되는 스트레스

① 역할 갈등 ② 과업 요구
③ 집단 압력 ④ 역할 모호성

해설 과업 요구는 직무의 난이도, 속도, 기술 변화 등 직무 특성에서 발생하는 스트레스 요인이다. 따라서 급속한 기술 변화나 과도한 직무 요구로 인한 역할 과부하는 과업 요구에 해당한다.

44. 스트레스 상황하에서 일어나는 현상으로 틀린 것은?
① 동공이 수축된다.
② 스트레스는 정보처리의 효율성에 영향을 미친다.
③ 스트레스로 인한 신체 내부의 생리적 변화가 나타난다.
④ 스트레스 상황에서 심장박동수는 증가하나 혈압은 내려간다.

해설 ④ 스트레스 상황에서 심장박동수는 증가하고 혈압도 올라간다.

45. 많은 동작들은 신호등이나 청각적 경계 신호와 같은 외부자극을 계기로 시작된다. 자극이 주어진 후 동작을 개시할 때까지 걸리는 시간은 무엇이라 하는가?
① 동작시간 ② 반응시간
③ 감지시간 ④ 정보처리 시간

해설 반응시간 : 자극이 주어진 순간부터 반응이 일어날 때까지의 시간

46. 연평균 작업자 수가 2000명인 회사에서 1년에 중상해 1명과 경상해 1명이 발생하였다. 연천인율은?
① 0.5 ② 1 ③ 2 ④ 4

해설 연천인율
$$= \frac{\text{연간 재해자 수}}{\text{연평균 근로자 수}} \times 1000$$
$$= \frac{2}{2000} \times 1000 = 1$$

47. 주의를 기울여 시선을 집중하는 곳의 정보는 잘 받아들여지지만 주변의 정보는 놓치기 쉽다. 이것은 주의의 어떠한 특성 때문인가?
① 주의의 선택성 ② 주의의 변동성
③ 주의의 연속성 ④ 주의의 방향성

해설 주의의 특성
- 선택성 : 주의는 동시에 2개의 방향에 집중할 수 없다.
- 방향성 : 한 방향에 집중하면 다른 곳에서는 약해진다.
- 변동(단속)성 : 주의는 장시간 일정한 규칙적인 수순을 지속할 수 없다.
- 주의력 중복집중 곤란 : 동시에 복수의 방향을 잡지 못한다.

정답 42. ④ 43. ② 44. ④ 45. ② 46. ② 47. ④

48. 인간오류(human error)의 분류에서 필요한 행위를 실행하지 않은 오류는?

① 시간 오류(timing error)
② 순서 오류(sequence error)
③ 부작위적 오류(omission error)
④ 작위적 오류(commission error)

해설
- 시간 오류 : 시간 지연으로 발생하는 에러
- 순서 오류 : 작업공정의 순서 착오로 발생한 에러
- 부작위적 오류 : 작업공정 절차를 수행하지 않은 경우 발생하는 에러
- 작위적 오류 : 필요한 작업절차를 잘못 수행하여 발생하는 에러

49. 휴먼에러 예방대책 중 인적요인에 대한 대책이 아닌 것은?

① 소집단 활동
② 작업의 모의훈련
③ 안전 분위기 조성
④ 작업에 관한 교육훈련

해설 인적요인에 관한 대책
- 소집단 활동
- 작업의 모의훈련
- 숙련된 인력의 적재적소 배치
- 작업에 관한 교육훈련과 작업 전 회의

참고 관리요인 : 안전에 대한 분위기 조성, 설비·환경 사전 개선

50. 휴먼에러(human error)로 이어지는 배후요인 중 4M에서 매체(media)에 해당하지 않은 것은?

① 작업의 자세
② 작업의 방법
③ 작업의 순서
④ 작업지휘 및 감독

해설 휴먼에러의 배후요인 4가지(4M)
- Man(사람)
- Machine(기계)
- Media(작업환경)
- Management(관리)

51. 헤드십(headship)과 리더십(leadership)을 상대적으로 비교하여 설명한 것으로 헤드십의 특징에 해당되는 것은?

① 민주주의적 지휘형태이다.
② 구성원과의 사회적 간격이 넓다.
③ 권한의 근거는 개인의 능력에 따른다.
④ 집단의 구성원들에 의해 선출된 지도자이다.

해설 리더십과 헤드십의 비교

분류	리더십	헤드십
권한 행사	선출직	임명직
권한 부여	구성원의 동의 (밑으로부터)	상위자에 의한 위임
권한 귀속	목표달성에 기여한 공로 인정	공식 규정에 따름
상하 관계	개인적인 영향	지배적인 영향
부하와의 사회적 관계	관계(간격)가 좁음	관계(간격)가 넓음
지휘형태	민주주의적	권위주의적
책임 귀속	상사와 부하 공동	상사 중심
권한 근거	개인적, 비공식적	법적, 공식적

52. 인간오류확률 추정기법 중 초기 사건을 이원적 의사결정(성공 또는 실패) 가지들로 모형화하고, 이 이후의 사건들의 확률은 모두 선행 사건에 대한 조건부 확률을 부여하여 이원적 의사결정 가지들로 분지해 나가는 방법은?

① 결함나무 분석(fault tree analysis)

정답 48. ③ 49. ③ 50. ④ 51. ② 52. ④

② 조작자 행동 나무(operator action tree)
③ 인간오류 시뮬레이터(human error simulator)
④ 인간실수율 예측기법(technique for human error rate prediction)

해설 인간실수율 예측기법(THERP) : 초기 사건을 이원적 의사결정 가지들로 모형화하고, 성공 혹은 실패의 조건부 확률의 추정치를 각 가지에 부여함으로써 에러율을 추정하는 기법이다.

53. 다음 표는 동기부여와 관련된 이론의 상호 관련성을 서로 비교해 놓은 것이다. A~E에 해당하는 용어가 맞는 것은?

위생요인과 동기요인	ERG 이론	X이론과 Y이론
위생요인	A	D
	B	
동기요인	C	E

① A : 존재욕구, B : 관계욕구, D : X이론
② A : 관계욕구, C : 성장욕구, D : Y이론
③ A : 존재욕구, C : 관계욕구, E : Y이론
④ B : 성장욕구, C : 존재욕구, E : X이론

해설 동기부여 관련 이론의 상호 관련성

위생요인과 동기요인 (Herzberg)	ERG 이론 (Alderfer)	X이론과 Y이론 (McGregor)
위생요인	생존욕구	X이론
	관계욕구	
동기요인	성장욕구	Y이론

54. 조직이 리더에게 부여하는 권한의 유형으로 볼 수 없는 것은?

① 보상적 권한   ② 강압적 권한
③ 합법적 권한   ④ 작위적 권한

해설 조직이 지도자에게 부여하는 권한
• 보상적 권한   • 강압적 권한
• 합법적 권한

참고 리더 자신이 스스로에게 부여하는 권한에는 위임, 전문성 등이 있다.

55. 시스템 안전 분석기법 중 정량적 분석 방법이 아닌 것은?

① 결함나무 분석(FTA)
② 사상나무 분석(ETA)
③ 고장모드 및 영향분석(FMEA)
④ 휴먼에러율 예측기법(THERP)

해설 FMEA : 시스템에 영향을 미치는 모든 요소의 고장을 형태별로 분석하여 그 영향을 최소로 하고자 검토하는 전형적인 정성적, 귀납적 분석방법이다.

56. 인간의 감각기관 중 신체 반응시간이 빠른 것부터 느린 순서대로 나열된 것은?

① 청각 → 시각 → 미각 → 통각
② 청각 → 미각 → 시각 → 통각
③ 시각 → 청각 → 미각 → 통각
④ 시각 → 미각 → 청각 → 통각

해설 감각기능의 반응시간
청각(0.17초)>촉각(0.18초)>시각(0.20초)>미각(0.29초)>통각(0.7초)

57. 안전수단을 생략하는 원인으로 적합하지 않은 것은?

① 감정   ② 의식과잉
③ 피로   ④ 주변의 영향

해설 안전수단을 생략하는 원인
• 피로   • 과로
• 의식과잉   • 주변의 영향

참고 감정 : 어떤 현상이나 일에 대해 일어나는 마음이나 느끼는 기분

정답 53. ①   54. ④   55. ③   56. ①   57. ①

58. 인간의 의식수준을 단계별로 분류할 때, 에러 발생 가능성이 낮은 것으로부터 높아지는 순서대로 연결된 것은?

① Ⅰ단계 - Ⅱ단계 - Ⅲ단계 - Ⅳ단계
② Ⅰ단계 - Ⅳ단계 - Ⅲ단계 - Ⅱ단계
③ Ⅱ단계 - Ⅰ단계 - Ⅳ단계 - Ⅲ단계
④ Ⅲ단계 - Ⅱ단계 - Ⅰ단계 - Ⅳ단계

해설 3단계(적극활동) → 2단계(일상생활) → 1단계(졸음) → 4단계(과긴장) 순으로 에러 발생 가능성이 낮은 단계에서 높은 단계로 이어진다.

59. Max Weber가 제시한 관료주의 조직을 움직이는 4가지 기본원칙으로 틀린 것은?

① 구조
② 노동의 분업
③ 권한의 통제
④ 통제의 범위

해설 Weber가 제시한 4가지 기본원칙
• 구조   • 노동의 분업
• 권한의 위임   • 통제의 범위

60. 다음 중 스트레스 요인에 관한 설명으로 틀린 것은?

① 성격유형에서 A형 성격은 B형 성격보다 스트레스를 많이 받는다.
② 일반적으로 내적 통제자들은 외적 통제자들보다 스트레스를 많이 받는다.
③ 역할 과부하는 직무기술서가 분명치 않은 관리직이나 전문직에서 더욱 많이 나타난다.
④ 집단의 압력이나 행동적 규범은 조직구성원에게 스트레스와 긴장의 원인으로 작용할 수 있다.

해설 ② 일반적으로 외적 통제자들은 내적 통제자들보다 스트레스를 많이 받는다.

참고 성격유형
• A형 : 능동적이고 공격적인 성향이며, 경쟁심이 강하고 자존감이 높으며 유능하다.
• B형 : 수동적이고 방어적인 성향이며 성격이 좋고 느긋하다.
• C형 : 착하며 감정을 억누르고, 예스맨인 경우가 많다.
• D형 : 자아는 강하지만 부정적인 감정이 많고 친구가 적다.

4과목 근골격계질환 예방을 위한 작업관리

61. 동작경제의 원칙 중 신체 사용에 관한 원칙으로 옳지 않은 것은?

① 두 손의 동작은 같이 시작하고 같이 끝나도록 한다.
② 휴식시간을 제외하고는 양손이 같이 쉬지 않도록 한다.
③ 손의 동작은 완만하게 연속적인 동작이 되도록 한다.
④ 두 팔의 동작은 같은 방향으로 비대칭적으로 움직이도록 한다.

해설 ④ 두 팔은 서로 반대 방향에서 대칭적으로 동시에 움직여야 한다.

62. 개정된 NIOSH 들기 작업지침에 따라 권장무게한계(RWL)를 산출하고자 할 때, RWL이 최적이 되는 조건과 거리가 먼 것은?

① 정면에서 중량물 중심까지의 비틀림이 없을 경우
② 작업자와 물체의 수평거리가 25cm보다 작을 경우
③ 물체를 이동시킨 수직거리가 75cm보다 작을 경우

정답 58. ④ 59. ③ 60. ② 61. ④ 62. ③

④ 수직높이가 팔을 편안히 늘어뜨린 상태의 손 높이일 경우

해설 ③ 물체를 이동시킨 수직거리가 75 cm 일 때 최적이다.

참고 권장무게한계
RWL(Kd)＝LC×HM×VM×DM×AM×FM×CM

LC	부하 상수	23 kg 작업물의 무게
HM	수평 계수	$25/H$
VM	수직 계수	$1-(0.003 \times V-75)$
DM	거리 계수	$0.82+(4.5/D)$
AM	비대칭 계수	$1-(0.0032 \times A)$
FM	빈도 계수	분당 들어 올리는 횟수
CM	결합 계수	커플링 계수

63. 어느 회사가 외경법을 기준으로 10%의 여유율을 제공한다. 8시간 동안 한 작업자를 워크샘플링한 결과가 다음 표와 같을 때 이 작업자의 수행도 평가결과는 110%였다. 청소 작업의 표준시간은?

요소작업	관측횟수
적재	15
이동	15
청소	5
유휴	15
합계	50

① 7분 ② 58분 ③ 74분 ④ 81분

해설 외경법에 의한 개당 표준시간

• 평균시간＝$\dfrac{총작업시간}{관측횟수}=\dfrac{480 \times 5}{50}=48$

• 정미시간＝$\dfrac{평균시간 \times 레이팅 계수}{100}$

$=\dfrac{48 \times 110}{100}≒52.8$분

∴ 표준시간＝정미시간×(1＋여유율)
$=52.8 \times (1+0.1)$
≒58분

64. 작업관리에서 결과에 대한 원인을 파악하기 위한 문제분석 도구는?

① 브레인스토밍
② 공정도(process chart)
③ 마인트 매핑(mind mapping)
④ 특성요인도

해설 특성요인도 : 재해와 그 요인의 상호관계를 어골상으로 세분하여 나타내는 분석법이다.

65. 근골격계질환의 발생원인을 개인적 특성요인과 작업 특성요인으로 구분할 때, 개인적 특성요인에 해당하는 것은?

① 반복적인 동작
② 무리한 힘의 사용
③ 작업방법 및 기술수준
④ 동력을 이용한 공구 사용 시 진동

해설 반복성, 무리한 힘, 진동은 작업 특성요인에 해당한다.

66. 근골격계질환의 사전예방을 위해 적합한 관리대책이 아닌 것은?

① 적합한 노동강도에 대한 평가
② 작업장 구조의 인간공학적 개선
③ 산업재해보상 보험의 가입
④ 올바른 작업방법에 대한 작업자 교육

해설 근골격계질환 예방
• 인간공학 교육
• 안전한 작업방법 교육
• 교대근무에 대한 고려
• 안전예방 체조의 도입

정답 63. ② 64. ④ 65. ③ 66. ③

- 적절한 휴식시간의 부여
- 위험요인의 인간공학적 분석 후 작업장 개선
- 재활복귀질환자에 대한 재활시설의 도입
- 의료시설 및 인력 확보
- 휴게실, 운동시설 등 복지시설 확충

참고 보험 가입은 질환이 발생했을 때의 보상제도일 뿐 근골격계질환을 사전에 예방하는 관리대책은 아니다.

67. 근골격계질환의 주요 사회심리적 요인인 것은?

① 작업습관
② 접촉 스트레스
③ 직무 스트레스
④ 부적절한 자세

해설 사회심리적 요인
- 직무 스트레스
- 작업만족도
- 근무조건
- 휴식시간
- 대인관계

참고 사회적 요인 : 작업조건, 작업방식의 변화, 작업강도

68. 다음 중 17가지 서블릭을 이용하여 좀 더 상세하게 작업내용을 분석하고 시간까지 도시한 것은?

① 스트로보(strobo)
② 시모 차트(SIMO chart)
③ 사이클 그래프(cycle graph)
④ 크로노 사이클 그래프(chrono cycle graph)

해설 시모 차트 : 작업을 서블릭의 요소 동작으로 분리하여, 양손의 동작을 시간축에 나타낸 도표로, 17가지 서블릭을 활용하여 보다 상세하게 작업내용을 분석하고 시간까지 도시한 것이다.

69. 레이팅 방법 중 Westinghouse 시스템은 4가지 측면에서 작업자의 수행도를 평가하여 합산한다. 다음 중 이 4가지에 해당하지 않는 것은?

① 노력
② 숙련도
③ 성별
④ 작업환경

해설 웨스팅하우스 시스템 평가요소
- 노력 : 마음가짐
- 숙련도 : 경험, 적성 등 숙련된 정도
- 일관성 : 작업시간의 일관성
- 작업환경

70. 산업안전보건법령상 근골격계 부담작업에 해당하지 않는 것은?

① 하루 1시간 동안 허리 높이 작업대에서 전동 드라이버로 자동차 부품을 조립하는 작업
② 자동차 조립라인에서 하루 4시간 동안 머리 위에 위치한 부속품을 볼트로 체결하는 작업
③ 하루 6시간 동안 컴퓨터를 이용하여 자료 입력과 문서 편집을 하는 작업
④ 하루에 15kg의 쌀을 무릎 아래에서 허리 높이의 선반에 30회 올리는 작업

해설 ① 하루 2시간 이상 동안 손을 사용하여 같은 동작을 반복하는 작업

71. 간트 차트(Gantt chart)에 관한 설명으로 옳지 않은 것은?

① 과제 간의 상호 연관사항을 파악하기에 용이하다.
② 계획활동의 예측 완료시간은 막대모양으로 표시된다.
③ 기계의 사용에 대한 필요시간과 일정을 표시할 때 이용되기도 한다.
④ 예정사항과 실제 성과를 기록·비교하여 작업을 관리하는 계획도표이다.

정답 67. ③ 68. ② 69. ③ 70. ① 71. ①

해설 ① 과제 간의 상호 유기적인 관계를 명확하게 파악하기는 어렵다.

72. 사람이 행하는 작업을 기본동작으로 분류하고, 각 기본동작들은 동작의 성질과 조건에 따라 이미 정해진 기준 시간을 적용하여 전체 작업의 정미시간을 구하는 방법은?

① PTS법　　② Rating법
③ Therblig법　　④ Work Sampling법

해설 PTS법 : 작업을 기본동작으로 분류하고, 각 기본동작의 성질과 조건에 따라 미리 정해진 기준 시간치를 적용하여 전체 작업의 정미시간을 구하는 방법이다.

73. 작업측정에 대한 설명으로 적절한 것은?

① 반드시 비디오 촬영을 병행해야 한다.
② 측정 시 작업자가 모르게 비밀 촬영을 해야 한다.
③ 작업측정은 자격을 가진 전문가만 수행해야 한다.
④ 측정 후 자료는 그대로 사용하지 않고, 작업 능률에 따라 자료를 조정할 수 있다.

해설 ① 반드시 비디오 촬영을 병행해야 하는 것은 아니다.
② 측정 시 작업자가 모르게 비밀 촬영을 하는 방법이 아니다.
③ 작업측정은 반드시 자격을 가진 전문가만 수행해야 하는 것은 아니다.

74. 입식 작업대에서 무거운 물건을 다루는 작업(중작업)을 할 때 작업대의 높이로 가장 적절한 것은?

① 작업자의 팔꿈치 높이로 한다.
② 작업자의 팔꿈치 높이보다 10~20cm 정도 높게 한다.
③ 작업자의 팔꿈치 높이보다 5~10cm 정도 낮게 한다.
④ 작업자의 팔꿈치 높이보다 10~30cm 정도 낮게 한다.

해설 입식 작업대 높이
• 정밀작업 : 팔꿈치 높이보다 5~10cm 높게 설계
• 일반작업 : 팔꿈치 높이보다 5~10cm 낮게 설계
• 힘든 작업(重작업) : 팔꿈치 높이보다 10~20cm(30cm) 낮게 설계

75. 문제분석 도구 중 빈도수가 큰 항목부터 차례대로 나열하는 방법으로, 불량이나 사고의 원인이 되는 항목을 찾아내는 기법은?

① 간트 차트　　② 특성요인도
③ PERT 차트　　④ 파레토 차트

해설 파레토도(파레토 차트) : 사고 유형, 기인물 등 분류 항목을 발생빈도가 큰 순서대로 도표화한 분석법이다.

76. 유해요인조사 방법 중 OWAS(Ovako Working Posture Analysis System)에 관한 설명으로 옳지 않은 것은?

① OWAS의 작업자세 수준은 4단계로 분류된다.
② OWAS는 작업자세로 인한 부하를 평가하는 데 초점이 맞추어져 있다.
③ OWAS는 신체 부위의 자세뿐만 아니라 중량물의 사용도 고려하여 평가한다.
④ OWAS는 작업자세를 허리, 팔, 손목으로 구분하여 각 부위의 자세를 코드로 표현한다.

해설 OWAS : 작업자세의 부하를 평가하기 위해 개발한 방법으로, 현장에서 작업자세는 허리, 팔, 다리, 하중으로 구분하여 각 부위의 자세를 코드로 표현한다.

정답 72. ① 73. ④ 74. ④ 75. ④ 76. ④

77. 다음 설명은 수행도 평가의 어느 방법을 설명한 것인가?

- 작업을 요소작업으로 구분한 후 시간연구를 통해 개별시간을 구한다.
- 요소작업 중 임의로 작업자 조절이 가능한 요소를 정한다.
- 선정된 작업에서 PTS 시스템 중 1개를 적용하여 대응되는 시간치를 구한다.
- PTS법에 의한 시간치와 관측시간 간의 비율을 구하여 레이팅 계수를 구한다.

① 속도평가법
② 객관적평가법
③ 합성평가법
④ 웨스팅하우스법

해설 합성평가법 : 시간연구와 PTS를 결합하여 레이팅 계수를 객관적으로 구하는 방법

78. 준비시간을 단축하는 방법에 대한 설명 중 맞는 것은?

① 외준비 작업은 표준화하기 어렵다.
② 내준비 작업보다 외준비 작업을 먼저 개선한다.
③ 기계를 멈추어야만 할 수 있는 작업이 외준비 작업이다.
④ 작업이 개선되어도 표준작업 조합표는 그대로 유지한다.

해설 ① 외준비 작업은 기계 가동 중에도 가능한 작업이므로 표준화와 관계 없다.
③ 기계를 멈추어야만 할 수 있는 작업은 내준비 작업이다.
④ 작업이 개선되면 표준작업 조합표도 변경한다.

79. 다음 중 동작경제의 법칙에 대한 설명으로 틀린 것은?

① 두 손의 동작은 같이 시작하고 같이 끝나도록 한다.
② 휴식시간을 제외하고는 양손이 동시에 쉬지 않도록 한다.
③ 눈의 초점을 모아야 작업할 수 있는 경우는 가능하면 없앤다.
④ 탄도동작(ballistic movements)은 제한되거나 통제된 동작보다 더 느리고 부정확하다.

해설 ④ 탄도동작은 제한되거나 통제된 동작보다 더 신속하고 정확하다.

80. 다음 서블릭(Therblig) 기호 중 효율적 서블릭에 해당하는 것은?

① Sh
② G
③ P
④ H

해설 효율적 서블릭 : 쥐기(G)

참고 비효율적 서블릭 : 찾기(Sh), 바로 놓기(P), 잡고 있기(H)

정답 77. ③ 78. ② 79. ④ 80. ②

2025년도(2회차) CBT 출제문제

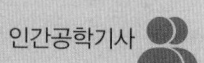

1과목 인간공학개론

1. 다음 중 시식별에 영향을 주는 정도가 가장 작은 것은?
① 시력
② 물체 크기
③ 밝기
④ 표적의 형태

해설 시식별에 영향을 주는 요소 : 시력, 밝기, 조도, 휘도비, 대비, 물체 크기, 노출시간, 과녁의 이동, 반사율, 훈련 등

2. 멀리 있는 물체를 선명하게 보기 위해 눈에서 일어나는 현상으로 옳은 것은?
① 홍채가 이완한다.
② 수정체가 얇아진다.
③ 동공이 커진다.
④ 모양체근이 수축한다.

해설 멀리 있는 물체를 볼 때 수정체가 얇아지고, 가까이 있는 물체를 볼 때는 수정체가 두꺼워진다.

3. 인체계측치에 있어 기능적(functional) 치수를 사용하는 이유로 가장 옳은 것은?
① 인간의 손이 닿는 범위에 한계가 있기 때문
② 사용 공간의 크기가 중요하기 때문
③ 인간이 다양한 자세를 취하기 때문
④ 각 신체 부위는 조화를 이루면서 움직이기 때문

해설 기능적 인체치수는 신체의 기능을 수행할 때 체위의 움직임에 따라 측정한 치수로, 각 신체 부위가 조화를 이루며 함께 움직이기 때문이다.

4. 남녀 공용으로 사용하는 의자의 높이를 조절식으로 설계하고자 한다. 표를 참고하여 좌판 높이의 조절범위에 대한 기준값으로 가장 적당한 것은? (단, 5퍼센타일 계수는 1.6450이다.)

척도	남성 오금높이	여성 오금높이
평균	41.3	38.0
표준편차	1.9	1.7

① (38.0−1.7×1.645)∼(41.3+1.9×1.645)
② (38.0+1.7×1.645)∼(41.3+1.9×1.645)
③ (38.0−1.7×1.645)∼(41.3−1.9×1.645)
④ (38.0+1.7×1.645)∼(41.3−1.9×1.645)

해설 • 조절식 설계 : 크고 작은 많은 사람에게 맞도록 설계한다.
• 최솟값 = 38.0 − 1.7 × 1.645 ≒ 35.2
• 최댓값 = 41.3 + 1.9 × 1.645 ≒ 44.4
• 조절범위 : (38.0 − 1.7 × 1.645)
  ∼ (41.3 + 1.9 × 1.645)

5. 인간의 기억체계에 관한 설명이 옳은 것은?
① 단기기억은 자극이 사라진 후에도 오랫동안 감각이 지속되도록 하는 역할을 한다.
② 작업기억 내에 정보를 저장하기 위해서는 정보의 의미적 코드화가 선행되어야 한다.
③ 작업기억은 감각저장소로부터 전이된 정보를 일시적으로 기억하기 위한 저장소의 역할을 한다.
④ 인간의 기억체계는 4개의 하부체계 혹은 과정(단기기억, 감각기억, 작업기억, 장기기억)으로 개념화되어 왔다.

정답 1. ④ 2. ② 3. ④ 4. ① 5. ③

해설 ①은 감각기억, ②는 장기기억에 대한 설명이다.
④ 인간의 기억체계는 단기기억, 감각기억, 장기기억의 3가지로 구분된다.

6. Fitts의 법칙에 관한 설명으로 맞는 것은?
① 표적과 이동거리는 작업의 난이도와 소요 이동시간과 무관하다.
② 표적이 작을수록, 이동거리가 길수록 작업의 난이도와 소요 이동시간이 증가한다.
③ 표적이 클수록, 이동거리가 길수록 작업의 난이도와 소요 이동시간이 증가한다.
④ 표적이 작을수록, 이동거리가 짧을수록 작업의 난이도와 소요 이동시간이 증가한다.

해설 Fitts의 법칙은 목표까지의 이동거리가 멀고 표적이 작을수록 작업 난이도와 소요시간이 길어지는 법칙이다.

7. 인간공학 연구에 사용되는 기준에서 성격이 다른 하나는?
① 생리학적 지표
② 기계 신뢰도
③ 인간성능 척도
④ 주관적 반응

해설 ② 사고빈도

8. 신호검출의 민감도를 늘리는 방법이 아닌 것은?
① 교육 훈련
② 결과의 피드백
③ 신호검출 실패 비용의 증가
④ 신호와 비신호의 구별성 증가

해설 신호검출 실패 비용의 증가는 판단기준만 변화시킬 뿐, 신호와 잡음을 구별하는 민감도 자체를 높이지 않는다.

참고 신호검출이론은 긍정(hit), 허위(false alarm), 누락(miss), 부정(correct rejection)의 4가지 결과가 있다.

9. 인간공학의 정의와 가장 거리가 먼 것은?
① 인간이 포함된 환경에서 주변 환경조건이 인간에게 맞도록 설계·재설계되는 것이다.
② 인간의 작업과 작업환경을 인간의 정신적, 신체적 능력에 적용시키는 것을 목적으로 하는 과학이다.
③ 건강, 안전, 복지, 작업성과 등의 개선을 요구하는 작업, 시스템, 제품, 환경을 인간의 신체·정신적 능력과 한계에 부합시키기 위해 인간과학으로부터 지식을 생성·통합한다.
④ 인간에게 질병, 건강장해, 심각한 불쾌감 및 능률저하 등을 초래하는 작업환경 요인과 스트레스를 예측, 인식(측정), 평가, 관리(대책)하는 과학인 동시에 기술이다.

해설 ④는 산업위생의 정의이다.

참고 인간공학의 정의 : 인간의 특성과 한계 능력을 공학적으로 분석·평가·연구하여, 이를 복잡한 체계의 설계에 응용함으로써 효율을 극대화하는 학문 분야이다.

10. 소리의 차폐효과(masking)에 관한 설명으로 맞는 것은?
① 주파수별로 같은 소리의 크기를 표시한 개념
② 하나의 소리가 다른 소리의 판별을 방해하는 현상
③ 내이(inner ear)의 달팽이관 안에 있는 섬모(fiber)가 소리의 주파수에 따라 민감하게 반응하는 현상
④ 한 소리의 크기가 다른 소리에 비해 몇 배나 크게(또는 작게) 느껴지는지를 기준으로 소리의 크기를 표시하는 개념

정답 6. ② 7. ② 8. ③ 9. ④ 10. ②

해설 차폐(은폐) 현상 : 높은음과 낮은음이 공존할 때 낮은음이 강한 음에 가로막혀 감도가 감소되는 현상

11. 다음 중 sone과 phon에 대한 설명으로 틀린 것은?

① 20 phon은 0.5 sone이다.
② 10 phon 증가할 때마다 sone은 2배가 된다.
③ phon은 1000 Hz 순음과의 상대적인 음량 비교이다.
④ phon은 음량과 주파수를 동시에 고려하여 도출된 수치이다.

해설 phon값이 20일 경우의 sone값
$$sone값 = 2^{(phon값-40)/10}$$
$$= 2^{(20-40)/10} = 0.25\,sone$$

12. 인간의 후각 특성에 대한 설명으로 옳지 않은 것은?

① 훈련을 통해 식별능력을 향상시킬 수 있다.
② 특정한 냄새에 대한 절대적 식별능력은 떨어진다.
③ 후각은 특정 물질이나 개인에 따라 민감도의 차이가 있다.
④ 후각은 훈련을 통해 구별할 수 있는 일상적인 냄새의 수가 최대 7가지 종류이다.

해설 ④ 후각은 훈련을 통해 구별할 수 있는 일상적인 냄새의 수가 최대 60가지 정도이다.

참고 훈련하지 않은 사람은 보통 15~32가지 냄새를 구별할 수 있으며, 후각의 절대적 식별능력은 약 2000~3000가지 냄새까지 구분할 수 있다.

13. 전력계와 같이 수치를 정확히 읽고자 할 때 가장 적합한 표시장치는?

① 동침형 표시장치
② 계수형 표시장치
③ 동목형 표시장
④ 수직형 표시장치

해설 동적 표시장치의 3가지
• 동침형 : 자동차 속도계
• 동목형 : 체중계
• 계수형 : 전력계

14. 코드화 시스템 사용상의 일반적인 지침과 가장 거리가 먼 것은?

① 정보를 코드화한 자극은 검출이 가능해야 한다.
② 2가지 이상의 코드 차원을 조합해서 사용하면 정보전달이 촉진된다.
③ 자극과 반응 간의 관계가 인간의 기대와 모순되지 않아야 한다.
④ 모든 코드 표시는 감지장치에 의해 다른 코드 표시와 구별되어서는 안 된다.

해설 모든 코드 표시는 판별성(변별성)에 따라 다른 코드 표시와 명확히 구별될 수 있어야 한다.

15. 인간의 눈이 완전 암순응(암조응)되기까지 소요되는 시간은 어느 정도인가?

① 1~3분
② 10~20분
③ 30~40분
④ 60~90분

해설 암순응
• 완전 암순응 소요시간 : 보통 30~40분 소요
• 완전 명순응 소요시간 : 보통 2~3분 소요

16. 피부의 감각기능 중 감수성이 제일 높은 것은?

① 온각
② 통각
③ 압각
④ 냉각

해설 피부감각의 민감도(감수성) 순서 : 통각 > 압각 > 냉각 > 온각

정답 11. ① 12. ④ 13. ② 14. ④ 15. ③ 16. ②

17. 제품의 행동 유도성에 대한 설명으로 적절하지 않은 것은?

① 사용자의 행동에 단서를 제공한다.
② 행동에 제약을 주지 않는 설계를 한다.
③ 제품에 물리적 또는 의미적 특성을 부여함으로써 달성이 가능하다.
④ 사용 설명서를 별도로 읽지 않아도 사용자가 무엇을 해야 할지 알도록 설계해야 한다.

해설 행동 유도성 : 불필요한 행동을 제한하고 특정한 행동만 가능하도록 제약을 주어 설계하는 원리이다.

18. 정상 조명하에서 5m 거리에서 볼 수 있는 원형바늘 시계를 설계하려 한다. 눈금단위를 1분 간격으로 표시하고자 할 때, 권장되는 눈금 간의 간격은 최소 몇 mm 정도인가?

① 9.15 ② 18.31
③ 45.75 ④ 91.55

해설 정상 조명에서 1분 눈금의 권장 크기는 1.3mm(기본 거리 71cm 기준)이므로
$71 : 1.3 = 500 : x$
$x ≒ 9.15mm$

참고 눈금 1개당 9.15mm이므로 원주는
$9.15 \times 60 = 549mm$
지름$\times \pi =$원주이므로
지름$= \dfrac{원주}{\pi} = \dfrac{549}{3.14} ≒ 174.8mm$

19. 다음 중 정보처리 과정에서 정보 전달의 신뢰성을 높이기 위한 설계 방법으로 가장 좋은 것은?

① 시배분을 이용한다.
② 자극의 차원을 줄인다.
③ 상대식별보다 절대식별을 이용한다.
④ 청킹(chunking)을 이용한다.

해설 청킹은 입력단위를 묶어 새로운 기억단위로 암호화하는 방법이다.

20. 실험연구에서 실험자가 연구하고 싶은 대상이 되는 변수를 무엇이라 하는가?

① 종속 변수
② 독립 변수
③ 통제 변수
④ 환경 변수

해설 종속변수 : 실험자가 연구하고자 하는 대상이 되는 변수로, 독립변수의 변화에 따라 값이 달라지며 결과변수라고도 한다.

2과목   **작업생리학**

21. 하루 8시간 근무시간 중 6시간은 철판조립 작업을 하고, 2시간은 서류 작업 및 휴식을 하는 작업자가 있다. 철판조립 작업 시 산소 소비량은 2.1L/min, 서류 작업 및 휴식 시 0.2L/min으로 측정되었다. 이 작업자가 하루 근무시간 동안 소비하는 에너지 소비량은? (단, 산소 소비량 1L의 에너지 등가는 5kcal이다.)

① 3800kcal ② 3900kcal
③ 4400kcal ④ 4500kcal

해설
• 철판조립 작업 시 에너지 소비량
 $= 360min \times 2.1L/min \times 5kcal$
 $= 3780kcal$
• 서류작업 및 휴식 시 에너지 소비량
 $= 120min \times 0.2L/min \times 5kcal$
 $= 120kcal$
∴ 하루 근무시간 중 에너지 소비량
 $= 3780kcal + 120kcal$
 $= 3900kcal$

정답 17. ②　18. ①　19. ④　20. ①　21. ②

22. 에너지 소비율(Relative Metabolic Rate)에 관한 설명으로 옳은 것은?

① 작업 시 소비된 에너지에서 안정 시 소비된 에너지를 공제한 값이다.
② 작업 시 소비된 에너지를 기초대사량으로 나눈 값이다.
③ 작업 시와 안정 시 소비 에너지의 차를 기초대사량으로 나눈 값이다.
④ 작업 강도가 높을수록 에너지 소비율은 낮아진다.

해설 에너지 소비량(RMR)

$$= \frac{\text{작업대사량}}{\text{기초대사량}} = \frac{\text{작업 시 소비에너지} - \text{안정 시 소비에너지}}{\text{기초대사량}}$$

23. 작업생리학 분야에서 신체활동의 부하를 측정하는 생리적 반응치가 아닌 것은?

① 심박수(heart rate)
② 혈류량(blood flow)
③ 폐활량(lung capacity)
④ 산소 소비량(oxygen consumption)

해설 생리적 부하 측정척도
- 산소 소비량
- 에너지 소비량
- 혈류 재분배
- 혈압(심박수, 심박출량, 혈류량)

참고 정신적 작업부하에 대한 생리적 측정치 : 심박수, 부정맥, 뇌전위(점멸융합주파수), 동공반응(눈 깜빡임률), 호흡수, 뇌파 등

24. 상온에서 추운 환경으로 바뀔 때 신체의 조절작용이 아닌 것은?

① 피부 온도가 내려간다.
② 몸이 떨리고 소름이 돋는다.
③ 직장(直腸) 온도가 약간 올라간다.
④ 피부를 순환하는 혈액량은 증가한다.

해설 ④ 피부를 순환하는 혈액량이 감소한다.

참고 추운 환경에서는 손에 대한 혈액공급이 감소되면서 촉각이 둔해진다.

25. 1촉광(candle power)이 발하는 광량은 약 어느 정도인가?

① 1π루멘   ② 2π루멘
③ 4π루멘   ④ 8π루멘

해설 1촉광의 광원이 모든 방향으로 방출하는 전체 광속은 약 4π루멘이다.

26. 인체활동이나 작업종료 후에도 체내에 쌓인 젖산을 제거하기 위해 산소가 더 필요하게 된다. 이를 무엇이라 하는가?

① 산소 빚(oxygen debt)
② 산소 값(oxygen value)
③ 산소 피로(oxygen fatigue)
④ 산소 대사(oxygen metabolism)

해설 산소 부채 : 활동이 끝난 후에도 남아 있는 젖산을 제거하기 위해 필요한 산소

참고 젖산은 무산소 운동 시 생성되는 부산물로, 탄수화물 분해 과정에서 크렙스 사이클(Krebs cycle)이 원활히 작동하지 않을 때 발생한다.

27. 교대작업의 주의사항에 관한 설명으로 틀린 것은?

① 12시간 교대제가 적절하다.
② 야간근무는 2~3일 이상 연속하지 않는다.
③ 야간근무 교대는 되도록 심야에 하지 않도록 한다.
④ 야간근무 종료 후에는 48시간 이상의 휴식을 갖도록 한다.

정답 22. ③ 23. ③ 24. ④ 25. ③ 26. ① 27. ①

해설 12시간 교대제는 적절하지 않으며, 교대작업은 주간 → 저녁 → 야간 → 주간 순서로 진행하는 것이 피로회복에 도움이 된다.

28. 근육이 피로해질수록 근전도(EMG) 신호의 변화로 옳은 것은?

① 저주파 영역이 증가하고 진폭도 커진다.
② 저주파 영역이 감소하나 진폭은 커진다.
③ 저주파 영역이 증가하나 증폭은 작아진다.
④ 저주파 영역이 감소하고 진폭도 작아진다.

해설 근육의 피로가 증가하면 근전도 신호에서 저주파 영역의 활성이 증가하고, 고주파 영역의 활성이 감소한다.

참고 EMG(근전도) : 근육이 움직일 때 발생하는 미세한 전기 신호를 측정하여, 근육 활동에 따른 전위차를 기록하는 것이다.

29. 엉덩이 관절(hip joint)에서 일어날 수 있는 움직임이 아닌 것은?

① 굴곡(flexion)과 신전(extension)
② 외전(abduction)과 내전(adduction)
③ 내선(internal rotation)과 외선(external rotation)
④ 내번(inversion)과 외번(eversion)

해설 내번과 외번은 발목 관절에서 나오는 움직임이다.

30. 다음 중 전신진동의 영향에 대한 설명으로 틀린 것은?

① 10~25Hz에서 시성능이 가장 저하된다.
② 5Hz 이하의 낮은 진동수에서 운동성능이 가장 저하된다.
③ 머리와 어깨 부위의 공명 주파수는 20~30Hz이다.
④ 등이나 허리뼈에 가장 위험한 주파수는 60~90Hz이다.

해설 등이나 허리뼈에 가장 위험한 주파수는 4~8Hz이며 안구의 공명 주파수는 60~90Hz이다.

31. 점멸융합주파수(Critical Flicker Fusion)에 대해 설명한 것 중 틀린 것은?

① 중추신경계의 정신피로 척도로 사용된다.
② 작업시간이 경과할수록 CFF치는 낮아진다.
③ 쉬고 있을 때 CFF치는 대략 15~30Hz이다.
④ 마음이 긴장되었을 때나 머리가 맑을 때의 CFF치는 높아진다.

해설 ③ 쉬고 있을 때 CFF치는 약 80Hz이다.

32. 격심한 작업활동 중에 혈류분포가 가장 높은 신체 부위는?

① 뇌
② 골격근
③ 피부
④ 소화기관

해설 작업 시 혈액 분배 비율
- 근육 : 80~85%
- 심장 : 4~5%
- 간 및 소화기관 : 3~5%
- 뇌 : 3~4%
- 신장 : 3~4%
- 뼈 : 0.5~1%

33. 근육유형 중에서 의식적으로 통제가 가능한 근육은?

① 평활근
② 골격근
③ 심장근
④ 모든 근육은 의식적으로 통제 가능하다.

해설 골격근 : 뼈에 붙는 가로무늬근으로, 대개 관절 하나 이상을 가로질러 붙으며 의지대로 움직일 수 있는 수의근이다.

정답 28. ① 29. ④ 30. ④ 31. ③ 32. ② 33. ②

34. 근육운동에 있어 장력이 활발하게 생기는 동안 근육이 가시적으로 단축되는 것을 무엇이라 하는가?

① 연축(twitch)
② 강축(tetanus)
③ 원심성 수축(eccentric contraction)
④ 구심성 수축(concentric contraction)

해설 구심성 수축은 근육이 저항보다 큰 장력을 발휘하여 근육의 길이가 짧아지는 수축을 말한다.

35. 뇌파와 관련된 내용이 맞게 연결된 것은?

① α파 : 2~5Hz로 얕은 수면 상태에서 증가한다.
② β파 : 5~10Hz로 불규칙적인 파동이다.
③ θ파 : 14~30Hz로 고(高)진폭파를 뜻한다.
④ δ파 : 4Hz 미만으로 깊은 수면 상태에서 나타난다.

해설 뇌파
- α파 : 8~14Hz, 집중력이 느슨한 상태
- β파 : 14~18Hz, 집중력을 유지하는 상태
- θ파 : 4~7Hz, 졸리거나 백일몽 상태
- δ파 : 4Hz 미만, 깊은 수면 상태

36. 육체적인 작업을 수행할 때 생리적 변화에 대한 설명으로 틀린 것은?

① 작업부하가 지속적으로 커지면 산소 흡입량이 증가할 수 있다.
② 정적인 작업의 부하가 커지면 심박출량과 심박수가 감소한다.
③ 교대작업을 하는 작업자는 수면 부족, 식욕 부진 등을 일으킬 수 있다.
④ 서서 하는 작업이 앉아서 하는 작업보다 심혈관계의 순환이 활발해질 수 있다.

해설 ② 정적인 작업의 부하가 커지면 심박출량과 심박수가 증가한다.

37. 노화로 인한 시각능력 감소 시 조명수준을 결정할 때 고려사항과 가장 거리가 먼 것은?

① 직무의 대비뿐만 아니라 휘광(glare)의 통제도 아주 중요하다.
② 느려진 동공 반응은 과도(transient) 적응 효과의 크기와 기간을 증가시킨다.
③ 색 감지를 위해서는 색을 잘 표현하는 전대역(full-spectrum) 광원이 추천된다.
④ 과도 적응 문제와 눈의 불편을 줄이기 위해서는 보다 높은 광도비가 필요하다.

해설 ④ 과도 적응 문제와 눈의 불편을 줄이기 위해서는 보다 낮은 광도비가 필요하다.

38. 막전위차 발생 시 나타나는 현상이 아닌 것은?

① 평형상태에서 전위차는 -90mV이다.
② K^+ 이온은 단백질 이온과는 달리 세포막을 투과할 수 있다.
③ 자극 발생 시 세포막은 K^+ 이온은 투과시키고 Na^+ 이온은 투과시키지 않는다.
④ 막 내부의 전위차가 음이기 때문에 신경세포 내의 K^+ 이온의 농도는 외부 농도의 약 30배가 된다.

해설 자극 발생 시 세포막은 Na^+ 이온과 K^+ 이온 모두를 투과시켜 전위 변화를 일으키며, 이를 통해 평형전위차를 맞춘다.

39. 기체 교환에 의해 혈액으로 유입된 산소가 전신으로 운반되는 형태로 옳은 것은?

① 산화 혈색소 형태
② 중탄산 이온 형태
③ 용해 이산화탄소 형태
④ 혈장단백질과 결합된 형태

해설 산소는 대부분 혈액 속에서 혈색소와 결합하여 산화 혈색소 형태로 전신의 각 조직으로 운반된다.

정답 34. ④ 35. ④ 36. ② 37. ④ 38. ③ 39. ①

40. 휴식 중 에너지 소비량이 1.5kcal/min인 작업자가 분당 평균 8kcal의 에너지를 소비하는 작업을 60분 동안 했을 때, 총작업시간 60분에 포함되어야 하는 휴식시간은 몇 분인가? (단, Murrell의 식을 적용하며, 권장 평균에너지 소비량은 5kcal/min으로 가정한다.)

① 22분 ② 28분
③ 34분 ④ 40분

해설 휴식시간(R)
$$=\frac{T(E-5)}{E-1.5}=\frac{60(8-5)}{8-1.5}≒28분$$
여기서, T : 총작업시간(분)
E : 평균에너지 소비량(kcal/min)
4(5) : 보통작업 평균에너지
1.5 : 휴식시간 중 에너지 소비량

3과목 산업심리학 및 관계법규

41. 집단행동에서 이성적 판단보다 감정에 좌우되며 공격적인 특징을 갖는 행동은?

① crowd ② mob
③ panic ④ fashion

해설 모브(mob) : 폭력을 휘두르거나 말썽을 일으킬 가능성이 있는 군중으로, 감정에 따라 행동한다.

참고 • 통제적 집단행동 : 관습, 제도적 행동, 유행
• 비통제적 집단행동 : 군중, 모브, 패닉, 심리적 전염

42. 다음 중 인간오류에 관한 일반 설계기법 중 오류를 범할 수 없도록 사물을 설계하는 기법은?

① Fail-Safe 설계
② Interlock 설계
③ Exclusion 설계
④ Prevention 설계

해설 • 페일 세이프 설계 : 기계설비의 일부가 고장나더라도 전체 기능이 안전하게 유지되도록 설계
• 인터록 설계 : 기계식, 전기적, 기구적, 유공압장치 등의 안전장치 또는 덮개를 제거하는 경우 자동으로 전원을 차단하도록 설계
• 오류제거 설계(exclusion 설계) : 설계단계에서 사용하는 재료나 시스템 작동 측면에서 인적 오류의 가능성을 근원적으로 제거하도록 설계

43. 개인의 기술과 능력에 맞게 직무를 할당하고 작업환경 개선을 통해 안심하고 작업할 수 있도록 하는 스트레스 관리 대책은?

① 직무 재설계 ② 긴장 이완법
③ 협력관계 유지 ④ 경력계획과 개발

해설 직무 재설계 : 사람마다 가지고 있는 기술과 신체적 능력이 다르므로 직무를 분석·평가하여 조직의 최종 목표를 수행하는 효율을 높이기 위해 기존 직무를 다시 설계하는 일을 말한다.

44. 설문조사를 통한 스트레스 평가법 중 주관적인 스트레스 평가방법이 아닌 것은?

① 생활사건 척도법
② Lazarus의 일상 골칫거리 척도법
③ 지각된 스트레스 척도법
④ DASS(우울·분노·스트레스 척도법)

해설 생활사건 척도법 : 일반 생활에서 개인이 경험할 수 있는 긍정적·부정적 사건을 바탕으로, 생활 변화와 적응이 요구되는 사건을 평가하는 기법이다.

45. 시각을 통해 2가지 서로 다른 자극을 제시했을 때 선택반응시간이 1초였다면, 4가지 서로 다른 자극에 대한 선택반응시간은 몇 초인가? (단, 각 자극의 출현 확률은 동일하며, 시각 자극에 반응하는 데 소요되는 시간은 0.2초라 가정하고, Hick-Hyman의 법칙에 따른다.)

① 1초 ② 1.4초 ③ 1.8초 ④ 2초

해설 Hick-Hyman의 법칙
선택반응시간$(RT) = a + b \log_2 N$
$1 = 0.2 + b \log_2 2$
$b = 0.8$초
$\therefore RT = 0.2 + 0.8 \log_2 4 = 1.8$초

46. 상시근로자 1000명이 근무하는 사업장의 강도율이 0.6이었다. 이 사업장에서 재해발생으로 인한 연간 총 근로손실일수는 며칠인가? (단, 근로자 1인당 연간 2400시간을 근무하였다.)

① 1220일 ② 1320일
③ 1440일 ④ 1630일

해설 강도율
$= \dfrac{\text{근로손실일수}}{\text{총근로시간 수}} \times 1000$
$\therefore$ 총근로손실일수
$= \dfrac{\text{강도율} \times \text{총근로시간 수}}{1000}$
$= \dfrac{0.6 \times (1000 \times 2400)}{1000} = 1440$일

47. 주의의 특성을 설명한 것으로 가장 거리가 먼 것은?

① 고도의 주의는 장시간 지속할 수 없다.
② 한 지점에 주의를 하면 다른 곳의 주의는 약해진다.
③ 동시에 시각적 자극과 청각적 자극에 주의를 집중할 수 없다.
④ 사람은 한 번에 여러 종류의 자극을 지각하거나 수용하는 데 한계가 있다.

해설 ③ 동시에 시각적 자극과 청각적 자극에 주의를 집중할 수 있다.

참고 주의의 특성
- 선택성 : 주의는 동시에 2개의 방향에 집중할 수 없다.
- 방향성 : 한 방향에 집중하면 다른 곳에서는 약해진다.
- 변동(단속)성 : 주의는 장시간 일정한 규칙적인 수순을 지속할 수 없다.
- 주의력 중복집중 곤란 : 동시에 복수의 방향을 잡지 못한다.

48. 평정오류 중 평가자가 평가대상자의 수행에 대해 제한된 지식을 가지고 있음에도 불구하고, 다양한 수행차원 모두에서 획일적으로 좋거나 나쁘게 평가하는 것은?

① 후광 오류 ② 확증편파 오류
③ 중앙집중 오류 ④ 과잉확신 오류

해설 할로효과(halo effect) : 후광효과라 하며, 어떤 사람에 대한 평가자의 개인적 인상이 그 사람의 개별적 특징에 관한 평가에 영향을 미치는 현상을 말한다.

49. 다음 중 휴먼에러로 이어지는 배경원인이 아닌 것은?

① 인간(Man)
② 매체(Media)
③ 관리(Management)
④ 재료(Material)

해설 휴먼에러의 배후요인 4가지(4M)
- Man(사람)
- Machine(기계)
- Media(작업환경)
- Management(관리)

정답 45. ③ 46. ③ 47. ③ 48. ① 49. ④

50. 휴먼에러(human error)를 예방하기 위한 시스템 분석기법의 설명으로 옳지 않은 것은?

① 예비위험분석(PHA) : 모든 시스템 안전프로그램의 최초 단계의 분석으로, 시스템 내 위험요소가 얼마나 위험상태에 있는지 정성적으로 평가하는 것이다.
② 고장형태와 영향분석(FMEA) : 시스템에 영향을 미치는 모든 요소의 고장을 형태별로 분석하여 그 영향을 검토하는 것이다.
③ 작업자 공정도 : 위급직무의 순서에 초점을 맞추어 조작자 행동나무를 구성하고, 이를 사용하여 사건의 위급경로에서의 조작자의 역할을 분석하는 기법이다.
④ 결함나무분석(FTA) : 기계설비 또는 인간-기계시스템의 고장이나 재해발생요인을 Fault Tree 도표에 의해 분석하는 방법이다.

해설 ③은 조작자행동나무(OAT)에 대한 설명이다.

참고 조작자행동나무(OAT) : 위급직무의 순서에 초점을 맞추어 조작자 행동나무를 구성하고, 이를 사용하여 사건의 위급경로에서의 조작자의 역할을 분석하는 기법이다.

52. 집단 내 권한의 행사가 외부에 의해 선출, 임명된 지도자에 의해 이루어지는 것은?

① 멤버십 ② 헤드십
③ 리더십 ④ 매니저십

해설 • 헤드십 : 권한 부여는 위에서 위임
• 리더십 : 구성원의 동의에 의해 선출

51. 막스 베버(Max Weber)가 주장한 관료주의에 관한 설명으로 옳지 않은 것은?

① 노동의 분업화를 전제로 조직을 구성한다.
② 부서장들의 권한 일부를 수직적으로 위임하도록 했다.
③ 단순한 계층구조로 상위리더의 의사결정이 독단화되기 쉽다.
④ 산업화 초기의 비규범적 조직운영을 체계화시키는 역할을 했다.

해설 ③ 규모가 크고 복잡한 구조에 적용되어 의사결정과정이 복잡하다.

참고 베버가 제창한 관료주의
• 노동을 분업화하는 전제를 바탕으로 조직을 구성한다.
• 부서장에게 일부 권한을 수직적으로 위임한다.
• 규모가 크고 복잡하며 합리적인 조직형태를 가진다.
• 산업화 초기의 비체계적 조직운영을 체계화하는 역할을 수행한다.

53. 조직의 지도자들이 부하직원들을 승진시키거나 봉급을 인상해 주는 등의 능력을 통해 통제가 가능한 권한은?

① 합법적 권한 ② 위임적 권한
③ 강압적 권한 ④ 보상적 권한

해설 보상적 권한 : 지도자가 부하직원에게 승진, 급여 인상 등 경제적 보상을 제공하여 통제하는 권한을 말한다.

54. FTA(Fault Tree Analysis)에 관한 설명으로 옳은 것은?

① 연역적이며 톱다운(top-down) 방식이다.
② 귀납적이고, 위험 그 자체와 영향을 강조하고 있다.
③ 시스템 구상에 있어 가장 먼저 하는 분석으로 위험요소가 어떤 상태에 있는지를 정성적으로 평가하는 데 적합하다.
④ 한 사건에 대해 실패와 성공으로 분개하고, 동일 방법으로 분개된 각 가지에 대해 실패 또는 성공의 확률을 구하는 것이다.

정답 50. ③ 51. ② 52. ③ 53. ④ 54. ①

해설 결함수 분석법(FTA)의 특징
- top down 형식(연역적)
- 정량적 해석 기법(해석 가능)
- 논리기호를 사용하여 특정 사상에 대한 해석
- 서식이 간단하며, 비교적 적은 노력으로 분석 가능
- 논리성의 부족, 2가지 이상의 요소가 고장 날 경우 분석이 곤란하며, 요소가 물체로 한정되어 인적 원인 분석이 어렵다.

55. 레빈(Lewin. K)이 주장한 인간의 행동에 대한 함수식 $B=f(P \cdot E)$에서 개체(person)에 포함되지 않는 변수는?
① 연령   ② 성격
③ 심신상태   ④ 인간관계

해설 P : 개체(person) – 연령, 경험, 심신상태, 성격, 지능, 소질
참고 E : 심리적 환경(environment) – 인간관계, 작업환경

56. 갈등 해결방안 중 자신의 이익이나 상대방의 이익에 모두 무관심한 것은?
① 경쟁   ② 순응
③ 타협   ④ 회피

해설 회피 : 일하기를 꺼려 선뜻 나서지 않는 것으로 무관심한 태도를 의미한다.

57. 전술적(tactical) 에러, 전략적(operational) 에러, 관리구조(organizational) 결함 등의 용어를 사용하여 사고연쇄반응 이론을 제안한 사람은?
① 버드(Bird)
② 아담스(Adams)
③ 베버(Weber)
④ 하인리히(Heinrich)

해설 아담스의 사고연쇄반응 이론
- 관리구조 : 조직 시스템의 결함
- 작전적 에러 : 관리자의 의사결정 오류 또는 행동 부재
- 전술적 에러 : 불안전한 행동, 불안전한 동작
- 사고 : 상해의 발생, 아차사고, 무상해 사고
- 상해, 손해 : 대인, 대물

참고
- 하인리히 : 도미노 이론
- 버드 : 신도미노 이론

58. 2차 재해 방지와 현장 보존은 사고발생의 처리과정 중 어디에 해당하는가?
① 긴급조치   ② 대책수립
③ 원인강구   ④ 재해조사

해설 긴급처리(조치사항) : 재해발생 기계 정지, 재해자 응급조치, 관계자에게 통보, 2차 재해 방지 등

참고 산업재해발생 시 조치순서

1단계	긴급처리
2단계	재해조사
3단계	원인분석
4단계	대책수립
5단계	실시계획
6단계	실시
7단계	평가

59. 집단 간의 갈등을 해결함과 동시에 갈등을 촉진시키는 방법으로 가장 적절한 것은?
① 조직구조의 변경
② 전제적 명령
③ 상위목표의 도입
④ 커뮤니케이션의 증대

해설 조직구조의 변경 : 집단 간 갈등이 발생하지 않도록 구조를 조정하는 방법이다.

정답 55. ④　56. ④　57. ②　58. ①　59. ①

60. Rasmussen의 인간행동 분류에 기초한 인간오류가 아닌 것은?

① 규칙에 기초한 행동(rule-based behavior) 오류
② 실행에 기초한 행동(commission-based behavior)오류
③ 기능에 기초한 행동(skill-based behavior) 오류
④ 지식에 기초한 행동(knowledge-based behavior)오류

해설 라스무센의 3가지 행동유형
- 숙련기반 행동 : 숙련되지 못해 발생하는 착오
- 지식기반 행동 : 무지로 발생하는 착오

4과목 근골격계질환 예방을 위한 작업관리

61. 동작경제원칙 중 신체 사용에 관한 원칙이 아닌 것은?

① 두 손은 동시에 시작하고, 동시에 끝나도록 한다.
② 두 팔은 서로 반대 방향으로 대칭적으로 움직이도록 한다.
③ 가능하다면 쉽고 자연스러운 리듬이 생기도록 동작을 배치한다.
④ 타자 칠 때와 같이 각 손가락이 서로 다른 작업을 할 때는 작업량을 각 손가락의 능력에 맞게 배분해야 한다.

해설 ④는 공구 및 설비 디자인에 관한 원칙이다.

62. NIOSH의 RWL(Recommended Weight Limit)를 계산하는 데 필요한 계수에 대한 상수의 범위를 잘못 나타낸 것은?

① 비대칭 계수 : 135~0°
② 수평 계수 : 63~25cm
③ 거리 계수 : 175~25cm
④ 수직 계수 : 175~50cm

해설 ④ 수직 계수 : 0~175cm

63. 작업관리에 관한 내용으로 틀린 것은?

① 작업연구에는 시간연구, 동작연구, 방법연구가 있다.
② 방법연구는 테일러에 의해 시작, 길브레스에 의해 더욱 발전되었다.
③ 작업관리는 생산과정에서 인간이 관여하는 작업을 주 연구대상으로 한다.
④ 작업관리는 생산 활동의 여러 과정 중 작업요소를 조사, 연구하여 합리적인 작업방법을 설정하는 것이다.

해설 방법연구는 길브레스에 의해 시작되었으며, 불필요한 동작을 제거하고 효율적인 작업방법을 설계한 기법이다.

64. 워크샘플링에 대한 장단점으로 적합하지 않은 것은?

① 시간연구법보다 더 자세하다.
② 특별한 측정장치가 필요 없다.
③ 관측이 순간적으로 이루어져 작업에 방해가 적다.
④ 자료수집이나 분석에 필요한 순수시간이 다른 시간연구법에 비해 짧다.

해설 워크샘플링의 장단점
- 특별한 시간 측정 장비가 필요 없다.
- 관측이 순간적으로 이루어져 작업에 방해가 적다.
- 자료수집이나 분석에 필요한 순수시간이 다른 방법에 비해 짧다.
- 사정에 의해 연구를 일시 중지했다가 다시 계속할 수 있다.

정답 60. ② 61. ④ 62. ④ 63. ② 64. ①

- 시간연구법보다 덜 자세하다.
- 짧은 주기나 반복작업에는 부적합하다.
- 작업방법 변화 시 전체적인 연구를 새로 해야 한다.

65. 다음 중 사업장 근골격계질환 예방관리 프로그램에 있어 예방·관리추진팀의 역할이 아닌 것은?

① 교육 및 훈련에 관한 사항을 결정하고 실행한다.
② 예방·관리 프로그램의 수립 및 수정에 관한 사항을 결정한다.
③ 근골격계질환의 증상·유해요인 보고 및 대응체계를 구축한다.
④ 유해요인 평가 및 개선계획의 수립과 시행에 관한 사항을 결정하고 실행한다.

해설 ③은 예방·관리추진팀의 역할이 아니라 사업주의 역할이다.

66. 근골격계질환 예방관리 프로그램에 대한 설명으로 옳은 것은?

① 사업주와 근로자는 근골격계질환의 조기 발견과 조기 치료 및 조속한 직장 복귀를 위해 가능한 한 사업장 내에서 재활프로그램 등의 의학적 관리를 받을 수 있다고 한다.
② 사업주는 효율적이고 성공적인 근골격계질환의 예방·관리를 위해 사업장 특성에 맞게 근골격계질환 예방관리추진팀을 구성하되, 예방·관리추진팀에는 예산 등에 대한 결정권한이 있는 자가 참여하는 것을 권고할 수 있다.
③ 근골격계질환 예방·관리 최초교육은 프로그램 도입 후 1년 이내에 실시하고, 이후 3년마다 주기적으로 실시한다.
④ 유해요인 개선방법 중 작업의 다양성 제공, 작업속도 조절 등은 공학적 개선에 속한다.

해설 ② 예방·관리추진팀에는 반드시 예산 등에 대한 결정권한이 있는 자가 참여해야 한다.
③ 근골격계질환 예방·관리 최초교육은 프로그램 도입 후 6개월 이내에 실시하고, 이후 주기적으로 실시한다.
④ 작업의 다양성 제공, 작업속도 조절 등은 행정적 개선에 속한다.

67. 근골격계질환의 예방원리에 관한 설명으로 가장 적절한 것은?

① 예방이 최선의 정책이다.
② 작업자의 정신적 특징 등을 고려하여 작업장을 설계한다.
③ 공학적 개선을 통해 해결하기 어려운 경우에는 공정을 중단한다.
④ 사업장 근골격계질환의 예방정책에 노사가 협의하면 작업자의 참여는 중요하지 않다.

해설 ② 작업자의 신체적 특징 등을 고려하여 작업장을 설계한다.
③ 공학적 개선을 통해 해결하기 어려운 경우에는 관리적 개선을 실시한다.
④ 사업장 근골격계질환의 예방정책에는 노사 모두의 참여가 중요하다.

68. 표준자료법에 대한 설명 중 틀린 것은?

① 표준자료 작성은 초기 비용이 적기 때문에 생산량이 적은 경우에 유리하다.
② 한번 작성되면 유사한 작업에 대해 신속한 표준시간 설정이 가능하다.
③ 작업조건이 불안정하거나 표준화가 곤란한 경우에는 표준자료 설정이 어렵다.
④ 정미시간을 종속변수, 작업에 영향을 주는 요인을 독립변수로 하여 두 변수 사이의 함수관계를 바탕으로 표준시간을 구한다.

정답 65. ③ 66. ① 67. ① 68. ①

해설 ① 표준자료 작성은 초기 비용이 크기 때문에 생산량이 적은 경우에 부적합하다.

참고 표준자료법의 단점
- 표준시간의 정확도가 낮다.
- 작업 개선의 기회와 의욕이 저하된다.
- 초기 비용이 크기 때문에 생산량이 적거나 제품이 큰 경우 부적합하다.

69. 작업수행도 평가 시 사용되는 레이팅 계수(rating scale)에 대한 설명으로 옳지 않은 것은?

① 관측시간치의 평균값을 레이팅 계수로 보정하여 보통속도로 변환시켜준 개념을 표준시간이라 한다.
② 정상기준 작업속도를 100%로 보고, 100%보다 큰 경우 표준보다 빠르고 100%보다 작은 경우 느린 것을 의미한다.
③ 레이팅 계수(%)가 125일 경우 동작이 매우 숙달된 속도, 장시간 작업 시 피로할 것 같은 작업속도로 판정할 수 있다.
④ 속도 평가법에서의 레이팅 계수는 기준속도를 실제속도로 나누어 계산하고, 레이팅 시 작업속도만 고려하므로 적용하기 쉬워 보편적으로 사용한다.

해설 ① 관측시간치의 평균값을 레이팅 계수로 보정하여 보통속도로 변환시켜준 개념은 정미시간이다.

70. 근골격계 부담작업의 유해요인조사의 내용 중 작업장 상황조사 항목에 해당되지 않는 것은?

① 근무형태
② 작업량
③ 작업설비
④ 작업공정

해설 작업장 상황조사 항목에는 작업량, 작업설비, 작업공정, 작업속도, 업무량 변화 등이 포함된다.

71. 다음 중 작업개선을 위한 개선의 ECRS에 해당하지 않는 것은?

① Eliminate
② Combine
③ Redesign
④ Simplify

해설 작업개선 원칙(ECRS)
- 제거(Eliminate)
- 결합(Combine)
- 재조정(Rearrange)
- 단순화(Simplify)

72. 작업장 시설의 재배치, 기자재 소통상 혼잡 지역의 파악, 공정과정 중 역류현상 점검 등에 가장 유용하게 사용할 수 있는 공정도는?

① Gantt chart
② flow diagram
③ man-machine chart
④ operation process chart

해설 유통선로(flow diagram)는 시설 재배치, 기자재의 소통 혼잡지역 파악, 공정 중 역류현상 점검 등에 유용하게 활용된다.

73. Work Factor에서 고려하는 4가지 시간 변동요인이 아닌 것은?

① 동작 타임
② 신체 부위
③ 인위적 조절
④ 중량이나 저항

정답 69. ① 70. ① 71. ③ 72. ② 73. ①

해설 WF에서 고려하는 시간의 변동요인
- 신체 부위
- 이동거리
- 중량 또는 저항
- 동작의 인위적 조절

74. 입식작업보다 좌식작업이 적절한 경우는?
① 큰 힘을 요하는 경우
② 작업반경이 큰 경우
③ 정밀작업을 해야 하는 경우
④ 작업 시 이동이 많은 경우

해설 좌식작업은 주로 정밀작업에 적합하고, 큰 힘이 필요하거나 작업반경이 넓고 이동이 많은 작업은 입식작업이 효율적이다.

75. 상세한 작업분석의 도구로 적합하지 않은 것은?
① 서블릭(Therblig)
② 파레토도
③ 다중활동 분석표
④ 작업자 공정도

해설 파레토도 : 사고 유형, 기인물 등 분류 항목을 발생빈도가 큰 순서대로 도표화한 분석법

76. 다음 중 OWAS 자세평가에 의한 조치 수준에서 각 수준에 대한 평가내용이 바르게 연결된 것은?
① 수준 1 : 즉각적인 자세의 교정이 필요
② 수준 2 : 가까운 시기에 자세의 교정이 필요
③ 수준 3 : 조치가 필요 없는 정상 작업자세
④ 수준 4 : 가능한 빨리 자세의 변경이 필요

해설 ① 수준 1 : 조치가 필요 없는 정상 작업자세
③ 수준 3 : 가능한 빨리 자세의 변경이 필요
④ 수준 4 : 즉각적인 자세의 교정이 필요

77. 근골격계질환의 원인으로 가장 거리가 먼 것은?
① 작업 특성요인
② 개인적 특성요인
③ 사회 심리적인 요인
④ 법률적인 기준에 따른 요인

해설 근골격계질환의 원인
- 작업 특성요인 : 반복성, 무리한 힘, 진동
- 개인적 특성요인 : 과거병력, 생활습관, 취미, 작업경력, 작업습관
- 사회 심리적인 요인 : 대인관계 등

78. 어느 기계가공 작업에 대한 작업내용과 소요시간, 비용 등이 다음과 같을 때 해당 작업에서 작업자가 몇 대의 동일한 기계를 담당하는 것이 가장 경제적인가?

| 작업자 : • 가공될 재료를 로딩(0.6분) |
| • 가공품을 꺼냄(0.3분) |
| • 가공품을 검사(0.5분) |
| • 마무리 작업(0.2분) |
| • 다른 기계 쪽으로 걸어감(0.05분) |
| 기계 : 가공시간(3.95분) |

인건비 : 3000원/시간
기계비용 : 4800원/시간

① 1대　② 2대　③ 3대　④ 4대

해설 이론적 기계 대수(n)
$$= \frac{a+t}{a+b} = \frac{0.9+3.95}{0.9+0.75} ≒ 2.94 ≒ 3대$$
여기서, a : 작업자와 기계의 동시작업시간
b : 독립적인 작업자 활동시간
t : 기계가동시간

정답 74. ③　75. ②　76. ②　77. ④　78. ③

79. 작업관리에 관한 설명으로 틀린 것은?

① Gilbreth 부부는 적은 노력으로 최대의 성과를 짧은 시간에 이룰 수 있는 작업방법을 연구한 동작연구(Motion Study)의 창시자로 알려져 있다.
② Taylor는 벽돌 쌓기 작업을 대상으로 작업방법과 작업도구를 개선하였으며, 이를 발전시켜 과학적 관리법을 주장하였다.
③ 작업관리는 생산성 향상을 목적으로 경제적인 작업방법을 연구하는 작업연구와 표준작업시간을 결정하기 위한 작업측정으로 구분할 수 있다.
④ Hawthorn 실험결과는 작업장의 물리적 조건보다 인간관계와 같은 사회적 조건이 생산성에 더 큰 영향을 준다는 사실에 관심을 갖게 한 시발점이 되었다.

해설 ② 벽돌 쌓기 작업을 대상으로 작업방법과 작업도구를 개선한 사람은 Taylor가 아니라 Gilbreth 부부이다.

80. 시간연구에서 다루는 내용과 관련성이 가장 적은 것은?

① 정미시간
② 표준시간
③ 여유율
④ 오차율

해설 표준시간 설정기법에는 표준시간, 정미시간, 여유율이 포함되며, 오차율은 시간연구와 직접적인 관련이 없다.

참고 시간연구법 : 스톱워치, 전자식 타이머, VTR 카메라 등의 기록장치를 이용하여 직접 관측하여 표준시간을 산출하는 방법이다.

정답 79. ② 80. ④

2025년도(3회차) CBT 출제문제

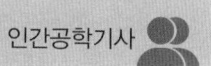

1과목 인간공학개론

1. 시식별에 영향을 주는 인자와 가장 거리가 먼 것은?
① 조도 ② 반사율
③ 대비 ④ 온·습도

해설 온도나 습도의 변화는 시식별에 직접적인 영향을 미치지 않는다.

2. 눈의 구조 중 빛이 도달하여 초점이 가장 선명하게 맺히는 부위는?
① 동공 ② 홍채
③ 황반 ④ 수정체

해설 황반 : 시력이 가장 예민하여 초점이 가장 선명하게 맺히는 부위

3. 어떤 인체측정 데이터가 정규분포를 따른다고 한다. 제50백분위수가 100mm, 표준편차가 5mm일 때 정규분포곡선에서 제95백분위수는?

구분	1%ile	5%ile	10%ile
F	-2.326	-1.645	-1.2821

① 88.37mm   ② 91.775mm
③ 106.41mm ④ 108.225mm

해설 퍼센타일(%ile) 인체치수
= 평균 ± (퍼센타일 계수 × 표준편차)
∴ 95%ile = 100 + (1.645 × 5)
= 108.225mm

4. 은행이나 관공서의 접수창구의 높이를 설계하는 기준으로 옳은 것은?
① 조절식 설계
② 최소집단치 설계
③ 최대집단치 설계
④ 평균치 설계

해설 평균치를 기준으로 한 설계 : 최대·최소치수, 조절식으로 설계하기 곤란한 경우 평균치로 설계하며, 은행창구나 슈퍼마켓의 계산대 등에 적용한다.

5. 다음과 같은 인간의 정보처리 모델에서 구성요소의 위치(A~D)와 해당 용어가 잘못 연결된 것은?

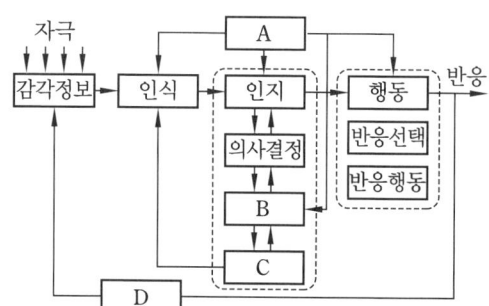

① A : 주의   ② B : 작업기억
③ C : 단기기억 ④ D : 피드백

해설 ③ C : 장기기억

6. 손의 위치에서 조종장치 중심까지의 거리가 30cm, 조종장치의 폭이 5cm일 때 Fitts의 난이도 지수값은 약 얼마인가?
① 2.6 ② 3.2
③ 3.6 ④ 4.1

정답 1.④ 2.③ 3.④ 4.④ 5.③ 6.③

해설 Fitts의 난이도 지수값(ID)
$$= \log_2\left(\frac{2A}{W}\right) = \log_2\frac{2\times 30}{5} \fallingdotseq 3.6$$
여기서, A : 표적 중심선까지 이동거리
　　　 W : 표적 폭

7. 인간공학을 지칭하는 용어로 적절하지 않은 것은?
① Biology
② Ergonomics
③ Human factors
④ Human factors engineering

해설 Biology는 생물학으로 인간공학을 지칭하는 용어가 아니다.

참고 • Ergonomics : 인간공학(인체공학)
• Human factors : 인간요인
• Human factors engineering : 인간요인공학

8. 체계분석 시 인간공학으로부터 얻는 보상 및 가치와 거리가 가장 먼 것은?
① 인력 이용률 향상
② 사고 및 오용으로부터의 손실 감소
③ 기계 및 설비 활용의 감소
④ 생산 및 보전의 경제성 증대

해설 ③ 기계 및 설비 활용 효율 향상

9. 차폐 또는 은폐(masking)와 관련된 원리를 설명한 것으로 틀린 것은?
① 남성의 목소리가 여성의 목소리에 의해 더 잘 차폐된다.
② 차폐 효과가 가장 큰 것은 차폐음과 배음의 주파수가 가까울 때이다.
③ 소리가 들린다는 것을 확신할 수 있는 최소한의 음 강도는 차폐음보다 15dB 이상이어야 한다.
④ 차폐되는 소리의 임계주파수대(critical frequency band) 주변에 있는 소리에 의해 가장 많이 차폐된다.

해설 ① 여성의 목소리가 남성의 목소리에 의해 더 잘 차폐된다.

참고 낮은 주파수는 차폐가 어렵다.

10. 신호검출이론을 적용하기에 가장 적합하지 않은 것은?
① 의료진단　　② 정보량 측정
③ 음파탐지　　④ 품질검사 과업

해설 신호검출이론(SDT)은 의료진단, 음파탐지, 품질검사 임무, 증인·증언, 항공기 관제 등 광범위하게 적용된다.

11. 1000Hz, 80dB인 음을 phon과 sone으로 환산한 것은?
① 40 phon, 4 sone
② 60 phon, 3 sone
③ 80 phon, 2 sone
④ 80 phon, 16 sone

해설 • phon값 : 1000Hz에서 dB값과 동일하므로 80dB = 80phon
• sone값 $= 2^{(\text{phon값}-40)/10}$
$\quad\quad\quad = 2^{(80-40)/10} = 16\,\text{sone}$

12. 인간-기계 시스템에서 인간의 과오나 동작상의 실패가 있어도 안전사고를 발생시키지 않도록 하는 설계 시스템은?
① lock system
② fail-safe system
③ fool-proof system
④ accident-check system

해설 • lock system(록 시스템) : 위험 기계·설비의 예상치 못한 가동을 막기 위해

시동 장치에 잠금 장치를 설치하여 에너지원 공급을 차단하는 시스템
- 페일 세이프 : 기계의 고장이 있어도 안전사고가 발생되지 않도록 2중, 3중 통제를 가하는 장치
- 풀 프루프 : 작업자의 실수가 있어도 안전사고가 발생되지 않도록 2중, 3중 통제를 가하는 장치
- accident-check system(사고점검 시스템) : 기계·설비 운전 과정에서 사고 가능성을 사전에 점검·차단하는 시스템

13. 다음에서 설명하고 있는 것은?

> 모든 암호 표시는 다른 암호 표시와 구별될 수 있어야 한다. 인접한 자극들 간에 적당한 차이가 있어 전부 구별 가능하더라도 인접 자극의 상이도는 암호체계의 효율에 영향을 끼친다.

① 암호의 검출성(detectability)
② 암호의 양립성(compatibility)
③ 암호의 표준화(standardization)
④ 암호의 변별성(discriminability)

해설 서로 다른 암호 표시가 명확히 구별될 수 있는 정도를 암호의 변별성이라 하며, 인접 자극 간 차이가 충분히 커야 혼동이 줄고 암호체계의 효율이 높아진다.

14. 눈의 구조와 관련된 시각기능에 대한 설명으로 옳지 않은 것은?

① 빛에 대한 감도변화를 '조응'이라 한다.
② 디옵터(diopter)는 '1/초점거리(m)'로 정의된다.
③ 정상인에게 정상 시각에서의 원점은 거의 무한하다.
④ 암순응은 명순응보다 빨리 진행되어 1분 정도에 끝난다.

해설 암순응은 완전히 진행되기까지 보통 30~40분이 걸리며, 명순응은 2~3분 내 비교적 빠르게 이루어진다.

15. 정량적 동적 표시장치 중 지침이 고정되고 눈금이 움직이는 형태를 무엇이라 하는가?

① 계수형
② 원형 눈금
③ 동침형
④ 동목형

해설 정량적 표시장치
- 동목형 : 지침이 고정되고 눈금이 움직이는 표시장치
- 동침형 : 눈금이 고정되고 지침이 움직이는 표시장치
- 계수형 : 숫자로 표시되는 표시장치

16. 인간의 감각기관 중 작업자가 가장 많이 사용하는 감각은?

① 시각   ② 청각
③ 촉각   ④ 미각

해설 인간의 감각기관 중 눈을 통해 전체 정보의 약 80%를 수집한다.

17. 기계화 시스템에 대한 설명으로 적절하지 않은 것은?

① 동력은 기계가 제공한다.
② 반자동화 시스템이라고도 부른다.
③ 인간은 조종장치를 통해 체계를 제어한다.
④ 무인공장이 기계화 시스템의 대표적인 예이다.

해설 ④ 무인공장은 자동화 시스템의 대표적인 예이다.

정답 13. ④ 14. ④ 15. ④ 16. ① 17. ④

18. 10m 떨어진 곳에서 높이 2cm의 물체(snellen letter)를 겨우 볼 수 있을 때, 이 사람의 시력은 얼마 정도인가?

① 0.15　　② 0.3
③ 0.5　　④ 0.75

해설 시각 $= \dfrac{57.3 \times 60 \times L}{D}$

$= \dfrac{57.3 \times 60 \times 2}{1000} ≒ 6.88$

∴ 시력 $= \dfrac{1}{시각} = \dfrac{1}{6.88} ≒ 0.15$

19. 일반적인 시스템의 설계과정을 맞게 나열한 것은?

① 목표 및 성능명세 결정 → 체계의 정의 → 기본설계 → 계면설계 → 촉진물 설계 → 시험 및 평가
② 체계의 정의 → 목표 및 성능명세 결정 → 기본설계 → 계면설계 → 촉진물 설계 → 시험 및 평가
③ 목표 및 성능명세 결정 → 체계의 정의 → 계면설계 → 촉진물 설계 → 기본설계 → 시험 및 평가
④ 체계의 정의 → 목표 및 성능명세 결정 → 계면설계 → 촉진물 설계 → 기본설계 → 시험의 평가

해설 인간-기계 시스템 설계과정
- 1단계 : 시스템 목표와 성능명세 결정
- 2단계 : 시스템 정의
- 3단계 : 기본설계
- 4단계 : 인터페이스 설계
- 5단계 : 보조물 설계 또는 편의수단 설계
- 6단계 : 평가

20. 앉아서 작업하는 사람의 작업공간 설계 시 고려해야 할 사항과 거리가 먼 것은?

① 작업공간 포락면은 팔을 뻗는 방향에 영향을 받는다.
② 실행하는 수작업의 성질에 따라 작업공간 포락면의 경계가 달라진다.
③ 작업복장은 작업공간 포락면에 영향을 미친다.
④ 신체 평형에 영향을 미치는 인자가 작업공간 포락면에 영향을 미친다.

해설 작업공간 포락면(envelope)은 한 장소에 앉아서 수행하는 작업활동에서 사람이 사용하는 공간을 말하며, 작업의 성질에 따라 포락면의 경계가 달라진다.

2과목　작업생리학

21. 어떤 작업의 평균에너지값이 6kcal/min이라고 할 때 60분간 총작업시간 내에 포함되어야 하는 휴식시간은 약 몇 분인가? (단, Murrell의 방법을 적용하여, 기초대사를 포함한 작업에 대한 권장 평균에너지값의 상한은 4kcal/min이다.)

① 6.7　② 13.3　③ 26.7　④ 53.3

해설 휴식시간(R)

$= \dfrac{T(E-5)}{E-1.5} = \dfrac{60 \times (6-4)}{6-1.5} ≒ 26.7분$

여기서, T : 총작업시간(분)
　　　E : 평균에너지 소비량(kcal/min)
　　　4(5) : 보통작업 평균에너지
　　　1.5 : 휴식시간 중 에너지 소비량

22. 사무실 공기관리 지침상 공기정화시설을 갖춘 사무실의 시간당 환기횟수 기준은?

① 1회 이상　　② 2회 이상
③ 3회 이상　　④ 4회 이상

정답 18. ①　19. ①　20. ④　21. ③　22. ④

해설 공기정화시설을 갖춘 사무실에서 작업자 1인당 최소 외기량은 $0.57\,\mathrm{m^3/min}$이며, 시간당 환기횟수 기준은 4회 이상이다.

23. 정신적 작업부하에 대한 생리적 측정척도로 볼 수 없는 것은?

① 뇌전위(EEG)　② 동공반응
③ 눈꺼풀 깜빡임　④ 폐활량

해설 폐활량은 허파 속에 최대한도로 공기를 빨아들여 다시 배출하는 공기의 양으로, 신체적 부하 측정척도에 해당한다.

참고 정신적 작업부하에 대한 생리적 측정척도 : 심박수, 부정맥, 뇌전위(점멸융합주파수), 동공반응(눈 깜빡임률), 호흡수, 뇌파 등

24. 산소 소비량과 에너지 대사를 설명한 것으로 옳지 않은 것은?

① 산소 소비량은 에너지 소비량과 선형적인 관계를 가진다.
② 산소 소비량이 증가한다는 것은 육체적 부하가 증가한다는 것이다.
③ 에너지가의 계산은 2kcal의 에너지 생성에 1L의 산소가 소모되는 관계를 이용한다.
④ 산소 소비량은 육체활동에 요구되는 에너지 대사량을 활동 시 소비된 산소량으로 간접적으로 측정한 것이다.

해설 ③ 에너지가의 계산은 1L의 산소가 소모될 때 약 5kcal의 에너지가 생성된다는 관계를 기준으로 한다.

25. 다음 중 조명 또는 진동에 관한 설명으로 틀린 것은?

① 산업안전보건법령상 상시 작업하는 장소와 초정밀작업 시 작업면의 조도는 750럭스 이상으로 한다.
② 전신진동은 진폭에 반비례하여 추적 작업에 대한 효율을 떨어뜨리며, 20~25Hz 범위에서 심해진다.
③ 진동을 측정하는 방법은 주파수 분석계, 가속도계 등이 있다.
④ 반사 휘광의 처리방법으로는 간접 조명 수준을 높이고 발광체의 강도를 줄인다.

해설 전신진동은 진폭에 비례하여 추적 작업에 대한 효율을 떨어뜨린다. 주로 크레인, 지게차, 대형 운송차량 등에서 발생하며 2~2Hz 범위에서 인체에 장해를 유발한다.

26. 산소를 이용한 유기성(호기성) 대사과정으로 인한 부산물이 아닌 것은?

① H_2O　② 젖산
③ CO_2　④ 에너지

해설 젖산은 무산소 운동 시 생성되는 부산물로, 탄수화물 분해 시 크렙스 사이클(Krebs cycle)이 원활히 작동하지 않을 때 발생한다.

27. 교대작업 운영의 효율적인 방법으로 볼 수 없는 것은?

① 고정적이거나 연속적인 야간근무 작업은 줄인다.
② 교대일정은 정기적이고 작업자가 예측 가능하도록 해야 한다.
③ 교대작업은 주간근무 → 야간근무 → 저녁근무 → 주간근무 식으로 진행해야 피로를 빨리 회복할 수 있다.
④ 2교대근무는 최소화하며, 1일 2교대근무가 불가피한 경우에는 연속 근무일이 2~3일이 넘지 않도록 한다.

해설 ③ 교대작업은 주간근무 → 저녁근무 → 야간근무 → 주간근무 식으로 진행해야 피로를 빨리 회복할 수 있다.

정답　23. ④　24. ③　25. ②　26. ②　27. ③

28. 다음 중 정신적 부하 측정치로 가장 거리가 먼 것은?

① 뇌전도　　② 부정맥지수
③ 근전도　　④ 점멸융합주파수

해설 근전도(EMG)는 근육이 움직일 때 발생하는 미세한 전기 신호를 측정하여 근육 활동의 전위차를 기록하는 것으로, 정적인 육체 부하 측정에 사용된다.

참고 점멸융합주파수(VFF)는 정신적 부하를 측정하는 대표적인 파라미터이다.

29. 신체 부위의 동작 유형 중 관절에서의 각도가 증가하는 동작을 무엇이라고 하는가?

① 굴곡(flexion)　　② 신전(extension)
③ 내전(adduction)　　④ 외전(abduction)

해설 신체 부위 기본운동
- 굴곡(굽히기) : 관절 간의 각도가 감소하는 움직임
- 신전(펴기) : 관절 간의 각도가 증가하는 움직임
- 내전(모으기) : 팔, 다리가 밖에서 몸 중심선으로 향하는 이동
- 외전(벌리기) : 팔, 다리가 몸 중심선에서 밖으로 멀어지는 이동
- 내선 : 발 운동이 몸 중심선으로 향하는 회전
- 외선 : 발 운동이 몸 중심선으로부터의 회전

30. 전신진동에 있어 안구에 공명이 발생하는 진동수의 범위로 가장 적합한 것은?

① 8~12Hz　　② 10~20Hz
③ 20~30Hz　　④ 60~90Hz

해설 진동수별 공명이 발생하는 신체 부위
- 3~4Hz : 척추골
- 14Hz : 요추
- 20~30Hz : 머리에서 어깨 사이
- 60~90Hz : 안구에 공명 발생

31. 다음 중 점멸융합주파수에 관한 설명으로 옳은 것은?

① 중추신경계의 정신 피로 척도로 사용된다.
② 마음이 긴장되었을 때나 머리가 맑을 때 점멸융합주파수는 낮아진다.
③ 쉬고 있을 때 점멸융합주파수는 대략 10~20Hz이다.
④ 작업시간이 경과할수록 점명융합주파수는 높아진다.

해설 ② 마음이 긴장되었을 때나 머리가 맑을 때 점멸융합주파수는 높아진다.
③ 쉬고 있을 때 점멸융합주파수는 대략 30~60Hz이다.
④ 작업시간이 경과할수록 점멸융합주파수는 낮아진다.

32. 다음 중 평활근과 관련이 없는 것은?

① 민무늬근　　② 내장근
③ 불수의근　　④ 골격근

해설
- 골격근 : 뼈에 붙는 가로무늬근으로, 대부분 관절 하나 이상을 가로질러 붙으며 의지대로 움직일 수 있는 수의근이다.
- 민무늬근, 내장근, 불수의근은 평활근에 해당한다.

33. 근육운동에서 장력이 활발하게 발생하는 동안 근육이 가시적으로 단축되는 수축을 무엇이라 하는가?

① 연축(twitch)
② 강축(tetanus)
③ 편심성 수축(eccentric contraction)
④ 동심성 수축(concentric contraction)

해설 동심성 수축 : 근육이 저항보다 큰 장력을 발휘하여 근육길이가 짧아지는 수축이다.
예 아령을 들어 올릴 때 상완이두근이 짧아지며 힘을 발휘하는 동작

정답 28. ③　29. ②　30. ④　31. ①　32. ④　33. ④

34. 힘든 작업을 수행할 때가 휴식을 취하고 있을 때보다 혈류량이 더 감소하는 기관이 아닌 것은?

① 간　　　　　② 신장
③ 뇌　　　　　④ 소화기계

해설 휴식을 취할 때보다 힘든 작업을 수행할 때 혈류량이 더 감소하는 기관은 간, 신장, 소화기계이며, 뇌는 상대적으로 혈류량 변화가 거의 없다.

35. 뇌파의 종류 중 알파(α)파에 관한 설명으로 맞는 것은?

① 빠르고 진폭이 크다.
② 수면 초기에 발생한다.
③ 물질대사가 저하될 때 발생한다.
④ 출현율이 작을수록 각성상태가 증가되는 경향이 있다.

해설 α파
- 주파수 8~14 Hz, 주파수는 낮고 진폭이 크다.
- 휴식상태에서 발생한다(휴식파).
- α파가 강해질수록 물질대사가 감소한다.
- 출현율이 적을수록 각성상태가 증가되는 경향이 있다.

참고 뇌파의 상태
- α파 : 뇌가 이완된 상태
- β파 : 의식이 깨어있을 때 나타나는 뇌파
- θ파 : 지각과 꿈의 경계상태
- δ파 : 깊은 수면 상태에서 나타나는 뇌파

36. 신체의 지지와 보호 및 조혈기능을 담당하는 것은?

① 근육계　　　　② 순환계
③ 신경계　　　　④ 골격계

해설 골격계(뼈)의 역할 및 기능
- 신체의 중요 부분을 보호하는 역할
- 신체의 지지 및 형상을 유지하는 역할
- 신체활동을 수행하는 역할
- 골수에서 혈구세포를 만드는 조혈기능
- 칼슘, 인 등의 무기질 저장 및 공급기능

37. 근력에 관련된 설명 중 틀린 것은?

① 여성의 평균 근력은 남성의 65% 정도이다.
② 50세가 지나면 근력이 서서히 감소하기 시작한다.
③ 성별에 관계없이 25~35세에서 근력이 최고에 도달한다.
④ 운동을 통해 약 30~40%의 근력 증가 효과를 얻을 수 있다.

해설 ② 40세가 지나면 서서히 근력이 감소하기 시작한다.

38. 체내에서 유기물의 합성 또는 분해에 있어서 반드시 에너지의 전환이 따르게 되는데, 이것을 무엇이라 하는가?

① 산소 부채(oxygen debt)
② 근전도(electromyogram)
③ 심전도(electrocardiogram)
④ 에너지 대사(energy metabolism)

해설 에너지 대사는 유기물의 합성과 분해 과정에서 일어나는 에너지 전환을 의미하며, 에너지 대사율은 작업부하량에 따른 휴식시간 산정과 밀접한 관련이 있다.

39. 근육의 생리적 스트레인 측정 시 대상 근육에 표면 전극을 부착하여 근수축 시 발생하는 전기적 활성도를 기록하는 방법은?

① EEG(electroencephalogram)
② ECG(electrocardiogram)
③ EOG(electrooculogram)
④ EMG(electromyogram)

정답 34. ③　35. ④　36. ④　37. ②　38. ④　39. ④

해설 생리학적 측정방법
- EMG(근전도) : 근육활동의 전위차를 기록
- ECG(심전도) : 심장근 활동의 전위차를 기록
- ENG, EEG(뇌전도) : 신경활동의 전위차를 기록
- EOG(안전도) : 안구운동 전위차의 기록

40. 다음 중 심방 수축 직전에 발생하는 파장(wave)은?

① P파 ② Q파 ③ R파 ④ S파

해설 심장의 맥동주기

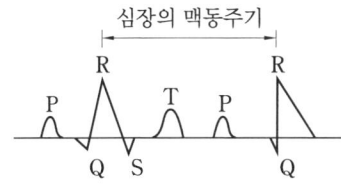

- P파 : 심방 수축(심방 탈분극), 심방 수축 직전에 나타남
- Q-R-S파 : 심실 수축(심실 탈분극)
- T파 : 심실 이완, 수축 종료 후 휴식 시 발생
- R-R 간격 : 심장의 맥동주기

3과목 산업심리학 및 관계법규

41. 다음 중 통제적 집단행동이 아닌 것은?

① 모브 ② 관습
③ 유행 ④ 제도적 행동

해설 모브(mob) : 폭력을 휘두르거나 말썽을 일으킬 가능성이 있는 군중으로, 감정에 따라 행동한다.

참고
- 통제적 집단행동 : 관습, 제도적 행동, 유행
- 비통제적 집단행동 : 군중, 모브, 패닉, 심리적 전염

42. 집단을 공식집단과 비공식집단으로 구분할 때 비공식집단의 특성이 아닌 것은?

① 규모가 크다.
② 동료애의 욕구가 강하다.
③ 개인적 접촉의 기회가 많다.
④ 감정의 논리에 따라 운영된다.

해설 ① 규모가 크지 않고 소집단의 성격을 띤다.

43. 직무 스트레스의 요인 중 자신의 직무에 대한 책임영역과 직무목표를 명확하게 인식하지 못할 때 발생하는 요인은?

① 역할 과소 ② 역할 갈등
③ 역할 모호성 ④ 역할 과부하

해설 역할 모호성 : 역할과 책임의 명확성이나 일관성이 없어 발생하는 요인

44. Hick's Law에 따르면 인간의 반응시간은 정보량에 비례한다. 단순반응에 소요되는 시간이 150 ms이고, 단위 정보량당 증가되는 반응시간이 200 ms이면, 2 bits의 정보량을 요구하는 작업에서 예상 반응시간은 몇 ms인가?

① 400 ② 500 ③ 550 ④ 700

해설 예상 반응시간
= 단순반응시간 + (정보량 × 반응시간)
= 150 + (2 × 200)
= 550 ms

45. 인간수행에 스트레스가 미치는 영향을 최소화하는 방법으로 옳은 것은?

① 스트레스 대처법은 디자인 해결법과 개인적인 해결법이 있다.
② 응급상황에 대처하기 위해 분산적인 훈련이 매우 유용하다.

정답 40. ① 41. ① 42. ① 43. ③ 44. ③ 45. ①

③ 정보 지원에 대한 지각적 해소화가 일어나면 정보를 다양화시킨다.
④ 규칙적인 호흡을 통한 정상적 이완은 각성 상태를 유지할 수 없어 수행을 저해한다.

해설 스트레스 대처법에는 디자인 해결법, 개인적인 해결법, 그리고 사회적 지원 관리방법이 있다.

46. 하인리히의 도미노 이론을 순서대로 나열한 것은?

| A. 유전적 요인과 사회적 환경 |
| B. 개인의 결함 |
| C. 불안전한 행동과 불안전한 상태 |
| D. 사고 |
| E. 재해 |

① A → B → D → C → E
② A → B → C → D → E
③ B → A → C → D → E
④ B → A → D → C → E

해설 하인리히 재해발생 도미노 5단계

1단계	2단계	3단계	4단계	5단계
선천적 결함	개인적 결함	불안전한 행동·상태	사고	재해

47. 인간의 정보처리 과정의 측면에서 분류한 휴먼에러에 해당하는 것은?

① 생략 오류(omission error)
② 작위적 오류(commission error)
③ 부적절한 수행 오류(extraneous error)
④ 의사결정 오류(decision making error)

해설 휴먼에러의 심리적 분류
• 생략, 누설, 부작위 오류
• 순서 오류
• 작위 오류

참고 정보처리 과정의 측면에서 분류하면 입력 오류, 출력 오류, 정보처리 오류, 의사결정 오류가 있다.

48. 근로자가 400명이 작업하는 사업장에서 1일 8시간씩 연간 300일 근무하는 동안 10건의 재해가 발생하였다. 도수율(빈도율)은? (단, 결근율은 10%이다.)

① 2.50
② 10.42
③ 11.57
④ 12.54

해설 도수율

$$= \frac{\text{연간 재해 건수}}{\text{연간 총근로시간 수}} \times 10^6$$

$$= \frac{10}{(400 \times 300 \times 8) \times (1-0.1)} \times 10^6$$

$$\fallingdotseq 11.57$$

49. 인간과오를 방지하기 위해 기계설비를 설계하는 원칙에 해당되지 않는 것은?

① 안전설계(fail-safe design)
② 배타설계(exclusion design)
③ 조절설계(adjustable design)
④ 보호설계(prevention design)

해설 인간과오 방지의 3가지 설계기법
• 안전설계 : fail-safe 설계
• 보호설계 : fool-proof 설계
• 배타설계 : 휴먼에러의 가능성을 근원적으로 제거한 설계

50. 휴먼에러로 이어지는 배후의 4요인(4M)에 해당하지 않는 것은?

① Media
② Machine
③ Material
④ Management

해설 인간에러의 배후요인(4M)
• 인간(Man) : 다른 사람들과의 인간관계

정답 46. ② 47. ④ 48. ③ 49. ③ 50. ③

- 기계(Machine) : 기계장비 등의 물리적 요인
- 미디어(Media) : 작업정보, 방법, 환경 등
- 관리(Management) : 안전기준 정비, 교육훈련, 안전법규

참고 Material : 직물, 천

51. 민주적 리더십과 관련된 이론이나 조직형태는?

① X이론 ② Y이론
③ 라인형 조직 ④ 관료주의 조직

해설 맥그리거(Mcgregor)의 X, Y이론

X이론	Y이론
인간 불신감	상호 신뢰감
성악설	성선설
인간은 원래 게으르고 태만하여 남의 지배를 받기를 즐김	인간은 부지런하고 근면·적극적이며 자주적임
물질 욕구 (저차원 욕구)	정신 욕구 (고차원 욕구)
명령, 통제에 의한 관리	자기통제에 의한 관리
저개발국형	선진국형
권위주의적(수직적) 리더십	민주적(수평적) 리더십
경제적 보상체제의 강화	분권화와 권한의 위임
금전적 보상	정신적 보상
직무의 단순화	직무의 정교화

52. 막스 베버(Max Weber)가 제시한 관료주의의 특징과 가장 거리가 먼 것은?

① 수직적으로 하부조직에 적절한 권한 위임을 가정한다.
② 조직 구조에서 노동의 통합화를 가정한다.
③ 법과 규정에 의한 운영으로 예측 가능한 조직운영을 가정한다.
④ 하부조직과 인원을 적절한 크기가 되도록 가정한다.

해설 ② 조직 구조에서 노동의 분업화를 가정한다.

53. 산업안전보건법령에서 정의한 중대재해의 범위 기준에 해당하지 않는 것은?

① 사망자가 1인 이상 발생한 재해
② 부상자가 동시에 10인 이상 발생한 재해
③ 직업성 질병자가 동시에 5인 이상 발생한 재해
④ 3개월 이상 요양이 필요한 부상자가 동시에 2인 이상 발생한 재해

해설 중대재해 3가지
- 사망자가 1명 이상 발생한 재해
- 3개월 이상의 요양이 필요한 부상자가 동시에 2명 이상 발생한 재해
- 부상자 또는 직업성 질병자가 동시에 10명 이상 발생한 재해

54. FTA에서 입력사상 중 어느 하나라도 발생하면 출력사상이 발생하는 논리게이트는?

① OR gate
② AND gate
③ NOT gate
④ NOR gate

해설
- OR 게이트 : 입력사상 중 하나라도 발생하면 출력사상이 발생한다.
- AND 게이트 : 모든 입력사상이 동시에 발생해야 출력사상이 발생한다.
- NOT 게이트 : 입력 사상이 발생하지 않아야 출력 사상이 발생한다.
- NOR 게이트 : 입력사상이 하나라도 발생하면 출력사상이 발생하지 않는다(OR 게이트의 부정).

정답 51. ② 52. ② 53. ③ 54. ①

55. 레빈(Lewin)의 인간행동에 관한 공식은?

① $B=f(P \cdot E)$ ② $B=f(P \cdot B)$
③ $B=E(P \cdot f)$ ④ $B=f(B \cdot E)$

해설 인간행동$(B)=f(P \cdot E)$의 관계
- f : 함수관계(function)
- P(개인) : 연령, 경험, 성격, 지능, 소질
- F(환경) : 심리적 환경, 인간관계, 작업환경, 물리적 환경

56. 피로의 생리학적(physiological) 측정방법과 거리가 먼 것은?

① 뇌파 측정(EEG)
② 심전도 측정(ECG)
③ 근전도 측정(EMG)
④ 변별역치 측정(촉각계)

해설 ④ 변별역치 측정은 심리학적 측정방법에 해당한다.

참고 생리학적 측정방법
- EMG(근전도) : 근육활동의 전위차를 기록
- ECG(심전도) : 심장근 활동의 전위차를 기록
- ENG, EEG(뇌전도) : 신경활동의 전위차를 기록
- EOG(안전도) : 안구운동의 전위차를 기록
- 산소 소비량 : 동적작업 시 육체 부하
- 에너지 소비량(RMR) : 기준대사량 대비 상대적 에너지 소비량
- 점멸융합주파수(VFF) : 피로가 증가할수록 감소하는 경향

57. 다음 중 게슈탈트 지각원리에 해당하지 않은 것은?

① 근접성의 원리   ② 유사성의 원리
③ 부분우세의 원리 ④ 대칭성 원리

해설 게슈탈트의 지각원리
- 근접성의 원리
- 유사성의 원리
- 연속성의 원리
- 폐쇄성의 원리
- 단순성의 원리
- 대칭성의 원리
- 공동 운명성의 원리

참고 게슈탈트 이론 : 인간은 자신이 본 것을 조직화하려는 기본 성향을 가지고 있으며, 전체는 부분의 합 이상이라는 점을 강조하는 심리학 이론이다.

58. 사고 요인 중 주의 환기물에 익숙해져 더 이상 주의 환기 요인이 되지 않는 것을 무엇이라고 하는가?

① 습관화   ② 자극화
③ 적응화   ④ 반복화

해설 습관화 : 반복되는 자극에 대해 주의를 덜 기울이게 되고, 그에 따른 반응이 감소하는 현상을 말한다.

59. 다음과 같은 재해발생 시 재해조사분석 및 사후처리에 대한 내용으로 틀린 것은?

> 크레인으로 강재를 운반하던 중, 약해져 있던 와이어로프가 끊어지면서 강재가 떨어졌다. 마침 작업구역 아래를 지나가던 작업자의 머리 위로 강재가 떨어졌고, 안전모를 착용하지 않은 상태였기 때문에 큰 부상을 입었다. 이로 인해 작업자는 부상 치료를 위해 4일간 요양하였다.

① 재해발생 형태는 추락이다.
② 재해의 기인물은 크레인이고, 가해물은 강재이다.
③ 산업재해조사표를 작성하여 관할 지방고용노동청장에게 제출해야 한다.
④ 불안전한 상태는 약해진 와이어로프이고, 불안전한 행동은 안전모 미착용과 위험구역 접근이다.

해설 ① 재해발생 형태는 낙하이다.

정답 55. ① 56. ④ 57. ③ 58. ① 59. ①

60. 작업자의 인지과정을 고려한 휴먼에러의 정성적 분석방법이 아닌 것은?

① 연쇄적 오류모형
② GEMS(Generic Error Modeling System)
③ PHECA(Potential Human Error Cause Analysis)
④ CREAM(Cognitive Reliability Error Analysis Method)

해설 PHECA는 인지과정을 고려한 분석이 아니라 작업 수행단계에서 휴먼에러를 분석하는 방법이다.

4과목 근골격계질환 예방을 위한 작업관리

61. 동작경제의 원칙 3가지 범주에 들어가지 않는 것은?

① 작업개선의 원칙
② 신체의 사용에 관한 원칙
③ 작업장의 배치에 관한 원칙
④ 공구 및 설비의 디자인에 관한 원칙

해설 Barnes(반즈)의 동작경제의 3원칙
- 신체의 사용에 관한 원칙
- 작업장 배치에 관한 원칙
- 공구 및 설비 디자인에 관한 원칙

참고 작업개선 원칙(ECRS)
- 제거(Eliminate)
- 결합(Combine)
- 재조정(Rearrange)
- 단순화(Simplify)

62. 작업관리의 궁극적인 목적인 생산성 향상을 위한 대상 항목이 아닌 것은?

① 노동   ② 기계
③ 재료   ④ 세금

해설 작업관리의 목적
- 최선의 작업방법 개선, 개발
- 생산성 향상
- 작업효율 관리
- 재료, 설비, 공구 등의 표준화
- 안전 확보

63. 워크샘플링 방법 중 관측을 등간격 시점마다 행하는 것은?

① 랜덤 샘플링
② 층별 비례 샘플링
③ 체계적 워크샘플링
④ 퍼포먼스 워크샘플링

해설 체계적 워크샘플링
- 관측시간을 등간격 시점마다 수행한다.
- 작업요소가 랜덤하게 발생하는 경우에 적용한다.
- 주기성이 있어도 관측간격이 작업요소의 주기보다 짧은 경우 사용할 수 있다.

64. 다음 조건에서 NIOSH Lifting Equation (NLE)에 의한 권장한계무게(RWL)와 들기 지수(LI)는 각각 얼마인가?

- 취급물의 하중 : 10kg
- 수평 계수 : 0.4
- 수직 계수 : 0.95
- 거리 계수 : 0.6
- 비대칭 계수 : 1
- 빈도 계수 : 0.8
- 커플링 계수 : 0.9

① RWL=1.64kg, LI=6.1
② RWL=2.65kg, LI=3.78
③ RWL=3.78kg, LI=2.65
④ RWL=6.4kg, LI=1.64

정답 60. ③ 61. ① 62. ④ 63. ③ 64. ③

해설 권장무게한계

$$RWL(Kd) = LC \times HM \times VM \times DM \times AM \times FM \times CM$$

LC	부하 상수	23kg 작업물의 무게
HM	수평 계수	$25/H$
VM	수직 계수	$1-(0.003 \times V-75)$
DM	거리 계수	$0.82+(4.5/D)$
AM	비대칭 계수	$1-(0.0032 \times A)$
FM	빈도 계수	분당 들어 올리는 횟수
CM	결합 계수	커플링 계수

65. 근골격계질환 예방·관리프로그램 실행을 위한 보건관리자의 역할로 볼 수 없는 것은?

① 사업장 특성에 맞게 근골격계질환의 예방·관리 추진팀을 구성한다.
② 주기적으로 작업장을 순회하여 근골격계질환 유발공정 및 작업유해요인을 파악한다.
③ 주기적인 작업자 면담을 통해 근골격계질환 증상 호소자를 조기에 발견할 수 있도록 노력한다.
④ 7일 이상 지속되는 증상을 가진 작업자가 있을 경우 지속적인 관찰, 전문의 진단의뢰 등의 필요한 조치를 한다.

해설 ①은 보건관리자의 역할이 아니라 사업주의 역할에 해당한다.

66. 다음 중 근골격계질환에 관한 설명으로 틀린 것은?

① 신체의 기능적 장해를 유발할 수 있다.
② 사전조사에 의해 완전 예방이 가능하다.
③ 초기에 치료하지 않으면 심각해질 수 있다.
④ 미세한 근육이나 조직의 손상으로 시작된다.

해설 사전조사와 면담을 통해 근골격계질환 증상 호소자를 조기에 발견할 수 있으나, 이를 통해 완전 예방이 가능한 것은 아니다.

67. 다음 중 동작분석을 할 때 스패너에 손을 뻗치는 동작에 적합한 서블릭(Therblig) 문자기호는?

① H   ② P
③ TE   ④ SH

해설 서블릭 문자기호
- H(Hold) : 잡고 있기
- P(Positio) : 위치 결정
- TE(Transport Empty) : 빈손 이동
- Sh(Search) : 찾기

68. 어느 조립작업의 부품 1개 조립당 관측평균시간이 1.5분, rating 계수가 110%, 외경법에 의한 일반 여유율이 20%라고 할 때, 외경법에 의한 개당 표준시간(A)과 8시간 작업에 따른 일반 총여유시간(B)은?

① A : 1.98분, B : 80분
② A : 1.65분, B : 400분
③ A : 1.65분, B : 80분
④ A : 1.98분, B : 400분

해설 ㉠ 외경법에 의한 개당 표준시간
- 정미시간(NT)

$$= 평균관측시간 \times \frac{레이팅\ 계수}{100}$$

$$= 1.5 \times \frac{110}{100} = 1.65분$$

- 표준시간(ST) = 정미시간 × (1+여유율)
  = 1.65 × (1+0.2) = 1.98분

㉡ 8시간 작업에 따른 일반 총여유시간
- 총정미시간 = 근무시간 × $\frac{정미시간}{표준시간}$

$$= 480 \times \frac{1.65}{1.98} = 400분$$

- 총여유시간 = 근무시간 - 총정미시간
  = 480 - 400 = 80분

69. 산업안전보건법령상 근골격계 부담작업의 유해요인조사에 대한 내용으로 옳지 않은 것은? (단, 해당 사업장은 근로자가 근골격계 부담작업을 하는 경우이다.)

① 정기 유해요인조사는 2년마다 유해요인조사를 해야 한다.
② 신설되는 사업장의 경우에는 신설일로부터 1년 이내 최초의 유해요인조사를 해야 한다.
③ 조사항목으로는 작업량, 작업속도 등 작업장의 상황과 작업자세, 작업방법 등의 작업조건이 있다.
④ 근골격계 부담작업에 해당하는 새로운 작업·설비를 도입한 경우 지체없이 유해요인조사를 해야 한다.

해설 ① 정기 유해요인조사는 최초 조사한 날로부터 3년마다 주기적으로 실시해야 한다.

70. 근골격계 부담작업의 유해요인조사를 해야 하는 상황이 아닌 것은?

① 근골격계 질환자가 발생한 경우
② 근골격계 부담작업에 해당하는 기존의 동일한 설비가 도입된 경우
③ 근골격계 부담작업에 해당하는 업무의 양이나 작업공정 등 작업환경이 바뀐 경우
④ 법에 의한 임시건강진단 등에서 근골격계 질환자가 발생하였거나 근로자가 근골격계 질환으로 업무상 질병으로 인정받은 경우

해설 ② 근골격계 부담작업에 해당하는 새로운 작업, 설비가 도입된 경우

71. ECRS의 4원칙에 해당되지 않는 것은?

① Eliminate : 꼭 필요한가?
② Simplify : 단순화할 수 있는가?
③ Control : 작업을 통제할 수 있는가?
④ Rearrange : 작업순서를 바꾸면 효율적인가?

해설 ③ Control : 다른 작업과 결합하면 더 좋은 결과를 얻을 수 있는가?

72. 동작분석의 종류 중 미세동작 분석에 관한 설명으로 옳지 않은 것은?

① 복잡하고 세밀한 작업분석이 가능하다.
② 직접 관측자가 옆에 없어도 측정이 가능하다.
③ 작업내용과 작업시간을 동시에 측정할 수 있다.
④ 타 분석법에 비해 적은 시간과 비용으로 연구가 가능하다.

해설 미세동작 분석은 필름이나 테이프에 작업내용을 기록하여 분석하기 때문에 연구수행에 많은 비용이 소요된다.

73. Work Factor법 표준요소가 아닌 것은?

① 쥐기(Grasp, Gr)
② 결정(Decide, Dc)
③ 조립(Assemble, Asy)
④ 정신과정(Mental Process, MP)

해설 WF법 8가지 표준요소
• 쥐기(Gr)　　• 동작·이동(T)
• 조립(Asy)　　• 미리 놓기(PP)
• 분해(Dsy)　　• 내려놓기(RI)
• 사용(U)　　• 정신과정(MP)

74. 작업자-기계 작업분석 시 작업자와 기계의 동시작업 시간이 1.8분, 기계와 독립적인 작업자의 활동시간이 2.5분, 기계만의 가동시간이 4.0분일 때, 동시성을 달성하기 위한 이론적 기계 대수는 약 얼마인가?

① 0.28　② 0.74　③ 1.35　④ 3.61

해설 이론적 기계 대수(n)

$$= \frac{a+t}{a+b} = \frac{1.8+4}{1.8+2.5} ≒ 1.35$$

정답 69. ①　70. ②　71. ③　72. ④　73. ②　74. ③

75. 파레토 원칙(Pareto principle : 80-20원칙)에 대한 설명으로 옳은 것은?

① 20%의 항목이 전체의 80%를 차지한다.
② 40%의 항목이 전체의 60%를 차지한다.
③ 60%의 항목이 전체의 40%를 차지한다.
④ 80%의 항목이 전체의 20%를 차지한다.

해설 파레토 원칙(80-20원칙)은 전체 결과의 대부분(약 80%)이 일부 핵심요인(약 20%)에 의해 좌우된다는 의미이다.

76. 셀(cell) 생산방식에 가장 적합한 제품은?

① 의류　　② 가구
③ 선박　　④ 컴퓨터

해설 셀 생산방식 : 시작 공정부터 최종 공정까지 한 작업자 또는 팀이 모든 공정을 담당하여 완제품을 만들어내는 방식이다.

77. 근골격계질환의 예방대책으로 적절한 내용이 아닌 것은?

① 질환자에 대한 재활프로그램 및 산업재해 보험의 가입
② 충분한 휴식시간의 제공과 스트레칭 프로그램의 도입
③ 적절한 공구의 사용 및 올바른 작업방법에 대한 작업자 교육
④ 작업자의 신체적 특성과 작업내용을 고려한 작업장 구조의 인간공학적 개선

해설 산업재해 보험 가입은 사후대책에 해당하며, 질환자는 이미 근골격계질환에 걸린 사람으로 재활·치료 등 사후 대책이 필요하다.

78. 다음 중 미세동작 연구의 장점과 가장 거리가 먼 것은?

① 서블릭(Therblig) 기호를 사용하면 작업시간의 비교와 추정에 유용하다.
② 과거의 작업개선 경험을 다른 작업에도 그대로 응용하기 용이하다.
③ 어느 정도 숙달되면 눈으로도 서블릭 해석이 가능하며, 이에 따라 작업개선 능력이 향상된다.
④ SIMO 차트를 이용하여 이상적인 작업동작을 습득하는 데 다소 시간이 걸리지만, 상대적으로 정확하다.

해설 SIMO 차트는 미세동작 분석에 정확하지만 시간과 노력이 많이 들기 때문에 효율성이 낮은 단점이 있다.

79. 디자인 개념의 문제해결 방식에 있어서 문제의 특성을 파악하기 위한 척도로 가장 거리가 먼 것은?

① 체크리스트
② 제약조건
③ 연구기간
④ 평가기준

해설 문제의 특성을 파악하기 위한 척도에는 제약조건, 연구기간, 평가기준, 대안 등이 있다.

80. 동작분석에 관한 설명으로 틀린 것은?

① 비디오 분석은 즉시성과 재현성을 모두 구비한 방법이다.
② 칸트 차트, 다중활동 분석, 서블릭 분석 등이 있다.
③ 미세동작 분석은 작업주기가 길거나 불규칙한 작업에 적합하다.
④ SIMO chart는 미세동작 연구인 동시에 동작 사이클 차트이다.

해설 ② 동작분석에는 목시동작 분석, 미세동작 분석, 서블릭 분석 등이 있다.

정답 75. ①　76. ④　77. ①　78. ④　79. ①　80. ②

인간공학기사 필기
과년도 출제문제

2026년 1월 10일 인쇄
2026년 1월 15일 발행

저자 : 이광수
펴낸이 : 이정일

펴낸곳 : 도서출판 **일진사**
www.iljinsa.com

(우) 04317 서울시 용산구 효창원로 64길 6
대표전화 : 704-1616, 팩스 : 715-3536
이메일 : webmaster@iljinsa.com
등록번호 : 제1979-000009호(1979.4.2)

값 **28,000원**

ISBN : 978-89-429-2061-7

* 이 책에 실린 글이나 사진은 문서에 의한 출판사의
동의 없이 무단 전재·복제를 금합니다.